中国野生兰科植物原色图鉴

Atlas of Native Orchids in China

（下卷）

金效华　李剑武　叶德平　编著

河南科学技术出版社
·郑州·

七四、石豆兰属 *Bulbophyllum* Thou.

石豆兰属 *Bulbophyllum* 全世界分布共有 2 200 种，中国分布有 130 种，本图鉴包含 114 种。

石豆兰属 *Bulbophyllum* 分种检索表

1（22） 假鳞茎顶生 2 枚叶。
2（3） 花序仅具 1 朵花，中萼片卵状长圆形，长 7.5 ~ 8.0 mm，侧萼片卵形，附着在整个蕊柱足上，长 10.5 ~ 11.0 mm，唇瓣卵状长圆形，具关节 ……………………………… 498. 栖林兰 ***Bulbophyllum ayuthayense***
3（2） 花序具多枚花。
4（9） 侧萼片比中萼片长 2 ~ 5 倍。
5（8） 花淡红色至黄褐色，侧萼片长 25.0 ~ 50.0 mm。
6（7） 中萼片边缘具不整齐的流苏，花瓣边缘具不整齐的流苏……… 601. 双叶卷瓣兰 ***Bulbophyllum wallichii***
7（6） 中萼片边缘全缘或稍啮蚀状，花瓣边缘啮蚀状，内面具乳头状突起……………………………………………………………………………………………… 517. 狄氏卷瓣兰 ***Bulbophyllum dickasonii***
8（5） 花白色，唇瓣红色，侧萼片长 20.0 mm ……………………… 538. 白花卷瓣兰 ***Bulbophyllum khaoyaiense***
9（4） 萼片近等长或侧萼片稍长。
10（17） 花期具叶。
11（12） 假鳞茎卵球形，稍压扁，花苞片大，稍向外弯，披针形，长约 10.0 mm，白色 …………………………………………………………………………………492. 白苞石豆兰 ***Bulbophyllum albibracteum***
12（11） 假鳞茎卵球形，圆锥状，花苞片小，长 3.0 ~ 4.0 mm。
13（16） 叶较大，长 12.0 ~ 15.0 cm，宽 2.0 ~ 4.0 cm，花序下垂，具稍密生的花。
14（15） 假鳞茎圆锥状，花葶比叶长，花瓣边缘撕裂状，蕊柱齿狭披针形…………………………………………………………………………………… 551. 勐腊石豆兰 ***Bulbophyllum menglaense***
15（14） 假鳞茎卵球形，花葶比叶短，花瓣边缘全缘，蕊柱齿三角形………………………………………………………………………………………… 505. 尖叶石豆兰 ***Bulbophyllum cariniflorum***
16（13） 叶较小，长 3.0 ~ 7.0 cm，宽 1.0 ~ 2.1 cm，花葶比叶长，花序直立或稍弓形，疏被多枚花。……………………………………………………………………………… 587. 二叶石豆兰 ***Bulbophyllum shanicum***
17（10） 花期无叶。
18（19） 萼片下侧边缘黏合，假鳞近球形，压扁。花葶较短，与花序近等长，花瓣三角形，稍超出蕊喙…………………………………………………………………………555. 拟球茎石豆兰 ***Bulbophyllum muscarirubrum***
19（18） 侧萼片分离，假鳞茎卵圆形，高度比长度大。
20（21） 萼片外侧密被毛，花葶密被毛…………………………………… 533. 落叶石豆兰 ***Bulbophyllum hirtum***
21（20） 萼片外侧光滑，花葶光滑…………………………………………591. 直葶石豆兰 ***Bulbophyllum suavissimum***
22（1） 假鳞茎顶生 1 枚叶，或有时无假鳞茎而具 1 枚叶片生于根状茎节上。
23（26） 蕊柱足较长，侧萼片贴生于蕊柱足中部以上而远离中萼片。
24（25） 花黄色具淡红色晕，侧萼片披针形，上面密布粗硬毛，花瓣斜三角形，基部向蕊柱足下延，边缘具流苏…………………………………………………………………… 511. 短瓣兰 ***Bulbophyllum crabro***
25（24） 花白色，唇瓣黄色。侧萼片长圆形，光滑，花瓣线形，边缘具锯齿，基部贴生在蕊柱基部而一侧向蕊柱足下延……………………………………………………………… 529. 线瓣石豆兰 ***Bulbophyllum gymnopus***
26（23） 蕊柱足长或短，侧萼片不远离中萼片。
27（50） 花粉块具花粉团、黏盘和黏盘柄。
28（33） 花序具 1 ~ 3 朵花。
29（30） 花较大，紫色，萼片长 13.0 mm，宽 6.0 ~ 8.0 mm，花瓣钻状，长 11.0 mm，宽 5.0 mm，中部具流苏，唇瓣宽卵状心形，长 11.0 mm，宽 8.0 mm，中央较厚，边缘啮蚀状 ……………………………………………………………………………… 547. 大花大苞兰 ***Bulbophyllum lopalanthum***
30（29） 花较小，黄绿色，萼片长 10.0 mm 以下，宽 3.0 ~ 4.0 mm，侧萼片离生。
31（32） 花瓣狭卵状披针形，长 5.0 mm，宽 2.5 mm，中部以上收窄为圆柱状，下半部边缘具流苏 …………………………………………………………………… 499. 黄花大苞兰 ***Bulbophyllum bifurcatoflorens***

32（31） 花瓣线状三角形，具长尾，长 7.0 ~ 8.0 mm，尾的中部弯曲，黄色……………………………………………………………………………………………… 583. 弯瓣大苞兰 ***Bulbophyllum sasakii***
33（28） 花序具 3 朵花以上。
34（35） 花序具多数密生的 2 列的花，花苞片长约 7.0 mm，包住花的一部分 ……………………………………………………………………………………………… 593. 大苞兰 ***Bulbophyllum sunipia***
35（34） 花序疏生多枚花，花排成 2 列或无，花苞片不包住花。
36（39） 侧萼片完全离生。
37（38） 花蓝黑色，花较小，侧萼片长 5.0 ~ 6.0 mm………………… 557. 淡黑大苞兰 ***Bulbophyllum nigricans***
38（37） 花黄色，具紫色脉，花较大，萼片长 15.0 mm，花瓣边缘具细齿 ……………………………………………………………………………………………… 496. 长瓣大苞兰 ***Bulbophyllum angustipetalum***
39（36） 侧萼片一侧边缘略黏合。
40（41） 花较小，中萼片长约 4.0 mm，花序较长，具疏生的 10 朵以上的花 ……………………………………………………………………………………………… 545. 光花大苞兰 ***Bulbophyllum lomsakense***
41（40） 花中等大，萼片长 6.0 mm 以上，花序具 3 ~ 10 朵花。
42（45） 花序梗长 10.0 ~ 35.0 cm，比叶长或近等长。
43（44） 花萼片和花瓣黄绿色，唇瓣紫色，唇瓣上具 2 条明显的褶片，向先端变矮……………………………………………………………………………………………… 574. 云南大苞兰 ***Bulbophyllum purpureofuscum***
44（43） 花黄绿色或紫红色而唇瓣颜色稍深，唇瓣上无褶片………550. 绿花大苞兰 ***Bulbophyllum medioximum***
45（42） 花序梗长不及 10.0 cm，比叶短。
46（47） 花瓣近圆形，长宽近相等……………………………………… 575. 圆瓣大苞兰 ***Bulbophyllum rimannii***
47（46） 花瓣椭圆形或卵形，长比宽长很多，唇瓣边缘明显啮蚀状。
48（49） 花黄绿色而唇瓣紫红色，花瓣边缘稍具细齿，唇瓣小提琴形，基部两侧具耳，边缘撕裂状，唇盘从唇瓣基部至先端具 1 条宽厚的脊，脊在唇瓣先端处明显增厚 ……………………………………………………………………………………………… 579. 二色大苞兰 ***Bulbophyllum roseopictum***
49（48） 花绿白色，花瓣边缘啮蚀状，唇瓣披针形，近中部向先端骤然收狭为圆柱状，中部以下边缘撕裂状，唇盘从基部至先端纵贯 1 条增厚的龙骨脊………………… 503. 白花大苞兰 ***Bulbophyllum candidum***
50（27） 花粉块不具黏盘和黏盘柄。
51（82） 花序仅具 1 朵花，极少 2 朵。
52（53） 蕊帽先端向前伸长呈角状，萼片椭圆状卵形，萼片和花瓣内面及唇瓣正面具紫色斑点，有时具疣状突起……………………………………………………………… 519. 三角兰 ***Bulbophyllum disciflorum***
53（52） 蕊帽先端不呈角状。
54（65） 花较小，萼片长不及 10.0 mm，植株较小，假鳞茎长不及 10.0 mm，叶片长不及 10.0 mm。
55（62） 假鳞茎彼此首尾相接，呈串珠状，花葶较长，远超出假鳞茎及叶层之外。
56（57） 花瓣和萼片淡黄色，唇瓣深红色，萼片先端尖，唇瓣基部三角形且肿胀，先端近圆形，长 1.5 ~ 2.0 mm，宽 0.8 ~ 1.6 mm，边缘向上卷，先端外表面具疣状突起 …… 506. 链状石豆兰 ***Bulbophyllum catenarium***
57（56） 花瓣和萼片淡黄色具红色条纹或斑块，唇瓣红色，萼片先端圆钝。
58（61） 侧萼片长圆形或披针形，宽约 2.0 mm，唇瓣向下弯曲。
59（60） 唇瓣披针形，长 4.0 mm，从中部向外下弯，基部具凹槽，近心形且与蕊柱足末端连接而形成关节，先端增厚呈球状而向外下弯………………………………549. 勐海石豆兰 ***Bulbophyllum menghaiense***
60（59） 唇瓣舌状，下弯，长 4.0 ~ 4.5 mm，基部具凹槽并与蕊柱足末端连接而形成活动关节，唇盘中央具 2 条褶片……………………………………………………… 518. 普洱石豆兰 ***Bulbophyllum didymotripis***
61（58） 侧萼片椭圆形，宽 2.0 ~ 8.0 mm，唇瓣椭圆形或宽卵形，上面除正中外具乳头状突起……………………………………………………………………………………………… 565. 卵叶石豆兰 ***Bulbophyllum ovalifolium***
62（55） 假鳞茎彼此相距 0.8 ~ 1.4 cm，花葶较短，花不超出叶层之外。
63（64） 花黄白色或有时紫红色，中萼片卵形，长 2.0 mm，近先端两侧边缘稍向内卷，唇瓣半圆柱状，稍向外下弯，长 1.5 mm，宽 0.3 mm，基部与蕊柱足连接而成关节，在中部以下两侧边缘被腺毛 ……………………………………………………………………………………………552. 勐仑石豆兰 ***Bulbophyllum menglunense***
64（63） 花除基部和先端浅绿色外其余紫色，中萼片披针形，长 3.0 mm，侧萼片镰状披针形，基部贴生在蕊柱足上而形成萼囊，唇瓣菱形，长 1.5 mm，3 裂，侧裂片半圆形，两侧裂片先端之间宽 1.0 mm，中裂片舌形，唇盘在两侧裂片中央具 1 个胼胝体，其延伸至中裂片上……………………………………………………………………………………………516. 戟唇石豆兰 ***Bulbophyllum depressum***
65（54） 花较大，萼片长 10.0 mm 以上，植株较大，假鳞茎长 10.0 mm 以上，叶片长 10.0 mm 以上。
66（69） 花梗基部具节间，此节间的直径为上节的 1.5 倍以上。

67（68） 唇瓣中部具圆形的侧裂片，中萼片明显大于侧萼片………573. 曲萼石豆兰 ***Bulbophyllum pteroglossum***
68（67） 唇瓣不裂，萼片近等大……………………………………………………491. 赤唇石豆兰 ***Bulbophyllum affine***
69（66） 花梗基部具节间，此节间的直径不超过上节的 1 倍。
70（71） 假鳞茎彼此相距 3.0 ~ 9.0 cm，侧萼片斜卵状三角形，中部以上扭曲，先端钝 ……………………………………………………………………………………493. 芳香石豆兰 ***Bulbophyllum ambrosia***
71（70） 假鳞茎在根状茎上彼此紧靠。
72（73） 唇瓣从中部强烈向外下弯，先端指向后方，基部具 2 枚圆锥形的胼胝体……………………………………………………………………………………567. 长足石豆兰 ***Bulbophyllum pectinatum***
73（72） 唇瓣稍向外弯，先端不指向后方，无胼胝体。
74（77） 花瓣边缘具疏齿。
75（76） 花瓣倒卵形，唇瓣两侧面从基部至中部具 2 条生有疣状突起的褶片，先端密生疣状突起，蕊柱翅在蕊柱中部以下向前伸展呈三角形，蕊柱齿三角形…………… 564. 德钦石豆兰 ***Bulbophyllum otoglossum***
76（75） 花瓣卵形，先端圆钝，唇瓣两侧边缘从基部至先端密生疣状突起，蕊柱翅在蕊柱中部稍向前伸展呈半圆状三角形，蕊柱齿不明显…………………………………… 604. 蒙自石豆兰 ***Bulbophyllum yunnanense***
77（74） 花瓣边缘全缘。
78（79） 唇瓣披针形，先端钝，唇盘光滑，无褶片………………… 542. 短葶石豆兰 ***Bulbophyllum leopardinum***
79（78） 唇盘上面具 2 条褶片。
80（81） 唇瓣舌形，先端钝，上面密生疣状突起……………… 572. 滇南石豆兰 ***Bulbophyllum psittacoglossum***
81（80） 唇瓣舌形，先端近锐尖，上面无疣状突起………………………527. 短齿石豆兰 ***Bulbophyllum griffithii***
82（51） 花序具 2 朵花以上。
83（104） 假鳞茎极缩短而不明显。
84（95） 花披散生于花序轴上，或稍密但能看见花序轴，萼片分离。
85（86） 植株较高大，叶片长 8.0 ~ 15.0 cm，宽 3.0 cm，花序具多枚花，花黄白色 ……………………………………………………………………………………497. 柄叶石豆兰 ***Bulbophyllum apodum***
86（85） 植株较矮小，叶片长不及 2.0 cm，花序具 1 ~ 2 朵花。
87（88） 植株丛生，茎较短……………………………………………… 561. 白花石豆兰 ***Bulbophyllum pauciflorum***
88（87） 植株匍匐生长，根状茎较长。
89（90） 唇盘上具 2 枚胼胝体…………………………………………… 531. 海南石豆兰 ***Bulbophyllum hainanense***
90（89） 唇瓣上无胼胝体。
91（92） 萼片长 2.5 ~ 4.0 mm……………………………………………………597. 小叶石豆兰 ***Bulbophyllum tokioi***
92（91） 萼片长 6.0 ~ 16.0 mm。
93（94） 花淡黄色稍具紫色晕，唇瓣淡紫色而具黄色先端，中下部两侧边缘波状……………………………………………………………………………………520. 圆叶石豆兰 ***Bulbophyllum drymoglossum***
94（93） 花黄色，唇瓣边缘全缘，萼片仅 1/3 附着在蕊柱足上 ……………………………………………………………………………………553. 勐远石豆兰 ***Bulbophyllum mengyuanense***
95（84） 花较密集而成圆筒状或近球状，花序轴几不可见，侧萼片下侧边缘略黏合。
96（99） 花序缩短呈近球状。
97（98） 植株较大，叶片长 11.0 ~ 12.0 cm，花序球状，密生多数花，花淡紫红色，花瓣近圆形，边缘稍啮蚀状…………………………………………………………… 576. 球花石豆兰 ***Bulbophyllum repens***
98（97） 植株较小，叶片长 3.0 ~ 6.0 cm，花序球状，花淡紫色或有时淡黄绿色，花瓣椭圆状披针形，边缘全缘………………………………………………………… 603. 革叶石豆兰 ***Bulbophyllum xylophyllum***
99（96） 花序较长，长 5.0 cm 以上，圆筒状。
100（103） 花序基部具 1 枚佛焰苞状的总苞片。
101（102） 花较密集，至少花序轴不可见，侧萼片几乎整个下侧边缘彼此黏合，花瓣长圆状披针形……………………………………………………………………………………513. 大苞石豆兰 ***Bulbophyllum cylindraceum***
102（101） 花稍稀疏，花序轴稍可见，侧萼片仅下侧基部边缘黏合，花瓣长圆形……………………………………………………………………………………560. 怒江石豆兰 ***Bulbophyllum nujiangense***
103（100） 花序基部的苞片不呈佛焰苞状，花苞片比子房长，向外卷曲……………………………………………………………………………………539. 卷苞石豆兰 ***Bulbophyllum khasyanum***
104（83） 假鳞茎发展，较明显。
105（166） 花序总状或头状，侧萼片离生。
106（107） 花葶短，萼片和花瓣边缘具长缘毛，唇盘上具 3 条鸡冠状褶片……………………………………………………………………………………514. 苏瓣石豆兰 ***Bulbophyllum dayanum***

107（106） 花葶较长。
108（143） 花序轴短，花呈伞状，或花序轴伸长。
109（114） 花瓣边缘具细齿或缘毛，中萼片边缘啮蚀状或具缘毛。
110（111） 花序轴短，花呈伞状…………………………………………… **544. 齿瓣石豆兰 *Bulbophyllum levinei***
111（110） 花序轴稍加长或较长，呈总状。
112（113） 花序轴稍加长，花近集生，侧萼片中部以上边缘内卷呈管状，极长，比中萼片长 3 倍以上，呈尾状………………………………………………………… **535. 穗花石豆兰 *Bulbophyllum insulsoides***
113（112） 花序轴极长，远超过叶尾之外，花较稀疏，侧萼片边缘稍内卷，长不及中萼片的 2 倍………………………………………………………………………………**524. 墨脱石豆兰 *Bulbophyllum eublepharum***
114（109） 花瓣边缘全缘。
115（126） 假鳞茎彼此紧靠。
116（121） 根状茎下垂，假鳞茎基部不生根。
117（120） 侧萼片长 2.5 ~ 7.0 mm，花瓣边缘具不规则的细齿。
118（119） 叶片狭长圆形，花褐红色，花瓣长圆形，边缘具不整齐的细齿，唇瓣向外下弯呈半环状，边缘密生白色长柔毛，唇盘具 2 条脊状突起……………………… **510. 环唇石豆兰 *Bulbophyllum corallinum***
119（118） 叶片披针形，花淡黄色，唇瓣深橘黄色具白色边缘，花瓣卵形，长、宽约 1 mm；唇瓣舌状，边缘具缘毛………………………………………………… **530. 拟环唇石豆兰 *Bulbophyllum gyrochilum***
120（117） 侧萼片长 21.0 ~ 23.0 mm，花瓣边缘全缘……… **521. 独龙江石豆兰 *Bulbophyllum dulongjiangense***
121（116） 根状茎匍匐，每个假鳞茎基部均生根，侧萼片明显比中萼片长。
122（123） 中萼片和侧萼片边缘内卷成筒状……………………………… **594. 聚株石豆兰 *Bulbophyllum sutepense***
123（122） 中萼片和侧萼片边缘不内卷或稍内卷，但不呈管状。
124（125） 假鳞茎卵球形，长 8.0 ~ 9.0 mm，花浅黄色，唇瓣红色，舌形，长 2 .8 mm，向外下弯，基部与蕊柱足连接而形成关节，唇盘被细乳突………………… **581. 红心石豆兰 *Bulbophyllum rubrolabellum***
125（124） 假鳞茎近球形，长 15.0 ~ 18.0 mm，花黄色，唇瓣稍红色，卵状三角形，下弯，基部具活动关节与蕊柱足连接，唇盘上具 3 条脊……………………………… **522. 澜沧石豆兰 *Bulbophyllum echinulus***
126（115） 假鳞茎彼此相距 1.0 cm 以上。
127（134） 花葶生于根状茎节上，与假鳞茎近等长或稍长。
128（131） 假鳞茎较长，长 2.0 ~ 5.0 cm。
129（130） 花白色，萼片先端淡黄色，萼片狭披针形，长 7.0 ~ 10.0 mm，先端呈尾状，唇瓣披针形，长 3.0 ~ 4.0 mm，基部具凹槽 ………………………………………… **508. 茎花石豆兰 *Bulbophyllum cauliflorum***
130（129） 花白色，先端橘黄色，唇瓣橘黄色，萼片披针形，长 3.0 ~ 4.5 mm，唇瓣圆状披针形，长 1.3 ~ 1.5 mm，中部以下向下弯。 ……………………… **571. 版纳石豆兰 *Bulbophyllum protractum***
131（128） 假鳞茎较短，长 0.8 ~ 1.5 cm。
132（133） 唇瓣狭长圆形，长约 1.2 mm，上面具 2 条纵走的龙骨脊，背面略具细乳突 ………………………………………………………………………… **541. 乐东石豆兰 *Bulbophyllum ledungense***
133（132） 唇瓣舌形，长约 2.0 mm，上面具 3 条纵向的脊，两侧常增粗而隆起，背面密生细乳突 ……………………………………………………………………… **586. 短足石豆兰 *Bulbophyllum stenobulbon***
134（127） 花葶生于假鳞茎基部侧面，比假鳞茎长 2 倍以上。
135（136） 唇瓣正面和边缘具腺毛……………………………… **562. 密花石豆兰 *Bulbophyllum odoratissimum***
136（135） 唇瓣光滑。
137（138） 蕊喙先端圆，花瓣先端钝……………………… **602. 五指山石豆兰 *Bulbophyllum wuzhishanense***
138（137） 蕊喙先端尖，花瓣先端尖或渐尖。
139（142） 花较小，萼片长 7.0 ~ 10.0 mm。
140（141） 花瓣狭披针形，长 4.0 ~ 5.0 mm，先端渐尖呈尾状…**540. 广东石豆兰 *Bulbophyllum kwangtungense***
141（140） 花瓣卵状披针形，长 3.0 ~ 3.5 mm，先端急尖…………**588. 伞花石豆兰 *Bulbophyllum shweliense***
142（139） 花较大，萼片长 20.0 ~ 23.0 mm………………………**569. 无量山石豆兰 *Bulbophyllum pinicola***
143（108） 花序轴伸长。
144（157） 花序直立，侧萼片分离或稍部分黏合。
145（152） 萼片、花瓣和唇瓣至少之一边缘具缘毛。
146（147） 假鳞茎彼此相距 2.0 ~ 7.0 cm，花序平伸或稍弯垂，花白色，绝不带黑色，稍偏向一侧，唇瓣舌形，长 2.0 mm，宽 0.6 mm，边缘具缘毛，唇盘具 2 条纵向的脊 ……………………………………………………………………………………… **566. 小花石豆兰 *Bulbophyllum parviflorum***
147（146） 假鳞茎密集，花序直立，萼片、花瓣和唇瓣至少之一具黑色，花极偏向一侧，唇瓣具活动关节。

148（149） 萼片正面光滑……………………………………………… 584. 少花石豆兰 *Bulbophyllum secundum*
149（148） 萼片正面被毛，唇瓣正面凸或稍凹。
150（151） 唇瓣长 2.8 ~ 4.2 mm，宽 1.0 ~ 1.6 mm，唇瓣下面凸 ……………………………………………………………………………… 558. 黑瓣石豆兰 *Bulbophyllum nigripetalum*
151（150） 唇瓣长 4.0 mm，宽 3.3 mm，两侧边缘向下弯 ……………556. 钩梗石豆兰 *Bulbophyllum nigrescens*
152（145） 萼片、花瓣和唇瓣光滑。
153（154） 花黄绿色具紫红色条纹，萼片较宽，宽 4.0 ~ 5.0 mm，先端急尖，唇瓣较大，长 7.0 mm，宽 3.5 mm ……………………………………………………………………………590. 细柄石豆兰 *Bulbophyllum striatum*
154（153） 花黄绿色，萼片稍狭，宽约 2.0 mm，先端渐尖，萼片背面具龙骨脊，唇瓣较小，长 3.0 ~ 4.0 mm，宽不及 1.0 mm。
155（156） 花期无叶，假鳞茎稍密集，相距 0.5 ~ 1.0 cm，唇瓣长圆形，从基部向外下弯，长 3.0 mm，宽 0.8 mm，上面密被细乳突，基部具凹槽……………………………… 570. 锥茎石豆兰 *Bulbophyllum polyrrhizum*
156（155） 花期具叶，假鳞茎彼此相距 5.0 ~ 9.0 cm，唇瓣稍比花瓣长，后半部两侧对折，从中部向外下弯 ………………………………………………………………………………… 577. 伏生石豆兰 *Bulbophyllum reptans*
157（144） 花序下垂，侧萼片下侧边缘彼此不同程度地黏合，唇瓣基部具短耳或耳不明显。
158（159） 花苞片较大而长，长约 20.0 mm，包住花，黄白色 ……501. 团花石豆兰 *Bulbophyllum bittnerianum*
159（158） 花苞片小，与子房近等长或稍长。
160（163） 花瓣先端具长的尾尖，边缘稍具刚毛。
161（162） 花序梗及花序轴较长，二者长 15.0 ~ 25.0 cm，中萼片先端渐尖，稍尾状，蕊柱前方具 1 枚大的胼胝体…………………………………………………………… 554. 丝瓣石豆兰 *Bulbophyllum morphologlorum*
162（161） 花序梗及花序轴较短，二者长 10.0 ~ 15.0 cm，中萼片先端尖，蕊柱前方不具胼胝体 ………………………………………………………………………… 504. 尾瓣石豆兰 *Bulbophyllum careyanum*
163（160） 花瓣先端尖，或稍具短尾。
164（165） 唇瓣基部的耳近方形，先端截形………………… 521. 独龙江石豆兰 *Bulbophyllum dulongjiangense*
165（164） 唇瓣基部呈耳镰状，先端尖且具 2 ~ 3 枚小齿…………… 563. 麦穗石豆兰 *Bulbophyllum orientale*
166（105） 花序伞形，侧萼片比中萼片长很多，扭转而上下边缘彼此黏合或仅一侧边缘黏合，偶见分离。
167（198） 中萼片和花瓣边缘全缘。
168（173） 侧萼片长 2.5 cm 以上。
169（170） 叶片较小，长 2.5 ~ 6.5 cm，宽 1.0 ~ 1.5 cm，花白色 ……………………………………………………………………………… 507. 尾萼卷瓣兰 *Bulbophyllum caudatum*
170（169） 叶片较大，长 8.0 ~ 25.0 cm，宽 2.2 ~ 6.0 cm，花紫红色或黄白色。
171（172） 中萼片和花瓣先端具 1 条长的芒，蕊柱齿长而宽，先端不等侧 2 裂……………………………………………………………………………………515. 直唇卷瓣兰 *Bulbophyllum delitescens*
172（171） 中萼片和花瓣先端无芒，蕊柱齿棒状，先端不裂…………… 548. 乌来卷瓣兰 *Bulbophyllum macraei*
173（168） 侧萼片长不及 2.5 cm。
174（175） 萼片近等长，长不及 1.0 cm……………………… 600. 等萼卷瓣兰 *Bulbophyllum violaceolabellum*
175（174） 侧萼片比中萼片长。
176（181） 花葶与假鳞茎约等高或稍高，侧萼片背面具乳突。
177（178） 根状茎直立或下垂，侧萼片两侧边缘彼此黏合形成管状或角状……………………………………………………………………………………… 598. 直立卷瓣兰 *Bulbophyllum unciniferum*
178（177） 根状茎匍匐。
179（180） 假鳞茎扁球形，侧萼片边缘仅在中部靠合，上部分离而边缘内卷成角状……………………………………………………………………………………537. 景东卷瓣兰 *Bulbophyllum jingdongense*
180（179） 假鳞茎圆锥形，侧萼片两侧边缘彼此黏合形成拖鞋状……………………………………………………………………………………… 589. 匙萼卷瓣兰 *Bulbophyllum spathulatum*
181（176） 花葶远高出假鳞茎之外，唇瓣无毛。
182（183） 唇瓣向下弯，舌状，基部心形并在边缘具乳头状突起，长 8.0 mm，宽 3.0 mm，唇盘上具 1 条纵脊……………………………………………………………………………… 582. 怒江卷瓣兰 *Bulbophyllum salweenense*
183（182） 唇瓣光滑。
184（185） 唇瓣上部细圆柱形，先端拳卷状………………………536. 瘤唇卷瓣兰 *Bulbophyllum japonicum*
185（184） 唇瓣上部不呈圆柱形。
186（189） 侧萼片离生。
187（188） 蕊柱翅先端尖……………………………………… 528. 钻齿卷瓣兰 *Bulbophyllum guttulatum*

188（187） 蕊柱翅向前扩展呈钝的三角形…………………………… 592. 伞花卷瓣兰 ***Bulbophyllum umbellatum***
189（186） 侧萼片边缘至少一边黏合。
190（193） 侧萼片正面具乳突。
191（192） 侧萼片长约 7.0 mm，花葶长约 2.0 cm …………………… 502. 波密卷瓣兰 ***Bulbophyllum bomiense***
192（191） 侧萼片长 14.0 ~ 27.0 mm，花葶长 2.0 ~ 7.0 cm ………… 525. 麻栗坡卷瓣兰 ***Bulbophyllum farreri***
193（190） 侧萼片光滑。
194（195） 侧萼片合生成管状，花紫红色…………………………… 559. 拟泰国卷瓣兰 ***Bulbophyllum nipondhii***
195（194） 侧萼片合生成宽椭圆形的合萼，花黄色或深红色。
196（197） 植株较大，叶片长 7.0 ~ 8.0 cm，花较大，花淡黄色 ……… 577. 伏生石豆兰 ***Bulbophyllum reptans***
197（196） 植株较小，叶片长 2.2 ~ 2.5 cm，花较小，花黄色 ……… 596. 虎斑卷瓣兰 ***Bulbophyllum tigridum***
198（167） 中萼片和花瓣边缘具齿、流苏或睫毛，或其中之一光滑。
199（208） 中萼片和花瓣其中之一边缘全缘。
200（201） 花瓣边缘全缘，中萼片边缘具白色肥厚的缘毛……………… 500. 二色卷瓣兰 ***Bulbophyllum bicolor***
201（200） 花瓣边缘具齿，中萼片边缘全缘或在先端处稍不整齐。
202（207） 叶柄长 2.0 ~ 4.0 cm。
203（206） 叶宽大，椭圆形，宽 3 ~ 8 cm，中萼片先端具刚毛，刚毛先端棒状。
204（205） 唇瓣基部无耳，蕊柱齿大，镰刀状，长约 5.0 mm …… 494. 大叶卷瓣兰 ***Bulbophyllum amplifolium***
205（204） 唇瓣基部具耳，蕊柱齿小，长约 1.5 mm ……………… 568. 彩色卷瓣兰 ***Bulbophyllum picturatum***
206（203） 叶狭长，长圆形，宽不及 3.0 cm，中萼片先端无刚毛，蕊柱齿短钻状，长 0.5 mm ……… 526. 尖角卷瓣兰 ***Bulbophyllum forrestii***
207（202） 叶柄长不及 1.5 cm，花葶长 13.0 ~ 14.0 cm，花黄褐色带紫红色斑点 ……… 595. 带叶卷瓣兰 ***Bulbophyllum taeniophyllum***
208（199） 中萼片和花瓣均具齿、流苏或睫毛。
209（212） 花大，红色，侧萼片长 15.0 ~ 19.0 cm，先端长尾状。
210（211） 唇瓣白色，侧萼片中部比中上部宽许多，表面具乳头状突起……………………………………………………………………………………………… 580. 美花卷瓣兰 ***Bulbophyllum rothschildianum***
211（210） 唇瓣深红色，侧萼片中部稍比中上部宽，表面光滑……………………………………………………………………………………………… 599. 温氏卷瓣兰 ***Bulbophyllum wendlandianum***
212（209） 花中等以下，侧萼片长不及 6.0 cm。
213（214） 花葶与假鳞茎近等长，长 2.0 ~ 4.0 cm ……………… 523. 匍茎卷瓣兰 ***Bulbophyllum emarginatum***
214（213） 花葶远高出假鳞茎之外。
215（216） 中萼片和花瓣边缘具腺毛或粒状附属物…………… 509. 城口卷瓣兰 ***Bulbophyllum chondriophorum***
216（215） 中萼片和花瓣边缘具睫状缘毛、齿或流苏。
217（220） 侧萼片扭转而仅上侧边缘黏合。
218（219） 侧萼片中部以下黏合………………………………… 546. 长臂卷瓣兰 ***Bulbophyllum longibrachiatum***
219（218） 侧萼片除基部和先端外上侧边缘黏合………………………… 543. 南方卷瓣兰 ***Bulbophyllum lepidum***
220（217） 侧萼片两侧边缘均黏合。
221（224） 侧萼片边缘内卷，合生成管状或角状。
222（223） 花黄色，侧萼片合生成管状，先端长渐尖…………………… 585. 鹳冠卷瓣兰 ***Bulbophyllum setaceum***
223（222） 花黄色具褐色斑点，侧萼片合生成角状，先端钝………… 532. 角萼卷瓣兰 ***Bulbophyllum helenae***
224（221） 侧萼片边缘不内卷，仅边缘彼此黏合。
225（226） 花浅白色密布紫红色斑点，侧萼片较短，长 15.0 ~ 20.0 mm，合生成扁平的、椭圆形的合萼……………………………………………………………………………………………… 495. 梳帽卷瓣兰 ***Bulbophyllum andersonii***
226（225） 花黄色带紫红色，侧萼片较长，长 20.0 ~ 30.0 mm，合生成线形的合萼……………………………………………………………………………………………… 534. 莲花卷瓣兰 ***Bulbophyllum hirundinis***

491 赤唇石豆兰 *Bulbophyllum affine* Lindl.

【别名】 高士佛豆兰、恒春石豆兰、硬叶石豆兰、赤唇兰。

【主要特征】 附生植物，根状茎粗 4.0 ~ 5.0 mm，根从节上和节间发出，多数，假鳞茎彼此相距 4.0 ~ 8.0

cm，近圆柱形，长 3.0 ~ 4.0 cm， 粗 0.5 ~ 0.8 cm， 顶生 1 枚叶。叶片长圆形，长 6.0 ~ 26.0 cm， 宽 1.0 ~ 4.0 cm，先端稍凹入，基部收狭为长 1.0 ~ 2.0 cm 的柄。花葶从根状茎和假鳞茎基部发出，长 4.0 ~ 8.0 cm，花序柄短，具 1 朵花，花淡黄色带紫色条纹。中萼片披针形，长 17.0 ~ 20.0 mm，宽 4.0 ~ 5.0 mm；侧萼片镰状披针形，与中萼片等长，基部稍歪斜、较宽且贴生于蕊柱足而形成宽钝的萼囊；花瓣披针形，比萼片小，长 10.0 ~ 14.0 mm；唇瓣披针形，比花瓣短，稍下弯，基部具凹槽，其两侧边缘深紫色，与蕊柱足末端连接而形成活动关节；蕊柱长 5.0 mm，蕊柱齿不明显。

【花期】 5 ~ 7 月。

【生境状况】 生于海拔 100 ~ 1 600 m 的林中树上或林下岩石上。

【濒危等级】 LC。

【地理分布】 台湾、广东、海南、广西、四川和云南等省区；印度、不丹、尼泊尔、日本、缅甸、泰国、老挝和越南。

图 491-1 赤唇石豆兰 ***Bulbophyllum affine*** 生境与植株（李剑武）

图 491-2 赤唇石豆兰 ***Bulbophyllum affine*** 花（李剑武）

图 491-3 赤唇石豆兰 ***Bulbophyllum affine*** 地理分布

492 白苞石豆兰 *Bulbophyllum albibracteum* Seidenf.

图 492-1　白苞石豆兰 *Bulbophyllum albibracteum* 生境与植株（李剑武）

【别名】 长苞石豆兰。

【主要特征】 附生植物，假鳞茎彼此紧靠，卵球形，粗 11.0 ~ 12.0 mm，顶生 2 枚叶。叶片卵状长圆形，长 5.0 ~ 7.0 cm，宽 1.0 ~ 3.0 cm。花葶从假鳞茎基部发出，长 3.0 ~ 5.0 cm，花序长 1.5 ~ 3.0 cm，密生多数花，花淡紫红色。花苞片大，白色，稍向外弯，披针形，长约 10.0 mm；中萼片卵状披针形，长约 5.0 mm，宽 1.5 mm，背面具毛；侧萼片卵状披针形，比中萼片稍长，背面具 1 条龙骨脊且被毛；花瓣披针形，长 4.0 mm，宽 0.6 mm，边缘稍具细齿；唇瓣卵形，长 2.5 mm；蕊柱长 1.4 mm，蕊柱齿前伸，长 1.1 mm。

【花期】 8 ~ 9 月。

【生境状况】 生于海拔 1 800 ~ 2 200 m 的林中树上或林下岩石上。

【濒危等级】 NT。

【地理分布】 云南省；泰国。

【附注】 标本：李剑武 2052，HITBC！。

图 492-2　白苞石豆兰 *Bulbophyllum albibracteum* 地理分布

图 492-3　白苞石豆兰 *Bulbophyllum albibracteum* 花序（李剑武）

493　芳香石豆兰 *Bulbophyllum ambrosia* (Hance) Schltr.

【别名】 芬芳石豆兰。

【主要特征】 附生植物，根状茎粗 2.0 ~ 3.0 mm，根成束从假鳞茎基部发出，假鳞茎彼此相距 3.0 ~ 9.0 cm，圆柱形，长 2.0 ~ 6.0 cm，粗 0.3 ~ 0.8 cm，顶生 1 枚叶。叶片长圆形，长 3.5 ~ 13.0 cm，宽 1.2 ~ 2.2 cm，先端稍凹入，基部收窄为长 3.0 ~ 7.0 mm 的柄。花葶从假鳞茎基部发出，1 ~ 3 个，长 4.0 ~ 7.0 cm，花序柄短，具 1 朵花，花淡黄色带紫色。中萼片长圆形，长 10.0 mm，宽 5.0 mm；侧萼片斜卵状三角形，与中萼片等长，宽 6.0 mm，中部以上偏侧而扭曲呈喙状，基部贴生于蕊柱足而形成宽钝的萼囊；花瓣三角形，长 6.0 mm，宽 3.0 mm；唇瓣近卵形，中部以下对折，基部具凹槽，与蕊柱足末端连接而形成活动关节，中部两侧扩展，边缘稍波状，上面具 1 ~ 2 条肉质褶片；蕊柱粗短，蕊柱齿不明显。

【花期】 2 ~ 5 月。

【生境状况】 生于海拔 1 300 m 以下的林中树上或林下岩石上。

【濒危等级】 LC。

【地理分布】 福建、广东、海南、香港、广西和云南等省区；越南。

图 493-1　芳香石豆兰 *Bulbophyllum ambrosia* 生境与植株（李剑武）

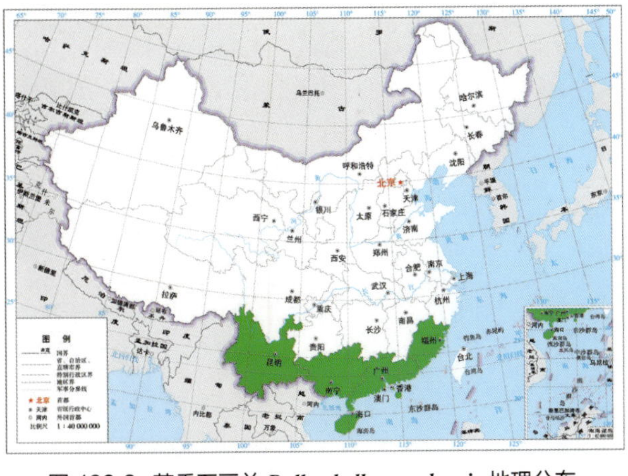

图 493-2　芳香石豆兰 *Bulbophyllum ambrosia* 地理分布

图 493-3　芳香石豆兰 *Bulbophyllum ambrosia* 花（李剑武）

494 大叶卷瓣兰 *Bulbophyllum amplifolium* (Rolfe) M. S. Balakr. & Sud. Chowdhury

图 494-1 大叶卷瓣兰 *Bulbophyllum amplifolium* 生境与植株（金效华）

【别名】 无。

【主要特征】 附生植物，根状茎匍匐，粗 6.0 ~ 10.0 mm，假鳞茎彼此相距 10.0 cm，卵状长圆柱形，长 5.0 ~ 8.0 cm，粗 1.5 cm，顶生 1 枚叶。叶片椭圆形，长 10.0 ~ 21.0 cm，宽 8.5 cm，基部近圆形，具长 4.0 ~ 7.0 cm 的柄。花葶从假鳞茎基部发出，1 ~ 2 个，长 15.0 ~ 30.0 cm，花序伞形，具 4 ~ 8 朵花，花淡黄褐色。花苞片披针形，长 8.0 ~ 13.0 mm；中萼片近圆形，长、宽约 10.0 mm，边缘近先端处稍具细齿，先端具 1 条弯曲的刚毛，刚毛长 8.0 mm，先端膨大呈棒状，密被细乳突；侧萼片披针形，长 45.0 ~ 55.0 mm，基部贴生在蕊柱足上，基部上方扭转而两侧萼片的上下侧边缘除在先端分离外彼此黏合；花瓣卵状三角形，长 4.0 mm，基部宽 3.0 mm，边缘篦齿状，先端具与中萼片相同的刚毛；唇瓣卵状长圆形，长 6.0 mm，向外下弯；蕊柱长 3.0 mm，蕊柱齿镰状，大而宽扁，高出药帽之上，长 5.0 mm。

【花期】 10 ~ 11 月。

【生境状况】 生于海拔 1 700 ~ 2 000 m 林中树上或林下岩石上。

【濒危等级】 LC。

【地理分布】 贵州、云南和西藏等省区；印度、不丹和缅甸。

图 494-2 大叶卷瓣兰 *Bulbophyllum amplifolium* 地理分布

图 494-3 大叶卷瓣兰 *Bulbophyllum amplifolium* 花（金效华）

495 梳帽卷瓣兰 *Bulbophyllum andersonii* (Hook. f.) J. J. Sm.

【别名】 苞叶兰、果上叶、一匹草。

【主要特征】 附生植物，根状茎匍匐，粗 3.0 ~ 5.0 mm，假鳞茎彼此相距 3.0 ~ 11.0 cm，卵状圆锥形，长 2.0 ~ 5.0 cm，粗 0.6 ~ 1.5 cm，顶生 1 枚叶。叶片长圆形，长 7.0 ~ 21.0 cm，宽 1.6 ~ 4.3 cm，先端稍凹入，基部具长 1.0 ~ 2.5 cm 的柄。花葶从假鳞茎基部发出，长 17.0 cm，花序伞形，具数朵花，花浅白色密布紫红色斑点。花苞片披针形，长 5.0 mm；中萼片卵状长圆形，长 5.0 mm，宽 3.0 mm，近先端处具齿，先端具 1 条长 3.0 mm 的芒；侧萼片长圆形，比中萼片长 3 ~ 4 倍，基部贴生在蕊柱足上，基部上方扭转而上下侧边缘除基部和先端外彼此黏合；花瓣长圆形，长 3.0 mm，宽 1.0 mm，先端具长 0.8 mm 的芒，两面密布细乳突，边缘紫红色并具篦齿状的齿；唇瓣卵状三角形，茄紫色，从中部向外下弯，基部具凹槽并与蕊柱足末端连接而形成活动关节，唇盘中央具 1 条白色纵条带；蕊柱短，蕊柱翅在蕊柱中部稍向前扩展，蕊柱齿三角形，长 1.0 mm。

【花期】 2 ~ 10 月。

【生境状况】 生于海拔 400 ~ 2 000 m 的林中树上或林下岩石上。

【濒危等级】 LC。

【地理分布】 广西、四川、贵州和云南等省区；印度、缅甸、泰国、老挝和越南。

图 495-1 梳帽卷瓣兰 *Bulbophyllum andersonii* 生境与植株（李剑武）

图 495-2 梳帽卷瓣兰 *Bulbophyllum andersonii* 花（叶德平）

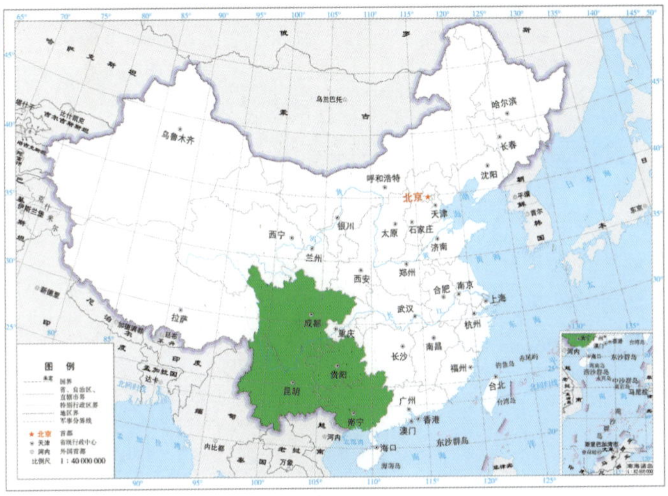

图 495-3 梳帽卷瓣兰 *Bulbophyllum andersonii* 地理分布

496 长瓣大苞兰 *Bulbophyllum angustipetalum* (Seidenf.) J. J. Verm., Schuit. & de Vogel (*Sunipia angustipetala* Seidenf.)

图 496-1 长瓣大苞兰 ***Bulbophyllum angustipetalum*** 生境与植株（叶德平）

【别名】 狭萼大苞兰。

【主要特征】 附生植物，假鳞茎彼此相距 2.0 ~ 3.0 cm，矛状，长 1.0 cm，粗 1.0 ~ 5.0 cm，顶生 1 枚叶。叶片披针形，长 8.0 cm，宽 1.0 cm。花序 1 ~ 3 枚，从假鳞茎基部发出，长约 10.0 cm，具 2 ~ 5 朵花，花黄色具紫色脉，唇瓣稍带粉色。花苞片披针形，长 5.0 ~ 8.0 mm；中萼片披针形，长 15.0 mm，宽 3.0 mm；侧萼片披针形，长 15.0 mm，宽 2.5 mm；花瓣线形，长 15.0 mm，宽 5.0 mm，边缘具细齿；唇瓣三角形，基部具 1 枚胼胝体，长 5.0 mm，宽 2.0 mm；蕊柱长 5.0 mm，蕊喙马鞍形，蕊柱足长 3.0 mm。

【花期】 11 ~ 12 月。

【生境状况】 生于海拔 1 400 ~ 1 500 m 的林中树上。

【濒危等级】 DD。

【地理分布】 云南省；泰国。

图 496-2 长瓣大苞兰 ***Bulbophyllum angustipetalum*** 花（叶德平）

图 496-3 长瓣大苞兰 ***Bulbophyllum angustipetalum*** 地理分布

497 柄叶石豆兰 *Bulbophyllum apodum* Hook. f.

图 497-1 柄叶石豆兰 *Bulbophyllum apodum* 生境与植株（李剑武）

【别名】 无。

【主要特征】 附生植物，根状茎匍匐，粗 5.0 mm，根成束从根状茎的节上发出，无假鳞茎，叶出自根状茎的节上，彼此相距 7.0 ~ 11.0 cm。叶片长圆形，长 8.0 ~ 15.0 cm，宽 3.0 cm，先端稍凹入，基部具长 4.0 ~ 5.0 cm 的柄。花葶从叶柄基部发出，长 22.0 cm，花序长为花葶的 2/5，密生许多小花，花黄白色。花苞片狭披针形，长 3.5 mm；中萼片长圆形，长 5.0 mm，宽 2.0 mm；侧萼片镰状披针形，长 6.0 mm，宽 2.0 mm；花瓣椭圆形，长 3.0 mm，宽 1.1 mm；唇瓣披针形，从中部向外下弯，长 4.0 mm，宽 2.0 mm，后半部两侧对折；蕊柱长 1.5 mm，蕊柱足基部具 1 枚隆起的胼胝体，蕊柱齿短，三角形。

【花期】 8 ~ 9 月。

【生境状况】 生于海拔 1 000 m 的林中树上或林下岩石上。

【濒危等级】 LC。

【地理分布】 云南省；印度、缅甸和越南。

图 497-2 柄叶石豆兰 *Bulbophyllum apodum* 地理分布

图 497-3 柄叶石豆兰 *Bulbophyllum apodum* 花（李剑武）

498 栖林兰 *Bulbophyllum ayuthayense* J. J. Verm., Schuit. & de Vogel (*Drymoda siamensis* Schltr.)

【别名】 无。

【主要特征】 附生植物，假鳞茎近球形，密集，压扁，粗 7.0 ~ 12.0 mm，顶生 2 枚叶，花期无叶。叶片卵形，长 8.0 mm，宽 6.0 mm。花序出自假鳞茎基部，长约 6.0 mm，具 1 朵花，花白色具紫罗兰色条纹。花苞片卵状披针形，长 2.0 ~ 2.5 mm，宽 1.5 ~ 2.0 mm；中萼片卵状长圆形，长 7.5 ~ 8.0 mm，宽 3.0 ~ 3.5 mm；侧萼片卵形，镰状，附着在整个蕊柱足上，长 10.5 ~ 11.0 mm，宽 3.5 ~ 4.0 mm；花瓣近披针形，长 6.0 ~ 6.5 mm，宽 1.0 ~ 1.1 mm；唇瓣卵状长圆形，具关节，长 11.0 ~ 12.0 mm，宽 5.5 ~ 6.0 mm，稍 3 裂，侧裂片直立，半圆形，中裂片卵形，内弯。

图 498-1 栖林兰 ***Bulbophyllum ayuthayense*** 植株（李剑武）

【花期】 3 ~ 4 月。

【生境状况】 生于海拔 200 ~ 1 100 m 的热带季雨林或针阔混交林中树上。

【濒危等级】 CR。

【地理分布】 云南省；泰国和老挝。

图 498-2 栖林兰 ***Bulbophyllum ayuthayense*** 花正面（李剑武）

图 498-3 栖林兰 ***Bulbophyllum ayuthayense*** 花侧面（李剑武）

图 498-4 栖林兰 ***Bulbophyllum ayuthayense*** 地理分布

499 黄花大苞兰 *Bulbophyllum bifurcatoflorens* (Fukuy.) J. J. Verm. [*Sunipia andersonii* (King & Pantl.) P. F. Hunt]

【别名】 绿花宝石兰、台湾堇兰、黄花堇兰。

【主要特征】 附生植物，根状茎匍匐，粗 1.5 mm，假鳞茎疏生，长卵形，长 1.0 cm，粗 0.3 ~ 0.4 cm，顶生 1 枚叶。叶片长圆形，长 5.0 cm，宽 0.7 cm，先端稍凹入。花葶侧生于假鳞茎基部，长 3.0 cm，花序具 1 ~ 3 朵花，花淡黄色。花苞片卵形，长 10.0 mm；萼片相似，卵状披针形，长 7.0 ~ 8.0 mm，宽 3.0 mm，近先端两侧边缘略内卷；花瓣狭卵状披针形，长 5.0 mm，宽 2.5 mm，中部以上收窄为圆柱状，下半部边缘具流苏；唇瓣深黄色，卵形，与花瓣等长，宽 2.5 mm，中部以上骤然变狭，基部具 1 枚肉质状横生的胼胝体，下半部边缘具缺刻；蕊柱短，长 1.0 mm，蕊柱足不明显，蕊喙马蹄形。

【花期】 9 ~ 10 月。

【生境状况】 生长于海拔 700 ~ 1 700 m 的林中树上。

【濒危等级】 LC。

【地理分布】 台湾和云南等省；印度、不丹、缅甸、泰国、老挝和越南。

图 499-1 黄花大苞兰 *Bulbophyllum bifurcatoflorens* 黄花（李剑武）

图 499-2 黄花大苞兰 *Bulbophyllum bifurcatoflorens* 红花（叶德平）

图 499-3 黄花大苞兰 *Bulbophyllum bifurcatoflorens* 地理分布

500 二色卷瓣兰 *Bulbophyllum bicolor* Lindl.

【别名】 二色石豆兰。

【主要特征】 附生植物，根状茎粗壮，粗 3.0 ~ 4.0 mm，每相隔 3.0 ~ 4.0 cm 生 1 个假鳞茎。假鳞茎卵球形，长 1.5 ~ 2.0 cm，粗 0.8 ~ 1.3 cm，顶生 1 枚叶，干后淡黄色，具光泽。叶革质，长圆形，长 10.0 ~ 14.0 cm，宽 1.8 ~ 2.3 cm，先端钝并且稍凹入，基部收狭为长约 1.5 cm 的柄。花葶从假鳞茎基部发出，长约 5.0 cm，伞形花序具 1 ~ 3 朵花；花序柄被 1 ~ 2 枚鞘；花苞片披针形，长 6.0 mm；花梗和子房长 1.5 cm；花淡黄色，在基部内面具紫色斑点；萼片和花瓣先端紫红色；中萼片长圆形，长 15.0 mm，宽约 10.0 mm，先端渐尖，边缘具肥厚的红色缘毛；侧萼片斜卵状披针形，长约 20.0 mm，宽约 7.5 mm，先端钝，基部上方扭转而下侧边缘在基部彼此黏合；花瓣长圆形，长约 10.0 mm，宽约 6.0 mm，先端具短尖，紫红色，边缘全缘；唇瓣橄榄绿色，后变为橘红色，卵形，向外下弯，与蕊柱足末端连接而形成 1 个活动关节，先端钝；蕊柱短，上端两侧各具 1 枚狭齿状的蕊柱齿；蕊柱翅在蕊柱中部向前伸展呈三角形。

图 500-1 二色卷瓣兰 *Bulbophyllum bicolor* 生境与植株（叶德平）

【花期】 5 月。

【生境状况】 生于海拔 200 ~ 1 100 m 的热带季雨林或针阔混交林中树上。

【濒危等级】 CR。

【地理分布】 广东、广西和香港等省区。

图 500-2 二色卷瓣兰 *Bulbophyllum bicolor* 花（金效华）

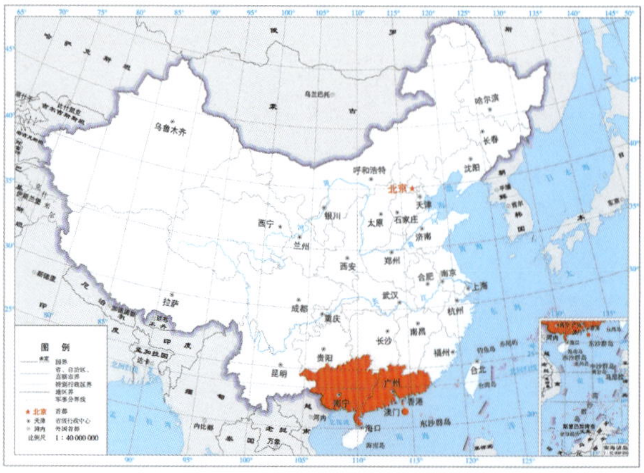

图 500-3 二色卷瓣兰 *Bulbophyllum bicolor* 地理分布

501 团花石豆兰 *Bulbophyllum bittnerianum* Schltr.

【别名】 无。

【主要特征】 附生植物，根状茎粗 4.0 ~ 5.0 mm，根多数从假鳞茎基部的节上发出，假鳞茎彼此相距 3.0 ~ 5.0 cm，卵球形，长 2.5 cm，粗 1.3 ~ 2.3 cm，具 4 个棱，顶生 1 枚叶。叶片长圆形，长 15.0 ~ 17.0 cm，宽 2.0 ~ 3.5 cm，基部收狭为长 1.0 ~ 1.5 cm 的柄。花葶从假鳞茎基部抽出，花序长 3.0 ~ 4.0 cm,密生多数花，花包藏于花苞片内，淡黄色。花苞片长圆形，远比花长，长 20.0 mm，宽 7.0 ~ 8.0 mm；中萼片长圆形，长 6.0 mm，宽 3.5 mm；侧萼片斜卵形，长 8.0 mm，宽 4.5 mm，基部贴生在蕊柱足上，下侧边缘彼此黏合；花瓣狭卵形，长 3.0 mm，宽 1.8 mm；唇瓣舌形，先端稍带紫色，长 3.5 mm，宽 1.0 mm，基部具凹槽且两侧各具 1 枚向前弯曲的狭耳，两侧密生乳突；蕊柱长 3.0 mm，蕊柱齿三角形，长 1.0 mm。

【花期】 7 月。

【生境状况】 生于海拔 1 700 m 的林中树上。

【濒危等级】 EN。

【地理分布】 云南省；泰国。

图 501-1 团花石豆兰 *Bulbophyllum bittnerianum* 生境与植株（金效华）

图 501-2 团花石豆兰 *Bulbophyllum bittnerianum* 地理分布

图 501-3 团花石豆兰 *Bulbophyllum bittnerianum* 花（金效华）

502 波密卷瓣兰 *Bulbophyllum bomiense* Z. H. Tsi

图 502-1 波密卷瓣兰 *Bulbophyllum bomiense* 生境与植株（金效华）

【别名】 波密石豆兰。

【主要特征】 附生植物，根状茎匍匐，粗 1.0 mm，假鳞茎彼此相距 1.0 ~ 2.0 cm，卵状圆锥形，长 7.0 ~ 10.0 mm，粗 5.0 mm，顶生 1 枚叶。叶片长圆形，长 17.0 ~ 35.0 mm，宽 5.0 ~ 7.0 mm，先端稍凹入，基部收狭。花葶从假鳞茎基部发出，长 2.0 cm，花序伞形，具 2 ~ 4 朵花，花深红色。花苞片卵状披针形，长 3.0 mm，呈镰状下弯；中萼片长圆形，长 7.0 mm，宽 2.5 mm，先端稍凹入，中部以上边缘密生细乳突，在背面疏生疣状突起；侧萼片镰状披针形，长 7.0 mm，基部贴生在蕊柱足上，在背面密生疣状突起，边缘在中部以上内卷，基部上方扭转而两侧萼片的上下侧边缘彼此黏合；花瓣近椭圆形，淡紫色带深紫色斑点，长 4.0 mm，宽 2.5 mm，边缘密生细乳突；唇瓣舌形，长 3.0 mm，基部上方稍向外下弯，基部具凹槽且与蕊柱足末端连接而形成活动关节，内面靠边缘各具 1 条纵走向的褶片；蕊柱长 1.2 mm，蕊柱翅近平直，蕊柱齿尖齿状，长 0.5 mm。

【花期】 7 月。

【生境状况】 生于海拔 2 000 m 的常绿阔叶林下岩石上。

【濒危等级】 EN。

【地理分布】 西藏自治区。

图 502-2 波密卷瓣兰 *Bulbophyllum bomiense* 花（金效华）

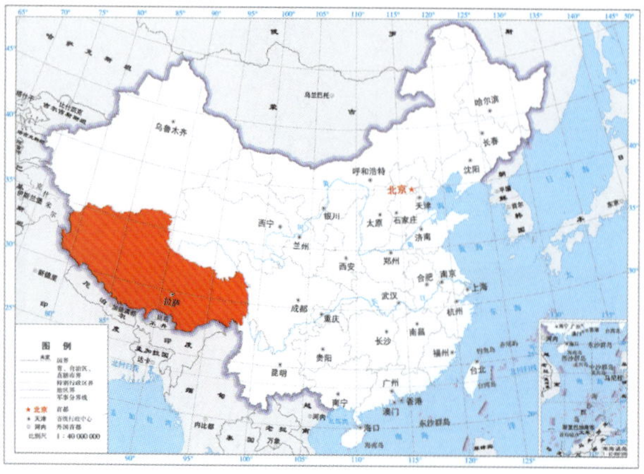

图 502-3 波密卷瓣兰 *Bulbophyllum bomiense* 地理分布

503 白花大苞兰 *Bulbophyllum candidum* Hook. f. [*Sunipia candida* (Lindl.) P. F. Hunt]

【别名】 白花堇兰。

【主要特征】 附生植物，根状茎粗 1.5 mm，假鳞茎彼此相距 1.5 ~ 2.0 cm，卵形，长 10.0 ~ 15.0 mm，粗 5.0 ~ 7.0 mm，顶生 1 枚叶。叶狭长圆形，长 3.0 ~ 6.0 cm，宽 0.4 ~ 0.7 cm，先端稍凹入，基部收狭。花葶从假鳞茎基部侧边发出，稍高出叶外，花序长 2.0 ~ 4.0 cm，具多数花，花绿白色。花苞片狭披针形，长 5.0 ~ 7.0 mm；中萼片卵状披针形，长 6.0 mm，宽 1.5 mm；侧萼片与中萼片等长，靠近唇瓣一侧边缘彼此黏合，仅先端稍分离；花瓣卵形，长 3.0 mm，宽 1.5 ~ 1.7 mm，边缘啮蚀状；唇瓣上半部黄色，下半部白色，披针形，长 5.0 ~ 6.0 mm，宽 1.6 ~ 2.0 mm，近中部向先端骤然收狭为圆柱状，中部以下边缘撕裂状，唇盘从基部至先端纵贯 1 条增厚的龙骨脊；蕊柱长 1.0 mm。

【花期】 7 ~ 8 月。

【生境状况】 生长于海拔 1 900 ~ 2 500 m 的林中树上。

【濒危等级】 VU。

【地理分布】 云南和西藏等省区；印度。

图 503-1 白花大苞兰 ***Bulbophyllum candidum*** 生境与植株（叶德平）

图 503-2 白花大苞兰 ***Bulbophyllum candidum*** 地理分布

图 503-3 白花大苞兰 ***Bulbophyllum candidum*** 花序（叶德平）

504 尾瓣石豆兰 *Bulbophyllum careyanum* (Hook.) Spreng.

图 504-1 尾瓣石豆兰 *Bulbophyllum careyanum* 生境与植株（叶德平）

【别名】 无。

【主要特征】 附生植物，假鳞茎彼此相距 5.0 ~ 8.0 cm，卵球形，长 3.0 ~ 5.5 cm，粗 2.0 ~ 3.5 cm，顶生 1 枚叶。叶片长圆形，长 10.0 ~ 18.0 cm，宽 2.0 ~ 3.5 cm。花序从假鳞茎基部发出，长 8.0 ~ 10.0 cm，密生多数花，花黄绿色，具棕红色斑点。花苞片披针形，长 5.0 ~ 6.0 mm；萼片近相等，卵状长圆形，长 4.5 ~ 8.0 mm，宽 2.5 ~ 3.5 mm，中萼片比侧萼片稍短；花瓣小，宽卵形，先端具尾状刺，边缘稍具刚毛，长 2.5 ~ 3.0 mm，宽 1.5 ~ 2.0 mm；唇瓣卵状长圆形，基部具耳，长 3.5 ~ 4.5 mm，宽 1.4 ~ 1.8 mm，深棕红色，基部具凹槽；蕊柱长 1.3 ~ 1.5 mm。

【花期】 10 月至翌年 2 月。

【生境状况】 生于海拔 200 ~ 2 100 m 的林中树上。

【濒危等级】 DD。

【地理分布】 云南省；印度、不丹、尼泊尔、缅甸、泰国和越南。

图 504-2 尾瓣石豆兰 *Bulbophyllum careyanum* 花序（叶德平）

图 504-3 尾瓣石豆兰 *Bulbophyllum careyanum* 地理分布

505 尖叶石豆兰 *Bulbophyllum cariniflorum* Rchb. f.

【别名】 二叶石豆兰。

【主要特征】 附生植物，根状茎粗 3 mm，根成束从假鳞茎基部的根状茎节上发出，假鳞茎聚生，卵球形，粗 1.0 ~ 1.5 cm，顶生 2 枚叶。叶片长圆形，长 12.0 ~ 15.0 cm，宽 2.7 ~ 4.0 cm，基部收狭为长 5.0 ~ 10.0 mm 的柄。花葶从假鳞茎基部发出，比叶短，长 8.0 mm，花序长为花葶的 1/3 左右，具多数密生的花，花黄色。花苞片狭披针形，长 3.0 ~ 4.0 mm；萼片相似，卵状长圆形，长 6.0 mm，宽 3.0 mm，中萼片凹，两侧萼片的下侧边缘除先端外彼此黏合，先端呈兜状，基部 1/2 贴生于蕊柱足上；花瓣披针形，长 3.5 mm，宽 1.5 mm；唇瓣对折，向外下弯，舌状，长 3.0 mm，宽 1.3 mm；蕊柱长 2.0 mm，蕊柱齿三角形，长 1.0 mm，先端钻状。

【花期】 7 月。

【生境状况】 生长于海拔 2 100 ~ 2 200 m 的林下岩石上。

【濒危等级】 NT。

【地理分布】 西藏和云南等省区；印度、不丹、尼泊尔和泰国。

图 505-1 尖叶石豆兰 *Bulbophyllum cariniflorum* 生境与植株（叶德平）

图 505-2 尖叶石豆兰 *Bulbophyllum cariniflorum* 地理分布

图 505-3 尖叶石豆兰 *Bulbophyllum cariniflorum* 花序（李剑武）

506 链状石豆兰 *Bulbophyllum catenarium* Ridl.

图 506-1 链状石豆兰 *Bulbophyllum catenarium* 生境与植株（金效华）

【别名】 无。

【主要特征】 附生植物，植株小，根状茎匍匐，假鳞茎彼此首尾相接，近圆锥形，长 1.0 ~ 7.0 mm，粗 1.0 ~ 3.0 mm，顶生 1 枚叶。叶片椭圆形，长 4.0 ~ 12.0 mm，宽 3.0 ~ 6.0 mm。花葶从假鳞茎基部发出，长 25.0 ~ 55.0 mm，顶生 1 朵花，花淡黄色具橘黄色条纹，唇瓣深红色。花苞片杯状，长 1.5 ~ 2.2 mm；中萼片椭圆形，长 3.0 ~ 6.5 mm，宽 2.0 ~ 2.5 mm，边缘啮蚀状；侧萼片椭圆形，长 5.0 ~ 9.0 mm，宽 3.5 ~ 5.5 mm，边缘全缘；花瓣卵形，长 1.0 ~ 1.3 mm，宽 0.4 ~ 0.7 mm；唇瓣基部三角形且肿胀，先端近圆形，长 1.5 ~ 2.0 mm，宽 0.8 ~ 1.6 mm，边缘向上卷，先端外表面具疣状突起；蕊柱长 2.0 mm，蕊柱齿近三角形，长 1.0 mm，齿下方具蕊柱翅。

【花期】 4 ~ 5 月。

【生境状况】 生于海拔 2 200 ~ 2 300 m 的林中树上。

【濒危等级】 LC。

【地理分布】 云南省；马来西亚和越南。

图 506-2 链状石豆兰 *Bulbophyllum catenarium* 花（金效华）

图 506-3 链状石豆兰 *Bulbophyllum catenarium* 地理分布

507 尾萼卷瓣兰 *Bulbophyllum caudatum* Lindl.

【别名】 无。

【主要特征】 附生植物，根状茎粗 1.0 ~ 2.0 mm，具分枝，根成束生于假鳞茎基部的根状茎节上，假鳞茎彼此相距 2.0 ~ 8.0 cm，卵形，长 1.0 ~ 2.5 cm，粗 0.1 ~ 1.0 cm，顶生 1 枚叶。叶片卵状披针形，长 2.5 ~ 6.5 cm，宽 1.0 ~ 1.5 cm，基部具长 2.0 ~ 3.0 mm 的柄。花葶从假鳞茎基部发出，与假鳞茎约等长，花序伞形，具多数花，花白色。花苞片披针形，与子房近等长，中萼片卵状长圆形，长 5.0 mm，向前弯；侧萼片披针形，比中萼片长 5 ~ 7 倍，先端延伸呈长尾状，彼此离生且平行；花瓣倒卵状长圆形；唇瓣长圆形，与花瓣约等长，基部具柄，后半部两侧直立，前半部边缘下弯；蕊柱翅向前伸展呈半圆形，蕊柱齿纤细。

【花期】 6 ~ 7 月。

【生境状况】 生于海拔 800 ~ 1 200 m 的林中树上。

【濒危等级】 EN。

【地理分布】 云南和西藏等省区；尼泊尔和印度。

图 507-1　尾萼卷瓣兰 *Bulbophyllum caudatum* 生境与植株（叶德平）

图 507-2　尾萼卷瓣兰 *Bulbophyllum caudatum* 花（叶德平）

图 507-3　尾萼卷瓣兰 *Bulbophyllum caudatum* 地理分布

508 茎花石豆兰 *Bulbophyllum cauliflorum* Hook. f.

【别名】 无。

【主要特征】 附生植物，根状茎粗 3.0 ~ 4.0 mm，分枝，假鳞茎彼此相距 4.0 ~ 12.0 cm，圆柱形，斜立，长 2.0 ~ 5.0 cm，粗 0.7 ~ 1.0 cm，顶生 1 枚叶。叶片长圆形，长 5.0 ~ 10.0 cm，宽 1.4 ~ 2.7 cm，先端稍凹入，基部收狭为长 0.5 ~ 1.5 cm 的柄。花葶从根状茎节上和假鳞茎基部发出，与假鳞茎约等长，花序伞状，具 3 ~ 5 朵花，花白色。花苞片卵状披针形，长 4.0 mm；萼片近相似，狭披针形，长 7.0 ~ 10.0 mm，宽 1.5 mm，先端呈尾状；花瓣披针形，长 5.0 ~ 7.0 mm，宽 1.2 mm；唇瓣披针形，长 3.0 ~ 4.0 mm，基部具凹槽，与蕊柱足末端连接而形成活动关节；蕊柱长 0.6 mm，蕊柱齿镰刀状，长 1.0 mm。

图 508-1 茎花石豆兰 *Bulbophyllum cauliflorum* 地理分布

【花期】 6 ~ 7 月。

【生境状况】 生于海拔 800 ~ 1 800 m 的林中树上或林下岩石上。

【濒危等级】 LC。

【地理分布】 云南和西藏等省区；印度。

图 508-2 茎花石豆兰 *Bulbophyllum cauliflorum* 花（金效华）

509 城口卷瓣兰 *Bulbophyllum chondriophorum* (Gagnep.) Seidenf.

图 509-1 城口卷瓣兰 *Bulbophyllum chondriophorum* 生境与植株（金伟涛）

【别名】 浙杭卷瓣兰、四棱卷瓣兰。

【主要特征】 附生植物，根状茎匍匐，假鳞茎彼此相距 1.0 ~ 1.5 cm，卵球形，长 5.0 ~ 8.0 mm，粗 4.0 ~ 6.0 mm，具 4 个棱角，顶生 1 枚叶。叶片长圆形，长 2.0 ~ 3.0 cm，宽 0.6 ~ 0.8 cm，先端稍凹入，基部收狭为长 1.0 mm 的柄。花葶出自假鳞茎基部，不高出叶外，长约 2.0 cm，伞形花序具 3 ~ 4 朵花，花金黄色。花苞片披针形，长 3.0 mm；中萼片卵形，凹陷，长 5.5 mm，宽 3.0 mm，边缘除基部外密生棒状腺毛；侧萼片狭披针形，长 19.0 ~ 25.0 mm，宽 2.2 mm，先端渐尖呈尾状，基部上方扭转，两侧萼片除中部以上彼此分开而上下侧边缘各自内卷呈筒状外，其余部分的边缘彼此靠合；花瓣卵形，长 3.2 mm，宽 2.0 mm，边缘密生棒状腺毛；唇瓣舌状，无毛，长 3.0 mm，从中部向外下弯，基部具凹槽，以关节和蕊柱足末端相连。蕊柱长约 1.8 mm，蕊柱足长 3.0 mm，蕊柱齿三角形，长约 0.3 mm。

【花期】 4 月。

【生境状况】 生于海拔约 700 m 的山谷岩石上。

【濒危等级】 VU。

【地理分布】 浙江和福建等省。

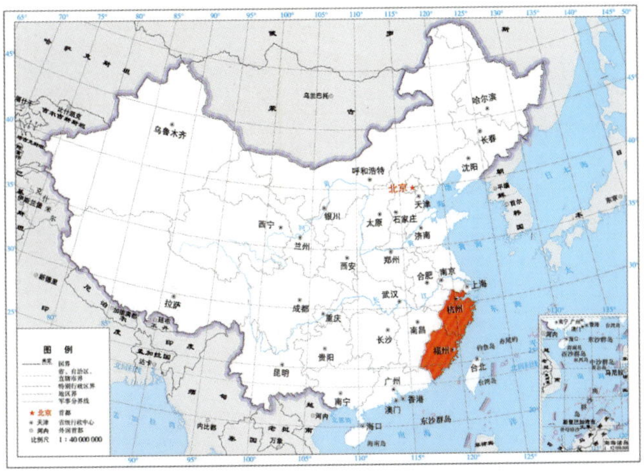

图 509-2 城口卷瓣兰 *Bulbophyllum chondriophorum* 地理分布

图 509-3 城口卷瓣兰 *Bulbophyllum chondriophorum* 花（金伟涛）

510 环唇石豆兰 *Bulbophyllum corallinum* Tixier & Guillaum.

图 510-1 环唇石豆兰 ***Bulbophyllum corallinum*** 生境与植株（叶德平）

【别名】 无。

【主要特征】 附生植物，假鳞茎彼此靠近或稍疏离，近圆柱形，顶生 1 枚叶。叶片狭长圆形，长 2.5 ~ 4.3 cm，宽 0.4 ~ 0.7 cm，近无柄。花序从假鳞茎基部发出，短，密生多数花，花褐红色。花苞片长 4.0 mm；中萼片卵状披针形，长 2.2 ~ 6.0 mm，宽 1.0 mm；侧萼片斜卵状三角形，中部以上两侧边缘强烈向内弯折，长 2.3 ~ 7.0 mm，与中萼片近等宽，基部贴生在蕊柱足上；花瓣长圆形，长 1.2 ~ 1.8 mm，宽 0.5 ~ 0.8 mm，边缘具不整齐的细齿；唇瓣向外下弯呈半环状，长 1.3 mm，宽 0.3 mm，基部与蕊柱足末端连接而形成活动关节，边缘密生白色长柔毛，唇盘具 2 条脊状突起；蕊柱长 0.6 mm，蕊柱齿镰刀状，长约 0.8 mm。

【花期】 3 ~ 9 月。

【生境状况】 生于海拔 1 100 ~ 1 600 m 的林中树上。

【濒危等级】 LC。

【地理分布】 云南省；泰国和越南。

图 510-2 环唇石豆兰 ***Bulbophyllum corallinum*** 花（叶德平）

图 510-3 环唇石豆兰 ***Bulbophyllum corallinum*** 地理分布

511 短瓣兰 *Bulbophyllum crabro* (E. C. Parish & Rchb. f.) J. J. Verm., Schuit. & de Vogel (*Monomeria barbata* Lindl.)

【别名】 无。

【主要特征】 附生植物，根状茎匍匐，粗 5.0 mm，假鳞茎彼此相距 6.0 cm，卵形，长 4.0 cm，粗 1.5 cm，顶生 1 枚叶。叶片长圆形，长 31.0 ~ 32.0 cm，宽 4.0 cm，先端稍凹入，基部收狭为长 9.0 ~ 10.0 cm 的柄。花葶侧生于假鳞茎基部，近等长于叶，花序长 5.0 ~ 10.0 cm，疏生数朵花，花黄色具淡红色晕。花苞片卵形，长 7.0 mm；中萼片直立，卵形，凹陷，长 15.0 mm，宽 5.0 mm；侧萼片较大，远离蕊柱而贴生于蕊柱足的中部以上，披针形，长 20.0 mm，宽 7.0 mm，上面密布粗硬毛；花瓣斜三角形，长 3.0 mm，宽 2.5 mm，基部向蕊柱足下延，边缘具流苏；唇瓣比萼片小，从中部向外下弯，与蕊柱足末端连接而形成 1 个活动关节，3 裂，侧裂片近半圆形，基部两端的后侧边缘各具 1 枚狭镰刀状的小裂片，中裂片较大，唇盘具 2 条膜状褶片；蕊柱长 6.0 mm，蕊柱翅在蕊柱中部向前扩大，蕊柱齿三角形。

图 511-1 短瓣兰 *Bulbophyllum crabro* 生境与植株（李剑武）

【花期】 11 月至翌年 1 月。

【生境状况】 生于海拔 800 ~ 2 000 m 的林中树上或林下岩石上。

【濒危等级】 NT。

【地理分布】 云南和西藏等省区；印度、尼泊尔、缅甸和泰国。

图 511-2 短瓣兰 *Bulbophyllum crabro* 地理分布

图 511-3 短瓣兰 *Bulbophyllum crabro* 花（李剑武）

512 短耳石豆兰 *Bulbophyllum crassipes* Hook. f.

图 512-1 短耳石豆兰 ***Bulbophyllum crassipes*** 生境与植株（李剑武）

【别名】 臭味豆兰。

【主要特征】 附生植物，根状茎粗 3.0 ~ 4.0 mm，根成束从假鳞茎基部的根状茎的节上发出，假鳞茎彼此相距 2.0 ~ 30.0 cm，卵球形，长 3.0 ~ 4.0 cm，粗 1.5 ~ 2.5 cm，具 4 ~ 5 条棱，顶生 1 枚叶。叶片长圆形，长 12.0 ~ 17.0 cm，宽 2.0 ~ 3.5 cm，先端稍凹入，基部收狭为长 1.0 ~ 2.0 cm 的柄。花葶从假鳞茎基部发出，长 4.0 ~ 17.0 cm，向外弯弓，花序长 2.0 ~ 7.0 cm，密生多数覆瓦状排列的花，花淡褐色，极臭。花苞片卵状披针形，长 5.0 ~ 7.0 mm；中萼片长圆形，长 6.0 mm，宽 3.0 mm；侧萼片卵状披针形，比中萼片长，宽 3.5 mm，下侧边缘彼此靠合而上侧边缘内卷而形成兜状；花瓣斜三角形，长 2.5 ~ 3.0 mm，宽 2.0 mm，向蕊柱足下延，先端呈短尾状，边缘疏生不整齐的细齿；唇瓣舌状，比花瓣长，边缘具细乳突，基部具凹槽，其外侧各具 1 枚小裂片，裂片近方形，长 1.0 mm，向前伸，先端截形并具小缺刻；蕊柱长 2.0 mm，蕊柱齿三角形，长 1.0 mm。

【花期】 4 月。

【生境状况】 生于海拔约 1 200 m 的林中树上或林下岩石上。

【濒危等级】 LC。

【地理分布】 云南省；印度、缅甸和泰国。

图 512-2 短耳石豆兰 ***Bulbophyllum crassipes*** 花序（叶德平）

图 512-3 短耳石豆兰 ***Bulbophyllum crassipes*** 地理分布

513 大苞石豆兰 *Bulbophyllum cylindraceum* Lindl.

【别名】 石灵芝、石枣子。

【主要特征】 附生植物，根状茎匍匐，粗 5.0 ~ 6.0 mm，假鳞茎小，顶生 1 枚叶。叶片椭圆状长圆形，长 15.0 ~ 25.0 cm，宽 2.0 ~ 4.0 cm，基部收狭为长 4.0 ~ 7.0 cm 的柄。花葶从假鳞茎基部发出，近等长于叶，花序长 6.5 cm，密生多数覆瓦状排列的花，基部具 1 枚总苞片，总苞片佛焰苞状，长 2.5 cm，宽 0.7 cm，花褐绿色。花苞片卵形，长 4.0 mm；中萼片卵状三角形，长 5.0 mm，宽 2.2 mm，背面略被糠秕状鳞片；侧萼片斜卵形，与中萼片等长，宽 3.0 mm，下侧边缘除先端外彼此黏合，背面被糠秕状鳞片；花瓣长圆状披针形，长 2.0 ~ 4.4 mm，宽 1.5 mm；唇瓣舌形，基部具凹槽，从中部向外下弯，长 3.5 mm，宽 2.0 mm，唇盘具 3 条龙骨状突起，密被乳突；蕊柱长 0.6 mm，蕊柱齿狭镰刀状，长 1.0 mm。

图 513-1 大苞石豆兰 *Bulbophyllum cylindraceum* 地理分布

【花期】 11 月。

【生境状况】 生于海拔 1 400 ~ 1 600 m 的林中树上或林下岩石上。

【濒危等级】 NT。

【地理分布】 云南省；印度、不丹、尼泊尔和缅甸。

图 513-2 大苞石豆兰 *Bulbophyllum cylindraceum* 花序（李剑武）

图 513-3 大苞石豆兰 *Bulbophyllum cylindraceum* 生境与植株（李剑武）

514 苏瓣石豆兰 *Bulbophyllum dayanum* Rchb. f.

图 514-1 苏瓣石豆兰 *Bulbophyllum dayanum* 生境与植株（叶德平）

【别名】 流瓣石豆兰。

【主要特征】 附生植物或有时为半附生植物，假鳞茎彼此相距 5.0 ~ 8.0 cm，近卵球形，粗约 2.5 cm，顶生 1 枚叶。叶片长圆形，长 8.0 ~ 10.0 cm，宽 3.0 ~ 5.0 cm，基部具短柄，正面绿色，背面紫色。花序从假鳞茎基部发出，具 3 ~ 5 朵花，花黄褐色具深紫色斑点。花萼片宽卵形，长 16.0 ~ 17.0 mm，边缘具缘毛和长毛；花瓣线状长圆形，长 8.0 ~ 9.0 mm，边缘具缘毛；唇瓣舌形，长 8.5 mm，紫红色，3 裂，侧裂片位于唇瓣，齿状，先端稍内弯，中裂片宽长圆形，边缘具钝齿，唇盘上具 3 条纵的鸡冠状褶片，侧面 2 条从基部一直延伸至顶端钝齿，基部具短爪；蕊柱长 8.0 mm，蕊柱足长 6.0 ~ 7.0 mm。

【花期】 5 月。

【生境状况】 生于海拔 700 ~ 1 300 m 的林中树上或林下岩石上。

【濒危等级】 DD。

【地理分布】 云南省；印度、缅甸、泰国、柬埔寨和越南。

图 514-2 苏瓣石豆兰 *Bulbophyllum dayanum* 花（叶德平）

图 514-3 苏瓣石豆兰 *Bulbophyllum dayanum* 地理分布

515 直唇卷瓣兰 *Bulbophyllum delitescens* Hance

【别名】 鞭毛卷瓣兰、直唇兰、直唇石豆兰。

【主要特征】 附生植物，根状茎匍匐，粗 4.0 mm，具分枝，假鳞茎彼此相距 3.0 ~ 11.0 cm，卵形，长 1.7 ~ 3.5 cm，粗 0.5 ~ 1.0 cm，顶生 1 枚叶。叶片长圆形，长 16.0 ~ 25.0 cm，宽 3.5 ~ 6.0 cm，基部具长 2.0 ~ 3.0 cm 的柄。花葶从假鳞茎基部发出，不高出叶外，长 10.0 ~ 22.0 cm，花序伞形，具 2 ~ 4 朵花，花茄紫色。花苞片披针形，长 4.0 ~ 6.0 mm，先端具芒尖；中萼片卵形，舟状，长 10.0 mm，宽 3.0 mm，先端具凹缺，在凹缺中央具 1 条长 7.0 mm 的芒；侧萼片狭披针形，长 60.0 mm，宽 2.0 mm，基部贴生在蕊柱足上，基部上方扭转而两侧萼片的上下侧边缘彼此黏合；花瓣镰状披针形，长 5.0 ~ 7.0 mm，宽 1.5 ~ 2.0 mm，先端具凹缺，凹缺中央具 1 个短芒；唇瓣舌形，向外下弯，长 5.0 mm，基部具凹槽且与蕊柱足末端连接；蕊柱长 3.0 mm，蕊柱翅向前伸，蕊柱齿成臂状，长 3.0 mm。

【花期】 4 ~ 11 月。

【生境状况】 生于海拔 800 ~ 1 000 m 的林中树上或林下岩石上。

【濒危等级】 VU。

【地理分布】 福建、海南、广东、香港、云南和西藏等省区；印度和越南。

图 515-1 直唇卷瓣兰 *Bulbophyllum delitescens* 生境与植株（李剑武）

图 515-2 直唇卷瓣兰 *Bulbophyllum delitescens* 地理分布

图 515-3 直唇卷瓣兰 *Bulbophyllum delitescens* 花（叶德平）

516 戟唇石豆兰 *Bulbophyllum depressum* King & Pantl.

图 516-1 戟唇石豆兰 *Bulbophyllum depressum* 生境与植株（金效华）

图 516-2 戟唇石豆兰 *Bulbophyllum depressum* 植株（金效华）

【别名】 箭唇石豆兰。

【主要特征】 附生植物，根状茎匍匐，具分枝，粗 1.0 mm，根 2 ~ 3 条从假鳞茎基部发出，假鳞茎彼此相距 8.0 ~ 14.0 mm，偏鼓状卵球形，伏卧在根状茎上，长 4.0 ~ 8.0 mm，粗 2.5 ~ 4.0 mm，中部以上稍斜举，顶生 1 枚叶。叶片卵形，长 6.0 ~ 15.0 mm，宽 4.0 ~ 8.0 mm，基部具长 1.0 ~ 2.0 mm 的柄。花葶从假鳞茎基部发出，长 6.0 mm，顶生 1 朵花，花除基部和先端浅绿色外其余紫色。花苞片杯状，长不及 1.0 mm；中萼片披针形，长 3.0 mm，宽 0.7 mm；侧萼片镰状披针形，稍比中萼片长，宽 0.7 mm，基部贴生在蕊柱足上而形成萼囊；花瓣椭圆形，长 2.0 mm，宽 0.5 mm；唇瓣菱形，长 1.5 mm，3 裂，侧裂片半圆形，两侧裂片先端之间宽 1.0 mm，中裂片舌形，长 0.7 mm，唇盘在两侧裂片中央具 1 个胼胝体，其延伸至中裂片上；蕊柱长 1.0 mm，蕊柱齿不明显。

【花期】 6 ~ 11 月。

【生境状况】 生于海拔 400 ~ 600 m 的林中树上或林下岩石上。

【濒危等级】 VU。

【地理分布】 广东、海南和云南等省；泰国。

图 516-3 戟唇石豆兰 *Bulbophyllum depressum* 地理分布

517 狄氏卷瓣兰 *Bulbophyllum dickasonii* Seidenf.

【别名】 无。

【主要特征】 附生植物，假鳞茎彼此紧靠，卵圆形，粗 10.0 ~ 15.0 mm，顶生 2 枚叶，花期无叶。花葶从假鳞茎基部发出，长约 10.0 cm，花序下垂，长 3.0 ~ 4.5 cm，具 4 ~ 8 朵花，花红色。花苞片狭三角形，长 5.0 ~ 7.0 mm；中萼片狭卵形，长 7.0 ~ 8.0 mm，宽 2.5 mm；侧萼片线状长圆形，长 45.0 ~ 55.0 mm，一侧边缘除基部外黏合在一起；花瓣狭卵形，长 5.0 mm，宽 2.0 mm，边缘稍啮蚀状，内面具乳头状突起；唇瓣以 1 关节与蕊柱足连接，长 2.4 mm，基部具凹槽，边缘具短毛；蕊柱长约 1.0 mm。

【花期】 4 月。

【生境状况】 生于海拔 1 100 ~ 1 200 m 的林中树上。

【濒危等级】 DD。

【地理分布】 云南省；缅甸。

图 517-1 狄氏卷瓣兰 *Bulbophyllum dickasonii* 生境与植株（叶德平）

图 517-2 狄氏卷瓣兰 *Bulbophyllum dickasonii* 地理分布

图 517-3 狄氏卷瓣兰 *Bulbophyllum dickasonii* 花（叶德平）

518 普洱石豆兰 *Bulbophyllum didymotripis* Seidenf.

图 518-1 普洱石豆兰 *Bulbophyllum didymotripis* 生境与植株（叶德平）

【别名】 无。

【主要特征】 附生植物，根状茎匍匐，根 3 ~ 5 条，从假鳞茎基部根状茎节上发出，假鳞茎彼此靠合，近卵形，长 4.0 ~ 6.0 mm，稍偏斜，顶生 1 枚叶。叶片长圆状披针形，长 7.0 ~ 10.0 mm，宽 3.5 ~ 6.0 mm。花葶从假鳞茎基部发出，长 18.0 ~ 30.0 mm，顶生 1 朵花，花白色具橘红色条纹，唇瓣红色。花苞片管状，长 1.5 mm；中萼片长圆状披针形，长 4.0 ~ 4.5 mm，宽 1.4 ~ 1.6 mm；侧萼片卵状三角形，稍偏斜，长 4.0 ~ 4.5 mm，宽 1.6 ~ 2.2 mm，基部与蕊柱足连接形成萼囊；花瓣卵状长圆形，长 1.6 ~ 2.2 mm，宽 0.8 ~ 1.0 mm；唇瓣舌状，下弯，长 4.0 ~ 4.5 mm，基部具凹槽并与蕊柱足末端连接而形成活动关节，唇盘中央具 2 条褶片；蕊柱长 1.0 mm。

【花期】 7 ~ 8 月。

【生境状况】 生长于海拔 1 300 ~ 1 400 m 的林中树上。

【濒危等级】 VU。

【地理分布】 云南省；泰国。

图 518-2 普洱石豆兰 *Bulbophyllum didymotripis* 植株（李剑武）

图 518-3 普洱石豆兰 *Bulbophyllum didymotripis* 地理分布

519 三角兰 *Bulbophyllum disciflorum* Rolfe [*Trias disciflora* (Rolfe) Rolfe]

【别名】 盘花三角兰、疣花三角兰。

【主要特征】 附生植物，根状茎匍匐，粗 2.0 ~ 3.0 mm，假鳞茎密生，卵形，长 2.5 ~ 5.0 cm，粗 1.8 ~ 2.5 cm，顶生 1 枚叶。叶片椭圆形，长 15.0 ~ 19.0 cm，宽 2.8 ~ 6.0 cm，基部具长 3.0 ~ 8.0 cm 的柄。花葶从假鳞茎基部发出，长 3.0 ~ 4.0 cm，花序具 1 朵花，花淡黄绿色具紫红色斑点。花苞片杯状，长 6.0 ~ 8.0 mm；萼片近相似，椭圆状卵形，长 20.0 ~ 23.0 mm，宽 11.0 ~ 13.0 mm，侧萼片基部贴生于蕊柱足上而形成萼囊；花瓣近椭圆形，长 12.0 ~ 14.0 mm，宽 9.0 ~ 11.0 mm；唇瓣卵形，长 10.0 ~ 12.0 mm，宽 6.0 ~ 7.0 mm，下弯，基部具凹槽，上面有时具乳突，唇盘上具 2 条纵脊突；蕊柱长 4.0 ~ 5.0 mm，蕊柱齿短，三角形，蕊柱翅近三角形。

【花期】 4 ~ 5 月。

【生境状况】 生于海拔 1 900 m 左右的林中树上或林下岩石上。

【濒危等级】 VU。

【地理分布】 云南省；越南。

图 519-1 三角兰 ***Bulbophyllum disciflorum*** 生境与植株（叶德平）

图 519-2 三角兰 ***Bulbophyllum disciflorum*** 地理分布

图 519-3 三角兰 ***Bulbophyllum disciflorum*** 花（叶德平）

520 圆叶石豆兰 *Bulbophyllum drymoglossum* Maxim. ex Okubo

图 520-1 圆叶石豆兰 *Bulbophyllum drymoglossum* 生境与植株（李剑武）

【别名】 狭萼豆兰、小石豆兰、金耳环。

【主要特征】 附生植物，根状茎匍匐，粗 0.5 ~ 1.0 mm，具长 1.0 ~ 1.3 cm 的节间，每节生 1 枚叶，无假鳞茎。叶片近椭圆形，长 5.0 ~ 15.0 mm，宽 5.0 ~ 10.0 mm，几乎无柄。花葶从叶柄基部发出，长 7.0 ~ 40.0 mm，花序具 1 ~ 2 朵花，花淡黄色。花苞片卵形，长 1.3 ~ 3.0 mm；萼片相似，卵状披针形，长 4.0 ~ 10.0 mm，宽 2.0 ~ 4.0 mm，侧萼片稍大；花瓣长圆形，长 2.0 ~ 4.0 mm，宽 0.8 ~ 2.0 mm；唇瓣卵状椭圆形，紫褐色带淡黄色先端，长 3.0 ~ 5.0 mm，宽 1.7 ~ 3.0 mm，中部以上向外下弯，中下部两侧边缘略波状，基部近圆形且与蕊柱足末端连接而形成活动关节；蕊柱短，长 1.5 ~ 2.0 mm，蕊柱齿三角形，不明显。

【花期】 5 月。

【生境状况】 生于海拔 300 ~ 2 000 m 的林中树上。

【濒危等级】 LC。

【地理分布】 台湾、广东、广西和云南等省区；日本、朝鲜和韩国。

图 520-2 圆叶石豆兰 *Bulbophyllum drymoglossum* 花（李剑武）

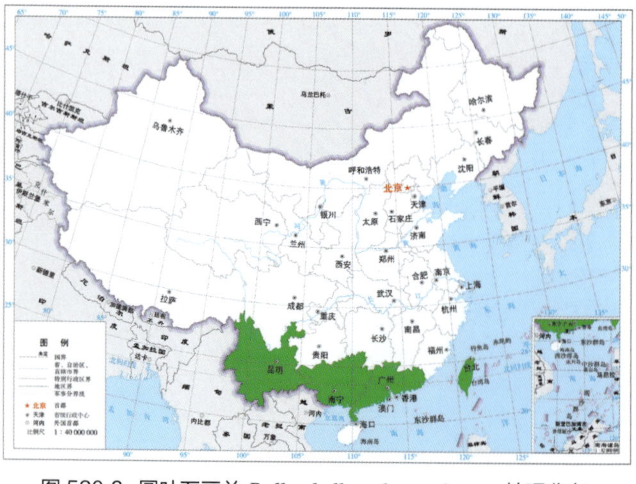

图 520-3 圆叶石豆兰 *Bulbophyllum drymoglossum* 地理分布

521 独龙江石豆兰 *Bulbophyllum dulongjiangense* X. H. Jin

【别名】 无。

【主要特征】 附生植物，根状茎下垂，假鳞茎彼此靠近，圆锥形，长 1.5 ~ 2.0 cm，粗 0.5 ~ 0.8 cm，顶生 1 枚叶。叶片披针形，长 35.0 mm，宽 9.0 ~ 10.0 mm。花葶从假鳞茎基部或根状茎的节上发出，短，花序具 10 ~ 15 朵花，花淡黄色。花苞片长 7.0 ~ 8.0 mm；中萼片线形，长 12.0 ~ 14.0 mm，宽 1.0 mm；侧萼片呈偏斜的线形，长 21.0 ~ 23.0 mm，宽 2.0 mm，基部贴生于蕊柱足上形成萼囊；花瓣长圆形，长 1.9 ~ 2.1 mm，宽 1.3 ~ 1.5 mm；唇瓣钩状弯曲，长 2.0 ~ 2.2 mm，宽 0.9 ~ 1.0 mm，基部与蕊柱足末端连接而形成活动关节，边缘具缘毛，唇盘上具 2 条脊突；蕊柱长 2.5 mm，蕊喙狭三角形，长 2.0 mm。

【花期】 10 ~ 11 月。

【生境状况】 生于海拔约 1 900 m 的林中树上。

【濒危等级】 EN。

【地理分布】 云南省。

图 521-1 独龙江石豆兰 *Bulbophyllum dulongjiangense* 生境与植株（金效华）

图 521-2 独龙江石豆兰 *Bulbophyllum dulongjiangense* 地理分布

图 521-3 独龙江石豆兰 *Bulbophyllum dulongjiangense* 花（金效华）

522 澜沧石豆兰 *Bulbophyllum echinulus* Seidenf.

图 522-1 澜沧石豆兰 *Bulbophyllum echinulus* 生境与植株（李剑武）

【别名】 钻柱石豆兰。

【主要特征】 附生植物，假鳞茎紧密连接，近球形，长 15.0 ~ 18.0 mm，粗 6.0 ~ 10.0 mm，顶生 1 枚叶。叶片长圆形，长 3.5 ~ 5.2 cm，宽 0.8 ~ 1.2 cm。花葶 1 ~ 2 个从假鳞茎基部发出，比假鳞茎稍短，密生多数花，花黄色，唇瓣稍红色。花苞片卵状披针形，长 4.0 ~ 4.5 mm；中萼片卵形，长 3.0 ~ 3.5 mm，宽 2.0 ~ 2.5 mm；侧萼片呈斜的披针形，长约 4.0 mm，宽约 2.0 mm；花瓣卵形，长约 2.0 mm，宽 1.0 mm；唇瓣卵状三角形，下弯，基部具活动关节与蕊柱足连接，比花瓣稍短，3 裂，侧裂片直立，三角形，先端被疏毛，中裂片狭长圆形；唇盘上具 3 条脊；蕊柱长约 1.3 mm，蕊柱足长约 1.5 mm。

【花期】 1 ~ 2 月。

【生境状况】 生于海拔 1 300 ~ 1 700 m 的林中树上。

【濒危等级】 DD。

【地理分布】 云南省；泰国。

图 522-2 澜沧石豆兰 *Bulbophyllum echinulus* 花（叶德平）

图 522-3 澜沧石豆兰 *Bulbophyllum echinulus* 地理分布

523 匍茎卷瓣兰 *Bulbophyllum emarginatum* (Finet) J. J. Sm.

【别名】 少花卷瓣兰、匍匐卷瓣兰。

【主要特征】 附生植物，根状茎匍匐，具分枝，粗 3.0 mm，节间长 2.0 ~ 5.0 cm，假鳞茎彼此相距 9.0 ~ 18.0 cm，狭卵形，长 2.0 ~ 4.0 cm，宽 0.5 ~ 1.0 cm，顶生 1 枚叶。叶片长圆形，长 4.0 ~ 10.0 cm，宽 1.5 ~ 3.5 cm，先端稍凹入，基部具短柄。花葶从假鳞茎基部发出，与假鳞茎近等长，花序伞状，具 2 ~ 4 朵花，花紫红色。花苞片披针形，长 8.0 mm；中萼片卵状长圆形，长 10.0 mm，宽 8.0 mm，先端微凹，边缘具睫毛；侧萼片镰状披针形，长 20.0 ~ 42.0 mm，向先端渐狭为尾状，背面具乳突，基部贴生在蕊柱足上，基部上方扭转而两侧萼片的上下侧边缘分别彼此黏合；花瓣近圆形，长、宽约 9.0 mm，边缘具睫毛；唇瓣卵形，长 8.0 mm，宽 4.0 mm，基部与蕊柱足末端连接而形成活动关节，唇盘上具细密的网状脉和 2 条从基部纵贯至先端的褶片；蕊柱长 3.0 mm，蕊柱齿细尖，长 0.2 mm。

【花期】 10 月。

【生境状况】 生于海拔 800 ~ 2 200 m 的林中树上。

【濒危等级】 LC。

【地理分布】 云南和西藏等省区；印度、尼泊尔、不丹、缅甸和越南。

图 523-1 匍茎卷瓣兰 *Bulbophyllum emarginatum* 生境与植株（叶德平）

图 523-2 匍茎卷瓣兰 *Bulbophyllum emarginatum* 地理分布

图 523-3 匍茎卷瓣兰 *Bulbophyllum emarginatum* 花（叶德平）

524 墨脱石豆兰 *Bulbophyllum eublepharum* Rchb. f.

图 524-1 墨脱石豆兰 *Bulbophyllum eublepharum* 生境与植株（金效华）

【别名】 墨脱卷瓣兰。

【主要特征】 附生植物，假鳞茎聚生，圆柱状，长4.0 ~ 6.5 cm，粗0.7 ~ 1.0 cm，顶生1枚叶。叶片长圆形，长13.0 ~ 21.0 cm，宽3.5 ~ 4.0 cm，基部收狭为长1.0 ~ 2.0 cm的柄。花葶从假鳞茎基部发出，远高出叶外，长达55.0 cm，花序长为花葶的1/6，疏生多数花，花绿色。花苞片狭披针形，长5.0 ~ 8.0 mm；萼片近相似，卵状披针形，长15.0 mm，中萼片比侧萼片稍短；花瓣宽椭圆形，长约为中萼片的1/2，边缘具睫毛；唇瓣长圆状披针形，先端具凹缺，基部具凹槽，边缘具腺状睫毛；蕊柱短，蕊柱翅基部扩大，蕊柱齿钻状。

【花期】 9 ~ 10月。

【生境状况】 生于海拔2 000 ~ 2 100 m的林中树上。

【濒危等级】 NT。

【地理分布】 西藏自治区；印度。

图 524-2 墨脱石豆兰 *Bulbophyllum eublepharum* 花（金效华）

图 524-3 墨脱石豆兰 *Bulbophyllum eublepharum* 地理分布

525 麻栗坡卷瓣兰 *Bulbophyllum farreri* (W. W. Sm.) Seidenf.

【别名】 无。

【主要特征】 附生植物，假鳞茎密集，卵球形，长 9.0 ~ 12.0 mm，粗 6.0 ~ 8.0 mm，顶生 1 枚叶。叶片长圆形，长 2.0 ~ 7.0 cm，宽 0.6 ~ 2.2 cm。花葶从假鳞茎基部发出，与叶近等长，花序伞形，具 5 ~ 9 朵花，花淡黄色具紫红色脉纹。花苞片披针形，长 5.0 ~ 6.0 mm；中萼片卵形，长 4.0 ~ 5.0 mm，宽 1.5 ~ 3.0 mm；侧萼片披针形，长 14.0 ~ 27.0 mm，两侧边缘除基部和先端外彼此黏合，外侧具乳头状突起，先端渐尖；花瓣斜椭圆形，长 2.5 ~ 4.5 mm，宽 1.5 ~ 2.0 mm；唇瓣下弯，卵状披针形，长 1.8 ~ 2.8 mm，宽 1.0 ~ 1.5 mm，基部具凹槽；蕊柱长 1.0 mm，蕊柱足长 2 mm。

图 525-1 麻栗坡卷瓣兰 *Bulbophyllum farreri* 生境与植株（叶德平）

【花期】 4 ~ 5 月。

【生境状况】 生于海拔约 1 000 m 的阔叶林中树上或林下岩石上。

【濒危等级】 DD。

【地理分布】 云南省；缅甸和越南。

图 525-2 麻栗坡卷瓣兰 *Bulbophyllum farreri* 地理分布

图 525-3 麻栗坡卷瓣兰 *Bulbophyllum farreri* 花（叶德平）

526 尖角卷瓣兰 *Bulbophyllum forrestii* Seidenf.

图 526-1 尖角卷瓣兰 ***Bulbophyllum forrestii*** 生境与植株（叶德平）

【别名】 杏黄卷瓣兰、酷似卷瓣兰。

【主要特征】 附生植物，根状茎匍匐，粗 4.0 mm，假鳞茎彼此相距 1.0 ~ 2.0 cm，卵形，长 2.0 ~ 3.0 cm，粗 1.0 ~ 2.0 cm，顶生 1 枚叶。叶片长圆形，长 15.0 ~ 25.0 cm，宽 1.3 ~ 2.8 cm，先端稍凹入，基部收狭为长 2.0 ~ 3.0 cm 的柄。花葶从假鳞茎基部发出，长 15.0 cm，花序伞形，具 10 余朵花，花杏黄色。花苞片狭披针形，长 10.0 mm；中萼片卵形，长 7.0 ~ 10.0 mm，宽 4.0 mm；侧萼片披针形，长 15.0 ~ 25.0 mm，基部贴生在蕊柱足上，基部上方扭转而两侧萼片的上下侧边缘彼此黏合，背面有小疣状凸起；花瓣卵状三角形，长 2.0 ~ 3.0 mm，宽 1.5 ~ 2.0 mm，边缘具不整齐的细齿；唇瓣披针形，长 5.0 mm，从中部向外下弯，中部以上强烈收狭，基部与蕊柱足末端连接而形成活动关节，两侧边缘下弯并略具小疣状凸起；蕊柱短，蕊柱齿短钻状，长 0.5 mm。

【花期】 5 ~ 6 月。

【生境状况】 生于海拔 1 800 ~ 2 000 m 的林中树上或林下岩石上。

【濒危等级】 LC。

【地理分布】 云南省；缅甸和泰国。

图 526-2 尖角卷瓣兰 ***Bulbophyllum forrestii*** 花（李剑武）

图 526-3 尖角卷瓣兰 ***Bulbophyllum forrestii*** 地理分布

527 短齿石豆兰 *Bulbophyllum griffithii* (Lindl.) Rchb. f.

【别名】 溪头石豆兰。

【主要特征】 附生植物，根状茎匍匐，粗 1.5 mm，假鳞茎聚生，卵形，长 1.5 ~ 1.7 mm，粗 7.0 ~ 9.0 mm，顶生 1 枚叶。叶片披针形，长 5.0 ~ 7.0 cm，宽 1.6 ~ 1.9 cm，基部具短柄。花葶从假鳞茎基部发出，长 2.5 ~ 4.0 cm，顶生 1 朵花，花黄色密布紫红色斑点。花苞片筒状，长 2.0 ~ 3.0 mm；中萼片卵形，长 10.0 ~ 12.0 mm，宽 6.0 ~ 7.0 mm；侧萼片宽三角形，长 9.0 ~ 11.0 mm，宽 7.0 ~ 9.0 mm；花瓣长椭圆形，长 8.0 ~ 9.0 mm，宽 4.0 ~ 5.0 mm，先端带短尖；唇瓣舌形，上面暗红色，背面疏布紫红色斑点，长 6.0 ~ 7.0 mm，宽 4.0 ~ 4.5 mm，先端边缘较厚而下弯，从基部至中部具 1 条沟槽；蕊柱长 2.0 ~ 3.0 mm，蕊柱翅向前隆起呈半圆形。

【花期】 10 ~ 11 月。

【生境状况】 生长于海拔 1 000 ~ 1 700 m 的林中树上。

【濒危等级】 LC。

【地理分布】 云南和台湾等省；印度、不丹、尼泊尔和越南。

图 527-1 短齿石豆兰 *Bulbophyllum griffithii* 生境与植株（叶德平）

图 527-2 短齿石豆兰 *Bulbophyllum griffithii* 地理分布

图 527-3 短齿石豆兰 *Bulbophyllum griffithii* 花（叶德平）

528 钻齿卷瓣兰 *Bulbophyllum guttulatum* (Hook. f.) M. S. Balakr.

图 528-1 钻齿卷瓣兰 *Bulbophyllum guttulatum* 生境与植株（金效华）

【别名】 无。

【主要特征】 附生植物，根状茎匍匐，粗 3.0 mm，假鳞茎聚生，彼此相距约 1.0 cm，卵状圆锥形，长 2.0 ~ 2.5 cm，粗 0.7 ~ 1.0 cm，顶生 1 枚叶。叶片椭圆状长圆形，长 8.0 ~ 15.0 cm，宽 3.0 cm，基部收狭为长 1.0 ~ 2.0 cm 的柄。花葶从假鳞茎基部发出，长 10.0 ~ 15.0 cm，花序伞形，具 2 ~ 3 朵花，花黄色带红色斑点。花苞片卵状披针形，长 5.0 mm；中萼片宽卵形，长 8.0 ~ 10.0 mm，宽 6.0 ~ 7.0 mm，先端具短尖；侧萼片斜卵状披针形，长 10.0 ~ 11.0 mm，宽 6.0 mm，基部上方扭转而下侧边缘仅在基部彼此黏合；花瓣宽卵状三角形，长 4.5 mm，宽 4.0 mm；唇瓣拱形，长 5.0 mm，宽 3.4 mm，基部扩大并与蕊柱足末端连接而形成活动关节，唇盘具 3 条稍粗的龙骨脊；蕊柱长 3.0 mm，蕊柱翅宽，向前扩展呈直角三角形，蕊柱齿丝状，长 2.8 mm。

【花期】 8 月。

【生境状况】 生于海拔 800 ~ 1 800 m 的林中树上。

【濒危等级】 LC。

【地理分布】 西藏自治区；印度、不丹、尼泊尔和越南。

图 528-2 钻齿卷瓣兰 *Bulbophyllum guttulatum* 地理分布

图 528-3 钻齿卷瓣兰 *Bulbophyllum guttulatum* 植株（金效华）

图 528-4 钻齿卷瓣兰 *Bulbophyllum guttulatum* 花（金效华）

529 线瓣石豆兰 *Bulbophyllum gymnopus* Hook. f.

图 529-1 线瓣石豆兰 ***Bulbophyllum gymnopus*** 地理分布

【别名】 无。

【主要特征】 附生植物，根状茎匍匐，粗 4.0 mm，假鳞茎彼此相距 4.0 ~ 8.0 cm，长圆柱形，长 2.0 ~ 2.5 cm，粗 1.0 ~ 1.2 cm，顶生 1 枚叶。叶片长圆形，长 8.0 ~ 16.0 cm，宽 1.4 ~ 2.2 cm，先端稍凹入，基部具长 1.5 cm 的柄。花葶 1 ~ 2 个从假鳞茎基部侧面发出，长 15.0 ~ 17.0 cm，花序长 13.0 ~ 14.0 cm，疏生 10 余朵花，花白色，唇瓣黄色。花苞片卵形，长 2.0 mm；中萼片卵状披针形，长 7.0 mm，宽 2.0 mm；侧萼片长圆形，长 7.0 mm，宽 2.6 mm，基部收狭并贴生在蕊柱足近先端处；花瓣线形，长 4.2 mm，宽 0.8 mm，边缘具锯齿，基部贴生在蕊柱基部而一侧向蕊柱足下延；唇瓣狭披针形，长 5.0 mm，基部两侧对折，基部上方向外下弯；蕊柱长 2.5 mm，蕊柱齿短尖状。

【花期】 12 月。

【生境状况】 生于海拔 1 000 ~ 1 400 m 的林中树上或林下岩石上。

【濒危等级】 VU。

【地理分布】 云南省；印度、不丹、缅甸和泰国。

图 529-2 线瓣石豆兰 ***Bulbophyllum gymnopus*** 花序（叶德平）

图 529-3 线瓣石豆兰 ***Bulbophyllum gymnopus*** 生境与植株（叶德平）

530 拟环唇石豆兰 *Bulbophyllum gyrochilum* Seidenf.

【别名】 毛唇石豆兰。

【主要特征】 附生植物，假鳞茎纺锤形，彼此相距 1.0 ~ 2.0 cm，压扁状，长 1.0 cm，粗 1.0 ~ 3.0 cm，顶生 1 枚叶。叶片披针形，长 2.0 ~ 5.5 cm，宽 0.5 ~ 0.6 cm。花序从假鳞茎基部发出，近伞状，长约 1 cm，比假鳞茎短，具 5 ~ 8 朵花，花淡黄色，唇瓣深橘黄色具白色边缘。花苞片披针形，长 4.0 mm；中萼片卵形，凹陷，长 4.0 ~ 4.5 mm，宽 1.0 mm；侧萼片偏斜，长 3.0 mm，宽 2.0 mm，花瓣卵形，长、宽约 1.0 mm；唇瓣舌状，边缘具缘毛，长 1.0 ~ 2.0 mm，宽 0.5 mm；蕊柱长 0.5 mm，蕊柱足长 1.0 mm。

【花期】 7 ~ 8 月。

【生境状况】 生于海拔 1 300 ~ 1 600 m 的林中树上。

【濒危等级】 DD。

【地理分布】 云南省；印度和泰国。

图 530-1 拟环唇石豆兰 *Bulbophyllum gyrochilum* 生境与植株（叶德平）

图 530-2 拟环唇石豆兰 *Bulbophyllum gyrochilum* 花（李剑武）

图 530-3 拟环唇石豆兰 *Bulbophyllum gyrochilum* 地理分布

531 海南石豆兰 *Bulbophyllum hainanense* Z. H. Tsi

【别名】 无。

【主要特征】 附生植物，根状茎粗 0.8 mm，根出自节上，相距 1.0 ~ 1.5 cm 的节上具 1 枚叶，无假鳞茎。叶片椭圆形，长 8.0 ~ 15.0 mm，宽 6.0 ~ 8.0 mm，基部具长 1.0 mm 的柄。花葶出自叶柄基部的根状茎节上，高出叶外，长 2.0 ~ 3.5 cm，花序伞形，具 2 朵花，花纯黄色。花苞片卵状披针形，长 1.5 mm；中萼片卵状披针形，长 5.0 ~ 7.0 mm，宽 2.5 mm；侧萼片斜卵状三角形，长 4.5 ~ 6.5 mm，宽 3.2 mm；花瓣长圆形，长 3.0 mm，宽 1.2 mm；唇瓣宽卵形，长 3.2 mm，基部与蕊柱足连接而形成活动关节，中部以上骤然收狭而呈 3 裂，侧裂片近半圆形，中裂片小，披针形，长 1.0 mm，唇盘具 1 对八字形的胼胝体；蕊柱长 2.0 mm。

【花期】 11 月。

【生境状况】 生于海拔约 500 m 的林中树上。

【濒危等级】 EN。

【地理分布】 海南省。

图 531-1 海南石豆兰 *Bulbophyllum hainanense* 生境与植株（李剑武）

图 531-2 海南石豆兰 *Bulbophyllum hainanense* 花（李剑武）

图 531-3 海南石豆兰 *Bulbophyllum hainanense* 地理分布

532 角萼卷瓣兰 *Bulbophyllum helenae* (Kuntze) J. J. Sm.

图 532-1 角萼卷瓣兰 ***Bulbophyllum helenae*** 生境与植株（李剑武）

【别名】 有角石豆兰。

【主要特征】 附生植物，根状茎粗 6.0 ~ 7.0 mm，假鳞茎彼此相距 3.0 ~ 6.0 cm，长卵形，长 3.0 ~ 6.0 cm，粗 1.1 ~ 1.5 cm，基部具网格状的纤维膜，顶生 1 枚叶。叶片长圆形，长 27.0 ~ 30.0 cm，宽 2.8 ~ 4.0 cm，基部收狭为长 5.0 ~ 6.0 cm 的柄。花葶 1 ~ 2 个从假鳞茎基部发出，长 14.0 ~ 18.0 cm，花序伞形，具 6 ~ 10 朵花，花黄绿色带红色斑点。花苞片披针形，长 6.0 mm；中萼片卵形，长 6.0 mm，宽 3.2 mm，边缘具细齿；侧萼片披针形，长 32.0 mm，宽 3.0 mm，基部在背面具细乳突，基部上方扭转而两侧萼片的上下侧边缘分别彼此黏合而形成角状；花瓣卵状三角形，长 3.0 cm，宽 3.0 mm，先端具芒状细尖，边缘具流苏；唇瓣近卵状披针形，长 3.0 mm，宽 0.7 mm，基部具凹槽；蕊柱长 2.0 mm，蕊柱翅向前扩展，蕊柱齿钻状，长 0.5 mm。

【花期】 8 月。

【生境状况】 生于海拔 600 ~ 1 800 m 的林中树上或林下岩石上。

【濒危等级】 VU。

【地理分布】 云南省；印度、尼泊尔和缅甸。

图 532-2 角萼卷瓣兰 ***Bulbophyllum helenae*** 花（李剑武）

图 532-3 角萼卷瓣兰 ***Bulbophyllum helenae*** 地理分布

533 落叶石豆兰 *Bulbophyllum hirtum* (Sm.) Lindl.

【别名】 无。

【主要特征】 附生植物，根状茎匍匐，粗 3.0 ~ 4.0 mm，假鳞茎靠近，彼此相距 5.0 ~ 10.0 mm，卵状圆锥形，长 1.5 ~ 3.0 cm，粗 1.0 cm，顶生 2 枚叶，花期无叶或有时具叶。叶片椭圆形，长 12.0 cm，宽 2.5 ~ 3.0 cm，基部具短柄。花葶从假鳞茎基部发出，长 15.0 cm，花序长 5.0 cm，下垂，被柔毛，密生多数花，花白色。花苞片卵形，比子房长；中萼片披针形，长 4.5 mm，宽 2.0 mm，先端稍钩转，背面密被短柔毛；侧萼片披针形，比中萼片稍大，先端钩转，背面密生短柔毛；花瓣倒卵形，长 2.0 mm，宽 1.5 mm，边缘具流苏；唇瓣两侧对折，向外下弯呈半球状，边缘具睫毛，先端稍凹缺，基部与蕊柱足末端连接而形成活动关节；蕊柱长 1.5 mm，蕊柱齿钻状，与花药近等高。

图 533-1 落叶石豆兰 *Bulbophyllum hirtum* 地理分布

【花期】 7 ~ 11 月。

【生境状况】 生于海拔 700 ~ 1 800 m 的林中树上或林下岩石上。

【濒危等级】 NT。

【地理分布】 云南省；印度、尼泊尔、缅甸、泰国和越南。

图 533-2 落叶石豆兰 *Bulbophyllum hirtum* 花序（李剑武）

图 533-3 落叶石豆兰 *Bulbophyllum hirtum* 生境与植株（李剑武）

534 莲花卷瓣兰 *Bulbophyllum hirundinis* (Gagnep.) Seidenf.

【别名】 红花缘石豆兰、疏花石豆兰、朱红冠毛兰。

【主要特征】 附生植物，根状茎匍匐，粗 1.0~2.0 mm，具分枝，假鳞茎聚生，卵球形，粗 5.0~10.0 mm，顶生 1 枚叶。叶片长椭圆形，长 1.3~5.0 cm，宽 0.6~2.0 cm，先端稍凹入，基部近无柄。花葶从假鳞茎基部的根状茎节上发出，长 3.0~13.0 cm，花序伞形，具 3~5 朵花，花黄色带紫红色。花苞片披针形，长 3.0 mm；中萼片卵形，长 5.0 mm，宽 3.0 mm，边缘具流苏状缘毛；侧萼片线形，长 20.0~30.0 mm，宽 2.0 mm，基部上方扭转而下侧边缘彼此黏合，近先端处分开，先端锐尖，基部上方边缘具细齿；花瓣斜卵状三角形，长 3.0 mm，宽 3.0 mm，边缘具流苏状缘毛，两面有时密布细乳突；唇瓣舌状，长 2.5 mm，稍向外弯；蕊柱长 1.5 mm，蕊柱齿钻状，长 0.8 mm。

【花期】 4 月。

【生境状况】 生于海拔 500 ~ 3 000 m 的林中树上。

【濒危等级】 NT。

【地理分布】 安徽、台湾、海南、广西和云南等省区；越南。

图 534-1 莲花卷瓣兰 *Bulbophyllum hirundinis* 生境与植株（一）（叶德平）

图 534-3 莲花卷瓣兰 *Bulbophyllum hirundinis* 花（李剑武）

图 534-2 莲花卷瓣兰 *Bulbophyllum hirundinis* 生境与植株（二）（金效华）

图 534-4 莲花卷瓣兰 *Bulbophyllum hirundinis* 地理分布

535 穗花石豆兰 *Bulbophyllum insulsoides* Seidenf.

【别名】 穗花卷瓣兰。

【主要特征】 附生植物，假鳞茎聚生，长卵状圆锥形，长 2.5 ~ 3.0 cm，粗 0.8 ~ 1.5 cm，顶生 1 枚叶。叶片狭长圆形，长 10.0 ~ 17.0 cm，宽 1.3 ~ 3.0 cm，基部收狭成短柄。花葶从假鳞茎基部发出，长 12.0 cm，花序疏生 10 余朵花，花黄绿色带淡红色斑点。花苞片披针形，长 6.0 ~ 9.0 mm；中萼片卵状披针形，长 6.0 ~ 8.0 mm，宽 2.5 mm，先端向下弯曲，边缘密生睫毛；侧萼片斜卵状披针形，长 7.0 ~ 11.0 mm，宽 2.0 ~ 3.0 mm，先端收狭为长尾状；花瓣卵形，长 2.0 ~ 4.0 mm，宽 1.5 ~ 2.0 mm，边缘密生睫毛；唇瓣舌状，长 2.5 mm，宽 1.5 mm，基部与蕊柱足末端连接而形成活动关节，上面具 3 条脊突，中央 1 条黄色，侧生的白色；蕊柱长 2.0 mm，蕊柱齿纤细。

【花期】 7 ~ 9 月。

【生境状况】 生于海拔 1 000 ~ 2 000 m 的林中树上。

【濒危等级】 NT。

【地理分布】 台湾省。

图 535-1 穗花石豆兰 *Bulbophyllum insulsoides* 生境与植株（钟诗文）

图 535-2 穗花石豆兰 *Bulbophyllum insulsoides* 花序（钟诗文）

图 535-3 穗花石豆兰 *Bulbophyllum insulsoides* 花（钟诗文）

图 535-4 穗花石豆兰 *Bulbophyllum insulsoides* 地理分布

536 瘤唇卷瓣兰 *Bulbophyllum japonicum* (Makino) Makino

图 536-1 瘤唇卷瓣兰 ***Bulbophyllum japonicum*** 植株（金效华）

图 536-2 瘤唇卷瓣兰 ***Bulbophyllum japonicum*** 花（金效华）

【别名】 日本卷瓣兰、日本红花石豆兰。

【主要特征】 附生植物，假鳞茎彼此相距 7.0 ~ 18.0 mm，卵球形，长 5.0 ~ 10.0 mm，粗 3.0 ~ 5.0 mm，顶生 1 枚叶。叶片长圆形，长 3.0 ~ 4.5 cm，宽 0.5 ~ 0.8 cm，基部具长约 2.0 mm 的柄。花葶从假鳞茎基部发出，高出叶外，长 2.0 ~ 3.0 cm，伞形花序具 2 ~ 4 朵花，花紫红色。花苞片披针形，长约 2.0 mm；中萼片卵状椭圆形，长约 3.0 mm，宽 1.5 mm；侧萼片披针形，长 5.0 ~ 6.0 mm，宽 2.0 mm，中部以上两侧边缘内卷，基部上方扭转而侧萼片的上下侧边缘彼此靠合；花瓣匙形，长 2.0 mm，宽 1.5 mm；唇瓣舌形，向外下弯，长约 2.0 mm，基部上方两侧对折，中部以上收狭为细圆柱状，先端扩大呈拳卷状；蕊柱长约 1.5 mm，蕊柱足长 1.0 mm，蕊柱齿钻状。

【花期】 6 月。

【生境状况】 生于海拔 600 ~ 1 500 m 的林中树上或林下阴湿的岩石上。

【濒危等级】 LC。

【地理分布】 福建、湖南、广东、广西和台湾等省区；日本。

图 536-3 瘤唇卷瓣兰 ***Bulbophyllum japonicum*** 地理分布

537 景东卷瓣兰 *Bulbophyllum jingdongense* A. Q. Hu, D. P. Ye & Jian W. Li

图 537-1 景东卷瓣兰 *Bulbophyllum jingdongense* 生境与植株（李剑武）

【别名】 无。

【主要特征】 附生植物，假鳞茎彼此相距 2.0 ~ 10.0 mm，压扁的球形，长 6.0 ~ 7.0 mm，粗 8.0 ~ 10.0 mm，顶生 1 枚叶。叶片椭圆形，长 10.0 ~ 14.0 mm，宽 8.0 ~ 12.0 mm，背面紫红色，基部具长约 1.0 mm 的柄。花葶从侧鳞茎基部发出，长 9.0 ~ 11.0 mm，具 2 枚筒状鞘，伞形花序具 4 ~ 6 朵花，花白色具紫红色斑点。花苞片披针形，长 4.0 ~ 5.0 mm；中萼片卵状三角形，长 4.5 ~ 5.5 mm，宽 3.5 ~ 4.0 mm；侧萼片披针形，长 8.0 ~ 9.0 mm，宽 2.0 ~ 2.5 mm，基部下侧边缘黏合，上侧边缘内卷，至中上部时上下侧边缘内卷而叉开；花瓣长圆形，长 2.5 ~ 3.0 mm，宽 1.0 ~ 1.2 mm；唇瓣舌形，基部与活动关节与蕊柱足末端连接，长 2.7 ~ 3.0 mm，宽 1.2 ~ 1.5 mm，中脉凹陷；蕊柱长约 2.0 mm，基部具 1 枚黄色的腺体，蕊柱足长约 3.0 mm，蕊柱齿长约 3.0 mm，蕊柱翅扩大。

【花期】 1 ~ 3 月。

【生境状况】 生于海拔 500 ~ 1 700 m 的林中树上。

【濒危等级】 VU。

【地理分布】 云南省；老挝。

图 537-2 景东卷瓣兰 *Bulbophyllum jingdongense* 地理分布

图 537-3 景东卷瓣兰 *Bulbophyllum jingdongense* 花（李剑武）

538 白花卷瓣兰 *Bulbophyllum khaoyaiense* Seidenf.

【别名】 无。

【主要特征】 附生植物，假鳞茎聚生，近卵形，长 1.3 ~ 2.0 cm，粗 0.7 ~ 0.8 cm，顶生 2 枚叶，叶在花期凋落。叶片长圆形，长 8.0 ~ 15.0 cm，宽 2.5 ~ 5.0 cm。花葶从假鳞茎基部发出，长 15.0 cm，花序长 5.0 ~ 6.0 cm，下垂，具 10 余朵花，花白色，唇瓣红色。花苞片披针形，长 3.0 mm；中萼片狭卵状三角形，长 8.0 mm，宽 2.0 mm，上面疏生短毛；侧萼片披针形，长 20.0 mm，宽 2.5 mm，背面密被乳突，基部上方扭转而下侧边缘彼此黏合；花瓣狭三角形，长 4.0 mm，宽 1.2 mm，边缘疏生流苏；唇瓣长 2.0 mm，宽 1.0 mm，基部具凹槽并与蕊柱足末端连接而形成活动关节，中部以上呈球形，被乳突状毛；蕊柱长 1.5 mm，蕊柱齿钻状，长 1.0 mm，向前弯曲呈钩状。

图 538-1 白花卷瓣兰 *Bulbophyllum khaoyaiense* 地理分布

【花期】 3 月。

【生境状况】 生于海拔 1 400 m 的林中树上。

【濒危等级】 EN。

【地理分布】 云南省；泰国。

图 538-2 白花卷瓣兰 *Bulbophyllum khaoyaiense* 花序（叶德平）

图 538-3 白花卷瓣兰 *Bulbophyllum khaoyaiense* 植株（李剑武）

539 卷苞石豆兰 *Bulbophyllum khasyanum* Griff.

图 539-1 卷苞石豆兰 *Bulbophyllum khasyanum* 地理分布

【别名】 无。

【主要特征】 附生植物，植株聚生，根状茎粗 5.0 ~ 6.0 mm，假鳞茎小，顶生 1 枚叶。叶椭圆状长圆形，长 15.0 ~ 25.0 cm，宽 2.0 ~ 4.0 cm，基部收狭为长 4.0 ~ 7.0 cm 的柄。花葶从假鳞茎基部发出，近等长于叶，花序下垂，圆筒状，长 5.0 cm，密生许多覆瓦状排列的花，花淡紫褐色，花序基部具数枚总苞片，总苞片鳞片状，长 8.0 mm，宽 2.5 mm，向先端渐尖呈芒状；花苞片披针形，长 7.0 mm，比花梗连子房长，先端渐尖呈芒状并向外卷曲；中萼片卵状三角形，长 5.0 mm，宽 2.0 mm，背面略被糠秕状鳞片；侧萼片斜卵形，与中萼片近等长，宽 3.0 mm，下侧边缘除先端外彼此黏合，背面被糠秕状鳞片；花瓣披针形，长 4.0 mm，宽 1.5 mm；唇瓣舌形，基部具凹槽，从中部向外下弯，长 3.5 mm，宽 2.0 mm，唇盘具 3 条龙骨状突起，密被乳突；蕊柱长 0.6 mm；蕊柱齿镰刀状。

【花期】 11 月。

【生境状况】 生于海拔 1 600 ~ 2 300 m 的林中树上。

【濒危等级】 NT。

【地理分布】 云南省；印度、不丹、泰国、越南和马来西亚。

图 539-2 卷苞石豆兰 *Bulbophyllum khasyanum* 花序（叶德平）

540 广东石豆兰 *Bulbophyllum kwangtungense* Schltr.

【别名】 瓜子还阳、石珠、念珠兰、麦斛。

【主要特征】 附生植物，根状茎粗 2.0 mm，根从假鳞茎基部的根状茎节上发出，假鳞茎彼此相距 2.0 ~ 7.0 cm，圆柱状，长 1.0 ~ 2.5 cm，粗 0.2 ~ 0.5 cm，顶生 1 枚叶。叶片长圆形，长 2.5 cm，宽 0.5 ~ 1.4 cm，先端稍凹入，基部具短柄。花葶从假鳞茎基部发出，远高出叶外，长 9.5 cm，花序伞状，具 2 ~ 4 朵花，花黄白色。花苞片狭披针形，与子房近等长；萼片狭披针形，长 8.0 ~ 10.0 mm，宽 1.0 mm，中部以上两侧边缘内卷，侧萼片比中萼片稍长，基部 1/5 ~ 2/5 贴生于蕊柱足上，萼囊不明显；花瓣狭卵状披针形，长 4.0 ~ 5.0 mm，宽 0.4 mm；唇瓣狭披针形，长 1.5 mm，宽 0.4 mm，中部以下具凹槽，上面具 2 ~ 3 条小龙骨脊，其在唇瓣中部以上汇合成 1 条粗厚的脊；蕊柱长 0.5 mm，蕊柱齿牙齿状，长 0.2 mm。

图 540-1 广东石豆兰 *Bulbophyllum kwangtungense* 生境与植株（叶德平）

【花期】 5 ~ 8 月。

【生境状况】 生于海拔约 800 m 的林中树上或林下岩石上。

【濒危等级】 LC。

【地理分布】 浙江、福建、江西、湖北、湖南、广东、香港、广西、贵州和云南等省区。

图 540-2 广东石豆兰 *Bulbophyllum kwangtungense* 花（叶德平）

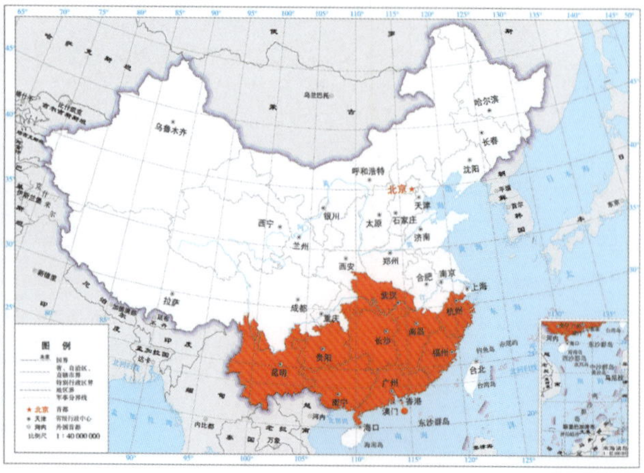

图 540-3 广东石豆兰 *Bulbophyllum kwangtungense* 地理分布

541 乐东石豆兰 *Bulbophyllum ledungense* Tang & F. T. Wang

【别名】 禾东兰。

【主要特征】 附生植物，根状茎匍匐，根出自节上，假鳞茎彼此相距 1.0 ~ 4.0 cm，圆柱形，长 8.0 ~ 13.0 mm，粗 3.0 ~ 5.0 mm，顶生 1 枚叶。叶片长圆形，长 1.5 ~ 3.0 cm，宽 0.3 ~ 0.8 cm，基部具长 1 ~ 2 mm 的柄。花葶 1 ~ 2 个，从假鳞茎基部或两假鳞茎之间的根状茎上发出，长 10.0 ~ 20.0 mm，花序伞状，具 2 ~ 5 朵花，花黄色而萼片先端红色。花苞片小，长圆形，长约 2.5 mm；萼片披针形，长 4.0 ~ 6.0 mm，基部宽 1.2 mm，中部以下两侧边缘稍内卷；侧萼片比中萼片稍长；花瓣长圆形，长 2.0 mm，宽 0.8 mm；唇瓣狭长圆形，长约 1.2 mm，宽 0.4 mm，基部具凹槽，上面两侧各具 1 条紧靠边缘而纵走的龙骨脊，下面略具细乳突；蕊柱短，长 0.8 mm，蕊柱齿钻状。

图 541-1 乐东石豆兰 *Bulbophyllum ledungense* 地理分布

【花期】 6 ~ 7 月。

【生境状况】 生于海拔 800 ~ 1 400 m 的林中树上或林下岩石上。

【濒危等级】 DD。

【地理分布】 海南省。

图 541-2 乐东石豆兰 *Bulbophyllum ledungense* 植株（黄明忠）

图 541-3 乐东石豆兰 *Bulbophyllum ledungense* 生境与植株（黄明忠）

542 短葶石豆兰 *Bulbophyllum leopardinum* (Wall.) Lindl.

图 542-1 短葶石豆兰 *Bulbophyllum leopardinum* 生境与植株（李剑武）

【别名】 短序石豆兰。

【主要特征】 附生植物，假鳞茎梨形，斜伏在根状茎上，长 2.0 ~ 3.0 cm，顶生 1 枚叶。叶片长圆形，长 5.0 ~ 13.0 cm，宽 1.8 ~ 2.4 cm，先端稍凹入，基部收狭为长 1.0 cm 的柄。花葶从假鳞茎基部发出，与假鳞茎约等长，花序具 1 ~ 3 朵花，花淡黄色带紫色斑点。花苞片佛焰苞状；中萼片卵状披针形，长 20.0 mm；侧萼片较宽，基部贴生在蕊柱足上，萼囊宽钝；花瓣近卵形，比萼片短，宽 8.0 mm；唇瓣披针形，比花瓣短，向外下弯，基部具凹槽，其两侧边缘稍具齿；蕊柱短，蕊柱足较长，长 20.0 mm，蕊柱齿牙齿状。

【花期】 9 ~ 11 月。

【生境状况】 生于海拔约 1 700 m 的林中树上或林下岩石上。

【濒危等级】 VU。

【地理分布】 云南和西藏等省区；印度、不丹、尼泊尔、缅甸和泰国。

图 542-2 短葶石豆兰 *Bulbophyllum leopardinum* 花（李剑武）

图 542-3 短葶石豆兰 *Bulbophyllum leopardinum* 地理分布

543 南方卷瓣兰 *Bulbophyllum lepidum* (Bl.) Sm.

【别名】 无。

【主要特征】 附生植物，根状茎匍匐，根出自假鳞茎基部的节上，假鳞茎彼此相距 2.0 ~ 3.0 cm，卵圆形，长 1.5 ~ 1.8 cm，粗 1.3 cm，顶生 1 枚叶。叶片倒卵状披针形，长 7.0 ~ 11.0 cm，宽 1.7 ~ 2.4 cm，基部具长约 1.5 cm 的柄。花葶从假鳞茎基部发出，长 17.0 cm，伞形花序具约 10 朵花，花黄色。花苞片狭披针形，长约 3.5 mm；中萼片宽卵形，舟状，长约 3.5 mm，宽 3.0 mm，边缘具流苏状毛；侧萼片近长圆形，长约 15.0 mm，宽 3.0 mm，基部贴生在蕊柱足上，基部扭转而上侧边缘除先端外彼此黏合；花瓣斜卵形，长约 3.0 mm，宽 2.0 mm，边缘具流苏状毛；唇瓣内弯，舌形，长 2.5 mm，基部以活动关节与蕊柱足末端连接；蕊柱长约 2.0 mm，中部具近圆形的翅。蕊柱足长约 3.5 mm。

【花期】 4 ~ 5 月。

【生境状况】 生于海拔约 900 m 的密林中树上。

【濒危等级】 DD。

【地理分布】 海南省；泰国、越南、老挝、柬埔寨、马来西亚和印度尼西亚。

图 543-1 南方卷瓣兰 *Bulbophyllum lepidum* 生境与植株（黄明忠）

图 543-2 南方卷瓣兰 *Bulbophyllum lepidum* 花（黄明忠）

图 543-3 南方卷瓣兰 *Bulbophyllum lepidum* 地理分布

544 齿瓣石豆兰 *Bulbophyllum levinei* Schltr.

图 544-1 齿瓣石豆兰 *Bulbophyllum levinei* 生境与植株（叶德平）

【别名】 无。

【主要特征】 附生植物，根状茎匍匐生根，假鳞茎聚生，近圆柱形，长 5.0 ~ 10.0 mm，粗 2.0 ~ 4.0 mm，顶生 1 枚叶。叶片长圆形，长 3.0 ~ 4.0 cm，宽 0.5 ~ 0.7 cm，基部具短柄，边缘稍波状。花葶从假鳞茎基部发出，高出叶外，花序伞形，具 2 ~ 6 朵花，花白色带紫色。花苞片狭披针形，长 2.0 ~ 3.5 mm；中萼片卵状披针形，长 4.0 ~ 5.0 mm，宽 1.5 ~ 2.0 mm，边缘具细齿；侧萼片斜卵状披针形，长 5.0 ~ 5.5 mm，与中萼片近等宽，向先端呈尾状，基部贴生在蕊柱足上而形成兜状的萼囊；花瓣靠合于萼片，卵状披针形，长 3.5 mm，宽 1.5 mm，边缘具细齿；唇瓣披针形，中部以下具凹槽，向外下弯，长 2.0 ~ 2.5 mm，基部与蕊柱足末端连接形成不动关节；蕊柱长 1.2 mm，蕊柱齿丝状，长 0.5 mm。

【花期】 8 ~ 11 月。

【生境状况】 生于海拔 800 ~ 1 500 m 的林中树上。

【濒危等级】 LC。

【地理分布】 浙江、福建、江西、湖南、广东、香港、广西和云南等省区。

图 544-2 齿瓣石豆兰 *Bulbophyllum levinei* 花（李剑武）

图 544-3 齿瓣石豆兰 *Bulbophyllum levinei* 地理分布

545 光花大苞兰 *Bulbophyllum lomsakense* J. J. Verm., Schuit. & de Vogel [*Sunipia thailandica* (Seidenf. & Smitinand) P. F. Hunt]

【别名】 泰国大苞兰。

【主要特征】 附生植物，假鳞茎聚生，圆锥形，长 7.0 ~ 11.0 mm，粗 10.0 mm，顶生 1 枚叶。叶片长圆形，长 5.0 ~ 10.0 cm，宽 0.6 ~ 1.5 cm。花葶从假鳞茎基部侧面发出，长 7.5 cm，花序具 10 余朵花，花紫红色。花苞片狭披针形，螺旋状排列，长 2.0 mm；中萼片卵形，长 4.0 mm，宽 2.5 mm；侧萼片长圆形，长 4.2 mm，宽 1.5 mm，基部贴生在蕊柱足上，靠近唇瓣一侧边缘彼此黏合，仅先端分离；花瓣近方形，长 2.2 mm，宽 1.5 mm，先端稍凹入，背面具 1 枚附属物，附属物三角形，长 0.2 mm；唇瓣舌形，长 3.8 mm，宽 2.5 mm，基部具 1 对圆形胼胝体，唇盘具 3 条纵向条纹，较厚，被糠秕状鳞片；蕊柱长 1.0 mm。

【花期】 4 月。

【生境状况】 生长于海拔 1 600 m 的林中树上。

【濒危等级】 LC。

【地理分布】 云南省；泰国。

图 545-1 光花大苞兰 *Bulbophyllum lomsakense* 生境与植株（叶德平）

图 545-2 光花大苞兰 *Bulbophyllum lomsakense* 地理分布

图 545-3 光花大苞兰 *Bulbophyllum lomsakense* 花序（叶德平）

546 长臂卷瓣兰 *Bulbophyllum longibrachiatum* Z. H. Tsi

图 546-1 长臂卷瓣兰 *Bulbophyllum longibrachiatum* 生境与植株（李剑武）

【别名】 无。

【主要特征】 附生植物，根状茎粗 6.0 mm，常分枝，根出自假鳞茎基部的根状茎节上，假鳞茎彼此疏离，长卵形，长 4.0 ~ 4.3 cm，粗 1.0 cm，顶生 1 枚叶。叶片椭圆形，长 12.0 ~ 15.0 cm，宽 3.5 ~ 5.0 cm，基部具长 2.0 ~ 3.0 cm 的柄。花葶从假鳞茎基部发出，长 15.0 ~ 28.0 cm，花序伞形，具 3 ~ 4 朵花，花淡绿色带紫色。花苞片披针形，长 9.0 mm；中萼片卵形，长 15.0 mm，宽 9.0 mm，凹陷，中部以上边缘具流苏；侧萼片狭披针形，长 35.0 mm，宽 6.0 mm，基部贴生在蕊柱足上，基部上方扭转而两侧萼片的上下侧边缘彼此黏合，仅先端分离；花瓣镰状披针形，长 10.0 mm，宽 4.0 mm，先端具 1 条长 0.8 mm 的芒，边缘密生流苏；唇瓣披针形，长 10.0 mm，从中部强烈向外下弯，基部两侧对折并与蕊柱足末端连接而形成活动关节，边缘稍具睫毛；蕊柱长 5.0 mm，蕊柱齿在蕊柱上端向前伸展成三角形，蕊柱齿狭披针形，长 5.0 mm，近中部以下有前侧扩大。

【花期】 11 月。

【生境状况】 生于海拔 1 300 ~ 1 600 m 的林中树上。

【濒危等级】 EN。

【地理分布】 云南省。

图 546-2 长臂卷瓣兰 *Bulbophyllum longibrachiatum* 花（李剑武）

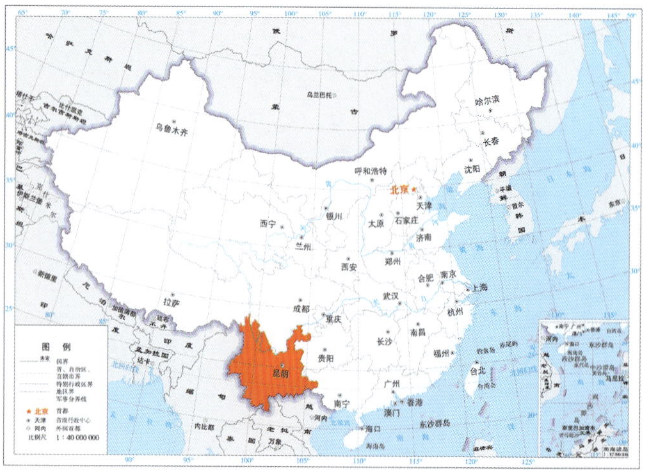

图 546-3 长臂卷瓣兰 *Bulbophyllum longibrachiatum* 地理分布

547 大花大苞兰 *Bulbophyllum lopalanthum* J. J. Verm., Schuit. & de Vogel [*Sunipia grandiflora* (Rolfe) P. F. Hunt]

【别名】 紫花大苞兰。

【主要特征】 附生植物，根状茎匍匐，粗 2.0 mm，假鳞茎彼此相距 1.0 ~ 3.0 cm，卵形，长 8.0 ~ 13.0 mm，粗 8.0 ~ 11.0 mm，顶生 1 枚叶。叶片长圆形，长 4.0 ~ 5.0 cm，宽 0.8 ~ 1.0 cm，基部具长约 4.0 mm 的柄。花葶从假鳞茎基部发出，长 3.0 cm，花序短，具 1 ~ 2 朵花，花茄紫色。花苞片卵状披针形，长 6.0 mm；中萼片长圆形，长 13.0 mm，宽 6.0 mm；侧萼片长圆形，长 13.0 mm，宽 8.0 mm；花瓣钻状，长 11.0 mm，宽 5.0 mm，中部具流苏；唇瓣宽卵状心形，长 11.0 mm，宽 8.0 mm，中央较厚，边缘啮蚀状；蕊柱长 3.5 mm，蕊柱齿钻形。

【花期】 11 ~ 12 月。

【生境状况】 生于海拔 1 500 ~ 1 700 m 的林中树上。

【濒危等级】 CR。

【地理分布】 云南省；泰国和老挝。

图 547-1 大花大苞兰 ***Bulbophyllum lopalanthum*** 生境与植株（李剑武）

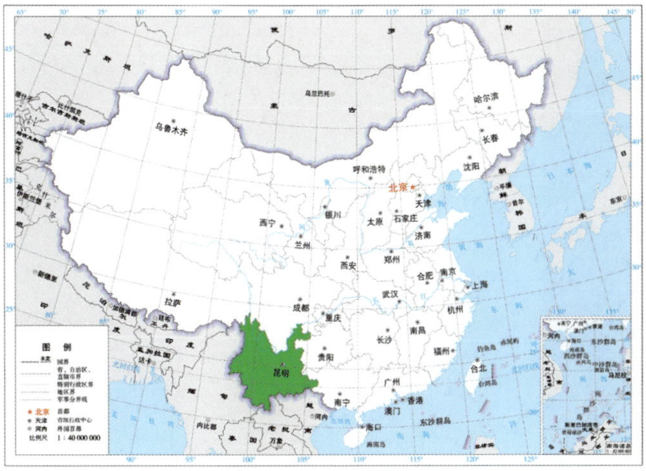

图 547-2 大花大苞兰 ***Bulbophyllum lopalanthum*** 地理分布

图 547-3 大花大苞兰 ***Bulbophyllum lopalanthum*** 花（李剑武）

548 乌来卷瓣兰 *Bulbophyllum macraei* (Lindl.) Rchb. f.

图 548-1 乌来卷瓣兰 ***Bulbophyllum macraei*** 生境与植株（叶德平）

【别名】 乌来石豆兰、一枝瘤、紫花石豆兰。

【主要特征】 附生植物，根状茎粗 2.0 mm，假鳞茎彼此相距 1.0 ~ 2.0 cm，卵形，长 1.0 ~ 2.8 cm，粗 1.0 ~ 1.8 cm，顶生 1 枚叶。叶片近椭圆形，长 8.0 ~ 18.0 cm，宽 2.5 ~ 6.0 cm，基部具长 1.0 ~ 1.5 cm 的柄。花葶从假鳞茎基部发出，长 10.0 ~ 20.0 cm，花序伞形，具 3 ~ 5 朵花，花黄白色，花苞片披针形，长 5.0 mm；中萼片卵状披针形，长 15.0 ~ 18.0 mm，宽 3.0 ~ 5.0 mm；侧萼片狭披针形，长 25.0 ~ 37.0 mm，基部上方扭转而两侧萼片的下侧边缘略靠合；花瓣镰状，长 5.0 ~ 6.0 mm，宽 2.0 ~ 2.7 mm，先端稍带紫色；唇瓣舌状，向外下弯，长 4.0 ~ 6.5 mm，基部与蕊柱足连接而形成关节；蕊柱长 2.0 ~ 3.0 mm，蕊柱齿略扭转而呈细棒状，长 2.0 mm。

【花期】 7 ~ 10 月。

【生境状况】 生于海拔 500 ~ 1 000 m 的林中树上。

【濒危等级】 NT。

【地理分布】 台湾省；日本、斯里兰卡和印度。

图 548-2 乌来卷瓣兰 ***Bulbophyllum macraei*** 花（叶德平）

图 548-3 乌来卷瓣兰 ***Bulbophyllum macraei*** 地理分布

549 勐海石豆兰 *Bulbophyllum menghaiense* Z. H. Tsi

【别名】 无。

【主要特征】 附生植物，植株矮小，匍匐，根出自根状茎节上，假鳞茎扁球形，彼此紧靠呈串珠状，粗 3.0 ~ 4.0 mm，顶生 1 枚叶。叶片卵状披针形，长 4.0 ~ 10.0 mm，宽 2.0 ~ 3.0 mm，无明显的柄。花葶从假鳞茎基部发出，1 ~ 2 个，长 7.0 ~ 10.0 mm，顶生 1 朵花，花褐色。花苞片杯状，长 1.0 mm；中萼片披针形，长 5.5 ~ 7.0 mm，宽 1.8 mm；侧萼片披针形，与中萼片近等大，宽 2.0 mm；花瓣卵状长圆形，长 2.2 mm，宽 1.0 mm；唇瓣披针形，长 4.0 mm，从中部向外下弯，基部具凹槽，近心形且与蕊柱足末端连接而形成关节，先端增厚呈球状而向外下弯；蕊柱长 1.0 mm，蕊柱齿狭镰状，长 1.1 mm。

【花期】 7 月。

【生境状况】 生于海拔 1 200 ~ 1 500 m 的林中树上。

【濒危等级】 CR。

【地理分布】 云南省。

图 549-1　勐海石豆兰 ***Bulbophyllum menghaiense*** 生境与植株（叶德平）

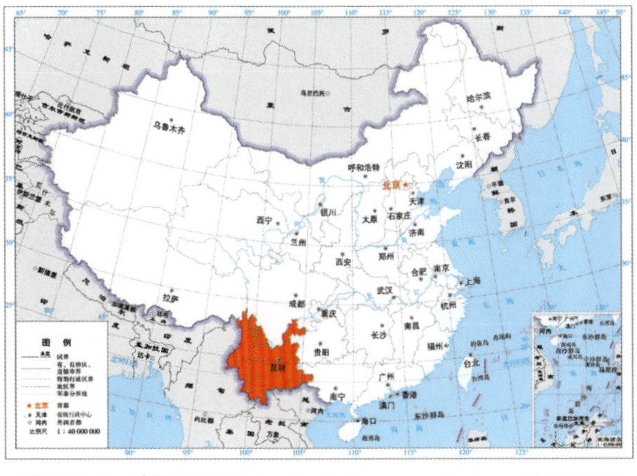

图 549-2　勐海石豆兰 ***Bulbophyllum menghaiense*** 地理分布

图 549-3　勐海石豆兰 ***Bulbophyllum menghaiense*** 花（叶德平）

550 绿花大苞兰 *Bulbophyllum medioximum* J. J. Verm., Schuit. & de Vogel [*Sunipia annamensis* (Ridl.) P. F. Hunt]

【别名】 无。

【主要特征】 附生植物，根状茎匍匐，粗 2.0 mm，假鳞茎彼此相距 1.5 cm，卵形，长 1.7 ~ 2.5 cm，宽 1.3 cm，顶生 1 枚叶。叶片长圆形，长 8.5 ~ 11.0 cm，宽 2.0 ~ 2.5 cm，基部具长 1.5 cm 的柄。花葶从假鳞茎基部发出，长 15.0 ~ 35.0 cm，花序疏生 4 ~ 6 朵花，花白色具紫红色先端。花苞片卵形，长 10.0 ~ 12.0 mm；中萼片卵形，长 10.0 mm，宽 6.0 ~ 7.0 mm；侧萼片卵形，长 11.0 ~ 14.0 mm，宽 5.0

图 550-1 绿花大苞兰 *Bulbophyllum medioximum* 植株（示紫色）（李剑武）

mm，下侧基部边缘黏合或有时分离；花瓣卵状三角形，长 5.5 ~ 6.0 mm，宽 5.5 ~ 6.0 mm，边缘具细齿；唇瓣心形，长 7.0 ~ 9.0 mm，宽 7.0 ~ 10.0 mm，先端稍肉质；蕊柱长 2.0 mm。

【花期】 10 ~ 11 月。

【生境状况】 生于海拔 1 500 ~ 2 400 m 的林中树上或林下岩石上。

【濒危等级】 NT。

【地理分布】 云南省；泰国和越南。

图 550-3 绿花大苞兰 ***Bulbophyllum medioximum*** 地理分布

图 550-2 绿花大苞兰 ***Bulbophyllum medioximum*** 生境与植株（李剑武）

图 550-4 绿花大苞兰 ***Bulbophyllum medioximum*** 花序（李剑武）

551 勐腊石豆兰 *Bulbophyllum menglaense* Jian W. Li & X. H. Jin

图 551-1 勐腊石豆兰 *Bulbophyllum menglaense* 生境与植株（李剑武）

【别名】 无。

【主要特征】 附生植物，假鳞茎靠近，圆锥形，长 2.0 ～ 3.0 cm，粗 1.0 ～ 2.0 cm，顶生 2 枚叶，花后凋落。叶片长圆形，长 12.0 ～ 18.0 cm，宽 2.0 ～ 3.5 cm。花葶从假鳞茎基部发出，比叶长，长 18.0 ～ 25.0 cm，花序轴长 5.0 ～ 9.0 cm，密生多数花，花紫红色。花苞片卵状披针形，舟状；中萼片卵形，舟状，长 5.0 mm，宽 2.5 ～ 3.0 mm；侧萼片长圆形，舟状，长 6.0 mm，宽 2.0 mm，中脉在外侧稍突出，下侧边缘上部 2/3 黏合在一起形成兜状；花瓣狭披针形，长 4.0 ～ 4.2 mm，宽约 0.6 mm，边缘撕裂状；唇瓣舌形，长 2.5 ～ 2.7 mm，宽约 1.7 mm，基部具沟槽，以不动关节贴生于蕊柱足末端；蕊柱长约 2.5 mm，稍具蕊柱翅，蕊柱齿狭披针形，长约 1.0 mm。

【花期】 8 ～ 10 月。

【生境状况】 生于海拔 1 100 ～ 1 250 m 的石灰岩山林中树上或林下岩石上。

【濒危等级】 EN。

【地理分布】 云南省。

图 551-2 勐腊石豆兰 *Bulbophyllum menglaense* 花序（李剑武）

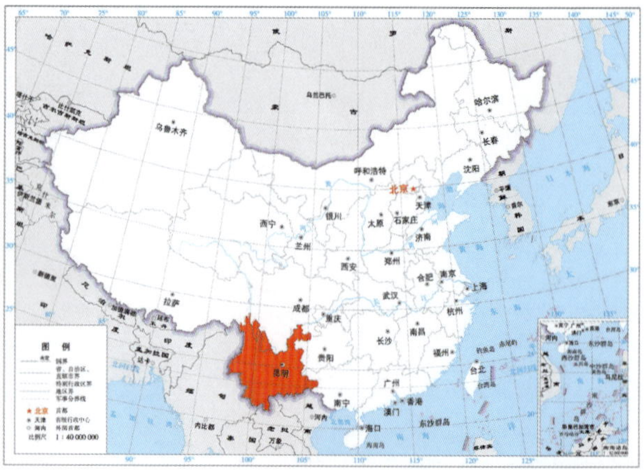

图 551-3 勐腊石豆兰 *Bulbophyllum menglaense* 地理分布

552 勐仑石豆兰 *Bulbophyllum menglunense* Z. H. Tsi & Y. Z. Ma

【别名】 无。

【主要特征】 附生植物，植株矮小，根状茎匍匐，粗 1.0 mm，根从假鳞茎基部的根状茎节上发出，假鳞茎彼此相距 1.0 cm，卵形，长 5.0 ~ 7.0 mm，粗 3.0 ~ 4.0 mm，基部略伏卧在根状茎上，顶生 1 枚叶。叶片卵形，长 8.0 ~ 13.0 mm，宽 5.0 ~ 6.0 mm，基部具短柄。花葶从假鳞茎基部或根状茎的节上发出，长 5.0 ~ 7.0 mm，顶生 1 朵花，花黄白色或有时紫红色。花苞片杯状，长 1.0 mm；中萼片卵形，长 2.0 mm，宽 0.8 mm，近先端两侧边缘稍向内卷；侧萼片斜卵状披针形，长 2.2 mm，宽 1.1 mm，中部以下两侧边缘略向内卷；花瓣椭圆形，长 1.0 mm，宽 0.7 mm；唇瓣半圆柱状，稍向外下弯，长 1.5 mm，宽 0.3 mm，基部与蕊柱足连接而成关节，在中部以下两侧边缘被腺毛；蕊柱长 1.0 mm，蕊柱齿短，不明显。

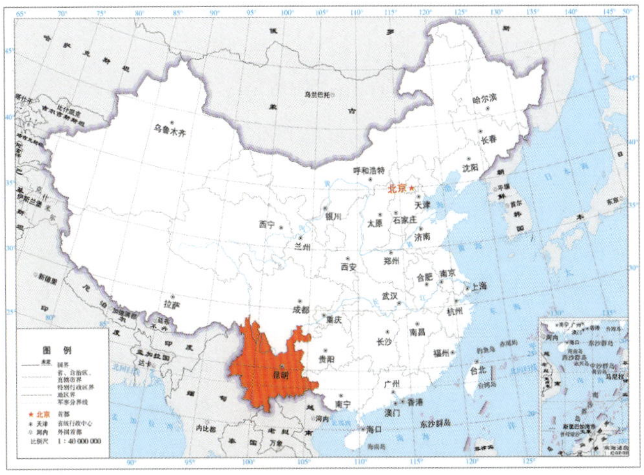

图 552-1 勐仑石豆兰 *Bulbophyllum menglunense* 地理分布

【花期】 3 月。

【生境状况】 生于海拔约 800 m 的林中树上或林下岩石上。

【濒危等级】 EN。

【地理分布】 云南省。

图 552-2 勐仑石豆兰 *Bulbophyllum menglunense* 生境与植株（一）（李剑武）

图 552-3 勐仑石豆兰 *Bulbophyllum menglunense* 生境与植株（二）（李剑武）

553 勐远石豆兰 *Bulbophyllum mengyuanense* Q. Liu, Jian W. Li & X. H. Jin

【别名】 无。

【主要特征】 附生植物，根状茎纤细，匍匐，具长约 1.0 cm 的节间，每节上生 1 枚叶和数条根，无假鳞茎。叶片椭圆形，长约 13.0 mm，宽 8.5 mm。花序从节上发出，长约 3.0 cm，具 1 朵花，花黄色。花苞片卵形，长约 3.0 mm；中萼片卵状长圆形，长约 10.0 mm，宽 4.0 mm；侧萼片卵状长圆形，长约 12.0 mm，宽 4.5 mm；花瓣长圆形，长约 4.5 mm，宽 1.8 mm；唇瓣椭圆形，长 5.0 mm，宽 4.0 mm，基部以活动关节与蕊柱足末端连接；蕊柱长 2.0 mm，蕊柱翅斜三角形，长 1.1 mm，蕊柱足中部肿胀。

【花期】 10 月。

【生境状况】 生于海拔 800 ~ 900 m 的石灰山林中树上或林下岩石上。

【濒危等级】 DD。

【地理分布】 云南省。

图 553-1 勐远石豆兰 *Bulbophyllum mengyuanense* 地理分布

图 553-2 勐远石豆兰 *Bulbophyllum mengyuanense* 花（叶德平）

554 丝瓣石豆兰 *Bulbophyllum morphologlorum* Kraenzl.

图 554-1 丝瓣石豆兰 *Bulbophyllum morphologlorum* 生境与植株（叶德平）

【别名】 无。

【主要特征】 附生植物，根状茎匍匐，假鳞茎彼此相距 3.0 ~ 8.0 cm，卵圆形，长 3.0 ~ 4.0 cm，粗 1.0 ~ 2.0 cm，顶生 1 枚叶。叶片披针形，长 10.0 ~ 15.0 cm，基部具长约 8.0 mm 的柄。花葶从假鳞茎基部侧面发出，长 15.0 ~ 25.0 cm，花序梗具 4 ~ 5 枚鞘状苞片，花序密生多数穗状花，花淡黄色具褐色斑点。花苞片长圆形，长约 3.0 mm，比子房短；中萼片椭圆形，长 4.0 ~ 5.0 mm，先端渐尖；侧萼片长圆形，下侧边缘彼此黏合呈兜状，比中萼片稍长；花瓣卵状三角形，长约 3.0 mm，先端长尾状，边缘稍呈啮蚀状；唇瓣长圆尖舌形，长约 5.0 mm，基部两侧各具 1 枚小的侧裂片，侧裂片先端稍具齿，唇盘基部具凹槽。蕊柱长约 2.5 mm，蕊柱齿钻状，蕊柱前方具 1 枚凸出的胼胝体。

【花期】 12 月至翌年 2 月。

【生境状况】 生于海拔 900 ~ 1 400 m 的林中树上。

【濒危等级】 DD。

【地理分布】 云南省；泰国和越南。

图 554-3 丝瓣石豆兰 *Bulbophyllum morphologlorum* 花序（李剑武）

图 554-2 丝瓣石豆兰 *Bulbophyllum morphologlorum* 地理分布

555 拟球茎石豆兰 *Bulbophyllum muscarirubrum* Seidenf.（中国新记录种）

图 555-1 拟球茎石豆兰 *Bulbophyllum muscarirubrum* 生境与植株（李剑武）

【别名】 无。

【主要特征】 附生植物，根状茎粗 2.0 ~ 3.0 mm，假鳞茎彼此相距约 5.0 mm，呈略压扁的球形，粗 13.0 ~ 20.0 mm，顶生 2 枚叶。叶片披针形，长 5.0 ~ 10.0 cm，宽 0.5 ~ 1.5 cm，基部近无柄。花葶从已经落叶的假鳞茎基部发出，长 1.0 ~ 2.0 cm，花序长 1.0 ~ 2.0 cm，稍下垂，密生多数花，花紫红色。花苞片不明显，长 2.0 ~ 3.0 mm；中萼片卵形，长 4.0 mm，宽 2.2 mm；侧萼片贴生在蕊柱足上，卵形，长 5.0 mm，宽 2.2 mm，下侧边缘彼此黏合；花瓣三角形，长 2.0 mm，宽 1.2 mm，基部约 1/2 贴生在蕊柱足上；唇瓣舌形，长 3.2 mm，基部具凹槽且与蕊柱足末端连接而形成不动关节，两侧边缘下弯；蕊柱长 3.0 mm，蕊柱齿三角形，长 0.6 mm。

【花期】 2 ~ 4 月。

【生境状况】 生于海拔 1 100 ~ 1 300 m 的林中树上或林下岩石上。

【濒危等级】 EN。

【地理分布】 云南省；泰国。

【附注】 标本：李剑武 733，HITBC！。

图 555-2 拟球茎石豆兰 *Bulbophyllum muscarirubrum* 花（李剑武）

图 555-3 拟球茎石豆兰 *Bulbophyllum muscarirubrum* 地理分布

556 钩梗石豆兰 *Bulbophyllum nigrescens* Rolfe

【别名】 无。

【主要特征】 附生植物，假鳞茎聚生，卵状圆锥形，粗 1.0 ~ 1.5 cm，顶生 1 枚叶。叶片长圆形，长 10.0 ~ 15.0 cm，宽 1.0 ~ 1.5 cm，基部具长 1.0 ~ 2.0 cm 的柄。花葶从假鳞茎基部发出，远高出叶外，长达 50.0 cm，花序为花葶全长的 1/2，具多数偏向一侧的花，花下倾，花紫黑色。花苞片披针形，长 2.0 ~ 3.0 mm；中萼片狭卵状披针形，长 5.0 ~ 7.0 mm，宽 2.5 ~ 3.0 mm，密生长硬毛；侧萼片卵状三角形，比中萼片稍大，密生长硬毛，基部贴生在蕊柱足上形成萼囊；花瓣匙形，长 2.0 mm，宽 1.2 mm，中部以上密生长硬毛；唇瓣背面具鲜蓝绿色的条带或淡紫黑色而上面中央具 1 条紫红色纵带，舌状，被长毛，长 4.0 mm，两侧边缘向下内弯，基部与蕊柱末端连接而形成活动关节，在基部外侧各具 1 枚裂片，裂片尖齿状，向后弯曲；蕊柱长 1.0 mm，蕊柱齿三角形，长 0.3 mm。

图 556-1　钩梗石豆兰 *Bulbophyllum nigrescens* 地理分布

【花期】 4 ~ 5 月。

【生境状况】 生于海拔 800 ~ 1 500 m 的林中树上。

【濒危等级】 NT。

【地理分布】 云南省；泰国和越南。

图 556-2　钩梗石豆兰 *Bulbophyllum nigrescens* 生境与植株（叶德平）

图 556-3　钩梗石豆兰 *Bulbophyllum nigrescens* 花（叶德平）

557 淡黑大苞兰 *Bulbophyllum nigricans* (Aver.) J. J. Verm., Schuit. & de Vogel (*Sunipia nigricans* Aver.)

图 557-1 淡黑大苞兰 *Bulbophyllum nigricans* 生境与植株（叶德平）

【别名】 无。

【主要特征】 附生植物，假鳞茎聚生，宽卵形，长 7.0 ~ 10.0 mm，顶生 1 枚叶。叶片长圆状披针形，长 3.0 ~ 5.0 cm，宽 0.5 ~ 0.9 cm，先端稍凹入。花葶从假鳞茎基部发出，长约 10.0 cm，花序长 4.0 ~ 6.0 cm，疏生多数花，花蓝紫色。花苞片狭楔形，长 4.0 ~ 6.0 mm；中萼片狭卵形，长 5.0 ~ 6.0 mm，宽 2.5 ~ 3.5 mm；侧萼片狭倒卵形，长 5.0 ~ 6.0 mm，宽 2.0 ~ 2.5 mm；花瓣倒卵形，长 2.6 ~ 3.0 mm，宽 2.2 ~ 2.6 mm；唇瓣卵状三角形，长 5.0 ~ 6.0 mm，宽 3.0 ~ 4.0 mm，唇盘中央具 1 个蓝绿色斑块，稍 3 裂，侧裂片宽三角形，中裂片长圆形；蕊柱短。

【花期】 3 ~ 4 月。

【生境状况】 生于海拔 1 200 ~ 1 600 m 的林中树上。

【濒危等级】 DD。

【地理分布】 云南省；越南。

图 557-2 淡黑大苞兰 *Bulbophyllum nigricans* 花序（李剑武）

图 557-3 淡黑大苞兰 *Bulbophyllum nigricans* 地理分布

558 黑瓣石豆兰 *Bulbophyllum nigripetalum* Rolfe

【别名】 无。

【主要特征】 附生植物，根状茎粗 1.5 ~ 2.3 mm，假鳞茎彼此靠近，卵形，长 0.9 ~ 1.7 cm，粗 0.9 ~ 1.8 cm，顶生 1 枚叶。叶片椭圆形，长 5.0 ~ 17.0 cm，宽 0.6 ~ 1.5 cm，基部具长 0.8 ~ 2.0 cm 的柄。花葶从假鳞茎基部发出，花序具多数偏向一侧的花，花淡黄色，唇瓣紫黑色。花苞片三角形，长 1.8 ~ 4.5 mm；中萼片卵形，长 3.0 ~ 6.0 mm，宽 1.3 ~ 2.2 mm，内面具长毛，边缘具缘毛；侧萼片相似于中萼片，长 3.0 ~ 6.0 mm，宽 2.2 ~ 3.0 mm；花瓣椭圆形，长 1.6 ~ 2.2 mm，宽 0.5 ~ 1.0 mm，具长柔毛，边缘具缘毛；唇瓣倒卵形，长 2.8 ~ 4.2 mm，宽 1.0 ~ 1.6 mm，背面基部具 1 条宽的脊，正面从基部具 3 条脊，两条不甚明显，基部与蕊柱足末端连接而形成活动关节；蕊柱长 1 mm，蕊喙三角形，长 0.3 ~ 0.6 mm。

【花期】 3 ~ 5 月。

【生境状况】 生于海拔 1 000 ~ 1 300 m 的林中树上或林下岩石上。

【濒危等级】 NT。

【地理分布】 云南省；泰国。

图 558-1　黑瓣石豆兰 *Bulbophyllum nigripetalum* 花（李剑武）

图 558-2　黑瓣石豆兰 *Bulbophyllum nigripetalum* 地理分布

559 拟泰国卷瓣兰 *Bulbophyllum nipondhii* Seidenf.

图 559-1 拟泰国卷瓣兰 *Bulbophyllum nipondhii* 生境与植株（叶德平）

【别名】 无。

【主要特征】 附生植物，假鳞茎彼此相距 1.5 ~ 1.8 cm，近球形，长 9.0 ~ 10.0 mm，顶生 1 枚叶。叶片长圆形，长 2.3 ~ 2.5 cm，宽 0.6 ~ 0.9 cm。花序从假鳞茎基部发出，近伞形，花葶长 1.8 ~ 3.2 cm，具 2 ~ 5 朵花，花紫红色。花苞片长 4.0 ~ 5.0 mm；中萼片线状长圆形，长 3.5 ~ 3.7 mm，宽 1.5 mm，淡黄色具紫色条纹；侧萼片狭线形，长 15.0 ~ 18.0 mm，边缘略黏合，基部分离；花瓣呈偏斜的卵形，长 2.3 ~ 2.5 mm，宽 1.3 mm，淡黄色具紫色条纹；唇瓣舌形，长 3.0 ~ 4.0 mm，宽 1.5 mm，紫色，中央具凹槽；蕊柱长 2.5 mm。

【花期】 10 ~ 11 月。

【生境状况】 生于海拔 1 200 ~ 1 300 m 的常绿阔叶林或针阔混交林中树上。

【濒危等级】 DD。

【地理分布】 云南省；泰国。

图 559-2 拟泰国卷瓣兰 *Bulbophyllum nipondhii* 花（叶德平）

图 559-3 拟泰国卷瓣兰 *Bulbophyllum nipondhii* 地理分布

560 怒江石豆兰 *Bulbophyllum nujiangense* X. H. Jin & W. T. Jin

【别名】 无。

【主要特征】 附生植物，假鳞茎几无，叶片在根状茎上彼此相距 0.5 ~ 1.5 cm。叶片长圆状椭圆形，长 12.0 ~ 20.0 cm，宽 2.0 ~ 3.5 cm，基部具长 10.0 ~ 13.0 cm 的柄。花葶从根状茎节上发出，直立，长约 25.0 cm，基部具 2 ~ 3 枚筒状鞘，花序基部具 1 枚长约 1.8 cm 的佛焰苞状鞘，花序长约 8.0 cm，下垂，稍疏被多数花，花深紫色。花苞片椭圆形，长约 6.0 mm；中萼片卵状三角形，长约 4.5 mm，宽 3.5 mm；侧萼片斜卵形，长约 4.5 mm，宽 3.0 mm，基部下侧边缘稍黏合；花瓣长圆形，长约 2.0 mm，宽 1.2 mm，先端具短尖；唇瓣卵状舌形，长约 3.0 mm，宽 2.5 mm，正面密被乳突，背面具凹槽；蕊柱长约 0.6 mm，每侧蕊喙具 2 齿，上侧的齿较长。

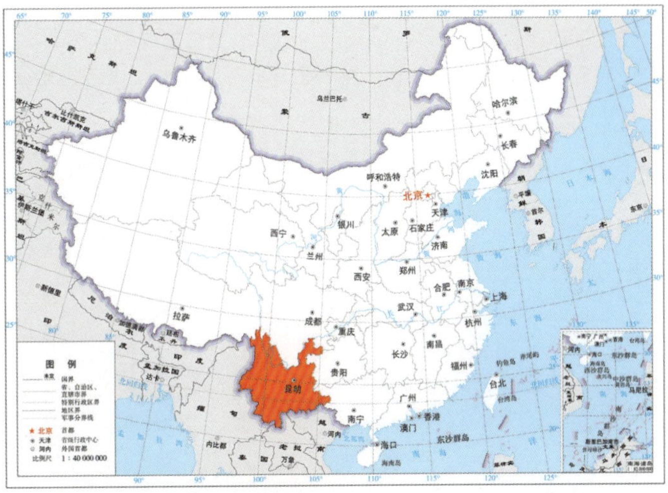

图 560-1 怒江石豆兰 *Bulbophyllum nujiangense* 地理分布

【花期】 11 月至翌年 2 月。

【生境状况】 生于海拔 1 300 ~ 1 500 m 的河边密林中树上。

【濒危等级】 EN。

【地理分布】 云南省。

图 560-2 怒江石豆兰 *Bulbophyllum nujiangense* 花序（金效华）

561 白花石豆兰 *Bulbophyllum pauciflorum* Ames

图 561-1 白花石豆兰 ***Bulbophyllum pauciflorum*** 生境与植株（黄明忠）

【别名】 非豆兰、假豆兰。

【主要特征】 附生植物，植株丛生，根状茎直立，纤细，与叶柄一起被数枚膜质鞘，根束生，无假鳞茎。叶片 3 ~ 5 枚呈莲座状。叶片椭圆形，长 2.0 ~ 3.5 cm，宽 5.0 ~ 8.0 cm，先端稍凹入，基部收狭为长 1.0 ~ 3.0 mm 的柄。花葶纤细，顶生 2 朵花，花淡黄色。花苞片卵状披针形，比花梗同子房稍短；中萼片长圆形，凹，长 4.0 ~ 4.5 mm，宽 1.5 ~ 2.0 mm；侧萼片斜三角形，与中萼片约等长，宽 3.0 mm，基部贴生在蕊柱足上；花瓣小，长椭圆状匙形，长 2.0 ~ 3.0 mm，宽 0.6 mm；唇瓣黄色，中部以下稍向外下弯，长椭圆形，长约 2.5 mm，基部与蕊柱足末端以活动关节相连，两侧无毛，边缘全缘。蕊柱短，蕊柱足长约 2.6 mm，蕊柱齿三角状锐尖。

【花期】 5 ~ 10 月。

【生境状况】 生于海拔 300 ~ 1 400 m 的密林中树上。

【濒危等级】 EN。

【地理分布】 台湾和海南等省。

图 561-2 白花石豆兰 ***Bulbophyllum pauciflorum*** 花（黄明忠）

图 561-3 白花石豆兰 ***Bulbophyllum pauciflorum*** 地理分布

562　密花石豆兰 *Bulbophyllum odoratissimum* (Sm.) Lindl.

【别名】 极香石豆兰、石串莲、羊奶果、小号石橄榄。

【主要特征】 附生植物，根状茎粗 2.0 ~ 4.0 mm，具分枝，假鳞茎彼此相距 4.0 ~ 8.0 cm，假鳞茎近圆柱形，长 2.5 ~ 5.0 cm，粗 0.3 ~ 0.6 cm，顶生 1 枚叶。叶片长圆形，长 4.0 ~ 13.0 cm，宽 0.8 ~ 2.6 cm，先端稍凹入，近无柄。花葶 1 ~ 2 个从假鳞茎基部发出，与叶近等长，花序呈伞状，密生 10 余朵花，花黄白色。花苞片卵状或披针形，长 7.0 ~ 10.0 mm；萼片从基部上方向先端骤然收狭而两侧边缘内卷呈筒状，中萼片卵形，长 3.0 ~ 7.0 mm，宽 1.5 mm；侧萼片比中萼片长，长 4.0 ~ 14.0 mm，宽 2.0 mm；花瓣近卵形，长 1.0 ~ 2.0 mm，宽 1.0 ~ 1.5 mm；唇瓣舌形，稍向外下弯，基部具短爪并与蕊柱足末端连接，边缘具细乳突，上面具 2 条密生细乳突的龙骨脊；蕊柱长 1.0 mm，蕊柱齿短，三角形，长 0.2 mm。

图 562-1　密花石豆兰 *Bulbophyllum odoratissimum* 生境与植株（叶德平）

【花期】 4 ~ 8 月。

【生境状况】 生长于海拔 200 ~ 2 300 m 的林中树上或林下岩石上。

【濒危等级】 LC。

【地理分布】 福建、广东、香港、广西、四川、云南和西藏等省区；印度、不丹、尼泊尔、缅甸、泰国、老挝和越南。

图 562-2　密花石豆兰 *Bulbophyllum odoratissimum* 花（示侧萼片长）（李剑武）

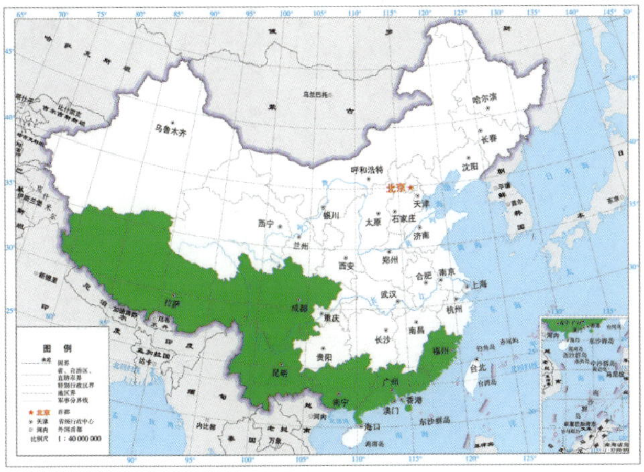

图 562-3　密花石豆兰 *Bulbophyllum odoratissimum* 地理分布

图 562-4　密花石豆兰 *Bulbophyllum odoratissimum* 花（示侧萼片短）（李剑武）

563 麦穗石豆兰 *Bulbophyllum orientale* Seidenf.

【别名】 无。

【主要特征】 附生植物，根状茎粗 4.0 ~ 5.0 mm，根出自假鳞茎基部的根状茎节上，假鳞茎彼此相距 2.0 ~ 8.0 cm，卵球形，长 2.0 ~ 3.0 cm，粗 1.5 cm，顶生 1 枚叶。叶片长圆形，长 8.0 ~ 30.0 cm，宽 1.5 ~ 3.4 cm，先端凹入，基部具长 0.5 ~ 1.0 cm 的柄。花葶从当年生的假鳞茎基部侧面发出，长 5.0 ~ 13.0 cm，弯垂，花序长 3.0 ~ 6.0 cm，密生多数覆瓦状排列的花，淡黄绿色带褐色条纹。花苞片卵状披针形，长 5.0 ~ 6.0 mm；中萼片卵形，长 6.0 mm，宽 3.0 mm；侧萼片斜卵状披针形，长 7.5 mm，宽 4.2 mm，基部贴生在蕊柱足上，两侧边缘稍内卷，下侧边缘彼此靠合而形成兜状，背面稍具疣状凸起；花瓣斜三角形，长 2.5 mm，宽 1.8 mm，稍向蕊柱足下延，边缘具不整齐的齿；唇瓣长 6.0 mm，中部以下中央具凹槽，从基部向外下弯，边缘被乳突，基部两侧具向前伸的小裂片，裂片镰刀状，长 1.3 mm，宽 0.4 mm，先端尖并且具不整齐的齿；蕊柱半圆柱形，蕊柱齿向前倾，钻状，长 1.0 mm。

【花期】 6 ~ 9 月。

【生境状况】 生于海拔约 1 200 m 的林中树上。

【濒危等级】 LC。

【地理分布】 云南省；泰国。

图 563-1 麦穗石豆兰 *Bulbophyllum orientale* 生境（李剑武）

图 563-2 麦穗石豆兰 *Bulbophyllum orientale* 花序（李剑武）

图 563-3 麦穗石豆兰 *Bulbophyllum orientale* 地理分布

图 563-4 麦穗石豆兰 *Bulbophyllum orientale* 植株（李剑武）

564 德钦石豆兰 *Bulbophyllum otoglossum* Tuyama

图 564-1 德钦石豆兰 *Bulbophyllum otoglossum* 生境与植株（金效华）

【别名】 无。

【主要特征】 附生植物，根状茎匍匐，假鳞茎狭卵形，长 1.5 ~ 2.5 cm，粗 0.4 ~ 0.6 cm，基部伏卧在根状茎上，彼此紧靠，顶生 1 枚叶。叶片长圆形，长 5.5 cm，宽 0.9 ~ 1.2 cm，基部具短柄。花葶从假鳞茎基部侧面发出，长 2.0 cm，顶生 1 朵花，花紫色。花苞片杯状，长 5.0 mm；中萼片长圆形，长 13.0 mm，宽 6.0 mm，在中部以上两侧边缘略内卷；侧萼片斜卵状宽三角形，与中萼片等长，宽 8.0 mm，中部以上边缘稍内卷；花瓣倒卵形，长 8.0 mm，宽 5.5 mm，边缘疏生细齿；唇瓣舌形，向外下弯，长 10.0 mm，与蕊柱足末端连接形成关节，基部两侧边缘具不规则的齿，唇盘疏生疣突，具 1 条纵向凹槽，中部以上两侧边缘下弯，每侧各具 2 条生有疣状突起的褶片，先端钝，强烈增厚并密生疣状突起；蕊柱长 5.0 mm，蕊柱翅在蕊柱中部以下向前扩展成前端钝的三角形，蕊柱齿三角形，长 1.0 mm。

【花期】 10 月。

【生境状况】 生于海拔约 2 600 m 的林下岩石上。

【濒危等级】 EN。

【地理分布】 云南省；尼泊尔和不丹。

图 564-2 德钦石豆兰 *Bulbophyllum otoglossum* 花（金效华）

图 564-3 德钦石豆兰 *Bulbophyllum otoglossum* 地理分布

565 卵叶石豆兰 *Bulbophyllum ovalifolium* (Bl.) Lindl.

【别名】 无。

【主要特征】 附生植物，根状茎匍匐，假鳞茎紧靠，近伏卧的卵球形，长 4.0 ~ 10.0 mm，粗 5.0 ~ 8.0 mm，顶生 1 枚叶。叶片椭圆形，长 10.0 ~ 30.0 mm，宽 4.5 ~ 10.0 mm，基部近无柄。花葶从假鳞茎基部发出，远超出叶外，长 32.0 ~ 60.0 mm，顶生 1 朵花，花橘黄色具深色条纹。花苞片杯状，长 2.0 mm；中萼片椭圆形，长 3.8 ~ 6.8 mm，宽 1.5 ~ 3.0 mm，边缘稍具缘毛；侧萼片椭圆形，长 4.5 ~ 12.0 mm，宽 2.0 ~ 8.0 mm；花瓣卵状长圆形，长 1.0 ~ 1.8 mm，宽 0.7 ~ 1.0 mm；唇瓣椭圆形，长 1.8 ~ 3.5 mm，宽 1.2 ~ 2.5 mm，边缘稍上举而后下弯，背面具疣点；蕊柱长 1.8 mm，蕊喙三角形，长 0.5 mm，蕊柱齿近三角形，长 1.5 mm。

【花期】 5 月。

【生境状况】 生长于海拔约 2 400 m 的林中树上。

【濒危等级】 EN。

【地理分布】 云南省；印度尼西亚、马来西亚和泰国。

图 565-1 卵叶石豆兰 *Bulbophyllum ovalifolium* 生境与植株（金效华）

图 565-2 卵叶石豆兰 *Bulbophyllum ovalifolium* 地理分布

图 565-3 卵叶石豆兰 *Bulbophyllum ovalifolium* 花（金效华）

566 小花石豆兰 *Bulbophyllum parviflorum* C. S. P. Parish & Rchb. f.

【别名】 无。

【主要特征】 附生植物，根状茎匍匐，粗 3.0 ~ 4.0 mm，具分枝，根从根状茎节上发出，假鳞茎彼此相距 2.0 ~ 7.0 cm，卵形，压扁状，长 9.0 mm，宽 12.0 ~ 15.0 mm，顶生 1 枚叶。叶片狭长圆形，长 11.0 ~ 13.0 cm，宽 1.2 ~ 1.4 cm，基部具柄。花葶从假鳞茎基部发出，长 8.0 ~ 12.0 cm，花序长 4.0 ~ 6.0 cm，具多数花，花白色。花苞片卵状披针形，长 1.2 mm；中萼片卵状披针形，长 3.5 mm，宽 1.0 mm；侧萼片卵状披针形，长 4.0 mm，宽 1.5 mm，基部边缘具缘毛；花瓣长圆形，长 1.5 mm，宽 0.5 mm，边缘具缘毛；唇瓣舌形，长 2.0 mm，宽 0.6 mm，边缘具缘毛，唇盘具 2 条纵向的脊；蕊柱长 1.0 mm，蕊喙狭披针形，长 0.3 mm。

【花期】 11 ~ 12 月。

【生境状况】 生于海拔 500 ~ 800 m 的林中树上。

【濒危等级】 DD。

【地理分布】 云南省；缅甸。

图 566-1 小花石豆兰 *Bulbophyllum parviflorum* 地理分布

图 566-2 小花石豆兰 *Bulbophyllum parviflorum* 植株（李剑武）

图 566-3 小花石豆兰 *Bulbophyllum parviflorum* 生境与植株（李剑武）

567 长足石豆兰 *Bulbophyllum pectinatum* Finet

【别名】 百合豆兰、念珠石豆兰。

【主要特征】 附生植物，根状茎匍匐，粗 2.0 ~ 3.0 cm，假鳞茎彼此相距 5.0 mm，圆锥形，稍斜立，长 1.0 ~ 2.5 cm，粗 0.5 ~ 0.8 cm，顶生 1 枚叶。叶片长圆形，长 3.0 ~ 5.0 cm，宽 1.0 ~ 2.0 cm，先端稍凹入，基部具短柄。花葶从假鳞茎基部发出，长 3.0 ~ 5.0 cm，花序具 1 朵花，花黄绿色密布紫褐色斑点。花苞片杯状，长 7.0 ~ 10.0 mm；中萼片卵形，长 20.0 mm，宽 9.0 mm；侧萼片斜卵状三角形，长 22.0 mm，宽 15.0 mm，基部贴生于蕊柱足而形成宽钝的萼囊；花瓣长圆状披针形，比中萼片小，边缘有时具齿；唇瓣与蕊柱足末端连接而形成不动关节，基部两侧直立，其边缘呈撕裂状，内面具 2 枚圆锥形的胼胝体，中部以上向外下弯，边缘具钝齿，唇盘上面具疣状突起，中央有 2 条纵走的鸡冠状褶片；蕊柱短，蕊柱足长，约为 25.0 mm，蕊柱齿不明显。

【花期】 4 ~ 5 月。

【生境状况】 生于海拔 1 000 ~ 2 500 m 的林中树上或林下岩石上。

【濒危等级】 VU。

【地理分布】 云南省；印度、缅甸、泰国和越南。

图 567-1 长足石豆兰 *Bulbophyllum pectinatum* 生境与植株（叶德平）

图 567-2 长足石豆兰 *Bulbophyllum pectinatum* 地理分布

图 567-3 长足石豆兰 *Bulbophyllum pectinatum* 花（李剑武）

568 彩色卷瓣兰 *Bulbophyllum picturatum* (Lodd.) Rchb. f.

图 568-1 彩色卷瓣兰 *Bulbophyllum picturatum* 生境与植株（叶德平）

【别名】 裂唇卷瓣兰。

【主要特征】 附生植物，根状茎匍匐，粗 6.0 ~ 10.0 mm，假鳞茎彼此相距 2.0 ~ 6.0 cm，卵状圆锥形，长 3.0 ~ 9.0 cm，粗 1.5 ~ 3.0 cm，顶生 1 枚叶。叶片椭圆形，长 15.0 ~ 25.0 cm，宽 3.0 ~ 6.0 cm，基部具长 4.0 ~ 5.0 cm 的柄。花葶从假鳞茎基部发出，长 15.0 ~ 18.0 cm，花序伞形，具 5 ~ 13 朵花，花淡黄色，中萼片、花瓣和唇瓣具紫色斑点。花苞片披针形，长 7.0 ~ 8.0 mm；中萼片椭圆形，长 6.0 ~ 6.5 mm，宽 5.5 ~ 6.0 mm，先端稍凹并具 1 个长 5.0 ~ 7.0 mm 的芒；侧萼片卵状三角形，长 23.0 ~ 35.0 mm，宽 5.0 ~ 6.0 mm，基部上方扭转而上侧边缘彼此黏合；花瓣卵形，长 4.0 mm，宽 2.5 mm，先端具长 1.0 ~ 1.5 mm 的芒，边缘啮蚀状；唇瓣卵状长圆形，长 3.5 ~ 5.0 mm，宽 1.5 ~ 3.0 mm，正面具 2 条脊，基部两侧具短耳；蕊柱长 3.0 mm，蕊喙三角形，向上弯，蕊柱齿小，长 1.5 mm。

【花期】 5 月。

【生境状况】 生于海拔约 1 100 m 的石灰山林中树上。

【濒危等级】 NT。

【地理分布】 云南省；印度、缅甸、泰国和越南。

图 568-2 彩色卷瓣兰 *Bulbophyllum picturatum* 花（金效华）

图 568-3 彩色卷瓣兰 *Bulbophyllum picturatum* 地理分布

569 无量山石豆兰 *Bulbophyllum pinicola* Gagnep.

【别名】 无。

【主要特征】 附生植物，假鳞茎彼此相距 1.0 ~ 1.5 cm，近球形，长 1.0 ~ 1.2 cm，顶生 1 枚叶。叶片近长圆形，长 2.7 ~ 3.5 cm，宽约 1.0 cm，先端不等侧 2 裂，基部具长约 3.0 mm 的柄。花葶从假鳞茎基部发出，长 10.0 ~ 11.0 cm，伞形花序具 6 ~ 8 朵花，花淡黄色。花苞片披针形，长 3.0 mm；中萼片披针形，长 20.0 ~ 21.0 mm，宽 3.0 mm；侧萼片披针形，长 22.0 ~ 23.0 mm，宽 3.0 mm；花瓣三角状披针形，长 13.0 ~ 14.0 mm，宽 2.0 ~ 3.0 mm；唇瓣舌形，长 3.5 mm，宽 1.0 mm，基部以不动关节贴生于蕊柱足末端；蕊柱长约 2.0 mm，蕊柱足长 2.5 mm。

【花期】 12 月。

【生境状况】 生于海拔约 1 700 m 的林中树上。

【濒危等级】 DD。

【地理分布】 云南省；越南和柬埔寨。

图 569-1 无量山石豆兰 ***Bulbophyllum pinicola*** 植株（叶德平）

图 569-2 无量山石豆兰 ***Bulbophyllum pinicola*** 花序（叶德平）

图 569-3 无量山石豆兰 ***Bulbophyllum pinicola*** 地理分布

570 锥茎石豆兰 *Bulbophyllum polyrrhizum* Lindl.

【别名】 无。

【主要特征】 附生植物，根状茎匍匐，粗 1.5 mm，假鳞茎彼此相距 5.0 ~ 10.0 mm，卵形，长 7.0 ~ 10.0 mm，粗 5.0 ~ 7.0 mm，顶端收窄为瓶颈状，顶生 1 枚叶。叶片狭长圆形，花期无叶。花葶出自落了叶的假鳞茎基部，长 8.0 ~ 12.0 cm，花序长 3.0 ~ 6.0 cm，疏生多数花，花黄绿色。花苞片卵形，长 1.5 mm；中萼片近卵形，长 4.0 mm，宽 2.0 mm；侧萼片卵状披针形，长 4.5 mm，宽 2.0 mm；花瓣卵状三角形，长 2.3 ~ 2.5 mm，宽 1.2 ~ 1.3 mm；唇瓣长圆形，从基部向外下弯，长 3.0 mm，宽 0.8 mm，上面密被细乳突，基部具凹槽，与蕊柱足末端连接而形成关节；蕊柱长 1.2 mm，蕊柱齿中部以下斜三角形，从中部收狭成钻状。

【花期】 3 月。

【生境状况】 生于海拔 900 ~ 1 400 m 的林中树上。

【濒危等级】 LC。

【地理分布】 云南省；印度、尼泊尔、缅甸和泰国。

图 570-1 锥茎石豆兰 *Bulbophyllum polyrrhizum* 花序（李剑武）

图 570-2 锥茎石豆兰 *Bulbophyllum polyrrhizum* 生境与植株（叶德平）

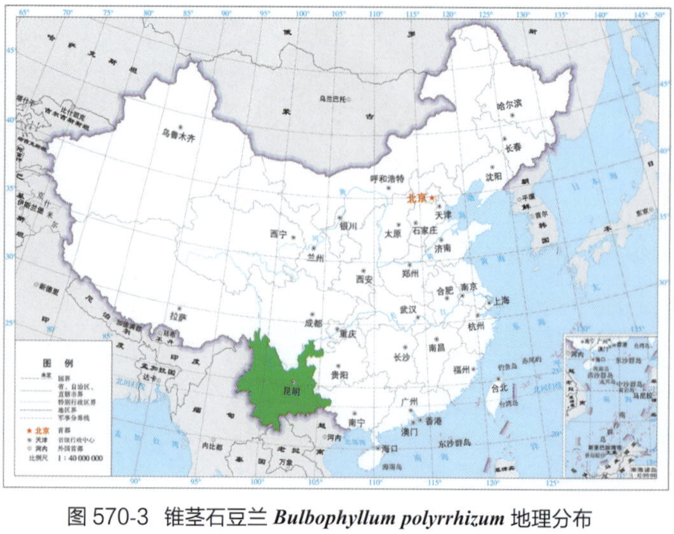

图 570-3 锥茎石豆兰 *Bulbophyllum polyrrhizum* 地理分布

571 版纳石豆兰 *Bulbophyllum protractum* Hook. f.

图 571-1 版纳石豆兰 *Bulbophyllum protractum* 生境与植株（李剑武）

【别名】 无。

【主要特征】 附生植物，根状茎匍匐，具分枝，假鳞茎彼此相距 3.0 ~ 3.5 cm，稍圆锥形，长 2.5 ~ 3.2 cm，顶生 1 枚叶。叶片长圆状披针形，长 7.0 ~ 10.0 cm，宽 1.5 ~ 3.2 cm，基部具短柄。花葶从根状茎的节上和假鳞茎基部发出，花序伞形，具 4 ~ 6 朵花，花白色，先端橘黄色，唇瓣橘黄色。花苞片披针形，长为花瓣同子房的 1/2；萼片近相似，披针形，长 3.0 ~ 4.5 mm，中萼片稍比侧萼片短；花瓣狭长圆状披针形，长 2.5 mm；唇瓣卵状披针形，长 1.3 ~ 1.5 mm，中部以下向下弯，基部与蕊柱足末端连接而成关节；蕊柱短，蕊柱齿纤细。

【花期】 7 ~ 9 月。

【生境状况】 生于海拔 800 ~ 1 000 m 的林中树上或林下岩石上。

【濒危等级】 EN。

【地理分布】 云南省；斯里兰卡、缅甸、泰国和越南。

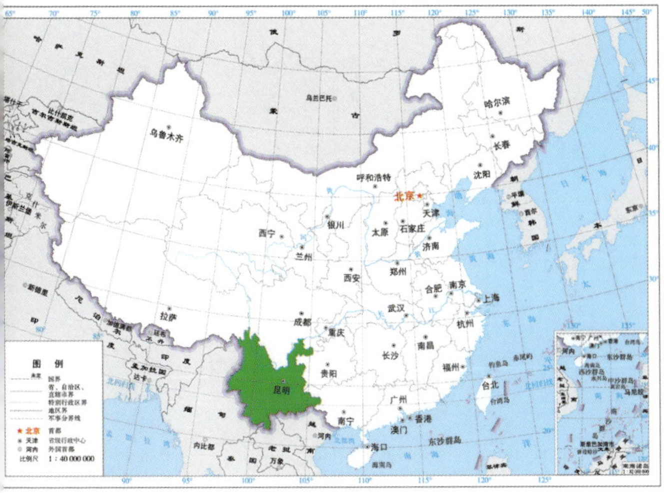

图 571-2 版纳石豆兰 *Bulbophyllum protractum* 地理分布

图 571-3 版纳石豆兰 *Bulbophyllum protractum* 花（李剑武）

572 滇南石豆兰 *Bulbophyllum psittacoglossum* Rchb. f.

【别名】 牛虱子。

【主要特征】 附生植物，假鳞茎伏卧在根状茎上，彼此间无明显的间隙，仅上部稍抬起，长 15.0 ~ 30.0 mm，粗 10.0 ~ 15.0 mm，顶生 1 枚叶。叶片椭圆形，长 3.0 ~ 15.0 cm，宽 1.7 ~ 3.7 cm，先端稍凹入，基部具短柄。花葶从假鳞茎基部发出，具 1 ~ 2 朵花，花黄色带紫色斑点。花苞片宽卵形，长 7.0 ~ 10.0 mm；中萼片椭圆形，长 12.0 mm，宽 6.0 mm；侧萼片卵状三角形，长 17.0 mm，宽 8.0 mm；花瓣倒卵状椭圆形，长 9.0 mm，宽 5.0 mm；唇瓣舌形，基部两侧边缘稍具齿，中部以上稍向外下弯，基部与蕊柱足连接而形成活动关节，上面被疣状突起，中央具 2 条波状褶片；蕊柱长 3.0 mm，蕊柱翅在蕊柱基部上方向前扩展为前端锐尖的三角形，蕊柱齿牙齿状。

【花期】 6 月。

【生境状况】 生于海拔 800 ~ 1 600 m 的林中树上或林下岩石上。

【濒危等级】 VU。

【地理分布】 云南省；缅甸、泰国和越南。

图 572-1 滇南石豆兰 *Bulbophyllum psittacoglossum* 植株（李剑武）

图 572-2 滇南石豆兰 *Bulbophyllum psittacoglossum* 花（李剑武）

图 572-3 滇南石豆兰 *Bulbophyllum psittacoglossum* 地理分布

573 曲萼石豆兰 *Bulbophyllum pteroglossum* Schltr.

【别名】 无。

【主要特征】 附生植物，根状茎粗 5.0 mm，假鳞茎在彼此相距 6.0 ~ 8.0 cm，圆柱形，长 3.0 ~ 4.0 cm，粗 0.5 cm，顶生 1 枚叶。叶片长圆形，长 18.0 ~ 25.0 cm，宽 3.4 ~ 5.5 cm。花葶从根状茎上发出，上举或下垂，长 5.0 ~ 8.0 cm，顶生 1 朵花，花淡黄色带红色斑点。花苞片卵形，比子房短；中萼片椭圆形，长 12.0 ~ 15.0 mm，宽 7.0 mm；侧萼片斜卵状三角形，长 7.0 mm，宽 7.0 mm，中部以上缢缩而弯曲状钩转，基部贴生于蕊柱足而形成宽钝的萼囊；花瓣长圆状披针形，长 8.0 mm，宽 3.0 mm；唇瓣下半部近方形，基部与蕊柱足末端连接而形成活动关节，中部 3 裂，侧裂片直立，翼瓣状，两侧裂片先端之间宽 6.0 mm，中裂片紫红色，三角形；蕊柱短，蕊柱足向上弯曲，长 10.0 mm，蕊柱齿不明显。

图 573-1 曲萼石豆兰 *Bulbophyllum pteroglossum* 地理分布

【花期】 11 月。

【生境状况】 生于海拔约 1 400 m 的林中树上。

【濒危等级】 VU。

【地理分布】 云南省；印度、不丹和缅甸。

图 573-2 曲萼石豆兰 *Bulbophyllum pteroglossum* 生境与植株（李剑武）

574 云南大苞兰 *Bulbophyllum purpureofuscum* J. J. Verm., Schuit. & de Vogel [*Sunipia cirrhata* (Lindl.) P. F. Hunt]

图 574-1 云南大苞兰 *Bulbophyllum purpureofuscum* 花（金效华）

【别名】 长序大苞兰。

【主要特征】 附生植物，根状茎匍匐，粗 3.0 ~ 4.0 mm，假鳞茎彼此相距 1.0 ~ 3.5 cm，卵状圆锥形，长 2.0 ~ 3.5 cm，粗 1.0 ~ 1.5 cm，顶生 1 枚叶。叶片椭圆形，长 9.0 ~ 16.0 cm，宽 2.0 ~ 3.1 cm，基部具长 1.5 ~ 4.0 cm 的柄。花葶从假鳞茎基部发出，长 21.0 ~ 40.0 cm，花序长 5.5 cm，疏生 4 ~ 8 朵花，花白色具紫色脉，唇瓣紫色。花苞片长 1.9 ~ 2.5 cm；中萼片披针形，长 12.0 ~ 24.0 mm，宽 3.0 ~ 5.0 cm；侧萼片与中萼片相似，长 14.0 ~ 26.0 mm，宽 6.0 ~ 8.0 mm，下侧边缘彼此靠合；唇瓣披针形，长 1.5 ~ 2.0 mm，宽 0.3 ~ 0.7 mm，正面具 2 条褶片；蕊柱长 2.0 ~ 3.0 mm。

【花期】 10 ~ 12 月。

【生境状况】 生于海拔 800 ~ 1 800 m 的林中树上。

【濒危等级】 DD。

【地理分布】 云南省；印度、不丹和缅甸。

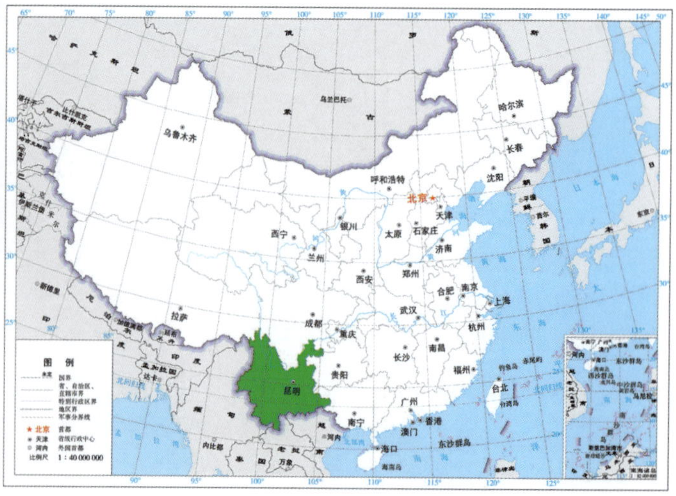

图 574-2 云南大苞兰 *Bulbophyllum purpureofuscum* 地理分布

575 圆瓣大苞兰 *Bulbophyllum rimannii* (Rchb. f.) J. J. Verm., Schuit. & de Vogel [*Sunipia rimannii* (Rchb. f.) Seidenf.]

图 575-1 圆瓣大苞兰 *Bulbophyllum rimannii* 花（金效华）

【别名】 无。

【主要特征】 附生植物，根状茎粗 2.0 mm，假鳞茎彼此相距约 1.5 cm，长卵形，长 2.0 cm，粗 0.8 cm，顶生 1 枚叶。叶片长圆形，长 7.0 ~ 10.0 cm，宽 1.1 ~ 1.7 cm，先端稍凹入，基部具短柄。花葶出自假鳞茎基部侧面，不高出叶外，花序具 2 ~ 3 朵花，花黄色。花苞片卵状披针形，长 6.0 mm；中萼片披针形，长 8.0 mm，宽 3.0 mm，边缘略内卷；侧萼片披针形，长 10.0 mm，宽 2.5 mm，近唇瓣一侧边缘除先端分离外彼此黏合；花瓣近圆形，长 3.0 mm，宽 2.5 mm，边缘具细尖齿；唇瓣近菱形，基部上方缢缩，长 7.0 mm，宽 3.5 mm，近先端处收狭呈狭圆锥形，边缘具细齿，唇盘中央具 1 条宽厚的纵脊；蕊柱长 2.0 mm。

【花期】 11 月。

【生境状况】 生于海拔约 1 600 m 的林中树上。

【濒危等级】 EN。

【地理分布】 云南省；缅甸和泰国。

图 575-2 圆瓣大苞兰 *Bulbophyllum rimannii* 地理分布

576 球花石豆兰 *Bulbophyllum repens* Griff.

图 576-1 球花石豆兰 *Bulbophyllum repens* 生境与植株（叶德平）

【别名】 匍茎石豆兰。

【主要特征】 附生植物，根鳞茎小，近卵形，彼此靠近，长 5.0 mm，粗 7.0 mm，顶生 1 枚叶。叶片倒卵状披针形，长 11.0 ~ 12.0 cm，宽 0.7 ~ 1.7 cm，基部具长 1.0 ~ 2.0 cm 的柄。花葶从假鳞茎基部发出，花序短，球状，长 4.0 ~ 20.0 mm，密生多数花，花淡紫红色。花苞片卵状三角形，长 1.0 mm；中萼片卵形，长 3.5 mm，宽 2.0 mm；侧萼片相似于中萼片，偏斜的卵形，下侧边缘彼此黏合；花瓣近圆形，长 2.2 mm，宽 1.2 mm，边缘稍啮蚀状；唇瓣舌形，基部具凹槽并与蕊柱足末端连接而形成活动关节，正面稍具乳头状突起；蕊柱短，蕊喙近镰状。

【花期】 3 ~ 5 月。

【生境状况】 生于海拔 500 ~ 1 200 m 的林中树上或林下岩石上。

【濒危等级】 LC。

【地理分布】 云南和海南等省；印度、缅甸和越南。

图 576-2 球花石豆兰 *Bulbophyllum repens* 花序（李剑武）

图 576-3 球花石豆兰 *Bulbophyllum repens* 地理分布

577 伏生石豆兰 *Bulbophyllum reptans* (Lindl.) Lindl.

【别名】 匍生石豆兰、石链子、小绿芨。

【主要特征】 附生植物，具分枝，根状茎粗 2.0 ~ 3.5 mm，假鳞茎彼此相距 5.0 ~ 9.0 cm，卵形，长 1.0 ~ 2.0 cm，粗 0.5 ~ 1.0 cm，顶生 1 枚叶。叶片狭长圆形，长 7.0 ~ 8.0 cm，宽 0.7 ~ 1.0 cm，先端稍凹入，基部具长 1.0 ~ 2.0 cm 的柄。花葶从假鳞茎基部发出，近等长于叶，花序长为花葶的 1/2，疏生 3 ~ 6 朵花，花淡黄绿色带紫红色条纹。花苞片卵状披针形，长 2.0 mm；萼片披针形，长 7.0 ~ 10.0 mm，宽 2.0 ~ 2.2 mm，背面具龙骨状突起，侧萼片比中萼片稍长，中部以下下侧边缘彼此黏合；花瓣卵状椭圆形，长 3.0 ~ 4.0 mm，宽 1.5 ~ 2.0 mm；唇瓣稍比花瓣长，后半部两侧对折，从中部向外下弯；蕊柱长 0.8 mm，蕊柱齿丝状，长 0.8 mm。

【花期】 1 ~ 10 月。

【生境状况】 生长于海拔 1 000 ~ 2 800 m 的林中树上或林下岩石上。

【濒危等级】 LC。

【地理分布】 海南、广西、云南和西藏等省区；印度、不丹、尼泊尔、缅甸、泰国、老挝和越南。

图 577-1 伏生石豆兰 *Bulbophyllum reptans* 花序（李剑武）

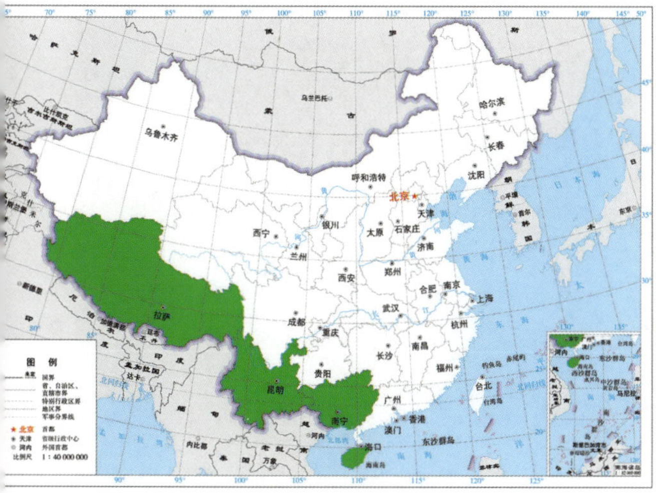

图 577-2 伏生石豆兰 *Bulbophyllum reptans* 地理分布

图 577-3 伏生石豆兰 *Bulbophyllum reptans* 生境与植株（李剑武）

578 藓叶卷瓣兰 *Bulbophyllum retusiusculum* Rchb. f.

图 578-1 藓叶卷瓣兰 *Bulbophyllum retusiusculum* 植株（黄花）（叶德平）

【别名】 黄萼卷瓣兰、山卷瓣兰。

【主要特征】 附生植物，根状茎粗 2.0 mm，假鳞茎彼此相距 1.0 ~ 3.0 cm，卵状圆锥形，大小变化较大，长 5.0 ~ 25.0 mm，粗 4.0 ~ 13.0 mm，顶生 1 枚叶。叶片长圆形，长 1.6 ~ 8.0 cm，宽 0.4 ~ 1.8 cm，先端稍凹入，基部具短柄。花葶出自假鳞茎基部的根状茎节上，高出叶外，长 14.0 cm，花序伞形，具多数花，花红色或黄色而中萼片、花瓣和唇瓣具红色条纹。花苞片狭披针形，长 3.0 ~ 6.0 mm；中萼片长圆状卵形，长 3.0 ~ 4.0 mm，宽 1.5 ~ 2.0 mm，先端稍凹缺，背面中部以下有时具乳突；侧萼片狭披针形，长 11.0 ~ 21.0 mm，宽 1.5 ~ 3.0 mm，两侧边

图 578-2 藓叶卷瓣兰 *Bulbophyllum retusiusculum* 红花（李剑武）

图 578-3 藓叶卷瓣兰 *Bulbophyllum retusiusculum* 黄花（李剑武）

缘在先端处稍内卷，背面有时疏生乳突状毛，基部上方扭转而两侧萼片的下侧边缘分别彼此黏合形成宽椭圆形的合萼；花瓣与中萼片相似，方形，长 2.5 ~ 3.0 mm，宽 1.8 mm；唇瓣舌形，从中部向外下弯，长 3.0 mm，基部具凹槽且与蕊柱足末端连接而形成活动关节；蕊柱长 1.5 ~ 2.0 mm，蕊柱翅在蕊柱基部稍扩大，蕊柱齿三角形，长 0.8 mm。

【花期】 9 ~ 12 月。

【生境状况】 生长于海拔 500 ~ 2 800 m 的林中树上或林下岩石上。

【濒危等级】 LC。

【地理分布】 甘肃、台湾、海南、湖南、四川、云南和西藏等省区；印度、不丹、尼泊尔、缅甸、泰国、老挝和越南。

图 578-4 藓叶卷瓣兰 *Bulbophyllum retusiusculum* 地理分布

图 578-5 藓叶卷瓣兰 *Bulbophyllum retusiusculum* 生境与植株（李剑武）

579 二色大苞兰 *Bulbophyllum roseopictum* J. J. Verm., Schuit. & de Vogel (*Sunipia bicolor* Lindl.)

图 579-1 二色大苞兰 *Bulbophyllum roseopictum* 生境与植株（李剑武）

【别名】 玫红大苞兰。

【主要特征】 附生植物，根状茎具分枝，粗 2.0 mm，假鳞茎彼此相距 2.0 ~ 3.0 cm，近梨形，长 1.0 ~ 2.0 cm，粗 1.0 cm，顶生 1 枚叶。叶片长圆形，长 3.0 ~ 9.0 cm，宽 0.6 ~ 1.6 cm，先端稍凹入，基部具短柄。花葶出自假鳞茎基部侧面，与叶近等长，花序长 3.0 ~ 4.0 cm，具 3 ~ 10 朵花，花黄绿色带红色条纹，唇瓣紫红色。花苞片卵状披针形，长 7.0 ~ 9.0 mm；萼片卵状披针形，长 8.0 ~ 10.0 mm，宽 2.5 mm，侧萼片近唇瓣一侧的边缘彼此黏合；花瓣卵形，长 3.0 mm，宽 2.0 mm，边缘稍具细齿；唇瓣小提琴形，长 6.0 mm，宽 3.5 mm，基部两侧具耳，边缘撕裂状，唇盘从唇瓣基部至先端具 1 条宽厚的脊，脊在唇瓣先端处明显增厚；蕊柱长 1.0 mm。

【花期】 7 ~ 11 月。

【生境状况】 生于海拔 1 900 ~ 2 700 m 的林中树上或林下岩石上。

【濒危等级】 LC。

【地理分布】 云南省；印度、不丹、尼泊尔、孟加拉国、缅甸、泰国和老挝。

图 579-2 二色大苞兰 *Bulbophyllum roseopictum* 花序（李剑武）

图 579-3 二色大苞兰 *Bulbophyllum roseopictum* 地理分布

580 美花卷瓣兰 *Bulbophyllum rothschildianum* (O'Brien) J. J. Sm.

【别名】 国王豆。

【主要特征】 附生植物，根状茎粗 5.0 ~ 7.0 mm，假鳞茎疏生，彼此相距 5.0 ~ 10.0 cm，卵球形，长 2.5 ~ 4.5 cm，粗 3.0 cm，顶生 1 枚叶。叶片椭圆形，长 9.0 ~ 10.0 cm，宽 2.0 ~ 2.5 cm，先端稍凹入，基部具长 1.0 cm 的柄。花葶从假鳞茎基部发出，长 20.0 ~ 24.0 cm，花序伞形，具 4 ~ 6 朵花，花紫红色。花苞片披针形，长 10.0 mm；中萼片卵形，舟状，长 15.0 mm，宽 7.0 mm，先端呈尾状，背面疏生乳突，边缘具流苏；侧萼片披针形，长 15.0 ~ 19.0 cm，先端为长尾状，中部以下在背面密生疣状突起，基部上方扭转而两侧萼片上侧边缘彼此黏合为合萼，合萼在基部上方宽 20.0 mm；花瓣卵状三角形，长 10.0 mm，宽 4.0 mm，中部以上收狭为尾状，边缘具流苏；唇瓣舌状椭圆形，长 10.0 mm，后半部两侧对折，基部与蕊柱足末端连接而形成活动关节，边缘和上面密生流苏状毛；蕊柱长 5.0 mm，蕊柱翅在近蕊柱中部向前伸展呈三角形，蕊柱齿近矩形，长 2.0 mm，先端变为狭镰状。

【花期】 9 月。

【生境状况】 生于海拔 1 400 ~ 1 600 m 的林中树上。

【濒危等级】 VU/EN。

【地理分布】 云南省；印度。

图 580-1 美花卷瓣兰 *Bulbophyllum rothschildianum* 生境与植株（李剑武）

图 580-2 美花卷瓣兰 *Bulbophyllum rothschildianum* 花（叶德平）

图 580-3 美花卷瓣兰 *Bulbophyllum rothschildianum* 地理分布

581 红心石豆兰 *Bulbophyllum rubrolabellum* T. P. Lin

【别名】 红心豆兰。

【主要特征】 附生植物，假鳞茎聚生，卵球形，长 8.0 ~ 9.0 mm，粗 6.0 ~ 7.0 mm，顶生 1 枚叶。叶片长圆形，长 2.5 ~ 3.5 cm，宽 0.8 ~ 1.0 cm，基部无柄。花葶从假鳞茎基部发出，长 1.0 ~ 1.5 cm，花序伞状，密生 6 ~ 8 朵花，花浅黄色，唇瓣红色。花苞片卵形，长 2.0 mm；萼片卵形，长 3.5 ~ 4.0 mm，宽 1.6 ~ 2.0 mm；花瓣椭圆形，长 1.5 mm，宽 0.6 mm；唇瓣舌形，长 2.8 mm，向外下弯，基部与蕊柱足连接而形成关节，唇盘被细乳突；蕊柱短，长 1.0 mm，蕊柱齿狭长，长 0.6 mm。

【花期】 9 ~ 10 月。

【生境状况】 生于海拔 700 ~ 1 000 m 的林中树上。

【濒危等级】 NT。

【地理分布】 台湾和云南等省。

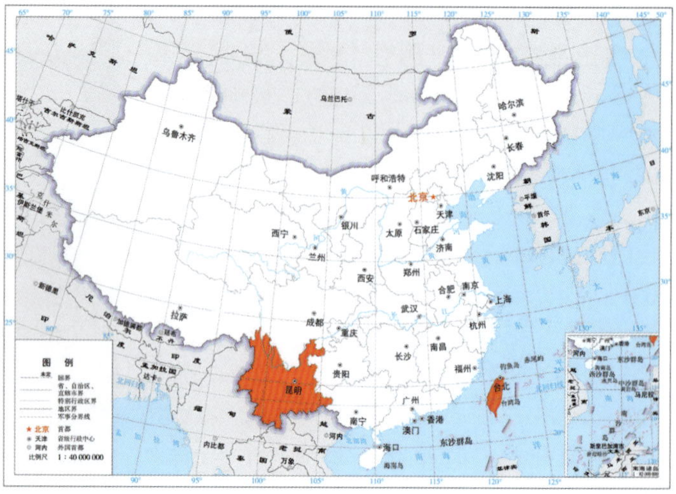

图 581-1 红心石豆兰 *Bulbophyllum rubrolabellum* 地理分布

图 581-2 红心石豆兰 *Bulbophyllum rubrolabellum* 生境与植株（金效华）

582 怒江卷瓣兰 *Bulbophyllum salweenense* X. H. Jin (*Bulbophyllum salweenensis* X. H. Jin)

【别名】 萨尔温卷瓣兰。

【主要特征】 附生植物,假鳞茎彼此相距 0.5 ~ 5.0 cm，卵状圆锥形，长 1.0 ~ 4.0 cm,粗 0.4 ~ 0.6 cm，顶生 1 枚叶。叶片狭长圆形，长 4.0 ~ 16.0 cm，宽 0.5 ~ 2.5 cm，基部具长 1.0 ~ 2.0 cm的柄。花葶从假鳞茎基部发出，长 4.0 ~ 9.0 cm，比叶短，伞形花序具 2 ~ 4 朵花，花黄绿色具紫红色斑点。花苞片披针形，长 8.0 mm；中萼片卵形，长 8.0 mm，宽 5.0 mm；侧萼片镰状披针形，基部贴生在蕊柱足上，长 10.0 mm，宽 5.0 mm；花瓣披针形，具齿，长 5.0 mm，宽 2.0 mm；唇瓣向下弯，舌状，基部心形并在边缘具乳头状突起，长 8.0 mm，宽 3.0 mm，唇盘上具 1 条纵脊；蕊柱长 2.0 mm。

图 582-1 怒江卷瓣兰 ***Bulbophyllum salweenense*** 生境与植株（金效华）

【花期】 3 ~ 4 月。

【生境状况】 生于海拔 1 500 m 的林中树上。

【濒危等级】 EN。

【地理分布】 云南省。

图 582-2 怒江卷瓣兰 ***Bulbophyllum salweenense*** 花（金效华）

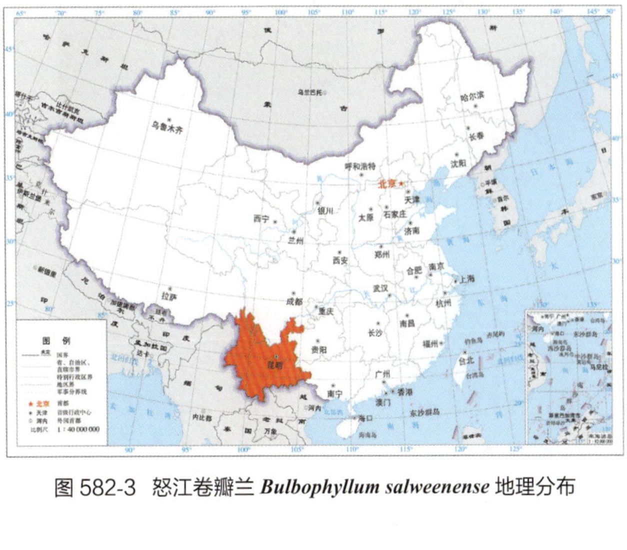

图 582-3 怒江卷瓣兰 ***Bulbophyllum salweenense*** 地理分布

583 弯瓣大苞兰 *Bulbophyllum sasakii* (Hayata) J. J. Verm., Schuit. & de Vogel [*Sunipia sasakii* (Hayata) P. F. Hunt]

图 583-1 弯瓣大苞兰 *Bulbophyllum sasakii* 生境与植株（李剑武）

【别名】 线瓣大苞兰。

【主要特征】 附生植物，假鳞茎彼此相距 2.0 ~ 5.0 cm，卵圆形，长约 10.0 mm，粗 3.0 ~ 4.0 mm，顶生 1 枚叶。叶片线状长圆形，长约 5.0 cm，宽约 0.7 cm，先端 2 裂。花葶从假鳞茎基部发出，长约 3.0 cm，具花 1 ~ 2 朵，花黄白色，稍带紫色晕。花苞片卵形，长约 10.0 mm；萼片近相似，长圆状三角形，长约 10.0 mm，宽 4.0 ~ 4.5 mm，侧萼片稍狭；花瓣线状三角形，具长尾，长 7.0 ~ 8.0 mm，尾的中部弯曲，黄色；唇瓣长圆形，长约 5.0 mm，宽约 3.0 mm；蕊柱长 2.5 ~ 3.0 mm。

【花期】 8 ~ 10 月。

【生境状况】 生于海拔 1 400 ~ 1 900 m 的林中树上。

【濒危等级】 DD。

【地理分布】 台湾和云南等省；缅甸和泰国。

【附注】 标本：李剑武 1082、4195，HITBC!。

图 583-2 弯瓣大苞兰 *Bulbophyllum sasakii* 花（叶德平）

图 583-3 弯瓣大苞兰 *Bulbophyllum sasakii* 地理分布

584 少花石豆兰 *Bulbophyllum secundum* Hook. f.

图 584-1　少花石豆兰 *Bulbophyllum secundum* 地理分布

【别名】 棒梗石豆兰。

【主要特征】 附生植物，假鳞茎聚生，卵状圆锥形，粗 1.0 ~ 1.5 cm，顶生 1 枚叶。叶片长圆形，长 10.0 ~ 15.0 cm，宽 1.0 ~ 1.5 cm，基部具长 1.0 ~ 2.0 cm 的柄。花葶从假鳞茎基部侧面发出，远高出叶外，长 20.0 ~ 40.0 cm，花序长约为花葶的 1/2，具多数偏向一侧且下倾的花，花萼片黄绿色，花瓣和唇瓣黑色。花苞片披针形，长 2.0 ~ 3.0 mm；中萼片卵状披针形，长 3.0 ~ 5.0 mm，宽 2.0 ~ 2.5 mm，边缘具长柔毛；侧萼片卵状三角形，长 5.0 ~ 7.0 mm，宽 2.5 ~ 4.0 mm，边缘具长柔毛，基部贴生在蕊柱足上形成一个小的萼囊；花瓣匙形，长 1.5 mm，宽 1.0 mm，边缘具长柔毛；唇瓣舌状，长 5.0 ~ 6.0 mm，宽 1.5 mm，基部具凹槽且颜色稍淡，并且与蕊柱足末端连接而形成活动关节，中部以上具长硬毛；蕊柱长 1.0 mm，蕊柱齿三角形，短。

【花期】 3 ~ 4 月。

【生境状况】 生于海拔 1 000 ~ 2 500 m 的林中树上或林下岩石上。

【濒危等级】 CR。

【地理分布】 云南省；印度、不丹、尼泊尔、斯里兰卡、缅甸、泰国、老挝和越南。

图 584-2　少花石豆兰 *Bulbophyllum secundum* 花序（李剑武）

图 584-3　少花石豆兰 *Bulbophyllum secundum* 生境与植株（李剑武）

585 鹳冠卷瓣兰 *Bulbophyllum setaceum* T. P. Lin

【别名】 鹳冠兰、鹤冠兰。

【主要特征】 附生植物，假鳞茎彼此相距约1.0 cm，卵球形，长1.0 ~ 1.3 cm，粗0.5 ~ 1.0 cm，顶生1枚叶。叶片椭圆形，长3.0 ~ 4.0 cm，宽0.1 ~ 0.2 cm，先端稍凹入。花葶出自假鳞茎基部，长14.0 ~ 16.0 cm，花序伞形，具12 ~ 16朵花，花黄色带棕色。花苞片卵状披针形，长5.0 mm；中萼片卵形，长5.5 mm，宽3.0 mm，先端短尾状，边缘具黄白色长毛；侧萼片披针形，长34.0 mm，宽2.0 mm，先端褐色，渐狭为线形，基部以上两侧边缘疏生短毛，两侧萼片上侧边缘内卷，在中部以下的上下侧边缘分别彼此黏合；花瓣斜椭圆形，长3.0 mm，宽2.0 mm，边缘具长毛；唇瓣舌状，向外下弯，长2.5 mm，红色，基部具凹槽，具2条龙骨状的脊；蕊柱长1.5 mm，蕊柱齿短钻状。

【花期】 3 ~ 5月。

【生境状况】 生于海拔1 500 ~ 2 400 m的林中树上。

【濒危等级】 NT。

【地理分布】 台湾省。

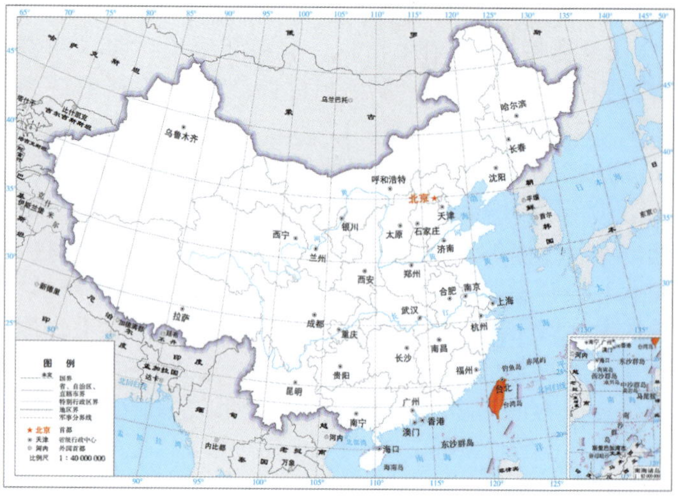

图585-1 鹳冠卷瓣兰 *Bulbophyllum setaceum* 地理分布

图585-2 鹳冠卷瓣兰 *Bulbophyllum setaceum* 花（金效华）

586 短足石豆兰 *Bulbophyllum stenobulbon* E. C. Parish & Rchb. f.

【别名】 狭基石豆兰。

【主要特征】 附生植物，根状茎粗 1.0 ~ 1.5 mm，具分枝，假鳞茎彼此相距 1.5 ~ 3.0 cm，卵状圆柱形，长 1.0 ~ 1.5 cm，粗 0.3 ~ 0.6 cm，顶生 1 枚叶。叶长圆形，长 15.0 ~ 33.0 mm，宽 10.0 mm，先端稍凹入，基部具短柄。花葶 1 ~ 2 个从假鳞茎基部发出，稍高出假鳞茎之上，花序呈伞状，具 2 ~ 4 朵花，花淡黄色，中部以上橘黄色。花苞片卵状披针形，长 2.0 ~ 3.0 mm；中萼片狭披针形，长 4.5 ~ 5.0 mm，宽 1.3 ~ 1.5 mm，中部以上两侧边缘略内卷；侧萼片狭披针形，比中萼片稍长，中部以上两侧边缘内卷；花瓣卵形，长 2.0 ~ 2.4 mm，宽 0.8 ~ 1.0 mm；唇瓣舌形，长 2.0 mm，宽 0.5 ~ 0.7 mm，稍下弯，基部具凹槽，背面密生细乳突，上面具 3 条纵向的脊，其两侧的脊常增粗而隆起；蕊柱长 1.0 mm，蕊柱齿与药帽等高，钻状，长 0.5 mm。

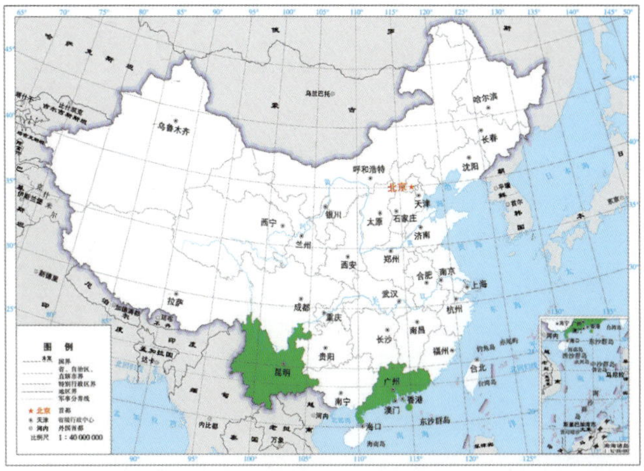

图 586-1 短足石豆兰 *Bulbophyllum stenobulbon* 地理分布

【花期】 5 ~ 6 月。

【生境状况】 生于海拔达 2 100 m 的林中树上或林下岩石上。

【濒危等级】 VU。

【地理分布】 广东、香港和云南等省区；印度、不丹、缅甸、泰国、老挝和越南。

图 586-2 短足石豆兰 *Bulbophyllum stenobulbon* 花（金效华）

587 二叶石豆兰 *Bulbophyllum shanicum* King & Pantl.

图 587-1 二叶石豆兰 *Bulbophyllum shanicum* 生境与植株（李剑武）

【别名】 掸邦石豆兰。

【主要特征】 附生植物，根状茎粗 3.0 mm，假鳞茎彼此相距 1.0 ~ 2.0 cm，卵球形，粗 7.0 ~ 14.0 mm，顶生 2 枚叶。叶倒卵状披针形，长 3.0 ~ 7.0 cm，宽 1.0 ~ 2.1 cm，先端具凹头，近无柄，花叶同期。花葶从假鳞茎基部发出，长 11.0 ~ 17.0 cm，花序长为花葶的 3/5，密生多数稍偏向一侧的花，花淡黄色。花苞片披针形，长 3.0 mm；萼片卵状披针形，中萼片长 4.5 mm，宽 1.6 mm；侧萼片长 5.5 mm，宽 3.0 mm，基部约 1/2 贴生在蕊柱足上；花瓣卵状披针形，长 4.0 mm，宽 1.3 mm；唇瓣两侧对折而向外下弯，长 3.0 mm，边缘具睫毛，唇盘具 1 条纵走的龙骨脊；蕊柱长 1.8 mm，蕊柱齿三角形，长 0.8 mm，与药帽近等高，先端呈钻状。

【花期】 10 月。

【生境状况】 生于海拔约 1 800 m 的林中树上或林下岩石上。

【濒危等级】 VU。

【地理分布】 云南省；缅甸。

图 587-2 二叶石豆兰 *Bulbophyllum shanicum* 地理分布

图 587-3 二叶石豆兰 *Bulbophyllum shanicum* 花序（李剑武）

588 伞花石豆兰 *Bulbophyllum shweliense* W. W. Sm.

【别名】 石上叶、一挂鱼、褶唇石豆兰。

【主要特征】 附生植物，根状茎粗 1.0 mm，具分枝，假鳞茎彼此相距 2.0 ~ 5.0 cm，近圆柱形，长 10.0 ~ 15.0 mm，粗 4.0 ~ 5.0 mm，顶生 1 枚叶。叶片长圆形，长 2.0 ~ 3.0 cm，宽 0.5 ~ 1.0 cm，先端稍凹入，基部具短柄。花葶 1 ~ 2 个从假鳞茎基部发出，稍高出叶外，长 3.0 ~ 4.5 cm；花序伞状，具 4 ~ 10 朵花，花淡黄色。花苞片披针形，长 2.0 mm；萼片披针形，长 7.5 ~ 8.0 mm，宽 2.0 mm，先端长尾状，中萼片近先端两侧边缘稍内卷，侧萼片中部以下两侧边缘内卷呈筒状，基部贴生在蕊柱足上而形成半球形的萼囊；花瓣卵状披针形，长 3.0 ~ 3.5 mm，宽 1.4 ~ 2.0 mm；唇瓣近先端处下弯，卵状披针形，长 2.0 mm，基部具凹槽；蕊柱长 1.0 mm，蕊柱齿钻状，与药帽等高，长 0.5 mm。

【花期】 6 月。

【生境状况】 生于海拔 1 500 ~ 2 100 m 的林中树上。

【濒危等级】 NT。

【地理分布】 广东和云南等省；缅甸、泰国和老挝。

图 588-1 伞花石豆兰 *Bulbophyllum shweliense* 生境与植株（李剑武）

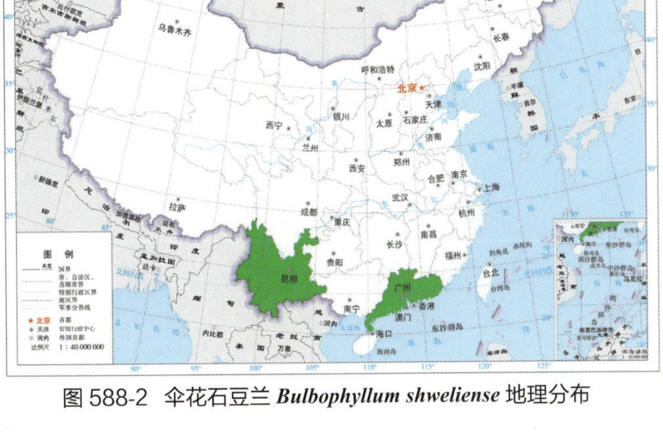

图 588-2 伞花石豆兰 *Bulbophyllum shweliense* 地理分布

图 588-3 伞花石豆兰 *Bulbophyllum shweliense* 花（叶德平）

589 匙萼卷瓣兰 *Bulbophyllum spathulatum* (Rolfe ex E. W. Cooper) Seidenf.

图 589-1 匙萼卷瓣兰 *Bulbophyllum spathulatum* 生境与植株（叶德平）

【别名】 匙形石豆兰。

【主要特征】 附生植物，根状茎粗 4.0 mm，假鳞茎彼此相距 10.0 ~ 11.0 cm，狭卵形，长 3.0 ~ 4.0 cm，粗 1.0 cm，顶生 1 枚叶。叶片长圆形，长 10.0 ~ 18.0 cm，宽 2.0 ~ 2.4 cm，基部具长 1.0 cm 的柄。花葶从根状茎末端处的假鳞茎基部发出，与假鳞茎近等长，花序伞形，具多数花，花紫红色。花苞片长圆状卵形，长 10.0 mm；中萼片近倒卵形，长 8.0 mm，宽 4.0 mm，先端具短尖；侧萼片长 18.0 mm，基部上方扭转且两侧萼片的上下侧边缘彼此靠合而形成拖鞋状的合萼，合萼扁平，中部以上宽，宽达 11.0 mm，被细乳突；花瓣狭长圆状披针形，长 5.0 mm，宽 1.3 mm；唇瓣披针形，基部上方呈 90° 向外下弯，中部以下两侧对折；蕊柱长 2.0 mm，蕊柱齿三角形，长 1.0 mm。

【花期】 10 月。

【生境状况】 生于海拔约 800 m 的林中树上。

【濒危等级】 VU。

【地理分布】 云南省；印度、缅甸、泰国、老挝和越南。

图 589-2 匙萼卷瓣兰 *Bulbophyllum spathulatum* 地理分布

图 589-3 匙萼卷瓣兰 *Bulbophyllum spathulatum* 花（李剑武）

590 细柄石豆兰 *Bulbophyllum striatum* (Griff.) Rchb. f.

【别名】 无。

【主要特征】 附生植物，根状茎匍匐，假鳞茎彼此相距 2.5 ~ 10.5 cm，近梨形，长 1.0 ~ 1.5 cm，粗 0.8 ~ 1.3 cm，顶生 1 枚叶。叶片椭圆形，长 3.0 ~ 10.0 cm，宽 2.7 ~ 4.0 cm，先端稍凹入，背面紫红色，基部具长 1.5 ~ 4.0 cm 的柄。花葶长 6.0 ~ 9.0 cm，花序具 1 ~ 3 朵花，花黄绿色具紫红色条纹。花苞片卵形，长 3.0 mm；中萼片长圆形，长 10.0 mm，宽 4.0 mm；侧萼片卵状三角形，长 9.0 mm，宽 5.0 mm；花瓣卵形，长 6.5 mm，宽 4.0 mm；唇瓣紫红色，近椭圆形，长 7.0 mm，宽 3.5 mm，基部边缘稍具齿并与蕊柱足末端连接而形成不动关节，唇盘具数条分枝的脉；蕊柱长 4.0 mm，蕊柱齿不明显。

图 590-1 细柄石豆兰 *Bulbophyllum striatum* 生境与植株（叶德平）

【花期】 12 月。

【生境状况】 生于海拔约 1 600 m 的林中树上或林下岩石上。

【濒危等级】 LC。

【地理分布】 云南省；印度。

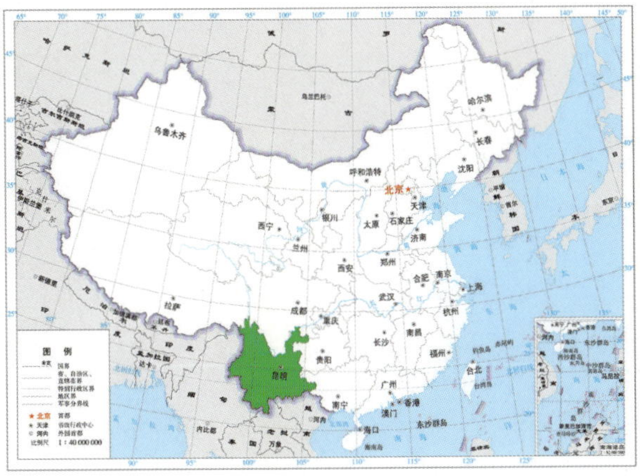

图 590-2 细柄石豆兰 *Bulbophyllum striatum* 地理分布

图 590-3 细柄石豆兰 *Bulbophyllum striatum* 花（叶德平）

591 直萼石豆兰 *Bulbophyllum suavissimum* Rolfe

【别名】 直莛石豆兰。

【主要特征】 附生植物，根状茎匍匐，粗 1.5 mm，假鳞茎彼此相距 1.0 cm，卵球形，长 8.0 mm，粗 5.0 mm，顶生 2 枚叶。花葶从已经落叶的假鳞茎基部发出，长 8.0 cm，花序疏生数朵稍偏向一侧的花，花淡黄绿色。花苞片卵形，长 1.5 ~ 2.0 mm；中萼片卵形，长 4.0 mm，宽 2.2 mm；侧萼片卵状披针形，长 6.0 mm，宽 2.0 mm；花瓣卵状披针形，长 2.8 mm，宽 1.2 mm，基部约 1/2 贴生在蕊柱足上，近先端处具细齿；唇瓣狭长圆形，长 3.5 mm，宽 0.7 mm，基部中央具凹槽，前部向外下弯，上面密布细乳突；蕊柱半圆柱形，长 1.5 mm，蕊柱齿牙齿状，先端钻状，不高出药帽。

【花期】 3 月。

【生境状况】 生于海拔约 900 m 的林中树上。

【濒危等级】 EN。

【地理分布】 云南省；缅甸和泰国。

图 591-1 直萼石豆兰 *Bulbophyllum suavissimum* 地理分布

图 591-2 直萼石豆兰 *Bulbophyllum suavissimum* 花序（金效华）

592 伞花卷瓣兰 *Bulbophyllum umbellatum* Lindl.

【别名】 伞生石豆兰、伞形卷瓣兰。

【主要特征】 附生植物，根状茎粗 3.0 ~ 4.0 mm，假鳞茎彼此相距 1.0 ~ 2.0 cm，卵形，长 1.3 ~ 3.5 cm，粗 1.0 ~ 2.0 cm，顶生 1 枚叶。叶片长圆形，长 8.0 ~ 19.0 cm，宽 1.3 ~ 2.8 cm，先端稍凹入，基部具长 1.0 ~ 2.0 cm 的柄。花葶从假鳞茎基部发出，不高出叶外，长 8.0 ~ 12.0 cm，花序伞形，具 2 ~ 4 朵花，花暗黄绿色。花苞片披针形，长 9.0 mm；中萼片卵形，长 9.0 mm，宽 5.0 mm；侧萼片镰状披针形，长 15.0 mm，宽 5.0 mm，基部上方扭转而两侧萼片仅基部上侧边缘彼此黏合，其余离生；花瓣卵形，长 7.0 mm，宽 5.0 mm；唇瓣舌状，长 5.0 mm，向外下弯，基部近心形；蕊柱长 2.0 mm，蕊柱翅向前扩展呈钝的三角形，蕊柱齿三角形，长 1.0 mm。

【花期】 4 ~ 6 月。

【生境状况】 生于海拔 1 000 ~ 2 200 m 的林中树上或林下岩石上。

【濒危等级】 LC。

【地理分布】 台湾、四川、云南和西藏等省区；印度、不丹、尼泊尔、缅甸、泰国、老挝和越南。

图 592-1 伞花卷瓣兰 ***Bulbophyllum umbellatum*** 植株（李剑武）

图 592-2 伞花卷瓣兰 ***Bulbophyllum umbellatum*** 花（叶德平）

图 592-3 伞花卷瓣兰 ***Bulbophyllum umbellatum*** 地理分布

593 大苞兰 *Bulbophyllum sunipia* J. J. Verm., Schuit. & de Vogel (*Sunipia scariosa* Lindl.)

图 593-1 大苞兰 *Bulbophyllum sunipia* 生境与植株（李剑武）

图 593-2 大苞兰 *Bulbophyllum sunipia* 花序（李剑武）

图 593-3 大苞兰 *Bulbophyllum sunipia* 地理分布

【主要特征】 附生植物，根状茎粗 4.0 mm，假鳞茎彼此相距 4.0 cm，卵形，长 2.0 ~ 3.0 cm，粗 1.5 cm，顶生 1 枚叶。叶片长圆形，长 12.0 ~ 16.0 cm，宽 2.0 cm，先端稍凹陷，基部收狭为长 1.5 cm 的柄。花葶出自假鳞茎基部，比叶长，长达 33.0 cm；花序下垂，具多数花，花黄绿色；花苞片整齐排成 2 列，宽卵形，舟状，长 7.0 mm，宽 6.0 mm；中萼片卵形，长 4.5 mm，宽 3.0 mm；侧萼片斜卵形，呈 V 字形对折，长 6.5 mm，宽 2.5 mm，近唇瓣一侧边缘彼此黏合；花瓣斜卵形，长 3.0 mm，宽 2.2 mm，边缘具细齿，在背面基部具 1 枚肉质、舌状的附属物；唇瓣舌形，长 4.5 mm，宽 2.0 mm，上面基部具凹槽，槽内具 1 条龙骨脊；蕊柱长 2.0 mm。

【花期】 3~4 月。

【生境状况】 生于海拔 800~2 500 m 的林中树上或林下岩石上。

【濒危等级】 LC。

【地理分布】 云南省；印度、尼泊尔、缅甸、泰国、老挝和越南。

594 聚株石豆兰 *Bulbophyllum sutepense* (Rolfe ex Downie) Seidenf.

【别名】 无。

【主要特征】 附生植物，根状茎匍匐，假鳞茎聚生，梨形，长6.0 ~ 12.0 mm，粗5.0 ~ 10.0 mm，顶生1枚叶。叶片长圆形，长1.5 ~ 4.5 cm，宽6.0 ~ 9.0 mm，近先端边缘具细齿。花葶1 ~ 2个从假鳞茎基部发出，稍高出假鳞茎，花序呈伞状，具4 ~ 5朵花，花淡黄色。花苞片卵状披针形，长4.0 mm；中萼片卵状披针形，长2.2 ~ 3.0 mm，宽1.8 mm，近先端两侧边缘稍向内卷；侧萼片斜披针形，长5.0 ~ 6.0 mm，宽1.5 ~ 1.8 mm，近中部以上两侧边缘内卷呈筒状；花瓣狭长圆形，长1.5 mm，宽0.7 mm；唇瓣卵状三角形，比花瓣短，向外下弯，3裂，侧裂片直立，三角形，中裂片狭长圆形，唇盘密生乳突；蕊柱长1.1 mm，蕊柱齿不高出药帽之上，细尖，长0.1 mm。

【花期】 5月。

【生境状况】 生于海拔1 200 ~ 1 600 m的林中树上。

【濒危等级】 LC。

【地理分布】 云南省；泰国和老挝。

图594-1 聚株石豆兰 *Bulbophyllum sutepense* 生境与植株（叶德平）

图594-2 聚株石豆兰 *Bulbophyllum sutepense* 地理分布

图594-3 聚株石豆兰 *Bulbophyllum sutepense* 花（叶德平）

595 带叶卷瓣兰 *Bulbophyllum taeniophyllum* E. C. Parish & Rchb. f.

图 595-1 带叶卷瓣兰 *Bulbophyllum taeniophyllum* 植株（谭运洪）

【别名】 带叶石豆兰。

【主要特征】 附生植物，假鳞茎彼此相距 2.0 ~ 5.0 cm，近圆柱形，长 3.5 ~ 3.8 cm，粗 0.7 ~ 0.9 cm，顶生 1 枚叶。叶片狭长圆形，长 16.0 ~ 19.0 cm，宽 1.5 ~ 2.0 cm，近无柄。花葶从假鳞茎基部发出，长 13.0 ~ 14.0 cm，花序伞形，具数朵花，花黄褐色密布紫色斑点。花苞片卵状披针形，长 4.0 mm；中萼片卵形，长 7.5 mm，宽 5.0 mm，边缘稍不整齐，先端处具齿；侧萼片狭披针形，长 20.0 mm，宽 4.0 mm，基部贴生在蕊柱足上且呈 180° 扭转而两侧萼片的上侧边缘彼此黏合，下侧边缘内卷；花瓣狭卵形，长 4.2 mm，宽 2.2 mm，边缘具齿；唇瓣从中部向外下弯，披针形，长 5.0 mm，宽 1.0 mm，上面具 2 条脊突，脊突之间有 1 个凹槽，基部与蕊柱足末端连接而形成关节；蕊柱长 1.5 mm，蕊柱翅在蕊柱中部向前扩展呈三角形，蕊柱齿短钻状。

【花期】 6 月。

【生境状况】 生于海拔约 800 m 的林中树上。

【濒危等级】 LC。

【地理分布】 云南省；缅甸、泰国、老挝、越南、马来西亚和印度尼西亚。

图 595-2 带叶卷瓣兰 *Bulbophyllum taeniophyllum* 花（李剑武）

图 595-3 带叶卷瓣兰 *Bulbophyllum taeniophyllum* 地理分布

596 虎斑卷瓣兰 *Bulbophyllum tigridum* Hance

【别名】 无。

【主要特征】 附生植物，假鳞茎彼此相距 1.0 ~ 3.0 cm，卵圆形，长 10.0 ~ 20.0 mm，粗 6.0 ~ 7.0 mm，顶生 1 枚叶。叶片长圆形，长 22.0 ~ 25.0 mm，宽 4.0 ~ 5.0 mm，基部具短柄。花葶从假鳞茎基部发出，长 10.0 ~ 14.0 cm，比叶长，花序伞形，具 5 ~ 8 朵花，花黄色带红色条纹。花苞片小，长 3.0 ~ 5.0 mm；中萼片卵形，长 3.0 ~ 3.5 mm，宽 1.5 ~ 2.0 mm；侧萼片披针形，长 15.0 ~ 20.0 mm，宽 2.0 mm，上下侧边缘彼此黏合成管状；唇瓣舌状，向下弯，基部与蕊柱足末端连接而形成活动关节；蕊柱长 1.0 ~ 1.5 mm。

【花期】 9 ~ 11 月。

【生境状况】 生于海拔约 800 m 的林中树上。

【濒危等级】 DD。

【地理分布】 云南和广东等省。

图 596-1　虎斑卷瓣兰 *Bulbophyllum tigridum* 植株（叶德平）

图 596-2　虎斑卷瓣兰 *Bulbophyllum tigridum* 生境与植株（李剑武）

图 596-3　虎斑卷瓣兰 *Bulbophyllum tigridum* 地理分布

图 596-4　虎斑卷瓣兰 *Bulbophyllum tigridum* 花（李剑武）

597 小叶石豆兰 *Bulbophyllum tokioi* Fukuy.

图 597-1 小叶石豆兰 *Bulbophyllum tokioi* 生境与植株（叶德平）

【别名】 小叶豆兰。

【主要特征】 附生植物，根状茎粗 0.5 mm，无假鳞茎，叶在根状茎上疏生。叶片椭圆形，长 5.0 ~ 6.0 mm，宽 3.0 ~ 4.5 mm，先端圆且具短突，基部无柄。花葶生于叶腋，长 10.0 mm，花序具 2 朵花，花浅白色。花苞片比子房短；中萼片长圆形，长 2.5 mm，宽 1.0 mm；侧萼片斜卵状三角形，长 2.6 mm，宽 1.5 mm；花瓣比萼片小，狭长圆形，长 1.0 ~ 1.3 mm，宽 0.3 mm；唇瓣卵状三角形，长 1.5 mm，宽 1.0 mm，基部与蕊柱足末端连接而形成关节；蕊柱半圆柱形，长 0.7 mm，蕊柱齿小，三角形。

【花期】 4 月。

【生境状况】 生于海拔 600 ~ 800 m 的林中树上。

【濒危等级】 NT。

【地理分布】 台湾和云南等省。

图 597-2 小叶石豆兰 *Bulbophyllum tokioi* 花（叶德平）

图 597-3 小叶石豆兰 *Bulbophyllum tokioi* 地理分布

598 直立卷瓣兰 *Bulbophyllum unciniferum* Seidenf.

【别名】 无。

【主要特征】 附生植物，根状茎粗 3 mm，假鳞茎彼此相距 2.0 ~ 4.0 cm，圆柱形，长 2.0 ~ 3.5 cm，粗 0.6 ~ 0.9 cm，顶生 1 枚叶。叶片狭长圆形，长 7.0 ~ 8.0 cm，宽 1.0 ~ 1.9 cm。花葶出自假鳞茎基部，与假鳞茎近等长，花序呈伞状，具 2 ~ 4 朵花，花中萼片淡黄色，侧萼片和唇瓣红色。花苞片披针形，长 7.0 mm；中萼片近椭圆形，长 10.0 mm，宽 6.0 mm，先端稍凹入；侧萼片长 16.0 ~ 20.0 mm，上下侧边缘分别彼此黏合而形成狭圆锥形，外面密布乳突；花瓣宽卵形，长 4.0 mm，宽 2.5 mm，近先端处肉质状增厚且密生乳突状毛，先端稍向背面弯曲呈喙状；唇瓣拱形，基部以韧带与蕊柱足末端连接而形成活动关节，边缘在中部以下具睫毛，先端稍凹缺；蕊柱短，蕊柱翅向前伸展呈三角形，蕊柱齿三角形，基部上方收狭呈丝状，长 1.0 mm。

图 598-1 直立卷瓣兰 *Bulbophyllum unciniferum* 生境与植株（李剑武）

【花期】 3 月。

【生境状况】 生于海拔 1 100 ~ 1 500 m 的林中树上。

【濒危等级】 VU。

【地理分布】 云南省；泰国。

图 598-2 直立卷瓣兰 *Bulbophyllum unciniferum* 地理分布

图 598-3 直立卷瓣兰 *Bulbophyllum unciniferum* 花（李剑武）

599 温氏卷瓣兰 *Bulbophyllum wendlandianum* (Kraenzl.) Dammer

图 599-1 温氏卷瓣兰 *Bulbophyllum wendlandianum* 植株（李剑武）

图 599-2 温氏卷瓣兰 *Bulbophyllum wendlandianum* 地理分布

【别名】 无。

【主要特征】 附生植物，根状茎匍匐，假鳞茎彼此相距 2.0 ~ 5.0 cm，卵圆形，长 1.0 ~ 2.0 cm，粗约 1.0 cm，顶生 1 枚叶。叶片长圆形，长 3.0 ~ 7.0 cm，宽 1.5 ~ 3.5 cm。花葶从假鳞茎基部发出，长 6.0 ~ 11.0 cm，伞形花序具 4 ~ 8 朵花，花红色。花苞片小，卵状三角形；中萼片卵状三角形，长 10.0 ~ 15.0 mm，边缘具流苏状毛，先端长尾状，并具稃状附属物；侧萼片长圆状披针形，长 100.0 ~ 160.0 mm，宽约 10.0 mm，基部分离部分黄色具红色条纹，基部上方边缘扭转而上侧边缘除先端外黏合，中上部边缘内卷而形成长尾状，外表面光滑；花瓣三角状披针形，长 8.0 ~ 10.0 mm，宽 4.0 mm，边缘具流苏状毛，先端渐尖且具稃状附属物；唇瓣卵状舌形，以活动关节与蕊柱足末端相连，长约 5.0 mm，宽 4.0 mm，中部向外下弯，唇盘自基部具 2 条纵走的脊。蕊柱长约 4.0 mm，蕊柱翅三角形，蕊柱齿钻状。

【花期】 6 月。

【生境状况】 生于海拔 200 ~ 2 000 m 的林中树上。

【濒危等级】 DD。

【地理分布】 云南省；缅甸和泰国。

【附注】 标本：李剑武 4091，HITBC！。

600 等萼卷瓣兰 *Bulbophyllum violaceolabellum* Seidenf.

【别名】 无。

【主要特征】 附生植物，根状茎粗 4.0 ~ 6.0 mm，假鳞茎彼此相距 4.0 ~ 9.0 cm，卵形，长 1.5 ~ 3.5 cm，粗 1.0 ~ 1.3 cm，顶生 1 枚叶。叶片长圆形，长 10.0 ~ 20.0 cm，宽 2.2 ~ 4.3 cm，基部具长 1.5 ~ 2.0 cm 的柄。花葶出自假鳞茎基部，远高出叶外，长 19.0 ~ 26.0 cm，花序伞形，具 3 ~ 5 朵花，花黄色具紫色斑点。花苞片披针形，长 5.0 mm；中萼片宽卵形，长 6.0 ~ 8.0 mm，宽 6.2 mm，边缘稍波状；侧萼片卵状三角形，长 8.0 ~ 9.0 mm，宽 8.0 mm；花瓣卵状披针形，长 4.0 ~ 5.0 mm，宽 3.0 mm，先端具芒尖；唇瓣舌形，紫丁香色，强烈向下弯曲，长 5.0 mm，宽 3.0 mm，基部与蕊柱足末端连接而形成活动关节；蕊柱长 2.0 mm，蕊柱翅向蕊柱足下延，蕊柱翅长钻状，长 2.5 mm。

【花期】 4 月。

【生境状况】 生于海拔约 700 m 的石灰山林中树上或岩石上。

【濒危等级】 EN。

【地理分布】 广西和云南等省区；老挝。

图 600-1 等萼卷瓣兰 *Bulbophyllum violaceolabellum* 生境与植株（李剑武）

图 600-2 等萼卷瓣兰 *Bulbophyllum violaceolabellum* 地理分布

图 600-3 等萼卷瓣兰 *Bulbophyllum violaceolabellum* 花序（李剑武）

601 双叶卷瓣兰 *Bulbophyllum wallichii* (Lindl.) Rchb. f.

【别名】 无。

【主要特征】 附生植物，假鳞茎聚生，卵球形，粗 1.0 cm，顶生 2 枚叶。叶狭长圆形，近无柄。花葶从已落叶的假鳞茎基部发出，长 10.0 ~ 15.0 cm；花序长 4.0 cm，下垂，具数朵花，花黄褐色，花后期变为橘黄色。花苞片卵状披针形，长 4.0 mm；中萼片披针形，长 5.0 mm，宽 1.7 mm，先端钩曲状，边缘具不整齐的流苏；侧萼片狭长圆形，长 37.0 ~ 40.0 mm，宽 2.2 mm，先端略卷曲，边缘具睫毛，基部上方扭转而两侧萼片下侧边缘彼此黏合；花瓣斜卵状三角形，长 3.0 mm，宽 1.5 mm，先端略钩曲状，边缘具不整齐的流苏；唇瓣近舌形，长 3.5 mm，从基部向外下弯，基部与蕊柱足末端连接而形成活动关节，背面橘黄色，隆起，上面暗紫黑色，稍具凹槽，边缘和背面被髯毛；蕊柱长 1.5 mm，蕊柱齿细圆柱状，稍下弯，长 1.5 mm。

图 601-1 双叶卷瓣兰 *Bulbophyllum wallichii* 地理分布

【花期】 3 ~ 4 月。

【生境状况】 生于海拔 1 400 ~ 1 500 m 的林中树上。

【濒危等级】 VU。

【地理分布】 云南省；印度、不丹、尼泊尔、缅甸、泰国、老挝和越南。

图 601-2 双叶卷瓣兰 *Bulbophyllum wallichii* 生境与植株（叶德平）

图 601-3 双叶卷瓣兰 *Bulbophyllum wallichii* 花序（李剑武）

602 五指山石豆兰 *Bulbophyllum wuzhishanense* X. H. Jin

【别名】 无。

【主要特征】 附生植物，根状茎匍匐，假鳞茎彼此相距 1.0 ~ 4.0 cm，卵形，长 5.0 mm，粗 3.0 mm，顶生 1 枚叶。叶片长圆形，长 1.5 ~ 3.0 cm，宽 0.8 ~ 1.0 cm，基部具短柄。花葶从假鳞茎基部的根状茎节上发出，长 3.5 ~ 4.0 cm，花序伞形，具 2 ~ 3 朵花，花黄绿色。花苞片披针形，长 2.0 mm；萼片卵状三角形，长 6.0 mm，宽 3.0 mm；侧萼片贴生于蕊柱足上而形成萼囊；花瓣卵形，长 4.0 mm，宽 1.5 mm；唇瓣卵形，长 4.0 mm，宽 1.5 mm，基部具凹槽，正面具 2 条脊；蕊柱长 1.0 ~ 1.5 mm，蕊喙短。

【花期】 10 月。

【生境状况】 生于海拔约 1 800 m 的林中树上。

【濒危等级】 VU。

【地理分布】 海南省。

图 602-1 五指山石豆兰 *Bulbophyllum wuzhishanense* 生境与植株（金效华）

图 602-2 五指山石豆兰 *Bulbophyllum wuzhishanense* 地理分布

图 602-3 五指山石豆兰 *Bulbophyllum wuzhishanense* 花（金效华）

603 革叶石豆兰 *Bulbophyllum xylophyllum* C. S. P. Parish & Rchb. f.

图 603-1 革叶石豆兰 *Bulbophyllum xylophyllum* 生境与植株（叶德平）

【别名】 无。

【主要特征】 附生植物，根状茎粗 2.0 ~ 3.0 mm，无假鳞茎，叶出自根状茎的节上，彼此相距 4.0 ~ 5.0 cm。叶片长圆形，长 3.0 ~ 6.0 cm，宽 2.0 ~ 3.0 cm，先端稍凹缺，基部具长 1.0 ~ 2.0 cm 的柄。花葶从叶柄基部或根状茎的节上发出，长 5.0 ~ 7.0 cm，花序呈球状，密生 8 ~ 15 朵花，花淡紫色或有时淡黄绿色。花苞片卵状三角形，长 0.5 ~ 1.0 mm；中萼片长圆形，长 3.0 ~ 4.0 mm，宽 2.0 mm；侧萼片斜卵状三角形，长 3.0 ~ 4.0 mm，宽 2.0 mm；花瓣椭圆状披针形，长 1.5 mm，宽 0.5 ~ 1.0 mm；唇瓣舌形，基部具凹槽且与蕊柱足末端连接而形成活动关节，从中部向外下弯，长 2.0 mm，被小乳突；蕊柱短，蕊柱齿镰状。

【花期】 10 月。

【生境状况】 生于海拔 500 ~ 1 300 m 的石灰山林中树上或林下岩石上。

【濒危等级】 EN。

【地理分布】 贵州和云南等省；印度、不丹、缅甸、泰国和越南。

图 603-2 革叶石豆兰 *Bulbophyllum xylophyllum* 花（李剑武）

图 603-3 革叶石豆兰 *Bulbophyllum xylophyllum* 地理分布

604 蒙自石豆兰 *Bulbophyllum yunnanense* Rolfe

【别名】 德钦石豆兰、云南石豆兰。

【主要特征】 根状茎匍匐，假鳞茎在根状茎上斜立，彼此靠近，狭卵形，长约 2.0 cm，顶生 1 枚叶。叶质地厚，椭圆状长圆形，长达 13.0 cm，宽达 3.0 cm。花葶从假鳞茎基部抽出，细圆柱形，长约 4.0 cm；花序柄极短，粗约 0.1 cm，顶生 1 ~ 2 朵花。中萼片卵形，凹陷，长 1.5 cm，中部宽 0.7 cm；侧萼片卵状三角形，与中萼片等长，较宽，基部贴生在蕊柱足上而形成宽钝的萼囊；花瓣椭圆形，长 1.1 cm，中部宽约 0.5 cm，先端圆形；唇瓣直立，卵状长圆形，基部与蕊柱足末端连接而形成活动关节，两侧边缘从基部至先端具疣状凸起，唇盘无褶片；蕊柱粗短，长约 0.5 cm，蕊柱翅在蕊柱基部稍向前伸展呈半月形；蕊柱足长 1.0 cm，分离部分长 0.5 cm。

图 604-1 蒙自石豆兰 *Bulbophyllum yunnanense* 生境与植株（叶德平）

【花期】 4 ~ 5 月。

【生境状况】 生于海拔 1 900 ~ 2 900 m 的山谷岩石上。

【濒危等级】 RE。

【地理分布】 云南省；尼泊尔。

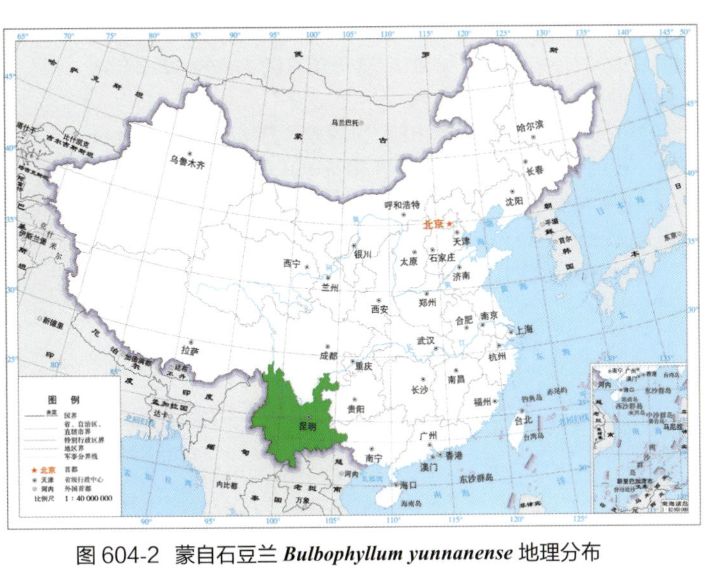

图 604-2 蒙自石豆兰 *Bulbophyllum yunnanense* 地理分布

图 604-3 蒙自石豆兰 *Bulbophyllum yunnanense* 花（叶德平）

七五、羊耳蒜属 *Liparis* Rich.

羊耳蒜属 *Liparis* 全世界分布共有 426 种，中国分布有 72 种，本图鉴包含 40 种。

羊耳蒜属 *Liparis* 分种检索表

1（28） 地生植物，有或无假鳞茎。
2（7） 叶 1 枚。
3（6） 花苞片披针形，长 5.0 ~ 9.0 mm。
4（5） 叶片宽卵形，唇瓣近基部具 2 个胼胝体………………………………… 634. 柄叶羊耳蒜 *Liparis petiolata*
5（4） 叶片长圆形，唇瓣无胼胝体………………………………………………………623. 方唇羊耳蒜 *Liparis glossula*
6（3） 花苞片三角形，长 1.0 mm，叶片基部心形，花序具多数花，唇瓣宽倒卵形，具 2 个小的胼胝体 ………………………………………………………………………………………… 614. 心叶羊耳蒜 *Liparis cordifolia*
7（2） 叶片 2 枚以上，植株基部具小型的假鳞茎，假鳞茎紧靠。
8（9） 子房具 6 条波状的翅………………………………………………………………638. 翼蕊羊耳蒜 *Liparis regnieri*
9（8） 子房无翅或翅不呈波状。
10（15） 假鳞茎较长，长 5.0 ~ 30.0 cm，唇瓣基部具 2 个胼胝体。
11（12） 花较大，唇瓣长 10.0 ~ 15.0 mm，宽 12.0 ~ 18.0 mm，先端有短尖，边缘具明显的细齿，基部收狭并有 1 对向后方延伸的耳，近基部有 2 个三角形的胼胝体，蕊柱两侧具狭翅…… 630. 紫花羊耳蒜 *Liparis nigra*
12（11） 花较小，唇瓣长 4.0 ~ 6.0 mm，宽 4.5 ~ 6.0 mm，先端微凹，基部具 2 个长圆形或钻状的胼胝体，蕊柱上部两侧具狭翅或无翅。
13（14） 唇瓣长 6.0 mm，宽 5.0 mm，基部的胼胝体长圆形，蕊柱上部两侧具狭翅 …… 629. 见血青 *Liparis nervosa*
14（13） 唇瓣长 4.0 ~ 4.2 mm，宽 4.5 ~ 5.6 mm，基部的胼胝体钻状，蕊柱无翅 ………………………………………………………………………………………… 635. 平祥羊耳蒜 *Liparis pingxiangensis*
15（10） 假鳞茎短，卵形、球形或纺锤形，长不及 3.5 cm。
16（17） 叶片 2 ~ 3 枚，线形，长为宽的 3 ~ 5 倍，唇瓣正面无乳头状突起……………………………………………………………………………………………………… 631. 香花羊耳蒜 *Liparis odorata*
17（16） 叶片 2 ~ 3 枚，舌形或心形。
18（25） 唇瓣基部具 1 个胼胝体或具薄片。
19（20） 花苞片长 4.0 ~ 15.0 mm，向下反折，花序具多数花，唇瓣椭圆形… 643. 折苞羊耳蒜 *Liparis tschangii*
20（19） 花苞片长 0.3 ~ 3.0 mm。
21（22） 花序具 8 ~ 15 朵花，唇瓣披针形，唇盘紫色，基部边缘直立并增厚，中间具 1 条纵贯的脊 ……………………………………………………………………………………………… 615. 陈氏羊耳蒜 *Liparis cheniana*
22（21） 花序具 1 ~ 6 朵花，唇瓣近圆形、椭圆形或近方形，边缘稍具缺刻。
23（24） 叶片长 2.7 ~ 9.0 cm，基部具柄，唇瓣倒卵形 ……………………… 632. 长唇羊耳蒜 *Liparis pauliana*
24（23） 叶片长不及 2.0 cm，基部无柄，唇瓣近正方形，长约 8.5 mm …… 610. 褐花羊耳蒜 *Liparis brunnea*
25（18） 唇瓣基部无胼胝体。
26（27） 唇瓣近倒卵形，蕊柱基部两侧各具 1 枚短的齿突……………………… 640. 齿突羊耳蒜 *Liparis rostrata*
27（26） 唇瓣倒卵形，蕊柱基部无齿突，萼片长 7.0 ~ 9.0 mm，唇瓣长 6.0 ~ 8.0 mm ……………………………………………………………………………………………… 611. 羊耳蒜 *Liparis campylostalix*
28（1） 附生植物或半附生植物，具假鳞茎。
29（52） 假鳞茎顶生 1 枚叶。
30（31） 唇瓣 3 裂………………………………………………………………………… 628. 三裂羊耳蒜 *Liparis mannii*
31（30） 唇瓣全缘或先端 2 裂，边缘无缘毛。
32（35） 假鳞茎俯卧。
33（34） 唇瓣倒卵状长圆形，近基部具 1 个 2 裂的胼胝体……………… 613. 平卧羊耳蒜 *Liparis chapaensis*
34（33） 唇瓣近长圆形，基部具 2 条脊，叶片具柄，萼片分离…………………… 620. 小羊耳蒜 *Liparis fargesii*

35（32）　假鳞茎直立或斜立。
36（39）　花小，萼片长 1.5 ~ 2.5 mm。
37（38）　中萼片长 1.5 ~ 1.8 mm，唇瓣基部的胼胝体不明显…………………… 612. 丛生羊耳蒜 *Liparis cespitosa*
38（37）　萼片长约 2.5 mm，唇瓣基部两侧各具 1 个胼胝体 …………………… 637. 中越羊耳蒜 *Liparis pumila*
39（36）　花大，萼片长 3.5 ~ 11.5 mm。
40（43）　蕊柱无翅或翅小。
41（42）　唇瓣椭圆形，基部内弯，基部中央具 1 枚黄色增厚的椭圆形斑点，斑点基部着生 1 个横向胼胝质体，顶端 2 浅裂……………………………………………………………624. 广西羊耳蒜 *Liparis guangxiensis*
42（41）　唇瓣倒卵形，长 11.0 mm，宽 6.0 mm，基部楔形，从基部至中部有 1 条纵脊 ………………………………………………………………………………… 618. 贵州羊耳蒜 *Liparis esquirolii*
43（40）　蕊柱具翅，萼片分离，唇瓣基部具胼胝体或唇盘增厚。
44（45）　假鳞茎彼此相距 1.5 ~ 4.0 cm，叶宽 2.2 ~ 3.7 cm，唇瓣长约 8.0 ~ 9.0 mm，胼胝体的基部连接在一起 ……………………………………………………………………… 607. 保亭羊耳蒜 *Liparis bautingensis*
45（44）　假鳞茎彼此紧靠。
46（51）　叶片宽 0.5 ~ 3.0 cm，胼胝体不分裂。
47（48）　唇瓣宽 2.0 mm，边缘全缘，基部近方形 …………………… 625. 广东羊耳蒜 *Liparis kwangtungensis*
48（47）　唇瓣宽 3.0 ~ 13.0 mm。
49（50）　花较小，萼片长 5.0 ~ 8.0 mm，唇瓣长 3.0 ~ 6.0 mm，倒卵形 … 609. 镰翅羊耳蒜 *Liparis bootanensis*
50（49）　花较大，萼片长 9.0 ~ 13.0 mm，唇瓣长 8.0 ~ 10.0 mm，近圆形 … 606. 圆唇羊耳蒜 *Liparis balansae*
51（46）　叶片宽 3.4 ~ 4.4 cm，胼胝体分裂成 1 对圆锥形的裂片 …………………641. 若氏羊耳蒜 *Liparis rockii*
52（29）　假鳞茎顶生 2 ~ 5 枚叶。
53（54）　花苞片 2 列宿存，扁平，长 5.0 ~ 6.0 mm……………………………… 622. 宿苞羊耳蒜 *Liparis gibbosa*
54（53）　花苞片不呈 2 列，两侧压扁状。
55（72）　假鳞茎具 2 枚叶。
56（57）　唇瓣宽长圆形……………………………………………………………… 617. 大花羊耳蒜 *Liparis distans*
57（56）　唇瓣不呈宽长圆形。
58（69）　假鳞茎长不及 5.0 cm，球形或卵形。
59（60）　唇瓣先端 2 裂，花序中下部有数枚不育苞片，唇瓣基部至中部有 2 条纵褶片…………………………… ………………………………………………………………………… 621. 裂唇羊耳蒜 *Liparis fissilabris*
60（59）　唇瓣先端不为 2 深裂。
61（62）　假鳞茎两侧压扁，唇瓣近圆形，基部无胼胝体…………………………619. 扁球羊耳蒜 *Liparis elliptica*
62（61）　假鳞茎不压扁，唇瓣具胼胝体或肉质增厚。
63（66）　唇盘上具 1 条纵贯的脊，唇瓣基部具 1 个 2 裂的胼胝体。
64（65）　唇瓣扁圆形，宽 10.0 mm，基部的胼胝体 2 裂且与脊分离 ………………………………………………… ………………………………………………………………………… 626. 阔唇羊耳蒜 *Liparis latilabris*
65（64）　唇瓣长圆状倒卵形，宽 2.8 mm，基部的胼胝体与脊连成一体 ……… 627. 黄花羊耳蒜 *Liparis luteola*
66（63）　唇盘上不具纵贯的脊，萼片长 1.5 ~ 6.0 mm。
67（68）　叶片长 1.2 ~ 3.5 cm，唇瓣宽椭圆形，蕊柱具 2 对翅 ……………… 616. 小巧羊耳蒜 *Liparis delicatula*
68（67）　叶片长 16.0 ~ 45.0 cm，唇瓣扇形，蕊柱仅具 1 对翅 ………………………………………………… ………………………………………………………………… 642. 扇唇羊耳蒜 *Liparis stricklandiana*
69（58）　假鳞茎长 5.0 cm 以上，狭圆锥形（长茎羊耳蒜的某些个体为卵形，长 5 cm 以内），假鳞茎密集，唇瓣边缘全缘。
70（71）　萼片长 2.0 ~ 3.5 mm，唇瓣无胼胝体……………………………………… 644. 长茎羊耳蒜 *Liparis viridiflora*
71（70）　萼片长 5.0 ~ 5.5 mm，唇瓣基部具 1 个稍 2 裂的胼胝体。……………608. 折唇羊耳蒜 *Liparis bistriata*
72（55）　假鳞茎具 3 ~ 5 枚叶。
73（78）　叶片舌形或长圆状披针形，宽 4.0 ~ 11.0 mm。
74（75）　蕊柱具 1 对宽翅，翅向下钩转，唇瓣先端稍呈拖鞋状………………639. 蕊丝羊耳蒜 *Liparis resupinata*
75（74）　蕊柱具 2 对翅，唇瓣先端不呈拖鞋状。
76（77）　唇瓣上的胼胝体复杂，形似呈 2 个 2 裂的胼胝体…………………… 636. 小花羊耳蒜 *Liparis platyrachis*
77（76）　唇瓣上的胼胝体清楚，中央具 1 个肥厚的，中央凹陷的胼胝体，唇瓣楔状倒卵形…………………………… ………………………………………………………………………… 605. 扁茎羊耳蒜 *Liparis assamica*
78（73）　叶片线形，长 1.0 ~ 1.5 mm……………………………………………… 633. 狭叶羊耳蒜 *Liparis perpusilla*

605 扁茎羊耳蒜 *Liparis assamica* King & Pantl.

图 605-1 扁茎羊耳蒜 *Liparis assamica* 地理分布

【别名】 无。

【主要特征】 附生植物，假鳞茎密集，卵状梭形，长 1.5 ~ 2.5 cm，粗 0.6 ~ 1.0 cm，上部具 3 ~ 4 枚互生的叶。叶片狭长圆形，长 3.5 ~ 6.0 cm，宽 0.5 ~ 1.0 cm，上部边缘略呈皱波状，基部具短柄和关节。花序长 10.0 ~ 13.0 cm，具 10 余朵花，花橘黄色。花苞片披针形，长 2.0 ~ 3.0 mm；中萼片狭卵状长圆形，长 4.5 ~ 5.0 mm，宽 1.6 mm，背面有龙骨状突起；侧萼片长圆状卵形，宽 2.0 mm，背面略有龙骨状突起；花瓣线形，长 5.0 ~ 5.5 mm，宽 0.7 mm；唇瓣宽倒卵状长圆形，长 4.0 mm，先端微凹，在基部上方 1.0 mm 处的两侧收狭并有皱褶，形似胼胝体，基部两侧为半圆形的裂片，中央有 1 个肥厚的、中央凹陷的胼胝体；蕊柱长 3.0 mm。

【花期】 11 月。

【生境状况】 生于海拔 800 m 的林中树上。

【濒危等级】 LC。

【地理分布】 云南省；印度。

图 605-2 扁茎羊耳蒜 *Liparis assamica* 花序（李剑武）

图 605-3 扁茎羊耳蒜 *Liparis assamica* 生境与植株（李剑武）

606　圆唇羊耳蒜 *Liparis balansae* Gagnep.

图 606-1　圆唇羊耳蒜 *Liparis balansae* 花（李剑武）

【别名】 海南羊耳蒜。

【主要特征】 附生植物，假鳞茎密集，近狭卵形，长 1.0 ~ 1.5 cm，粗 0.4 ~ 0.7 cm，顶生 1 枚叶。叶片倒披针形，长 10.0 ~ 17.0 cm，宽 1.0 ~ 2.8 cm，基部收狭成长 2.0 ~ 4.0 cm 的柄。花序长 11.0 ~ 25.0 cm，两侧具狭翅，疏生 3 ~ 5 朵花，花绿色。花苞片披针形，长 7.0 ~ 15.0 mm，向上渐小；中萼片长圆状披针形，长 10.0 ~ 11.0 mm，宽 2.0 ~ 2.5 mm；侧萼片披针形，比中萼片稍宽；花瓣近丝状，长 10.0 mm，宽 0.7 mm，先端略有不规则缺刻；唇瓣扇状扁圆形，长 8.0 ~ 10.0 mm，宽 10.0 ~ 11.0 mm，边缘有不规则细齿，基部具 2 个胼胝体；蕊柱长 5.0 mm，上部在柱头两侧具翅，翅下弯成长 1.1 mm 的钩。

【花期】 9 ~ 11 月。

【生境状况】 生长于海拔 500 ~ 1 600 m 的林中树上或林下阴湿的岩石上。

【濒危等级】 VU。

【地理分布】 海南、广西、四川和云南等省区；泰国和越南。

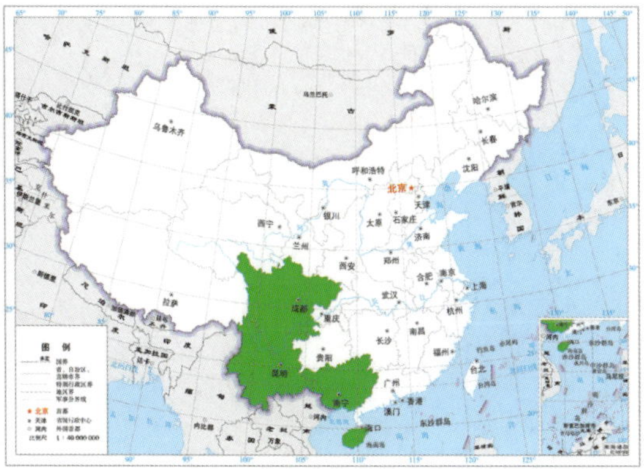

图 606-2　圆唇羊耳蒜 *Liparis balansae* 地理分布

图 606-3　圆唇羊耳蒜 *Liparis balansae* 生境与植株（李剑武）

607 保亭羊耳蒜 *Liparis bautingensis* Tang & F. T. Wang

图 607-1 保亭羊耳蒜 *Liparis bautingensis* 生境与植株（金效华）

【别名】 无。

【主要特征】 附生植物，根状茎延长，具多节，节间长 2.0 ~ 8.0 mm，假鳞茎彼此相距 1.5 ~ 4.0 cm，近圆柱形，长 1.0 ~ 2.5 cm，宽 0.3 ~ 0.7 cm，顶生 1 枚叶。叶片椭圆形，长 6.0 ~ 15.0 cm，宽 2.2 ~ 3.7 cm，基部收狭成长 1.5 ~ 4.0 cm 的柄。花序长 7.0 ~ 14.0 cm，花序柄两侧有狭翅，具 3 ~ 4 朵花，花绿色。花苞片披针形，长 5.0 ~ 15.0 mm；中萼片宽线形，长 9.0 ~ 10.0 mm，边缘外卷；侧裂片近披针形，稍歪斜，略宽于中萼片；花瓣丝状，长 9.0 ~ 10.0 mm，宽 0.5 mm；唇瓣近扇状扁圆形，长 8.0 ~ 9.0 mm，宽 10.0 mm，先端有不规则的细齿和位于中央的细尖，基部有 2 个小的、基部合生的胼胝体；蕊柱长 4.0 mm，上半部两侧具翅，翅下弯成钩状。

【花期】 11 月至翌年 2 月。

【生境状况】 生于海拔 1 600 m 以下的林下岩石上。

【濒危等级】 VU。

【地理分布】 海南和云南等省。

图 607-2 保亭羊耳蒜 *Liparis bautingensis* 花（金效华）

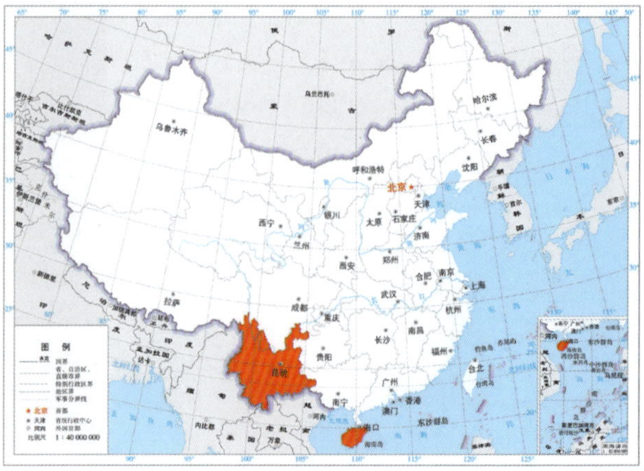

图 607-3 保亭羊耳蒜 *Liparis bautingensis* 地理分布

608 折唇羊耳蒜 *Liparis bistriata* E. C. Parish & Rchb. f.

【别名】 无。

【主要特征】 附生植物，假鳞茎密集，圆柱形，长 9.0 ~ 12.0 cm，粗 0.5 ~ 0.7 cm，顶生 2 枚叶。叶片近椭圆形，长 6.5 ~ 9.0 cm，宽 2.6 ~ 3.4 cm，基部具短柄和关节。花序长 18.0 ~ 24.0 cm，花序柄无翅，具 20 余朵花，花淡绿色。花苞片披针形，长 3.0 ~ 4.0 mm；萼片近狭长圆形，长 5.0 ~ 5.5 mm，宽 1.5 mm，边缘外卷；花瓣线形，长 4.5 ~ 5.0 mm，宽 0.5 mm；唇瓣长圆形，长 4.5 ~ 5.0 mm，宽 2.5 mm，先端呈啮蚀状，中央微缺，中部以下皱缩而使上部外折，基部具 1 个稍 2 裂的胼胝体；蕊柱长 3.5 mm，上部有狭翅。

【花期】 6 ~ 7 月。

【生境状况】 生于海拔约 800 m 的林中树上或林下岩石上。

【濒危等级】 LC。

【地理分布】 云南和西藏等省区；印度、缅甸和泰国。

图 608-1 折唇羊耳蒜 *Liparis bistriata* 生境与植株（叶德平）

图 608-2 折唇羊耳蒜 *Liparis bistriata* 地理分布

图 608-3 折唇羊耳蒜 *Liparis bistriata* 花（叶德平）

609 镰翅羊耳蒜 *Liparis bootanensis* Griff.

图 609-1 镰翅羊耳蒜 ***Liparis bootanensis*** 植株（叶德平）

【别名】 不丹羊耳蒜、万年炮、一叶羊耳蒜。

【主要特征】 附生植物，假鳞茎密集，卵形，长 0.8 ~ 1.8 cm，粗 0.4 ~ 0.8 cm，顶生 1 枚叶。叶片狭长圆状倒披针形，长 8.0 ~ 22.0 cm，宽 1.1 ~ 1.3 cm，基部收狭成长 1.0 ~ 7.0 cm 的柄，具关节。花序长 7.0 ~ 24.0 cm，两侧具狭翅，具多数花，花黄绿色。花苞片狭披针形，长 3.0 ~ 8.0 mm；中萼片近长圆形，长 3.5 ~ 6.0 mm，宽 1.3 ~ 1.8 mm；侧萼片与中萼片近等长但稍宽；花瓣狭线形，长 3.5 ~ 6.0 mm，宽 0.4 ~ 0.7 mm；唇瓣宽长圆状倒卵形，长 3.0 ~ 6.0 mm，宽 2.5 ~ 5.5 mm，先端有凹缺，整个前缘具不规则细齿，基部有 2 个胼胝体，有时合二为一；蕊柱长 3.0 mm，上部两侧各有 1 个翅，前部下弯成钩状。

【花期】 8 ~ 10 月。

【生境状况】 生于海拔 800 ~ 2 300 m 的林中树上或林下阴湿的岩壁上。

【濒危等级】 LC。

【地理分布】 江西、福建、台湾、广东、海南、广西、四川、贵州、云南和西藏等省区；印度、不丹、缅甸、泰国、越南、马来西亚、印度尼西亚、菲律宾和日本。

图 609-2 镰翅羊耳蒜 ***Liparis bootanensis*** 花（叶德平）

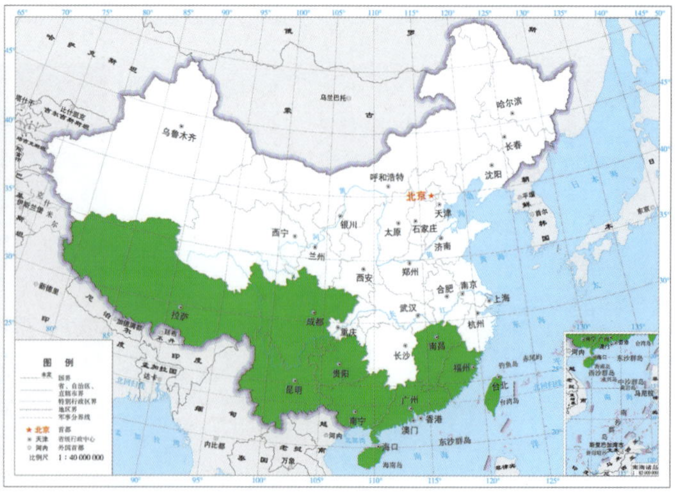

图 609-3 镰翅羊耳蒜 ***Liparis bootanensis*** 地理分布

610 褐花羊耳蒜 *Liparis brunnea* Ormerod

【别名】 无。

【主要特征】 地生草本，假鳞茎簇生，椭圆形至近正方形，侧向压扁，长 0.5 ~ 0.7 cm，宽 0.3 ~ 0.5 cm，先端截短。叶 1 ~ 2 枚，卵状椭圆形至近圆形，长 1.0 ~ 1.8 cm，宽 0.7 ~ 1.1 cm。花序长 1.5 ~ 6.5 cm，花序轴长约 2.6 cm，疏生 1 ~ 5 朵花；花褐色，花梗和子房长 7.5 ~ 11.0 mm；中萼片反折，线形长约 8.3 mm，宽 0.7 ~ 0.8 mm；侧萼片线形，长约 0.7 cm；花瓣反折，丝状线形，长约 0.7 cm，宽约 0.5 mm；唇瓣近正方形，长约 8.5 mm，基部收缩，具 1 个深 2 裂的胼胝体，顶端微凹；蕊柱细长，长约 0.4 cm，基部扩大，顶端具窄翅。

【花期】 3 月。

【生境状况】 生于海拔 1 000 m 的沼泽灌丛中。

【濒危等级】 CR。

【地理分布】 广东省。

图 610-1 褐花羊耳蒜 *Liparis brunnea* 花（徐晔春）

图 610-2 褐花羊耳蒜 *Liparis brunnea* 生境与植株（徐晔春）

图 610-3 褐花羊耳蒜 *Liparis brunnea* 地理分布

图 610-4 褐花羊耳蒜 *Liparis brunnea* 植株（徐晔春）

611 羊耳蒜 *Liparis campylostalix* Rchb. f.

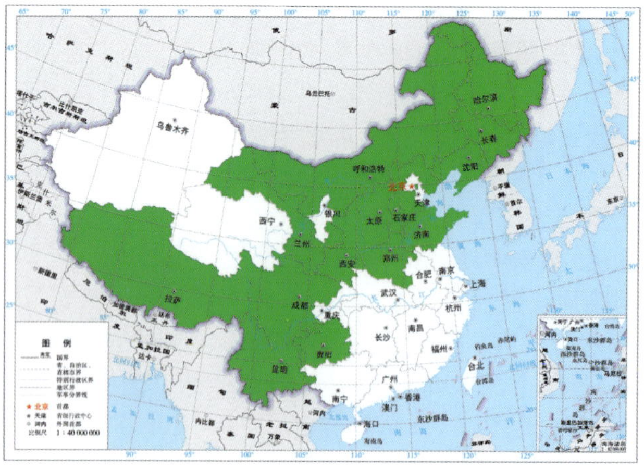

图 611-1 羊耳蒜 *Liparis campylostalix* 地理分布

【别名】 齿唇羊耳蒜。

【主要特征】 地生植物，假鳞茎卵形，长 5.0 ~ 12.0 mm，粗 3.0 ~ 8.0 mm。叶 2 枚，卵形，长 5.0 ~ 10.0 cm，宽 2.0 ~ 4.0 cm，边缘皱波状，无关节，鞘状柄长 3.0 ~ 8.0 cm。花序长 12.0 ~ 50.0 cm，两侧在花期可见狭翅，果期不明显，具多数花，花淡绿色。花苞片狭卵形，长 2.0 ~ 3.0 mm；萼片线状披针形，长 7.0 ~ 9.0 mm，宽 1.5 ~ 2.0 mm；侧萼片稍歪斜；花瓣丝状，长 7.0 ~ 9.0 mm，宽 0.5 mm；唇瓣倒卵形，长 6.0 ~ 8.0 mm，宽 4.0 ~ 5.0 mm，边缘稍有不明显的细齿；蕊柱长 2.5 ~ 3.5 mm，上端略有翅。

【花期】 6 ~ 8 月。

【生境状况】 生于海拔 1 100 ~ 2 800 m 的林下草丛或灌丛下。

【濒危等级】 LC。

【地理分布】 黑龙江、吉林、辽宁、内蒙古、河北、山西、陕西、甘肃、山东、河南、四川、贵州、云南和西藏等省区；日本、朝鲜、韩国和俄罗斯。

图 611-2 羊耳蒜 *Liparis campylostalix* 花（金效华）

612 丛生羊耳蒜 *Liparis cespitosa* (Lamarck) Lindl.

【别名】 无。

【主要特征】 附生植物，假鳞茎密集，卵形，长 8.0 ~ 20.0 mm，宽 2.0 ~ 6.0 mm，顶生 1 枚叶。叶片倒披针形，基部渐狭成柄，连叶柄长 5.0 ~ 17.0 cm，宽 0.5 ~ 0.8 cm，具关节。花序长 5.0 ~ 16.0 cm，两侧具狭翅，具多数小花，花绿白色。花苞片钻形，长 3.0 ~ 5.0 mm；中萼片长圆形，长 1.5 ~ 1.8 mm，宽 0.7 mm；侧萼片卵状长圆形，略歪斜，长 1.3 ~ 1.5 mm，宽 1.0 mm；花瓣狭线形，长 1.5 ~ 1.8 mm，宽 0.3 mm；唇瓣宽长圆形，长 1.8 mm，宽 1.2 mm，边缘有时稍呈波状，基部有 1 对向后延伸的耳，无明显的胼胝体；蕊柱长 1.2 mm。

【花期】 6 ~ 10 月。

【生境状况】 生于海拔 500 ~ 2 400 m 的林中树上或林下阴处的岩石上。

【濒危等级】 LC。

【地理分布】 台湾、海南和云南等省；印度、缅甸、泰国、老挝、越南、缅甸、马来西亚、印度尼西亚、菲律宾、新加坡；非洲和太平洋的热带地区。

图 612-1　丛生羊耳蒜 *Liparis cespitosa* 生境与植株（李剑武）

图 612-2　丛生羊耳蒜 *Liparis cespitosa* 地理分布

图 612-3　丛生羊耳蒜 *Liparis cespitosa* 植株（李剑武）

613 平卧羊耳蒜 *Liparis chapaensis* Gagnep.

图 613-1 平卧羊耳蒜 *Liparis chapaensis* 生境与植株（金效华）

【别名】 圆翅羊耳蒜。

【主要特征】 附生植物，假鳞茎密集，略平卧，近卵状长圆形，长 4.0 ~ 6.0 mm，粗 5.0 ~ 10.0 mm，顶生 1 枚叶。叶片狭椭圆形，长 3.0 ~ 5.0 cm，宽 0.8 ~ 1.1 cm，基部具柄和关节。花序长 4.0 ~ 7.0 cm，两侧具狭翅，疏生数朵花，花黄绿色。花苞片狭披针形，长 4.0 ~ 5.0 mm；中萼片狭长圆状披针形，长 4.0 ~ 6.0 mm，宽 1.5 ~ 2.0 mm，边缘外卷；侧萼片狭长圆状披针形，略宽于中萼片；花瓣狭线形，长 4.0 mm，宽 0.5 mm；唇瓣倒卵状长圆形，长 4.0 mm，宽 3.0 mm，先端在中央具细尖，近基部具 1 个 2 裂的胼胝体；蕊柱长 3.0 mm，上部具狭翅。

【花期】 10 月。

【生境状况】 生于海拔 800 ~ 2 000 m 的石灰岩山林中树上或林下岩石上。

【濒危等级】 VU。

【地理分布】 广西、贵州和云南等省区；缅甸和越南。

图 613-2 平卧羊耳蒜 *Liparis chapaensis* 花序（金效华）

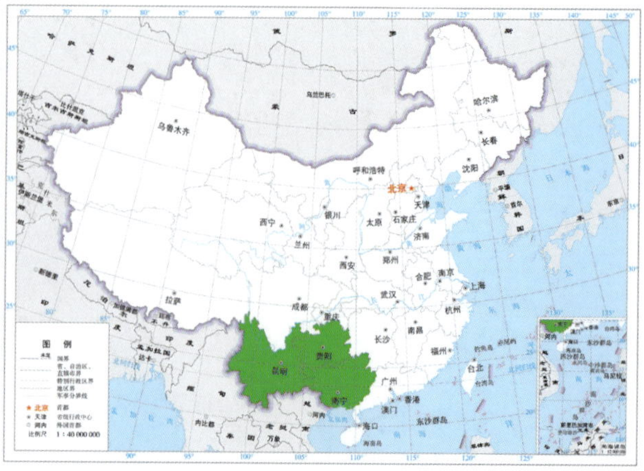

图 613-3 平卧羊耳蒜 *Liparis chapaensis* 地理分布

614 心叶羊耳蒜 *Liparis cordifolia* Hook.f.

【别名】 银铃虫兰。

【主要特征】 地生植物，假鳞茎聚生，密集，卵形，长 2.0 ~ 3.0 cm，粗 0.5 ~ 1.2 cm。叶 1 枚，心形，长 6.0 ~ 10.0 cm，宽 3.5 ~ 8.0 cm，基部心形并下延为长 2.0 ~ 3.0 cm 的鞘状柄，无关节。花序长 6.0 ~ 12.0 cm，两侧有狭翅，具 10 余朵花，花绿色。花苞片三角状披针形，长 1.0 mm；萼片线状披针形，长 6.0 ~ 7.0 mm，宽 1.8 mm，边缘外卷；花瓣丝状，长 6.0 ~ 7.0 mm，宽 0.5 mm；唇瓣倒卵状三角形，与萼片近等长，宽 6.0 mm，两侧边缘略呈皱波状，上部边缘具啮蚀状细齿，近基部处具 1 个凹穴，其上方有 1 对不明显的胼胝体；蕊柱长 4.0 mm，上部有宽翅。

图 614-1 心叶羊耳蒜 *Liparis cordifolia* 地理分布

【花期】 10 ~ 12 月。

【生境状况】 生于海拔 1 000 ~ 2 000 m 的林下腐殖质丰富的地方。

【濒危等级】 LC。

【地理分布】 台湾、广西和云南等省区；印度和尼泊尔。

图 614-2 心叶羊耳蒜 *Liparis cordifolia* 生境与植株（叶德平）

615 陈氏羊耳蒜 *Liparis cheniana* X. H. Jin

图 615-1 陈氏羊耳蒜 *Liparis cheniana* 生境与植株（金效华）

【别名】 无。

【主要特征】 地生植物，假鳞茎卵形，粗 0.8 ~ 1.0 cm，植株高 10.0 ~ 15.0 cm，基部具数枚膜质鞘，之上具 2 枚叶。叶片椭圆状披针形，长 2.5 ~ 3.0 cm，宽 0.8 ~ 1.2 cm，基部渐狭成短柄。花序具 8 ~ 15 朵花，花白色具淡紫色脉。花苞片卵形，长 1.0 ~ 2.0 mm；中萼片线状披针形，长 7.0 mm，宽 1.5 mm；侧萼片平行地位于唇瓣下方，偏斜，线状披针形，长 6.0 mm，宽 0.5 mm；唇瓣披针形，唇盘紫色，基部边缘直立并增厚，中间具 1 条纵贯的脊。蕊柱弯曲，长 3.0 mm，正面具 1 对三角形的翅，基部具 2 个圆锥形的肼胝体。

【花期】 7 ~ 8 月。

【生境状况】 生于海拔 3 500 ~ 4 000 m 的高山草甸。

【濒危等级】 VU。

【地理分布】 云南、西藏和四川等省区。

图 615-2 陈氏羊耳蒜 *Liparis cheniana* 花序（金效华）

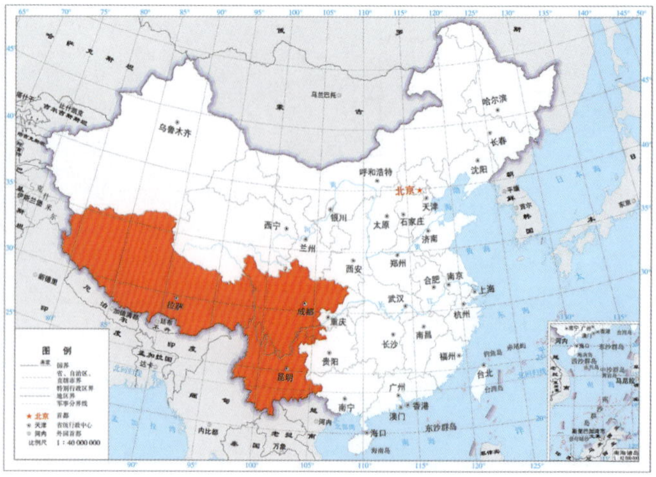

图 615-3 陈氏羊耳蒜 *Liparis cheniana* 地理分布

616 小巧羊耳蒜 *Liparis delicatula* Hook. f.

【别名】 无。

【主要特征】 附生植物，假鳞茎密集，长圆形，长 5.0 ~ 9.0 mm，粗 3.0 ~ 5.0 mm，顶生 2 枚叶。叶片匙状长圆形，长 1.2 ~ 3.5 mm，宽 5.0 ~ 11.0 mm，基部具短柄和关节。花序长 4.0 ~ 10.0 cm，上部有时具狭翅，具花 10 余朵，花白色。花苞片卵状披针形，长 2.0 ~ 3.0 mm；中萼片卵状长圆形，长 2.5 ~ 3.0 mm，宽 1.5 ~ 1.8 mm，背面有龙骨状突起；侧萼片卵形，宽 2.0 mm，花瓣线状披针形，长 2.5 ~ 3.0 mm，宽 0.5 mm；唇瓣宽椭圆形，长 2.5 mm，先端尾状，中部以下两侧明显皱缩并扭曲，使上部强烈外折，基部两侧各有 1 个圆形的耳状皱褶，形似胼胝体，近基部中央有 1 个中央凹陷的胼胝体；蕊柱长 2.2 mm，前面上部有 2 个翅，两侧下部又有 2 个翅。

【花期】 10 月。

【生境状况】 生于海拔 500 ~ 2 900 m 的林中树上。

【濒危等级】 NT。

【地理分布】 海南、云南和西藏等省区；印度和老挝。

图 616-1 小巧羊耳蒜 *Liparis delicatula* 生境与植株（李剑武）

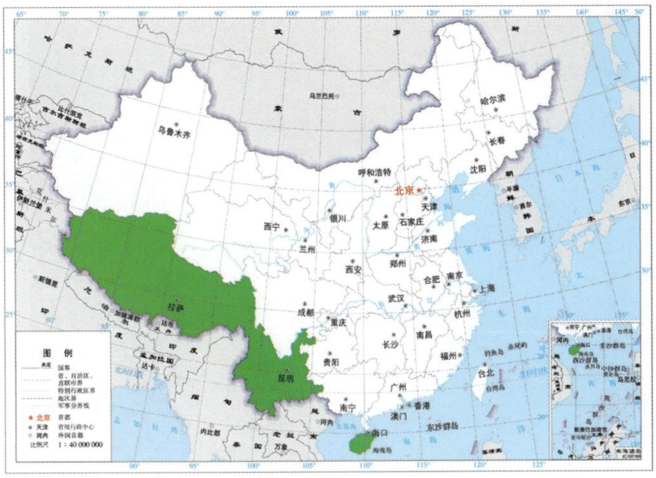

图 616-2 小巧羊耳蒜 *Liparis delicatula* 地理分布

图 616-3 小巧羊耳蒜 *Liparis delicatula* 花（李剑武）

617 大花羊耳蒜 *Liparis distans* C. B. Clarke

【别名】 云南羊耳蒜、上石虾。

【主要特征】 附生植物，假鳞茎密集，近圆柱形，长 3.0 ～ 9.0 cm，粗 0.3 ～ 1.0 mm，顶生 2 枚叶。叶片倒披针形，长 15.0 ～ 35.0 cm，宽 1.0 ～ 2.8 cm，基部具长 2.0 ～ 6.0 cm 的柄和关节。花序长 14.0 ～ 39.0 cm，两侧有狭翅，具多数花，花黄绿色。花苞片钻形，长 6.0 ～ 12.0 mm；萼片线形，长 10.0 ～ 16.0 mm，宽 2.0 mm，边缘外卷；侧萼片略短于中萼片；花瓣近丝状，长 12.0 ～ 16.0 mm，宽 0.3 ～ 0.5 mm；唇瓣宽长圆形，长 10.0 ～ 14.0 mm，宽 10.0 ～ 11.0 mm，边缘略有不规则的细齿，基部具 1 个具槽的胼胝体；蕊柱长 5.0 ～ 6.0 mm，上部具狭翅。

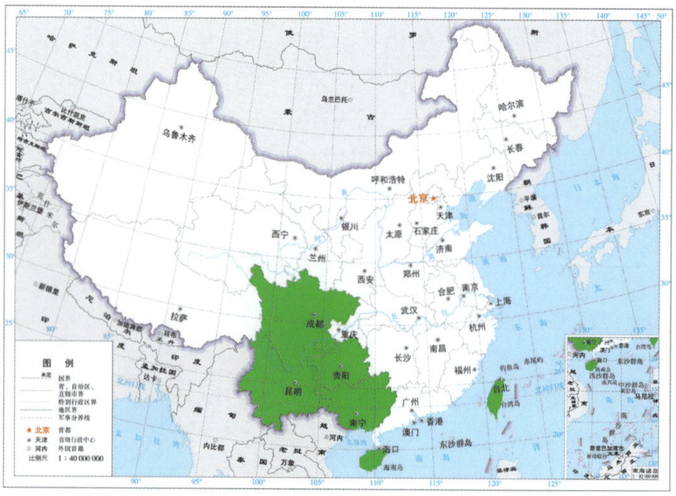

图 617-2 大花羊耳蒜 *Liparis distans* 地理分布

【花期】 10 月至翌年 2 月。

【生境状况】 生长于海拔 1 000 ～ 2 400 m 的林下或沟谷旁岩石上。

【濒危等级】 LC。

【地理分布】 台湾、海南、广西、四川、贵州和云南等省区；印度、泰国、老挝和越南。

图 617-2 大花羊耳蒜 *Liparis distans* 植株（金效华）

618 贵州羊耳蒜 *Liparis esquirolii* Schltr.

【别名】 无。

【主要特征】 附生植物，假鳞茎密集，圆柱形，长 1.0 ~ 3.5 cm，粗 0.3 ~ 0.5 cm，顶生 1 枚叶。叶片长圆形，长 8.0 ~ 12.0 cm，宽 1.2 ~ 1.9 cm，向基部收狭成短柄，具关节。花序长达 19.0 cm，明显长于叶，两侧具狭翅，疏生 10 余朵花，花橘黄色。花苞片狭披针形，长 6.0 ~ 10.0 mm；中萼片舌状，长 11.0 mm，侧萼片歪斜；花瓣线形，长 11.0 mm，宽 0.5 mm；唇瓣倒卵形，长 11.0 mm，宽 6.0 mm，基部楔形，从基部至中部有 1 条纵脊；蕊柱长 5.0 mm，上部两侧具狭翅。

【花期】 5 ~ 7 月。

【生境状况】 生于海拔约 900 m 的林下阴处的岩石上。

【濒危等级】 NT。

【地理分布】 贵州省。

图 618-1　贵州羊耳蒜 *Liparis esquirolii* 生境与植株（金效华）

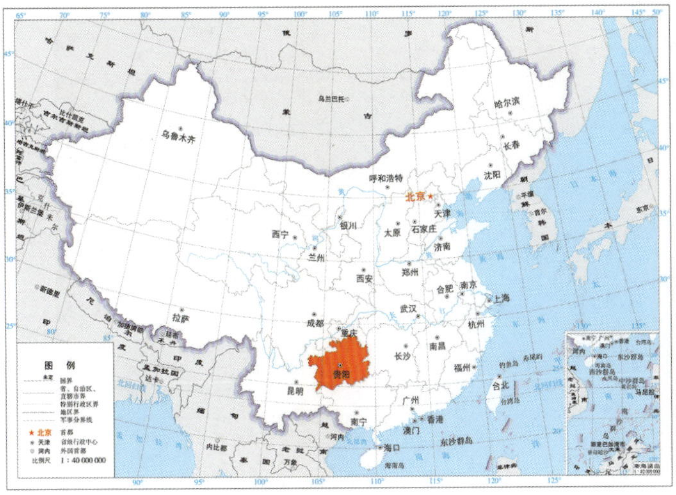

图 618-2　贵州羊耳蒜 *Liparis esquirolii* 地理分布

图 618-3　贵州羊耳蒜 *Liparis esquirolii* 花（金效华）

619 扁球羊耳蒜 *Liparis elliptica* Wight

图 619-1 扁球羊耳蒜 *Liparis elliptica* 花序（李剑武）

【别名】 扁球羊耳兰、椭圆羊耳蒜。

【主要特征】 附生植物，假鳞茎密集，长圆形，压扁，长 1.0 ~ 3.0 cm，粗 0.6 ~ 1.5 cm，顶生 2 枚叶。叶片狭椭圆形，长 4.0 ~ 12.0 cm，宽 1.2 ~ 2.8 cm，基部具短柄和关节。花序长 7.0 ~ 18.0 cm，具多数花，花淡黄绿色。花苞片披针形，长 1.5 ~ 3.0 mm；萼片长圆状披针形，长 4.0 ~ 5.0 mm，宽 1.5 ~ 1.8 mm；花瓣狭线形，长 3.5 ~ 4.5 mm，宽 0.5 mm；唇瓣近圆形，先端短尾状，长 4.0 ~ 5.0 mm，边缘略呈皱波状，中上部两侧常有耳状皱折而形似 3 裂，无胼胝体；蕊柱长 1.5 ~ 2.0 mm，无翅。

图 619-2 扁球羊耳蒜 *Liparis elliptica* 地理分布

【花期】 11 月至翌年 2 月。

【生境状况】 生于海拔 200 ~ 1 500 m 的林中树上。

【濒危等级】 LC。

【地理分布】 台湾、四川、云南和西藏等省区；印度、缅甸、泰国、越南、印度尼西亚和斯里兰卡。

图 619-3 扁球羊耳蒜 *Liparis elliptica* 生境与植株（李剑武）

620 小羊耳蒜 *Liparis fargesii* Finet

【别名】 石米。

【主要特征】 附生植物，成丛生长，假鳞茎圆柱形，长 7.0 ~ 14.0 mm，粗 3.0 mm，新假鳞茎发自老假鳞茎近顶端的下方，彼此相连接而匍匐于岩石上，顶生 1 枚叶。叶片椭圆形，长 1.0 ~ 2.0 cm，宽 0.5 ~ 0.8 cm，基部具长 3.0 ~ 6.0 mm 的柄和关节。花序长 2.0 ~ 4.0 cm，两侧具狭翅，具 2 ~ 3 朵花，花绿色。花苞片狭披针形，长 1.0 ~ 1.8 mm；萼片线状披针形，长 5.0 ~ 6.0 mm，宽 1.2 ~ 1.4 mm，边缘外卷；花瓣狭线形，长 5.0 ~ 6.0 mm，宽 0.3 mm；唇瓣近长圆形，中部略缢缩呈提琴形，长 4.0 ~ 5.0 mm，宽 2.5 ~ 3.0 mm，先端微凹陷，凹陷处中央有细尖头，基部无胼胝体但略增厚；蕊柱长 3.0 ~ 3.5 mm，上部有狭翅。

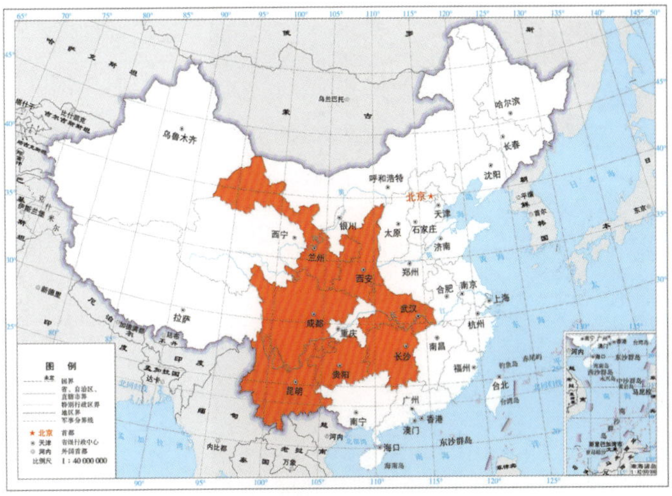

图 620-1 小羊耳蒜 *Liparis fargesii* 地理分布

【花期】 9 ~ 10 月。

【生境状况】 生于海拔 300 ~ 1 400 m 的林中树上或林下阴湿的岩石上。

【濒危等级】 NT。

【地理分布】 陕西、甘肃、湖北、湖南、四川、贵州和云南等省。

图 620-2 小羊耳蒜 *Liparis fargesii* 花（金效华）

621 裂唇羊耳蒜 *Liparis fissilabris* Tang & F. T. Wang [*Ypsilorchis fissipetala* (Finet) Z. J. Lin, S. C. Chen & L. J. Chen]

图 621-1 裂唇羊耳蒜 *Liparis fissilabris* 花序（黄明忠）

【别名】 无。

【主要特征】 附生植物，假鳞茎密集，卵形，长 1.5 ~ 3.5 cm，粗 1.0 ~ 1.8 cm，近顶生 2 枚叶。叶片倒披针状长圆形，长 6.0 ~ 19.0 cm，宽 1.8 ~ 3.2 cm，基部渐狭成柄，并具关节。花序长 12.0 ~ 18.0 cm，花序柄无翅，具多数花，花绿色，唇瓣红色。花苞片线状披针形，长 3.0 ~ 5.0 mm；萼片近长圆形，长 3.5 ~ 4.0 mm，宽 1.3 mm；花瓣丝状，长 3.5 ~ 4.0 mm；唇瓣近匙状长圆形，长 4.0 ~ 5.0 mm，宽 1.7 mm，下部 1/3 ~ 2/5 处有皱褶，边缘略有缘毛，从基部至中部有 2 条纵褶片，先端 2 裂，并在裂口中央具短尖，裂片卵形，长约 1.2 mm，先端有时不规则缺刻；蕊柱长 2.0 ~ 2.5 mm，顶端有狭翅。

【花期】 11 月。

【生境状况】 生于海拔 500 m 的林中树上或岩石上。

【濒危等级】 EN。

【地理分布】 海南省。

图 621-2 裂唇羊耳蒜 *Liparis fissilabris* 地理分布

图 621-3 裂唇羊耳蒜 *Liparis fissilabris* 植株（黄明忠）

622 宿苞羊耳蒜 *Liparis gibbosa* Finet

【别名】 大苞羊耳蒜。

【主要特征】 附生植物，高 10.0 ~ 15.0 cm，叶线状披针形，长 8.0 ~ 12.0 cm，宽 0.8 ~ 1.5 cm。花序顶生，长 10.0 ~ 15.0 cm，具数朵不同期开放的花，花橙黄色。花苞片 2 列宿存，扁平，长 5.0 ~ 6.0 mm；萼片卵形，长 4.0 ~ 5.0 mm，宽约 2.0 mm；花瓣倒披针形，长 4.0 mm，宽 1.5 mm；唇瓣长约 3.3 mm，基部具短爪，极向下弯，唇盘两侧各具 1 个突起，形成 2 个圆形的胼胝体；蕊柱长约 3.0 mm，顶端具蕊柱翅。

【花期】 6 ~ 7 月。

【生境状况】 生于海拔 200 ~ 1 900 m 的林中树上或石灰岩山岩石上。

【濒危等级】 EN。

【地理分布】 云南省；印度、缅甸、泰国、老挝、越南、菲律宾、印度尼西亚、马来西亚和巴布亚新几内亚。

图 622-1 宿苞羊耳蒜 *Liparis gibbosa* 生境与植株（叶德平）

图 622-2 宿苞羊耳蒜 *Liparis gibbosa* 地理分布

图 622-3 宿苞羊耳蒜 *Liparis gibbosa* 花（叶德平）

623 方唇羊耳蒜 *Liparis glossula* Rchb. f.

【别名】 无。

【主要特征】 地生植物，假鳞茎聚生，密集，卵形，长 1.0 cm，粗 0.6 ~ 0.8 cm，叶 1 枚，长圆形，长 8.0 ~ 15.0 cm，宽 2.0 ~ 5.0 cm，基部下延为长 4.5 ~ 12.0 cm 的鞘状柄，无关节，下半部围抱花序基部。花序长 12.0 ~ 22.0 cm，两侧具狭翅，具多数花，花紫红色。花苞片披针形，长 6.0 ~ 9.0 mm；萼片线状披针形，长 10.0 ~ 13.0 mm，宽 3.0 mm，边缘外卷；花瓣丝状，长 10.0 ~ 12.0 mm，宽 0.7 mm；唇瓣近方形，长 10.0 mm，宽 8.0 ~ 9.0 mm，边缘有细小的缘毛，中央有 1 条深色的纵带；蕊柱长 4.0 ~ 5.0 mm，上端略具翅，基部有 2 个胼胝体状的肥厚突起。

图 623-1 方唇羊耳蒜 *Liparis glossula* 地理分布

【花期】 7 月。

【生境状况】 生于海拔 2 200 ~ 3 200 m 的林下或山坡灌丛中。

【濒危等级】 VU。

【地理分布】 云南和西藏等省区；印度和尼泊尔。

图 623-2 方唇羊耳蒜 *Liparis glossula* 生境与植株（金效华）

图 623-3 方唇羊耳蒜 *Liparis glossula* 植株（金效华）

624 广西羊耳蒜 *Liparis guangxiensis* C. L. Feng & X. H. Jin

【别名】 无。

【主要特征】 附生植物，植株高 13.0 ~ 20.0 cm。假鳞茎簇生，卵形至压扁的卵形，长 1.7 ~ 3.5 cm，粗 0.8 ~ 1.5 cm，顶生 1 枚叶。叶片倒披针形或线状披针形，深绿色，长 11.0 ~ 20.0 cm，宽 1.5 ~ 2.2 cm，基部收狭为长 0.7 ~ 1.0 cm 的柄。花序长 9.0 ~ 17.5 cm，具 14 ~ 40 朵花，花梗扁平；可育苞片呈窄披针形，长 0.2 ~ 0.4 cm；花淡黄绿色，直径 0.5 ~ 0.7 cm；萼片披针形，长 0.3 ~ 0.4 cm，宽约 0.4 mm；侧萼片反折，在唇瓣下方形成 V 字形；花瓣线形，长 3.2 ~ 4.0 mm；唇瓣椭圆形，基部内弯，基部中央具 1 个黄色增厚的椭圆形斑点，斑点基部着生 1 个横向胼胝质体，顶端有 2 条浅裂；蕊柱长 2.5 ~ 3.5 mm。蒴果倒卵形，长 0.4 ~ 0.5 cm。

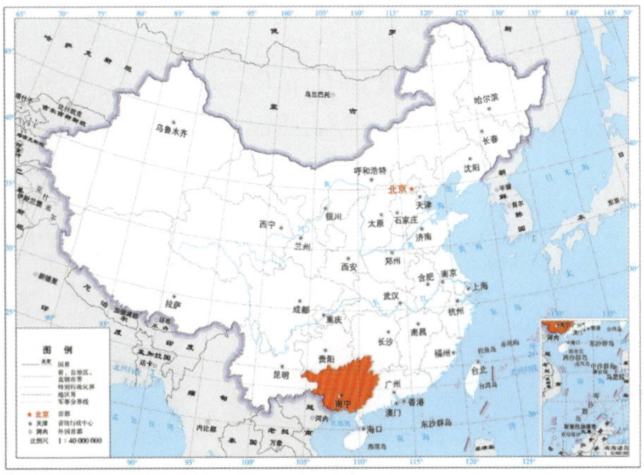

图 624-1 广西羊耳蒜 *Liparis guangxiensis* 地理分布

【花期】 10 ~ 11 月。

【生境状况】 生于海拔 500 ~ 1 100 m 的林中石灰岩上。

【濒危等级】 EN。

【地理分布】 广西壮族自治区。

图 624-2 广西羊耳蒜 *Liparis guangxiensis* 花序（金效华）

625 广东羊耳蒜 *Liparis kwangtungensis* Schltr.

图 625-1 广东羊耳蒜 *Liparis kwangtungensis* 生境与植株（金效华）

【别名】 无。

【主要特征】 附生植物，假鳞茎近卵形，长 5.0 ~ 7.0 mm，粗 3.0 ~ 5.0 mm，顶生 1 枚叶。叶片椭圆形，长 2.0 ~ 5.0 cm，宽 0.7 ~ 1.1 mm，基部具柄和关节。花序长 3.0 ~ 5.5 cm，两侧具狭翅，具多数花，花黄绿色。花苞片狭披针形，长 3.0 ~ 4.0 mm；萼片宽线形，长 4.0 ~ 4.5 mm，宽 1.0 ~ 1.2 mm；侧萼片比中萼片略短而宽；花瓣狭线形，长 3.5 ~ 4.0 mm，宽 0.5 mm；唇瓣倒卵状长圆形，长 4.0 ~ 4.5 mm，宽 2.0 mm，先端具不规则的细齿，中央有短尖，基部具 1 个胼胝体；蕊柱长 3.0 mm，上部具翅，翅稍下弯略呈钩状。

【花期】 10 月。

【生境状况】 生于海拔 1 000 m 的林下或岩石上。

【濒危等级】 LC。

【地理分布】 福建和广东等省。

图 625-2 广东羊耳蒜 *Liparis kwangtungensis* 花（金效华）

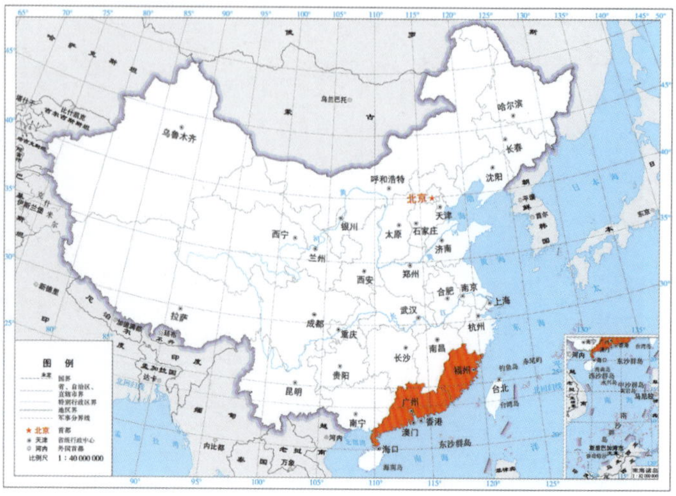

图 625-3 广东羊耳蒜 *Liparis kwangtungensis* 地理分布

626 阔唇羊耳蒜 *Liparis latilabris* Rolfe

【别名】 无。

【主要特征】 附生植物，假鳞茎密集，狭卵形，长 2.0 ~ 2.5 cm，粗 0.7 ~ 1.0 cm，顶生 2 枚叶。叶片倒披针形，长 13.0 ~ 29.0 cm，宽 1.3 ~ 3.0 cm，基部具长 4.0 ~ 11.0 cm 的柄，具关节。花序长 20.0 ~ 35.0 cm，具不甚明显的狭翅，具多数花，花黄绿色。花苞片狭披针形，长 5.0 ~ 8.0 mm；萼片长圆形，长 7.0 mm，宽 2.0 mm；花瓣狭线形，长 7.0 mm，宽 0.5 mm；唇瓣扁圆形，长 6.0 ~ 7.0 mm，宽 10.0 mm，边缘具不规则齿缺，近基部有 2 个小胼胝体，中部有 1 条肥厚的纵褶片；蕊柱长 2.0 ~ 2.5 mm，近无翅。

【花期】 11 月至翌年 2 月。

【生境状况】 生于海拔 1 200 ~ 1 800 m 的林中树上或林下阴处的岩石上。

【濒危等级】 NT。

【地理分布】 云南省；越南。

图 626-1 阔唇羊耳蒜 *Liparis latilabris* 生境与植株（金效华）

图 626-2 阔唇羊耳蒜 *Liparis latilabris* 地理分布

图 626-3 阔唇羊耳蒜 *Liparis latilabris* 花（金效华）

627 黄花羊耳蒜 *Liparis luteola* Lindl.

图 627-1 黄花羊耳蒜 *Liparis luteola* 生境与植株（金效华）

【别名】 黄羊耳蒜。

【主要特征】 附生植物，假鳞茎稍密集，略斜卧，近卵形，长 6.0 ~ 7.0 mm，宽 4.0 ~ 5.0 mm，顶生 2 枚叶。叶片线形，长 6.0 ~ 14.0 cm，宽 0.4 ~ 0.9 cm，基部具长 1.0 ~ 1.5 cm 的柄，具关节。花序长 6.0 ~ 16.0 cm，两侧有狭翅，具多数花，花乳白绿色。花苞片披针形，长 3.0 ~ 4.0 mm；萼片披针形，长 4.0 mm，宽 1.0 mm，中脉在背面稍隆起；侧萼片略宽于中萼片；花瓣丝状，长 4.0 mm，宽 0.3 mm；唇瓣长圆状倒卵形，长 3.5 mm，宽 2.8 mm，先端微缺并在中央具细尖，近基部有 1 条肥厚的纵脊，脊的前端有 1 个 2 裂的胼胝体；蕊柱长 2.5 mm，上部具翅。

【花期】 12 月至翌年 2 月。

【生境状况】 生于海拔 800 m 的林中树上。

【濒危等级】 VU。

【地理分布】 海南省；印度、缅甸和泰国。

图 627-2 黄花羊耳蒜 *Liparis luteola* 花（金效华）

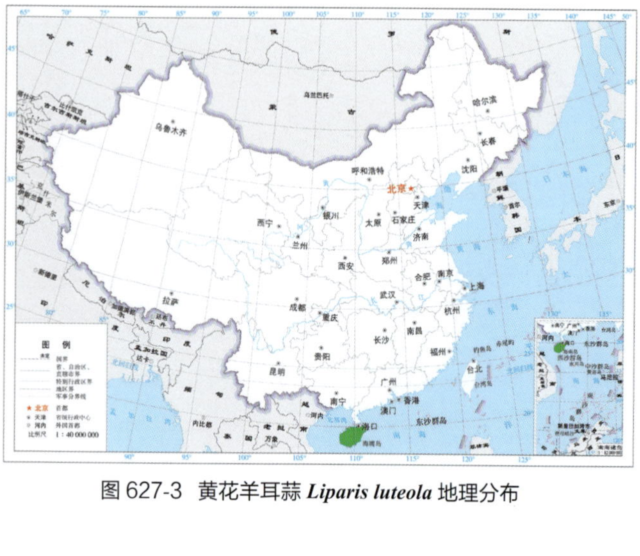

图 627-3 黄花羊耳蒜 *Liparis luteola* 地理分布

628　三裂羊耳蒜 *Liparis mannii* Rchb. f.

【别名】 裂唇羊耳蒜。

【主要特征】 附生植物，假鳞茎狭卵形，长 1.0 ~ 2.0 cm，宽 0.4 ~ 0.7 cm，顶生 1 枚叶。叶片狭长圆形，长 7.0 ~ 15.0 cm，宽 0.6 ~ 1.2 cm，基部具短柄和关节。花序长 9.0 ~ 13.0 cm，两侧有狭翅，具多数花。花苞片狭披针形，长 1.5 ~ 2.5 mm；萼片狭卵状椭圆形，长 1.5 ~ 1.8 mm，宽 0.7 mm；花瓣狭线形，长 1.3 ~ 1.6 mm，宽 0.2 mm；唇瓣卵形，3 裂，长 1.8 mm，宽 1.5 mm，侧裂片近卵形，中裂片扁圆形，长 0.6 ~ 0.8 mm，宽 1.0 mm，前方边缘有不规则细齿；蕊柱长 1.2 mm。

【花期】 10 ~ 11 月。

【生境状况】 生于海拔 750 ~ 1 200 m 的林中树上。

【濒危等级】 VU。

【地理分布】 云南省；印度和越南。

图 628-1　三裂羊耳蒜 *Liparis mannii* 地理分布

图 628-2　三裂羊耳蒜 *Liparis mannii* 花序（李剑武）

图 628-3　三裂羊耳蒜 *Liparis mannii* 植株（李剑武）

629 见血青 *Liparis nervosa* (Thunb.) Lindl.

图 629-1 见血青 *Liparis nervosa* 生境与植株（叶德平）

【别名】 脉羊耳蒜、铁爬树、显脉羊耳蒜、双耳沼兰。

【主要特征】 地生植物，茎圆柱形，具数节，长 2.0 ~ 8.0 cm，粗 0.5 ~ 0.7 cm，叶 3 ~ 5 枚，卵状椭圆形，长 5.0 ~ 11.0 cm，宽 3.0 ~ 5.0 cm，基部下延成长 2.0 ~ 3.0 cm 的鞘状柄，无关节。花序从茎顶端发出，长 10.0 ~ 20.0 cm，具多数花，花紫色。花苞片三角形，长 1.0 mm；中萼片线形，长 8.0 ~ 10.0 mm，宽 1.5 ~ 2.0 mm，边缘外卷；侧萼片狭卵状长圆形，稍歪斜，长 6.0 ~ 7.0 mm，宽 3.0 ~ 3.5 mm；花瓣丝状，长 7.0 ~ 8.0 mm，宽 0.5 mm；唇瓣长圆状倒卵形，长 6.0 mm，宽 5.0 mm，先端微凹，基部具 2 个长圆形的胼胝体；蕊柱长 4.0 ~ 5.0 mm，上部两侧具狭翅。

【花期】 2 ~ 7 月。

【生境状况】 生于海拔 1 000 ~ 2 000 m 的林下、草丛或岩石覆土上。

【濒危等级】 LC。

【地理分布】 浙江、江西、福建、台湾、湖南、广东、广西、四川、贵州、云南和西藏等省区；印度、缅甸、泰国、老挝、越南、柬埔寨、菲律宾、新加坡、印度尼西亚、马来西亚、斯里兰卡、阿曼苏丹国、也门，以及非洲热带与亚热带地区。

图 629-2 见血青 *Liparis nervosa* 花序（叶德平）

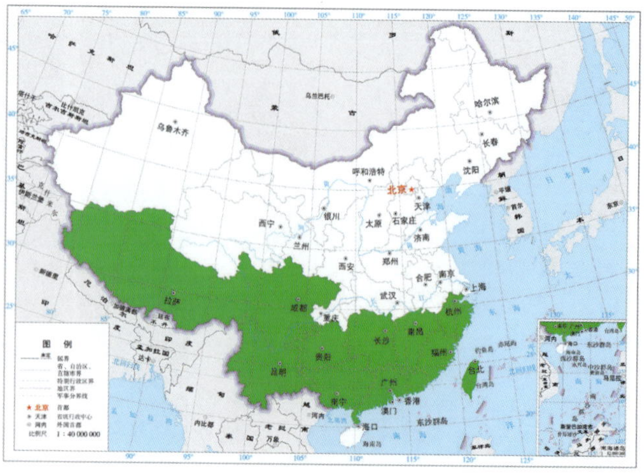

图 629-3 见血青 *Liparis nervosa* 地理分布

630 紫花羊耳蒜 *Liparis nigra* Seidenf.

【别名】 香花羊耳蒜、羊耳草。

【主要特征】 地生植物，茎圆柱形，有数节，长 8.0 ~ 20.0 cm，粗 1.0 cm。叶 3 ~ 6 枚，椭圆形，长 9.0 ~ 17.0 cm，宽 3.5 ~ 9.0 cm，基部收狭成长 2.0 ~ 5.0 cm 的鞘状柄，无关节。花序生于茎顶端，长 18.0 ~ 45.0 cm，具多数花，花深紫红色。花苞片卵形，长 1.0 ~ 2.0 mm；中萼片线状披针形，长 16.0 ~ 20.0 mm，宽 2.5 ~ 3.0 mm；侧萼片卵状披针形，长 15.0 ~ 17.0 mm，宽 4.0 ~ 5.0 mm；花瓣线形，长 16.0 ~ 18.0 mm，宽 0.8 mm；唇瓣倒卵状椭圆形，长 10.0 ~ 15.0 mm，宽 12.0 ~ 18.0 mm，先端有短尖，边缘具明显的细齿，基部收狭并有 1 对向后方延伸的耳，近基部有 2 个三角形的胼胝体；蕊柱长 6.0 ~ 8.0 mm，两侧有狭翅。

【花期】 2 ~ 5 月。

【生境状况】 生于海拔 500 ~ 1 700 m 的林下或林下阴湿的岩石上。

【濒危等级】 LC。

【地理分布】 台湾、广东、海南、广西、贵州、云南和西藏等省区；泰国和越南。

图 630-1 紫花羊耳蒜 *Liparis nigra* 植株（黄明忠）

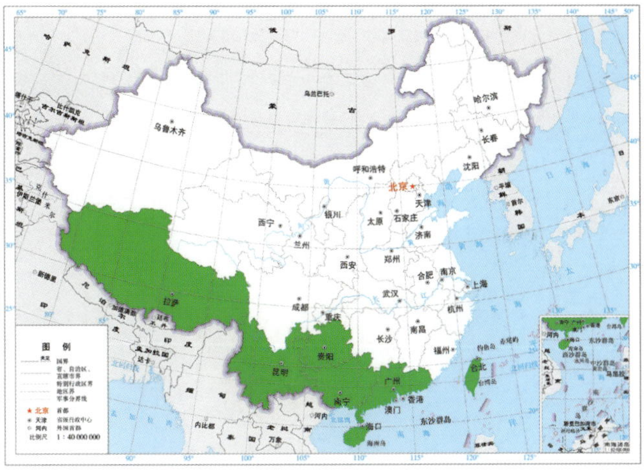

图 630-2 紫花羊耳蒜 *Liparis nigra* 地理分布

图 630-3 紫花羊耳蒜 *Liparis nigra* 花（黄明忠）

631 香花羊耳蒜 *Liparis odorata* (Willd.) Lindl.

图 631-1 香花羊耳蒜 *Liparis odorata* 生境与植株（叶德平）

【别名】 水竹花、香羊耳兰、盐丰羊耳蒜。

【主要特征】 地生植物，假鳞茎近卵形，长 1.3 ~ 2.2 cm，粗 1.0 ~ 1.5 cm，有节。叶 2 ~ 3 枚，狭椭圆形，长 6.0 ~ 17.0 cm，宽 2.5 ~ 6.0 cm，基部收狭成长 2.5 ~ 10.0 cm 的鞘状柄，无关节。花序长 14.0 ~ 40.0 cm，明显高出叶面，具多数花，花黄绿色。花苞片披针形，长 4.0 ~ 6.0 mm；中萼片线形，长 7.0 ~ 8.0 mm，宽 1.5 mm，边缘外卷；侧萼片卵状长圆形，长 6.0 ~ 7.0 mm，宽 2.5 mm；花瓣近狭线形，长 6.0 ~ 7.0 mm，宽 0.8 mm，边缘外卷；唇瓣倒卵状长圆形，长 5.5 mm，宽 3.5 ~ 4.5 mm，先端微凹，上部边缘有细齿，近基部有 2 个略相连的三角形胼胝体；蕊柱长 4.5 mm，两侧有狭翅。

【花期】 4 ~ 7 月。

【生境状况】 生于海拔 600 ~ 3 100 m 的林下、草丛或灌丛下。

【濒危等级】 LC。

【地理分布】 江西、台湾、湖北、湖南、广东、海南、广西、四川、贵州、云南和西藏等省区；印度、尼泊尔、缅甸、泰国、老挝、越南和日本。

图 631-2 香花羊耳蒜 *Liparis odorata* 花序（李剑武）

图 631-3 香花羊耳蒜 *Liparis odorata* 地理分布

632 长唇羊耳蒜 *Liparis pauliana* Hand.-Mazz.

【别名】 大唇羊耳蒜、风帽羊耳蒜、湖广羊耳蒜。

【主要特征】 地生植物，假鳞茎卵形，长 1.0 ~ 2.5 cm，粗 0.8 ~ 1.5 cm，叶 2 枚，卵形，长 2.7 ~ 9.0 cm，宽 1.5 ~ 5.0 cm，边缘皱波状并具不规则细齿，基部收狭成长 0.5 ~ 4.0 cm 的鞘状柄，无关节。花序长 7.0 ~ 28.0 cm，两侧有狭翅，疏生数朵花，花淡紫色，萼片淡黄绿色。花苞片卵形，长 1.5 ~ 3.0 mm；萼片线状披针形，长 16.0 ~ 18.0 mm，宽 2.0 ~ 2.5 mm；侧萼片稍歪斜；花瓣近丝状，长 16.0 ~ 18.0 mm，宽 0.3 mm；唇瓣倒卵状椭圆形，长 15.0 ~ 20.0 mm，宽 10.0 ~ 12.0 mm，近基部有 2 条短的纵褶片，有时不甚明显；蕊柱长 3.5 ~ 4.5 mm，顶端具翅。

图 632-1 长唇羊耳蒜 *Liparis pauliana* 花（金效华）

【花期】 5 月。

【生境状况】 生于海拔 600 ~ 1 200 m 的林下阴湿处。

【濒危等级】 LC。

【地理分布】 浙江、江西、湖北、湖南、广东、广西和贵州等省区。

图 632-2 长唇羊耳蒜 *Liparis pauliana* 植株（金效华）

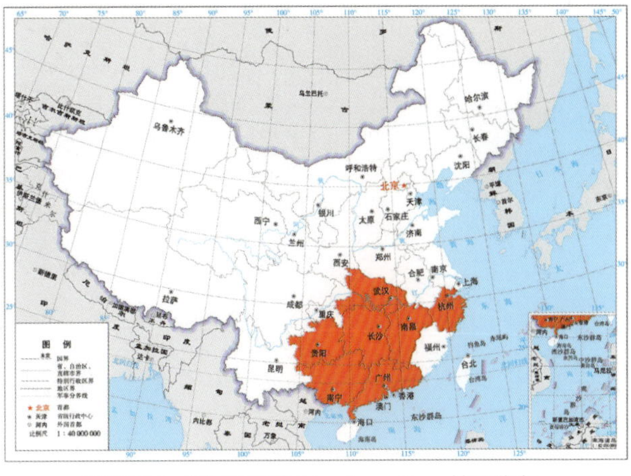

图 632-3 长唇羊耳蒜 *Liparis pauliana* 地理分布

633 狭叶羊耳蒜 *Liparis perpusilla* Hook. f.

【别名】 无。

【主要特征】 附生草本，假鳞茎簇生，卵形或椭圆形，长 2.0 ~ 3.0 cm，宽 0.1 ~ 0.2 cm。叶 4 ~ 5 枚，线形，长 1.0 ~ 1.5 cm，宽 0.1 ~ 0.2 cm。花序直立，长 2.0 ~ 4.0 cm，具 5 ~ 10 朵花。花黄色；中萼片近长圆形，长 1.1 ~ 1.3 mm，宽 0.4 ~ 0.5 mm；侧萼片椭圆状长方形，长 1.0 ~ 1.2 mm，宽 0.6 ~ 0.7 mm；花瓣线形或窄的披针形，长 1.0 ~ 1.1 mm，宽 0.1 ~ 0.2 mm；唇瓣略反折，近圆形，长约 1.1 mm，基部边缘卷曲，先端钝圆形或稍具短尖；唇盘近基部具 1 枚马蹄形胼胝体，马蹄形胼胝体基部还具有 2 枚分离的胼胝体。蕊柱长约 0.1 cm，具 2 个翅。

【花期】 7 月。

【生境状况】 生于海拔约 2 800 m 的林中树干上。

【濒危等级】 VU。

【地理分布】 云南省；不丹、印度和尼泊尔。

图 633-1 狭叶羊耳蒜 *Liparis perpusilla* 生境与植株（金效华）

图 633-2 狭叶羊耳蒜 *Liparis perpusilla* 花（金效华）

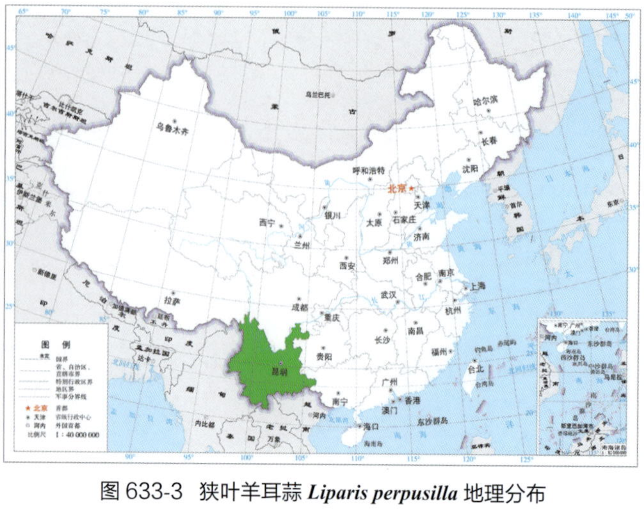

图 633-3 狭叶羊耳蒜 *Liparis perpusilla* 地理分布

634 柄叶羊耳蒜 *Liparis petiolata* (D. Don) P. F. Hunt & Summerh.

【别名】 九连灯，羊叶羊耳蒜。

【主要特征】 地生植物，具细长的根状茎，假鳞茎彼此相距 2.0 ~ 4.0 cm，卵形，长 1.5 ~ 3.0 cm，粗 1.0 ~ 1.5 cm，叶 2 枚，宽卵形，长 5.0 ~ 11.0 cm，宽 3.5 ~ 8.0 cm，先端短尾状，边缘略有不规则圆齿，基部具长 5.0 ~ 11.0 cm 的鞘状柄，无关节。花序长 10.0 ~ 24.0 cm，下部具棱，上部具翅，花序具多数花，花绿白色。花苞片披针形，长 5.0 ~ 6.0 mm；萼片线状披针形，长 8.0 mm，宽 1.8 mm；侧萼片略歪斜；花瓣线形，长 7.0 ~ 8.0 mm，宽 0.4 mm；唇瓣椭圆形，长 10.0 mm，宽 8.0 ~ 9.0 mm，边缘略有不整齐的缺刻，近基部有 2 个胼胝体；蕊柱长 4.0 mm，顶端稍具狭翅。

图 634-1 柄叶羊耳蒜 *Liparis petiolata* 生境与植株（叶德平）

【花期】 5 ~ 6 月。

【生境状况】 生于海拔 1 100 ~ 2 900 m 的林下和溪谷旁阴湿处。

【濒危等级】 VU。

【地理分布】 江西、湖南、广西和云南等省区；印度、不丹、尼泊尔、泰国和越南。

图 634-2 柄叶羊耳蒜 *Liparis petiolata* 地理分布

图 634-3 柄叶羊耳蒜 *Liparis petiolata* 花序（金效华）

635 平祥羊耳蒜 *Liparis pingxiangensis* L. Li & H. F. Yan

图 635-1 平祥羊耳蒜 *Liparis pingxiangensis* 植株（李琳）

【别名】 无。

【主要特征】 地生植物，高达 20.0 cm，假鳞茎圆柱形，长 8.0 ~ 10.0 cm，老假鳞茎无叶，新发出的假鳞茎基部具 3 ~ 4 枚叶。叶片椭圆状披针形，长 14.0 ~ 16.0 cm，宽 5.0 ~ 8.0 cm，基部渐狭成长 3.0 ~ 5.0 cm 的柄，并抱茎。花序顶生，长 24.0 ~ 33.0 cm，花序具多朵花，花黄绿色，边缘淡紫色。花苞片卵状三角形，紫黑色，长 3.0 ~ 3.5 mm；中萼片宽线状长圆形，长 8.0 ~ 8.5 mm，宽 1.3 ~ 1.5 mm，边缘外卷；侧萼片比中萼片稍宽，卵状椭圆形，稍偏斜，长 6.0 ~ 7.0 mm，宽 2.0 ~ 2.5 mm；花瓣线形，略呈镰状，长 7.5 ~ 8.0 mm，宽 0.7 ~ 0.9 mm，边缘外卷；唇瓣长 4.0 ~ 4.2 mm，宽 4.5 ~ 5.6 mm，全缘，菱状椭圆形，中部凹陷，基部骤然收缩并具 1 对钻状的胼胝体，边缘稍啮蚀状；蕊柱长 5.0 ~ 5.8 mm，两侧无翅。

【花期】 1 ~ 4 月。

【生境状况】 生于海拔约 800 m 林下。

【濒危等级】 CR。

【地理分布】 广西和云南等省区。

图 635-2 平祥羊耳蒜 *Liparis pingxiangensis* 花序（李琳）

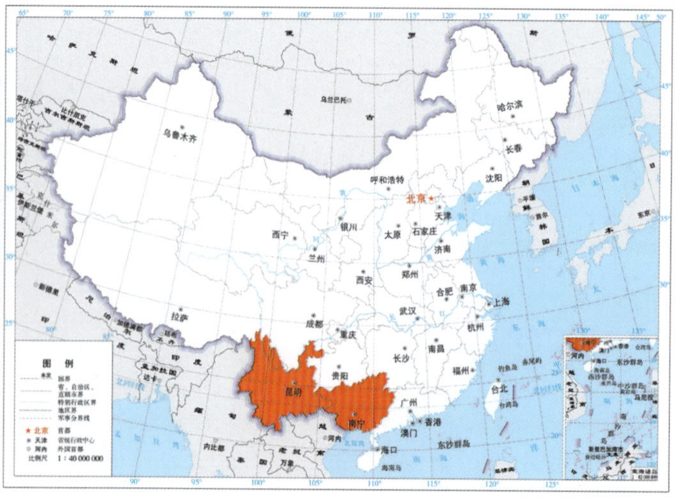

图 635-3 平祥羊耳蒜 *Liparis pingxiangensis* 地理分布

636 小花羊耳蒜 *Liparis platyrachis* Hook. f.

【别名】 无。

【主要特征】 附生植物，假鳞茎密集，近圆柱形，稍压扁，长 1.0 cm，具 3 ~ 5 枚近互生的叶。叶片线状披针形，长 1.5 ~ 3.0 cm，基部具短柄和关节。花序长 8.0 cm，具微小的狭翅，具 10 ~ 20 朵花，花白色。花苞片钻形，明显比子房短；萼片椭圆形，长 2.0 ~ 3.0 mm；侧萼片稍歪斜；花瓣线形，与萼片近等长；唇瓣近方形，明显短于萼片，先端有凹缺，在下部 1/4 处明显皱缩并扭曲，形似有 2 个耳状物，近基部有 4 个胼胝体，前方 2 个较大；蕊柱上部有 1 对三角形的小翅，下部侧面也有 1 对翅。

【花期】 9 月。

【生境状况】 生于海拔 1 700 m 的林下。

【濒危等级】 EN。

【地理分布】 云南省；印度。

图 636-1 小花羊耳蒜 *Liparis platyrachis* 植株（叶德平）

图 636-2 小花羊耳蒜 *Liparis platyrachis* 地理分布

图 636-3 小花羊耳蒜 *Liparis platyrachis* 花序（李剑武）

637 中越羊耳蒜 *Liparis pumila* Aver.

图 637-1 中越羊耳蒜 *Liparis pumila* 地理分布

【别名】 无。

【主要特征】 附生草本，假鳞茎簇生，卵形至近球形，长 0.5 ~ 0.7 cm，宽 0.4 ~ 0.5 cm，被 3 ~ 4 枚绿色叶鞘。叶 1 枚，舌状倒披针形，长 5.0 ~ 6.0 cm，宽 0.6 ~ 0.8 cm，基部收狭，有关节。花序长 3.0 ~ 7.0 cm，花序轴长 1.5 ~ 3.5 cm，疏生 7 ~ 20 朵花；花浅绿色；萼片椭圆形，长约 2.5 mm，宽约 0.1 cm，侧萼片倾斜；花瓣线形，长约 2.5 mm，宽 0.2 ~ 0.3 mm；唇瓣下半部分宽倒卵形，上半部分椭圆形，长约 0.3 cm，基部具 2 枚较为隔开的胼胝体，顶端不规则齿状；蕊柱长约 0.2 cm，无翅，略弯。

【花期】 6 月。

【生境状况】 生于海拔 900 ~ 1 000 m 的常绿阔叶林中树上。

【濒危等级】 VU。

【地理分布】 云南省；老挝和越南。

图 637-2 中越羊耳蒜 *Liparis pumila* 植株（金效华）

图 637-3 中越羊耳蒜 *Liparis pumila* 花序（金效华）

638 翼蕊羊耳蒜 *Liparis regnieri* Finet

图 638-1 翼蕊羊耳蒜 *Liparis regnieri* 地理分布

【别名】 无。

【主要特征】 地生植物，具假鳞茎，叶 3 ~ 4 枚，椭圆形，长 15.0 ~ 20.0 cm，宽 7.0 ~ 10.0 cm，基部下延成短的鞘状柄，无关节。花序长 25.0 ~ 38.0 cm，高出叶面 1 倍，具多数花，花黄绿色。花苞片披针形；萼片披针形，长 7.0 mm；侧萼片稍歪斜；花瓣近线形，长 6.5 mm；唇瓣长圆形，长 7.0 mm，宽 3.0 mm，先端具短尖，下部在 1/3 处稍收狭，外折，基部有 2 个胼胝体；蕊柱长 4.0 mm，子房具 6 条波状的翅。

【花期】 6 ~ 7 月。

【生境状况】 生于海拔 800 ~ 1 500 m 的林下或草丛中。

【濒危等级】 LC。

【地理分布】 云南省；缅甸、泰国和越南。

图 638-2 翼蕊羊耳蒜 *Liparis regnieri* 花序（李剑武）

图 638-3 翼蕊羊耳蒜 *Liparis regnieri* 生境与植株（叶德平）

639 蕊丝羊耳蒜 *Liparis resupinata* Ridl.

图 639-1 蕊丝羊耳蒜 ***Liparis resupinata*** 花序（叶德平）

【别名】 无。

【主要特征】 附生植物，假鳞茎密集，近圆柱形，长 1.8 ~ 5.0 cm，粗 0.3 ~ 0.6 cm，上部具 3 ~ 4 枚近互生的叶。叶片狭长圆形，长 3.0 ~ 8.0 cm，宽 0.5 ~ 1.2 cm，边缘稍具细齿，基部具短柄和关节。花序长 7.0 ~ 18.0 cm，外弯，具多数花。花淡绿色。花苞片披针形，长 3.0 ~ 5.0 mm；中萼片长圆形，长 4.0 mm，宽 1.8 mm，背面有龙骨状突起；侧萼片相似于中萼片但无龙骨状突起；花瓣狭线形，长 3.5 mm，宽 0.3 mm；唇瓣宽椭圆状长圆形，长 2.5 ~ 3.0 mm，在基部上方 0.5 mm 处的两侧有裂口，形成上下唇，上唇基部有耳，呈箭形，下唇两侧的裂片半圆形，中央有 1 个 2 裂的肥厚胼胝体；蕊柱长 2.8 mm，两侧有半圆形的宽翅，每侧翅的前方有 1 个下垂的丝状体。

【花期】 10 ~ 12 月。

【生境状况】 生长于海拔 1 300 ~ 2 500 m 的林中树上。

【濒危等级】 LC。

【地理分布】 云南和西藏等省区；印度、不丹和尼泊尔。

图 639-2 蕊丝羊耳蒜 ***Liparis resupinata*** 植株（叶德平）

图 639-3 蕊丝羊耳蒜 ***Liparis resupinata*** 地理分布

640 齿突羊耳蒜 *Liparis rostrata* Rchb. f.

【别名】 无。

【主要特征】 地生植物，假鳞茎小，卵形，具2枚叶。叶片卵形，长3.0 ~ 3.5 cm，宽1.5 ~ 2.5 cm，基部收狭成长1.0 ~ 2.0 cm的鞘状柄，无关节。花序长5.0 cm，两侧具狭翅，具多数花，花黄绿色。花苞片卵形，长1.5 mm；萼片狭长圆状披针形，长5.0 ~ 7.0 mm，宽2.0 mm；侧萼片略歪斜；花瓣丝状，长5.0 ~ 7.0 mm，宽0.3 mm；唇瓣近倒卵形，长5.0 ~ 7.0 mm，宽4.0 ~ 5.0 mm，边缘有不规则的齿，无胼胝体；蕊柱长3.0 mm，顶端具翅，在前方有2个肥厚的齿状突起。

【花期】 7月。

【生境状况】 生于海拔2 600 m的林下有覆土的石上。

【濒危等级】 DD。

【地理分布】 西藏自治区；印度。

图640-1 齿突羊耳蒜 *Liparis rostrata* 生境与植株（金效华）

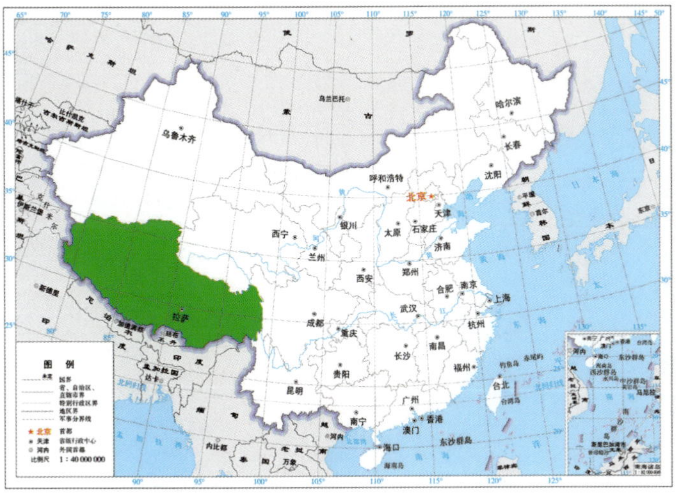

图640-2 齿突羊耳蒜 *Liparis rostrata* 地理分布

图640-3 齿突羊耳蒜 *Liparis rostrata* 花（金效华）

641 若氏羊耳蒜 *Liparis rockii* Ormerod

图 641-1 若氏羊耳蒜 ***Liparis rockii*** 生境与植株（金效华）

【别名】 无。

【主要特征】 附生草本，假鳞茎长 2.5 ~ 4.0 cm，卵形至近圆形，直径约 1.0 cm。叶 1 枚，舌状椭圆形至舌状倒披针形，长 17.7 ~ 24.6 cm，宽 3.4 ~ 4.4 cm。花序顶生，长 18.0 ~ 21.0 cm；花序轴长 10.0 ~ 12.0 cm，疏生约 20 朵花；花橙色；萼片披针状椭圆形，长约 0.9 cm，宽约 2.4 mm；花瓣线状披针形，长约 0.9 cm，宽约 0.1 cm；唇瓣呈宽倒卵形，长、宽均为 7.5 ~ 8.0 cm，基部具 1 个分裂为 2 枚的窄圆锥形胼胝质；蕊柱弓形，长约 0.3 cm，近顶端三角形，似镰状，具翅。

【花期】 10 ~ 11 月。

【生境状况】 生于海拔 1 400 m 的树上或岩石上。

【濒危等级】 EN。

【地理分布】 云南省。

图 641-2 若氏羊耳蒜 ***Liparis rockii*** 花（金效华）

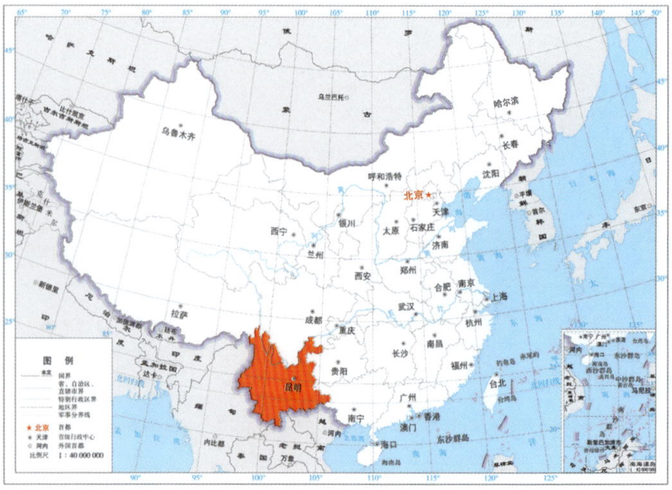

图 641-3 若氏羊耳蒜 ***Liparis rockii*** 地理分布

642 扇唇羊耳蒜 *Liparis stricklandiana* Rchb. f.

【别名】 绿花羊耳蒜、腾冲羊耳蒜。

【主要特征】 附生植物，假鳞茎密集，长圆形，长 2.0 ~ 3.5 cm，粗 0.6 ~ 1.5 cm，顶生 2 枚叶。叶片倒披针形，长 16.0 ~ 45.0 cm，宽 1.7 ~ 3.5 cm，基部收狭成长 4.0 ~ 17.0 cm 的柄，具关节。花序长 16.0 ~ 45.0 cm，两侧具翅，具多数花，花黄绿色。花苞片钻形，长 5.0 ~ 10.0 mm；萼片狭倒卵形，长 4.0 ~ 4.5 mm，宽 1.5 ~ 1.8 mm，边缘外卷，侧萼片略宽于中萼片；花瓣丝状，长 4.0 ~ 4.5 mm，宽 0.5 mm；唇瓣扇形，长 4.0 ~ 4.5 mm，上部宽 5.0 ~ 6.0 mm，前部边缘具不规则的细齿，近基部有 1 个扁圆形的胼胝体，胼胝体中央贴生于唇瓣上并向前延伸成宽阔、粗短的肥厚中脉；蕊柱长 3.0 mm，顶端具狭翅。

图 642-1 扇唇羊耳蒜 *Liparis stricklandiana* 生境与植株（叶德平）

【花期】 10 月至翌年 1 月。

【生境状况】 生于海拔 1 000 ~ 2 400 m 的林中树上或林下阴湿的岩壁上。

【濒危等级】 LC。

【地理分布】 广东、海南、广西、贵州和云南等省区；不丹和印度。

642-2 扇唇羊耳蒜 *Liparis stricklandiana* 地理分布

图 642-3 扇唇羊耳蒜 *Liparis stricklandiana* 花序（李剑武）

643 折苞羊耳蒜 *Liparis tschangii* Schltr.

图 643-1 折苞羊耳蒜 *Liparis tschangii* 生境与植株（李剑武）

【别名】 滇羊耳蒜。

【主要特征】 地生植物，假鳞茎卵形，长 1.0 ~ 2.0 cm，粗 0.7 ~ 1.3 cm，具节，具 2 枚叶。叶片卵状椭圆形，近于贴地生长，长 5.0 ~ 13.0 cm，宽 2.5 ~ 7.3 cm，基部收狭成长 2.0 ~ 5.5 cm 的鞘状柄，无关节。花序长 11.0 ~ 29.0 cm，具多数花，花绿色。花苞片披针形，反折，长 4.0 ~ 6.0 mm；中萼片线状披针形，长 7.0 ~ 8.0 mm，宽 1.5 mm；侧萼片略短而宽；花瓣狭线形，长 7.0 ~ 8.0 mm，宽 0.5 mm；唇瓣倒卵形，长 7.0 ~ 8.0 mm，宽 5.0 ~ 7.0 mm，上半部边缘至先端具不规则的细齿，基部收狭，有 1 条暗色肥厚的纵带从基部延伸至中部以上，基部有 2 个小的胼胝体；蕊柱长 4.0 mm，上部有翅。

【花期】 7 ~ 8 月。

【生境状况】 生于海拔 700 ~ 1 700 m 的林下。

【濒危等级】 VU。

【地理分布】 四川和云南等省；泰国和老挝。

图 643-2 折苞羊耳蒜 *Liparis tschangii* 花序（叶德平）

图 643-3 折苞羊耳蒜 *Liparis tschangii* 地理分布

644　长茎羊耳蒜 *Liparis viridiflora* (Bl.) Lindl.

【别名】 长茎兰、长序羊耳蒜、长柄羊耳蒜、绿花羊耳蒜。

【主要特征】 附生植物，假鳞茎稍密集，圆柱形，有时扁球形，长 7.0 ~ 18.0 cm，粗 0.3 ~ 0.8 cm，顶生 2 枚叶。叶片线状倒披针形，长 8.0 ~ 25.0 cm，宽 1.2 ~ 3.0 cm，基部收狭成长 1.0 ~ 4.0 cm 的柄，有关节。花序长 14.0 ~ 30.0 cm，两侧有狭翅，具多数小花，花黄绿色。花苞片狭披针形，长 3.0 ~ 7.0 mm；中萼片近椭圆状长圆形，长 2.0 ~ 3.0 mm，宽 0.8 ~ 1.0 mm，边缘外卷；侧萼片卵状椭圆形，略宽于中萼片；花瓣狭线形，长 2.0 ~ 3.0 mm，宽 0.3 mm；唇瓣卵状长圆形，长 2.0 ~ 3.0 mm，宽 1.7 mm，边缘略波状，从中部向外弯，无胼胝体；蕊柱长 1.5 ~ 2.0 mm，顶端有翅。

【花期】 9 ~ 12 月。

【生境状况】 生于海拔 200 ~ 2 300 m 的林中树上或林下岩石上。

【濒危等级】 LC。

【地理分布】 台湾、广东、海南、广西、四川、云南和西藏等省区；印度、不丹、尼泊尔、孟加拉国、缅甸、泰国、老挝、越南、柬埔寨、马来西亚、印度尼西亚、菲律宾和太平洋上的一些岛屿。

图 644-1 长茎羊耳蒜 *Liparis viridiflora* 地理分布

图 644-2 长茎羊耳蒜 *Liparis viridiflora* 花序（李剑武）

图 644-3 长茎羊耳蒜 *Liparis viridiflora* 生境与植株（示茎长）（李剑武）

图 644-4 长茎羊耳蒜 *Liparis viridiflora* 生境与植株（示茎短）（李剑武）

七六、原沼兰属 *Malaxis* Solander ex Sw.

原沼兰属 *Malaxis* 全世界分布共有 182 种，中国分布有 2 种，本图鉴包含 1 种。

645 原沼兰 *Malaxis monophyllos* (L.) Sw.

图 645-1 原沼兰 *Malaxis monophyllos* 花序（叶德平）

【别名】 一叶兰、沼兰、鞘沼兰。

【主要特征】 地生植物，假鳞茎卵形，长 6.0 ~ 8.0 mm，粗 4.0 ~ 5.0 mm，叶 1 枚，卵形，长 2.5 ~ 7.5 cm，宽 1.0 ~ 3.0 cm，基部收狭成长 3.0 ~ 6.5 cm 的柄。花序长 15.0 ~ 40.0 cm，具多数花，花密集，黄绿色。花苞片披针形，长 2.0 ~ 3.0 mm；中萼片披针形，长 2.0 ~ 4.0 mm，宽 0.8 ~ 1.2 mm；侧萼片线状披针形，略狭于中萼片；花瓣近丝状，长 1.5 ~ 3.5 mm，宽 0.3 mm；唇瓣长 3.0 ~ 4.0 mm，先端骤然收狭而成线状披针形的尾，唇盘近圆形，中央略凹陷，两侧边缘变为肥厚并具疣状突起，基部两侧有 1 对钝圆的短耳；蕊柱长 0.5 mm。

【花期】 7 ~ 8 月。

【生境状况】 生于海拔 800 ~ 2 400 m 的林下、灌丛或草坡上。

【濒危等级】 LC。

【地理分布】 黑龙江、吉林、辽宁、内蒙古、河北、山西、陕西、甘肃、台湾、河南、四川、云南和西藏等省区；日本、朝鲜、韩国、西伯利亚地区及欧洲和北美。

图 645-2 原沼兰 *Malaxis monophyllos* 地理分布

图 645-3 原沼兰 *Malaxis monophyllos* 生境与植株（叶德平）

七七、沼兰属 *Crepidium* Bl.

沼兰属 *Crepidium* 全世界分布共有 260 种，中国分布有 18 种，本图鉴包含 10 种。

沼兰属 *Crepidium* 分种检索表

1（2） 唇瓣基部无耳，叶 4 枚，花瓣狭线形，唇瓣近卵状三角形……………… 650. 二脊沼兰 *Crepidium finetii*
2（1） 唇瓣基部有 1 对向后方延伸半围抱蕊柱两侧的长耳，耳长为唇瓣的 1/2 ~ 1/5。
3（6） 唇瓣先端有多枚齿或流苏状齿。
4（5） 花暗紫黑色，唇瓣先端有 15 ~ 20 条大小相近的流苏状齿………… 652. 齿唇沼兰 *Crepidium orbiculare*
5（4） 花黄绿色，唇瓣先端具数枚齿，叶 2 ~ 4 枚，中萼片明显长于侧萼片，侧萼片卵状椭圆形，明显宽于中萼片 ……………………………………………………………… 653. 卵萼沼兰 *Crepidium ovalisepalum*
6（3） 唇瓣先端 2 裂，不裂或有凹缺，但不为齿。
7（8） 唇瓣先端不裂，花较大，中萼片长 6.0 ~ 6.5 mm ……………………………………………………………… 647. 二耳沼兰 *Crepidium biauritum*
8（7） 唇瓣先端明显 2 裂，叶通常 3 ~ 7 枚，若为 2 枚则不平铺于地面上。
9（10） 叶面淡褐色，有色斑，两侧边缘处有白斑区 …………………… 648. 美叶沼兰 *Crepidium calophyllum*
10（9） 叶面绿色，无色斑。
11（12） 假鳞茎近球形，唇瓣中央具腺毛……………………………… 655. 四川沼兰 *Crepidium sichuanicum*
12（11） 假鳞茎圆柱形，中萼片狭于侧萼片，唇瓣基部的耳不为蝙蝠翅状。
13（14） 花较大，唇瓣长 10.0 ~ 11.0 mm，花瓣长 8.0 ~ 9.0 mm …… 646. 浅裂沼兰 *Crepidium acuminatum*
14（13） 花较小，唇瓣长 5.0 ~ 8.0 mm，花瓣长 2.5 ~ 4.5 mm。
15（16） 唇瓣中部两侧边缘内卷而形成缺刻……………………………… 649. 细茎沼兰 *Crepidium khasianum*
16（15） 唇瓣中部两侧边缘不内卷，有时由于收狭而形成凹缺。
17（18） 唇瓣先端裂口很浅，深约 0.2 mm ……………………………651. 鞍唇沼兰 *Crepidium matsudae*
18（17） 唇瓣先端裂口深 1.5 ~ 2.5 mm，花梗等长或长于子房…………… 654. 深裂沼兰 *Crepidium purpureum*

646 浅裂沼兰 *Crepidium acuminatum* (D. Don) Szlach.

【别名】 无。

【主要特征】 地生植物，具肉质茎，圆柱形，长 4.0 ~ 7.0 cm，粗 0.4 ~ 0.6 cm，具数节。叶 3 ~ 5 枚，斜卵形，长 6.0 ~ 12.0 cm，宽 2.5 ~ 6.0 cm，基部具长 2.0 ~ 4.0 cm 的柄。花序长 12.0 ~ 43.0 cm，具多数花，花紫红色，大，为属中花大者。花苞片披针形，长 3.0 ~ 4.0 mm；中萼片狭长圆形，长 8.0 ~ 9.0 mm，宽 2.0 mm，边缘外卷；侧萼片长圆形，长 6.0 ~ 7.0 mm，宽 3.0 ~ 3.5 mm，边缘外卷；花瓣线形，长 8.0 ~ 9.0 mm，宽 0.8 mm，边缘外卷；唇瓣位于上方，卵状长圆形，由前部和一对向后方延伸的尾组成，长 10.0 mm，前部中央有凹槽，先端 2 浅裂，裂口深 1.0 mm，耳近狭卵形，约占唇瓣全长的 2/5；蕊柱长 1.0 ~ 1.5 mm。

【花期】 5 ~ 7 月。

图 646-1 浅裂沼兰 *Crepidium acuminatum* 地理分布

【生境状况】 生于海拔 300 ~ 2 100 m 的林下。

【濒危等级】 LC。

【地理分布】 台湾、广东、贵州和云南等省；印度、尼泊尔、缅甸、泰国、老挝、越南、印度尼西亚、菲律宾和澳大利亚。

图 646-2 浅裂沼兰 ***Crepidium acuminatum*** 花序（李剑武）

图 646-3 浅裂沼兰 ***Crepidium acuminatum*** 生境与植株（李剑武）

647 二耳沼兰 *Crepidium biauritum* (Lindl.) Szlach.

图 647-1 二耳沼兰 *Crepidium biauritum* 花序（叶德平）

【别名】 贡山沼兰、双耳沼兰。

【主要特征】 地生植物，具肉质茎，圆柱形，长 2.0 ~ 2.5 cm，具数节。叶 3 枚，卵形，长 5.0 ~ 10.0 cm，宽 1.8 ~ 5.0 cm，基部收狭成长 1.5 ~ 3.5 cm 的柄，下部抱茎。花序长 15.0 ~ 21.0 cm，具多数花，花紫红色。花苞片狭披针形，反折，长 4.5 ~ 6.0 mm；中萼片长圆形，长 6.0 ~ 6.5 mm，宽 1.5 ~ 2.0 mm，两侧边缘外卷；侧萼片狭长圆状卵形，歪斜，长 5.0 mm，宽 1.5 ~ 2.0 mm；花瓣狭线形，长 5.5 mm，宽 0.3 mm；唇瓣位于上方，菱状椭圆形，由前部与一对向后延伸的耳组成，长 6.5 ~ 7.0 mm，前部长 4.0 ~ 5.5 mm，宽 3.0 mm，先端不裂，中央有 2 条稍肥厚的短褶片，褶片之间有一凹槽；耳卵形，长 2.0 ~ 3.0 mm。

【花期】 6 月。

【生境状况】 生于海拔约 1 350 m 的林下。

【濒危等级】 VU。

【地理分布】 云南省；印度、缅甸、泰国和老挝。

图 647-2 二耳沼兰 *Crepidium biauritum* 生境与植株（叶德平）

图 647-3 二耳沼兰 *Crepidium biauritum* 地理分布

648 美叶沼兰 *Crepidium calophyllum* (Rchb. f.) Szlach.

【别名】 无。

【主要特征】 地生植物，具肉质茎，圆柱形，长2.0 ~ 3.0 cm，粗0.2 ~ 0.3 cm，具数节。叶2 ~ 4枚，斜卵形，长3.5 ~ 8.0 cm，宽1.5 ~ 4.0 cm，上面淡褐色，两侧具白色斑带，边缘略呈皱波状，基部收狭成长1.5 ~ 3.0 cm的柄，下部抱茎。花序长7.0 ~ 30.0 cm，具多数花，花黄绿色，唇瓣基部紫红色。花苞片狭披针形，长1.5 ~ 2.5 mm；中萼片长圆形，长4.0 ~ 4.5 mm，宽1.5 ~ 1.8 mm，两侧边缘外卷；侧萼片宽长圆形，长4.0 ~ 4.5 mm，宽2.0 ~ 2.5 mm，边缘外卷；花瓣近丝状，长4.0 mm，宽0.3 mm；唇瓣位于上方，宽卵状椭圆形，由前部和1对向后方延伸的耳组成，长5.0 ~ 5.5 mm，前部宽3.5 ~ 4.0 mm，向先端骤然收狭而成短尖并有极浅的2裂，中央有1个由肥厚的褶片状脊围成的凹槽；耳卵形，约为唇瓣全长的1/3；蕊柱长1.0 mm，顶端有2个三角状披针形的翅。

图648-1 美叶沼兰 *Crepidium calophyllum* 地理分布

【花期】 7月。

【生境状况】 生于海拔800 ~ 1 200 m的林下多腐殖质处。

【濒危等级】 LC。

【地理分布】 海南和云南等省；印度、缅甸、泰国、柬埔寨、马来西亚和印度尼西亚。

图648-2 美叶沼兰 *Crepidium calophyllum* 花序（李剑武）

图648-3 美叶沼兰 *Crepidium calophyllum* 生境与植株（李剑武）

649 细茎沼兰 *Crepidium khasianum* (Hook. f.) Szlach.

【别名】 喀西沼兰。

【主要特征】 地生植物，具肉质茎，圆柱形，长 7.0 ~ 8.0 mm，粗 0.2 ~ 0.4 cm，具数节。叶 4 ~ 5 枚，斜卵形，长 3.5 ~ 7.0 cm，宽 1.5 ~ 2.0 cm，基部具长 1.5 ~ 2.0 cm 的柄并抱茎。花序长 8.0 ~ 11.0 cm，具多数花，花黄绿色。花苞片狭披针形，长 2.5 ~ 3.0 mm；萼片长圆状椭圆形，长 2.4 ~ 2.8 mm，宽 1.0 ~ 1.2 mm；侧萼片略歪斜；花瓣狭线形，长 2.0 ~ 2.5 mm，宽 0.3 mm；唇瓣位于上方，宽长圆形，由前部和 1 对向后延伸的耳组成，长 3.5 ~ 4.0 mm，前部靠近正文的两侧边缘内卷而形成凹缺，中央有 1 个由肥厚的褶片状脊围成的凹槽，先端 2 浅裂，裂口深 0.5 mm；耳近卵形，占唇瓣全长的 1/3；蕊柱长 1.0 mm。

【花期】 7 月。

【生境状况】 生于海拔 1 000 ~ 1 100 m 的林下岩石缝中。

【濒危等级】 VU。

【地理分布】 云南省；印度、尼泊尔和泰国。

图 649-1 细茎沼兰 *Crepidium khasianum* 地理分布

图 649-2 细茎沼兰 *Crepidium khasianum* 生境与植株（一）（李剑武）

图 649-3 细茎沼兰 *Crepidium khasianum* 花序（李剑武）

图 649-4　细茎沼兰 *Crepidium khasianum* 生境与植株（二）（李剑武）

650 二脊沼兰 *Crepidium finetii* (Gagnep.) S. C. Chen & J. J. Wood

【别名】 无。

【主要特征】 地生植物，具肉质茎，圆柱形，长 2.5 ~ 4.0 cm，具数节。叶 4 枚，彼此靠近，卵形，长 6.0 ~ 11.0 cm，宽 2.0 ~ 4.2 cm，基部具抱茎的柄。花序长 15.0 ~ 23.0 cm，具多数花，花黄绿色。花苞片狭披针形，反折，长 2.0 ~ 4.0 mm；中萼片长圆形，长 2.8 ~ 3.2 mm，宽 0.8 ~ 1.0 mm；侧萼片狭卵状长圆形，长 2.0 ~ 3.5 mm，宽 1.0 ~ 1.2 mm；花瓣狭线形，长 2.0 ~ 3.5 mm，宽 0.3 mm；唇瓣位于上方，近卵状三角形，不裂，长 1.8 ~ 2.0 mm，宽 1.0 mm，唇盘上有 5 条肥厚的短纵脊，上部两侧边缘各有 1 条粗厚的脊状隆起，相交成人字状，无耳；蕊柱长 1.5 mm。

【花期】 7 ~ 9 月。

【生境状况】 生于海拔约 800 m 的林下。

【濒危等级】 EN。

【地理分布】 海南省；越南。

图 650-1 二脊沼兰 *Crepidium finetii* 地理分布

图 650-2 二脊沼兰 *Crepidium finetii* 花（金效华）

651 鞍唇沼兰 *Crepidium matsudae* (Yamam.) Szlach.

【别名】 凹唇软叶兰、四唇小柱兰。

【主要特征】 地生植物，具肉质茎，圆柱形，长 7.0 ~ 11.0 cm，具数节。叶 4 ~ 5 枚，斜卵状椭圆形，长 4.0 ~ 10.0 cm，宽 2.0 ~ 3.5 cm，基部具长 2.0 cm 的柄。花序长 9.0 ~ 12.0 cm，具多数花，花紫绿色。花苞片披针形，反折，长 3.0 mm；中萼片卵状椭圆形，长 2.5 mm，宽 1.5 ~ 1.8 mm，两侧边缘外卷；侧萼片宽卵形，略宽于中萼片；花瓣线形，长 2.5 mm，宽 0.5 mm；唇瓣位于上方，卵形，由前部和 1 对向后延伸的耳组成，长 4.5 mm，前部长 1.5 ~ 2.6 mm，近中部收狭成肩状，先端 2 浅裂，裂口深 0.2 mm；耳镰刀状，占唇瓣全长的 1/3；蕊柱长 1.0 mm。

【花期】 6 ~ 7 月。

【生境状况】 生于海拔 1 000 ~ 1 600 m 的林下或林下岩石缝中。

【濒危等级】 NT。

【地理分布】 台湾和云南等省；日本。

图 651-1 鞍唇沼兰 *Crepidium matsudae* 生境与植株（叶德平）

图 651-2 鞍唇沼兰 *Crepidium matsudae* 地理分布

图 651-3 鞍唇沼兰 *Crepidium matsudae* 花序（叶德平）

652 齿唇沼兰 *Crepidium orbiculare* (W. W. Sm. & Jeffrey) Seidenf.

图 652-1 齿唇沼兰 *Crepidium orbiculare* 生境与植株（叶德平）

【别名】 无。

【主要特征】 地生植物，假鳞茎卵形，长 1.0 cm，粗 0.7 ~ 0.8 cm。叶 3 枚，卵状披针形，长 4.5 ~ 13.0 cm，宽 1.8 ~ 4.8 cm，基部收狭成长 2.5 ~ 6.0 cm 的鞘状柄，并抱茎。花序长 14.0 ~ 40.0 cm，具多数花，花暗紫黑色。花苞片线状披针形，长 5.0 ~ 7.0 mm，外折；中萼片长圆形，长 5.0 ~ 6.0 mm，宽 1.2 ~ 1.5 mm，两侧边缘外卷；侧萼片宽长圆形，略歪斜，长 3.5 mm，宽 2.0 mm；花瓣狭线形，长 5.0 mm，宽 0.6 mm；唇瓣位于上方，圆形，由前中和 1 对向后延伸的耳组成，长 7.0 ~ 8.0 mm，前部近半圆形，长 4.0 mm，宽 5.0 mm，先端有 15 ~ 20 条长 0.5 mm 的流苏状齿，中央具 1 个凹槽，耳卵状三角形，占唇瓣全长的 1/2；蕊柱长 1.0 mm。

【花期】 6 ~ 9 月。

【生境状况】 生于海拔 1 000 ~ 1 900 m 的林下。

【濒危等级】 EN。

【地理分布】 云南省。

图 652-2 齿唇沼兰 *Crepidium orbiculare* 花序（李剑武）

图 652-3 齿唇沼兰 *Crepidium orbiculare* 地理分布

653 卵萼沼兰 *Crepidium ovalisepalum* (J. J. Sm.) Szlach.

【别名】 思茅沼兰。

【主要特征】 地生植物，茎圆柱形，长 1.0 ~ 2.0 cm。叶 2 ~ 4 枚，斜卵形，长 2.0 ~ 6.5 cm，宽 1.2 ~ 3.5 cm，基部具长 2.0 cm 的柄。花序长 8.0 ~ 12.0 cm，疏生 7 ~ 8 朵花，花黄绿色。花苞片披针形，反折，长 3.0 ~ 4.0 mm；中萼片狭长圆形，长 3.0 ~ 3.5 mm，宽 1.0 mm，两侧边缘常外卷；侧萼片卵状椭圆形，歪斜，长 2.5 ~ 3.0 mm，宽 1.5 mm，两侧边缘外卷；花瓣狭线形，长 3.0 ~ 3.5 mm，宽 0.4 mm；唇瓣位于上方，宽倒卵形，由前部和 1 对向后延伸的耳组成，长 5.0 mm，前部宽 3.5 mm，中央有凹槽，先端 3 裂，并在中裂片两侧各具 1 ~ 2 枚齿，或者不为 3 裂而有数枚不规则的齿，若有中裂片则先端 2 裂，小裂片卵状披针形，变化较大，耳卵状三角形，占唇瓣全长的 1/2；蕊柱长 1.0 mm。

图 653-1 卵萼沼兰 *Crepidium ovalisepalum* 地理分布

【花期】 6 月。

【生境状况】 生于海拔 600 ~ 1 200 m 的林下阴处或林下岩石缝中。

【濒危等级】 NT。

【地理分布】 云南省；泰国和印度尼西亚。

图 653-2 卵萼沼兰 *Crepidium ovalisepalum* 花序（叶德平）

图 653-3 卵萼沼兰 *Crepidium ovalisepalum* 生境与植株（李剑武）

654 深裂沼兰 *Crepidium purpureum* (Lindl.) Szlach.

图 654-1 深裂沼兰 *Crepidium purpureum* 生境与植株（叶德平）

【别名】 红花沼兰、对叶沼兰、亮叶沼兰。

【主要特征】 地生植物，具肉质茎，圆柱形，长 2.0 ~ 4.0 cm，粗 0.5 ~ 0.7 cm，具数节。叶 3 ~ 4 枚，长圆形，长 8.0 ~ 16.0 cm，宽 3.0 ~ 5.8 cm，基部收狭成长 3.0 ~ 4.0 cm 的柄，并抱茎。花序长 15.0 ~ 25.0 cm，具多数花，花红色。花苞片披针形，长 3.0 ~ 5.0 mm；中萼片长圆形，长 4.5 ~ 6.0 mm，宽 1.5 mm；侧萼片宽长圆形，长 3.0 ~ 4.5 mm，宽 2.0 ~ 2.5 mm；花瓣狭线形，长 4.0 ~ 4.5 mm，宽 0.6 ~ 0.9 mm；唇瓣位于上方，卵状矩圆形，由前部和 1 对向后延伸的耳组成，长 6.0 ~ 8.0 mm，前部在中部两侧骤然收狭而略呈肩状，中央有 1 凹槽，上面被稀疏的腺毛，先端 2 深裂，裂口深 1.5 ~ 2.5 mm，耳卵形，占唇瓣全长的 1/2；蕊柱长 1.0 mm。

【花期】 6 ~ 7 月。

【生境状况】 生于海拔 450 ~ 1 600 m 的林下或灌丛中阴湿处。

【濒危等级】 LC。

【地理分布】 广西、四川和云南等省区；斯里兰卡、印度、缅甸、泰国、老挝、越南和菲律宾。

图 654-2 深裂沼兰 *Crepidium purpureum* 花序（叶德平）

图 654-3 深裂沼兰 *Crepidium purpureum* 地理分布

655 四川沼兰 *Crepidium sichuanicum* (Tang & F. T. Wang) S. C. Chen & J. J. Wood

【别名】 无。

【主要特征】 地生植物，茎长 11.0 cm。叶 3 枚，近长圆形，长 5.0 ~ 6.0 cm，宽 1.3 cm，基部具鞘状柄。花序长 12.0 cm，具多数花，花淡黄色。花苞片狭披针形，长 3.0 mm；中萼片长圆形，长 4.0 mm，宽 1.2 mm；侧萼片宽椭圆状长圆形，长 3.0 mm，宽 2.2 mm；花瓣长圆形，与中萼片近等长，宽 1.0 mm；唇瓣卵状箭形，长 5.5 mm，宽 3.5 mm，中央具凹陷的槽，并具乳头状突起，先端 2 裂，裂口深 1.0 mm，唇瓣基部的耳斜卵形，长 1.2 ~ 1.5 mm；蕊柱长 1.0 mm。

【花期】 7 月。

【生境状况】 生于海拔 1 000 ~ 1 200 m 的路边草丛中。

【濒危等级】 DD。

【地理分布】 四川省。

图 655-1 四川沼兰 *Crepidium sichuanicum* 地理分布

图 655-2 四川沼兰 *Crepidium sichuanicum* 生境与植株（金效华）

七八、无耳沼兰属 *Dienia* Lindl.

无耳沼兰属 *Dienia* 全世界分布共有 6 种，中国分布有 2 种，本图鉴包含 1 种。

656 无耳沼兰 *Dienia ophrydis* (J. Koenig) Ormerod & Seidenf.

【别名】 阔叶沼兰。

【主要特征】 地生植物，具肉质茎，圆柱形，长 2.0 ~ 10.0 cm，具数节，包藏于叶鞘之内。叶 4 ~ 5 枚，斜卵状椭圆形，长 7.0 ~ 16.0 cm，宽 4.0 ~ 9.0 cm，基部具长 3.0 ~ 5.0 cm 的柄。花序长 15.0 ~ 60.0 cm，直立，具很狭的翅，具多数密集的花，花黄绿色至紫红色。花苞片狭披针形，反折，长 2.5 ~ 5.0 mm；中萼片狭长圆形，长 3.0 ~ 3.5 mm，宽 1.1 ~ 1.2 mm；侧萼片斜卵形，长 2.0 ~ 2.5 mm，宽 1.2 ~ 1.4 mm；花瓣线形，长 2.5 ~ 3.2 mm，宽 0.7 mm；唇瓣近宽卵形，凹陷，长 2.0 mm，宽 2.5 mm，先端骤然收狭或近 3 裂，形成尾状的中裂片，中裂片狭卵形，长 0.7 ~ 1.1 mm；蕊柱长 1.2 mm。

图 656-1 无耳沼兰 *Dienia ophrydis* 地理分布

【花期】 5 ~ 8 月。

【生境状况】 生于海拔 100 ~ 2 000 m 的林下、灌丛或溪谷边。

【濒危等级】 LC。

【地理分布】 福建、台湾、广东、海南、广西和云南等省区；印度、尼泊尔、缅甸、泰国、老挝、越南、柬埔寨、马来西亚、印度尼西亚、菲律宾、日本、巴布亚新几内亚和澳大利亚。

图 656-2 无耳沼兰 *Dienia ophrydis* 生境与植株（叶德平）

图 656-3 无耳沼兰 *Dienia ophrydis* 花序（李剑武）

七九、小沼兰属 *Oberonioides* Szlach.

小沼兰属 *Oberonioides* 全世界分布共有 2 种，中国分布仅 1 种，本图鉴包含 1 种。

657 小沼兰 *Oberonioides microtatantha* (Schltr.) Szlach.

【别名】 无。

【主要特征】 地生植物，假鳞茎小，卵形，长 3.0 ~ 8.0 mm，粗 2.0 ~ 7.0 mm。叶 1 枚，近铺地生长，卵形，长 1.0 ~ 1.5 cm，宽 0.5 ~ 1.3 cm，基部具长 0.5 ~ 1.0 cm 的鞘状柄，并抱茎。花序长 1.0 ~ 2.0 cm，两侧具狭翅，具多数花，花黄色。花苞片宽卵形，长 0.5 mm；中萼片宽卵形，长 1.0 ~ 1.2 mm，宽 0.7 mm，边缘外卷；侧萼片三角状卵形，与中萼片近等大；花瓣线状披针形，长 0.8 mm，宽 0.3 mm；唇瓣位于下方，近披针状三角形，长 0.7 mm，宽 0.6 mm，基部两侧有 1 对横向伸展的耳，耳线形，长 6.0 ~ 7.0 mm，宽 2.0 ~ 3.0 mm；蕊柱长 0.3 mm。

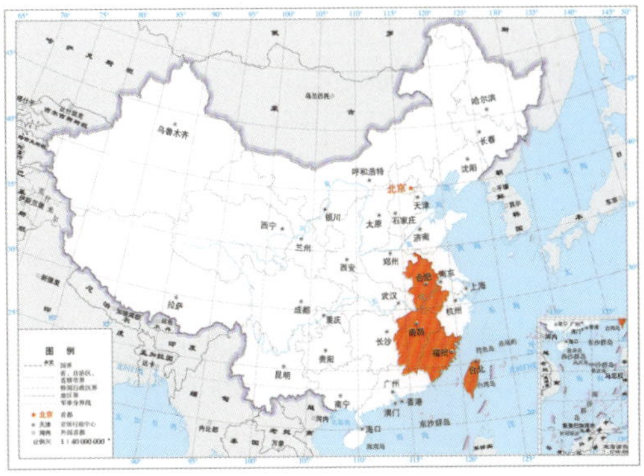

图 657-1 小沼兰 *Oberonioides microtatantha* 地理分布

【花期】 4 月。

【生境状况】 生于海拔 200 ~ 600 m 的林下或林下阴湿的岩石上。

【濒危等级】 NT。

【地理分布】 安徽、江西、福建和台湾等省。

图 657-2 小沼兰 *Oberonioides microtatantha* 生境与植株（金效华）

图 657-3 小沼兰 *Oberonioides microtatantha* 花序（金效华）

八〇、鸢尾兰属 *Oberonia* Lindl.

鸢尾兰属 *Oberonia* 全世界分布共有 323 种，中国分布有 39 种，本图鉴包含 34 种。

鸢尾兰属 *Oberonia* 分种检索表

1（2） 植株具匍匐根状茎，茎直立，彼此相距 6.0 ~ 15.0 mm，唇瓣中部凹陷呈囊状 …………………………………… 689. 密花鸢尾兰 ***Oberonia seidenfadenii***

2（1） 植株不具匍匐根状茎。

3（6） 叶圆柱形或半圆柱形。

4（5） 叶基部无关节，花序较短，长 1.0 ~ 1.5 cm，萼片卵形，花瓣线形，唇瓣 3 裂，侧裂片全缘，中裂片先端 2 裂，小裂片边缘具不规则圆齿……………………… 690. 圆柱叶鸢尾兰 ***Oberonia teres***

5（4） 叶基部具关节，花序较长，长 6.0 ~ 9.0 cm，萼片近椭圆形，花瓣狭长圆形，唇瓣不明显 3 裂，裂片边缘有数个不规则的流苏状裂条……………………… 665. 棒叶鸢尾兰 ***Oberonia cavaleriei***

6（3） 叶两侧压扁呈剑状或线形。

7（32） 叶基部无关节。

8（11） 花序从茎顶端发出，与叶基部合生。

9（10） 花苞片稍比花梗同子房长，唇瓣中裂片边缘全缘，先端微凹 …………………………………… 683. 橘红鸢尾兰 ***Oberonia obcordata***

10（9） 花苞片明显比花梗同子房长很多，唇瓣中裂片边缘呈不明显的啮蚀状，先端具短尖 …………………………………… 678. 长苞鸢尾兰 ***Oberonia longibracteata***

11（8） 花序从叶丛中央发出。

12（21） 唇瓣中裂片先端 2 裂。

13（16） 花瓣边缘啮蚀状。

14（15） 茎极短，叶近基生，唇瓣基部具 1 个胼胝体……………… 687. 红唇鸢尾兰 ***Oberonia rufilabris***

15（14） 茎伸长，叶茎生，唇瓣基部无胼胝体……………………… 679. 小花鸢尾兰 ***Oberonia mannii***

16（13） 花瓣边缘全缘。

17（20） 叶线形或线状披针形，宽 0.2 ~ 0.5 cm，互生于茎上，唇瓣明显 3 裂，侧裂片长约 0.3 mm。

18（19） 唇瓣长而稍狭，长 2.0 mm，宽 0.4 mm，中裂片先端的小裂片长约 1.0 mm …………………………………… 661. 长裂鸢尾兰 ***Oberonia anthropophora***

19（18） 唇瓣短而稍宽，长 1.5 mm，宽 0.9 mm，中裂片先端的小裂片长约 0.4 mm …………………………………… 667. 镰叶鸢尾兰 ***Oberonia falcata***

20（17） 叶剑形，宽约 1.0 cm，2 列套叠，唇瓣不明显 3 裂 ……………… 670. 思茅鸢尾兰 ***Oberonia helferi***

21（12） 唇瓣中裂片先端不裂或稍具凹缺。

22（23） 花瓣边缘具深锯齿，唇瓣边缘具齿……………………… 685. 锯瓣鸢尾兰 ***Oberonia prainiana***

23（22） 花瓣边缘全缘或有时稍呈啮蚀状。

24（25） 唇瓣裂片近等大，侧裂片边缘齿状或流苏状……………… 673. 条裂鸢尾兰 ***Oberonia jenkinsiana***

25（24） 唇瓣侧裂片明显小于中裂片，侧裂片边缘全缘或稍呈啮蚀状。

26（29） 萼片比花瓣宽。

27（28） 茎长 1.0 ~ 2.0 cm，叶短小，长 1.0 ~ 2.0 cm，宽 0.2 ~ 0.4 cm… 672. 小叶鸢尾兰 ***Oberonia japonica***

28（27） 茎极短，不明显，叶较大，长 2.5 ~ 7.0 cm，宽 0.4 ~ 0.9 cm … 691. 密苞鸢尾兰 ***Oberonia variabilis***

29（26） 萼片与花瓣等宽。

30（31） 唇瓣中裂片先端微凹，花瓣全缘 ……………………… 666. 无齿鸢尾兰 ***Oberonia delicata***

31（30） 唇瓣中裂片先端浑圆，花瓣边缘呈不明显的啮蚀状 ………… 680. 勐海鸢尾兰 ***Oberonia menghaiensis***

32（7） 叶基部具关节。

33（34） 叶长 20.0 ~ 50.0 cm，唇瓣具胼胝体 ……………………… 660. 剑叶鸢尾兰 ***Oberonia ensiformis***

34（33） 叶长不及 20.0 cm，唇瓣无胼胝体。

35（48） 花瓣边缘啮蚀状或具齿。

36（39） 花瓣明显较宽，宽 2.0 mm。
37（38） 花开展，花瓣边缘呈啮蚀状，花红褐色…………………… 676. 拟阔瓣鸢尾兰 *Oberonia langbianensis*
38（37） 花不甚开展，花瓣不明显啮蚀状，花橙黄色……………………… 677. 阔瓣鸢尾兰 *Oberonia latipetala*
39（36） 花瓣稍狭，宽不及 1.0 mm。
40（45） 花序具翅，粗 4.0 ~ 5.0 mm，叶片宽 1.0 ~ 2.0 cm。
41（42） 唇瓣不裂……………………………………………………… 681. 勐腊鸢尾兰 *Oberonia menglaensis*
42（41） 唇瓣中裂片先端 2 裂。
43（44） 花红褐色，密集，彼此相距不及 1.0 mm ……………………………682. 鸢尾兰 *Oberonia mucronata*
44（43） 花绿白色，疏生，彼此相距约 3.0 mm ………………………… 669. 齿瓣鸢尾兰 *Oberonia gammiei*
45（40） 花序无翅，粗 2.0 ~ 3.0 mm，叶片宽 0.7 ~ 1.1 cm。
46（47） 茎明显，长 2.0 ~ 3.0 cm，花瓣边缘呈明显的啮蚀状，唇瓣 3 裂，侧裂片边缘具流苏，中裂片先端微 2 浅裂，边缘为不明显的啮蚀状……………………………… 662. 滇南鸢尾兰 *Oberonia austroyunnanensis*
47（46） 茎短，不明显，花瓣边缘呈不明显的皱波状，唇瓣基部两侧各具 1 个短耳，耳全缘，中裂片先端 2 裂，小裂片稍叉开，边缘全缘…………………………………………… 668. 短耳鸢尾兰 *Oberonia falconeri*
48（35） 花瓣边缘全缘。
49（52） 唇瓣边缘全缘，不裂亦无齿或啮蚀状。
50（51） 植株较小，叶长 7.0 ~ 10.0 cm，宽 0.6 ~ 1.5 cm，花序从叶基部发出，与叶合生，中部以上扁平，呈叶状………………………………………………………………… 684. 扁葶鸢尾兰 *Oberonia pachyrachis*
51（50） 植株较大，叶长 12.0 ~ 21.0 cm，宽 1.1 ~ 2.2 cm，花序从叶中央抽发出，不与叶合生，圆柱形 ……………………………………………………………………… 671. 全唇鸢尾兰 *Oberonia integerrima*
52（49） 唇瓣 3 裂或不裂而边缘呈啮蚀状或先端二叉状。
53（54） 唇瓣不裂而边缘呈啮蚀状………………………………………688. 齿唇鸢尾兰 *Oberonia segawae*
54（53） 唇瓣 3 裂，或有时不明显而先端 2 裂。
55（58） 唇瓣中裂片先端 2 枚小裂片近方形，长宽近相等，边缘有啮蚀状缺刻。
56（57） 叶片长 6.0 ~ 13.0 cm，宽 5.0 ~ 6.0 mm，花轮生，唇瓣基部的侧裂片不甚明显 ……………………………………………………………………………675. 广西鸢尾兰 *Oberonia kwangsiensis*
57（56） 叶片长 1.0 ~ 3.5 cm，宽 2.0 ~ 5.0 mm，花散生，唇瓣基部的侧裂片明显。……………………………………………………………………………… 663. 中华鸢尾兰 *Oberonia cathayana*
58（55） 唇瓣中裂片先端 2 枚小裂片长圆形、三角形或披针形，长超过宽，近全缘。
59（62） 叶片长 1.5 ~ 6.0 cm，宽 0.2 ~ 0.7 cm，花序长 2.0 ~ 8.0 cm，唇瓣侧裂片不明显。
60（61） 茎比叶长，叶片宽 2.0 ~ 4.0 mm……………………………664. 狭叶鸢尾兰 *Oberonia caulescens*
61（60） 茎不明显，如有也比叶短，叶片宽 4.0 ~ 7.0 mm…………………… 686. 裂唇鸢尾兰 *Oberonia pyrulifera*
62（59） 叶片长 8.0 ~ 20.0 cm，宽 0.7 ~ 1.5 cm，花序长 10.0 cm 以上，唇瓣侧裂片明显。
63（66） 花瓣边缘全缘。
64（65） 唇瓣侧裂片边缘啮蚀状，中裂片的小裂片长圆形，先端钝……………………………………………………………………… 658. 显脉鸢尾兰 *Oberonia acaulis* var. *acaulis*
65（64） 唇瓣侧裂片边缘全缘，中裂片的小裂片卵状披针形，先端渐尖……………………………………………………………… 659. 绿春鸢尾兰 *Oberonia acaulis* var. *luchunensis*
66（63） 花瓣边缘具流苏状齿，唇瓣侧裂片及先端小裂片边缘具流苏状齿……………………………………………………………………… 674. 坎布里鸢尾兰 *Oberonia kanburiensis*

658 显脉鸢尾兰 *Oberonia acaulis* var. *acaulis* Griff.

【别名】 无茎鸢尾兰。

【主要特征】 附生植物，茎不明显。叶近基生，3 ~ 4 枚，2 列套叠，两侧压扁，剑形，长 4.5 ~ 17.0 cm，宽 0.7 ~ 1.0 cm，基部具关节。花序从叶中央发出，长 21.0 ~ 23.0 cm，超出叶外，几无翅，具多数密集的花，花黄绿色。花苞片披针形，长 1.5 ~ 2.0 mm；中萼片卵状椭圆形，长 0.8 ~ 1.0 mm，宽 0.5 ~ 0.6 mm；侧萼片宽卵形，与中萼片等长但稍宽；花瓣长圆形，长 0.8 ~ 1.0 mm，宽 0.5 mm；唇瓣长圆状卵形，长 2.0 mm，3 裂，侧裂片位于唇瓣基部两侧，近半卵形，边缘啮蚀状，中裂片先端 2 裂，先端小裂片长圆形，伸直，彼此平行，长 0.5 ~ 0.7 mm，宽 0.3 ~ 0.4 mm；蕊柱短。

【花期】 11 月至翌年 1 月。
【生境状况】 生于海拔 1 000 ~ 1 700 m 的林中树上。
【濒危等级】 LC。
【地理分布】 云南省；印度、缅甸、泰国和越南。

图 658-1 显脉鸢尾兰 ***Oberonia acaulis* var. *acaulis*** 生境与植株（李剑武）

图 658-2 显脉鸢尾兰 ***Oberonia acaulis* var. *acaulis*** 花序（叶德平）

图 658-3 显脉鸢尾兰 ***Oberonia acaulis* var. *acaulis*** 地理分布

659 绿春鸢尾兰 *Oberonia acaulis* var. *luchunensis* S. C. Chen

【别名】 无。

【主要特征】 与原变种的区别在于本种唇瓣侧裂片边缘全缘，中裂片的小裂片卵状披针形，先端渐尖。

【花期】 10 月。

【生境状况】 生于海拔 1 900 ~ 2 400 m 的林中树上。

【濒危等级】 DD。

【地理分布】 云南省。

图 659-1 绿春鸢尾兰 *Oberonia acaulis* var. *luchunensis* 生境与植株（李剑武）

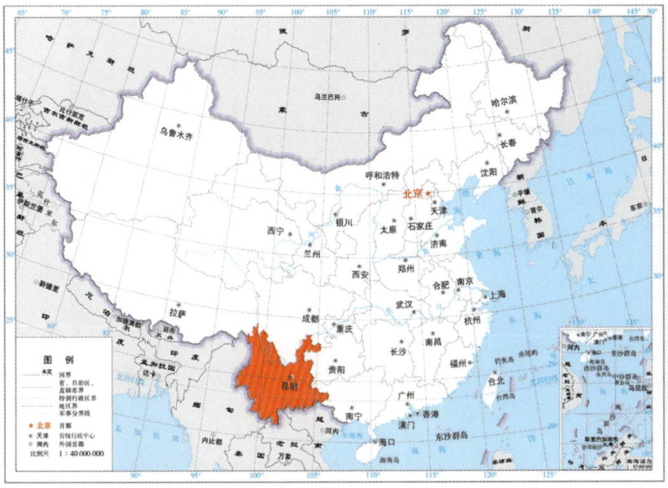

图 659-2 绿春鸢尾兰 *Oberonia acaulis* var. *luchunensis* 地理分布

图 659-3 绿春鸢尾兰 *Oberonia acaulis* var. *luchunensis* 花序（叶德平）

660 剑叶鸢尾兰 *Oberonia ensiformis* (Sm.) Lindl.

【别名】 无。

【主要特征】 附生植物，具短茎。叶近基生，5 ~ 6 枚，2 列套叠，两侧压扁，剑形，长 20.0 ~ 50.0 cm，宽 1.2 ~ 2.2 cm，基部具关节。花序从叶中央抽出，长 17.0 ~ 35.0 cm，短于叶，无翅，具多数花，花绿色。花苞片近长圆形，长 2.0 ~ 3.0 mm，先端两侧边缘具不规则的锐齿；中萼片宽长圆状卵形，长 1.2 ~ 1.5 mm，宽 0.8 ~ 1.0 mm；侧萼片宽卵形，与中萼片近相等；花瓣卵状披针形，长 1.2 ~ 1.5 mm，宽 0.6 ~ 0.7 mm，边缘略呈啮蚀状；唇瓣卵状宽长圆形，长 1.8 ~ 2.2 mm，3 裂，侧裂片位于唇瓣基部两侧，边缘啮蚀状，中裂片宽倒卵形，宽 1.2 mm，先端 2 裂，边缘稍啮蚀状，唇盘两侧缺口处各具 1 枚胼胝体；蕊柱短。

【花期】 9 ~ 11 月。

【生境状况】 生于海拔 900 ~ 1 600 m 的林中树上。

【濒危等级】 LC。

【地理分布】 广西和云南等省区；印度、尼泊尔、缅甸、泰国、老挝和越南。

图 660-1 剑叶鸢尾兰 *Oberonia ensiformis* 地理分布

图 660-2 剑叶鸢尾兰 *Oberonia ensiformis* 花序（左：李剑武 右：叶德平）

661 长裂鸢尾兰 *Oberonia anthropophora* Lindl.

【别名】 拟虾须莪白兰。

【主要特征】 附生植物，茎长 2.5 ~ 4.5 cm。叶 5 ~ 9 枚，2 列互生于茎上，两侧压扁，线形，长 1.5 ~ 5.0 cm，宽 0.3 ~ 0.5 cm，基部无关节。花序从茎顶端叶间抽出，长 8.0 ~ 10.0 cm，无翅，具多数花，花淡红色。花苞片披针形，长 1.0 ~ 1.5 mm，边缘略有啮蚀状齿缺；中萼片卵形，长 0.7 ~ 0.8 mm，宽 0.4 mm；侧萼片宽卵形，与中萼片近等长，宽 0.5 mm；花瓣长圆形，与萼片等长，宽 0.2 ~ 0.3 mm；唇瓣长 2.0 mm，宽 0.4 mm，3 裂，而中裂片再深裂，侧裂片位于唇瓣基部两侧，卵状长圆形，长 0.3 mm，中裂片先端的 2 枚小裂片狭披针形，长 1.0 mm；蕊柱长 0.2 mm。

【花期】 5 月。

【生境状况】 生于海拔 400 ~ 800 m 的林中树上。

【濒危等级】 LC。

【地理分布】 海南和云南等省；缅甸和泰国。

图 661-1 长裂鸢尾兰 *Oberonia anthropophora* 地理分布

图 661-2 长裂鸢尾兰 *Oberonia anthropophora* 花序（叶德平）

图 661-3 长裂鸢尾兰 *Oberonia anthropophora* 生境与植株（叶德平）

662 滇南鸢尾兰 *Oberonia austroyunnanensis* S. C. Chen & Z. H. Tsi

【别名】 滇南莪白兰。

【主要特征】 附生植物，茎长 2.0 ~ 3.0 cm。叶 2 ~ 4 枚，2 列互生于茎上，基部稍套叠，两侧压扁，线形，长 5.0 ~ 11.0 cm，宽 0.7 ~ 1.1 cm，基部具关节。花序从茎顶端叶间抽出，长 8.0 ~ 9.0 cm，无翅，具多数花，花橙黄色。花苞片卵状披针形，长 0.8 ~ 1.0 mm，先端有短芒，边缘有齿缺；中萼片卵状椭圆形，长 0.7 mm，宽 0.4 ~ 0.5 mm；侧萼片宽卵形，略宽于中萼片；花瓣卵状长圆形，长 0.6 ~ 0.7 mm，宽 0.4 mm，边缘呈明显的啮蚀状；唇瓣宽卵状长圆形，长 1.0 mm，3 裂，基部略凹陷；侧裂片位于唇基部两侧，

图 662-1 滇南鸢尾兰 *Oberonia austroyunnanensis* 生境与植株（叶德平）

近半圆形，边缘具流苏，流苏长 0.3 mm，中裂片近宽长圆形，长 0.5 mm，先端微 2 浅裂，边缘为不明显的啮蚀状；蕊柱长 0.2 mm。

【花期】 11 月。

【生境状况】 生于海拔 850 m 的林中树上。

【濒危等级】 VU。

【地理分布】 云南省。

图 662-2 滇南鸢尾兰 ***Oberonia austroyunnanensis*** 地理分布

图 662-3 滇南鸢尾兰 ***Oberonia austroyunnanensis*** 花序（叶德平）

663 中华鸢尾兰 *Oberonia cathayana* Chun & Tang ex S. C. Chen

图 663-1 中华鸢尾兰 *Oberonia cathayana* 生境与植株（李琳）

【别名】 无。

【主要特征】 附生植物，植株矮小，具短茎。叶近基生，3 ~ 4 枚，2 列套叠，两侧压扁，近剑形，长 1.0 ~ 3.5 cm，宽 0.2 ~ 0.5 cm，基部具关节。花序从叶丛中央抽出，长 4.0 ~ 6.0 cm，无翅，花序下方有多枚不育苞片，密生多数小花，花绿色。花苞片卵状椭圆形，长约 1.0 mm；中萼片宽椭圆状卵形，长约 0.5 mm，宽约 0.5 mm；侧萼片卵形，长约 0.6 mm，宽约 0.3 mm；花瓣近长圆形，长约 0.4 mm，宽 0.1 mm；唇瓣宽长圆状卵形，长 0.8 ~ 1.0 mm，3 裂，侧裂片位于唇瓣基部两侧，方形，边缘略有啮蚀状缺刻，中裂片近倒卵状方形，先端 2 裂，小裂片近方形，上面有银白色细斑点，边缘稍有啮蚀状缺刻。

【花期】 9 ~ 10 月。

【生境状况】 生于海拔 800 ~ 1 100 m 的林中树上。

【濒危等级】 NT。

【地理分布】 广西壮族自治区。

图 663-2 中华鸢尾兰 *Oberonia cathayana* 花序（李琳）

图 663-3 中华鸢尾兰 *Oberonia cathayana* 地理分布

664 狭叶鸢尾兰 *Oberonia caulescens* Lindl.

【别名】 二裂唇莪白兰。

【主要特征】 附生植物，茎长 1.0 ~ 4.5 cm。叶 5 ~ 6 枚，2 列互生于茎上，两侧压扁，线形，长 1.5 ~ 5.0 cm，宽 0.2 ~ 0.4 cm，基部具关节。花序生于茎顶端，长 5.0 ~ 11.0 cm，无翅，具多数花，花淡黄色。花苞片披针形，长 1.5 ~ 2.0 mm，边缘有不规则的缺刻；中萼片卵状椭圆形，长 0.8 ~ 1.0 mm，宽 0.6 mm；侧萼片近卵形，稍凹陷，与中萼片近等大；花瓣长圆形，长 0.8 ~ 1.0 mm，宽 0.3 mm；唇瓣倒卵状长圆形，长 1.6 ~ 2.0 mm，宽 1.3 mm，基部两侧各有 1 个钝耳，先端 2 深裂，先端小裂片狭卵形，叉开，长 0.7 ~ 0.9 mm；蕊柱短。

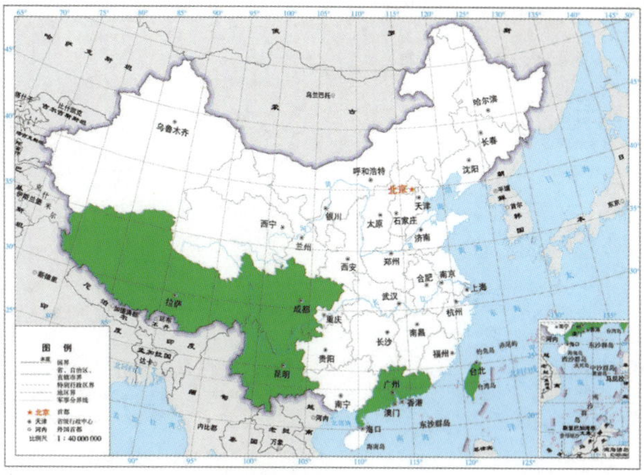

图 664-1 狭叶鸢尾兰 *Oberonia caulescens* 地理分布

【花期】 7 ~ 10 月。

【生境状况】 生于海拔 700 ~ 1 800 m 的林中树上。

【濒危等级】 NT。

【地理分布】 台湾、广东、四川、云南和西藏等省区；印度、尼泊尔和越南。

图 664-2 狭叶鸢尾兰 *Oberonia caulescens* 植株（金效华）

665 棒叶鸢尾兰 *Oberonia cavaleriei* Finet

图 665-1 棒叶鸢尾兰 *Oberonia cavaleriei* 生境与植株（叶德平）

【别名】 鼠尾莪白兰、岩葱。

【主要特征】 附生植物，植株悬垂，具短茎。叶近基生，4 ~ 5 枚，圆柱形，基部两侧稍压扁并互相套叠，长 4.0 ~ 14.0 cm，粗 0.3 ~ 0.5 cm，基部具关节。花序从叶中抽出，长 6.0 ~ 9.0 cm，无翅，具多数密集的花，花白色。花苞片披针形，长 2.5 ~ 3.0 mm，边缘具不规则的齿裂。萼片近椭圆形，长 1.0 ~ 1.3 mm，宽 0.7 mm，背面近先端处常有刺状突起；侧萼片略宽；花瓣狭长圆形，与萼片近等长，宽 0.2 mm，背面近先端处具刺状小突起；唇瓣长圆形，长 1.0 ~ 1.3 mm，不明显 3 裂，侧裂片、中裂片边缘均有数个不规则的流苏状裂条，中裂片中央的裂条长达 1.0 mm，两侧的较短；蕊柱短。

【花期】 8 ~ 10 月。

【生境状况】 生于海拔 1 200 ~ 1 500 m 的林中树上。

【濒危等级】 LC。

【地理分布】 贵州、广西和云南等省区；印度、尼泊尔、缅甸和泰国。

图 665-2 棒叶鸢尾兰 *Oberonia cavaleriei* 花序（叶德平）

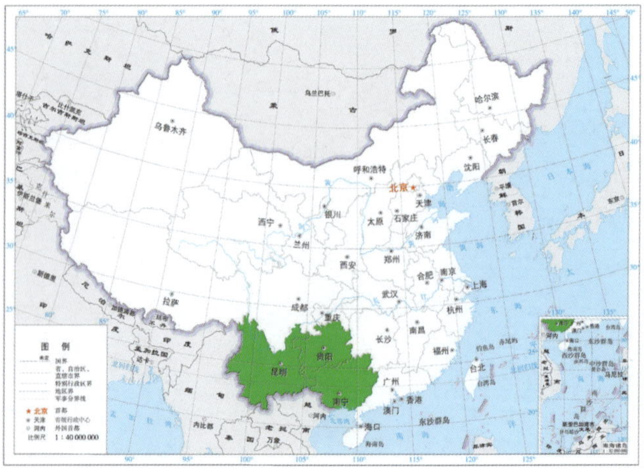

图 665-3 棒叶鸢尾兰 *Oberonia cavaleriei* 地理分布

666 无齿鸢尾兰 *Oberonia delicata* Z. H. Tsi et S. C. Chen

【别名】 无。

【主要特征】 附生植物，茎长 1.0 ~ 2.0 cm，叶 5 ~ 6 枚，2 列套叠，两侧压扁，剑形，长 0.8 ~ 2.0 cm，宽 0.3 ~ 0.4 cm，边缘略呈波状，基部无关节。花序从茎顶端叶间抽出，长 4.0 ~ 10.0 cm，密生数朵花，花淡红色。花苞片披针形，长 2.0 mm；中萼片卵状椭圆形，长约 0.9 mm，宽 0.7 mm；侧萼片与中萼片相似，但略长而宽；花瓣卵形，长约 0.9 mm，宽 0.7 mm；唇瓣长约 1.0 mm，3 裂，侧裂片近狭卵状披针形，长 0.6 mm，全缘，中裂片倒卵形，宽约 0.9 mm，先端微凹；蕊柱长约 0.4 mm。

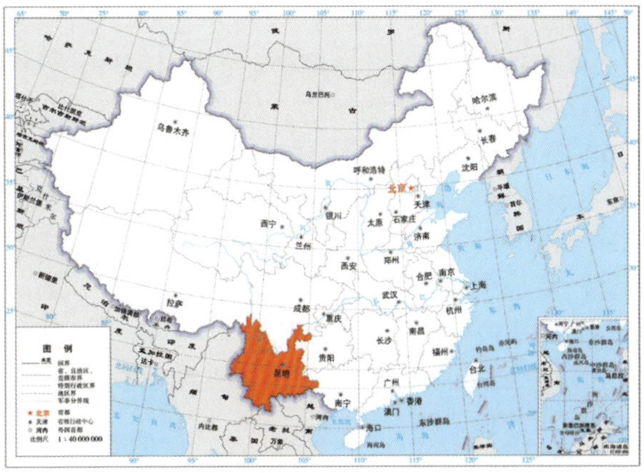

666-1 无齿鸢尾兰 *Oberonia delicata* 地理分布

【花期】 8 月。

【生境状况】 生于海拔 1 600 ~ 2 100 m 的林中树上。

【濒危等级】 NT。

【地理分布】 云南省。

图 666-2 无齿鸢尾兰 *Oberonia delicata* 花序（李剑武）

图 666-3 无齿鸢尾兰 *Oberonia delicata* 生境与植株（李剑武）

667 镰叶鸢尾兰 *Oberonia falcata* King & Pantl.

【别名】 无。

【主要特征】 附生植物，茎长 10.0 ~ 15.0 cm，叶多数 2 列着生，两侧压扁，线状披针形，镰状，长 4.0 cm，宽 0.2 cm，基部无关节。花序长 10.0 ~ 11.0 cm，密生多数小花，花黄绿色。花苞片披针形，长 2.5 mm；中萼片卵形，稍凹，长 0.8 mm，宽 0.5 mm；侧萼片卵形，稍偏斜，与中萼片近等大；花瓣长圆形，长 0.7 mm，宽 0.2 mm；唇瓣长圆形，3 裂，长 1.5 mm，宽 0.9 mm，侧裂片镰状，长 0.2 mm，中裂片先端 2 裂，小裂片长 0.4 mm；蕊柱长 0.3 mm。

【花期】 7 月。

【生境状况】 生于海拔 1 400 ~ 2 000 m 的林中树上。

【濒危等级】 CR。

【地理分布】 云南省；印度、不丹、缅甸、泰国、越南和柬埔寨。

图 667-1 镰叶鸢尾兰 *Oberonia falcata* 地理分布

图 667-2 镰叶鸢尾兰 *Oberonia falcata* 花序（李剑武）

图 667-3 镰叶鸢尾兰 *Oberonia falcata* 生境与植株（李剑武）

668 短耳鸢尾兰 *Oberonia falconeri* Hook. f.

【别名】 喜生鸢尾兰。

【主要特征】 附生植物，茎短，不明显；叶近基生，3 ~ 6 枚，2 列套叠，两侧压扁，剑形，长 1.5 ~ 8.0 cm，宽 0.7 ~ 1.0 cm，基部具关节。花序从叶丛中央抽出，明显高出叶之上，长 6.0 ~ 18.0 cm，无翅，中下部具多枚不育苞片，花序具多数小花，花黄绿色。花苞片披针形，先端有芒，长 3.0 ~ 4.0 mm，上部边缘略呈啮蚀状，比花梗同子房长；萼片卵形，长约 1.0 mm，宽 0.7 mm；侧萼片稍狭；花瓣近长圆形，长约 1.0 mm，宽约 0.4 mm，边缘呈不明显的皱波状；唇瓣长圆形，长 1.0 ~ 1.2 mm；基部两侧各具 1 个短耳，中裂片先端 2 裂，小裂片近长圆形，长 0.1 ~ 0.2 mm，稍叉开，在两小裂片间的凹缺中央有细尖。

【花期】 8 ~ 10 月。

【生境状况】 生于海拔 860 ~ 1 150 m 的林中树上。

【濒危等级】 LC。

【地理分布】 云南省；印度、孟加拉国、泰国、老挝、越南和马来西亚。

图 668-1 短耳鸢尾兰 *Oberonia falconeri* 植株（叶德平）

图 668-2 短耳鸢尾兰 *Oberonia falconeri* 地理分布

图 668-3 短耳鸢尾兰 *Oberonia falconeri* 花序（叶德平）

669 齿瓣鸢尾兰 *Oberonia gammiei* King & Pantl.

图 669-1 齿瓣鸢尾兰 *Oberonia gammiei* 地理分布

【别名】 齿瓣莪白兰。

【主要特征】 附生植物，茎长 1.0 ~ 2.0 cm。叶基生，3 ~ 7 枚，2 列套叠，两侧压扁，剑形，长 5.0 ~ 15.0 cm，宽 1.0 ~ 1.5 cm，基部具关节。花序从叶中央发出，长 10.0 ~ 28.0 cm，下部两侧有狭翅，具数枚花，花绿白色。花苞片长圆状卵形，长 1.4 ~ 1.8 mm，边缘有不规则齿缺；中萼片宽卵形，长 1.0 ~ 1.3 mm，宽 1.0 mm；侧萼片卵形，略狭于中萼片；花瓣近卵形，与萼片近等长，宽 0.8 mm，边缘具啮蚀状齿；唇瓣近卵形，长 1.5 mm，不明显的 3 裂，侧裂片位于唇瓣基部两侧，边缘具啮蚀状齿，中裂片先端 2 裂，小裂片长圆形，长 0.6 mm，边缘与先端有不规则齿缺；蕊柱短。

【花期】 10 ~ 12 月。

【生境状况】 生于海拔 500 ~ 900 m 的林中树上或林下岩石上。

【濒危等级】 NT。

【地理分布】 海南和云南等省；孟加拉国、缅甸、泰国、老挝和越南。

图 669-2 齿瓣鸢尾兰 *Oberonia gammiei* 花序（李玉玲）

图 669-3 齿瓣鸢尾兰 *Oberonia gammiei* 生境与植株（李玉玲）

670 思茅鸢尾兰 *Oberonia helferi* Hook. f.

【别名】 侯氏鸢尾兰。

【主要特征】 附生植物，叶片 2 列套叠，剑形，长 3.0 ~ 4.0 cm，宽约 1.0 cm，花序从顶端叶间抽出，比叶长很多，长约 10.0 cm，下部具数枚不育苞片，具花多数。花萼片和花瓣黄白色，唇瓣橙黄色，花苞片披针形，与子房近等长，长约 1.0 mm；中萼片宽卵形，长 1.0 mm，宽 0.5 cm；侧萼片宽卵形，长 0.9 cm，宽 0.4 cm；花瓣长圆形，长 0.9 cm，宽 0.3 cm，先端圆；唇瓣卵状长圆形，长 1.5 mm，宽 0.7 mm，边缘全缘，先端 2 裂，裂片长约 0.2 mm，唇瓣基部具 1 枚圆形的突起。

【花期】 9 ~ 10 月。

【生境状况】 生于海拔 560 ~ 1 200 m 的林中树上。

【濒危等级】 DD。

【地理分布】 云南省；缅甸和泰国。

图 670-1 思茅鸢尾兰 *Oberonia helferi* 地理分布

图 670-2 思茅鸢尾兰 *Oberonia helferi* 花序（叶德平）

图 670-3 思茅鸢尾兰 *Oberonia helferi* 生境与植株（叶德平）

671 全唇鸢尾兰 *Oberonia integerrima* Guillaum.

图 671-1 全唇鸢尾兰 *Oberonia integerrima* 生境与植株（叶德平）

【别名】 粗花茎鸢尾兰、粗葶鸢尾兰。

【主要特征】 附生植物，具短茎。叶近基生，5 ~ 8 枚，2 列套叠，两侧压扁，剑形，长 12.0 ~ 21.0 cm，宽 1.1 ~ 2.2 cm，基部具关节。花序从叶中央抽出，长 13.0 ~ 28.0 cm，两侧具狭翅，密生数朵花，花绿色，紧贴在花序轴上。花苞片宽长圆形，长 1.5 ~ 2.0 mm，宽 1.5 mm，边缘具啮蚀状细缺刻；萼片宽卵形，长 1.0 ~ 1.2 mm，宽 1.0 mm；侧萼片略歪斜；花瓣卵形，略短于中萼片，宽 0.5 mm，边缘稍波状；唇瓣近扁圆形，不裂，长 1.2 ~ 1.5 mm，宽 1.4 mm，边缘略呈不规则的浅波状；蕊柱短。

【花期】 9 月。

【生境状况】 生于海拔 1 000 ~ 1 600 m 的石灰岩山林中树上。

【濒危等级】 NT。

【地理分布】 云南省；老挝和越南。

图 671-2 全唇鸢尾兰 *Oberonia integerrima* 花序（叶德平）

图 671-3 全唇鸢尾兰 *Oberonia integerrima* 地理分布

672 小叶鸢尾兰 *Oberonia japonica* (Maxim.) Makino

【别名】 台湾莪白兰、日本莪白兰。

【主要特征】 附生植物，茎长 1.0 ~ 2.0 cm。叶数枚，基部 2 列套叠，两侧压扁，线状披针形，稍镰状，长 1.0 ~ 2.0 cm，宽 0.2 ~ 0.4 cm，基部无关节。花序从茎顶端叶间抽出，无翅，长 2.0 ~ 8.0 cm，具多数小花，花黄绿色。花苞片卵状披针形，长 1.0 mm；萼片宽卵形，长 0.5 mm，宽 0.4 mm；侧萼片略大于中萼片；花瓣近长圆形，与萼片近等长但略狭；唇瓣宽长圆状卵形，长 0.6 mm，3 裂，侧裂片位于唇瓣基部两侧，卵状三角形，全缘，中裂片椭圆形，明显大于侧裂片，先端凹缺或有时中央具小齿。

图 672-1 小叶鸢尾兰 *Oberonia japonica* 地理分布

【花期】 4 ~ 7 月。

【生境状况】 生于海拔 650 ~ 1 700 m 的林中树上或林下岩石上。

【濒危等级】 LC。

【地理分布】 福建、台湾和云南等省；日本、朝鲜和韩国。

图 672-2 小叶鸢尾兰 *Oberonia japonica* 植株（金效华）

图 672-3 小叶鸢尾兰 *Oberonia japonica* 花序（金效华）

673 条裂鸢尾兰 *Oberonia jenkinsiana* Griff. ex Lindl.

【别名】 东坡鸢尾兰、条纹鸢尾兰。

【主要特征】 附生植物,茎长 1.0 ~ 2.0 cm。叶 4 ~ 6 枚,2 列互生,两侧压扁,线状披针形,长 3.0 ~ 15.0 cm,宽 0.4 ~ 0.7 cm,基部无关节。花葶从茎顶端叶间抽出,长 5.0 ~ 13.0 cm,下部具多数钻形的不育苞片,长 2.0 ~ 3.0 mm,花序密生多数小花,花黄色。花苞片狭披针形,长 1.0 ~ 2.0 mm;中萼片卵状椭圆形,长 0.8 mm,宽 0.4 mm;侧萼片宽卵形,略似舟状,略宽于中萼片;花瓣卵形,明显短于萼片,宽 0.3 mm,有时边缘具不明显的啮蚀状;唇瓣 3 裂,长 0.7 mm,侧裂片位于唇瓣基部两侧,近方形,长 0.3 mm,边缘具不规则的流苏,中裂片近方形,宽 0.3 mm,先端有时略呈啮蚀状;蕊柱长 0.3 mm。

【花期】 9 ~ 10 月。

【生境状况】 生于海拔 1 200 ~ 1 500 m 的林中树上。

【濒危等级】 LC。

【地理分布】 云南省;印度、缅甸和泰国。

图 673-1 条裂鸢尾兰 *Oberonia jenkinsiana* 地理分布

图 673-2 条裂鸢尾兰 *Oberonia jenkinsiana* 花序(叶德平)

图 673-3 条裂鸢尾兰 *Oberonia jenkinsiana* 生境与植株(李剑武)

674 坎布里鸢尾兰 *Oberonia kanburiensis* Seidenf.

【别名】 无。

【主要特征】 附生植物，茎极短，叶片 5 ~ 8 枚，剑形，长 2.0 ~ 15.0 cm，宽 0.7 ~ 0.9 cm，两侧压扁，2 列套叠。花序长 10.0 ~ 15.0 cm，具多数花。花苞片卵状披针形，长 1.5 mm，稍比花梗同子房长，边缘啮蚀状；萼片宽卵形，长约 0.8 mm，宽 0.5 mm；花瓣卵形，长 1.4 mm，宽 1.0 mm，边缘稍粗糙；唇瓣宽长圆形，3 裂，侧裂片近方形，边缘具流苏状齿，中裂片明显比侧裂片大，宽约 1.0 mm，先端 2 裂，裂口深 0.5 mm，小裂片边缘具流苏状齿。

【花期】 8 ~ 9 月。

【生境状况】 生长于海拔约 1 700 m 的林中树上。

【濒危等级】 DD。

【地理分布】 云南省；泰国。

图 674-1 坎布里鸢尾兰 *Oberonia kanburiensis* 生境与植株（李玉玲）

图 674-2 坎布里鸢尾兰 *Oberonia kanburiensis* 花序（李玉玲）

图 674-3 坎布里鸢尾兰 *Oberonia kanburiensis* 地理分布

675 广西鸢尾兰 *Oberonia kwangsiensis* Seidenf.

图 675-1 广西鸢尾兰 *Oberonia kwangsiensis* 生境与植株（韩孟琦）

【别名】 无。

【主要特征】 附生植物，茎短，不明显；叶近基生，3 ~ 6 枚，2 列套叠，线形，长 6.0 ~ 13.0 cm，宽 0.5 ~ 0.6 cm，基部具关节。花葶从叶丛中央抽出，明显超过叶，长 12.0 ~ 13.0 cm，下部有多枚不育苞片，花序具多数花，花淡黄色。花苞片线形，长约 2.0 mm；中萼片卵形，长约 1.0 mm，宽 0.6 mm；侧萼片卵状椭圆形，与中萼片大小相似；花瓣长圆形，长 0.8 mm，宽 0.3 mm，边缘有时呈不明显的啮蚀状；唇瓣宽倒卵形，长 1.3 mm，基部两侧各有 1 枚耳状的侧裂片，侧裂片边缘略呈啮蚀状，唇瓣先端扩大并 2 深裂，小裂片近圆形，边缘略呈啮蚀状。

【花期】 4 月。

【生境状况】 生于海拔 650 ~ 850 m 的石灰山林中树上或岩石上。

【濒危等级】 VU。

【地理分布】 广西壮族自治区。

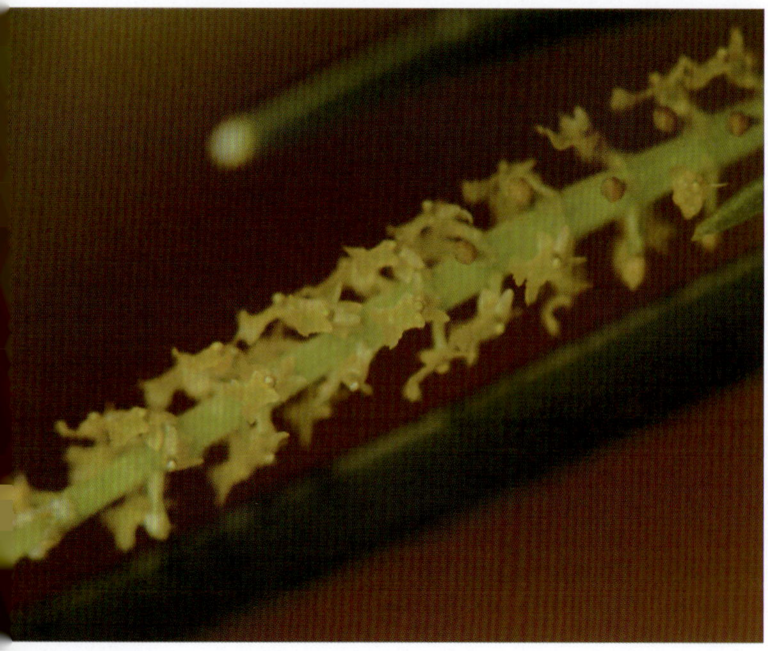

图 675-2 广西鸢尾兰 *Oberonia kwangsiensis* 花序（李玉玲）

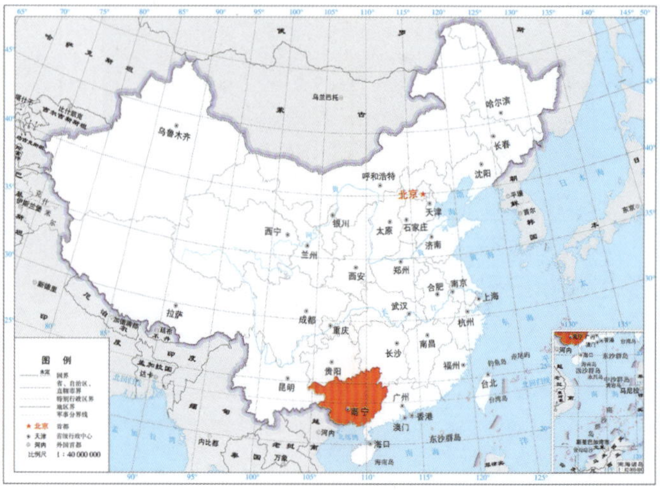

图 675-3 广西鸢尾兰 *Oberonia kwangsiensis* 地理分布

676 拟阔瓣鸢尾兰 *Oberonia langbianensis* Gagnep.

【别名】 澜沧鸢尾兰。

【主要特征】 附生植物。叶近圆柱形，具凹槽，基部具关节。花序长可达 14.0 cm，花红褐色。花瓣卵形，边缘呈啮蚀状，长 1.5 ~ 2.0 mm；萼片全缘，强烈反折，远小于花瓣，长约 1.0 mm。唇瓣 3 裂；中裂片先端 2 裂，边缘波状。

【花期】 5 ~ 7 月。

【生境状况】 生于海拔约 1 600 m 的林中树上。

【濒危等级】 DD。

【地理分布】 西藏和云南等省区；泰国和越南。

【附注】 标本：李剑武 1784、3605，HITBC！。

图 676-1 拟阔瓣鸢尾兰 *Oberonia langbianensis* 地理分布

图 676-2 拟阔瓣鸢尾兰 *Oberonia langbianensis* 花序（李剑武）

图 676-3 拟阔瓣鸢尾兰 *Oberonia langbianensis* 生境与植株（叶德平）

677 阔瓣鸢尾兰 *Oberonia latipetala* L. O. Williams

图 677-1 阔瓣鸢尾兰 *Oberonia latipetala* 生境与植株（叶德平）

【别名】 巨瓣鸢尾兰。

【主要特征】 附生植物，茎短。叶基生，5 ~ 7 枚，2 列套叠，两侧压扁，宽线形，长 3.5 ~ 10.0 cm，宽 0.4 ~ 0.8 cm，基部具关节。花葶从叶丛中央抽出，长 10.0 ~ 18.0 cm，无翅，花序下方具多枚长 3.0 ~ 5.0 mm 的钻形不育苞片，具多数花，花橙黄色。花苞片卵状披针形，先端具芒，连芒长 2.0 mm；中萼片卵状长圆形，长 1.8 ~ 2.0 mm，背面具刺毛状小突起，边缘有不明显的啮蚀状齿缺；侧萼片卵形，略短于中萼片，宽 1.0 mm，背面有刺毛状小突起，边缘略有啮蚀状齿缺；花瓣宽大，宽椭圆形，长 2.0 ~ 2.5 mm，宽 2.0 mm，边缘有不明显的啮蚀状细齿，背面边缘有刺毛状小突起；唇瓣宽倒卵形，长 1.8 ~ 2.0 mm，先端具短尖，边缘有啮蚀状细齿，基部具短爪，爪长 0.5 mm；蕊柱短。

【花期】 3 ~ 4 月。

【生境状况】 生于海拔 1 900 ~ 2 100 m 的林中树上。

【濒危等级】 VU。

【地理分布】 云南省。

图 677-2 阔瓣鸢尾兰 *Oberonia latipetala* 花序（李剑武）

图 677-3 阔瓣鸢尾兰 *Oberonia latipetala* 地理分布

678 长苞鸢尾兰 *Oberonia longibracteata* Lindl.

【别名】 长苞莪白兰。

【主要特征】 附生植物，茎较短。叶近基生，5 ~ 6 枚成簇，两侧压扁，线形，长 3.0 ~ 6.0 cm，宽 0.3 ~ 0.5 cm，基部无关节。花序下部与叶合生，貌似从叶的上部发出，长 5.0 ~ 7.0 cm，无翅，下部具 1 ~ 2 轮不育苞片，花序疏生数朵花，淡黄褐色，唇瓣淡红色。花苞片线状披针形，长 4.0 ~ 5.0 mm，远超出花之上；萼片卵形，长 0.8 ~ 1.0 mm，宽 0.5 mm；花瓣长圆状卵形，与萼片近等长，宽 0.4 mm，边缘略呈啮蚀状；唇瓣宽卵形，长 0.7 mm，3 裂，侧裂片位于基部两侧，卵形，明显小于中裂片，中裂片近方形，长、宽约 0.6 mm，先端具短尖或略有不规则缺刻，边缘为不明显的啮蚀状。

【花期】 10 月。

图 678-1 长苞鸢尾兰 *Oberonia longibracteata* 生境与植株（李玉玲）

图 678-2 长苞鸢尾兰 *Oberonia longibracteata* 花序（童毅）

【生境状况】 生于海拔 1 200 m 的林中树上。

【濒危等级】 NT。

【地理分布】 云南和海南等省；斯里兰卡、泰国和越南。

图 678-3 长苞鸢尾兰 *Oberonia longibracteata* 地理分布

679 小花鸢尾兰 *Oberonia mannii* Hook. f.

【别名】 小鸢尾兰。

【主要特征】 附生植物，茎长 1.5 ~ 7.0 cm。具 5 ~ 9 枚叶，叶 2 列互生，两侧压扁，线形，略似镰刀状弯曲，长 1.0 ~ 3.0 cm，宽 0.1 ~ 0.2 cm，基部无关节。花葶生于茎顶端，长 2.5 ~ 6.7 cm，基部具数枚长 1.0 mm 的卵状披针形不育苞片，花序具多数花，花黄绿色。花苞片卵状披针形，长 0.8 mm，边缘略有钝齿；中萼片卵形，长 0.8 mm，宽 0.4 mm；侧萼片与中萼片相似但略宽；花瓣长圆形，略长于萼片，宽 0.3 mm，边缘略呈不明显的啮蚀状；唇瓣长圆形，长 1.7 mm，3 裂，侧裂片位于唇瓣基部两侧，卵形，长 0.3 mm，中裂片深裂成叉状，小裂片披针形，长 0.8 mm；蕊柱短。

图 679-1 小花鸢尾兰 *Oberonia mannii* 生境与植株（叶德平）

【花期】 3 ~ 6 月。

【生境状况】 生于海拔 1 500 ~ 2 700 m 的林中树上。

【濒危等级】 LC。

【地理分布】 云南和福建等省；印度。

图 679-2 小花鸢尾兰 *Oberonia mannii* 花序（叶德平）

图 679-3 小花鸢尾兰 *Oberonia mannii* 地理分布

680 勐海鸢尾兰 *Oberonia menghaiensis* S. C. Chen

【别名】 勐海莪白兰。

【主要特征】 附生植物，茎明显，长 1.0 ~ 2.0 cm。叶 3 ~ 4 枚，2 列套叠，两侧压扁，近剑形，稍呈镰刀状弯曲，长 1.0 ~ 3.5 cm，宽 0.2 ~ 0.3 cm，基部无关节。花葶从茎顶端叶间抽出，下部具少数不育苞片，不育苞片披针形，花序长 2.0 ~ 7.0 cm，具多数花，花绿色，小。花苞片线状披针形，长 2.0 mm；萼片卵状椭圆形，长 0.8 ~ 1.0 mm，宽约 0.5 mm；花瓣椭圆形，与萼片等长，宽约 0.8 mm，边缘为不明显的啮蚀状；唇瓣宽卵状椭圆形，基部无爪，长 0.9 ~ 1.1 mm，3 裂，侧裂片位于唇瓣基部两侧，长圆形，长 0.2 mm，全缘，中裂片近扁圆形，长约 0.6 mm，宽约 0.8 mm；蕊柱长约 0.2 mm，顶端有 2 个翅。

【花期】 7 月。

【生境状况】 生于海拔约 1 800 m 的林中树上。

【濒危等级】 LC。

【地理分布】 云南省。

图 680-1　勐海鸢尾兰 *Oberonia menghaiensis* 生境与植株（李剑武）

图 680-2　勐海鸢尾兰 *Oberonia menghaiensis* 花序（叶德平）

图 680-3　勐海鸢尾兰 *Oberonia menghaiensis* 地理分布

681 勐腊鸢尾兰 *Oberonia menglaensis* S. C. Chen & Z. H. Tsi

【别名】 勐腊莪白兰。

【主要特征】 附生植物，茎很短。叶近基生，2 ~ 3 枚，2 列套叠，两侧压扁，剑形，稍呈镰刀状弯曲，长 4.5 ~ 7.3 cm，宽 1.0 ~ 2.1 cm，基部具关节。花葶从叶丛中抽出，长 10.0 ~ 13.0 cm，两侧有翅，下部具数枚较小的、卵状披针形的不育苞片，花序长 8.0 ~ 11.0 cm，密生数枚花，花白色并略带淡棕色。花苞片近宽卵形，长约 1.3 mm；萼片宽卵形，长 0.7 ~ 0.8 mm，宽约 1.0 mm，侧萼片稍狭；花瓣近长圆形，与萼片近等长，宽约 0.5 mm，边缘具啮蚀状齿；唇瓣宽卵形，长约 0.8 mm，宽约 1.0 mm，不裂，两侧边缘具流苏；蕊柱粗短。

【花期】 11 ~ 12 月。

【生境状况】 生于海拔约 750 m 的林中树上。

【濒危等级】 LC。

【地理分布】 云南省。

图 681-1 勐腊鸢尾兰 *Oberonia menglaensis* 地理分布

图 681-2 勐腊鸢尾兰 *Oberonia menglaensis* 植株（叶德平）

图 681-3 勐腊鸢尾兰 *Oberonia menglaensis* 花序（叶德平）

682 鸢尾兰 *Oberonia mucronata* (D. Don) Ormerod & Seidenf.

【别名】 无。

【主要特征】 附生植物，茎不明显。叶 5 ~ 6 枚基生，2 列套叠，两侧压扁，长 6.0 ~ 16.0 cm，宽 0.6 ~ 1.5 cm，基部具关节。花葶从叶丛中央抽出，长 20.0 ~ 25.0 cm，密生多数小花，花红褐色。花苞片椭圆形，长 1.2 ~ 1.5 mm，边缘有啮蚀状齿；中萼片卵形，长 1.0 ~ 1.3 mm，宽 0.8 mm；侧萼片略狭；花瓣卵状长圆形，长 0.9 ~ 1.1 mm，宽 0.6 mm，边缘具不规则啮蚀状齿；唇瓣宽卵形，长、宽约 1.5 mm，不明显的 3 裂，基部向后方延伸，边缘有不规则的裂缺，先端 2 裂，裂口深度为唇瓣全长的 1/3；蕊柱短。

【花期】 8 ~ 12 月。

【生境状况】 生于海拔 1 300 ~ 1 400 m 的林中树上。

【濒危等级】 LC。

【地理分布】 云南省；印度、尼泊尔、缅甸、老挝、越南、马来西亚、印度尼西亚和菲律宾。

图 682-1 鸢尾兰 *Oberonia mucronata* 生境与植株（叶德平）

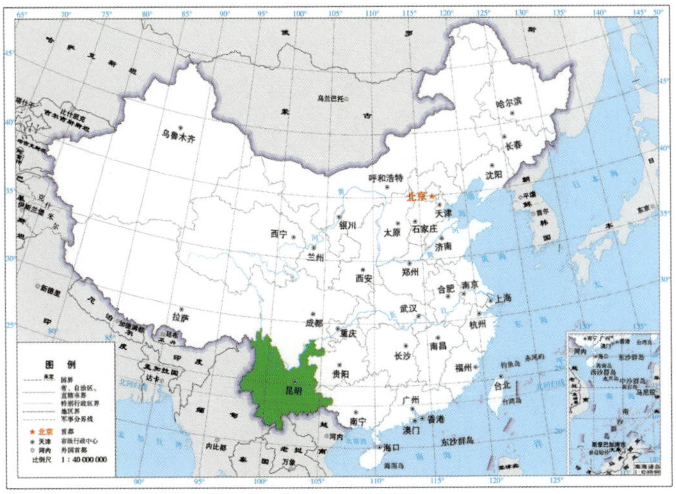

图 682-2 鸢尾兰 *Oberonia mucronata* 地理分布

图 682-3 鸢尾兰 *Oberonia mucronata* 花序（李剑武）

683 橘红鸢尾兰 *Oberonia obcordata* Lindl.

图 683-1 橘红鸢尾兰 *Oberonia obcordata* 生境与植株（金效华）

【别名】 无。

【主要特征】 附生植物，茎长 1.0 cm。叶近基生，2 ~ 3 枚，2 列套叠，两侧压扁，近线形，长 3.0 ~ 11.0 cm，宽 0.5 ~ 0.8 cm，基部无关节。花葶从茎顶端发出，下部与叶合生，下方具 2 轮长 2.0 mm 的披针形不育苞片，花序具数朵轮生的花，花红色。花苞片披针形，长 2.0 ~ 3.0 mm；中萼片卵形，长 0.9 mm，宽 0.6 mm；侧萼片宽卵形，与中萼片等长，宽 0.8 mm；花瓣长圆状卵形，长 0.8 mm，宽 0.4 mm；唇瓣卵形，略比萼片长，3 裂，侧裂片位于唇瓣基部两侧，狭卵圆形，长 0.4 mm，中裂片倒心形，长 0.5 mm，宽 0.8 mm，先端微凹；蕊柱短。

【花期】 10 月。

【生境状况】 生于海拔 1 800 m 的林下岩石上。

【濒危等级】 LC。

【地理分布】 西藏自治区；印度、不丹和泰国。

图 683-2 橘红鸢尾兰 *Oberonia obcordata* 地理分布

图 683-3 橘红鸢尾兰 *Oberonia obcordata* 花序（金效华）

684　扁葶鸢尾兰 *Oberonia pachyrachis* Rchb. f. ex Hook. f.

【别名】 扁花茎鸢尾兰。

【主要特征】 附生植物，茎长 1.0 cm。叶数枚近基生，不明显的 2 列套叠，两侧压扁，剑形，长 7.0 ~ 10.0 cm，宽 0.6 ~ 1.5 cm，基部具关节。花葶中部以上扁平，叶状，与叶完全合生，具多数花，花紧贴花序轴，形似穗状，花黄绿色。花苞片卵圆形，长 0.8 mm，边缘有不规则缺刻；萼片卵形，长 0.8 mm，宽 0.5 mm；花瓣狭长圆形，略短于萼片，宽 0.2 mm；唇瓣卵形，略长于萼片，不裂，基部两侧各有 1 个钝耳；蕊柱短。

【花期】 11 月至翌年 3 月。

【生境状况】 生于海拔 1 600 ~ 2 100 m 的林中树上。

【濒危等级】 NT。

【地理分布】 云南省；印度、缅甸和泰国。

图 684-1　扁葶鸢尾兰 *Oberonia pachyrachis* 地理分布

图 684-2　扁葶鸢尾兰 *Oberonia pachyrachis* 花序（李剑武）

图 684-3　扁葶鸢尾兰 *Oberonia pachyrachis* 生境与植株（李剑武）

685 锯瓣鸢尾兰 *Oberonia prainiana* King & Pantl.

【别名】 无。

【主要特征】 附生植物，叶片多枚，彼此 2 列套叠，长 1.5 ~ 2.0 cm，宽 0.5 ~ 0.6 cm，略似镰状。花序从顶端叶片中抽出，比叶长很多，约 10.0 cm 长，具多朵花，花淡棕色。花苞片长圆形，与子房近等长；萼片长圆形，钝，向外卷；花瓣椭圆状披针形，开展，边缘具深锯齿；唇瓣三角状长圆形，基部具 1 枚圆环状突起，先端钝，边缘具齿。

【花期】 7 月。

【生境状况】 生于海拔 300 ~ 1 500 m 的林中树上。

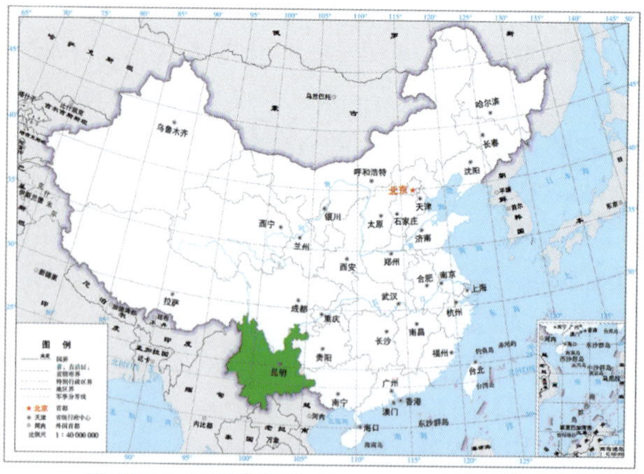

图 685-1 锯瓣鸢尾兰 *Oberonia prainiana* 地理分布

【濒危等级】 DD。

【地理分布】 云南省；印度、泰国、马来西亚和印度尼西亚。

图 685-2 锯瓣鸢尾兰 *Oberonia prainiana* 花序（叶德平）

图 685-3 锯瓣鸢尾兰 *Oberonia prainiana* 生境与植株（叶德平）

686 裂唇鸢尾兰 *Oberonia pyrulifera* Lindl.

【别名】 无。

【主要特征】 附生植物，茎长 3.0 ~ 4.0 cm。叶 3 ~ 4 枚，茎生，两侧压扁，稍呈镰刀状弯曲，长 2.5 ~ 6.0 cm，宽 0.4 ~ 0.7 cm，基部具关节。花葶从茎顶端叶间抽出，长 3.0 ~ 11.0 cm，在花序下方具多枚长 2.0 ~ 2.5 mm 的狭披针形不育苞片，花序具多数花，花黄色。花苞片披针形，长 1.5 ~ 2.0 mm；边缘略具不规则的齿缺；中萼片卵状长圆形，长 0.8 ~ 1.0 mm，宽 0.5 ~ 0.6 mm；侧萼片宽卵形，与中萼片等长但略宽；花瓣长圆形，长 0.8 ~ 1.0 mm，宽 0.3 ~ 0.4 mm；唇瓣倒卵形，长 1.3 ~ 1.8 mm，宽 1.0 mm，基部两侧各具 1 个钝耳，先端 2 深裂，先端小裂片宽披针形，略叉形，长 0.6 mm，宽 0.3 mm；蕊柱短。

【花期】 9 ~ 11 月。

【生境状况】 生于海拔 1 700 ~ 2 500 m 的林中树上。

【濒危等级】 LC。

【地理分布】 云南省；印度和泰国。

图 686-1 裂唇鸢尾兰 *Oberonia pyrulifera* 生境与植株（李剑武）

图 686-2 裂唇鸢尾兰 *Oberonia pyrulifera* 地理分布

图 686-3 裂唇鸢尾兰 *Oberonia pyrulifera* 花序（李剑武）

687 红唇鸢尾兰 *Oberonia rufilabris* Lindl.

图 687-1 红唇鸢尾兰 *Oberonia rufilabris* 生境与植株（叶德平）

【别名】 红唇莪白兰。

【主要特征】 附生植物，茎不明显。叶近基生，3 ~ 4 枚，2 列套叠，两侧压扁，线形，长 1.5 ~ 6.5 cm，宽 0.3 ~ 0.8 cm，基部具关节。花葶从叶丛中央抽出，长 3.5 ~ 8.0 cm，花序下方具多枚钻形不育苞片，花序具多数花，每 3 ~ 4 朵轮生于花序轴上，花赤红色。花苞片狭披针形，长 2.0 ~ 3.0 mm，明显超出花；萼片卵形，略似舟状，长 0.8 ~ 0.9 mm，宽 0.5 ~ 0.6 mm；花瓣长圆形，明显短于萼片，长 0.7 mm，宽 0.2 mm，边缘略呈不明显的啮蚀状；唇瓣长 1.2 ~ 1.4 mm，中部宽 0.4 mm，3 裂，中裂片再深裂，侧裂片位于唇瓣基部两侧，狭披针形，长 0.3 mm，中裂片先端深裂的 2 枚小裂片披针形，叉开，长 0.7 mm，唇盘上近基部有 1 个胼胝体；蕊柱粗，顶端有 2 枚直立的翅，连翅长 0.5 mm。

【花期】 11 月至翌年 1 月。

【生境状况】 生于海拔 1 000 ~ 1 700 m 的林中树上。

【濒危等级】 EN。

【地理分布】 海南和云南等省；印度、尼泊尔、缅甸、泰国、越南、柬埔寨和马来西亚。

图 687-2 红唇鸢尾兰 *Oberonia rufilabris* 花序（叶德平）

图 687-3 红唇鸢尾兰 *Oberonia rufilabris* 地理分布

688 齿唇鸢尾兰 *Oberonia segawae* T. C. Hsu & S. W. Chung

【别名】 无。

【主要特征】 附生植物，茎长不过 3.0 cm。叶基生，5 ~ 8 枚，剑形，长 6.0 ~ 13.0 cm，宽 0.3 ~ 0.5 cm，基部具关节。花葶长 5.0 ~ 10.0 cm，花序基部具多数不育苞片，花序具多数花，花白色。花苞片卵状披针形，长 2.0 ~ 2.5 mm；萼片卵状三角形，长 0.7 ~ 0.8 mm，宽 0.4 ~ 0.5 mm；花瓣椭圆状长圆形，长 0.7 ~ 0.8 mm，宽 0.2 mm；唇瓣卵形，近全缘，边缘啮蚀状；蕊柱长 0.3 mm。

【花期】 8 月。

【生境状况】 生于海拔 1 000 ~ 2 000 m 的林中树上。

【濒危等级】 LC。

【地理分布】 云南和台湾等省。

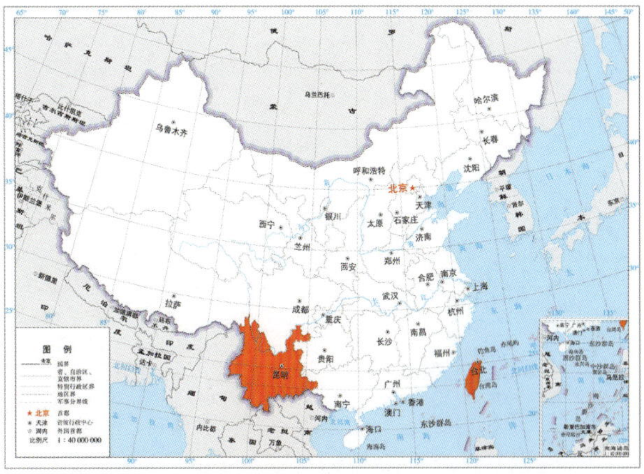

图 688-1 齿唇鸢尾兰 *Oberonia segawae* 地理分布

图 688-2 齿唇鸢尾兰 *Oberonia segawae* 花序（叶德平）

图 688-3 齿唇鸢尾兰 *Oberonia segawae* 生境与植株（叶德平）

689 密花鸢尾兰 *Oberonia seidenfadenii* (H. J. Su) Ormerod

图 689-1 密花鸢尾兰 *Oberonia seidenfadenii* 生境与植株（童毅）

【别名】 密花套叶兰。

【主要特征】 附生植物，具匍匐根状茎，根状茎粗约 1.0 mm，分枝，几乎被鞘所包。茎直立或斜立，彼此相距 6.0 ~ 15.0 mm，具 3 ~ 5 枚叶。叶 2 列套叠，两侧压扁，卵状披针形，长 8.0 ~ 15.0 mm，宽 4.0 ~ 7.0 mm，基部具关节。花序从叶丛中央抽出，比叶长，长 1.5 ~ 2.5 cm，密生多数小花，花绿白色。花苞片卵形，长 1.2 ~ 1.5 mm，边缘啮蚀状；萼片卵形，长 0.6 ~ 0.7 mm，宽 0.4 ~ 0.5 mm；花瓣线状倒披针形，长 0.7 mm，宽 0.2 mm；唇瓣 3 裂，基部稍下延并围抱蕊柱，中部凹陷呈囊状，侧裂片位于基部两侧，卵状三角形，长约 1.2 mm，边缘具啮蚀状齿，中裂片先端 2 裂，小裂片三角形，长 0.2 ~ 0.3 mm。

【花期】 9 ~ 10 月。

【生境状况】 生于海拔 600 ~ 1 500 m 的林中树上。

【濒危等级】 LC。

【地理分布】 广东、广西和台湾等省区。

图 689-2 密花鸢尾兰 *Oberonia seidenfadenii* 花序（李玉玲）

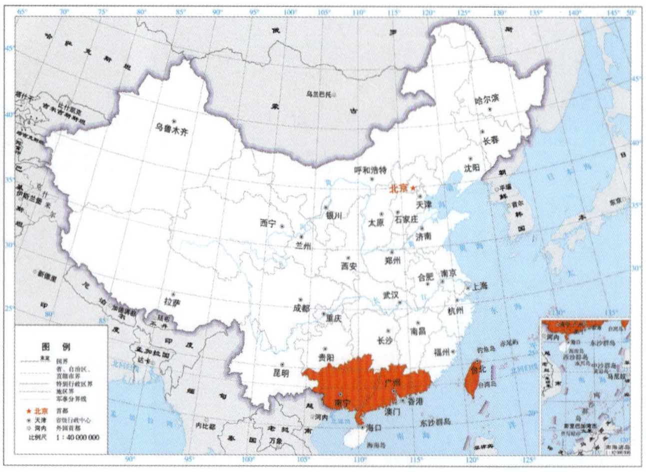

图 689-3 密花鸢尾兰 *Oberonia seidenfadenii* 地理分布

690　圆柱叶鸢尾兰 *Oberonia teres* Kerr

【别名】 无。

【主要特征】 附生植物，茎长 1.0 cm。叶 3 ~ 5 枚，圆柱状，长 1.5 ~ 3.0 cm，粗 0.3 cm。花序长 1.0 ~ 1.5 cm，具多数花，花黄绿色。花苞片披针形；中萼片卵形，长 1.0 mm，宽 0.8 mm；侧萼片卵形，与中萼片近等大；花瓣线形，长 0.8 mm，宽 0.2 mm；唇瓣长圆形，3 裂，长 1.1 mm，宽 0.8 mm，侧裂片耳状，长 0.2 mm，宽 0.1 mm，中裂片长 0.8 mm，宽 0.7 mm，先端 2 裂，小裂片边缘具不规则圆齿。

【花期】 5 月。

【生境状况】 生于海拔 1 600 ~ 2 400 m 的林中树上。

【濒危等级】 NT。

【地理分布】 云南省；越南。

图 690-1　圆柱叶鸢尾兰 *Oberonia teres* 生境与植株（叶德平）

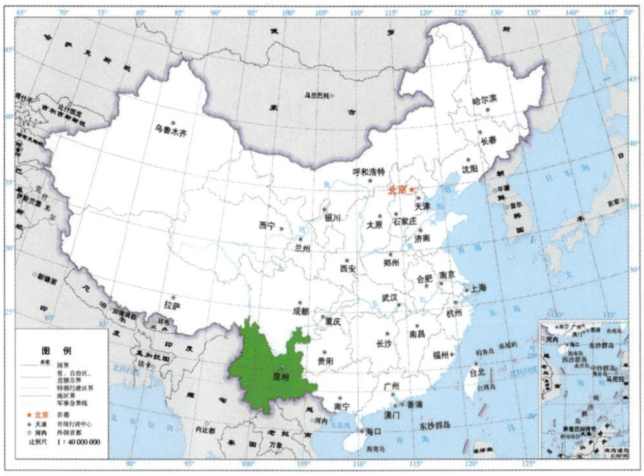

图 690-2　圆柱叶鸢尾兰 *Oberonia teres* 地理分布

图 690-3　圆柱叶鸢尾兰 *Oberonia teres* 花序（李剑武）

691 密苞鸢尾兰 *Oberonia variabilis* Kerr

【别名】 无。

【主要特征】 附生植物，茎不明显。叶近基生，3 ~ 5 枚，2 列套叠，两侧压扁，线形，长 2.5 ~ 7.0 cm，宽 0.4 ~ 0.9 cm，基部无关节。花葶从叶丛中央抽出，长 6.0 ~ 10.0 cm，下部具多枚长 1.5 ~ 2.0 mm 的披针形不育苞片，花序具多数花，花绿色，排列成轮生状。花苞片狭披针形,长 1.5 ~ 2.0 mm；萼片卵形，长 0.8 mm，宽 0.5 mm；花瓣近长圆形，与萼片近等长，宽 0.4 mm；唇瓣宽长圆状卵形，长 0.8 mm，3 裂，侧裂片位于唇瓣基部两侧，近卵状长圆形，长 0.2 mm，明显小于中裂片，边缘略呈不明显的啮蚀状，中裂片近方形，先端有不规则的裂缺；蕊柱短。

图 691-1 密苞鸢尾兰 *Oberonia variabilis* 地理分布

【花期】 1 ~ 4 月。

【生境状况】 生于海拔约 800 m 的林中树上。

【濒危等级】 LC。

【地理分布】 云南和海南等省；越南和泰国。

图 691-2 密苞鸢尾兰 *Oberonia variabilis* 生境与植株（一）（李剑武）

图 691-3 密苞鸢尾兰 *Oberonia variabilis* 生境与植株（二）（李剑武）

Ⅷ. 兰族 Cymbidieae

兰族 Cymbidieae 全世界分布共有 164 属，中国分布有 4 属，本图鉴包含 4 属 43 种。

兰族 Cymbidieae 分属检索表

1 侧萼片合生形成合萼片，花序分支 ……………………………………………………八二、合萼兰属 *Acriopsis*
1 侧萼片分离，花序不分支。
  2 唇瓣基部无距和囊，叶不具长柄也不形成假茎 ……………………………………………八一、兰属 *Cymbidium*
  2 唇瓣基部具距或囊，叶具长柄形成假茎。
    3 花序直立，药帽具 2 个暗色的突起，唇瓣明显 3 裂……………………………八三、美冠兰属 *Eulophia*
    3 花序弯垂，药帽不具突起，唇瓣不裂或不明显 3 裂…………………………… 八四、地宝兰属 *Geodorum*

八一、兰属 *Cymbidium* Sw.

兰属 *Cymbidium* 全世界分布共有 71 种，中国分布有 49 种，本图鉴包含 32 种。

兰属 *Cymbidium* 分种检索表

1（2） 菌类寄生植物，至少在花期无绿叶…………………………………… 711. 大根兰 *Cymbidium macrorhizon*
2（1） 植株具绿叶。
3（8） 叶片椭圆形，基部具明显的柄。
4（5） 花序具 20 朵花以上，唇瓣不裂，唇盘上具 2 个条纵褶片 …………… 697. 福兰 *Cymbidium devonianum*
5（4） 花序具 1 ~ 9 朵花，唇瓣明显 3 裂，唇盘上具 2 条褶片或脊。
6（7） 假鳞茎长宽近相等，唇瓣基部与蕊柱基部边缘黏合达 2.0 ~ 3.0 mm……719. 斑舌兰 *Cymbidium tigrinum*
7（6） 假鳞茎长为宽的 2 倍，唇瓣基部不与蕊柱基部黏合，叶柄长 3.0 ~ 18.0 cm，唇瓣侧裂片白色具紫色边缘…………………………………………………………………… 709. 兔耳兰 *Cymbidium lancifolium*
8（3） 叶片近带状，基部不具柄。
9（34） 唇瓣基部与蕊柱基部边缘黏合达 2.0 ~ 10.0 mm。
10（13） 花序下垂，具 13 ~ 35 朵花，花近钟形，不甚开展。
11（12） 叶片宽 1.0 ~ 1.7 cm，花奶油黄色 ………………………………… 699. 莎草兰 *Cymbidium elegans*
12（11） 叶片宽 0.8 ~ 1.0 cm，花黄褐色 ………………………………… 694. 垂花兰 *Cymbidium cochleare*
13（10） 花序直立、斜立或弓形，具 1 ~ 11 朵花。
14（19） 叶片 10 ~ 18 枚，先端 2 裂，花序从叶腋发出，唇瓣中裂片不具 V 形斑点。
15（16） 假鳞茎茎状，长 10.0 ~ 30.0 cm 或更长……………………………… 714. 大雪兰 *Cymbidium mastersii*
16（15） 假鳞茎不为茎状，长不及 10.0 cm。
17（18） 花序 1 ~ 2 朵花，花瓣长 55.0 ~ 70.0 mm，宽 13.0 ~ 18.0 mm…… 698. 独占春 *Cymbidium eburneum*
18（17） 花序具 2 ~ 11 朵花，花瓣长 46.0 ~ 52.0 mm，宽 8.0 ~ 12.0 mm ………………………………………………………………………………… 712. 象牙白 *Cymbidium maguanense*
19（14） 叶片 3 ~ 9 枚，先端不裂，花序从假鳞茎基部发出。
20（23） 萼片和花瓣白色。
21（22） 花序近直立，与叶近等长或稍长，唇瓣中裂片卵形………………… 706. 美花兰 *Cymbidium insigne*

22（21） 花序弓形或稍下垂，比叶短，唇瓣中裂片扁圆形……………723. 文山红柱兰 ***Cymbidium wenshanense***
23（20） 萼片和花瓣绿色。
24（25） 唇瓣中裂片具 1 枚大型 V 形、密被茸毛的红色斑唇盘 …………… 710. 碧玉兰 ***Cymbidium lowianum***
25（24） 唇瓣中裂片不具“V”形的斑点，或具“V”形斑，但斑点上不密被毛。
26（29） 唇瓣中裂片上具 2 ~ 3 条被长毛的褶片。
27（28） 唇瓣长 45.0 ~ 60.0 mm，具棕红色斑点，唇瓣侧裂片仅脉上有毛，唇盘 2 条褶片之间有 1 行长毛，花瓣镰刀状……721. 西藏虎头兰 ***Cymbidium tracyanum***
28（27） 花瓣长 35.0 ~ 46.0 mm，侧裂片上散生短毛，唇盘 2 条褶片之间不具长毛，花瓣狭卵状长圆形……… 707. 黄蝉兰 ***Cymbidium iridioides***
29（26） 唇瓣中裂片上不具长毛。
30（31） 萼片和花瓣绿色，具红色纵向的条纹和不规则的斑点…………… 701. 长叶兰 ***Cymbidium erythraeum***
31（30） 萼片和花瓣不具红色条纹和斑点。
32（33） 萼片和花瓣黄绿色，不具纵向的红棕色脉纹，唇瓣侧裂片与中裂片具栗色斑点……705. 虎头兰 ***Cymbidium hookerianum***
33（32） 萼片和花瓣黄绿色，明显具红褐色脉纹，唇瓣有宽阔的斑纹带… 722. 滇南虎头兰 ***Cymbidium wilsonii***
34（9） 唇瓣基部不与蕊柱基部边缘黏合。
35（44） 花粉块 2 个。
36（37） 花序密生数朵花……… 704. 多花兰 ***Cymbidium floribundum***
37（36） 花序疏生数朵花。
38（43） 萼片先端钝。
39（40） 萼片长 28.0 ~ 33.0 mm，唇瓣白色具紫色斑点………………… 693. 椰香兰 ***Cymbidium atropurpureum***
40（39） 萼片长 14.0 ~ 23.0 mm。
41（42） 唇瓣中裂片具纵向的紫红色条纹，侧裂片尖………………………… 692. 纹瓣兰 ***Cymbidium aloifolium***
42（41） 唇瓣中裂片密具紫红色斑点，侧裂片钝…………………………………… 713. 硬叶兰 ***Cymbidium mannii***
43（38） 萼片先端渐尖，中萼片长 14.0 ~ 33.0 mm，中央具 1 条紫红色条纹…… 696. 冬凤兰 ***Cymbidium dayanum***
44（35） 花粉块 4 个，成 2 对。
45（56） 叶片基部具关节，不落叶，唇瓣 3 裂。
46（47） 叶片 4 ~ 12 枚，2 列，基部具宽的膜质边缘 …………………… 695. 莎叶兰 ***Cymbidium cyperifolium***
47（46） 叶片 2 ~ 7 枚，不呈 2 列，基部不具宽的膜质边缘。
48（49） 花序仅具 1 朵花，花苞片比子房长……………………………………… 703. 春兰 ***Cymbidium goeringii***
49（48） 花序具 3 朵以上花，花苞片比子房短，假鳞茎明显。
50（53） 花序中部的花苞片长为子房的 1/2 以上。
51（52） 叶片稍具紫色晕，基部收狭成长的丝状的柄……………………716. 邱北冬蕙兰 ***Cymbidium qiubeiense***
52（51） 叶片绿色，基部不收狭成柄状……………………………………………… 708. 寒兰 ***Cymbidium kanran***
53（50） 花序中部的花苞片长不及子房的 1/2。
54（55） 叶片墨绿色，宽 2.0 ~ 3.0 cm，关节位于基部之上 3.5 ~ 7.0 cm 处，花序具 10 ~ 20 朵花 ……… 718. 墨兰 ***Cymbidium sinense***
55（54） 叶片绿色，长 30.0 ~ 60.0 cm，宽 1.0 ~ 1.5 cm，关节位于基部之上 2.0 ~ 4.0 cm 处，花序具 3 ~ 9 朵花 ……… 700. 建兰 ***Cymbidium ensifolium***
56（45） 叶片基部不具关节，唇瓣明显 3 裂，唇盘上具褶片。
57（58） 植株具根状茎，根状茎具多数节间和分枝，蕊柱长 6.0 ~ 7.0 mm… 715. 珍珠矮 ***Cymbidium nanulum***
58（57） 植株不具根状茎，蕊柱长 10.0 mm 以上。
59（60） 假鳞茎不明显，叶片具透明的脉，花苞片长为子房的 1/2 或 1/3 …………702. 蕙兰 ***Cymbidium faberi***
60（59） 假鳞茎明显，长 8.0 ~ 20.0 mm，叶片不具透明的脉，花苞片比子房长。
61（62） 叶片 3 ~ 5 枚，长 23.0 ~ 38.0 cm，花序仅具 1 朵花，萼片宽 11.0 ~ 13.0 mm ……… 717. 豆瓣兰 ***Cymbidium serratum***
62（61） 叶片 5 ~ 7 枚，长 40.0 ~ 65.0 cm，花序具 3 ~ 7 朵花，萼片宽 7.0 ~ 8.0 mm ……… 720. 莲瓣兰 ***Cymbidium tortisepalum***

692 纹瓣兰 *Cymbidium aloifolium* (L.) Sw.

【别名】 剑兰、硬叶兰。

【主要特征】 附生植物，植株丛生，假鳞茎卵球形，长 3.0 ~ 6.0 cm，宽 2.5 ~ 4.0 cm，包藏于叶基之内。叶 4 ~ 5 枚，带形，略外弯，长 40.0 ~ 90.0 cm，宽 1.5 ~ 4.0 cm，先端具两侧不等的 2 圆裂，关节位于距基部 8.0 ~ 16.0 cm 处。花葶从假鳞茎基部穿鞘而出，下垂，长 20.0 ~ 60.0 cm，具 20 ~ 35 朵花，花萼片和花瓣黄色，中央有 1 条栗褐色宽带，唇瓣白色而密生栗褐色纵纹。花苞片长 2.0 ~ 5.0 mm；萼片狭长圆形，长 15.0 ~ 20.0 mm，宽 4.0 ~ 6.0 mm；花瓣略短于萼片，狭椭圆形；唇瓣近卵形，长 13.0 ~ 20.0 mm，3 裂，基部略呈囊状，上面有小乳突，侧裂片超出蕊柱与药帽之上，中裂片外弯，唇盘上有 2 条纵褶片，中部变窄，末端基部膨大；蕊柱长 10.0 ~ 12.0 mm。

图 692-1 纹瓣兰 *Cymbidium aloifolium* 地理分布

【花期】 4 ~ 5 月。

【生境状况】 生于海拔 100 ~ 1 100 m 的林中树上或林下岩石上。

【濒危等级】 NT。

【地理分布】 广东、广西、贵州和云南等省区；斯里兰卡、印度、尼泊尔、缅甸、泰国、老挝、越南、柬埔寨、马来西亚、菲律宾、新加坡。

图 692-2 纹瓣兰 *Cymbidium aloifolium* 花（叶德平）

图 692-3 纹瓣兰 *Cymbidium aloifolium* 生境与植株（金效华）

693 椰香兰 *Cymbidium atropurpureum* (Lindl.) Rolfe

【别名】 吊兰、纹瓣兰。

【主要特征】 附生植物，假鳞茎卵圆形，长 10.0 cm，宽 6.0 cm。叶片 7 ~ 9 枚，舌形，长 50.0 ~ 90.0 cm，宽 1.5 ~ 4.0 cm，关节位于叶基之上 15.0 ~ 20.0 cm，先端具两侧不等的 2 裂。花序从叶基之下发出，下垂，长 30.0 ~ 70.0 cm，具数朵花，花萼片黄褐色，花瓣紫红色，唇瓣白色具紫色斑点。花苞片三角形，长 1.0 ~ 4.0 mm；中萼片近直立，狭舌状椭圆形，长 28.0 ~ 33.0 mm，宽 7.0 ~ 10.0 mm，边缘外卷；侧萼片下垂，斜镰状，与中萼片等大；花瓣狭椭圆形，长 25.0 ~ 30.0 mm，宽 7.0 ~ 11.0 mm，边缘有时外卷；唇瓣长 21.0 ~ 25.0 mm，宽 13.0 ~ 15.0 mm，3 裂，侧裂片直立，比蕊柱短很多，中裂片宽卵状菱形，长 11.0 ~ 13.0 mm，宽 13.0 ~ 14.0 mm，边缘全缘；唇盘上具多个乳头状突起，并具 2 条 “S” 形的脊，从基部发出，在唇盘近顶端处会合；蕊柱长 16.0 ~ 18.0 mm。

图 693-1 椰香兰 *Cymbidium atropurpureum* 生境与植株（黄明忠）

【花期】 3 ~ 5 月。

【生境状况】 生长于海拔 100 ~ 1 200 m 的林中树上或林下岩石上。

【濒危等级】 LC。

【地理分布】 海南省；泰国、越南、马来西亚、菲律宾和印度尼西亚。

图 693-2 椰香兰 *Cymbidium atropurpureum* 地理分布

图 693-3 椰香兰 *Cymbidium atropurpureum* 花（黄明忠）

694 垂花兰 *Cymbidium cochleare* Lindl.

图 694-1 垂花兰 *Cymbidium cochleare* 生境与植株（金效华）

【别名】 无。

【主要特征】 附生草本；假鳞茎几不可见，包藏于叶基之内。叶 6 ~ 13 枚，2 列，带形，长 45.0 ~ 80.0 cm，宽 0.8 ~ 1.0 cm，通常略 2 裂，关节位于距基部 4.0 ~ 10.0 cm 处。花葶从假鳞茎下部叶腋内长出，通常长 40.0 ~ 50.0 cm，下弯；总状花序下垂，具 7 ~ 20 朵花。花苞片小，长 2.0 ~ 3.0 mm；花梗和子房长 12.0 ~ 21.0 mm；花下垂，狭钟形，几不开放，稍有香气，花绿褐色，唇瓣具许多红色小斑点，花蜡质，有光泽，细弱；萼片狭倒卵状披针形，长 34.0 ~ 43.0 mm，宽 7.0 ~ 9.0 mm；花瓣宽线状倒披针形，长 30.0 ~ 40.0 mm，宽 5.0 ~ 6.0 mm；唇瓣倒披针状三角形，长 30.0 ~ 40.0 mm，3 裂，基部与蕊柱合生 2.0 ~ 3.0 mm；侧裂片略围抱蕊柱，常具很小的乳突；中裂片较小，长 8.0 ~ 10.0 mm，宽 5.0 ~ 6.0 mm，中央有 1 个密生短毛的斑块，边缘稍波状；唇盘上的 2 条纵褶片仅到达唇瓣中部；蕊柱长 28.0 ~ 32.0 mm，腹面下部疏生微毛；花粉团深裂为 4 个。蒴果椭圆形，长 20.0 ~ 25.0 mm，宽 15.0 ~ 20.0 mm。

【花期】 10 ~ 12 月。

【生境状况】 生于海拔 300 ~ 2 000 m 的林中树上。

【濒危等级】 VU。

【地理分布】 云南和台湾等省。

图 694-2 垂花兰 *Cymbidium cochleare* 花（金效华）

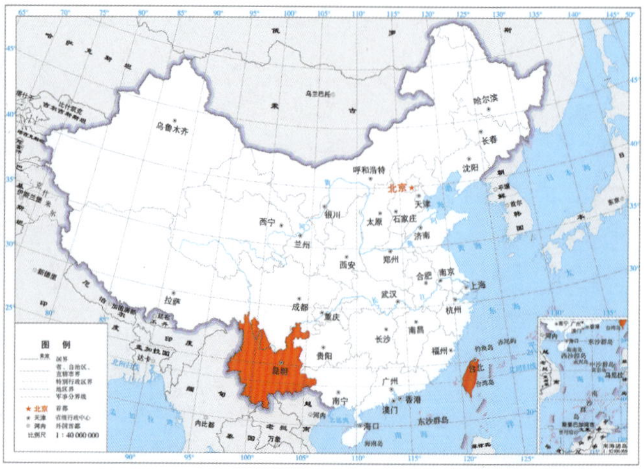

图 694-3 垂花兰 *Cymbidium cochleare* 地理分布

695 莎叶兰 *Cymbidium cyperifolium* Wall. ex Lindl.

图 695-1 莎叶兰 *Cymbidium cyperifolium* 生境与植株（叶德平）

【别名】 套叶兰。

【主要特征】 地生或半附生植物，假鳞茎小，长 1.0 ~ 2.0 cm，包藏于叶鞘之内。叶 4 ~ 12 枚，带形，常整齐 2 列，略呈扇形，长 30.0 ~ 120.0 cm，宽 0.6 ~ 1.3 cm，基部 2 列套叠，关节位于距基部 4.0 ~ 5.0 cm 处。花葶从假鳞茎基部发出，长 20.0 ~ 40.0 cm，具 3 ~ 7 朵花，花萼片和花瓣黄绿色，唇瓣色淡而侧裂片上有紫纹，中裂片上有紫色斑。花苞片披针形，长 14.0 ~ 41.0 mm；萼片线形，长 18.0 ~ 35.0 mm，宽 4.0 ~ 7.0 mm；花瓣狭卵形，长 16.0 ~ 26.0 mm，宽 5.5 ~ 8.5 mm；唇瓣卵形，长 14.0 ~ 22.0 mm，稍 3 裂，侧裂片上有小乳突，中裂片强烈外弯，前部疏生小乳突；唇盘上 2 条纵褶片从近基部处向上延伸至中裂片基部，上部略向内倾斜；蕊柱长 11.0 ~ 15.0 mm，两侧有狭翅。

【花期】 10 月至翌年 2 月。

【生境状况】 生长于海拔 900 ~ 1 600 m 的林下排水良好、多石的地上或岩石缝中。

【濒危等级】 VU。

【地理分布】 广东、广西、海南、贵州和云南等省区；印度、不丹、尼泊尔、缅甸、泰国、越南、柬埔寨和菲律宾。

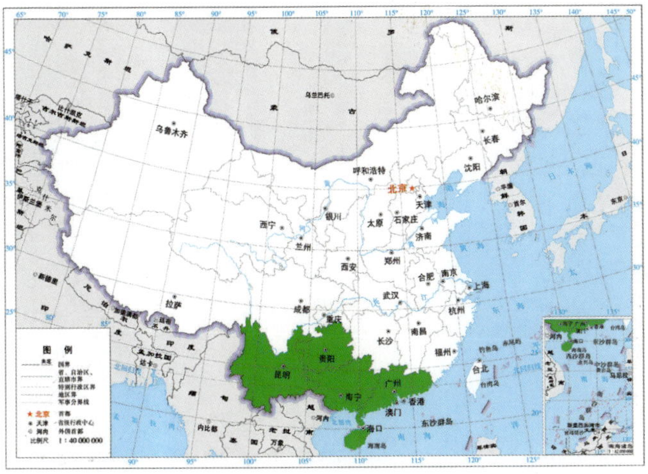

图 695-2 莎叶兰 *Cymbidium cyperifolium* 地理分布

图 695-3 莎叶兰 *Cymbidium cyperifolium* 花（叶德平）

696 冬凤兰 *Cymbidium dayanum* Rchb. f.

【别名】 凤兰、寒凤兰。

【主要特征】 附生植物，植株丛生，假鳞茎近梭形，稍压扁，长 2.0 ~ 5.0 cm，宽 1.5 ~ 2.5 cm，包藏于叶基内。叶 4 ~ 9 枚，带形，长 32.0 ~ 60.0 cm，宽 0.7 ~ 1.3 cm，关节位于距基部 7.0 ~ 12.0 cm 处。花葶自假鳞茎基部穿鞘而出，长 18.0 ~ 35.0 cm，下弯，具 5 ~ 9 朵花，花萼片和花瓣白色，中央有 1 条栗色纵带，自基部延伸至上部 3/4 处；唇瓣仅在基部和中裂片中央为白色，其余为栗色；侧裂片密具栗色脉，褶片呈白色。花苞片近三角形，长 4.0 ~ 5.0 mm；萼片狭长圆状椭圆形，长 22.0 ~ 27.0 mm，宽 5.0 ~ 7.0 mm；花瓣狭卵状长圆形，长 17.0 ~ 23.0 mm，宽 4.0 ~ 6.0 mm；唇瓣近卵形，长 15.0 ~ 19.0 mm，3 裂，侧裂片与蕊柱近等长，中裂片外弯，唇盘上有 2 条纵褶片自基部延伸至中裂片基部，上面有密集的腺毛，褶片前端有 2 条具腺毛的线延伸至中裂片中部；蕊柱长 9.0 ~ 10.0 mm。

图 696-1 冬凤兰 *Cymbidium dayanum* 地理分布

【花期】 8 ~ 12 月。

【生境状况】 生于海拔 300 ~ 1 600 m 的林中树上或溪谷旁岩壁上。

【濒危等级】 VU。

【地理分布】 福建、台湾、广东、海南、广西和云南等省区；印度、缅甸、泰国、老挝、越南、柬埔寨、马来西亚、印度尼西亚、菲律宾和日本。

图 696-2 冬凤兰 *Cymbidium dayanum* 植株（叶德平）

697 福兰 *Cymbidium devonianum* Paxton

图 697-1 福兰 *Cymbidium devonianum* 花序（叶德平）

【别名】 无。

【主要特征】 地生或半附生植物，假鳞茎近圆锥形，长 1.5 ~ 2.5 cm，宽 1.0 cm，包藏于叶基之内。叶 2 ~ 4 枚，长圆状倒披针形，长 22.0 ~ 27.0 cm，宽 3.5 ~ 4.7 cm，具鞘状茎，长 15.0 ~ 23.0 cm。花葶从假鳞茎基部发出，长 36.0 ~ 50.0 cm，具 20 ~ 40 朵花，花棕黄色。花苞片卵状披针形，长 4.0 ~ 5.0 mm；萼片狭椭圆形，长 20.0 ~ 22.0 mm，宽 6.0 ~ 7.0 mm；花瓣狭椭圆状披针形，长 16.0 ~ 19.0 mm，宽 5.5 ~ 6.0 mm；唇瓣稍内弯，倒卵状菱形，长 13.0 ~ 15.0 mm，宽 10.0 mm，不裂，先端稍外卷；唇盘上具 2 条纵褶片；蕊柱长 10.0 ~ 12.0 mm。

【花期】 3 ~ 4 月。

【生境状况】 生于海拔 1 200 ~ 1 700 m 的林中树上。

【濒危等级】 LC。

【地理分布】 云南省；印度、不丹、尼泊尔、泰国和越南。

图 697-2 福兰 *Cymbidium devonianum* 地理分布

图 697-3 福兰 *Cymbidium devonianum* 植株（叶德平）

698 独占春 *Cymbidium eburneum* Lindl.

图 698-1 独占春 *Cymbidium eburneum* 生境与植株（叶德平）

【别名】 象牙白。

【主要特征】 附生植物，植株丛生，假鳞茎梭形，长 4.0 ~ 8.0 cm，宽 2.5 ~ 3.5 cm，包藏于叶基之内。叶 6 ~ 11 枚，长 57.0 ~ 65.0 cm，宽 1.4 ~ 2.1 cm，带形，先端具略不等的 2 裂，关节位于距基部 4.0 ~ 8.0 cm 处。花葶从假鳞茎下部叶腋发出，长 25.0 ~ 40.0 cm，具 1 ~ 2 朵花，花萼片和花瓣白色，唇瓣白色而中裂片中央至基部有 1 个黄色斑。花苞片卵状三角形，长 6.0 ~ 7.0 mm；萼片狭长圆状倒卵形，长 55.0 ~ 70.0 mm，宽 15.0 ~ 20.0 mm；花瓣狭倒卵形，与萼片等长，宽 13.0 ~ 18.0 mm；唇瓣宽椭圆形，略短于萼片，3 裂，基部与蕊柱合生达 3.0 ~ 5.0 mm，侧裂片直立，略围抱蕊柱，有小乳突，中裂片稍外弯，中部至基部有密短毛，其余部分有细毛，边缘波状；唇盘上 2 条纵褶片会合为 1 条，从基部延伸至中裂片基部，上面生有小乳突和细毛；蕊柱长 35.0 ~ 45.0 mm，两侧有狭翅。

【花期】 2 ~ 5 月。

【生境状况】 生于海拔约 1 400 m 的林中树上或溪谷旁岩石上。

【濒危等级】 EN。

【地理分布】 海南、广西和云南等省区；印度、尼泊尔和缅甸。

图 698-2 独占春 *Cymbidium eburneum* 花（金效华）

图 698-3 独占春 *Cymbidium eburneum* 地理分布

699 莎草兰 *Cymbidium elegans* Lindl.

图 699-1 莎草兰 *Cymbidium elegans* 地理分布

【别名】 长叶兰、香莎草兰、雪兰。

【主要特征】 附生植物，植株丛生，假鳞茎近卵形，长 4.0 ~ 9.0 cm，宽 2.0 ~ 3.0 cm，包藏于叶基之内。叶片 6 ~ 13 枚，2 列，带形，长 45.0 ~ 80.0 cm，宽 1.0 ~ 1.7 cm，先端略 2 裂，关节位于距基部 4.0 ~ 10.0 cm 处。花葶从假鳞茎下部叶腋内发出，长 40.0 ~ 50.0 cm，下弯，具数朵花，花不甚开放，黄奶油色。花苞片小，长 2.0 ~ 3.0 mm；萼片狭倒卵状披针形，长 34.0 ~ 43.0 mm，宽 7.0 ~ 9.0 mm；花瓣宽线状倒披针形，长 30.0 ~ 40.0 mm，宽 5.0 ~ 6.0 mm；唇瓣倒披针状三角形，长 30.0 ~ 40.0 mm，3 裂，基部与蕊柱合生达 2.0 ~ 3.0 mm，侧裂片略围抱蕊柱，常具小的乳突，中裂片小，长 8.0 ~ 10.0 mm，宽 5.0 ~ 6.0 mm，中央有 1 个密生短毛的斑块，边缘稍波状，唇盘上有 2 条纵褶片从基部延伸至中裂片基部，在近末端会合并具短毛，在基部增粗并在两褶片之间形成槽状凹陷；蕊柱长 28.0 ~ 32.0 mm。

【花期】 10 ~ 12 月。

【生境状况】 生于海拔 1 700 ~ 2 800 m 的林中树上或林下岩壁上。

【濒危等级】 EN。

【地理分布】 四川、云南和西藏等省区；印度、不丹、尼泊尔和缅甸。

图 699-2 莎草兰 *Cymbidium elegans* 花序（李剑武）

图 699-3 莎草兰 *Cymbidium elegans* 生境与植株（叶德平）

700 建兰 *Cymbidium ensifolium* (L.) Sw.

图 700-1 建兰 *Cymbidium ensifolium* 生境与植株（叶德平）

【别名】 四季兰、兰草、秋兰、大叶白、官兰。

【主要特征】 地生植物，假鳞茎卵球形，长 1.5 ~ 2.5 cm，宽 1.0 ~ 1.5 cm，包藏于叶基之内。叶 2 ~ 4 枚，带形，长 30.0 ~ 60.0 cm，宽 1.0 ~ 1.5 cm，前部边缘有细齿，关节位于距基部 2.0 ~ 4.0 cm 处。花葶从假鳞茎基部发出，长 20.0 ~ 35.0 cm，花黄绿色，颜色变化大。花苞片长 5.0 ~ 8.0 mm，下部的长达 15 mm；萼片近狭长圆形，长 23.0 ~ 28.0 mm，宽 5.0 ~ 8.0 mm；侧萼片向下斜展；花瓣狭椭圆形，长 15.0 ~ 24.0 mm，宽 5.0 ~ 8.0 mm；唇瓣近卵形，长 15.0 ~ 23.0 mm，略 3 裂，侧裂片直立，略围抱蕊柱，上面有小乳突，中裂片大，卵形，外弯，边缘波状，具小乳突；唇盘上 2 条纵褶片从基部延伸至中裂片基部，上半部向内倾斜并靠合，形成短管；蕊柱长 10.0 ~ 14.0 mm，两侧具狭翅。

【花期】 6 ~ 10 月。

【生境状况】 生于海拔 600 ~ 1 800 m 的林下、灌丛或草丛中。

【濒危等级】 VU。

【地理分布】 安徽、浙江、江西、福建、台湾、湖南、广东、海南、广西、四川、贵州和云南等省区；缅甸、泰国、老挝、越南、柬埔寨、马来西亚、新加坡、印度尼西亚、菲律宾等地区，北至日本。

图 700-2 建兰 *Cymbidium ensifolium* 花序（叶德平）

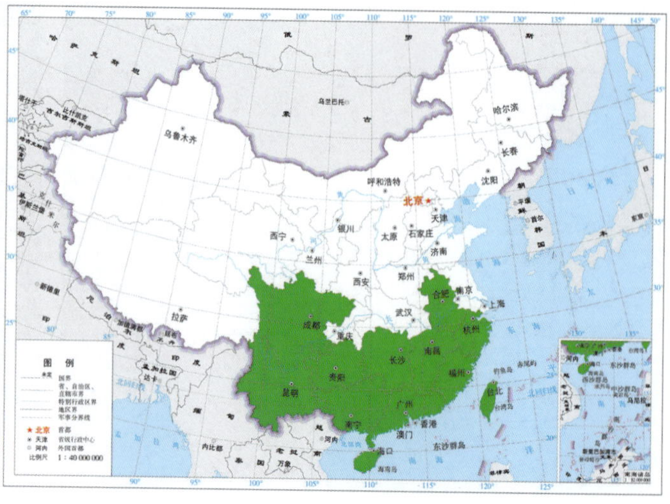

图 700-3 建兰 *Cymbidium ensifolium* 地理分布

701 长叶兰 *Cymbidium erythraeum* Lindl.

【别名】 小虎头兰。

【主要特征】 附生植物，植株丛生，假鳞茎球形，长 2.0 ~ 5.0 cm，宽 1.5 ~ 3.0 cm，包藏于叶基之内。叶 5 ~ 11 枚，2 列，带形，长 60.0 ~ 90.0 cm，宽 0.7 ~ 1.5 cm，关节位于距基部 3.0 ~ 6.5 cm 处。花葶外弯，长 25.0 ~ 75.0 cm，具 3 ~ 7 朵花。花萼片与花瓣绿色具红褐色脉和不规则斑点，唇瓣淡黄色，侧裂片上有红褐色脉，中裂片上有少量红褐色斑点。花苞片近三角形，长 2.0 ~ 4.0 mm；萼片狭长圆形，长 34.0 ~ 52.0 mm，宽 7.0 ~ 14.0 mm；花瓣镰刀状，长 35.0 ~ 53.0 mm，宽 3.5 ~ 7.0 mm；唇瓣椭圆状卵形，长 30.0 ~ 43.0 mm，3 裂，基部与蕊柱合生达 2.0 ~ 3.0 mm，侧裂片直立，被短毛，上部较多，边缘有时有短缘毛，中裂片心形，上面有小乳突，稍散生短毛；唇盘上 2 条褶片自下部延伸到中裂片基部，褶片上面密生短毛；蕊柱长 23.0 ~ 32.0 mm，两侧具翅。

【花期】 10 月至翌年 1 月。

【生境状况】 生于海拔 1 400 ~ 2 800 m 的林中树上或林下岩石上。

【濒危等级】 VU。

【地理分布】 四川、云南和西藏等省区；印度、不丹、尼泊尔和缅甸。

图 701-1 长叶兰 *Cymbidium erythraeum* 生境与植株（李剑武）

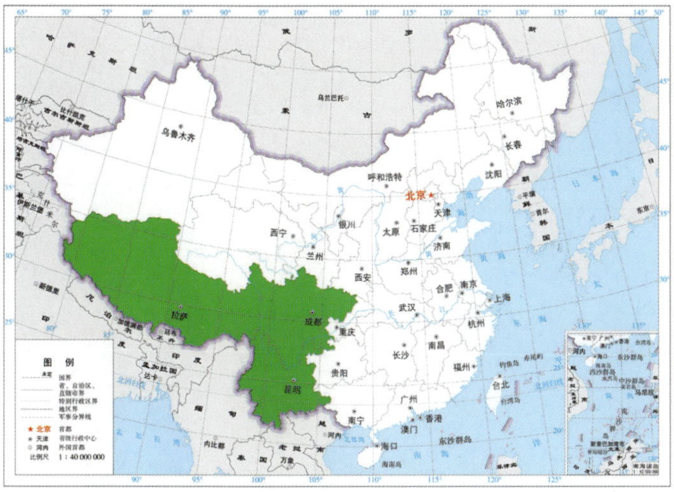

图 701-2 长叶兰 *Cymbidium erythraeum* 地理分布

图 701-3 长叶兰 *Cymbidium erythraeum* 花序（叶德平）

702 蕙兰 *Cymbidium faberi* Rolfe

【别名】 大兰草、九头兰、线兰、线叶春兰。

【主要特征】 地生植物，假鳞茎不明显。叶 5 ~ 8 枚，带形，直立，长 25.0 ~ 80.0 cm，宽 0.7 ~ 1.2 cm，基部常对折呈“V”形，边缘有粗锯齿。花葶从叶丛基部最外面的叶腋抽出，近直立，长 35.0 ~ 50.0 cm，具 5 ~ 11 朵花。花黄绿色，唇瓣有紫红色斑，花苞片线状披针形，最下面的长于子房，中上部的长 10.0 ~ 20.0 mm；萼片近披针状长圆形，长 25.0 ~ 35.0 mm，宽 6.0 ~ 8.0 mm；花瓣与萼片相似，但略短而宽；唇瓣长圆状卵形，长 20.0 ~ 25.0 mm，3 裂，侧裂片直立，具小乳突，中裂片较长，强烈外弯，有明显的、发亮的乳突，边缘常皱波状；唇盘上 2 条纵褶片从基部上方延伸至中裂片基部，上端向内倾斜并会合，略形成短管；蕊柱长 12.0 ~ 16.0 mm，两侧具狭翅。

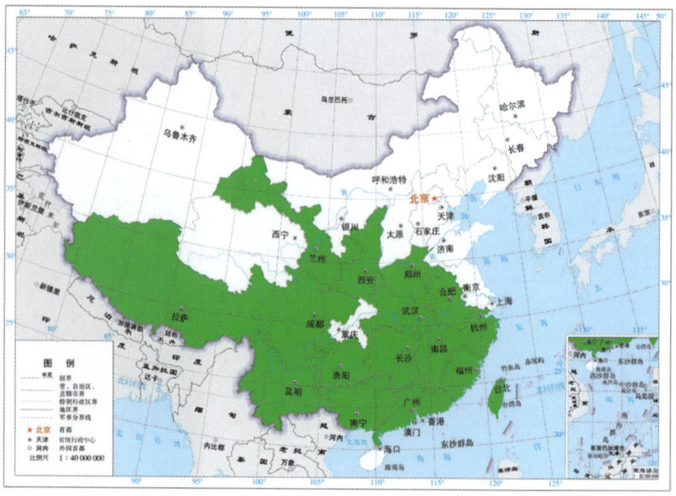

图 702-1 蕙兰 *Cymbidium faberi* 地理分布

【花期】 3 ~ 5 月。

【生境状况】 生于海拔 700 ~ 3 000 m 的林下湿润、排水良好的地方。

【濒危等级】 LC。

【地理分布】 陕西、甘肃、安徽、浙江、江西、福建、台湾、河南、湖北、湖南、广东、广西、四川、贵州、云南和西藏等省区；印度和尼泊尔。

图 702-2 蕙兰 *Cymbidium faberi* 花（金效华）

703 春兰 *Cymbidium goeringii* (Rchb. f.) Rchb. f.

【别名】 兰草、朵朵香、独子兰、扑地兰。

【主要特征】 地生植物，假鳞茎小，卵球形，长 1.0 ~ 2.5 cm，宽 1.0 ~ 1.5 cm，包藏于叶基之内。叶 4 ~ 7 枚，带形，长 20.0 ~ 40.0 cm，宽 0.5 ~ 0.9 cm，下部常“V”形对折，边缘有时具细齿。花葶从假鳞茎基部外侧发出，长 3.0 ~ 15.0 cm，明显短于叶，花单生，绿色。花苞片长而宽，长 40.0 ~ 50.0 mm；萼片近长圆形，长 25.0 ~ 40.0 mm，宽 8.0 ~ 12.0 mm；花瓣倒卵状椭圆形，长 17.0 ~ 30.0 mm，与萼片近等宽；唇瓣近卵形，长 14.0 ~ 28.0 mm，不明显 3 裂，侧裂片直立，具小乳突，在内侧靠近纵褶片处各有 1 个肥厚的皱褶状物；中裂片较大，强烈外弯，上面具小乳突，边缘略呈波状；唇盘上 2 条纵褶片从基部上方延伸至中裂片基部以上，上部向内倾斜并靠合，略形成短管状；蕊柱长 12.0 ~ 18.0 mm，两侧有较宽的翅。

图 703-1 春兰 *Cymbidium goeringii* 生境与植株（叶德平）

【花期】 1 ~ 3 月。

【生境状况】 生于海拔 300 ~ 2 200 m 的林下多石山坡、林中透光处。

【濒危等级】 VU。

【地理分布】 陕西、甘肃、安徽、江苏、浙江、福建、台湾、河南、湖北、湖南、广东、广西、四川、贵州和云南等省区；日本、朝鲜、韩国。

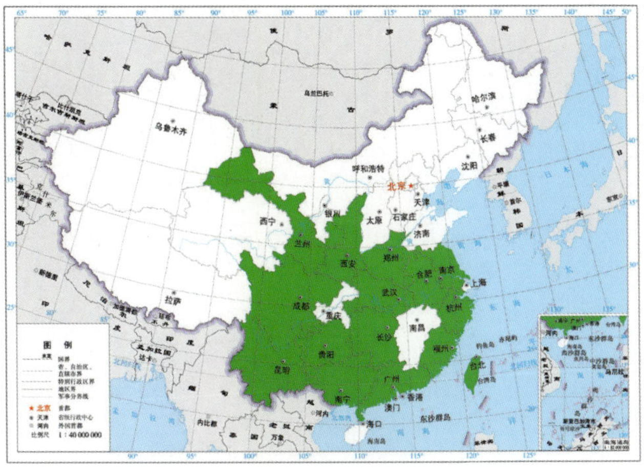

图 703-2 春兰 *Cymbidium goeringii* 地理分布

图 703-3 春兰 *Cymbidium goeringii* 花（李剑武）

704 多花兰 *Cymbidium floribundum* Lindl.

【别名】 兰花、兰草、六月兰、岩韭菜。

【主要特征】 附生植物，植株丛生，假鳞茎近卵球形，长 2.5 ~ 3.5 cm，宽 2.0 ~ 3.0 cm，包藏于叶基之内。叶 5 ~ 6 枚，带形，长 22.0 ~ 50.0 cm，宽 0.8 ~ 1.8 cm，关节位于距基部 2.0 ~ 6.0 cm 处。花葶从假鳞茎基部穿鞘而出，长 16.0 ~ 28.0 cm，具数朵稍密集的花，花萼片和花瓣红褐色，唇瓣白色而在侧裂片与中裂片上有紫红色斑，褶片黄色。花苞片小；萼片狭长圆形，长 16.0 ~ 18.0 mm，宽 4.0 ~ 7.0 mm；花瓣狭椭圆形，长 14.0 ~ 16.0 mm，与萼片近等宽；唇瓣近卵形，长 16.0 ~ 18.0 mm，3 裂，侧裂片直立，具小乳突，中裂片稍外弯，具小乳突；唇盘上有 2 条纵褶片，褶片末端靠合；蕊柱长 11.0 ~ 14.0 mm。

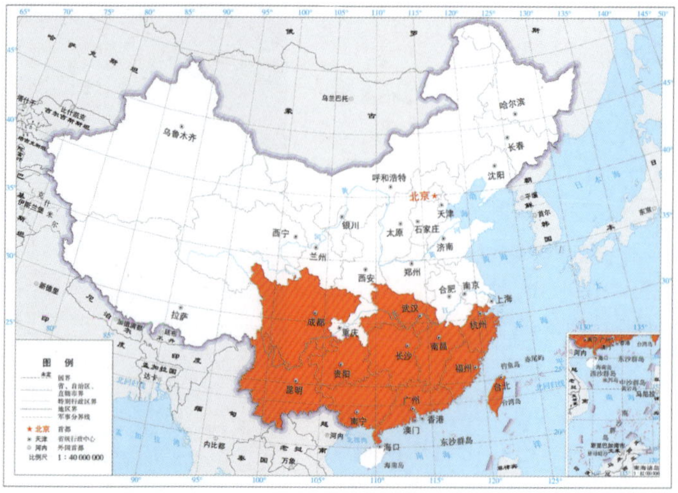

图 704-1 多花兰 *Cymbidium floribundum* 地理分布

【花期】 4 ~ 8 月。

【生境状况】 生于海拔 100 ~ 3 300 m 的林中树上或溪谷边透光的岩石上。

【濒危等级】 VU。

【地理分布】 浙江、江西、福建、台湾、湖北、湖南、广东、广西、四川、贵州和云南等省区。

图 704-2 多花兰 *Cymbidium floribundum* 生境与植株（一）（金效华）

图 704-3 多花兰 ***Cymbidium floribundum*** 生境与植株（二）（金效华）

图 704-4 多花兰 ***Cymbidium floribundum*** 花（金效华）

705 虎头兰 *Cymbidium hookerianum* Rchb. f.

图 705-1 虎头兰 *Cymbidium hookerianum* 生境与植株（金效华）

【别名】 大花建兰、兰花、青蝉。

【主要特征】 附生植物，植株丛生，假鳞茎狭椭圆形，长 3.0 ~ 8.0 cm，宽 1.5 ~ 3.0 cm，大部分包藏于叶基之内。叶 4 ~ 6 枚，长 5.0 ~ 60.0 cm，宽 1.4 ~ 2.3 cm，带形，关节位于距基部 6.0 ~ 10.0 cm 处。花葶从假鳞茎下部穿鞘而出，外弯，长 45.0 ~ 60.0 cm，具 7 ~ 14 朵花，花萼片和花瓣黄绿色，基部有少数深红色斑点，唇瓣白色，侧裂片与中裂片上有栗色斑点。花苞片卵状三角形，长 3.0 ~ 4.0 mm；萼片长圆形，长 50.0 ~ 55.0 mm，宽 15.0 ~ 17.0 mm；花瓣狭长圆状倒披针形，与萼片近等长，宽 10.0 ~ 13.0 mm；唇瓣椭圆形，长 45.0 ~ 50.0 mm，3 裂，基部与蕊柱合生达 4.0 ~ 5.0 mm，侧裂片直立，略有小乳突，边缘有缘毛，中裂片外弯，具小乳突，有时散生短毛，边缘啮蚀状，唇盘上 2 条纵褶片从基部延伸至中裂片基部以上，沿纵褶片生有短毛；蕊柱长 33.0 ~ 40.0 mm。

【花期】 1 ~ 4 月。

【生境状况】 生于海拔 1 100 ~ 2 700 m 的林中树上或林下岩石上。

【濒危等级】 EN。

【地理分布】 广西、四川、贵州、云南和西藏等省区；印度、不丹和尼泊尔。

图 705-2 虎头兰 *Cymbidium hookerianum* 花（金效华）

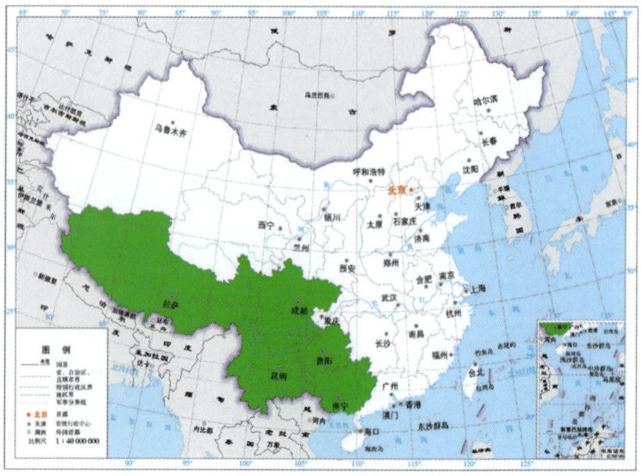

图 705-3 虎头兰 *Cymbidium hookerianum* 地理分布

706 美花兰 *Cymbidium insigne* Rolfe

【别名】 无。

【主要特征】 地生或半附生植物，假鳞茎卵球形，长 5.0 ~ 9.0 cm，宽 2.5 ~ 4.0 cm，包藏于叶基之内。叶 6 ~ 9 枚，带形，长 60.0 ~ 90.0 cm，宽 0.7 ~ 1.2 cm，关节位于距基部 7.5 ~ 10.0 cm 处。花葶长 28.0 ~ 90.0 cm，具数朵花。花萼片和花瓣白色，有时基部有红点，唇瓣白色，侧裂片上通常有紫红色斑点，中裂片中部至基部黄色且具斑点。花苞片近三角形，长 3.0 ~ 5.0 mm；萼片椭圆状倒卵形，长 30.0 ~ 35.0 mm，宽 10.0 ~ 14.0 mm；侧萼片略歪斜；花瓣狭倒卵形，长 28.0 ~ 30.0 mm，宽 10.0 ~ 12.0 mm；唇瓣近卵圆形，略短于花瓣，3 裂，基部与蕊柱合生达 2.0 ~ 3.0 mm；侧裂片上有极细的小乳突，边缘无明显缘毛；中裂片稍外弯，基部与中部有 1 片密短毛区，其余部分有小乳突，边缘皱波状；唇盘上有 3 条纵褶片，左右 2 条从基部延伸至中裂片基部，顶端略膨大，中央 1 条较短，均密生短毛；蕊柱长 24.0 ~ 28.0 mm，两侧具翅，腹面基部有短毛。

【花期】 11 ~ 12 月。

【生境状况】 生长于海拔 1 700 ~ 1 850 m 的林中多石草丛中或岩石上或潮湿、多苔藓岩壁上。

【濒危等级】 CR。

【地理分布】 海南省；越南和泰国。

图 706-1 美花兰 *Cymbidium insigne* 生境与植株（黄明忠）

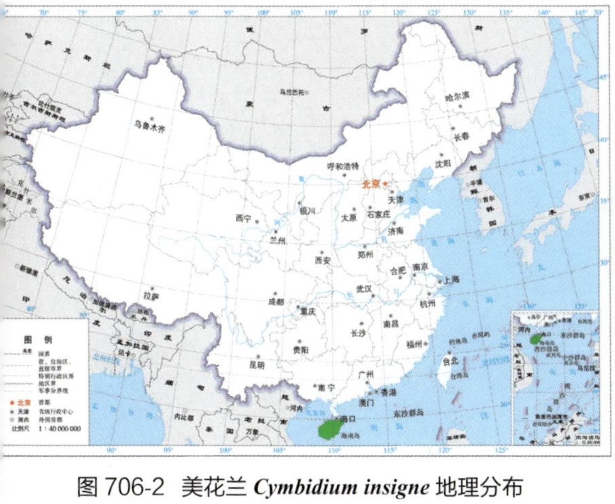

图 706-2 美花兰 *Cymbidium insigne* 地理分布

图 706-3 美花兰 *Cymbidium insigne* 花序（黄明忠）

707 黄蝉兰 *Cymbidium iridioides* D.Don

图 707-1 黄蝉兰 *Cymbidium iridioides* 植株（李剑武）

【别名】 豆瓣兰。

【主要特征】 附生植物，假鳞茎椭圆形，长 4.0 ~ 11.0 cm， 宽 2.0 ~ 5.0 cm，包藏于叶基之内。叶 4 ~ 8 枚，带形，长 45.0 ~ 70.0 cm，宽 2.0 ~ 4.0 cm，关节位于距基部 6.0 ~ 15.0 cm 处。花葶从假鳞茎基部穿鞘而出，长 40.0 ~ 70.0 cm，具 3 ~ 17 朵花，花黄绿色，唇瓣上具红色斑点。花苞片近三角形，长 2.0 ~ 3.0 mm；萼片狭倒卵状长圆形，长 3.7 ~ 4.5 cm，宽 1.2 ~ 1.5 cm，侧萼片稍扭转；花瓣狭卵状长圆形，长 3.5 ~ 4.6 cm，宽 0.7 ~ 0.9 cm；唇瓣近椭圆形，略短于花瓣，3 裂，侧裂片边缘具短缘毛，上面有短毛，中裂片强烈外弯，中央有 2 ~ 3 行长毛，连接于褶片顶端并延伸至中裂片上部，其余部分疏生短毛，边缘啮蚀状并呈波状，唇盘上 2 条纵褶片自上部延伸至中部，但向基部迅速变狭小，中上部有长毛；蕊柱长 2.5 ~ 2.9 cm。

【花期】 8 ~ 12 月。

【生境状况】 生于海拔 900 ~ 2 800 m 的林中树上或林下岩石上。

【濒危等级】 VU。

【地理分布】 四川、云南和西藏等省区；印度、尼泊尔、不丹和缅甸。

图 707-2 黄蝉兰 *Cymbidium iridioides* 花（李剑武）

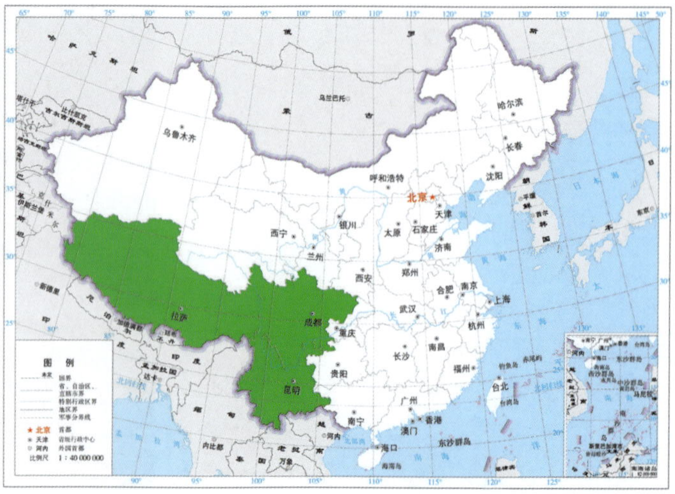

图 707-3 黄蝉兰 *Cymbidium iridioides* 地理分布

708 寒兰 *Cymbidium kanran* Makino

【别名】 青兰、草兰、假兰花。

【主要特征】 地生植物，假鳞茎狭卵球形，长 2.0 ~ 4.0 cm，宽 1.0 ~ 1.5 cm，包藏于叶基之内。叶 3 ~ 5 枚，带形，长 40.0 ~ 70.0 cm，宽 0.9 ~ 1.7 cm，前部边缘常有细齿，关节位于距基部 4.0 ~ 5.0 cm 处。花葶发自假鳞茎基部，长 25.0 ~ 60.0 cm，具 5 ~ 12 朵花，花黄绿色。花苞片狭披针形，长 15.0 ~ 26.0 mm，下部的更长；萼片近线形，长 30.0 ~ 50.0 mm，宽 3.5 ~ 5.0 mm；花瓣狭卵形，长 20.0 ~ 30.0 mm，宽 5.0 ~ 10.0 mm；唇瓣近卵形，具不明显的 3 裂，长 20.0 ~ 30.0 mm，侧裂片直立，略围抱蕊柱，有乳突状短柔毛，中裂片较大，外弯，上面有乳突状短柔毛，边缘稍有缺刻，唇盘上 2 条纵褶片从基部延伸至中裂片基部，上面向内倾斜并靠合，形成短管；蕊柱长 10.0 ~ 17.0 mm，两侧有狭翅。

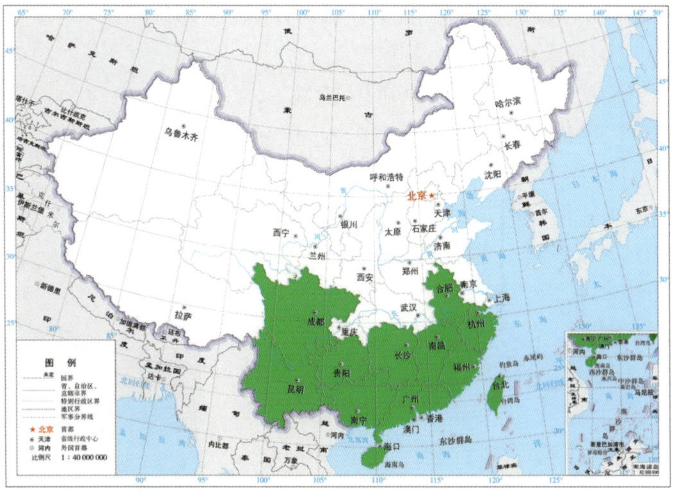

图 708-1 寒兰 *Cymbidium kanran* 地理分布

【花期】 8 ~ 12 月。

【生境状况】 生于海拔 400 ~ 2 400 m 的林下、溪谷旁或湿润、多石的土壤上。

【濒危等级】 VU。

【地理分布】 安徽、浙江、江西、福建、台湾、湖南、广东、海南、广西、四川、贵州和云南等省区；日本、朝鲜、韩国。

图 708-2 寒兰 *Cymbidium kanran* 花（施晓春）

709 兔耳兰 *Cymbidium lancifolium* Hook.

【别名】 宽叶兰、小兰草、竹柏兰、缩筋草。

【主要特征】 半附生植物，假鳞茎近扁圆柱形，长 2.0 ~ 7.0 cm，宽 0.5 ~ 1.0 cm，有节，顶端聚生 2 ~ 4 枚叶。叶片倒披针状长圆形，长 6.0 ~ 17.0 cm，宽 1.9 ~ 4.0 cm，上部边缘具细齿，基部收狭为长 3.0 ~ 18.0 cm 的柄。花葶从假鳞茎下部侧面节上发出，长 8.0 ~ 20.0 cm，花白色，花瓣上有紫栗色中脉，唇瓣上有紫栗色斑。花苞片披针形，长 10.0 ~ 15.0 mm；萼片倒披针形，长 22.0 ~ 27.0 mm，宽 5.0 ~ 7.0 mm；花瓣近长圆形，长 15.0 ~ 23.0 mm，宽 5.0 ~ 7.0 mm；唇瓣近卵状长圆形，长 15.0 ~ 20.0 mm，稍 3 裂，侧裂片直立，略围抱蕊柱，中裂片外弯，唇盘上 2 条纵实褶片从基部上方延伸至中裂片基部，上端向内倾斜并靠合，略形成管状；蕊柱长 15.0 mm。

图 709-1 兔耳兰 *Cymbidium lancifolium* 生境与植株（李剑武）

【花期】 5 ~ 8 月。

【生境状况】 生于海拔 300 ~ 2 200 m 的疏林下、竹林下或溪谷旁的岩石上。

【濒危等级】 LC。

【地理分布】 浙江、福建、台湾、湖南、广东、海南、广西、四川、贵州、云南和西藏等省区；尼泊尔、印度、不丹、缅甸、泰国、老挝、越南、柬埔寨、马来西亚、新加坡、印度尼西亚、菲律宾、日本和新几内亚岛。

图 709-2 兔耳兰 *Cymbidium lancifolium* 花序（叶德平）

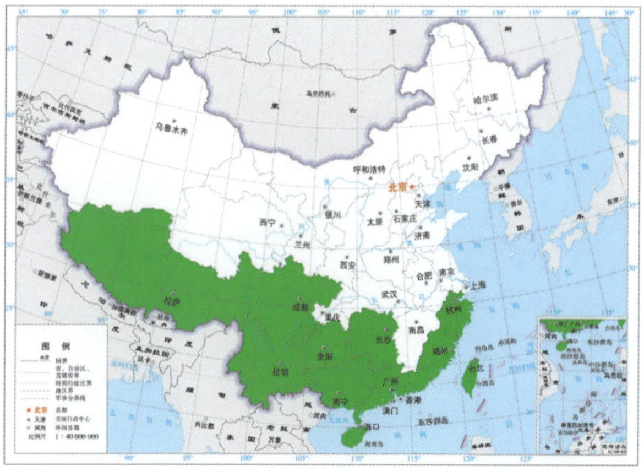

图 709-3 兔耳兰 *Cymbidium lancifolium* 地理分布

710 碧玉兰 *Cymbidium lowianum* (Rchb. f.) Rchb. f.

【别名】 无。

【主要特征】 附生植物，植株丛生，假鳞茎狭椭圆形，长 6.0 ~ 13.0 cm，宽 2.0 ~ 5.0 cm，包藏于叶基之内。叶 5 ~ 7 枚，带形，长 65.0 ~ 80.0 cm，宽 2.0 ~ 3.6 cm，关节位于距基部 6.0 ~ 9.0 cm 处。花葶从假鳞茎基部穿鞘而出，长 60.0 ~ 80.0 cm，具 10 ~ 20 朵花，花萼片和花瓣黄绿色，有红褐色纵脉，唇瓣淡黄色，中裂片上有深红色锚形斑。花苞片卵状三角形，长 3.0 mm；萼片狭倒卵状长圆形，长 40.0 ~ 50.0 mm，宽 14.0 ~ 16.0 mm；花瓣狭倒卵状长圆形，与萼片近等长，宽 8.0 ~ 10.0 mm；唇瓣近宽卵形，长 35.0 ~ 40.0 mm，3 裂，基部与蕊柱合生达 3.0 ~ 4.0 mm，侧裂片上被毛，中裂片在锚形斑区密生短毛，边缘啮蚀状并稍呈波状，唇盘上 2 条纵褶片肥厚，从距基部 7.0 ~ 9.0 mm 处伸延至中裂片基部下方，上面生有细毛；蕊柱长 27.0 ~ 30.0 mm。

【花期】 4 ~ 5 月。

【生境状况】 生于海拔 1 300 ~ 1 900 m 的林中树上或溪谷旁岩石上。

【濒危等级】 EN。

【地理分布】 云南省；缅甸和泰国。

图 710-1 碧玉兰 *Cymbidium lowianum* 生境与植株（李剑武）

图 710-2 碧玉兰 *Cymbidium lowianum* 花（李剑武）

图 710-3 碧玉兰 *Cymbidium lowianum* 地理分布

711 大根兰 *Cymbidium macrorhizon* Lindl.

图 711-1 大根兰 *Cymbidium macrorhizon* 生境与植株（金效华）

【别名】 腐生兰。

【主要特征】 菌类寄生植物，无绿叶，亦无假鳞茎，地下有根状茎，根状茎肉质，白色，长 5.0 ~ 10.0 cm，粗 0.3 ~ 0.7 cm，常分枝，具节，具不规则疣状突起。花葶直立，紫红色，长 11.0 ~ 18.0 cm，具 2 ~ 5 朵花，花白色带黄色，萼片与花瓣常有 1 条紫红色纵带，唇瓣上有紫红色斑。花苞片线状披针形，长 6.0 ~ 11.0 mm；萼片狭倒卵状长圆形，长 20.0 ~ 22.0 mm，宽 4.0 ~ 5.0 mm；花瓣椭圆形，长 15.0 ~ 18.0 mm，宽 5.0 ~ 6.0 mm；唇瓣近卵形，长 13.0 ~ 16.0 mm，略 3 裂，侧裂片直立，具小乳突，中裂片较大，稍下弯，唇盘上 2 条纵褶片从基部延伸至中裂片基部，上端向内倾斜并靠合，略形成短管；蕊柱长 10.0 mm，两侧具狭翅。

【花期】 6 ~ 8 月。

【生境状况】 生于海拔 700 ~ 1 500 m 的林下，有时海拔可达 2 500 m。

【濒危等级】 NT。

【地理分布】 四川、贵州和云南等省；印度、尼泊尔、巴基斯坦、缅甸、泰国、老挝、越南和日本。

图 711-2 大根兰 *Cymbidium macrorhizon* 花（金效华）

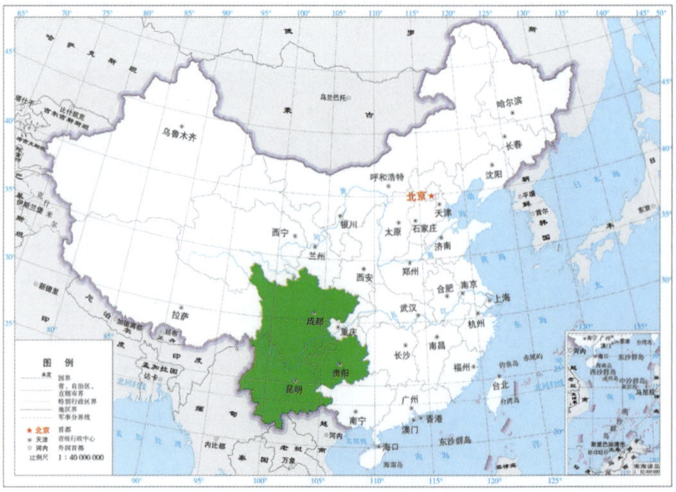

图 711-3 大根兰 *Cymbidium macrorhizon* 地理分布

712 象牙白 *Cymbidium maguanense* F. Y. Liu

【别名】 马关兰。

【主要特征】 附生植物，植株丛生，假鳞茎近圆锥形，长 4.0 ~ 10.0 cm，宽 2.0 ~ 2.5 cm，包藏于叶基之内。叶 8 ~ 9 枚，2 列，带形，长 37.0 ~ 76.0 cm，宽 1.2 ~ 2.4 cm。花葶从假鳞茎侧面叶腋内发出，长 20.0 ~ 45.0 cm，具 2 ~ 11 朵花，花白色，唇瓣具近长圆形的黄色斑。花苞片卵状三角形，长 5.0 ~ 6.0 mm；萼片狭椭圆状长圆形，长 48.0 ~ 60.0 mm，宽 15.0 ~ 20.0 mm；侧萼片稍偏斜；花瓣狭长圆状披针形，长 46.0 ~ 52.0 mm，宽 8.0 ~ 12.0 mm；唇瓣倒卵形，长 45.0 ~ 52.0 mm，宽 20.0 ~ 32.0 mm，与蕊柱合生达 5.0 mm，3 裂，侧裂片直立，略围抱蕊柱，中裂片宽卵形，长 12.0 ~ 13.0 mm，宽 14.0 ~ 18.0 mm，边缘啮蚀状；唇盘密被柔毛，上面的 2 条纵褶片从基部延伸至顶端；蕊柱长 35.0 ~ 40.0 mm。

【花期】 10 ~ 12 月。

【生境状况】 生长于海拔 1 000 ~ 1 800 m 的林中树上。

【濒危等级】 CR。

【地理分布】 云南省。

图 712-1 象牙白 *Cymbidium maguanense* 植株（李剑武）

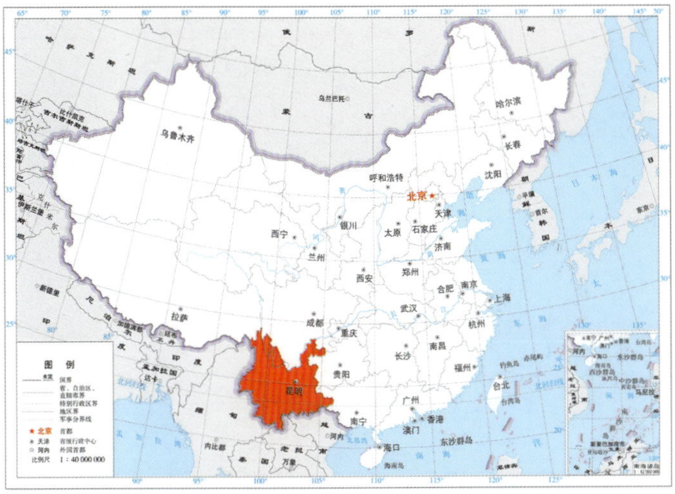

图 712-2 象牙白 *Cymbidium maguanense* 地理分布

图 712-3 象牙白 *Cymbidium maguanense* 花（李剑武）

713 硬叶兰 *Cymbidium mannii* Rchb. f.

图 713-1 硬叶兰 *Cymbidium mannii* 植株（李剑武）

【别名】 硬叶吊兰。

【主要特征】 附生植物，植株丛生，假鳞茎狭卵球形，长 2.5 ~ 5.0 cm，宽 2.0 ~ 3.0 cm，包藏于叶基之内。叶 5 ~ 7 枚，带形，长 22.0 ~ 80.0 cm，宽 1.0 ~ 1.8 cm，先端具两侧不等的 2 圆裂。花葶从假鳞茎基部穿鞘而出，长 17.0 ~ 28.0 cm，下垂，具 10 ~ 20 朵花，花萼片和花瓣淡黄色，中央有 1 条宽阔的栗褐色纵带，唇瓣白色，有栗褐色斑。花苞片三角形，长 1.5 ~ 4.5 mm；萼片狭长圆形，长 14.0 ~ 17.0 mm，宽 3.0 ~ 5.0 mm；花瓣近狭椭圆形，长 12.0 ~ 14.0 mm，宽 3.0 ~ 4.0 mm；唇瓣近卵形，长 12.0 ~ 14.0 mm，3 裂，基部略呈囊状，上面有小乳突，侧裂片短于蕊柱，中裂片外弯，唇盘上有 2 条纵褶片，两侧略膨大，上面有小乳突；蕊柱长 8.0 ~ 12.0 mm。

【花期】 3 ~ 4 月。

【生境状况】 生于海拔 100 ~ 1 600 m 的林中树上或林下岩石上。

【濒危等级】 NT。

【地理分布】 广东、海南、广西、贵州和云南等省区；印度、不丹、尼泊尔、缅甸、泰国、老挝、越南和柬埔寨。

图 713-2 硬叶兰 *Cymbidium mannii* 花（李剑武）

图 713-3 硬叶兰 *Cymbidium mannii* 地理分布

714 大雪兰 *Cymbidium mastersii* Griff. ex Lindl.

【别名】 大雪吊兰。

【主要特征】 附生植物，假鳞茎延长成茎状，长 10.0 ~ 30.0 cm，最长可达 100.0 cm 以上，完全包藏于 2 列排列的叶基中。叶随茎的延长而不断长出，可达 15 枚之多，叶片带形，长 24.0 ~ 75.0 cm，宽 1.1 ~ 1.7 cm，先端具两侧不等的 2 裂，关节位于距基部 3.0 ~ 6.0 cm 处。花序 1 ~ 2 个，从下部叶腋中发出，长 25.0 ~ 45.0 cm，具 2 ~ 5 朵花，花白色，唇瓣中裂片中央有 1 个黄色斑块连接于亮黄色的褶片上，少见紫红色斑点。花苞片三角形，长 2.0 ~ 5.0 mm；萼片狭椭圆形，长 45.0 ~ 55.0 mm，宽 10.0 ~ 15.0 mm；花瓣宽线形，长 42.0 ~ 50.0 mm，宽 7.0 ~ 10.0 mm；唇瓣长圆状卵形，长 40.0 ~ 45.0 mm，3 裂，基部与蕊柱合生达 3.0 ~ 4.0 mm；侧裂片直立，宽约 8.0 mm，稍围抱蕊柱，上面有微毛，中裂片小，中央至基部有 1 个密生短毛的斑块，边缘波状；唇盘上 2 条纵褶片下部分离，上端合；蕊柱长 35.0 mm。

【花期】 10 ~ 12 月。

【生境状况】 生长于海拔 1 600 ~ 1 800 m 的林中树上或林下岩石上。

【濒危等级】 EN。

【地理分布】 云南省；印度、缅甸和泰国。

图 714-1 大雪兰 *Cymbidium mastersii* 生境与植株（叶德平）

图 714-2 大雪兰 *Cymbidium mastersii* 地理分布

图 714-3 大雪兰 *Cymbidium mastersii* 花序（叶德平）

715 珍珠矮 *Cymbidium nanulum* Y. S. Wu & S. C. Chen

图 715-1 珍珠矮 *Cymbidium nanulum* 植株（李剑武）

【别名】 兰草。

【主要特征】 地生植物，无假鳞茎，地下有 1 条近肉质的根状茎，圆柱形，粗 1.0 cm，具数节。叶 2 ~ 3 枚，带形，长 25.0 ~ 30.0 cm，宽 1.0 ~ 1.2 cm，边缘具细齿，无明显的关节。花葶从植株基部发出，长 10.0 ~ 13.0 cm，疏生 3 ~ 4 朵花，花黄绿色，萼片和花瓣有 5 条深色脉纹。花苞片线形，长 4.0 ~ 9.0 mm；萼片长圆形，长 13.0 ~ 16.0 mm，宽 6.0 ~ 7.0 mm；中萼片向前倾，侧萼片略围抱蕊柱；花瓣长圆形，长 11.0 ~ 14.0 mm，宽 6.0 ~ 7.0 mm；唇瓣长圆状卵形，长 8.0 ~ 10.0 mm，不明显 3 裂，侧裂片上有紫色斜脉纹，中裂片外弯，具紫斑；唇盘上有 2 条纵褶片，上半部向内倾斜并靠合；蕊柱长 6.0 ~ 7.0 mm。

【花期】 6 月。

【生境状况】 生于海拔 1 000 ~ 1 700 m 的林下多石地上。

【濒危等级】 EN。

【地理分布】 海南、贵州和云南等省。

图 715-2 珍珠矮 *Cymbidium nanulum* 花（李剑武）

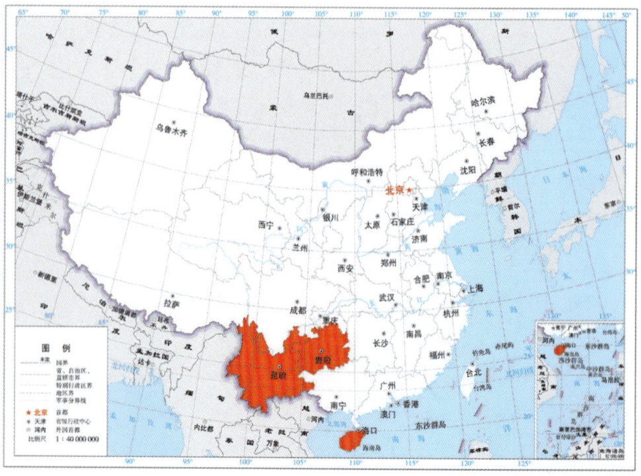

图 715-3 珍珠矮 *Cymbidium nanulum* 地理分布

716 邱北冬蕙兰 *Cymbidium qiubeiense* K. M. Feng & H. Li

图 716-1 邱北冬蕙兰 *Cymbidium qiubeiense* 地理分布

【别名】 无。

【主要特征】 地生植物，假鳞茎小，长 1.0 ~ 1.5 cm，宽 0.6 ~ 0.9 mm，包藏于鞘之内，鞘 3 ~ 4 枚，卵状披针形，长 3.0 ~ 5.0 cm，宽 1.0 cm。叶 2 ~ 3 枚，带形，长 30.0 ~ 80.0 cm，宽 0.5 ~ 1.0 cm，边缘有细齿缺，基部具长 10.0 ~ 20.0 cm 的柄，并具关节。花葶从假鳞茎基部鞘内发出，长 25.0 ~ 30.0 cm，疏生 5 ~ 6 朵花，花萼片和花瓣绿色，花瓣基部有暗紫色斑块，唇瓣白色，侧裂片带红色，中裂片绿色有紫斑。花苞片披针形，长 15.0 mm；萼片线状披针形，长 25.0 mm，宽 6.0 mm；花瓣狭长圆状披针形，长 22.0 mm，宽 7.0 mm；唇瓣不明显 3 裂，长 20.0 mm，宽 10.0 mm，侧裂片直立，中裂片外弯；唇盘上 2 条纵褶片从基部延伸至中裂片基部上方；蕊柱长 13.0 mm。

【花期】 10 ~ 12 月。

【生境状况】 生于海拔 700 ~ 1 800 m 的林下。

【濒危等级】 EN。

【地理分布】 贵州和云南等省。

图 716-2 邱北冬蕙兰 *Cymbidium qiubeiense* 花（叶德平）

717 豆瓣兰 *Cymbidium serratum* Schltr.

图 717-1 豆瓣兰 *Cymbidium serratum* 生境与植株（李剑武）

【别名】 豆瓣。

【主要特征】 地生植物，假鳞茎卵形，长 0.8 ~ 1.2 cm，宽 0.7 ~ 1.0 cm。叶 3 ~ 5 枚，带状，长 23.0 ~ 38.0 cm，宽 0.5 ~ 0.7 cm，边缘稍具缺刻。花葶从假鳞茎基部发出，长 20.0 ~ 30.0 cm，具 1 朵花，花黄绿色，唇瓣白色具紫红色斑。花苞片长 40.0 ~ 50.0 mm，比子房长很多；萼片狭长圆状卵形，长 36.0 ~ 38.0 mm，宽 11.0 ~ 13.0 mm，先端稍内弯；花瓣近长圆形，长 20.0 ~ 28.0 mm，宽 9.0 ~ 13.0 mm；唇瓣卵形，长 20.0 ~ 25.0 mm，3 裂，侧裂片直立，中裂片外弯，长圆状卵形，长 10.0 ~ 14.0 mm，宽 8.0 ~ 10.0 mm；唇盘上 2 条纵褶片从基部延伸至中裂片基部，褶片顶端靠合形成短管；蕊柱长 12.0 ~ 18.0 mm。

【花期】 2 ~ 3 月。

【生境状况】 生于海拔 1 000 ~ 3 000 m 的林下。

【濒危等级】 NT。

【地理分布】 贵州、湖北、四川、台湾和云南等省。

图 717-2 豆瓣兰 *Cymbidium serratum* 花（李剑武）

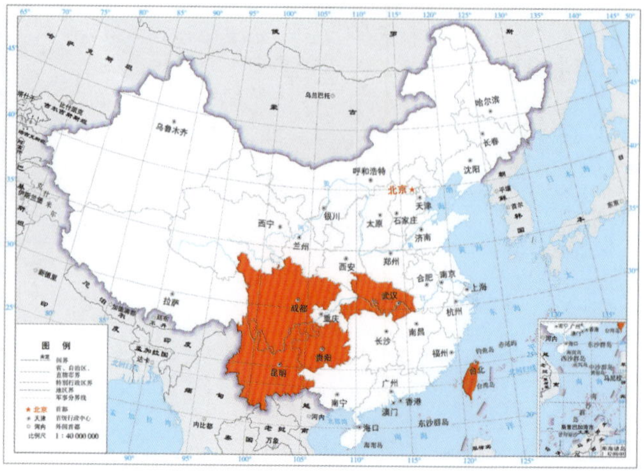

图 717-3 豆瓣兰 *Cymbidium serratum* 地理分布

718 墨兰 *Cymbidium sinense* (Jacks. ex Andrews) Willd.

【别名】 报春兰、报岁兰、入岁兰。

【主要特征】 地生植物，假鳞茎卵球形，长 2.5 ~ 6.0 cm，宽 1.5 ~ 2.5 cm，包藏于叶基之内。叶 3 ~ 5 枚，带形，长 45.0 ~ 80.0 cm，宽 2.0 ~ 3.0 cm，关节位于距基部 3.5 ~ 7.0 cm 处。花葶从假鳞茎基部发出，长 50.0 ~ 90.0 cm，具 10 ~ 20 朵花，花颜色变化较大，常为黄白色具紫色条纹。花苞片长 4.0 ~ 8.0 mm，下部的更长；萼片狭长圆形，长 22.0 ~ 30.0 mm，宽 5.0 ~ 7.0 mm；花瓣近狭卵形，长 20.0 ~ 27.0 mm，宽 6.0 ~ 10.0 mm；唇瓣卵状长圆形，长 17.0 ~ 25.0 mm，不明显 3 裂，侧裂片直立，略围抱蕊柱，具乳突状毛，中裂片外弯，具乳突状毛，边缘略波状；唇盘上 2 条纵褶片从基部延伸至中裂片基部，上半部向内倾斜并靠合，形成短管；蕊柱长 12.0 ~ 15.0 mm，两侧有狭翅。

【花期】 10 月至翌年 3 月。

【生境状况】 生于海拔 300 ~ 2 000 m 的林下、溪谷边排水良好之处。

【濒危等级】 VU。

【地理分布】 安徽、江西、福建、台湾、广东、海南、广西、四川、贵州和云南等省区；印度、缅甸、泰国、越南和日本。

图 718-1 墨兰 *Cymbidium sinense* 地理分布

图 718-2 墨兰 *Cymbidium sinense* 花序（叶德平）

图 718-3 墨兰 *Cymbidium sinense* 生境与植株（叶德平）

719 斑舌兰 *Cymbidium tigrinum* E. C. Parish ex Hook.

图 719-1 斑舌兰 *Cymbidium tigrinum* 生境与植株（金效华）

【别名】 无。

【主要特征】 附生植物，假鳞茎近球形，呈双凸镜状，长 3.0 ~ 5.0 cm，宽 3.0 ~ 3.5 cm。叶 2 ~ 4 枚，生于假鳞茎顶端，狭椭圆形，长 15.0 ~ 20.0 cm，宽 3.5 cm，基部收狭成柄，关节位于距基部 1.0 ~ 1.5 cm 处。花葶从假鳞茎基部发出，长 10.0 ~ 20.0 cm，具 2 ~ 5 朵花，花萼片和花瓣黄绿色，略带红褐色晕，基部有紫褐色斑点，唇瓣白色，侧裂片紫褐色，中裂片上有红紫色斑点，褶片白色有紫色斑点。花苞片三角形，长 4.0 ~ 9.0 mm；萼片狭椭圆状披针形，长 35.0 ~ 40.0 mm，宽 8.0 ~ 12.0 mm；花瓣略短于萼片；唇瓣近卵形，3 裂，基部与蕊柱合生 2.0 ~ 3.0 mm，侧裂片上有小乳突，中裂片外弯，具小乳突，边缘波状；唇盘上 2 条纵褶片自基部延伸至中裂片基部；蕊柱长 25.0 ~ 30.0 mm。

【花期】 3 ~ 7 月。

【生境状况】 生长于海拔 1 500 ~ 2 700 m 的林中树上或林下岩石上。

【濒危等级】 CR。

【地理分布】 云南省；印度和缅甸。

图 719-2 斑舌兰 *Cymbidium tigrinum* 花（金效华）

图 719-3 斑舌兰 *Cymbidium tigrinum* 地理分布

720 莲瓣兰 *Cymbidium tortisepalum* Fukuy.

图 720-1 莲瓣兰 *Cymbidium tortisepalum* 植株（叶德平）

【别名】 菅草兰。

【主要特征】 地生植物，假鳞茎卵圆形，长 1.0 ~ 2.0 cm，宽 0.5 ~ 1.0 cm，包藏于叶基之内。叶 5 ~ 7 枚，带形，长 40.0 ~ 65.0 cm，宽 0.4 ~ 1.8 cm。花葶从假鳞茎基部发出，长 20.0 ~ 30.0 cm，具 3 ~ 7 朵花，花颜色多变，萼片和花瓣黄绿色，唇瓣黄绿色具紫红色斑点。花苞片线状披针形，长 25.0 ~ 40.0 mm；萼片长圆形，长 30.0 ~ 38.0 mm，宽 7.0 ~ 8.0 mm；花瓣卵状披针形，长 25.0 ~ 30.0 mm，宽 8.0 ~ 9.0 mm；唇瓣卵形，长 18.0 ~ 20.0 mm，宽 8.0 ~ 10.0 mm，3 裂，侧裂片直立，中裂片外弯，卵形，长 10.0 ~ 11.0 mm，宽 9.0 ~ 10.0 mm；唇盘上 2 条纵褶片从唇瓣基部延伸至中裂片基部；蕊柱长 14.0 ~ 15.0 mm。

【花期】 3 ~ 4 月。

【生境状况】 生于海拔 800 ~ 2 500 m 的林下、草丛中或多石的灌丛下。

【濒危等级】 VU。

【地理分布】 贵州、四川、台湾和云南等省。

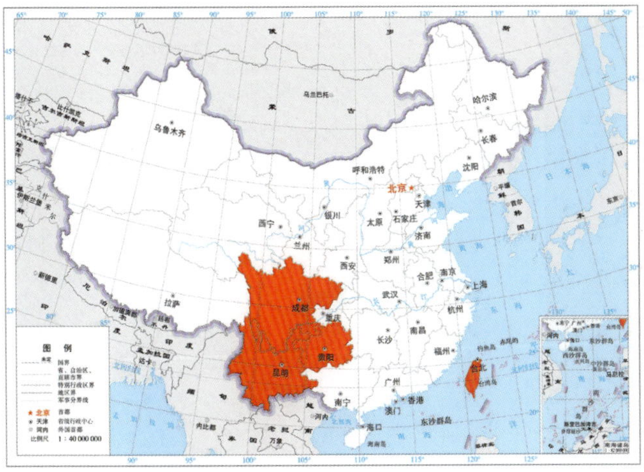

图 720-2 莲瓣兰 *Cymbidium tortisepalum* 地理分布

图 720-3 莲瓣兰 *Cymbidium tortisepalum* 花（叶德平）

721 西藏虎头兰 *Cymbidium tracyanum* L. Castle

图 721-1 西藏虎头兰 *Cymbidium tracyanum* 生境与植株（叶德平）

图 721-2 西藏虎头兰 *Cymbidium tracyanum* 花（李剑武）

【别名】 虎头兰。

【主要特征】 附生植物，植株丛生，假鳞茎椭圆状卵形，长 5.0 ~ 11.0 cm，宽 2.0 ~ 5.0 cm，大部分包藏于叶鞘之内。叶 5 ~ 8 枚，带形，长 55.0 ~ 80.0 cm，宽 2.0 ~ 3.4 cm，关节位于距基部 7.0 ~ 14.0 cm 处。花葶从假鳞茎基部穿鞘而出，外弯，长 65.0 ~ 100.0 cm，具 10 余朵花，花萼片和花瓣黄绿色，有多条不规则的暗红褐色纵脉，脉上有点，唇瓣淡黄色，侧裂片具和萼片同样的脉，中裂片上具短条纹与斑点，褶片淡黄色并有红点。花苞片卵状三角形，长 3.0 ~ 5.0 mm；萼片狭椭圆形，长 55.0 ~ 70.0 mm，宽 17.0 ~ 20.0 mm；侧萼片稍歪斜并扭曲；花瓣镰刀形，下弯并扭曲，长 45.0 ~ 65.0 mm，宽 7.0 ~ 12.0 mm；唇瓣卵状椭圆形，长 45.0 ~ 60.0 mm，3 裂，基部与蕊柱合生达 4.0 ~ 5.0 mm，侧裂片直立，边缘有长 0.5 ~ 1.5 mm 的缘毛，上面脉上有红褐色毛，中裂片明显外弯，上面有 3 行长毛连接于褶片顶端；唇盘上 2 条纵褶片之间有 1 行长毛，但明显短于褶片；蕊柱长 35.0 ~ 43.0 mm，两侧具翅。

【花期】 9 ~ 12 月。

【生境状况】 生于海拔 1 200 ~ 1 900 m 的林中树上。

【濒危等级】 LC。

【地理分布】 贵州、云南和西藏等省区；缅甸和泰国。

图 721-3 西藏虎头兰 *Cymbidium tracyanum* 地理分布

722 滇南虎头兰 *Cymbidium wilsonii* (Rolfe ex E. T. Cook) Rolfe

【别名】 短叶虎头兰。

【主要特征】 附生植物，植株丛生，假鳞茎狭卵形，长 6.0 cm，宽 3.0 cm。叶 7 枚，长达 90.0 cm，宽 2.5 cm，关节位于距基部 6.0 ~ 11.0 cm 处。花葶长 25.0 ~ 70.0 cm，具 5 ~ 15 朵花，花萼片和花瓣黄绿色，有不明显的红褐色纵脉，下部脉上有红褐色小斑点，唇瓣淡黄色，侧裂片上有暗红褐色脉纹，中裂片上沿边缘有宽阔的斑纹带。花苞片三角形，小；萼片狭倒卵形，长 44.0 ~ 57.0 mm，宽 12.0 ~ 19.0 mm；花瓣狭倒卵形，长 40.0 ~ 53.0 mm，宽 7.0 ~ 13.0 mm；唇瓣 3 裂，基部与蕊柱合生达 3.5 ~ 5.0 mm，侧裂片上具短毛，边缘有缘毛，中裂片长 15.0 ~ 18.0 mm，上面有乳突和短毛，边缘波状；蕊柱长 27.0 ~ 32.0 mm，两侧有宽翅，腹面近基部疏生短毛和乳突。

【花期】 2 ~ 4 月。

【生境状况】 生于海拔约 2 000 m 的林中树上。

【濒危等级】 CR。

【地理分布】 云南省。

图 722-1　滇南虎头兰 *Cymbidium wilsonii* 植株（叶德平）

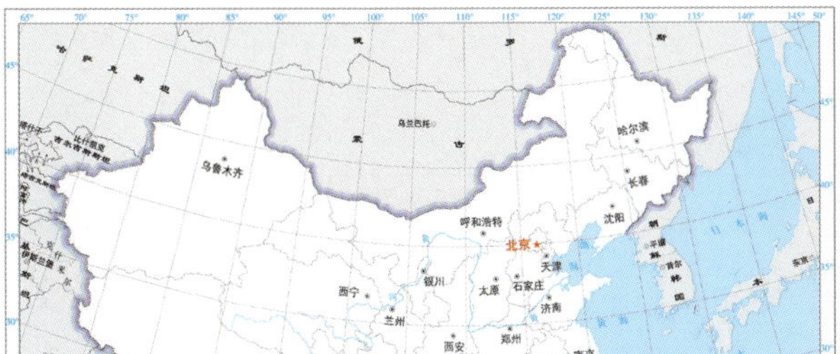

图 722-2　滇南虎头兰 *Cymbidium wilsonii* 地理分布

图 722-3　滇南虎头兰 *Cymbidium wilsonii* 花（叶德平）

723 文山红柱兰 *Cymbidium wenshanense* Y.S.Wu & F. Y. Liu

图 723-1 文山红柱兰 *Cymbidium wenshanense* 植株（叶德平）

图 723-2 文山红柱兰 *Cymbidium wenshanense* 花（叶德平）

【别名】 文红兰。

【主要特征】 附生植物，假鳞茎卵形，长 3.0 ~ 4.0 cm，宽 2.0 ~ 2.5 cm，包藏于叶鞘之内。叶 6 ~ 9 枚，带形，长 60.0 ~ 90.0 cm，宽 1.3 ~ 1.7 cm，关节位于距基部 8.0 ~ 10.0 cm 处。花葶明显短于叶，长 32.0 ~ 39.0 cm，略外弯，具 3 ~ 7 朵花，花萼片和花瓣白色，背面略带淡紫红色，唇瓣白色而有深紫色条纹和斑点。花苞片三角形，小；萼片近倒卵形或倒披针形，长 58.0 ~ 64.0 mm，宽 18.0 ~ 21.0 mm；花瓣和萼片相似；唇瓣近宽倒卵形，长 56.0 mm，3 裂，基部与蕊柱合生达 2.0 ~ 3.0 mm；侧裂片直立，宽 20.0 mm，边缘有缘毛，中裂片近扁圆形，长 19.0 mm，宽 27.0 mm，先端微缺，边缘有缘毛；唇盘上整个被毛，有 2 条纵褶片从基部延伸至中裂片基部，末端明显膨大；蕊柱长 42.0 mm。

【花期】 3 月。

【生境状况】 生于海拔约 1 500 m 的林中树上。

【濒危等级】 CR。

【地理分布】 云南省；越南。

图 723-3 文山红柱兰 *Cymbidium wenshanense* 地理分布

图 723-4　文山红柱兰 *Cymbidium wenshanense* 生境与植株（叶德平）

八二、合萼兰属 *Acriopsis* Bl.

合萼兰属 *Acriopsis* 全世界分布共有 9 种，中国仅分布 1 种，本图鉴包含 1 种。

724 合萼兰 *Acriopsis indica* Wight

【别名】 无。

【主要特征】 附生植物，根发达，植株丛生，假鳞茎长圆状卵形，长 2.0 ~ 2.5 cm，粗 1.0 ~ 1.3 cm，具 3 节，节上被鞘。叶顶生于假鳞茎，花后长出，狭长圆形，长 7.0 ~ 7.5 cm，宽 0.3 ~ 0.4 cm，基部具短柄。花序从假鳞茎基部的节上发出，远比叶长，长达 25.0 cm，具分枝，疏生数朵花，花黄绿色，唇瓣白色。中萼片近长圆形，长 4.0 ~ 5.0 mm，宽 1.0 mm，舟状；合萼片和中萼片相似，但稍大；花瓣倒卵状匙形，长 3.0 ~ 4.0 mm，宽 1.3 mm，边缘有时呈不规则的皱波片；唇瓣长圆形，长 4.0 ~ 5.0 mm，

图 724-1 合萼兰 *Acriopsis indica* 地理分布

图 724-2 合萼兰 *Acriopsis indica* 生境与植株（示花序）（李剑武）

宽 1.4 mm，上面中央具 2 枚半圆形的褶片；蕊柱长 4.0 mm，上部具长 0.8 mm 的臂状物。

【花期】 5 月。

【生境状况】 生于海拔 1 300 m 的林中树上。

【濒危等级】 EN。

【地理分布】 云南省；缅甸、泰国、老挝、越南、马来西亚和印度尼西亚。

图 724-3 合萼兰 *Acriopsis indica* 花（李剑武）

图 724-4 合萼兰 *Acriopsis indica* 生境与植株（示叶和假鳞茎）（叶德平）

八三、美冠兰属 *Eulophia* R. Br.

美冠兰属 *Eulophia* 全世界分布共有 200 种，中国分布有 13 种，本图鉴包含 6 种。

美冠兰属 *Eulophia* 分种检索表

1（4） 花期无叶或菌类寄生植物，无叶。
2（3） 花期无叶，假鳞茎绿色，略露出地面，花序基部具 1 ~ 2 个分枝……… 726. 美冠兰 *Eulophia graminea*
3（2） 菌类寄生植物，终生无叶，假鳞茎不带绿色，位于地下，花序基部无分枝，无毛………………………………………………………………………………… 729. 无叶美冠兰 *Eulophia zollingeri*
4（1） 花期具叶，花数朵。
5（6） 叶宽 0.4 ~ 0.8 cm，唇瓣长 20.0 ~ 23.0 mm ………………………… 727. 线叶美冠兰 *Eulophia siamensis*
6（5） 叶宽 2.0 ~ 7.0 cm，唇瓣长 12.0 ~ 25.0 mm。
7（8） 唇瓣无距，花黄色，萼片长 30.0 ~ 32.0 mm……………………………… 725. 黄花美冠兰 *Eulophia flava*
8（7） 唇瓣具距，或距仅为唇瓣自身组织，而不附着在蕊柱足上。
9（10） 距长 6.0 ~ 9.0 mm，生于蕊柱足的下方，完全附着于蕊柱足上，唇瓣不裂 ………………………………………………………………………………… 730. 紫花美冠兰 *Eulophia spectabilis*
10（9） 距长 1.5 ~ 2.0 mm，不生于蕊柱足下方，不附着于蕊柱足上，唇瓣 3 裂 ………………………………………………………………………………… 728. 毛唇美冠兰 *Eulophia herbacea*

725 黄花美冠兰 *Eulophia flava* (Lindl.) Hook.f.

图 725-1 黄花美冠兰 *Eulophia flava* 花序（黄明忠）

【别名】 黄冠兰、黄毛美冠兰。

【主要特征】 地生植物，假鳞茎近圆柱状，长 4.0 ~ 5.0 cm，具数节，疏生少数根。叶 2 枚，生于假鳞茎顶端，长圆状披针形，长 25.0 ~ 35.0 cm，宽 4.5 ~ 6.0 cm，基部收狭成长 16.0 cm 的柄，叶柄中部以下套叠成假茎。花葶从假鳞茎上部节上发出，高可达 1.0 m，中部以下具数枚鞘，疏生数朵花，花黄色。花苞片披针形，长 15.0 ~ 25.0 mm；萼片狭椭圆状披针形，长 30.0 ~ 32.0 mm，宽 9.0 ~ 11.0 mm；侧萼片略歪斜；花瓣倒卵状椭圆形，长

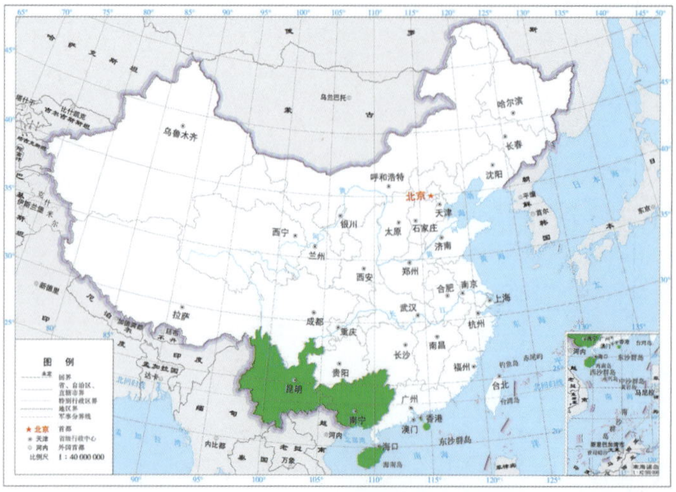

图 725-2 黄花美冠兰 *Eulophia flava* 地理分布

23.0 ~ 25.0 mm，宽 12.0 mm；唇瓣宽卵形，长 25.0 mm，宽 20.0 mm，3 裂，基部凹陷成宽阔的囊状，侧裂片半卵形，内弯围抱蕊柱，中裂片近扁圆形，长 6.0 ~ 8.0 mm，宽 10.0 ~ 13.0 mm，有 3 条具疣状突起的纵脊，从中部延伸至唇盘上，边缘两侧较长，在唇盘中部扩大而成半圆形的褶片；蕊柱长 12.0 mm。

【花期】 4 ~ 6 月。

【生境状况】 生于海拔 800 ~ 1 400 m 的林下。

【濒危等级】 VU。

【地理分布】 香港、广西、海南和云南等地；印度、尼泊尔、缅甸、泰国和越南。

图 725-3 黄花美冠兰 *Eulophia flava* 生境与植株（黄明忠）

726 美冠兰 *Eulophia graminea* Lindl.

图 726-1 美冠兰 *Eulophia graminea* 生境与植株（李剑武）

【别名】 贵州美冠兰、禾草芋兰、秀雅美冠兰。

【主要特征】 地生植物，假鳞茎卵球形，长 3.0 ~ 7.0 cm，粗 2.0 ~ 4.0 cm，上部有数节。叶 3 ~ 5 枚，在花凋萎后出现，线形，长 13.0 ~ 35.0 cm，宽 0.7 ~ 1.3 cm，基部收狭成柄，叶柄套叠形成短的假茎。花葶从假茎一侧节上发出，长 43.0 ~ 65.0 cm，具数枚花，花绿色，唇瓣白色具淡紫色褶片。花苞片线状披针形，长 4.0 ~ 8.0 mm；中萼片倒披针状线形，长 11.0 ~ 13.0 mm，宽 1.5 ~ 2.0 mm；侧萼片与中萼片形状相似，常略歪斜而稍大；花瓣近狭卵形，长 9.0 ~ 10.0 mm，宽 2.5 ~ 3.0 mm；唇瓣近倒卵形，长 9.0 ~ 10.0 mm，3 裂，侧裂片小，中裂片近圆形，长 4.0 ~ 5.0 mm；唇盘上有 5 条纵褶片，从基部延伸至中裂片上，从接近中裂片开始一直到中裂片上褶片均分裂成流苏状；基部的距圆筒状，长 3.0 ~ 3.5 mm；蕊柱长 4.0 ~ 5.0 mm。

【花期】 4 ~ 5 月。

【生境状况】 生于海拔 900 ~ 1 200 m 的林下、草丛、灌丛下或海边沙滩林中。

【濒危等级】 LC。

【地理分布】 安徽、台湾、广东、香港、海南、广西、贵州和云南等地；印度、尼泊尔、斯里兰卡、缅甸、泰国、老挝、越南、马来西亚、新加坡、印度尼西亚和日本。

图 726-2 美冠兰 *Eulophia graminea* 花（李剑武）

图 726-3 美冠兰 *Eulophia graminea* 地理分布

727 线叶美冠兰 *Eulophia siamensis* Rolfe ex Downie

【别名】 无。

【主要特征】 地生植物，假鳞茎近圆锥形，长 4.0 cm，宽 1.0 cm。叶 3 枚，线形，长 10.0 ~ 20.0 cm，宽 0.4 ~ 0.8 cm，基部下延成柄。花葶长 30.0 cm，具 3 ~ 5 朵花，花紫红色。花苞片线状披针形，长 8.0 ~ 18.0 mm；萼片相似，线形，长 25.0 ~ 30.0 mm，宽 3.0 ~ 4.0 mm，边缘内卷；侧萼片稍比中萼片长；花瓣倒披针状长圆形，长 20.0 ~ 23.0 mm，宽 7.0 mm；唇瓣倒卵状长圆形，长 20.0 ~ 23.0 mm，宽 10.0 mm，全缘，基部具距；唇盘上有流苏状毛；距长 7.0 ~ 8.0 mm；蕊柱长 9.0 mm。

【花期】 6 月。

【生境状况】 生于海拔约 900 m 的林下灌丛中。

【濒危等级】 VU。

【地理分布】 贵州和云南等省；泰国。

图 727-1 线叶美冠兰 *Eulophia siamensis* 生境与植株（叶德平）

图 727-2 线叶美冠兰 *Eulophia siamensis* 地理分布

图 727-3 线叶美冠兰 *Eulophia siamensis* 花（李剑武）

728 毛唇美冠兰 *Eulophia herbacea* Lindl.

【别名】 无。

【主要特征】 地生植物，假鳞茎卵形，长 2.0 cm，宽 1.0 cm，具节。叶 2 枚，披针形，长 20.0 cm，宽 2.0 ～ 2.3 cm，基部具长柄，叶柄套叠成长达 15.0 cm 的假茎。花叶同期，花葶侧生，穿鞘而出，长 40.0 cm，中部以下有 2 ～ 3 枚鞘，花序具数朵花，花萼片绿色，花瓣和唇瓣白色。花苞片线状披针形，长 30.0 ～ 40.0 mm；萼片线状披针形，长 22.0 ～ 26.0 mm，宽 4.0 ～ 5.0 mm；侧萼片略歪斜；花瓣线状披针形，长 17.0 ～ 20.0 mm，宽 6.0 ～ 7.0 mm；唇瓣近卵状长圆形，长 20.0 mm，宽 7.0 ～ 9.0 mm，3 裂，侧裂片狭，半卵形，内弯，略围抱蕊柱，中裂片宽，长圆形，长 7.0 ～ 8.0 mm，宽 5.0 ～ 7.0 mm，上面密生流苏状毛，流苏状毛扩展至唇盘上部；基部的距长圆筒状，长 1.5 ～ 2.0 mm；蕊柱长 10.0 mm。

图 728-1 毛唇美冠兰 *Eulophia herbacea* 花（李剑武）

【花期】 6 月。

【生境状况】 生于海拔 1 000 m 的山坡草地上。

【濒危等级】 LC。

【地理分布】 广西和云南等省区；印度、尼泊尔、泰国和老挝。

图 728-2 毛唇美冠兰 *Eulophia herbacea* 生境与植株（李剑武）

图 728-3 毛唇美冠兰 *Eulophia herbacea* 地理分布

729 无叶美冠兰 *Eulophia zollingeri* (Rchb. f.) J. J. Sm.

【别名】 山芋兰、乌石鼻芋兰。

【主要特征】 菌类寄生植物，无绿叶。假鳞茎块状，长圆形，长 3.0 ~ 8.0 cm，粗 1.5 ~ 2.0 cm，具节。花葶褐红色，长 40.0 ~ 80.0 cm，具多枚鞘，花序疏生数朵花，花黄褐色。花苞片狭披针形，长 10.0 ~ 25.0 mm；中萼片椭圆形，长 15.0 ~ 18.0 mm，宽 4.0 ~ 7.0 mm；侧萼片近长圆形，明显长于中萼片，稍歪斜；花瓣倒卵形，长 11.0 ~ 14.0 mm，宽 5.0 ~ 7.0 mm；唇瓣倒卵形，长 14.0 ~ 15.0 mm，3 裂，侧裂片近卵形，略围抱蕊柱，中裂片卵形，长 4.0 ~ 5.0 mm，宽 3.0 ~ 4.0 mm，上面有 5 ~ 7 条粗脉下延至唇盘上部，脉上密生乳突状腺毛，唇盘上基部部分疏生乳突状腺毛，中央有 2 条近半圆形的褶片；基部的圆锥形囊长 2.0 mm；蕊柱长 5.0 mm。

【花期】 4 ~ 6 月。

【生境状况】 生于海拔 400 ~ 500 m 的林下或草丛中。

图 729-1 无叶美冠兰 ***Eulophia zollingeri*** 花（叶德平）

【濒危等级】 LC。

【地理分布】 江西、福建、台湾、广东、广西和云南等省区；印度、斯里兰卡、马来西亚、印度尼西亚、日本、澳大利亚和新几内亚岛。

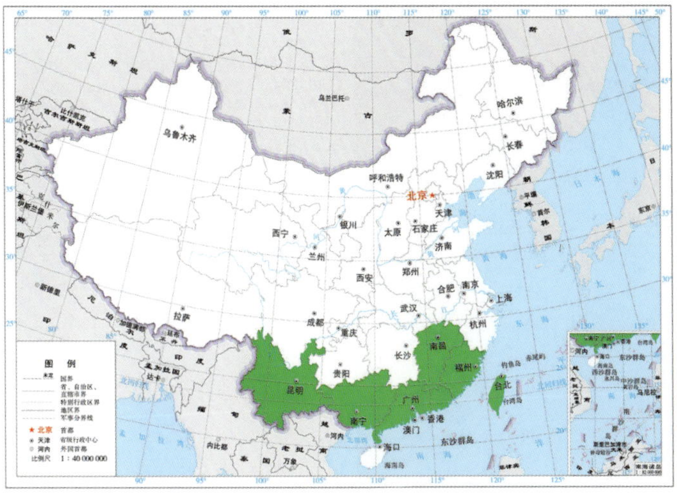

图 729-2 无叶美冠兰 ***Eulophia zollingeri*** 地理分布

730 紫花美冠兰 *Eulophia spectabilis* (Dennst.) Suresh

【别名】 无。

【主要特征】 地生植物，假鳞茎块状，近球形，粗 3.0 ~ 4.0 cm。叶 2 ~ 3 枚，长圆状披针形，长 20.0 ~ 40.0 cm，宽 2.5 ~ 6.0 cm，基部收狭成柄，叶柄套叠成长 14.0 ~ 34.0 cm 的假茎。花叶同期，花葶侧生，穿鞘而出，长 35.0 ~ 65.0 cm，疏生数朵花，花紫红色，唇瓣稍带黄色。花苞片披针形，长 15.0 ~ 20.0 mm；中萼片线形，长 18.0 ~ 20.0 mm，宽 3.0 ~ 5.0 mm；侧萼片与中萼片形状相似，但略长而歪斜；花瓣近长圆形，长 15.0 ~ 17.0 mm，宽 5.0 ~ 9.0 mm；唇瓣卵状长圆形，长 12.0 ~ 16.0 mm，宽 8.0 ~ 12.0 mm，不裂，先端微凹，边缘略波状；唇盘上的脉稍粗厚；距着生于蕊柱足下方，完全附着于蕊柱足上，仅前部与唇瓣连生，圆锥形，长 6.0 ~ 9.0 mm；蕊柱长 6.0 ~ 8.0 mm。

图 730-1 紫花美冠兰 *Eulophia spectabilis* 地理分布

【花期】 4 ~ 6 月。

【生境状况】 生于海拔 1 400 ~ 1 500 m 的林下灌丛中。

【濒危等级】 LC。

【地理分布】 江西和云南等省；印度、不丹、尼泊尔、斯里兰卡、缅甸、泰国、老挝、越南、柬埔寨、马来西亚、印度尼西亚、菲律宾、新几内亚岛和太平洋上的其他一些岛屿。

图 730-2 紫花美冠兰 *Eulophia spectabilis* 花序（叶德平）

图 730-3 紫花美冠兰 *Eulophia spectabilis* 生境与植株（叶德平）

八四、地宝兰属 *Geodorum* Jacks.

地宝兰属 *Geodorum* 全世界分布共有 12 种，中国分布有 6 种，本图鉴包含 4 种。

地宝兰属 *Geodorum* 分种检索表

1（4） 花葶长于叶或至少为叶长的 2/3 以上。
2（3） 花白色，花瓣略宽于中萼片……………………………………………………732. 地宝兰 *Geodorum densiflorum*
3（2） 花白色而先端具玫瑰色晕，花瓣宽度为中萼片的 1 倍………… 734. 贵州地宝兰 *Geodorum eulophioides*
4（1） 花葶明显短于叶，一般不及叶长的 1/2。
5（6） 唇瓣基部有 1 枚 2 裂的褐色胼胝体，唇盘上无附属物…………… 731. 大花地宝兰 *Geodorum attenuatum*
6（5） 唇瓣基部无胼胝体，唇盘上有肉质纵脊或具腺体的粗脉，叶在花期已经长成………………………………
……………………………………………………………………………733. 多花地宝兰 *Geodorum recurvum*

731 大花地宝兰 *Geodorum attenuatum* Griff.

【别名】 越南地宝兰。

【主要特征】 地生植物，假鳞茎块茎状，椭圆形，长 2.0 ~ 3.0 cm，粗 1.0 ~ 1.5 cm。叶 3 ~ 4 枚，在花期已长成，倒披针状长圆形，长 9.0 ~ 22.0 cm，宽 2.5 ~ 4.3 cm，基部具柄，叶柄套叠成长 4.0 ~ 9.0 cm 的假茎。花葶从植株基部鞘中发出，长 6.0 ~ 12.0 cm，明显短于叶，花序俯垂，果期直立，具 2.0 ~ 4.0 朵花，花白色，唇瓣上部黄色。花苞片披针形，长 8.0 ~ 12.0 mm；萼片长圆形，长 12.0 ~ 15.0 mm，宽 4.0 ~ 6.0 mm；侧萼片略歪斜；花瓣卵状椭圆形，略短于萼片，宽 7.0 ~ 8.0 mm；唇瓣宽卵形，长 12.0 ~ 14.0 mm，凹陷成舟状，基部具圆锥形的短囊，囊口有 1 枚 2 裂的褐色胼胝体；蕊柱长 2.5 ~ 3.5 mm。

【花期】 5 ~ 6 月。

【生境状况】 生于海拔 800 m 以下的林缘、沟边草地上。

【濒危等级】 LC。

【地理分布】 海南和云南等省；缅甸、泰国、老挝和越南。

图 731-1 大花地宝兰 *Geodorum attenuatum* 花（李剑武）

图 731-2 大花地宝兰 *Geodorum attenuatum* 地理分布

图 731-3 大花地宝兰 *Geodorum attenuatum* 生境与植株（李剑武）

732 地宝兰 *Geodorum densiflorum* (Lam.) Schltr.

图 732-1 地宝兰 *Geodorum densiflorum* 生境与植株（金效华）

【别名】 垂头地宝兰、密花地宝兰。

【主要特征】 地生植物，假鳞茎块茎状，不规则的椭圆形，多个连接，粗 1.5 ~ 2.0 cm，具节。叶 2 ~ 3 枚，在花期已经长成，椭圆形，长 16.0 ~ 29.0 cm，宽 3.0 ~ 7.0 cm，基部具柄，叶柄套叠成假茎，具关节。花葶从植株基部鞘中发出，与叶近等长，长 30.0 ~ 40.0 cm，花序俯垂，果期直立，长 2.5 ~ 3.0 cm，具 2 ~ 5 朵花，花白色。花苞片线状披针形，长 5.0 ~ 9.0 mm；萼片长圆形，长 10.0 mm，宽 3.0 ~ 4.0 mm；侧萼片略歪斜；花瓣近倒卵状长圆形，与萼片近等长，宽 5.0 mm；唇瓣宽卵状长圆形，长 10.0 mm，宽 9.0 mm，先端略有裂缺；唇盘上在中央有不规则的乳突区或有 1 ~ 2 条肥厚的纵脊，基部凹陷呈浅囊状；蕊柱长 3.0 mm。

【花期】 6 ~ 7 月。

【生境状况】 生于海拔 1 500 m 以下的林缘、草坡或溪旁。

【濒危等级】 LC。

【地理分布】 台湾、广东、海南、广西、四川、贵州和云南等省区；印度、斯里兰卡、缅甸、泰国、老挝、越南、柬埔寨、菲律宾、马来西亚、印度尼西亚和日本。

图 732-2 地宝兰 *Geodorum densiflorum* 花（金效华）

图 732-3 地宝兰 *Geodorum densiflorum* 地理分布

733 多花地宝兰 *Geodorum recurvum* (Roxb.) Alston

【别名】 地宝兰。

【主要特征】 地生植物，假鳞茎块茎状，多个相连，粗 1.5 ~ 2.5 cm，具节。叶 2 ~ 3 枚，在花期已经长成，椭圆状长圆形，长 13.0 ~ 21.0 cm，宽 5.0 ~ 7.0 cm，椭圆状长圆形，长 13.0 ~ 21.0 cm，宽 5.0 ~ 7.0 cm，基部收狭成柄，叶柄套叠成长 8.0 ~ 18.0 cm 的假茎，具关节。花葶从植株基部鞘中发出，长 15.0 ~ 18.0 cm，明显短于叶，花序俯垂，在果期直立，长 3.0 ~ 4.0 cm，具密集的花，花白色，唇瓣中央黄色和两侧有紫条纹。花苞片线状披针形，长 6.0 ~ 12.0 mm；萼片狭长圆形，长 10.0 ~ 12.0 mm，宽 2.0 ~ 2.5 mm；侧萼片常比中萼片宽；花瓣倒卵状长圆形，略短于萼片，宽 3.5 mm；唇瓣宽长圆状卵形，长 8.0 mm，明显短于萼片，宽 5.0 mm，先端略有裂缺，上部边缘略皱波状；唇盘上有 2 ~ 3 条肉质、近鸡冠状的纵脊，从中部延伸至上部，唇瓣基部凹陷，近无囊；蕊柱长 3.0 ~ 3.5 mm。

图 733-1 多花地宝兰 *Geodorum recurvum* 生境与植株（李剑武）

【花期】 4 ~ 6 月。

【生境状况】 生于海拔 500 ~ 900 m 的林下、灌丛或草地上。

【濒危等级】 LC。

【地理分布】 广东、海南和云南等省；印度、缅甸、泰国、越南和柬埔寨。

图 733-2 多花地宝兰 *Geodorum recurvum* 地理分布

图 733-3 多花地宝兰 *Geodorum recurvum* 花序（李剑武）

734 贵州地宝兰 *Geodorum eulophioides* Schltr.

【别名】 无。

【主要特征】 地生植物，假鳞茎块茎状，不规则的圆球形，粗 2.0 cm。花期叶已经长成，叶 2 枚，椭圆状长圆形，长 17.0 ~ 35.0 cm，宽 2.5 ~ 6.5 cm，基部具柄，叶柄套叠成假茎。花葶从植株基部叶鞘中发出，长 32.0 cm，花序俯垂，果期直立，长 4.5 cm，密生多朵花，花白色而先端具玫瑰色晕。花苞片狭披针形，下部与花近等长，上部渐小；萼片狭舌状长圆形，长 13.0 ~ 15.0 mm，宽 2.0 ~ 3.0 mm；侧萼片略长于中萼片，稍歪斜；花瓣长圆形，稍歪斜，与萼片近等长，宽 4.5 ~ 5.0 mm；唇瓣卵形，长 12.0 mm，宽 8.0 mm，边缘波状，上部中央呈不明显的疣状增厚，基部凹陷成圆锥形的短囊；蕊柱长 4.5 mm。

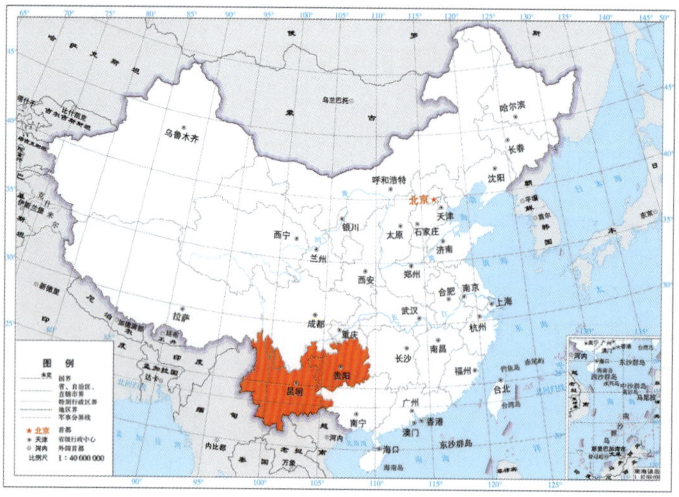

图 734-1 贵州地宝兰 *Geodorum eulophioides* 地理分布

【花期】 6 ~ 7 月。

【生境状况】 生于海拔 600 ~ 1 000 m 的山坡草地上。

【濒危等级】 EN。

【地理分布】 贵州和云南等省。

图 734-2 贵州地宝兰 *Geodorum eulophioides* 生境与植株(一)(李剑武)

图 734-3 贵州地宝兰 *Geodorum eulophioides* 生境与植株（二）（李剑武）

Ⅸ．树兰族 Epidendreae

树兰族 Epidendreae 全世界分布共有 99 属，中国分布有 8 属，本图鉴包含 8 属 13 种。

树兰族 Epidendreae 分属检索表

1 菌类寄生植物，无绿叶。
  2 花粉团蜡质 ························ 九一、珊瑚兰属 *Corallorhiza*
  2 花粉团粉质。
    3 唇瓣基部具胼胝体并凹陷成囊状························ 八七、丹霞兰属 *Danxiaorchis*
    3 唇瓣基部具明显的距························ 八六、宽距兰属 *Yoania*
1 自养植物，有绿叶。
  4 植株具假鳞茎。
    5 花序具 1 朵花，萼片长于 2.0 cm，唇瓣具 1 个内弯的距 ························ 九〇、独花兰属 *Changnienia*
    5 花序具多朵花
      6 花通常俯垂 ························ 八八、杜鹃兰属 *Cremastra*
      6 花不俯垂。
        7 唇瓣具圆筒形距 ························ 八九、筒距兰属 *Tipularia*
        7 唇瓣基部无距或囊 ························ 八五、山兰属 *Oreorchis*
  4 植株无假鳞茎························ 九二、禾叶兰属 *Agrostophyllum*

八五、山兰属 *Oreorchis* Lindl.

山兰属 *Oreorchis* 全世界分布共有 16 种，中国分布有 11 种，本图鉴包含 4 种。

山兰属 *Oreorchis* 分种检索表

1（4） 叶片 1 枚，宽 12.0 ~ 23.0 mm，狭椭圆形至宽披针形，长为宽的 5 ~ 10 倍。
2（3） 唇瓣 3 裂，上边的 2 条纵褶片位于中部，长不及 1.0 mm ·········736. 短梗山兰 *Oreorchis erythrochrysea*
3（2） 唇瓣 3 裂，上边的 2 条纵褶片从基部延伸至下部或中部，长 1.0 mm 以上。植株高 30.0 cm 以上，叶柄长 6.0 cm ························ 735. 西南山兰 *Oreorchis angustata*
4（1） 叶片 2 枚，宽 5.0 ~ 7.0 mm，线形，长为宽的 15 ~ 20 倍。
5（6） 花疏生，白色，花较小，萼片长 5.5 ~ 6.0 mm ························738. 狭叶山兰 *Oreorchis micrantha*
6（5） 花稍密生，白色，花较大，萼片长 9.0 ~ 11.0 mm ························ 737. 长叶山兰 *Oreorchis fargesii*

735 西南山兰 *Oreorchis angustata* L. O. Williams ex N. Pearce & P. J. Cribb

【别名】 无。

【主要特征】 地生植物，假鳞茎近梨形，长 1.5 cm，宽 1.0 cm。叶 1 枚顶生，宽披针形，长 19.0 cm，宽 2.0 cm，基部具长 6.0 cm 的柄。花葶从假鳞茎侧面发出，长 30.0 cm，疏生数朵花，花褐色。花苞片披针形，长 6.0 mm；中萼片披针形，长 5.5 mm，宽 1.2 mm；侧萼片披针形，长 5.0 mm，宽 1.5 mm；花瓣狭卵状披针形，长 5.0 mm，宽 1.2 mm；唇瓣长 4.5 mm，近基部 3 裂，基部有短爪，侧裂片半卵形，长 1.4 mm，中裂片倒卵形，边缘波状，唇盘上有 2 条纵褶片，长 2.0 mm，延伸至中裂片基部以上；蕊柱长 3.0 mm。

【花期】 6 月。

【生境状况】 生于海拔约 3 000 m 的山坡草地上。

【濒危等级】 NT。

【地理分布】 四川和云南等省区。

图 735-1 西南山兰 ***Oreorchis angustata*** 生境与植株（金效华）

图 735-2 西南山兰 ***Oreorchis angustata*** 花序（金效华）

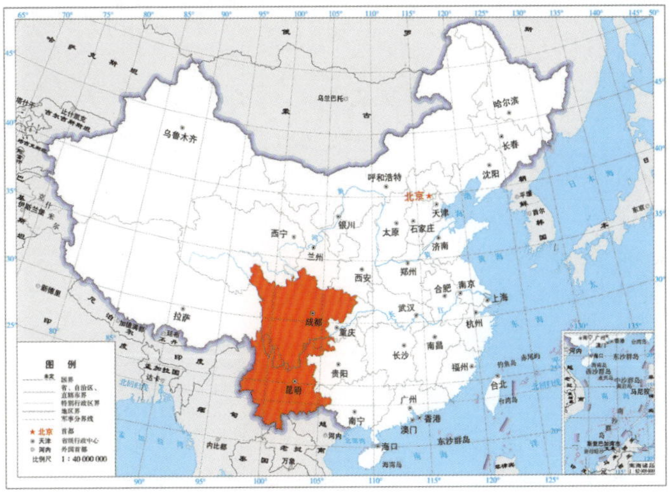

图 735-3 西南山兰 ***Oreorchis angustata*** 地理分布

736 短梗山兰 *Oreorchis erythrochrysea* Hand.-Mazz.

图 736-1 短梗山兰 *Oreorchis erythrochrysea* 花序（金效华）

【别名】 连珠白芨、小山兰。

【主要特征】 地生植物，假鳞茎宽卵形，长 0.8 ~ 2.0 cm，宽 0.7 ~ 1.3 cm，具 2 ~ 3 节。叶 1 枚顶生，狭椭圆形，长 6.0 ~ 10.0 cm，宽 1.2 ~ 2.3 cm，基部收狭成长 2.0 ~ 4.5 cm 的柄。花葶从假鳞茎侧面发出，长 13.0 ~ 27.0 cm，具 10 ~ 20 朵花，花黄色，唇瓣有栗色斑。花苞片卵状披针形，长 2.0 mm；萼片狭长圆形，长 6.0 ~ 8.0 mm，宽 1.5 ~ 2.0 mm；侧萼片略小于中萼片，稍歪斜；花瓣狭长圆状匙形，长 5.5 ~ 6.5 mm，宽 1.5 mm，略弯曲；唇瓣长圆形，长 5.0 mm，近中部 3 裂，侧裂片半卵形，长 0.8 ~ 1.0 mm，宽 0.7 mm，中裂片近方形，边缘呈波状，长 2.5 mm，唇盘上在两侧裂片之间有 2 条短的纵褶片；蕊柱长 3.0 mm。

【花期】 5 ~ 6 月。

【生境状况】 生于海拔 2 900 ~ 3 600 m 的林下、灌丛或高山草坡上。

【濒危等级】 NT。

【地理分布】 四川、云南和西藏等省区。

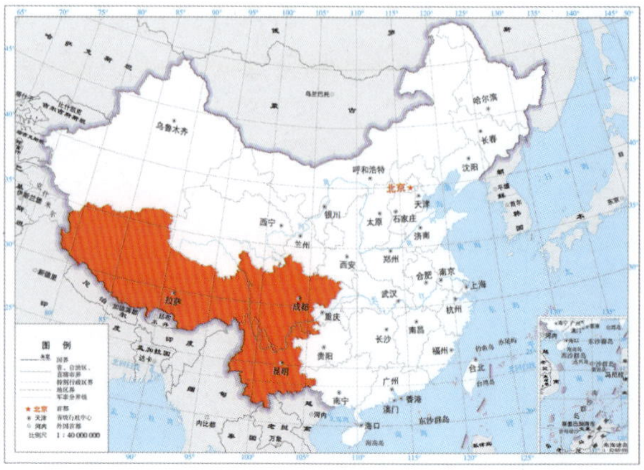

图 736-2 短梗山兰 *Oreorchis erythrochrysea* 地理分布

737 长叶山兰 *Oreorchis fargesii* Finet

【别名】 无。

【主要特征】 地生植物，假鳞茎椭圆形，长 1.0 ~ 2.5 cm，粗 1.0 ~ 2.0 cm，具 2 ~ 3 节，顶生 2 枚叶。叶片线状披针形，长 20.0 ~ 28.0 cm，宽 0.8 ~ 1.8 cm，具关节，关节下方相互套叠成假茎状，长 3.0 ~ 5.0 cm。花葶从假鳞茎侧面发出，长 20.0 ~ 30.0 cm，中下部具 2 ~ 3 枚鞘，花序长 2.0 ~ 6.0 cm，密生数朵花，花白色具紫色条纹。花苞片卵状披针形，长 3.0 ~ 5.0 mm；萼片长圆状披针形，长 9.0 ~ 11.0 mm，宽 2.5 ~ 3.5 mm，侧萼片稍歪斜并稍宽；花瓣狭卵形，长 9.0 ~ 10.0 mm，宽 3.0 ~ 3.5 mm；唇瓣长圆状倒披针形，长 7.5 ~ 9.0 mm，近基部处 3 裂，基部有长约 1.0 mm 的爪，侧裂片线形，长 2.0 ~ 3.0 mm，宽 0.7 mm，边缘略具缘毛，中裂片近椭圆状倒卵形，上半部边缘略皱波状，先端具不规则缺刻，下半部边缘略具细缘毛，唇盘上在两侧裂片之间具 1 条短褶片状胼胝体，胼胝体中央有纵槽；蕊柱长约 3.0 mm。

【花期】 5 ~ 6 月。

【生境状况】 生于海拔 700 ~ 2 600 m 的林下或沟谷旁。

【濒危等级】 NT。

【地理分布】 陕西、甘肃、浙江、福建、湖北、四川和台湾等省。

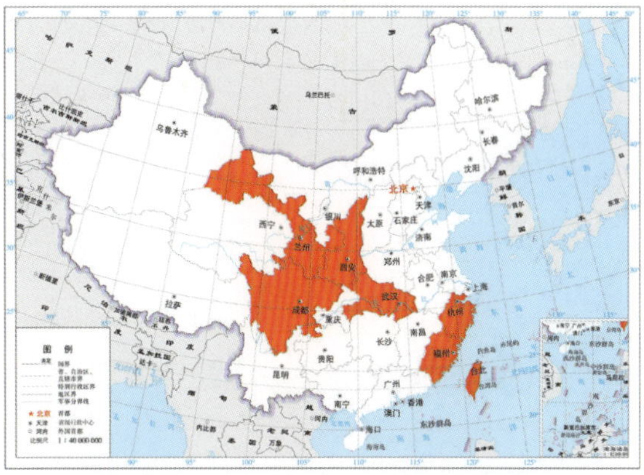

图 737-1 长叶山兰 *Oreorchis fargesii* 地理分布

图 737-2 长叶山兰 *Oreorchis fargesii* 花（金效华）

738 狭叶山兰 *Oreorchis micrantha* Lindl.

图 738-1 狭叶山兰 *Oreorchis micrantha* 生境与植株（钟诗文）

【别名】 四裂山兰。

【主要特征】 地生植物，假鳞茎卵球形，长 1.0 ~ 1.3 cm，粗 1.0 cm，具节。叶 2 枚顶生，线状披针形，基部具柄，连柄长 17.0 cm，宽 0.5 ~ 0.7 cm。花葶从假鳞茎侧面发出，长 20.0 ~ 30.0 cm，具 8 ~ 12 朵花，花白色。花苞片卵状披针形，长 1.5 ~ 3.0 mm；萼片长圆状披针形，长 5.5 ~ 6.0 mm，宽 1.5 ~ 2.0 mm；侧萼片略歪斜；花瓣披针形，长 5.0 ~ 5.5 mm，宽 1.2 mm；唇瓣长圆状倒卵形，长 5.0 mm，近基部 3 裂，基部有短爪，无囊，侧裂片近线形，长 1.5 mm，中裂片倒卵形，边缘有不规则缺刻，略呈皱波状，唇盘上在两侧裂片之间有 1 个中央有纵槽的线形胼胝体，延伸至中裂片下部；蕊柱长 2.5 mm。

【花期】 6 月。

【生境状况】 生于海拔 2 500 ~ 3 000 m 的林下。

【濒危等级】 LC。

【地理分布】 西藏自治区；印度、不丹、尼泊尔和缅甸。

图 738-2 狭叶山兰 *Oreorchis micrantha* 地理分布

图 738-3 狭叶山兰 *Oreorchis micrantha* 花序（钟诗文）

八六、宽距兰属 *Yoania* Maxim.

宽距兰属 *Yoania* 全世界分布共有 4 种，中国分布仅有 2 种，本图鉴包含 1 种。

739 宽距兰 *Yoania japonica* Maxim.

【别名】 无。

【主要特征】 菌类寄生植物，高约 10.0 cm，根状茎具分枝。茎直立，淡红白色，无绿叶。花序顶生，具 3 ~ 5 朵花，花淡紫红色。花苞片卵形，长 5.0 ~ 7.0 mm；萼片卵状长圆形，长 21.0 ~ 24.0 mm，宽 11.0 ~ 13.0 mm；花瓣宽卵形，长 20.0 mm，宽 14.0 mm；唇瓣凹陷呈舟状，长 20.0 mm，宽 10.0 mm，前部平展并呈卵形，具多枚纵列的乳突；距宽阔，向前伸展，与唇瓣前部处于平行的位置，长 7.0 ~ 8.0 mm；蕊柱长约 12.0 mm。

【花期】 6 ~ 7 月。

【生境状况】 生于海拔 1 800 ~ 2 000 m 的林下阴湿处。

【濒危等级】 EN。

【地理分布】 江西、福建、台湾和云南等省；日本。

图 739-1 宽距兰 *Yoania japonica* 地理分布

图 739-2 宽距兰 *Yoania japonica* 生境与植株（谭运洪）

八七、丹霞兰属 *Danxiaorchis* J. W. Zhai, F. W. Xing & Z. J. Liu

丹霞兰属 *Danxiaorchis* 全世界分布仅有 2 种，中国分布有 2 种，本图鉴包含 1 种。

740 丹霞兰 *Danxiaorchis singchiana* J. W. Zhai, F. W. Xing & Z. J. Liu

图 740-1 丹霞兰 *Danxiaorchis singchiana* 生境与植株（金效华）

【别名】 无。

【主要特征】 菌类寄生植物，植株高 21.0 ~ 40.0 cm，块茎圆柱形，长 5.0 ~ 6.0 cm，粗 0.6 ~ 1.8 cm，具短的分枝。无绿叶。花葶直立，棕红色，具 3 ~ 4 枚紧抱茎的鞘，圆柱形，长 2.3 ~ 3.5 cm，花序具 2 ~ 13 朵花，花黄色。花苞片长圆状披针形，长 15.0 ~ 23.0 mm；中萼片狭椭圆形，长 18.0 ~ 26.0 mm，宽 6.0 ~ 9.0 mm；侧萼片卵状椭圆形，长 20.0 ~ 23.0 mm，宽 6.0 ~ 9.0 mm；花瓣狭椭圆形，长 20.0 ~ 22.0 mm，宽 6.5 ~ 7.5 mm；唇瓣 3 裂，侧裂片直立，稍围抱蕊柱，近方形，长 5.0 mm，宽 5.5 mm，内面具淡紫红色条纹，中裂片长圆形，长 7.0 ~ 8.0 mm，宽 5.0 ~ 8.0 mm，正面具紫红色斑点，基部具 2 个浅囊，中部具 1 个 Y 形的附属物，附属物从唇瓣基部延伸至中裂片基部，高 1.3 ~ 1.5 mm；蕊柱半圆柱状，长 5.0 ~ 7.0 mm，无蕊柱足；花粉块 4 块，成 2 对。

【花期】 4 ~ 5 月。

图 740-2 丹霞兰 *Danxiaorchis singchiana* 花（金效华）

【生境状况】 生于海拔 500 ~ 1 100 m 的林下湿地上。

【濒危等级】 EN。

【地理分布】 江西和广东等省。

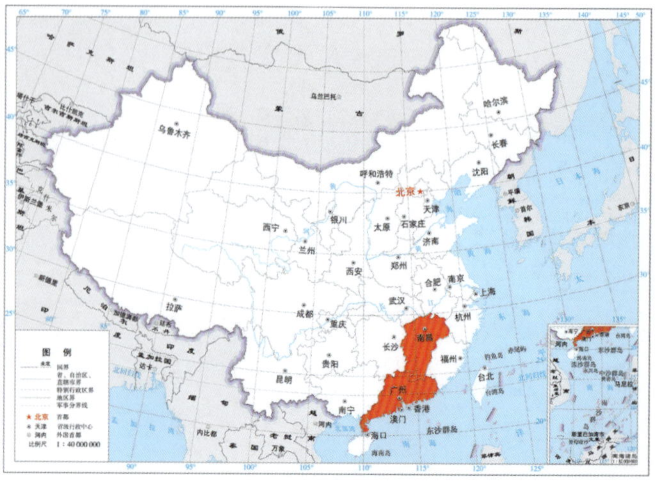

图 740-3 丹霞兰 *Danxiaorchis singchiana* 地理分布

八八、杜鹃兰属 *Cremastra* Lindl.

杜鹃兰属 *Cremastra* 全世界分布共有 4 种，中国分布有 4 种，本图鉴包含 2 种。

杜鹃兰属 *Cremastra* 分种检索表

1（2）　假鳞茎密接，叶 1 枚，无紫斑，花下垂，唇瓣中裂片不反折 ……………………………………………………………… 741. 杜鹃兰 *Cremastra appendiculata*

2（1）　假鳞茎疏离，叶 2 枚，通常有紫斑，花斜立，决不下垂，唇瓣中裂片反折 ……………………………………………………………… 742. 斑叶杜鹃兰 *Cremastra unguiculata*

741　杜鹃兰 *Cremastra appendiculata* (D. Don) Makino

【别名】 毛慈姑、田三七、大白芨。

【主要特征】 地生植物，假鳞茎卵球形密接，长 1.5 ~ 3.0 cm，粗 1.0 ~ 3.0 cm，具关节。叶 1 枚顶生，狭椭圆形，长 18.0 ~ 34.0 cm，宽 5.0 ~ 8.0 cm，基部收狭成长 7.0 ~ 17.0 cm 的柄。花葶从假鳞茎上部节上发出，长 27.0 ~ 70.0 cm，花序长 10.0 ~ 25.0 cm，具 5 ~ 22 朵花，花偏向一侧，下垂，不完全开放，淡紫褐色。花苞片披针形，长 5.0 ~ 12.0 mm；萼片倒披针形，长 20.0 ~ 30.0 mm，宽 3.5 ~ 5.0 mm；侧萼片略歪斜；花瓣倒披针形，长 18.0 ~ 26.0 mm，宽 3.0 ~ 3.5 mm；唇瓣与花瓣近等长，线形，上部 1/4 处 3 裂，侧裂片近线形，长 4.0 ~ 5.0 mm，宽 1.0 mm，中裂片卵形，长 6.0 ~ 8.0 mm，宽 3.0 ~ 5.0 mm，基部在两侧裂片之间具 1 枚肉质突起，其上又有疣状小突起；蕊柱长 25.0 ~ 30.0 mm。

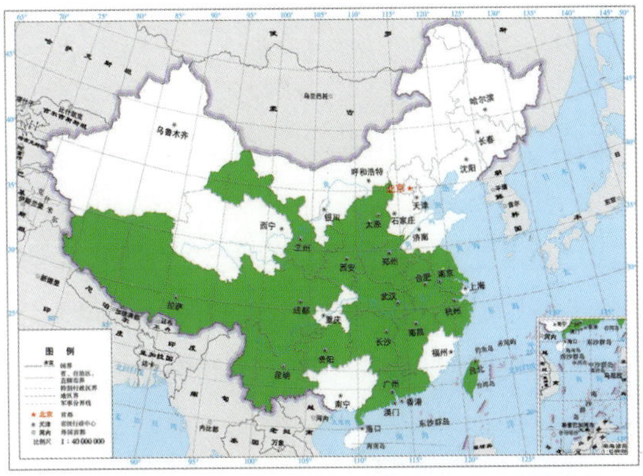

图 741-1　杜鹃兰 *Cremastra appendiculata* 地理分布

【花期】 5 ~ 6 月。

【生境状况】 生于海拔 500 ~ 2 900 m 的林下湿地上。

【濒危等级】 NT。

【地理分布】 山西、陕西、甘肃、江苏、安徽、浙江、江西、台湾、河南、湖北、湖南、广东、四川、贵州、云南和西藏等省区；印度、不丹、尼泊尔、泰国、越南和日本。

图 741-2　杜鹃兰 *Cremastra appendiculata* 花序（叶德平）

图 741-3　杜鹃兰 *Cremastra appendiculata* 生境与植株（叶德平）

742 斑叶杜鹃兰 *Cremastra unguiculata* (Finet) Finet

图 742-1 斑叶杜鹃兰 *Cremastra unguiculata* 生境与植株（叶德平）

图 742-2 斑叶杜鹃兰 *Cremastra unguiculata* 花序（叶德平）

【别名】 无。

【主要特征】 地生植物，假鳞茎卵球形，粗 1.5 cm，具节。叶 2 枚顶生，狭椭圆形，长 10.0 ~ 15.0 cm，宽 2.0 ~ 3.0 cm，通常具紫斑，基部具长柄。花葶从假鳞茎上部的节上发出，长 30.0 cm，花序长 10.0 ~ 13.0 cm，具 7 ~ 9 朵花，花外面紫褐色，内面绿色具紫褐色斑点，唇瓣白色。花苞片卵状披针形，长 4.0 ~ 5.0 mm；萼片线状倒披针形，长 17.0 ~ 22.0 mm，宽 2.5 mm；侧萼片稍歪斜；花瓣狭倒披针形，长 15.0 ~ 20.0 mm，宽 1.0 ~ 1.5 mm；唇瓣长 13.0 ~ 15.0 mm，约在上中部 3/5 处 3 裂，下部有长爪，侧裂片线形，长 1.0 ~ 1.5 mm，中裂片倒卵形，反折，与爪成直角，长 5.0 ~ 6.0 mm，宽 2.5 ~ 3.5 mm，边缘皱波状，有不规则齿缺，基部在两侧裂片之间具 1 枚肉质突起；蕊柱长 12.0 ~ 13.0 mm。

【花期】 5 ~ 6 月。

【生境状况】 生于海拔 950 m 的林下。

【濒危等级】 CR。

【地理分布】 江西省；日本。

图 742-3 斑叶杜鹃兰 *Cremastra unguiculata* 地理分布

八九、筒距兰属 *Tipularia* Nuttall.

筒距兰属 *Tipularia* 全世界分布共有 7 种，中国分布有 4 种，本图鉴包含 1 种。

743　筒距兰 *Tipularia szechuanica* Schltr.

【别名】 无。

【主要特征】 地生植物，假鳞茎圆筒状，长 1.5 ~ 3.0 cm，粗 0.2 ~ 0.4 cm，彼此以近末端处相连接，横走，形似根状茎，中部具节，连接处生 1 ~ 2 条根。叶 1 枚，卵形，长 2.5 ~ 4.0 cm，宽 1.4 ~ 2.4 cm，基部具长 1.3 ~ 2.0 cm 的柄。花葶长 12.0 ~ 20.0 cm，花序长 3.0 ~ 6.0 cm，疏生 5 ~ 9 朵花，花淡紫灰色。萼片狭长圆状披针形，长 5.5 ~ 6.5 mm，宽 1.8 mm；花瓣狭椭圆形，与萼片近等长，宽 2.0 mm；唇瓣略短于萼片，近基部处 3 裂，侧裂片宽卵形，长 1.5 mm，宽 2.0 mm，边缘具不规则的缺刻，中裂片舌状，长 4.0 ~ 5.0 mm；距细长，长 12.0 ~ 15.0 mm；蕊柱长 3.0 mm。

【花期】 6 ~ 7 月。

【生境状况】 生于海拔 3 300 ~ 3 700 m 的冷杉林下。

【濒危等级】 VU。

【地理分布】 陕西、甘肃、四川和云南等省。

图 743-1　筒距兰 ***Tipularia szechuanica*** 生境与植株（金效华）

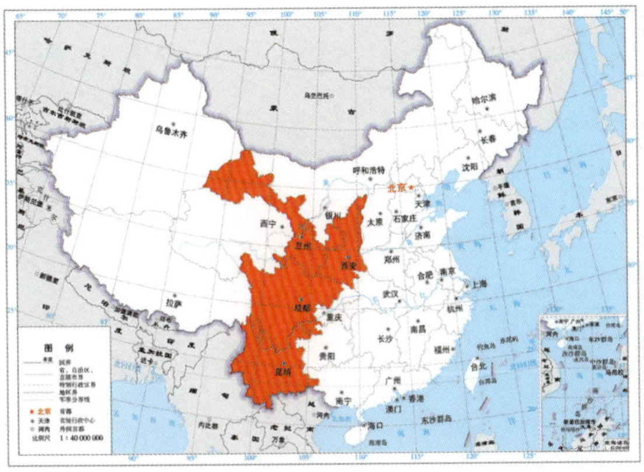

图 743-2　筒距兰 ***Tipularia szechuanica*** 地理分布

图 743-3　筒距兰 ***Tipularia szechuanica*** 花序（金效华）

九〇、独花兰属 *Changnienia* S. S. Chien

独花兰属 *Changnienia* 全世界分布仅有 2 种，中国分布有 2 种，本图鉴包含 1 种。

744 独花兰 *Changnienia amoena* S. S. Chien

图 744-1 独花兰 ***Changnienia amoena*** 花（李琳）

【别名】 长年兰、金百合、老汉背娃娃。

【主要特征】 地生植物，假鳞茎近椭圆形，长 1.5 ~ 2.4 cm，宽 1.0 ~ 2.0 cm，具 2 节。叶 1 枚，宽卵状椭圆形，长 6.0 ~ 12.0 cm，宽 5.0 ~ 8.0 cm，背面紫红色，叶柄长 3.0 ~ 8.0 cm。花葶长 10.0 ~ 17.0 cm，顶生 1 朵花，花白色带肉红色晕。花苞片小，早落；萼片长圆状披针形，长 27.0 ~ 33.0 mm，宽 7.0 ~ 9.0 mm；侧萼片歪斜；花瓣狭倒卵状披针形，长 25.0 ~ 30.0 mm，宽 12.0 ~ 14.0 mm；唇瓣略短于花瓣，3 裂，基部具距，侧裂片直立，斜卵状三角形，宽 10.0 ~ 13.0 mm，中裂片平展，宽倒卵状方形，先端和上部边缘具不规则的波状缺刻，唇盘上在两枚侧裂片之间具 5 枚褶片状附属物；距角状，长 20.0 ~ 23.0 mm，向末端渐狭。蕊柱两侧有宽翅。

【花期】 4 月。

【生境状况】 生于海拔 400 ~ 1 100 m 的林下富含腐殖质的地上。

【濒危等级】 EN。

【地理分布】 陕西、江苏、安徽、浙江、江西、湖北、湖南和四川等省。

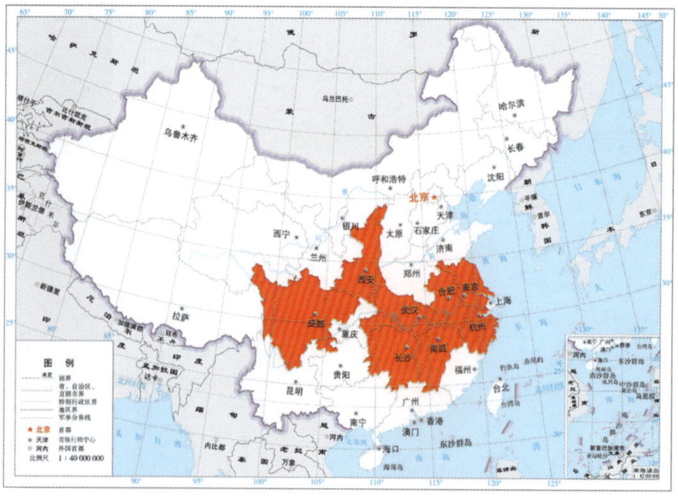

图 744-2 独花兰 ***Changnienia amoena*** 地理分布

九一、珊瑚兰属 *Corallorhiza* Gagnebin

珊瑚兰属 *Corallorhiza* 全世界分布共有 11 种，中国分布仅有 1 种，本图鉴包含 1 种。

745 珊瑚兰 *Corallorhiza trifida* Châtelain

【别名】 无。

【主要特征】 菌类寄生植物，高 10.0 ~ 22.0 cm，根状茎肉质，多分枝，珊瑚状。茎直立，红褐色，无绿叶，被 3 ~ 4 枚鞘。花序长 1.0 ~ 3.0 cm，具 3 ~ 7 朵花，花淡黄色。花苞片长圆形，长 1.0 mm；中萼片狭长圆形，长 4.0 ~ 6.0 mm，宽 1.2 ~ 1.5 mm；侧萼片与中萼片形状相似，略歪斜，基部合生成的萼囊浅；花瓣近长圆形，比萼片略短而宽，部分与中萼片靠合成盔状；唇瓣近长圆形，长 2.5 ~ 3.5 mm，3 裂，侧裂片小，直立，中裂片近椭圆形，长 1.0 ~ 1.5 mm，宽 0.8 mm，先端微凹，唇盘上有 2 条肥厚的纵褶片从下部延伸至中裂片基部；蕊柱长 2.5 ~ 3.0 mm，两侧具翅。

【花期】 6 ~ 8 月。

【生境状况】 生于海拔 2 000 ~ 2 700 m 的林下灌丛中。

【濒危等级】 NT。

【地理分布】 吉林、内蒙古、河北、甘肃、青海、新疆和四川等省区；蒙古、俄罗斯、北美洲、欧洲等地区。

图 745-1 珊瑚兰 *Corallorhiza trifida* 生境与植株（金伟涛）

图 745-2 珊瑚兰 *Corallorhiza trifida* 花序（金伟涛）

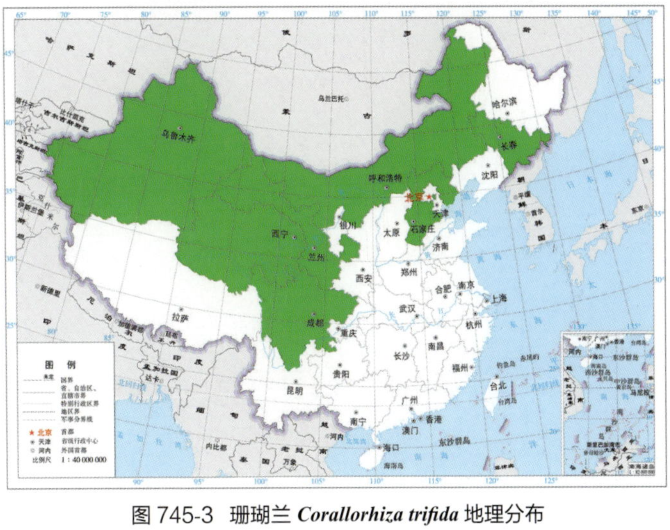

图 745-3 珊瑚兰 *Corallorhiza trifida* 地理分布

九二、禾叶兰属 *Agrostophyllum* Bl.

禾叶兰属 *Agrostophyllum* 全世界分布约有 100 种，中国分布有 3 种，本图鉴包含 2 种。

禾叶兰属 *Agrostophyllum* 分种检索表

1（2） 茎纤细，较长，长 30.0 ~ 60.0 cm，圆柱形，上部的稍两侧压扁；叶多枚散生在茎上，2 列排列 ………………………………………………………………………………………746. 禾叶兰 *Agrostophyllum callosum*

2（1） 茎稍粗壮，短，长 20.0 ~ 40.0 cm，两侧压扁；叶 3 ~ 4 枚近顶生 ………………………………………………………………………………………747. 扁茎禾叶兰 *Agrostophyllum planicaule*

746 禾叶兰 *Agrostophyllum callosum* Rchb. f.

【别名】 硬皮禾叶兰、胼胝唇禾叶兰。

【主要特征】 附生植物，高 30.0 ~ 60.0 cm，茎丛生，不分枝，上部略压扁，叶多枚，2 列排列。叶片禾状，长 8.0 ~ 13.0 cm，宽 0.4 ~ 0.8 cm，先端具两侧不等的 2 圆裂，基部具鞘。花序顶生，近头状，密集，花淡红色或白色带紫红色晕。花苞片近长圆形，舟状，长 0.5 ~ 2.0 cm；中萼片近圆形，约 4.0 mm；侧萼片宽卵状圆形，长 4.0 mm，宽 5.0 mm，基部围抱唇瓣；花瓣近菱状宽椭圆形，长 2.5 mm，宽 3.0 mm；唇瓣近宽长圆形，约 3.5 mm，中部略缢缩，基部凹陷呈浅囊状。

【花期】 7 ~ 8 月。

【生境状况】 生于海拔 900 ~ 2 400 m 的密林中树上。

图 746-1 禾叶兰 *Agrostophyllum callosum* 地理分布

【濒危等级】 NT。

【地理分布】 云南省；印度、不丹、尼泊尔、缅甸、泰国和越南。

图 746-2 禾叶兰 *Agrostophyllum callosum* 植株（李剑武）

图 746-3 禾叶兰 *Agrostophyllum callosum* 花序（叶德平）

747 扁茎禾叶兰 *Agrostophyllum planicaule* (Wall. ex Lindl.) Rchb. f.

【别名】 无。

【主要特征】 附生植物，高 20.0 ~ 40.0 cm，茎丛生，压扁，叶 3 ~ 4 枚，近顶部互生，2 列。叶片卵状长圆形，长 7.0 ~ 19.0 cm，宽 1.5 ~ 2.3 cm，先端具两侧不等的 2 圆裂。花序顶生，头状，花密集，白色。萼片相似，卵状长圆形，长 2.5 mm，宽 1.5 mm；花瓣线状长圆形，长 2.0 mm，宽 1.2 mm；唇瓣卵形，长 2.5 mm，中部缢缩，上部边缘内卷，草黄色，下部扩大，肾形，白色，边缘稍啮蚀状。

【花期】 9 月。

【生境状况】 生于海拔 200 ~ 1 300 m 的林中树上或林下岩石上。

【濒危等级】 NT。

【地理分布】 云南省；印度、尼泊尔、缅甸、泰国、老挝和越南。

图 747-1 扁茎禾叶兰 *Agrostophyllum planicaule* 花序（叶德平）

图 747-2 扁茎禾叶兰 *Agrostophyllum planicaule* 地理分布

图 747-3 扁茎禾叶兰 *Agrostophyllum planicaule* 生境与植株（李剑武）

Ⅹ. 吻兰族 Collabieae

吻兰族 Collabieae 全世界分布共有 20 属，中国分布有 14 属，本图鉴包含 14 属 68 种。

吻兰族 Collabieae 分属检索表

1 菌类寄生植物，无绿叶 ……………………………… 九三、紫茎兰属 *Risleya*
1 自养植物，有绿叶。
　2 花粉团 2 ~ 4 个。
　　3 花粉团 2 个。
　　　4 唇瓣基部具爪，萼囊距状，圆柱形，长 4.0 ~ 6.0 mm ……………… 一〇五、吻兰属 *Collabium*
　　　4 唇瓣基部无爪，萼囊非距状，圆锥状，长约 2.0 mm ……………… 一〇六、金唇兰属 *Chrysoglossum*
　　3 花粉团 4 个，2 个共用 1 个黏盘柄……………………一〇四、固唇兰属 *Plocoglottis*
　2 花粉团 8 个。
　　5 蕊柱具明显蕊柱足 ……………………………… 九七、毛梗兰属 *Eriodes*
　　5 蕊柱无明显蕊柱足。
　　　6 假鳞茎中部具节，萼片合生成筒，蕊柱足长于蕊柱 …………… 一〇三、坛花兰属 *Acanthephippium*
　　　6 假鳞茎节不在中部，萼片离生，蕊柱足不长于蕊柱，植株花期具叶。
　　　　7 叶 1 枚。
　　　　　8 叶柄与假鳞茎相似。
　　　　　　9 花序通常具 1 朵花，唇瓣具 1 个长距，蕊柱无足，无萼囊……… 九八、滇兰属 *Hancockia*
　　　　　　9 唇瓣具短距或无，蕊柱具足，并形成萼囊。
　　　　　　　10 花扭转，唇瓣位于下方 ……………………… 九五、带唇兰属 *Tainia*
　　　　　　　10 花不扭转，唇瓣位于上方，具短距 ………………九四、云叶兰属 *Nephelaphyllum*
　　　　　8 叶柄不同于假鳞茎 ……………………………… 九六、安兰属 *Ania*
　　　　7 植株具 2 枚至多枚叶。
　　　　　11 叶线状披针形或披针形，生于压扁的球形假鳞茎顶端；唇瓣中裂片爪上具 2 枚肥厚的附属物，无距……………………………… 九九、苞舌兰属 *Spathoglottis*
　　　　　11 叶和假鳞茎非上述组合，顶端唇瓣中裂片爪上不具上述附属物。
　　　　　　12 唇瓣基部通常无距；中裂片上面有泡状附属物 ………一〇〇、黄兰属 *Cephalantheropsis*
　　　　　　12 唇瓣基部通常有距，很少无距；中裂片上面无泡状附属物。
　　　　　　　13 植株通常较小；唇瓣基部与蕊柱两侧的翅有不同程度的合生而形成管；蕊柱通常较短 ……………………………一〇二、虾脊兰属 *Calanthe*
　　　　　　　13 植株通常较大；唇瓣基部与蕊柱两侧的翅少合生 ……… 一〇一、鹤顶兰属 *Phaius*

九三、紫茎兰属 *Risleya* King & Pantl.

紫茎兰属 *Risleya* 全世界分布仅有 1 种，中国分布有 1 种，本图鉴包含 1 种。目前研究表明，该属位于树兰族。

748 紫茎兰 *Risleya atropurpurea* King & Pantl.

【别名】 喜马兰。

【主要特征】 菌类寄生植物，植株高 6.0 ~ 21.0 cm，具肥厚的根状茎，根状茎狭圆锥形，长 1.0 ~ 3.0 cm。茎暗紫色，基部具 2 枚鞘，无绿叶。花序长 2.5 ~ 7.0 cm，具数朵花，花紫黑色。花苞片三角状披针形，长 0.5 ~ 0.8 mm；萼片近长圆形，长 1.2 mm，宽 0.4 mm；花瓣近长圆状披针形，长 0.8 mm，宽 0.3 mm；唇瓣宽卵形，凹陷，长 1.2 mm，宽 1.0 mm，靠近基部的边缘具细齿，其余部分全缘，先端具 1 个朝上翻的小尖头；蕊柱长 0.3 mm。

【花期】 7 ~ 8 月。

图 748-1 紫茎兰 *Risleya atropurpurea* 生境与植株（金效华）

图 748-2 紫茎兰 *Risleya atropurpurea* 花序（金效华）

【生境状况】 生于海拔 2 900 ~ 3 700 m 的冷杉林下。

【濒危等级】 NT。

【地理分布】 四川、云南和西藏等省区；印度和尼泊尔。

图 748-3 紫茎兰 *Risleya atropurpurea* 地理分布

九四、云叶兰属 *Nephelaphyllum* Bl.

云叶兰属 *Nephelaphyllum* 全世界分布共有 11 种，中国分布有 2 种，本图鉴包含 2 种。

云叶兰属 *Nephelaphyllum* 分种检索表

1（2）	花较密，直立，唇瓣中部不缢缩，唇瓣边缘全缘……………	750. 美丽云叶兰 ***Nephelaphyllum pulchrum***
2（1）	花稀疏，下垂，唇瓣中部缢缩成上下唇，下唇边缘具毛………	749. 云叶兰 ***Nephelaphyllum tenuiflorum***

749 云叶兰 *Nephelaphyllum tenuiflorum* Bl.

【别名】 鸡冠云叶兰。

【主要特征】 地生植物，植株匍匐状。根状茎粗 2.0 ~ 5.0 mm，假鳞茎叶柄状，细圆柱形，长 1.0 ~ 2.0 cm，粗 0.1 ~ 0.2 mm，顶生 1 枚叶。叶卵状心形，长 2.2 ~ 4.0 cm，宽 1.3 ~ 3.5 cm，基部心形，无柄。花葶出自根状茎末端一节的假鳞茎基部侧旁，长 9.0 ~ 20.0 cm，具花 1 ~ 3 朵，花绿色带紫色条纹。花苞片披针形，长 4.0 ~ 6.0 mm；萼片倒卵状披针形，长 10.0 mm，宽 2.5 mm；花瓣匙形，与萼片等长但稍宽；唇瓣椭圆形，凹陷，长 10.0 mm，宽 6.0 ~ 7.0 mm，不明显 3 裂，中裂片近半圆形并具皱波状的边缘，先端微凹，基部具囊状距；唇盘密布长毛，近先端处簇生流苏状的附属物；距长 3.0 mm；蕊柱长 6.0 mm。

【花期】 6 月。

【生境状况】 生于海拔约 900 m 的山坡林下。

【濒危等级】 VU。

【地理分布】 海南、云南和香港等地。

图 749-1 云叶兰 ***Nephelaphyllum tenuiflorum*** 生境与植株（谭运洪）

图 749-2 云叶兰 ***Nephelaphyllum tenuiflorum*** 地理分布

750 美丽云叶兰 *Nephelaphyllum pulchrum* Bl.

【别名】 无。

【主要特征】 地生植物，高 10.0 ~ 20.0 cm，具 1 ~ 3 枚叶。叶片卵状心形，长 10.0 ~ 12.0 cm，宽 5.0 ~ 9.0 cm，正面粉色或淡紫色具红色斑点，背面深紫色，叶柄长 3.0 ~ 4.0 cm。花序密生数朵花，花粉色。花苞片卵形；萼片光滑，长圆状披针形，长 10.0 ~ 12.0 mm，宽 1.0 ~ 2.0 mm，边缘波状；花瓣长圆状披针形，长 10.0 ~ 12.0 mm，宽 2.0 ~ 3.0 mm，边缘波状；唇瓣倒卵形，长 15.0 ~ 17.0 mm，宽 10.0 ~ 12.0 mm，边缘波状，唇盘基部具 3 条波状脊；距卵形。

【花期】 5 月。

【生境状况】 生于海拔 1 000 ~ 1 500 m 的林下阴湿处。

【濒危等级】 DD。

【地理分布】 海南省；印度、不丹、缅甸、泰国、老挝、越南、柬埔寨、新加坡、马来西亚、印度尼西亚和菲律宾。

图 750-1 美丽云叶兰 *Nephelaphyllum pulchrum* 生境与植株（李琳）

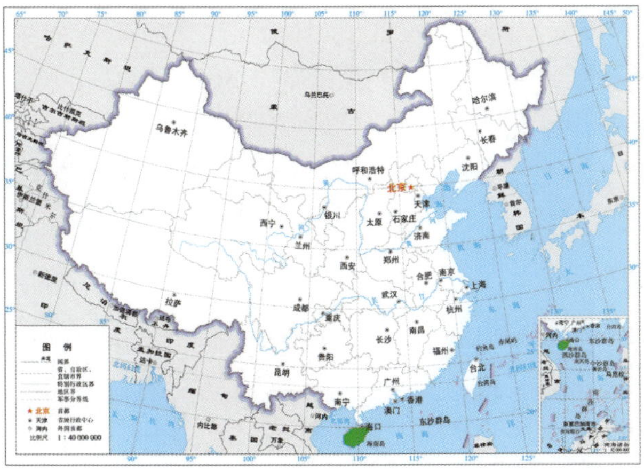

图 750-2 美丽云叶兰 *Nephelaphyllum pulchrum* 地理分布

图 750-3 美丽云叶兰 *Nephelaphyllum pulchrum* 花（李琳）

九五、带唇兰属 *Tainia* Bl.

带唇兰属 *Tainia* 全世界分布共有 18 种，中国分布有 9 种，本图鉴包含 6 种。

带唇兰属 *Tainia* 分种检索表

1（2） 叶片基部心形，无柄……751. 心叶带唇兰 *Tainia cordifolia*
2（1） 叶片基部楔形，具长柄。
3（6） 叶椭圆形或宽卵形，不具折扇状脉。
4（5） 假鳞茎长卵形，叶片宽卵形，无柄……754. 卵叶带唇兰 *Tainia longiscapa*
5（4） 假鳞茎细圆柱形，叶片椭圆形，具 4.0 ~ 5.0 cm 长的柄，唇瓣上部 3 裂……755. 大花带唇兰 *Tainia macrantha*
6（3） 叶片披针形、长圆形或椭圆形，具折扇状脉。
7（8） 唇瓣中裂片横长圆形或扁圆形……752. 带唇兰 *Tainia dunnii*
8（7） 唇瓣中裂片倒卵形或近圆形，先端凹或微凹。
9（10） 唇瓣中裂片上具 4 ~ 5 条褶片……756. 滇南带唇兰 *Tainia minor*
10（9） 中裂片上具 3 条褶片……753. 阔叶带唇兰 *Tainia latifolia*

751 心叶带唇兰 *Tainia cordifolia* Hook. f.

【别名】 心叶球柄兰、葵兰。

【主要特征】 地生植物，假鳞茎叶柄状，长 8.0 cm，粗 0.3 ~ 0.4 cm，顶生 1 枚叶。叶上面灰绿色，背面具灰白色条带，卵状心形，长 7.0 ~ 15.0 cm，宽 4.0 ~ 8.0 cm，基部心形，无柄。花葶长 25.0 cm，具 3 ~ 5 朵花，花萼片和花瓣褐色带紫褐色脉纹。花苞片狭披针形，长 7.0 mm；萼片披针形，长 22.0 mm，宽 4.0 ~ 5.0 mm；侧萼片基部贴生在蕊柱足而形成钝的萼囊；花瓣披针形，长 20.0 mm，宽 6.0 ~ 7.0 mm；唇瓣近卵形，长 25.0 ~ 30.0 mm，稍 3 裂，侧裂片白色带紫红色斑点，近半卵形，中裂片黄色，近三角形，反折，边缘具紫色斑点；唇盘具 3 条黄色褶片，从基部延伸至近中裂片先端，侧生的褶片在唇盘上 2 枚侧裂片之间增宽呈弧形；蕊柱长 10.0 mm，蕊柱翅宽，向下延伸至蕊柱足基部。

【花期】 5 ~ 7 月。

【生境状况】 生于海拔 500 ~ 1 000 m 的林下阴湿处。

【濒危等级】 EN。

图 751-1 心叶带唇兰 *Tainia cordifolia* 花序（一）（李剑武）

【地理分布】 福建、台湾、广东、香港、广西和云南等地；越南。

图 751-2 心叶带唇兰 *Tainia cordifolia* 地理分布

图 751-3 心叶带唇兰 *Tainia cordifolia* 生境与植株（李剑武）

图 751-4 心叶带唇兰 *Tainia cordifolia* 花序（二）（李剑武）

752 带唇兰 *Tainia dunnii* Rolfe

图 752-1 带唇兰 *Tainia dunnii* 生境与植株（金效华）

图 752-2 带唇兰 *Tainia dunnii* 花（金效华）

【别名】 长叶杜鹃兰。

【主要特征】 地生植物，假鳞茎暗紫色，圆柱形，长 1.0 ~ 7.0 cm，下半部较粗，顶生 1 枚叶。叶片狭长圆形，长 12.0 ~ 35.0 cm，宽 0.6 ~ 6.0 cm，基部具长 2.0 ~ 6.0 cm 的柄。花葶长 30.0 ~ 60.0 cm，具多枚疏生的花，花黄褐色。花苞片狭披针形，长 3.0 ~ 7.0 mm；中萼片狭长圆状披针形，长 11.0 ~ 12.0 mm，宽 2.5 ~ 3.0 mm；侧萼片狭长圆状镰刀形，与中萼片等长，基部贴生在蕊柱足上形成明显的萼囊；花瓣与萼片等长但稍宽；唇瓣近圆形，长 10.0 mm，前部 3 裂，侧裂片淡黄色，具许多紫黑色斑点，三角形，长 2.5 mm，中裂片黄色，横长圆形，先端凹陷且具 1 个小短凸；唇盘上面无毛，具 3 条褶片，两侧的褶片呈弧形，较高，中央的为龙骨状；蕊柱长 8.0 mm。

【花期】 3 ~ 4 月。

【生境状况】 生于海拔 580 ~ 1 900 m 的林下阴湿处。

【濒危等级】 NT。

【地理分布】 湖南、浙江、江西、福建、台湾、广东、香港、广西、四川和贵州等地。

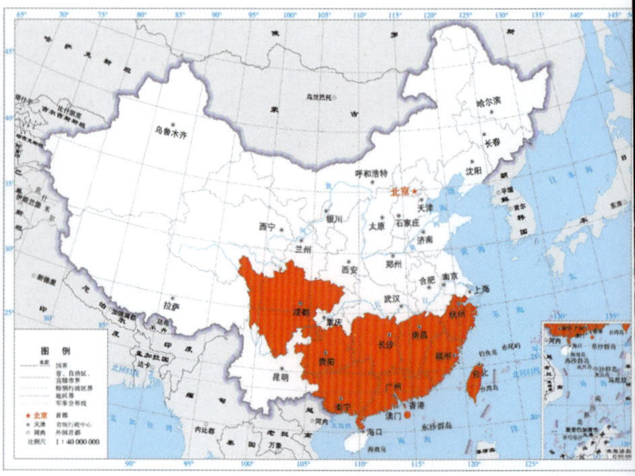

图 752-3 带唇兰 *Tainia dunnii* 地理分布

753 阔叶带唇兰 *Tainia latifolia* (Lindl.) Rchb. f.

【别名】 竹东杜鹃兰、大花邓兰、圆叶小杜鹃兰。

【主要特征】 地生植物，假鳞茎彼此靠近，圆柱状长卵形，长 7.0 cm，顶生 1 枚叶。叶片椭圆形，长 18.0 ~ 32.0 cm，宽 5.0 ~ 7.0 cm，基部具长 8.0 ~ 30.0 cm 的柄。花葶从假鳞茎基部侧面发出，长 20.0 ~ 80.0 cm，疏生数朵花，花萼片和花瓣深褐色。花苞片狭披针形，长 2.0 mm；中萼片狭长圆形，长 11.0 ~ 13.0 mm，宽 1.7 ~ 2.0 mm；侧萼片与中萼片等大，狭镰刀状长圆形，基部贴生在蕊柱足上形成萼囊；花瓣与侧萼片相似但较宽；唇瓣黄色，倒卵形，长 8.0 mm，上部 3 裂，侧裂片直立，卵状三角形，中裂片近圆形，宽 4.0 mm，先端具凹缺；唇盘从基部向中裂片先端纵贯 3 条褶片，中央的 1 条较窄，两侧的较宽，呈弧形；蕊柱长 7.0 mm。

图 753-1 阔叶带唇兰 *Tainia latifolia* 地理分布

【花期】 3 月。

【生境状况】 生于海拔 500 ~ 1 200 m 的林下阴湿处。

【濒危等级】 VU。

【地理分布】 海南和云南等省；印度、不丹、缅甸、泰国、老挝和越南。

图 753-2 阔叶带唇兰 *Tainia latifolia* 生境与植株（李剑武）

图 753-3 阔叶带唇兰 *Tainia latifolia* 花序（李剑武）

754 卵叶带唇兰 *Tainia longiscapa* (Seidenf. ex H. Turner) J. J. Wood & A. L. Lamb

图 754-1 卵叶带唇兰 *Tainia longiscapa* 生境与植株（金效华）

【别名】 无。

【主要特征】 地生植物，假鳞茎聚生，淡紫色，长卵形，长 4.0 cm，粗 1.5 cm，顶生 1 枚叶。叶片宽卵形，上面深绿色，背面紫色，长 4.5 ~ 7.0 cm，宽 3.0 ~ 5.0 cm。花葶侧生于假鳞茎基部，长 18.0 cm，具数朵花，花黄绿色。花苞片狭披针形，长 10.0 mm；中萼片披针形，长 12.0 mm，宽 2.0 mm；侧萼片与中萼片大小与形状相似，基部贴生在蕊柱足上而形成明显的萼囊；花瓣与萼片同形，长 12.0 mm，宽 1.2 mm；唇瓣倒卵形，长 10.0 mm，中部 3 裂，侧裂片小，卵状三角形，中裂片倒卵形，宽 6.0 mm；唇盘具 3 条褶片，中央 1 条较小；蕊柱长 4.0 mm。

【花期】 3 月。

【生境状况】 生于海拔 1 150 m 的林下阴湿处。

【濒危等级】 CR。

【地理分布】 云南省。

图 754-2 卵叶带唇兰 *Tainia longiscapa* 花（金效华）

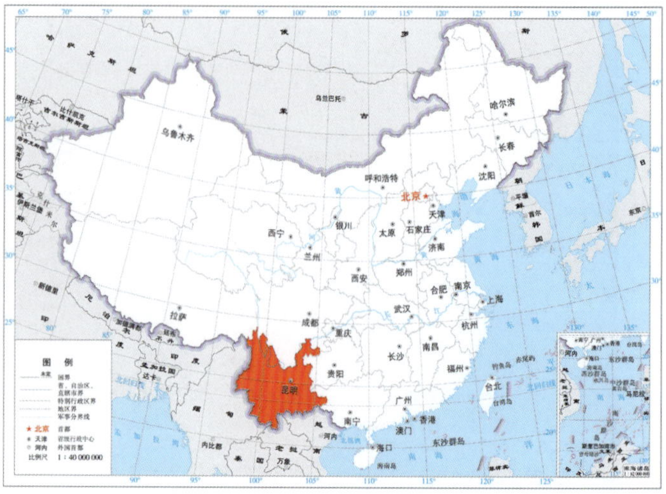

图 754-3 卵叶带唇兰 *Tainia longiscapa* 地理分布

755 大花带唇兰 *Tainia macrantha* Hook. f.

【别名】 大花球柄兰。

【主要特征】 地生植物，假鳞茎在根状茎上略伏卧而后弧曲上举，呈细圆柱形，长 4.0 ~ 9.0 cm，顶生 1 枚叶。叶片椭圆形，长 14.0 ~ 20.0 cm，宽 4.0 ~ 7.0 cm，基部楔形，具长 4.0 ~ 5.0 cm 的柄。花葶直立，具 3 枚长 1.5 ~ 6.0 cm 的鞘，花序具数朵花，花上半部朱红色，下半部绿白色带朱红色斑点。花苞片卵状披针形，长 7.0 ~ 14.0 mm；中萼片狭披针形，长 35.0 mm，宽 5.0 ~ 6.0 mm；侧萼片相似于中萼片，但较长，宽 7.0 ~ 8.0 mm；萼囊宽圆锥形；花瓣披针形，与中萼片近等长，宽 10.0 mm；唇瓣近戟形，长 35.0 mm，基部楔形，上部稍 3 裂，侧裂片小，直立，近三角形，中裂片卵状三角形，上面具 3 条褶片，两侧的褶片较宽，弧形；蕊柱长 15.0 mm，蕊柱翅向下延伸至蕊柱足基部。

【花期】 7 ~ 8 月。

【生境状况】 生于海拔 200 ~ 1 200 m 的山坡林下。

【濒危等级】 VU。

【地理分布】 广东和广西等省区；越南。

图 755-1 大花带唇兰 *Tainia macrantha* 生境与植株（李琳）

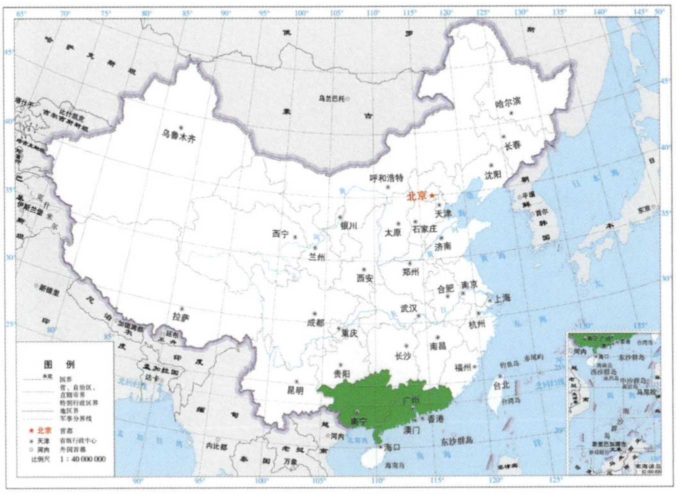

图 755-2 大花带唇兰 *Tainia macrantha* 地理分布

图 755-3 大花带唇兰 *Tainia macrantha* 花序（李琳）

756 滇南带唇兰 *Tainia minor* Hook. f.

【别名】 小带唇兰。

【主要特征】 地生植物，假鳞茎斜生于根状茎上，彼此靠近，圆柱状长卵形，顶生 1 枚叶。叶片长圆形，长 18.0 ~ 20.0 cm，宽 5.0 ~ 5.5 cm，基部具长 7.0 ~ 8.0 cm 的柄。花葶远比叶长，疏生数朵花，花萼片和花瓣淡紫褐色带暗紫色斑点。花苞片狭卵状披针形，长 3.0 ~ 5.0 mm；中萼片狭长圆形，长 15.0 mm，宽 2.0 mm；侧萼片狭镰状长圆形，与中萼片等大，基部贴生在蕊柱足的短萼囊之上；花瓣狭镰状长圆形，长 15.0 mm，宽 2.5 mm；唇瓣椭圆形，长 12.0 mm，3 裂，侧裂片白色带淡紫褐色，直立，狭三角形，先端牙齿状，中裂片白色，近圆形，宽 5.0 mm，先端微凹；唇盘在两侧裂片之间具 3 条褶片，两侧的褶片弧形，较宽，延伸至中裂片上则有 4 ~ 5 条褶片；蕊柱长 7.0 mm。

【花期】 5 月。

【生境状况】 生长于海拔 1 900 m 的林下阴湿处。

【濒危等级】 VU。

【地理分布】 云南省；不丹和印度。

图 756-1 滇南带唇兰 *Tainia minor* 地理分布

图 756-2 滇南带唇兰 *Tainia minor* 花（李剑武）

图 756-3 滇南带唇兰 *Tainia minor* 生境与植株（李剑武）

九六、安兰属 *Ania* Lindl.

安兰属 *Ania* 全世界分布共有 16 种，中国分布有 5 种，本图鉴包含 5 种。

安兰属 *Ania* 分种检索表

1（2） 唇瓣长圆形或长圆状，披针形，侧裂片三角形，狭而短小。…………… 757. 狭叶安兰 ***Ania angustifolia***

2（1） 唇瓣倒卵形，侧裂片卵状长圆形，先端钝。

3（6） 唇盘上具 3 条褶片。

4（5） 叶片较宽，宽 6.0 ~ 9.0 cm，叶柄较长，长 27.0 ~ 32.0 cm，唇瓣前部 3 裂 …………………………………………………………………………………………………… 759. 绿花安兰 ***Ania penangiana***

5（4） 叶片稍狭，宽 3.0 ~ 4.0 cm，叶柄稍短，长 13.0 ~ 16.0 cm，唇瓣不裂 …………………………………………………………………………………………………… 758. 香港安兰 ***Ania hongkongensis***

6（3） 唇盘上具 5 条褶片。

7（8） 花较小，萼片长 20.0 ~ 22.0 mm，萼片和花瓣从中部向外反折，唇瓣中裂片基部无爪…………………………………………………………………………………………………761. 高褶安兰 ***Ania viridifusca***

8（7） 花较大，萼片长 27.0 ~ 35.0 mm，萼片和花瓣平展，唇瓣中裂片基部具明显的爪…………………………………………………………………………………………………… 760. 南方安兰 ***Ania ruybarrettoi***

757 狭叶安兰 *Ania angustifolia* Lindl.
[*Tainia angustifolia* (Lindl.) Benth. & Hook. f.]

【别名】 狭叶带唇兰。

【主要特征】 地生植物，假鳞茎卵球形，在根状茎上略偏向一侧，粗 2.0 cm，顶生 1 枚叶。叶片长圆形，长 30.0 cm，宽 3.0 ~ 3.5 cm，基部具长 20.0 ~ 30.0 cm 的柄，叶柄近中部具 1 个关节。花葶侧生于假鳞茎的基部，不高出叶层之外，长 45.0 cm，疏生数朵花，花黄绿色。花苞片披针形，长 7.0 mm；萼片长圆形，长 15.0 ~ 17.0 mm，宽 4.5 ~ 5.0 mm；侧萼片贴生于蕊柱基部；花瓣椭圆形，长 13.0 ~ 15.0 mm，宽 3.5 ~ 4.5 mm；唇瓣

图 757-1 狭叶安兰 *Ania angustifolia* 地理分布

图 757-2 狭叶安兰 *Ania angustifolia* 花序（叶德平）

浅白色，长圆形，与萼片近等长，前部3裂，侧裂片直立，紧抱蕊柱，先端呈尖齿状，中裂片在上面茄紫色，近扁圆形，宽4.0 mm，前方边缘白色；唇盘从基部至中裂片先端处纵贯5条褶片，褶片茄紫色，平行，在中裂片上高高隆起，并呈波状；距长4.0 mm；蕊柱长10.0 mm，两侧具宽的翅。

【花期】 9 ~ 10月。

【生境状况】 生于海拔1 000 ~ 1 200 m的山坡林下。

【濒危等级】 EN。

【地理分布】 云南省；缅甸、泰国和越南。

图757-3 狭叶安兰 *Ania angustifolia* 生境与植株（叶德平）

758 香港安兰 *Ania hongkongensis* (Rolfe) Tang & F. T. Wang (*Tainia hongkongensis* Rolfe)

【别名】 香港带唇兰。

【主要特征】 地生植物，假鳞茎卵球形，粗 1.0 ~ 2.0 cm，顶生 1 枚叶。叶片长椭圆形，长约 26.0 cm，宽 3.0 ~ 4.0 cm，基部渐狭为长 13.0 ~ 16.0 cm 的柄。花葶出自假鳞茎的基部，直立，不分枝，长达 50.0 cm，花序之下疏生 4 枚筒状鞘，花序疏生数朵花，花黄绿色带紫褐色斑点和条纹。花苞片狭披针形，长 6.0 ~ 12.0 mm；萼片长圆状披针形，长约 20.0 mm，宽 2.2 ~ 3.5 mm；侧萼片贴生于蕊柱基部；花瓣倒卵状披针形，与萼片近等大；唇瓣白色带黄绿色条纹，倒卵形，不裂，长 11.0 mm，宽 6.0 mm，中部以下两侧略围抱蕊柱，基部具距，唇盘具 3 条狭的褶片；距长圆形，长约 3.0 mm，从两侧萼片基部之间伸出；蕊柱上端稍扩大。

【花期】 4 ~ 5 月。

【生境状况】 生于海拔 150 ~ 500 m 的林下。

【濒危等级】 NT。

【地理分布】 福建、广东和香港等地。

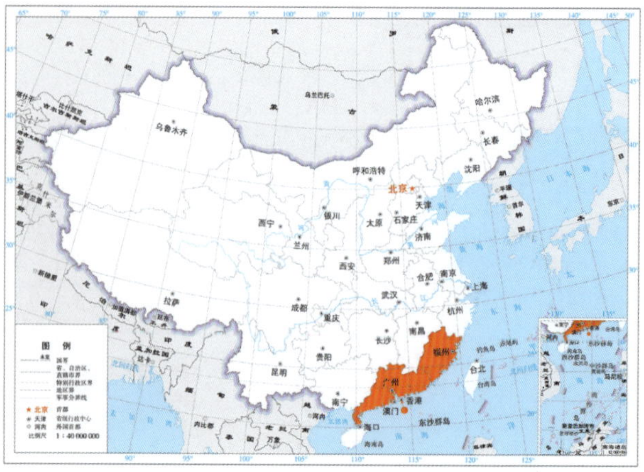

图 758-1 香港安兰 *Ania hongkongensis* 地理分布

图 758-2 香港安兰 *Ania hongkongensis* 花序（李琳）

759 绿花安兰 *Ania penangiana* (Hook. f.) Summerh. (*Tainia penangiana* Hook.f.)

【别名】 绿花带唇兰。

【主要特征】 地生植物，假鳞茎卵球形，紫红色，在根状茎上彼此紧靠，顶生 1 枚叶。叶片长椭圆形，长 35.0 cm，宽 6.0 ～ 9.0 cm，基部具长 27.0 ～ 32.0 cm 的柄。花葶长 60.0 cm，疏生数朵花，花黄绿色带橘红色条纹和斑点。花苞片狭披针形，长 6.0 ～ 7.0 mm；萼片长圆状披针形，长 18.0 ～ 21.0 mm，宽 3.0 ～ 5.0 mm；花瓣长圆形，比萼片稍短，宽 3.0 ～ 4.0 mm；唇瓣白色带淡红色斑点，先端黄色，倒卵形，长 15.0 mm，上面略被细乳突状毛，前部 3 裂，侧裂片近直立，卵状长圆形，中裂片近心形；唇盘从基部至中裂片先端纵贯 3 条褶片，褶片在中裂片上隆起，有时呈鸡冠状；距从两侧萼片基部之间伸出，长 3.0 ～ 5.0 mm；蕊柱长 10.0 mm。

【花期】 2 ～ 3 月。

【生境状况】 生于海拔 700 ～ 1 000 m 的林下阴湿处。

【濒危等级】 NT。

【地理分布】 台湾和海南等省；印度、泰国和越南。

图 759-1 绿花安兰 *Ania penangiana* 生境与植株（田怀珍）

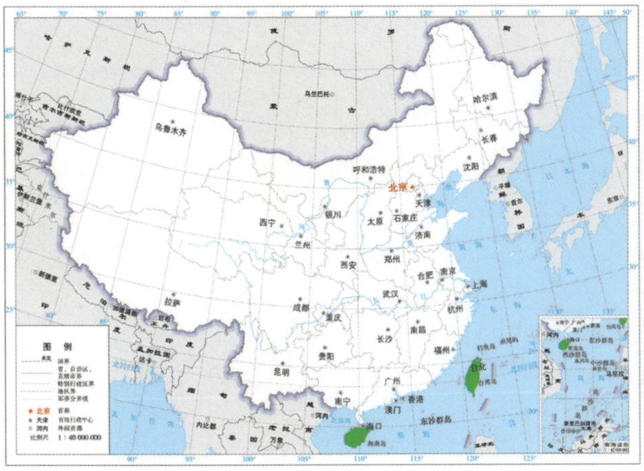

图 759-2 绿花安兰 *Ania penangiana* 地理分布

图 759-3 绿花安兰 *Ania penangiana* 花（金效华）

760 南方安兰 *Ania ruybarrettoi* S. Y. Hu et Barretto [*Tainia ruybarrettoi* (S. Y. Hu et Barretto) Z. H. Tsi]

【别名】 南方带唇兰。

【主要特征】 地生植物，假鳞茎聚生，卵球形，长 2.5 ~ 5.5 cm，粗 2.5 ~ 4.0 cm，具 2 枚鞘，顶生 1 枚叶。叶片披针形，长 30.0 ~ 45.0 cm，宽 4.5 ~ 5.3 cm，基部具长 15.0 ~ 25.0 cm 的柄。花葶从假鳞茎基部发出，长 30.0 ~ 45.0 cm，被 3 枚鞘状苞片，花序疏生数朵花，花暗红黄色，萼片和花瓣具 3 ~ 5 条紫色脉纹。花苞片狭披针形，长 8.0 ~ 13.0 mm；萼片狭披针形，长 27.0 ~ 35.0 mm，宽 4.0 ~ 5.0 mm；侧萼片稍镰状；花瓣与萼片等大，斜披针形；唇瓣白色，3 裂，长 22.0 mm，侧裂片直立，围抱蕊柱，卵状长圆形，长 4.0 ~ 5.0 mm，宽 3.0 mm，内面被紫色毛，中裂片白色带紫色斑点，近圆形，长、宽约 7.0 mm，基部收狭成爪状，边缘波状，唇盘从基部至中部纵贯 5 条平直的褶片，褶片在中裂片上隆起，中央 1 条较长；距橘黄色，长 3.0 ~ 5.0 mm；蕊柱长 12.0 mm。

图 760-1 南方安兰 *Ania ruybarrettoi* 地理分布

【花期】 3 月。

【生境状况】 生于海拔 600 ~ 900 m 的林下。

【濒危等级】 EN。

【地理分布】 广西、海南和香港等地；越南。

图 760-2 南方安兰 *Ania ruybarrettoi* 花（李琳）

761　高褶安兰 *Ania viridifusca* (Hook. f.) Tang & F. T. Wang ex Summerh. [*Tainia viridifusca* (Hook. f.) Benth. ex Hook. f.]

【别名】 高褶带唇兰、滇粤安兰、五脊安兰。

【主要特征】 地生植物，假鳞茎暗绿色带紫色，在根状茎上彼此紧靠，宽卵球形，粗达 4.0 cm，顶生 1 枚叶。叶片长圆形，长达 50.0 cm，宽约 3.0 cm，基部具长柄。花葶从假鳞茎基部发出，长达 73.0 cm，疏生 9 ~ 10 朵花，花褐绿色。花苞片狭披针形，长 10.0 ~ 15.0 mm；萼片相似，长圆形，长 20.0 ~ 22.0 mm，宽 5 mm，先端呈芒状；侧萼片在背面先端之下伸出 1 条芒；花瓣相似于萼片而稍小，先端呈芒状；唇瓣白色，倒卵形，长 14.0 mm，3 裂，侧裂片直立，卵状长圆形，中裂片近圆形，基部无明显的爪，下弯；唇盘在两侧裂片之间具 3 ~ 5 条褶片，在中裂片上骤然隆起 5 条波状的等长褶片；距囊状圆锥形，从两侧萼片之间伸出，长约 4.0 mm；蕊柱长 9.0 mm。

图 761-1　高褶安兰 *Ania viridifusca* 生境与植株（叶德平）

图 761-2　高褶安兰 *Ania viridifusca* 花序（叶德平）

【花期】 4 ~ 5 月。

【生境状况】 生于海拔 1 500 ~ 2 000 m 的常绿阔叶林下。

【濒危等级】 EN。

【地理分布】 云南省；印度、缅甸、泰国和越南。

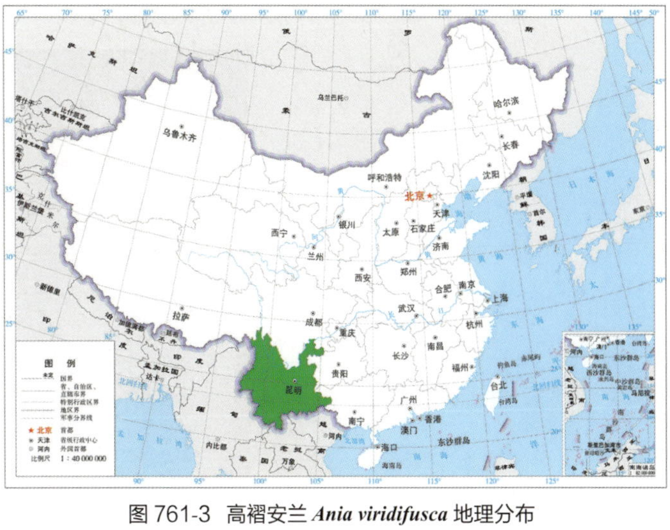

图 761-3　高褶安兰 *Ania viridifusca* 地理分布

九七、毛梗兰属 *Eriodes* Rolfe

毛梗兰属 *Eriodes* 全世界分布仅有 1 种，中国分布有 1 种，本图鉴包含 1 种。

762 毛梗兰 *Eriodes barbata* (Lindl.) Rolfe

图 762-1 毛梗兰 ***Eriodes barbata*** 生境与植株（叶德平）

【别名】 无。

【主要特征】 附生植物，假鳞茎近球形，直径约 3.0 cm，顶生 2 ~ 3 枚叶。叶片长圆形，长达 37.0 cm，宽约 3.0 cm。花葶直立，长 25.0 ~ 40.0 cm，具短的分枝或不分枝，密被柔毛，疏生多朵花，花淡黄色带紫红色脉纹。花苞片披针形，长 13.0 ~ 20.0 mm；中萼片长圆形，长 14.0 ~ 18.0 mm，宽约 4.0 mm；侧萼片镰状长圆形，与中萼片等长但稍宽；花瓣狭长圆形，长 14.0 ~ 18.0 mm，宽 1.2 ~ 1.4 mm，紫红色；唇瓣卵状披针形，长 6.0 ~ 9.0 mm，宽 3.0 ~ 5.0 mm，淡黄色带紫红色条纹，不裂，向下弯，基部两侧近直立，先端稍扩大并在其两侧具小裂片。

【花期】 10 ~ 11 月。

【生境状况】 生长于海拔 1 400 ~ 1 700 m 的山地林缘，或疏林中树上。

【濒危等级】 VU。

【地理分布】 云南省；印度、缅甸、泰国和越南。

图 762-2 毛梗兰 ***Eriodes barbata*** 地理分布

图 762-3 毛梗兰 ***Eriodes barbata*** 花序（叶德平）

九八、滇兰属 *Hancockia* Rolfe

滇兰属 *Hancockia* 全世界分布仅有 1 种，中国分布有 1 种，本图鉴包含 1 种。

763 滇兰 *Hancockia uniflora* Rolfe

图 763-1 滇兰 *Hancockia uniflora* 生境与植株（金效华）

【别名】 无。

【主要特征】 地生植物，植株高 6.0 ~ 10.0 cm，假鳞茎疏生在根状茎上，彼此相距 2.0 cm，细圆柱状，长 1.0 ~ 1.5 cm，粗 0.1 ~ 0.3 cm。叶 1 枚，顶生，卵形，长 5.0 ~ 7.5 cm，宽 2.0 ~ 3.3 cm，基部具短柄。花葶长 2.0 cm，顶生 1 朵花，花粉红色。花苞片舟状，长 20.0 mm；萼片相似，稍靠合，狭长圆形，长 20.0 mm，宽 3.0 mm；花瓣与萼片相似而等长，但稍宽；唇瓣椭圆状长圆形，比花瓣短，3 裂，侧裂片卵状三角形，中裂片近肾形；唇盘具 3 条纵向的龙骨状脊突；距长 22.0 mm；蕊柱长 15.0 mm，无蕊柱足。

【花期】 7 月。

【生境状况】 生长于海拔 1 300 ~ 1 600 m 的林下阴湿处。

【濒危等级】 EN。

【地理分布】 云南省；越南和日本。

图 763-3 滇兰 *Hancockia uniflora* 花（金效华）

图 763-2 滇兰 *Hancockia uniflora* 地理分布

九九、苞舌兰属 *Spathoglottis* Bl.

苞舌兰属 *Spathoglottis* 全世界分布共有 48 种，中国分布有 3 种，本图鉴包含 3 种。

苞舌兰属 *Spathoglottis* 分种检索表

1（2） 花紫色，唇瓣侧裂片镰状长圆形，长为宽的 2 倍，先端近截形，中裂片具狭长的爪，在基部两侧边缘有齿突……………………………………………………………………… 765. 紫花苞舌兰 *Spathoglottis plicata*

2（1） 花黄色。

3（4） 唇瓣侧裂片镰状长圆形，长为宽的 2 倍，先端近截形，中裂片在基部两侧边缘无齿或齿突不明显……………………………………………………………………………… 766. 苞舌兰 *Spathoglottis pubescens*

4（3） 唇瓣侧裂片卵状三角形，长略大于宽，先端圆钝，中裂片在基部两侧边缘具狭长的尖齿…………………………………………………………………………………… 764. 少花苞舌兰 *Spathoglottis ixioides*

764 少花苞舌兰 *Spathoglottis ixioides* (D. Don) Lindl.

【别名】 少花白及。

【主要特征】 地生植物，假鳞茎近球形，粗 5.0 ~ 10.0 mm，具 2 枚叶。叶片狭披针形，长 10.0 ~ 12.0 cm，宽 0.8 ~ 1.1 cm，基部具长 1.0 ~ 2.0 cm 的柄，叶柄包卷而形成假茎。花葶长 8.0 ~ 13.0 cm，顶生 1 朵花，花黄色。花苞片卵状披针形，长 8.0 mm；中萼片椭圆形，长 8.0 ~ 22.0 mm，宽 9.0 ~ 10.0 mm，背面疏被柔毛；侧萼片卵状披针形，与中萼片近等大；花瓣相似于侧萼片，无毛；唇瓣 3 裂，侧裂

图 764-1 少花苞舌兰 *Spathoglottis ixioides* 生境与植株（马欣堂）

片直立，卵状三角形，长 11.0 mm，宽 8.0 mm，中裂片小，倒卵形，长 8.0 mm，宽 6.0 mm，基部两侧各具 1 枚齿突，齿突狭长，长 2.0 mm；唇盘在中裂片与侧裂片相接处具 1 对纵向的半月形附属物；蕊柱长 10.0 ~ 17.0 mm，向上扩大。

【花期】 8 ~ 9 月。

【生境状况】 生长于海拔 2 300 ~ 2 800 m 的山坡草地上。

【濒危等级】 NT。

【地理分布】 西藏自治区；尼泊尔、印度和不丹。

图 764-2 少花苞舌兰 *Spathoglottis ixioides* 地理分布

图 764-3 少花苞舌兰 *Spathoglottis ixioides* 花（Raskoti）

765 紫花苞舌兰 *Spathoglottis plicata* Bl.

图 765-1 紫花苞舌兰 *Spathoglottis plicata* 植株（金效华）

【别名】 紫苞舌兰。

【主要特征】 地生植物，植株高达 1.0 m，假鳞茎卵状圆锥形，长 3.0 cm，粗 1.0 ~ 1.7 cm。叶 3 ~ 5 枚，叶片狭长，长 30.0 ~ 80.0 cm，宽 5.0 ~ 7.0 cm，基部具长 10.0 ~ 20.0 cm 的柄。花葶长达 1.0 m，具 10 朵花，花紫色。花苞片卵形，长 20 mm，向下反卷；中萼片卵形，凹陷，长 15.0 ~ 17.0 mm，宽 9.0 mm；侧萼片斜卵形，与中萼片等大；花瓣近椭圆形，比萼片大；唇瓣长 15.0 mm，3 裂，侧裂片直立，长 6.0 mm，宽 3.0 mm，先端扩大，中裂片具长爪，爪长 10.0 mm，向先端扩大呈扇形，先端 2 浅裂，基部与侧裂片相连接处具 1 对黄色肉突，其基部彼此连生并向背面伸出 2 个三角形的齿突；蕊柱长 15.0 mm。

【花期】 4 ~ 9 月。

【生境状况】 生长于海拔 100 ~ 1 500 m 的山坡草地上。

【濒危等级】 NT。

【地理分布】 台湾省；印度、泰国、越南、马来西亚、斯里兰卡、印度尼西亚、日本、澳大利亚、新几内亚岛和太平洋上的其他一些群岛。

图 765-2 紫花苞舌兰 *Spathoglottis plicata* 花（李剑武）

图 765-3 紫花苞舌兰 *Spathoglottis plicata* 地理分布

766 苞舌兰 *Spathoglottis pubescens* Lindl.

【别名】 白及、黄花独蒜、土白及。

【主要特征】 地生植物，假鳞茎扁球形，粗 1.0 ~ 2.5 cm，顶生 1 ~ 3 枚叶。叶带状，长达 43.0 cm，宽 1.0 ~ 1.7 cm，基部具细柄。花葶长达 50.0 cm，密布柔毛，疏生 2 ~ 8 朵花，花黄色。花苞片披针形，长 5.0 ~ 9.0 mm；萼片椭圆形，长 12.0 ~ 17.0 mm，宽 5.0 ~ 7.0 mm，背面被柔毛；花瓣宽长圆形，与萼片等长，宽 9.0 ~ 10.0 mm，两面无毛；唇瓣 3 裂，与花瓣近等长，侧裂片直立，镰状长圆形，长为宽的 2 倍，两侧裂片之间凹陷呈囊状，中裂片倒卵状楔形，长 13.0 mm，先端有凹缺，基部具爪，爪短而宽，上面具 1 对半圆形、肥厚的附属物，基部两侧各具 1 枚稍凸起的钝齿；唇盘上具 3 条纵向的龙骨脊，其中央 1 条隆起而呈肉质的褶片；蕊柱长 8.0 ~ 10.0 mm。

【花期】 7 ~ 10 月。

【生境状况】 生长于海拔 380 ~ 1 700 m 的山坡草地上。

【濒危等级】 LC。

【地理分布】 浙江、江西、福建、湖南、广东、香港、广西、四川、贵州和云南等地；印度、缅甸、泰国、老挝、越南和柬埔寨。

图 766-1 苞舌兰 *Spathoglottis pubescens* 生境与植株（李剑武）

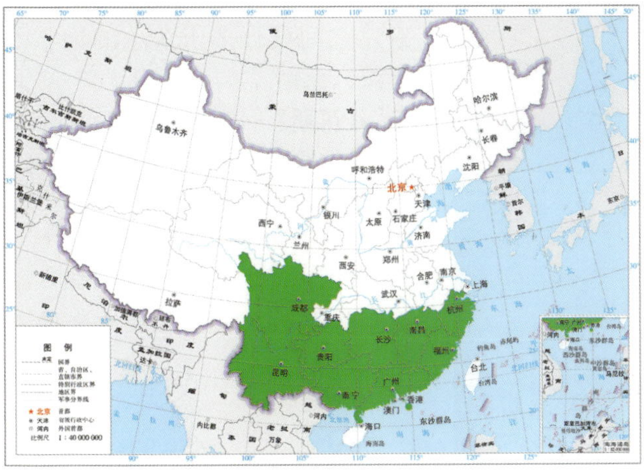

图 766-2 苞舌兰 *Spathoglottis pubescens* 地理分布

图 766-3 苞舌兰 *Spathoglottis pubescens* 花（李剑武）

一〇〇、黄兰属 *Cephalantheropsis* Guillaum.

黄兰属 *Cephalantheropsis* 全世界分布共有 4 种，中国分布有 3 种，本图鉴包含 2 种。

黄兰属 *Cephalantheropsis* 分种检索表

1（2） 花白色，俯垂，不甚开展，唇瓣两侧裂片之间的宽大于中裂片的宽…………………………………………………… 767. 铃花黄兰 *Cephalantheropsis halconensis*

2（1） 花黄绿色，开展，唇瓣两侧裂片之间的宽等于中裂片的宽……… 768. 黄兰 *Cephalantheropsis obcordata*

767 铃花黄兰 *Cephalantheropsis halconensis* (Ames) S. S. Ying

图 767-1 铃花黄兰 *Cephalantheropsis halconensis* 生境与植株（李剑武）

【别名】 白花肖头蕊兰。

【主要特征】 地生植物，茎直立，高 30.0 ~ 60.0 cm，具数个疏离的节间，叶通常 5 枚，互生于茎的上部。叶片长圆形，长 12.0 ~ 14.0 cm，宽 1.8 ~ 4.0 cm，基部收狭并下延为鞘。花葶侧生于茎的下部，长 20.0 ~ 35.0 cm，疏生多朵花，花白色，后转变为橘黄色，俯垂，略呈钟状，不甚开展。萼片相似，卵状披针形，长 8.0 ~ 9.0 mm，宽 3.2 ~ 4.0 mm；花瓣卵状长圆形，与萼片相似；唇瓣淡黄色，长 8.0 ~ 9.0 mm，宽 3.0 ~ 5.0 mm，3 裂，侧裂片长圆形，直立，先端具不整齐的缺刻，中裂片从基部向先端扩大而成横长圆形，先端稍凹缺，边缘波状皱褶，上面具 2 条褶片，褶片之间具许多土黄色的泡状小颗粒；无距。

【花期】 10 ~ 11 月。

【生境状况】 生于海拔 800 ~ 1 300 m 的密林下阴湿处。

【濒危等级】 LC。

【地理分布】 台湾、广西、云南和西藏等省区；菲律宾和缅甸。

图 767-2 铃花黄兰 *Cephalantheropsis halconensis* 花序（李剑武）

图 767-3 铃花黄兰 *Cephalantheropsis halconensis* 地理分布

768 黄兰 *Cephalantheropsis obcordata* (Lindl.) Ormerod

图 768-1 黄兰 *Cephalantheropsis obcordata* 生境与植株（叶德平）

【别名】 长茎虾脊兰、长轴鹤顶兰、细葶虾脊兰、绿花肖头蕊兰。

【主要特征】 地生植物，植株高达 1.0 m，茎直立，圆柱形，长达 60 cm，具多数节，节间长 5.0 ~ 10.0 cm。叶 5 ~ 8 枚，互生于茎的上部，长圆形，长达 35.0 cm，宽 4.0 ~ 8.0 cm，基部收狭为短柄。花葶 2 ~ 3 个从茎的中部以下节上发出，长达 60.0 cm，不分枝或少有 1 ~ 2 个分枝，花序疏生数朵花，花黄绿色。花苞片狭披针形，比花梗同子房长；萼片椭圆状披针形，长 9.0 ~ 11.0 mm，宽 3.5 ~ 4.0 mm，先端芒状，背面密布短毛；花瓣卵状椭圆形，长 8.0 ~ 10.0 mm，宽 3.5 ~ 4.0 mm；两面被毛；唇瓣长圆形，比萼片短，但较宽，基部贴生于蕊柱基部，中部以上 3 裂，之下稍凹陷，无距，侧裂片围抱蕊柱，近三角形，先端牙齿状，前缘具不整齐的缺刻，中裂片近肾形，与两侧裂片先端之间的宽相等，先端有凹缺并具 1 个细尖，边缘强烈波状，上面具 2 条黄色的褶片，褶片之间具许多橘红色的小泡状颗粒；蕊柱长 3.0 ~ 5.0 mm，中部以下两侧具翅。

【花期】 9 ~ 12 月。

图 768-2 黄兰 ***Cephalantheropsis obcordata*** 花（叶德平）

【生境状况】 生于海拔约 450 m 的密林下。

【濒危等级】 NT。

【地理分布】 台湾、福建、广东、香港、云南和海南等地；印度、缅甸、泰国、老挝、越南、马来西亚、菲律宾和日本。

图 768-3 黄兰 ***Cephalantheropsis obcordata*** 地理分布

一〇一、鹤顶兰属 *Phaius* Lour.

鹤顶兰属 *Phaius* 全世界分布共有 45 种，中国分布 11 种，本图鉴包含 9 种。

鹤顶兰属 *Phaius* 分种检索表

1（8） 假鳞茎长圆柱形。

2（3） 假鳞茎粗壮，粗 3.0 ~ 5.0 cm，花葶长 20.0 cm，花白色，不甚开展 ………………………………………… 771. 仙笔鹤顶兰 ***Phaiu columnaris***

3（2） 假鳞茎细长，粗不及 3.0 cm，花葶长 35.0 cm 以上。

4（5） 花黄绿色 ………………………………………… 776. 长茎鹤顶兰 ***Phaiu takeoi***

5（4） 花紫红色或粉红色。

6（7） 唇盘中裂片上面中央具密布白色长毛的脊突 ……………… 775. 紫花鹤顶兰 ***Phaiu mishmensis***

7（6） 唇盘中裂片上无毛 ………………………………………… 770. 文山鹤顶兰 ***Phaiu wenshanensis***

8（1） 假鳞茎短圆锥形或卵球形。

9（10） 花葶不高出叶层之外，花柠檬黄色 ……………………………… 773. 黄花鹤顶兰 ***Phaiu flavus***

10（9） 花葶高出叶层之外。

11（12） 花葶被黑褐色毛 ………………………………………… 774. 海南鹤顶兰 ***Phaiu hainanensis***

12（11） 花葶无毛。

13（14） 萼片和花瓣背面象牙白色，内面棕色 ……………………… 772. 鹤顶兰 ***Phaiu tankervilleae***

14（13） 萼片和花瓣背面黄绿色或粉红色，内面浅棕红色或粉红色。

15（16） 萼片和花瓣背面黄绿色，内面浅红褐色 ……………………… 777. 大花鹤顶兰 ***Phaiu wallichii***

16（15） 萼片和花瓣两面粉红色 ………………………………………… 769. 少花虾脊兰 ***Phaiu delavayi***

769 少花虾脊兰 *Phaius delavayi* (Finet) P. J. Cribb & Perner (=*Calanthe delavayi* Finet)

【主要特征】 地生植物，植株高20.0 ~ 35.0 cm，无明显的根状茎，假鳞茎近球形，粗1.0 cm。具3 ~ 4枚叶，叶片椭圆形，长12.0 ~ 22.0 cm，宽4.0 cm，基部收狭为柄，叶柄相互包卷形成长3.0 ~ 8.0 cm的假茎。花葶从叶丛中抽出，稍高出叶层之外，长25.0 cm，花序俯垂，疏生2 ~ 7朵花，花紫红色，萼片和花瓣边缘带紫色斑点。花苞片披针形，长20.0 mm；萼片长圆状披针形，长20.0 mm，宽4.0 mm；花瓣狭长圆形，长18.0 mm，宽4.0 mm；唇瓣近菱形，长20.0 mm，宽20.0 mm，两侧围抱蕊柱，先端微凹并在凹口处具细尖，前端边缘啮蚀状；唇盘上具3条龙骨脊，脊上被毛；距圆筒状，长6.0 ~ 10.0 mm；蕊柱长7.0 ~ 8.0 mm，两侧具翅。

【花期】 6 ~ 9月。

【生境状况】 生于海拔2 700 ~ 3 500 m的山谷溪边。

【濒危等级】 VU。

【地理分布】 甘肃、四川和云南等省。

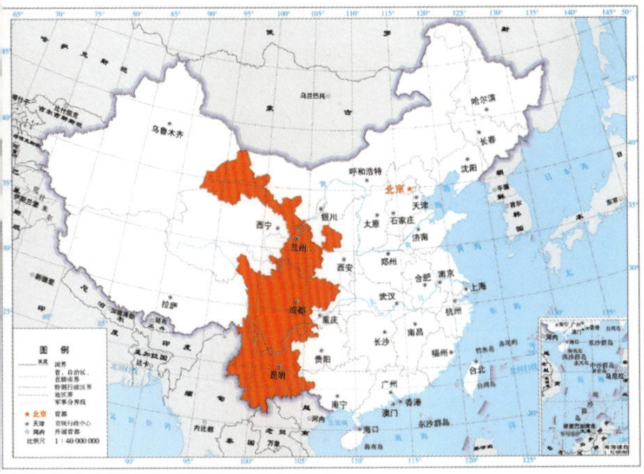

图769-1 少花虾脊兰 *Phaius delavayi* 地理分布

图769-2 少花虾脊兰 *Phaius delavayi* 生境与植株（朱大海）

附注：目前的分子系统学研究表明，本种为虾脊兰属植物。

770 文山鹤顶兰 *Phaius wenshanensis* F. Y. Liu

图 770-1 文山鹤顶兰 *Phaius wenshanensis* 生境与植株（叶德平）

【别名】 无。

【主要特征】 地生植物，假鳞茎细圆柱形，长 40.0 ~ 50.0 cm，粗 1.0 cm，具 7 ~ 8 节。叶 6 ~ 7 枚，互生于假鳞茎的上部，椭圆形，长 10.0 ~ 34.0 cm，宽 5.0 ~ 12.0 cm，基部收狭为柄，叶柄之下扩大为抱茎的鞘。花葶侧生于假鳞茎的下部，长达 45.0 cm，疏生 5 ~ 6 朵花，花背面黄色，内面紫红色。花苞片长 30.0 mm；萼片椭圆形，长 40.0 mm，宽 14.0 mm；花瓣倒披针形，长 37.0 ~ 39.0 mm，宽 10.0 mm；唇瓣倒卵状三角形，长 35.0 mm，宽 32.0 mm，3 裂，侧裂片近倒卵形，围抱蕊柱，边缘略波状，密布紫红色斑点，中裂片近倒卵形，长 8.0 mm，宽 15.0 mm，先端有凹缺，边缘皱波状；唇盘具 3 条黄色的脊突；距黄色，长 20.0 mm；蕊柱长 27.0 mm，上端扩大呈棒状。

【花期】 9 月。

【生境状况】 生于海拔 1 300 m 的林下。

【濒危等级】 CR。

【地理分布】 云南省。

图 770-2 文山鹤顶兰 *Phaius wenshanensis* 花（叶德平）

图 770-3 文山鹤顶兰 *Phaius wenshanensis* 地理分布

771 仙笔鹤顶兰 *Phaius columnaris* C. Z. Tang & S. J. Cheng

【别名】 贵州鹤顶兰。

【主要特征】 地生植物，植株高约 1.0 m。假鳞茎粗壮，圆柱形，长 15.0 ~ 40.0 cm，粗 3.0 ~ 5.0 cm，具数节。叶 6 ~ 7 枚，互生于假鳞茎的上部，椭圆形，长 30.0 ~ 70.0 cm，宽 9.0 ~ 13.0 cm，基部收狭并扩大成鞘，叶鞘相互包卷而形成假茎。花葶出自假鳞茎基部的第 1 个节上，长 20.0 cm，具数朵花，花白色。花苞片卵状三角形，长 18.0 mm；中萼片近长圆形，长 42.0 ~ 45.0 mm，宽 13.0 mm，先端带绿色；侧萼片镰状长圆形，长 35.0 ~ 38.0 mm，宽 15.0 mm；花瓣镰状长圆形，长 33.0 ~ 40.0 mm，宽 15.0 mm；唇瓣近圆形，长 20.0 ~ 30.0 mm，宽 20.0 ~ 25.0 mm，前部稍 3 裂，侧裂片内面带橙色晕，围抱蕊柱，中裂片橙红色，前端边缘皱波状；唇盘具 2 ~ 3 条黄色的龙骨状脊；距狭圆锥形，长 4.0 ~ 7.0 mm；蕊柱扁棒状，长 20.0 mm，上端扩大。

【花期】 6 月。

【生境状况】 生长于海拔 230 ~ 1 700 m 的石灰山林下岩石缝中。

【濒危等级】 EN。

【地理分布】 广东、贵州和云南等省区。

图 771-1 仙笔鹤顶兰 *Phaius columnaris* 植株（李剑武）

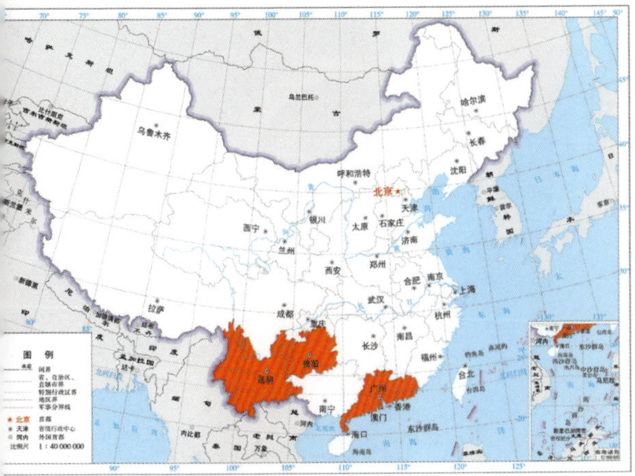

图 771-2 仙笔鹤顶兰 *Phaius columnaris* 地理分布

图 771-3 仙笔鹤顶兰 *Phaius columnaris* 花序（李剑武）

772 鹤顶兰 *Phaius tankervilleae* (L'Héritier) Bl.

图 772-1 鹤顶兰 *Phaius tancarvilleae* 地理分布

【别名】 无。

【主要特征】 地生植物，植株高大，假鳞茎圆锥形，长 6.0 cm，粗 6.0 cm。叶 2 ~ 6 枚，互生于假鳞茎的上部，长圆状披针形，长 70.0 cm，宽 10.0 cm，基部具长 20.0 cm 的柄。花葶从假鳞茎基部发出，长达 1.0 m，疏生数枚大型的鳞片状鞘，花序具多数花，花背面白色，内面暗赭色。花苞片舟状，比子房长；萼片长圆状披针形，长 40.0 ~ 60.0 mm，宽 10.0 mm；花瓣长圆形，与萼片等长但稍狭；唇瓣内面茄紫色，比萼片短，宽 30.0 ~ 50.0 mm，中部以上浅 3 裂，侧裂片短而圆，围抱蕊柱而使唇瓣呈喇叭状，中裂片近圆形，边缘稍波状；唇盘密被短毛，具 2 条褶片；距细圆柱形，长 10.0 mm，呈钩状弯曲；蕊柱长 20.0 mm，上端扩大，正面两侧略具短柔毛。

【花期】 3 ~ 6 月。

【生境状况】 生于海拔 700 ~ 1 800 m 的林下阴湿处。

【濒危等级】 LC。

【地理分布】 台湾、福建、广东、香港、海南、广西、云南和西藏等地；印度、缅甸、泰国、老挝、越南、柬埔寨、菲律宾、印度尼西亚、马来西亚、新加坡、斯里兰卡及大洋洲。

图 772-2 鹤顶兰 *Phaius tancarvilleae* 植株（叶德平）

图 772-3 鹤顶兰 *Phaius tancarvilleae* 花序（叶德平）

773 黄花鹤顶兰 *Phaius flavus* (Bl.) Lindl.

图 773-1 黄花鹤顶兰 *Phaius flavus* 生境与植株（叶德平）

【别名】 斑叶鹤顶兰、黄鹤兰。

【主要特征】 地生植物，假鳞茎卵状圆锥形，长 5.0 ~ 6.0 cm，粗 2.5 ~ 4.0 cm，具 2 ~ 3 节。叶 4 ~ 6 枚，紧密互生于假鳞茎上部，长椭圆形，长 25.0 cm，宽 5.0 ~ 10.0 cm，基部收狭为柄，叶柄以下相互包卷而形成假茎的鞘。花葶 1 ~ 2 个，从假鳞茎基部的节上发出，不高出叶层之外，长 75.0 cm，具数朵花，花柠檬黄色。花苞片披针形，长 30.0 mm；中萼片长圆状倒卵形，长 30.0 ~ 40.0 mm，宽 8.0 ~ 12.0 mm；侧萼片斜长圆形，与中萼片等长；花瓣长圆状倒披针形，与萼片近等长，但稍狭；唇瓣倒卵形，长 25.0 mm，宽 22.0 mm，前端 3 裂，侧裂片近倒卵形，围抱蕊柱，中裂片近圆形，稍反卷，宽 12.0 mm，先端微凹，前端边缘褐色并具波状皱褶；唇盘具 3 ~ 4 条略隆起的脊突，脊突褐色；距长 7 ~ 8 mm；蕊柱长 20.0 mm，上端扩大，正面两侧密被白色长柔毛。

【花期】 4 ~ 10 月。

【生境状况】 生于海拔 300 ~ 2 500 m 的山坡林下阴湿处。

【濒危等级】 LC。

【地理分布】 福建、台湾、湖南、广东、广西、香港、海南、贵州、四川、云南和西藏等地；印度、不丹、斯里兰卡、尼泊尔、越南、老挝、马来西亚、印度尼西亚、菲律宾、日本和新几内亚岛。

图 773-2 黄花鹤顶兰 *Phaius flavus* 花序（叶德平）

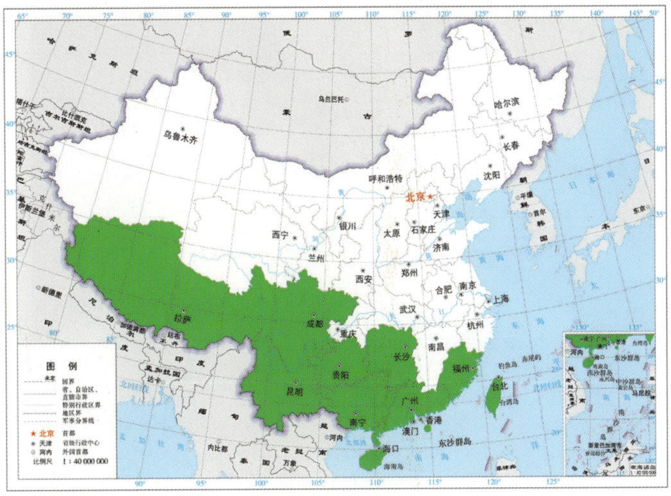

图 773-3 黄花鹤顶兰 *Phaius flavus* 地理分布

774 海南鹤顶兰 *Phaius hainanensis* C. Z. Tang & S. J. Cheng

图 774-1 海南鹤顶兰 *Phaius hainanensis* 生境与植株（黄明忠）

图 774-2 海南鹤顶兰 *Phaius hainanensis* 花序（黄明忠）

【别名】 无。

【主要特征】 地生植物，高 50.0 ~ 80.0 cm。假鳞茎卵状圆锥形，长 5.0 ~ 9.0 cm，叶数枚互生于茎的上部，长圆状卵形，长 25.0 ~ 70.0 cm，宽 6.0 ~ 12.0 cm，基部收狭为长 6.0 ~ 17.0 cm 的柄，叶柄基部扩大为鞘。花葶从假鳞茎基部发出，长约 40.0 cm，疏被黑褐色毛，花序具 10 余朵花，花白色。花苞片卵形，长 30.0 ~ 55.0 mm；中萼片卵状披针形，长约 43.0 mm，宽 12.0 mm，背面疏被黄褐色刺毛；侧萼片披针形，与中萼片近等大，背面也被毛；花瓣倒卵状披针形，长 40.0 mm，宽 12.0 mm；唇瓣长约 40.0 mm，宽 32.0 mm，3 裂，侧裂片半圆形，围抱蕊柱，中裂片半椭圆形，长约 12.0 mm，宽 20.0 mm，唇盘黄色，具 3 条褶片；距淡黄色，长 16.0 ~ 18.0 mm，末端不等长 2 裂。

【花期】 5 月。

【生境状况】 生于海拔 110 m 的山谷石缝中。

【濒危等级】 CR。

【地理分布】 海南省。

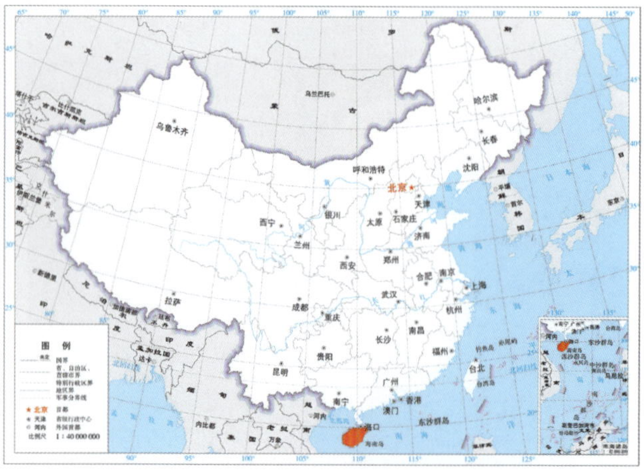

图 774-3 海南鹤顶兰 *Phaius hainanensis* 地理分布

775 紫花鹤顶兰 *Phaius mishmensis* (Lindl. & Paxton) Rchb. f.

图 775-1 紫花鹤顶兰 *Phaius mishmensis* 生境与植株（李剑武）

【别名】 细茎鹤顶兰、细距鹤顶兰、红花鹤顶兰。

【主要特征】 地生植物，植株高 80.0 cm。假鳞茎圆柱形，长 30.0 ~ 80.0 cm，粗 0.6 ~ 1.5 cm，具多数节，上部互生 5 ~ 6 枚叶。叶片椭圆形，长 15.0 ~ 30.0 cm，宽 4.0 ~ 8.0 cm，基部收狭为抱茎的鞘，叶鞘相互包卷而形成假茎。花序侧生于茎的中部节上，长 30.0 cm，疏生数朵花，花淡紫红色。花苞片长圆状披针形，长 20.0 ~ 30.0 mm；萼片椭圆形，长 30.0 ~ 35.0 mm，宽 8.0 ~ 12.0 mm，花瓣倒披针形，长 30.0 ~ 35.0 mm，宽 5.0 ~ 7.0 mm；唇瓣密布红褐色斑点，倒卵状三角形，与萼片近等长，3 裂，侧裂片直立，围抱蕊柱，中裂片宽倒卵形，边缘波状；唇盘具 3 ~ 4 条密布白色长毛的脊突；距细圆筒状，长 10.0 ~ 16.0 mm；蕊柱长 22.0 mm，上端扩大，基部两侧密被长毛。

【花期】 10 月至翌年 1 月。

【生境状况】 生于海拔 1 400 m 以下的林下阴湿处。

【濒危等级】 VU。

【地理分布】 台湾、广东、广西、云南和西藏等省区；印度、不丹、缅甸、泰国、老挝、越南、菲律宾和日本。

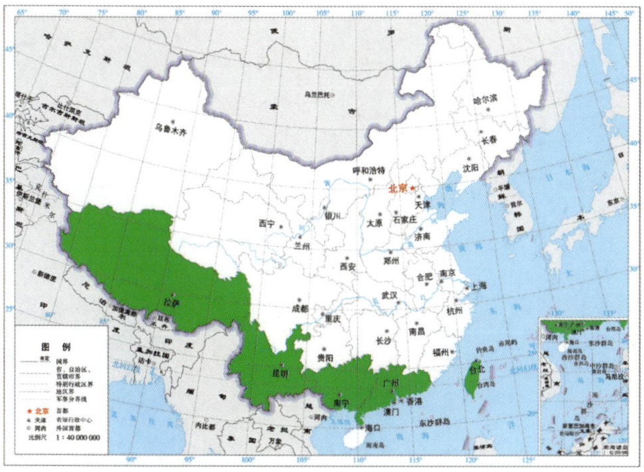

图 775-2 紫花鹤顶兰 *Phaius mishmensis* 地理分布

图 775-3 紫花鹤顶兰 *Phaius mishmensis* 花（李剑武）

776 长茎鹤顶兰 *Phaius takeoi* (Hayata) H. J. Su

图 776-1 长茎鹤顶兰 *Phaius takeoi* 生境与植株（李剑武）

【别名】 粗茎鹤顶兰。

【主要特征】 地生植物，假鳞茎圆柱形，长 20.0 ~ 40.0 cm，粗 1.3 ~ 2.0 cm，具 3 ~ 8 节，叶 6 枚互生于假鳞茎上部，基部互相包卷而形成长 15.0 cm 的假茎。叶片椭圆形，长 22.0 ~ 35.0 cm，宽 6.0 ~ 7.5 cm，基部收狭。花葶 2 个，从基部或近基部的节上抽出，长达 45.0 cm，具数朵花，花萼片和花瓣黄绿色。花苞片卵状披针形，长 5.0 ~ 8.0 mm；萼片长圆形，长 28.0 ~ 30.0 mm，宽 7.0 ~ 9.0 mm，背面疏被短毛；花瓣倒卵状披针形，与萼片等长但稍狭，无毛；唇瓣白色，方形，长 20.0 mm，宽 20.0 mm，前部 3 裂，侧裂片近卵形，中裂片半圆形，边缘波状；唇盘具 3 条黄绿色的龙骨状脊突；距黄色，角状，长 3.0 ~ 8.0 mm；蕊柱长 15.0 ~ 20.0 mm，正面密布白色长毛。

【花期】 8 ~ 10 月。

【生境状况】 生于海拔 1 000 ~ 1 400 m 的沟谷密林下。

【濒危等级】 EN。

【地理分布】 云南省。

图 776-2 长茎鹤顶兰 *Phaius takeoi* 花序（李剑武）

图 776-3 长茎鹤顶兰 *Phaius takeoi* 地理分布

777 大花鹤顶兰 *Phaius wallichii* Lindl.

【别名】 无。

【主要特征】 地生植物，植株高大，假鳞茎纺锤形，长 10.0 ~ 15.0 cm，粗 5.0 ~ 7.0 cm，具数节。叶 4 枚，长椭圆形，长 49.0 ~ 70.0 cm，宽 15.0 ~ 24.0 cm，基部收狭为长 14.0 ~ 28.0 cm 的柄，柄以下扩大为鞘。花葶从假鳞茎的下部节上发出，长达 1.0 m，具数朵花，花萼片背面黄绿色，内面浅红褐色。花苞片卵状披针形，长 60.0 mm，早落；萼片长圆状披针形，长 70.0 mm，宽 15.0 mm；花瓣背面黄绿色带棕红色，中部以上密布棕红色斑点，内面浅红褐色；唇瓣白色，宽卵状三角形，长 55.0 mm，宽 53.0 mm，3 裂，侧裂片围抱蕊柱，边缘略不整齐，中裂片卵状三角形；唇盘从基部至中部玫瑰红色，脉纹黄色；距黄色，向前弯曲，长 10.0 ~ 20.0 mm；蕊柱长 20.0 mm，背面上方被短柔毛。

【花期】 5 ~ 6 月。

【生境状况】 生长于海拔 750 ~ 1 000 m 的林下阴湿处。

【濒危等级】 EN。

【地理分布】 云南和西藏等省区。

图 777-1 大花鹤顶兰 *Phaius wallichii* 生境与植株（李剑武）

图 777-2 大花鹤顶兰 *Phaius wallichii* 地理分布

图 777-3 大花鹤顶兰 *Phaius wallichii* 花（李剑武）

一〇二、虾脊兰属 *Calanthe* R. Br.

虾脊兰属 *Calanthe* 全世界分布共有 216 种，中国分布有 56 种，本图鉴包含 31 种。

虾脊兰属 *Calanthe* 分种检索表

1（4） 叶片在花期枯萎，假鳞茎葫芦形，花序密被毛。
2（3） 唇瓣不明显 3 裂，唇盘上的 3 条突起不伸至中裂片上……………… 794. 葫芦茎虾脊兰 *Calanthe labrosa*
3（2） 唇瓣明显 3 裂，唇盘上的 3 条突起中间 1 条伸至中裂片上……… 785. 舌唇虾脊兰 *Calanthe cardioglossa*
4（1） 叶片不枯萎，花序光滑或稍被毛。
5（10） 花苞片早落，花黄色，唇瓣基部具距。
6（7） 唇瓣不明显 3 裂，侧裂片极小…………………………………………… 797. 南方虾脊兰 *Calanthe lyroglossa*
7（6） 唇瓣明显 3 裂，侧裂片较大，长 2.0 ~ 5.0 mm，距棒状。
8（9） 叶片狭椭圆形，唇盘基部具 2 条三角形的褶片……………………… 786. 棒距虾脊兰 *Calanthe clavata*
9（8） 叶片长圆状椭圆形，唇盘在两侧裂片之间具 2 个圆形的胼胝体…… 804. 二列叶虾脊兰 *Calanthe speciosa*
10（5） 花苞片宿存，蕊喙 2 ~ 3 裂。
11（18） 唇瓣无距。
12（13） 花小，萼片长 6.0 ~ 7.0 mm…………………………………………808. 无距虾脊兰 *Calanthe tsoongiana*
13（12） 花大，萼片长 10.0 ~ 20.0 mm。
14（15） 唇瓣基部具爪，爪浅囊状…………………………………………… 802. 囊爪虾脊兰 *Calanthe sacculata*
15（14） 唇瓣基部无爪。
16（17） 唇盘上具 3 ~ 5 条褶片……………………………………………… 806. 三棱虾脊兰 *Calanthe tricarinata*
17（16） 唇盘上无褶片，花粉红色………………………………………… 801. 镰萼虾脊兰 *Calanthe puberula*
18（11） 唇瓣基部具距。
19（20） 唇瓣不裂，边缘流苏状…………………………………………………781. 流苏虾脊兰 *Calanthe alpina*
20（19） 唇瓣 2 ~ 3 裂。
21（22） 唇瓣 2 裂………………………………………………………………779. 二裂虾脊兰 *Calanthe biloba*
22（21） 唇瓣 3 裂。
23（34） 唇盘上具胼胝体。
24（25） 唇瓣中裂片先端全缘，花淡紫色，叶片背面密被短柔毛……………………………………………………………………………………805. 长距虾脊兰 *Calanthe sylvatica*
25（24） 唇瓣中裂片先端 2 裂，距长 5.0 ~ 30.0 mm。
26（27） 叶片剑形，宽 10.0 ~ 20.0 mm，花苞片反折，萼片长 6.0 ~ 9.0 mm ……………………………………………………………………………… 787. 剑叶虾脊兰 *Calanthe davidii*
27（26） 叶片椭圆形或卵状披针形，宽 4.0 ~ 12.0 cm，花苞片不反折，中萼片长 10.0 ~ 15.0 mm。
28（31） 花白色，唇瓣侧裂片线形或长圆形，宽 2.0 ~ 3.0 mm。
29（30） 中裂片上的小裂片近菱形，宽 5.0 ~ 6.0 mm…………………… 778. 泽泻虾脊兰 *Calanthe alismatifolia*
30（29） 中裂片上的小裂片线状长圆形，宽约 3.0 mm …………………… 807. 三褶虾脊兰 *Calanthe triplicata*
31（28） 花黄绿色，唇瓣侧裂片卵形或扇形，宽 5.0 ~ 7.0 mm。
32（33） 叶片上具数条银灰色条带，花白色…………………………… 783. 银带虾脊兰 *Calanthe argenteostriata*
33（32） 叶片上不具银色带，花黄绿色……………………………………… 791. 西南虾脊兰 *Calanthe herbacea*
34（23） 唇瓣上具脊或褶片，子房上无脊状突起。
35（40） 唇瓣上的脊和蕊柱翅连成一体。
36（37） 唇盘上具 3 ~ 5 条脊突，距长 14.0 ~ 20.0 mm…………………784. 翘距虾脊兰 *Calanthe aristulifera*
37（36） 唇盘上具 3 条脊，距长 5.0 ~ 20.0 mm。
38（39） 唇盘上具 4 个褐色斑点，萼片长 12.0 ~ 13.0 mm…………………790. 钩距虾脊兰 *Calanthe graciliflora*
39（38） 唇盘上无色斑，上面的脊不明显，中萼片长 15.0 ~ 17.0 mm… 800. 车前虾脊兰 *Calanthe plantaginea*
40（35） 唇瓣上的脊或褶片不与蕊柱翅相连。
41（44） 唇瓣侧裂片明显比中裂片宽，叶柄长 3.0 ~ 9.0 cm，唇瓣长 10.0 ~ 13.0 mm。

42（43）　距比花梗连子房短，长 5.0 ~ 10.0 mm，唇瓣中裂片先端深凹缺 ……… 788. 虾脊兰 *Calanthe discolor*
43（42）　距比花梗连子房长，长 20.0 mm ……………………………… 780. 长柄虾脊兰 *Calanthe alleizettei*
44（41）　唇瓣侧裂片比中裂片狭。
45（50）　距长 8.0 ~ 15.0 mm。
46（47）　花黄色，唇盘上具 5 条脊 ………………………………… 803. 大黄花虾脊兰 *Calanthe sieboldii*
47（46）　花白色、粉色或淡红色，唇盘上具 3 条褶片或脊。
48（49）　唇瓣中裂片边缘流苏状 ………………………………… 799. 墨脱虾脊兰 *Calanthe metoensis*
49（48）　唇瓣中裂片长约 10.0 mm，边缘略波状，但为不流苏，叶 1 枚，花浅红色 ……………………………… 796. 乐昌虾脊兰 *Calanthe lechangensis*
50（45）　距长不及 6.0 mm。
51（52）　中萼片长 7.0 ~ 9.0 mm ………………………………… 798. 细花虾脊兰 *Calanthe mannii*
52（51）　中萼片长 12.0 ~ 35.0 mm。
53（54）　叶片宽 0.7 ~ 3.0 cm，唇盘上具 3 ~ 5 条脊，唇瓣中裂片椭圆状菱形，长 8.0 ~ 10.0 mm，宽 6.0 ~ 7.0 mm ……………………………… 782. 弧距虾脊兰 *Calanthe arcuata*
54（53）　叶片宽 5.0 ~ 12.0 cm。
55（56）　唇盘上仅具 1 条褶片 ………………………………… 792. 通麦虾脊兰 *Calanthe griffithii*
56（55）　唇盘上具 3 条褶片。
57（60）　唇瓣侧裂片长比宽长，距长 2.0 ~ 3.0 mm，不附着于子房，唇盘上的褶片较长，高不及长度。
58（59）　唇瓣与整个蕊柱合生，唇盘具 3 条波状褶片 ……………… 795. 肾唇虾脊兰 *Calanthe brevicornu*
59（58）　唇瓣与蕊柱中部以下的蕊柱翅合生，唇盘具 3 条全缘的褶片 …… 793. 叉唇虾脊兰 *Calanthe hancockii*
60（57）　唇瓣侧裂片长不及宽，距长 4.5 ~ 6.0 mm，附着于子房上，唇盘上的褶片较高，长不及高度 ……………………………… 789. 福贡虾脊兰 *Calanthe fugongensis*

778 泽泻虾脊兰 *Calanthe alismatifolia* Lindl.

【别名】 细点根节兰、石上蕉、铁蓖子。

【主要特征】 地生植物，根状茎不明显，假鳞茎细圆柱形，长 1.0 ~ 3.0 cm，粗 0.3 ~ 0.5 cm，具 3 ~ 6 枚叶。叶片椭圆形，形似泽泻叶，长 10.0 ~ 14.0 cm，宽 4.0 ~ 10.0 cm，基部收狭为长 6.0 ~ 20.0 cm 的柄，边缘稍波状。花葶 1 ~ 2 个，从叶腋抽出，与叶等长，密被短柔毛，花序下面具 1 ~ 2 枚鞘和苞片状叶，花序长 3.0 ~ 4.0 cm，具 3 ~ 10 朵花，花白色。花苞片宽卵状披针形，长 5.0 ~ 10.0 mm；萼片近倒卵形，长 10.0 mm，宽 6.0 mm，背面被黑褐色糙伏毛；花瓣近菱形，长 8.0 mm，宽 4.0 mm；唇瓣基部与整个蕊柱翅合生，比萼片大，

图 778-1　泽泻虾脊兰 *Calanthe alismatifolia* 花（李剑武）

3深裂，侧裂片线形，长8.0 mm，宽2.0 mm，两侧裂片之间具数个瘤状的附属物和密被灰色长毛，中裂片扇形，比侧裂片大，先端深2裂，宽10.0 mm，基部收狭为爪；距圆筒形，长10.0 mm；蕊柱长3.0 mm，上端稍扩大。

【花期】 6 ~ 7月。

【生境状况】 生于海拔800 ~ 1 700 m的林下。

【濒危等级】 LC。

【地理分布】 台湾、湖北、四川、云南和西藏等省区；印度、越南和日本。

图778-2 泽泻虾脊兰 *Calanthe alismatifolia* 地理分布

图778-3 泽泻虾脊兰 *Calanthe alismatifolia* 生境与植株（叶德平）

779 二裂虾脊兰 *Calanthe biloba* Lindl.

【别名】 无。

【主要特征】 地生植物，植株高达 60.0 cm，假鳞茎圆柱形，长 10.0 cm，粗 0.8 cm，具 4 ~ 5 节，节间长 2.0 cm，具 2 ~ 3 枚叶。叶片宽椭圆形，长 12.0 ~ 17.0 cm，宽 7.0 ~ 8.0 cm，基部收狭为长 8.0 cm 的鞘状柄，边缘稍波状。花葶从叶腋抽出，长约 50.0 cm，密被短毛，花序长 11.0 cm，疏生 10 余朵花，花萼片和花瓣淡紫色，唇瓣淡黄色。花苞片狭披针形，长 10.0 ~ 17.0 mm；中萼片宽卵圆形，长 15.0 mm，宽 6.0 ~ 7.0 mm，先端呈芒状，背面被短毛；侧萼片斜卵形，长 15.0 mm，宽 7.0 ~ 8.0 mm，先端呈芒状，背面被短毛；花瓣长圆形，长 15.0 mm，宽 4.5 mm，先端呈芒状；唇瓣近肾形，基部具狭长的爪，与蕊柱中部以下的蕊柱翅合生，宽 20.0 mm，深 2 裂，裂口深为长的 2/5，中央具 1 条长 1.0 mm 的芒，裂片近斧头状，边缘啮蚀状；唇盘无褶片和其他附属物；距长圆锥形，长 2.0 mm；蕊柱长 5.0 mm，上端稍扩大。

【花期】 10 月。

【生境状况】 生于海拔约 1 800 m 的溪边灌丛下。

【濒危等级】 VU。

【地理分布】 云南省；印度、尼泊尔和泰国。

图 779-1 二裂虾脊兰 *Calanthe biloba* 生境与植株（叶德平）

图 779-2 二裂虾脊兰 *Calanthe biloba* 花（叶德平）

图 779-3 二裂虾脊兰 *Calanthe biloba* 地理分布

780 长柄虾脊兰 *Calanthe alleizettei* Gagnep.

图 780-1 长柄虾脊兰 *Calanthe alleizettei* 植株（金效华）

【别名】 无。

【主要特征】 地生植物，高 100.0 cm，假鳞茎圆锥形，长 1.0 cm，宽 1.0 cm。叶 2 ~ 4 枚，倒披针形，长 15.0 ~ 35.0 cm，宽 4.0 ~ 6.5 cm，基部收狭成长 10.0 ~ 25.0 cm 的柄。花葶从叶基部发出，超出叶面，长 20.0 ~ 30.0 cm，具数朵花，花淡紫色，唇瓣紫丁香色。花苞片狭披针形，长 5.0 ~ 7.0 mm；中萼片卵状长圆形，长 12.0 mm，宽 5.0 mm；侧萼片卵状长圆形，长 14.0 mm，宽 6.5 mm；花瓣卵状长圆形，长 10.0 mm，宽 3.5 mm；唇瓣贴生于蕊柱，3 裂，侧裂片肾形，长 3.0 mm，宽 8.5 mm，边缘稍不整齐，中裂片小，长 3.5 mm，宽 3.3 mm，边缘不整齐；唇盘上具 3 条龙骨脊从基部至中裂片，中间的脊稍长；距长 20.0 mm；蕊柱长 7.0 mm。

【花期】 7 月。

【生境状况】 生于海拔 1 600 ~ 1 700 m 的林下岩石缝中。

【濒危等级】 EN。

【地理分布】 云南省；越南。

图 780-2 长柄虾脊兰 *Calanthe alleizettei* 花序（金效华）

图 780-3 长柄虾脊兰 *Calanthe alleizettei* 地理分布

781 流苏虾脊兰 *Calanthe alpina* Hook. f. ex Lindl.

【别名】 高山虾脊兰、羽唇根节兰。

【主要特征】 地生植物，植株高达 50.0 cm，假鳞茎短小，狭圆锥状，粗 7.0 mm，假茎不明显。叶 3 枚，椭圆形，长 11.0 ~ 26.0 cm，宽 3.0 ~ 6.0 cm，基部收狭为短柄。花葶从叶间抽出，高出叶层之外，疏被短毛，疏生数朵花，花萼片和花瓣白色带绿色先端。花苞片狭披针形，长 15.0 mm；中萼片近椭圆形，长 15.0 ~ 20.0 mm，宽 5.0 ~ 6.0 mm；侧萼片卵状披针形，与中萼片等长但较宽；花瓣狭长圆形，长 12.0 ~ 13.0 mm，宽 4.0 ~ 4.5 mm；唇瓣浅白色，前部具紫红色条纹，在蕊柱中部以下的蕊柱翅合生，半圆状扇形，不裂，长 8.0 mm，宽 15.0 mm，前端边缘具流苏，先端微凹并具细尖；距圆筒形，长 15.0 ~ 35.0 mm；蕊柱长 8.0 mm，上端扩大。

【花期】 6 ~ 9 月。

【生境状况】 生长于海拔 1 500 ~ 3 500 m 的林下或草地上。

【濒危等级】 LC。

【地理分布】 陕西、甘肃、台湾、云南和西藏等省区；印度和日本。

图 781-1　流苏虾脊兰 *Calanthe alpina* 生境与植株（叶德平）

图 781-2　流苏虾脊兰 *Calanthe alpina* 地理分布

图 781-3　流苏虾脊兰 *Calanthe alpina* 花（叶德平）

782 弧距虾脊兰 *Calanthe arcuata* Rolfe

图 782-1 弧距虾脊兰 *Calanthe arcuata* 生境与植株（叶德平）

图 782-2 弧距虾脊兰 *Calanthe arcuata* 花序（叶德平）

【别名】 尾唇根节兰、短距虾脊兰。

【主要特征】 地生植物，根状茎不明显，假鳞茎短，圆锥形，粗 1.0 cm。叶 3 ~ 4 枚，假茎长 2.0 ~ 3.0 cm。叶片椭圆状披针形，长 28.0 cm，宽 0.7 ~ 3.0 cm，基部具鞘状柄，边缘波状。花葶从叶丛中间抽出，1 ~ 2 个，高出叶层之外，长 30.0 ~ 50.0 cm，密被短毛，花序之下具 1 枚紧贴花序柄的筒状鞘和数枚披针形的不育苞片，花序长 10.0 cm，疏生数朵花，花萼片和花瓣背面黄绿色，内面红褐色。花苞片狭披针形，长 10.0 ~ 18.0 mm；中萼片狭披针形，长 17.0 ~ 22.0 mm，宽 4.0 mm；侧萼片斜披针形，与中萼片等大；花瓣线形，与萼片近等长，宽 2.0 ~ 3.0 mm；唇瓣白色带紫色先端，基部与整个蕊柱翅合生，长 11.0 ~ 18.0 mm，3 裂，侧裂片斜卵状三角形，前端边缘有时具齿，中裂片椭圆状菱形，长 8.0 ~ 10.0 mm，宽 6.0 ~ 7.0 mm，先端呈芒状，基部楔形，边缘波状并具不整齐的齿；唇盘上具 3 ~ 5 条龙骨状脊；距圆筒形，长 5.0 mm；蕊柱长 4.0 ~ 5.0 mm，上端扩大，蕊柱翅在上端扩大而呈三角形并围抱柱头。

【花期】 5 ~ 9 月。

【生境状况】 生长于海拔 1 400 ~ 2 500 m 的林下或覆有土层的岩石上。

【濒危等级】 VU。

【地理分布】 陕西、甘肃、台湾、湖北、湖南、四川、贵州和云南等省。

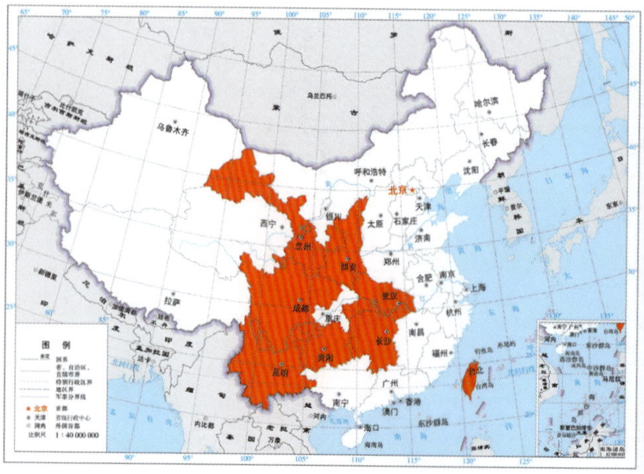

图 782-3 弧距虾脊兰 *Calanthe arcuata* 地理分布

783 银带虾脊兰 *Calanthe argenteostriata* C. Z. Tang & S. J. Cheng

【别名】 银脉虾脊兰、花叶虾脊兰、银带根节兰。

【主要特征】 地生植物，无明显的根状茎，假鳞茎粗短，近圆锥形，粗 1.5 cm。叶 3 ~ 7 枚，上面深绿色，具 5 ~ 6 条银灰色的条带，椭圆形，长 18.0 ~ 27.0 cm，宽 5.0 ~ 11.0 cm，基部具长 3.0 ~ 4.0 cm 的柄。花葶从叶丛中央抽出，长达 60.0 cm，密被短毛，花序长 7.0 ~ 11.0 cm，具 10 余朵花，花萼片和花瓣黄绿色。花苞片宽卵形，长 15.0 mm；中萼片椭圆形，长 9.0 mm，宽 4.5 mm，先端具短芒，背面被短毛；侧萼片宽卵状椭圆形，长 10.0 mm，宽 5.5 mm，先端具短芒，背面被短毛；花瓣近匙形，比萼片稍小；唇瓣白色，与整个蕊柱翅合生，比萼片长，基部具 3 列金黄色的小瘤状物，3 裂，侧裂片近斧头状，长、宽约 7.0 mm，中裂片深 2 裂，小裂片与侧裂片等大；距细圆筒形，长 15.0 ~ 19.0 mm；蕊柱长 5.0 mm。

【花期】 4 ~ 5 月。

【生境状况】 生于海拔 500 ~ 1 200 m 的山坡林下的岩石缝中。

【濒危等级】 LC。

【地理分布】 广东、广西、贵州和云南等省区。

图 783-1 银带虾脊兰 *Calanthe argenteostriata* 花序（叶德平）

图 783-2 银带虾脊兰 *Calanthe argenteostriata* 地理分布

图 783-3 银带虾脊兰 *Calanthe argenteostriata* 花（李剑武）

784 翘距虾脊兰 *Calanthe aristulifera* Rchb. f.

【别名】 翘距根节兰、垂花根节兰。

【主要特征】 地生植物，假鳞茎近球形，粗 1.0 cm，具 2 ~ 3 枚叶。叶片倒卵状椭圆形，长 15.0 ~ 30.0 cm，宽 4.0 ~ 8.0 cm，背面密被短毛，基部具长 27.0 ~ 30.0 cm 的柄，叶柄相互包卷而形成长 13.0 ~ 20.0 cm 的假茎。花葶 1 ~ 2 个从假茎上端发出，长 25.0 ~ 60.0 cm，密被短毛，花序长 6.0 ~ 25.0 cm，疏生 10 余朵花，花白色。花苞片狭披针形，长 5.0 mm；中萼片长圆状披针形，长 12.0 ~ 17.0 mm，宽 5.0 ~ 8.0 mm，背面被短毛；侧萼片斜长圆形，与中萼片等长，但较狭，背面被短毛；花瓣狭倒卵形，比萼片稍短，宽 2.5 ~ 4.5 mm；唇瓣扇形，与整个蕊柱翅合生，

图 784-1 翘距虾脊兰 *Calanthe aristulifera* 地理分布

图 784-2 翘距虾脊兰 *Calanthe aristulifera* 生境与植株（钟诗文）

长 8.0 ~ 16.0 mm，中部以上 3 裂，侧裂片近圆形的耳状，基部约一半与蕊柱翅的外侧边缘合生，中裂片扁圆形，先端微凹，边缘稍波状；唇盘上具 3 ~ 5 条脊突，脊突在中裂片先端处呈三角形；距圆筒状，长 14.0 ~ 20.0 mm，内面被长柔毛，外面被短毛；蕊柱长 6.0 mm，上端扩大，腹面被毛，蕊柱翅下延至唇瓣上并与唇瓣的脊突相连。

【花期】 2 ~ 5 月。

【生境状况】 生于海拔 2 500 m 以下的林中湿润处。

【濒危等级】 NT。

【地理分布】 福建、台湾、广东和广西等省区；日本。

图 784-3 翘距虾脊兰 *Calanthe aristulifera* 粉色花（黄卫昌）

图 784-4 翘距虾脊兰 *Calanthe aristulifera* 白色花序（田怀珍）

785 舌唇虾脊兰 *Calanthe cardioglossa* Schltr.

图 785-1 舌唇虾脊兰 *Calanthe cardioglossa* 生境与植株（叶德平）

图 785-2 舌唇虾脊兰 *Calanthe cardioglossa* 花（叶德平）

【别名】 无。

【主要特征】 地生植物，高 40.0 ~ 50.0 cm，假鳞茎密集着生，两头渐尖，长 4.0 ~ 5.5 cm，粗约 3.0 cm，中上部着生 3 ~ 4 枚叶，冬季落叶，花期叶片已经枯萎。叶片椭圆形，具多条脉，长 24.0 ~ 40.0 cm，宽 8.0 ~ 10.0 cm，基部具长 5.0 ~ 20.0 cm 的柄。花序直立，长约 40.0 cm，被毛，疏生数朵花，花粉红色，唇瓣侧裂片具多条深红色线条。花苞片卵状披针形，比花梗和子房短；萼片卵形，长约 12.0 mm，外面被毛，侧萼片偏斜；花瓣斜长圆状舌形，长约 12.0 mm；唇瓣 3 裂，基部心形，长约 12.0 mm，宽 6.0 ~ 13.0 mm，侧裂片直立，边缘略波状，中裂片向前伸展，唇盘上具 3 条肉质突起，中间 1 条延伸至中裂片上，边上 2 条至侧裂片上；距长 16.0 ~ 28.0 mm。

【花期】 11 月至翌年 1 月。

【生境状况】 生于海拔 400 ~ 1 900 m 的林下。

【濒危等级】 DD。

【地理分布】 云南省；泰国、老挝和越南。

图 785-3 舌唇虾脊兰 *Calanthe cardioglossa* 地理分布

786 棒距虾脊兰 *Calanthe clavata* Lindl.

【别名】 无。

【主要特征】 地生植物，根状茎粗壮，粗达 1.0 cm，节上生粗壮的根，假鳞茎短，被叶鞘所包。具 2 ~ 3 枚折扇状的叶，叶狭椭圆形，长 65.0 cm，宽 4.0 ~ 10.0 cm，基部渐狭为长 7.0 ~ 13.0 cm 的柄，在与叶鞘连接处具 1 个关节，叶鞘相互包卷而形成长 7.0 ~ 13.0 cm 的假茎。花葶 1 ~ 2 个生于茎的基部，长达 40.0 cm，不超出叶层之外，花序具数朵花，花黄色。花苞片披针形，长 15.0 ~ 35.0 mm；中萼片椭圆形，长 12.0 mm，宽 5.0 ~ 6.0 mm；侧萼片近长圆形，长 12.0 mm，宽 4.0 ~ 5.0 mm，先端呈芒状；花瓣倒卵状椭圆形，长 10.0 mm，宽 5.0 mm；唇瓣基部近截形，与整个蕊柱翅合生，3 裂，侧裂片耳状，直立，中裂片近圆形，长 4.0 mm，宽 5.0 ~ 5.5 mm，先端微凹，基部稍收窄并具 2 条三角形的褶片；距棒状，长 9.0 mm；蕊柱长 7.0 mm，上部扩大。

【花期】 11 ~ 12 月。

【生境状况】 生于海拔 800 ~ 1 300 m 的密林下。

【濒危等级】 LC。

【地理分布】 福建、广东、海南、广西、云南和西藏等省区；印度、缅甸、泰国和越南。

图 786-1 棒距虾脊兰 *Calanthe clavata* 生境与植株（李剑武）

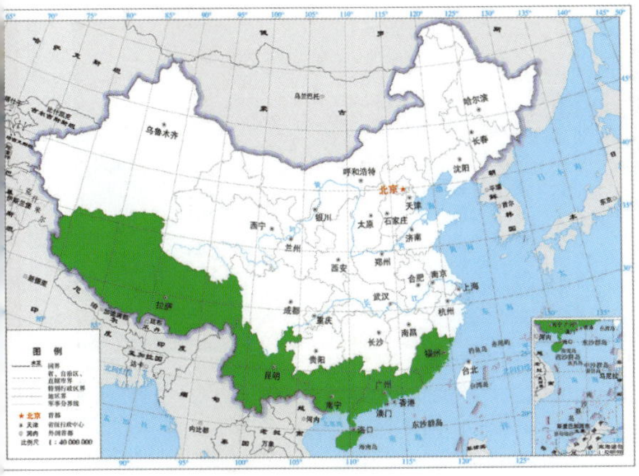

图 786-2 棒距虾脊兰 *Calanthe clavata* 地理分布

图 786-3 棒距虾脊兰 *Calanthe clavata* 花（李剑武）

787 剑叶虾脊兰 *Calanthe davidii* Franch.

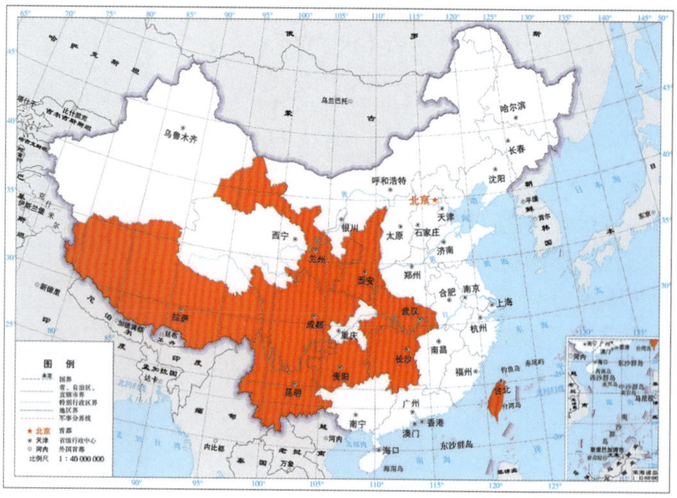

图 787-1 剑叶虾脊兰 *Calanthe davidii* 地理分布

【别名】 长叶根节兰、窄叶虾脊兰、狭叶虾脊兰。

【主要特征】 地生植物，植株紧密聚生，无明显的假鳞茎，假茎长 4.0 ~ 10.0 cm，具 3 ~ 4 枚叶。叶剑形，长达 65.0 cm，宽 1.0 ~ 2.0 cm，叶柄不明显。花葶从叶腋发出，长达 120.0 cm，密被细花，花黄绿色。花苞片反折，狭披针形，长 10.0 ~ 15.0 mm；萼片和花瓣反折，萼片近椭圆形，长 6.0 ~ 9.0 mm，宽 4.0 mm，背面有时密被短毛；花瓣狭长圆状倒披针形，与萼片等长，宽 1.8 ~ 2.2 mm，基部收窄为爪；唇瓣宽三角形，基部无爪，与整个蕊柱翅合生，3 裂，侧裂片长圆形，中裂片先端 2 裂，在裂口中央具 1 个短尖，小裂片近长圆形，比侧裂片狭，向外叉开；唇盘在两侧裂片之间具 3 条等长的鸡冠状褶片，有时褶片延伸至中裂片先端；距圆筒形，长 5.0 ~ 12.0 mm，外面疏生毛，内面密生毛；蕊柱长 3.0 mm，上端扩大。

【花期】 9 ~ 10 月。

【生境状况】 生于海拔 500 ~ 3 300 m 的山谷、溪边或密林下。

【濒危等级】 LC。

【地理分布】 陕西、甘肃、台湾、湖北、湖南、四川、贵州、云南和西藏等省区。

图 787-2 剑叶虾脊兰 *Calanthe davidii* 花（金效华）

788 虾脊兰 *Calanthe discolor* Lindl.

【别名】 九子连环草、钩距虾脊兰、剑叶虾脊兰。

【主要特征】 地生植物，根状茎不明显，假鳞茎短，近圆锥形，粗 1.0 cm，具 3 枚叶。假茎长 6.0 ~ 10.0 cm，粗 2.0 cm，叶片倒卵状长圆形，长 25.0 cm，宽 4.0 ~ 9.0 cm，基部具长 4.0 ~ 9.0 cm 的柄，背面密被短毛。花葶从假茎上端的叶间抽出，长 18.0 ~ 30.0 cm，密被短毛，花序长 6.0 ~ 8.0 cm，疏生 10 余朵花，花萼片和花瓣紫褐色。花苞片卵状披针形，长 4.0 ~ 7.0 mm；萼片呈斜的椭圆形，长 11.0 ~ 13.0 mm，宽 6.0 ~ 7.0 mm，背面中部以下被短毛；花瓣近长圆形，与萼片等长，宽 3.5 ~ 5.0 mm；唇瓣白色，扇形，与整个蕊柱翅合生，与萼片近等长，3 深裂，侧裂片镰状倒卵形，比中裂片大，先端向中裂片弯曲，基部约一半合生在蕊柱翅的外侧边缘，中裂片倒卵状楔形，先端深凹缺，前端边缘有时具不整齐的齿；唇盘上具 3 条膜片状褶片；褶片延伸至中裂片中部，前端呈三角形隆起；距圆筒形，长 5.0 ~ 10.0 mm，外面疏被短毛；蕊柱长 4.0 mm，上端扩大，蕊柱翅下延至唇瓣基部。

【花期】 4 ~ 5 月。

【生境状况】 生于海拔 780 ~ 1 500 m 的林下。

【濒危等级】 LC。

【地理分布】 江苏、浙江、福建、湖北、广东和贵州等省；日本。

图 788-1 虾脊兰 *Calanthe discolor* 花序（叶喜阳）

图 788-2 虾脊兰 *Calanthe discolor* 花（叶喜阳）

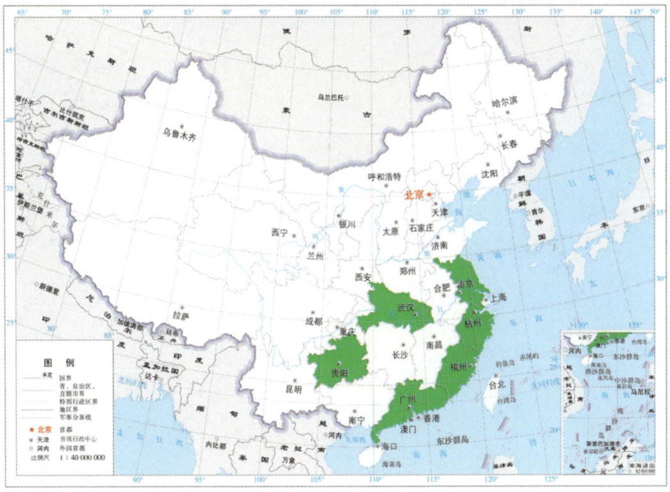

图 788-3 虾脊兰 *Calanthe discolor* 地理分布

789 福贡虾脊兰 *Calanthe fugongensis* X. H. Jin & S. C. Chen

图 789-1 福贡虾脊兰 *Calanthe fugongensis* 生境与植株（金效华）

【别名】 无。

【主要特征】 地生植物，植株高 50.0 ~ 60.0 cm。假鳞茎圆锥形，长 4.0 cm，宽 2.0 cm。叶 3 ~ 4 枚，椭圆状披针形，长 20.0 ~ 30.0 cm，宽 5.0 ~ 10.0 cm，基部具长 3.0 ~ 10.0 cm 的柄，柄之下相互包卷而形成长 9.0 ~ 20.0 cm 的假茎。花葶长 50.0 cm，疏具 20 余朵花，花黄色。花苞片披针形，长 9.0 ~ 10.0 mm；中萼片狭椭圆形，长 20.0 mm，宽 10.0 mm；侧萼片披针形，偏斜，长 20.0 mm，宽 8.0 mm；花瓣倒披针形，长 15.0 ~ 16.0 mm，宽 6.0 mm；唇瓣贴生在蕊柱翅上，长、宽 13.0 ~ 14.0 mm，基部具短爪，3 裂，侧裂片狭长圆形，长 5.0 mm，宽 8.0 mm，中裂片匙形，长、宽约 10 mm；基部具爪，先端边缘具齿；唇盘上具 3 条直立的褶片；距贴生于子房，圆锥形，长 4.5 ~ 6.0 mm；蕊柱长 10.0 mm。

【花期】 5 ~ 7 月。

【生境状况】 生于海拔 2 400 ~ 3 000 m 的林下。

【濒危等级】 EN。

【地理分布】 云南省。

图 789-2 福贡虾脊兰 *Calanthe fugongensis* 花（金效华）

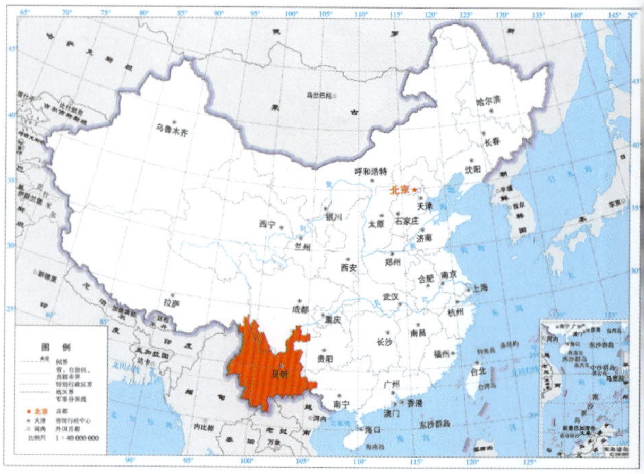

图 789-3 福贡虾脊兰 *Calanthe fugongensis* 地理分布

790 钩距虾脊兰 *Calanthe graciliflora* Hayata

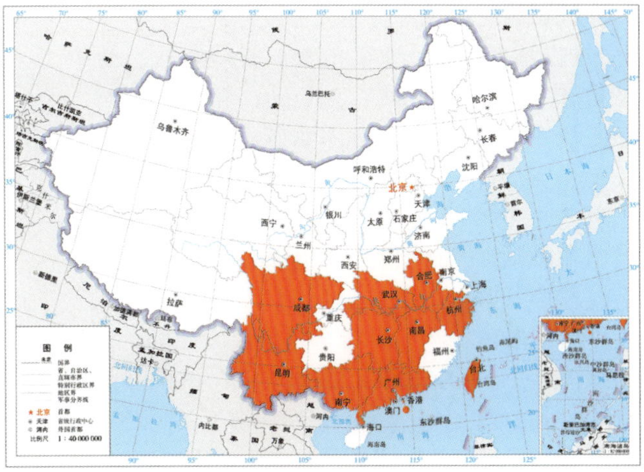

图 790-1 钩距虾脊兰 *Calanthe graciliflora* 地理分布

【别名】 细花根节兰、纤花根节兰。

【主要特征】 地生植物，根状茎不明显，假鳞茎短，近卵球形，粗 2.0 cm，具 3 ~ 4 枚叶。假茎长 5.0 ~ 18.0 cm。叶片椭圆形，长达 33.0 cm，宽 5.5 ~ 10.0 cm，基部收狭为长 10.0 cm 的柄。花葶从假茎上端的叶丛间发出，长达 70.0 cm，高出叶层之外，密被短毛，花序长 32.0 cm，疏生数朵花，花萼片和花瓣在背面褐色，内面淡黄色。中萼片近椭圆形，长 10.0 ~ 15.0 mm，宽 5.0 ~ 6.0 mm，基部收狭；侧萼片与中萼片近等长，但稍狭；花瓣倒卵状披针形，长 9.0 ~ 13.0 mm，宽 3.0 ~ 4.0 mm，基部具短爪；唇瓣浅白色，3 裂，侧裂片稍斜卵状楔形，长 4.0 mm，基部约 1/3 与蕊柱翅的外侧边缘合生，中裂片近方形，长 4.0 mm，宽 3.0 mm，先端扩大且微凹；唇盘上具 4 个褐色斑点和 3 条平行的龙骨状脊，龙骨状脊肉质，终止于中裂片的中部，其末端呈三角形隆起；距圆筒状，长 10.0 ~ 13.0 mm，外面疏被短毛，内面密短毛；蕊柱长约 4.0 mm，蕊柱翅下延至唇瓣基部并与唇盘两侧的龙骨状脊相连。

【花期】 3 ~ 5 月。

【生境状况】 生于海拔 600 ~ 1 500 m 的林下阴湿处。

【濒危等级】 NT。

【地理分布】 安徽、浙江、江西、台湾、湖北、湖南、广东、香港、广西、四川和云南等地。

图 790-2 钩距虾脊兰 *Calanthe graciliflora* 花（金效华）

791 西南虾脊兰 *Calanthe herbacea* Lindl.

【别名】 白花虾脊兰。

【主要特征】 地生植物，假鳞茎短，近长卵状球形，长 1.0 ~ 2.5 cm，粗 0.5 ~ 1.5 cm，具 3 ~ 4 枚叶。假茎不明显。叶片椭圆形，长 15.0 ~ 30.0 cm，宽 9.0 cm，基部收狭为长 10.0 ~ 20.0 cm 的柄，边缘波状，背面具短毛。花葶从叶丛中抽出，长达 70.0 cm，被短毛，花序长 8.0 ~ 15.0 cm，疏生 10 朵花，花萼片和花瓣黄绿色，反折。花苞片披针形，长 10.0 mm；中萼片倒卵状披针形，长 15.0 mm，宽 7.0 mm，先端具短尖，背面被短毛；侧萼片斜椭圆形，与中萼片等长，但稍狭，基部具爪，背面被短毛；花瓣近匙形，长 12.0 mm，宽 2.0 ~ 2.5 mm；唇瓣与整个蕊柱翅合生，3 深裂，基部具成簇的黄色瘤状附属物，侧裂片卵形，长 6.0 mm，中裂片深 2 裂，小裂片与侧裂片近等大，叉开，裂口中央具 1 个短尖头；距稍向前弯曲，长 20.0 ~ 30.0 mm，外面被短毛；蕊柱长 7.0 mm，上端扩大。

图 791-1 西南虾脊兰 *Calanthe herbacea* 地理分布

【花期】 6 ~ 8 月。

【生境状况】 生于海拔 1 500 ~ 2 100 m 的密林下阴湿处。

【濒危等级】 VU。

【地理分布】 台湾、云南和西藏等省区；印度和越南。

图 791-2 西南虾脊兰 *Calanthe herbacea* 花（金效华）

792 通麦虾脊兰 *Calanthe griffithii* Lindl.

【别名】 无。

【主要特征】 地生植物，假鳞茎粗短，近圆锥形，粗 2.0 cm，具 3 ~ 4 枚叶。假茎长达 16.0 cm。叶片长圆形，长 29.0 ~ 34.0 cm，宽 4.5 ~ 7.0 cm，基部收狭成楔形。花葶从叶丛中抽出，高出叶层外，长达 75.0 cm，密生短柔毛，花序长 19.0 cm，疏生数朵花，花萼片和花瓣浅绿色。花苞片卵状披针形，长 4.0 ~ 5.0 mm；中萼片长圆形，长 20.0 mm，宽 10.0 mm，背面被短柔毛；侧萼片与中萼片等长，但稍狭，背面被短柔毛；花瓣近倒披针形，长 17.0 mm，宽 6.0 mm；唇瓣比萼片短，基部无爪，几乎与整个蕊柱翅合生，3 裂，侧裂片长圆形，长 8.0 mm，宽 12.0 mm，先端凹缺并具细尖，基部具爪，边缘波状；唇盘中央具 1 条近三角形的褶片，两侧无毛；距圆筒形，长 6.0 mm，外面疏被短柔毛；蕊柱长 8.0 mm。

【花期】 5 月。

【生境状况】 生于海拔 2 000 m 的林下。

【濒危等级】 VU。

【地理分布】 西藏自治区；不丹和缅甸。

图 792-1　通麦虾脊兰 *Calanthe griffithii* 生境与植株（叶德平）

图 792-2　通麦虾脊兰 *Calanthe griffithii* 地理分布

图 792-3　通麦虾脊兰 *Calanthe griffithii* 花（叶德平）

793 叉唇虾脊兰 *Calanthe hancockii* Rolfe

图 793-1 叉唇虾脊兰 *Calanthe hancockii* 生境与植株（金效华）

图 793-2 叉唇虾脊兰 *Calanthe hancockii* 花（金效华）

【别名】 大黄花虾脊兰、叉距虾脊兰。

【主要特征】 地生植物，假鳞茎圆锥形，粗 15.0 mm，具 3 枚叶，假茎长 25.0 cm，粗 1.0 ~ 2.0 cm。叶在花期尚未展开，椭圆形，长 20.0 ~ 40.0 cm，宽 5.0 ~ 12.0 cm，边缘波状，基部具长 20.0 cm 的柄，背面被短毛。花葶从假茎上端的叶间发出，长达 80.0 cm，密被短毛，花序长 30.0 cm，疏生数朵花，花萼片和花瓣黄褐色。花苞片狭披针形，长 7.0 ~ 10.0 mm；中萼片长圆状披针形，长 25.0 ~ 35.0 mm，宽 6.0 ~ 10.0 mm，背面被短毛；侧萼片与中萼片长相似，但稍狭，背面被短毛；花瓣椭圆形，长 23.0 mm，宽 6.0 mm；唇瓣黄色，基部具短爪，与整个蕊柱翅合生，3 裂，侧裂片镰状长圆形，长 8.0 mm，中裂片狭倒卵状长圆形，与侧裂片约等宽，先端具短尖；唇盘上具 3 条平行的波状褶片，褶片先端高高隆起，中央 1 条较长，几达先端；距长 2.0 ~ 3.0 mm，外面被短毛，距口具白色茸毛；蕊柱长 5.0 mm，上端扩大，疏被短毛。

【花期】 4 ~ 5 月。

【生境状况】 生于海拔 1 000 ~ 2 600 m 的林下。

【濒危等级】 LC。

【地理分布】 四川、广西和云南等省区。

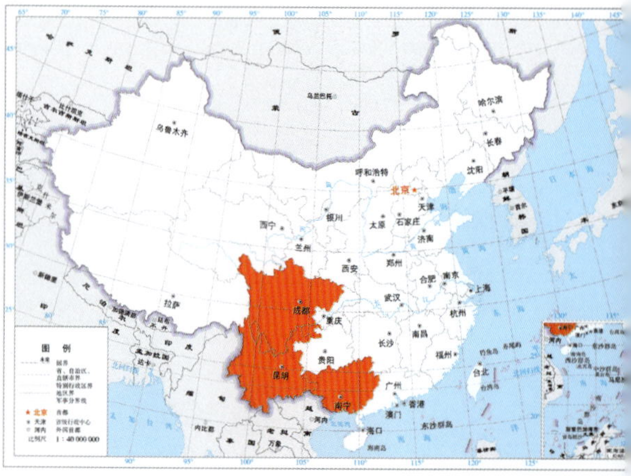

图 793-3 叉唇虾脊兰 *Calanthe hancockii* 地理分布

794 葫芦茎虾脊兰 *Calanthe labrosa* (Rchb. f.) Rchb. f.

【别名】 无。

【主要特征】 地生植物，植株无根状茎，假鳞茎聚生，卵球形，中部常缢缩而呈葫芦状，长 3.0 ~ 8.0 cm，粗 4.0 cm，具 4 ~ 6 个棱、2 ~ 3 枚叶和长 2.0 cm 的假茎。叶椭圆形，长 30.0 cm，宽 9.0 cm，基部收狭并在与叶鞘连接处具 1 个关节，旱季落叶。花葶从茎的基部侧面发出，长 29.0 cm，密被白色长柔毛，花序长 8.0 ~ 10.0 cm，疏生 3 ~ 10 朵花，花萼片白色，背面基部淡粉色，略反卷，背面密被长柔毛。花苞片卵形，长 20.0 mm；中萼片卵形，长 12.0 mm，宽 5.0 mm；侧萼片斜卵形，长、宽约 14.0 mm；花瓣白色，略反卷，卵状长圆形，长 15.0 mm，宽 5.5 mm；唇瓣宽卵形，长 14.0 mm，宽 20.0 mm，3 裂，侧裂片白色带许多紫红色斑点和粉红色条纹，围抱蕊柱，边缘略具皱褶，中裂片近半圆形，边缘具皱褶；唇盘白色，基部具 3 条纵向脊突，中央 1 条到达中裂片先端处；距长 25.0 mm，外面密生长柔毛；蕊柱长 5.0 mm。

【花期】 11 ~ 12 月。

【生境状况】 生长于海拔 800 ~ 1 200 m 的林下。

【濒危等级】 VU。

【地理分布】 云南省；缅甸和泰国。

图 794-1 葫芦茎虾脊兰 *Calanthe labrosa* 生境与植株（李剑武）

图 794-2 葫芦茎虾脊兰 *Calanthe labrosa* 地理分布

图 794-3 葫芦茎虾脊兰 *Calanthe labrosa* 花（李剑武）

795 肾唇虾脊兰 *Calanthe brevicornu* Lindl.

图 795-1 肾唇虾脊兰 *Calanthe brevicornu* 生境与植株（叶德平）

【别名】 无。

【主要特征】 地生植物，假鳞茎圆锥形，粗 2.0 cm，具 3 ~ 4 枚叶。叶片椭圆形，长 30.0 cm，宽 5.0 ~ 11.0 cm，基部收狭为长 10.0 cm 的柄，边缘略波状，叶柄之下相互包卷而形成长 5.0 ~ 8.0 cm 的假茎。花葶从假茎上端的叶间发出，远高出叶层之外，密被短毛，花序长 30.0 cm，疏生数朵花，花萼片和花瓣黄绿色。花苞片披针形，长 5.0 ~ 13.0 mm；中萼片长圆形，长 12.0 ~ 23.0 mm，宽 4.0 ~ 6.0 mm，背面被短毛；侧萼片斜长圆形，与中萼片近等大，背面被短毛；花瓣长圆状披针形，比萼片短，宽 4.0 ~ 5.0 mm，基部具爪；唇瓣基部具短爪，与蕊柱中部以下的蕊柱翅合生，与花瓣近等长，3 裂，侧裂片镰状长圆形，中裂片近肾形，基部具短爪，先端具凹缺并在凹口处具 1 个短尖；唇盘粉红色，具 3 条黄色的高褶片；距长 2.0 mm，外面被毛；蕊柱长 4.0 mm，上端稍扩大，下面被长毛。

【花期】 5 ~ 6 月。

【生境状况】 生于海拔 1 600 ~ 2 700 m 的密林下。

【濒危等级】 LC。

【地理分布】 湖北、广西、四川、云南和西藏等省区；印度、不丹和尼泊尔。

图 795-2 肾唇虾脊兰 *Calanthe brevicornu* 花序（叶德平）

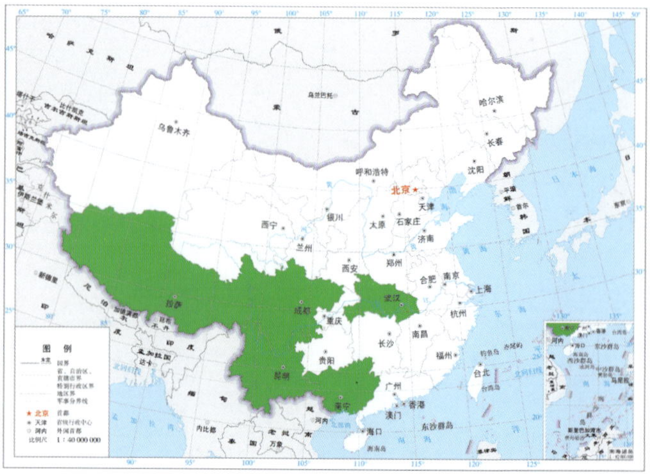

图 795-3 肾唇虾脊兰 *Calanthe brevicornu* 地理分布

796 乐昌虾脊兰 *Calanthe lechangensis* Z. H. Tsi & Tang

【别名】 无。

【主要特征】 地生植物，根状茎不明显，假鳞茎粗短，圆锥形，粗约 1.0 cm，具 3 枚鞘和 1 枚叶，假茎长 9.0 ~ 20.0 cm。叶在花期尚未展开，宽椭圆形，长 20.0 ~ 30.0 cm，宽 8.0 ~ 11.0 cm，基部具长 14.0 ~ 32.0 cm 的柄。花葶从叶腋抽出，直立，不高出叶层之外，长达 35.0 cm，被短柔毛，花序疏生 4 ~ 5 朵花，花浅红色，萼片及花瓣背面被短柔毛。花苞片卵状披针形，长 4.0 ~ 5.0 mm；中萼片卵状披针形，长 17.0 ~ 18.0 mm，宽 6.0 ~ 7.0 mm；侧萼片斜长圆形，与中萼片等长但狭，先端芒状；花瓣长圆状披针形，长 15.0 ~ 16.0 mm，宽约 5.0 mm；唇瓣倒卵状圆形，基部具爪，与整个蕊柱翅合生，3 裂，侧裂片小，齿状，长 1.0 ~ 3.0 mm，两侧裂片之间具 3 条隆起的褶片，中裂片宽卵状楔形，长 10.0 mm，宽 10.0 mm，比两侧裂片先端之间的距离大，先端微凹并具短尖，基部具爪，边缘略波状，无毛；距圆筒形，长约 9.0 mm，内外均被毛；蕊柱上端扩大，无毛，蕊柱翅三角形。

【花期】 3 ~ 4 月。

【生境状况】 生长于海拔 420 ~ 1 000 m 的林中树干上或山谷岩石缝中。

【濒危等级】 EN。

【地理分布】 广东省。

图 796-1 乐昌虾脊兰 *Calanthe lechangensis* 花序（李琳）

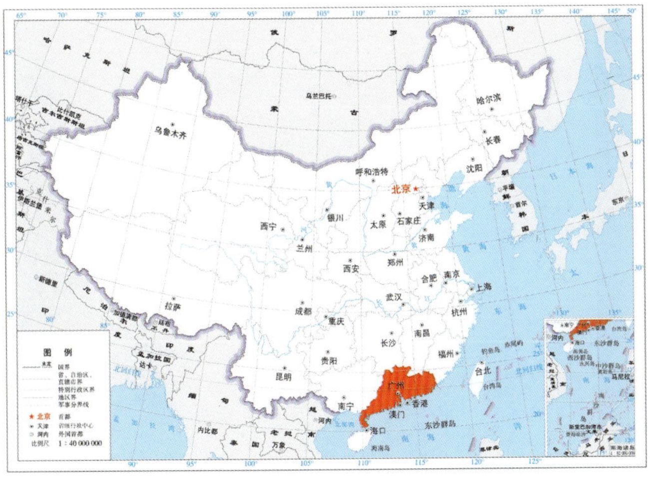

图 796-2 乐昌虾脊兰 *Calanthe lechangensis* 地理分布

图 796-3 乐昌虾脊兰 *Calanthe lechangensis* 花（李琳）

797 南方虾脊兰 *Calanthe lyroglossa* Rchb. f.

图 797-1 南方虾脊兰 *Calanthe lyroglossa* 生境与植株（黄明忠）

【别名】 黄花根节兰、连翘根节兰、黄苞根节兰。

【主要特征】 地生植物，假鳞茎粗短，圆柱状，具粗壮的匍匐根状茎，假茎长约 5.0 cm，具 2 ~ 3 枚鞘和 3 ~ 5 枚叶。叶片折扇状，长 30.0 ~ 60.0 cm，宽 3.0 ~ 8.5 cm，基部收窄为细长的柄，叶柄基部具 1 个关节。花葶生于茎的基部，稍高出叶层，下部具 3 ~ 4 枚筒状鞘，花序密生数朵小花，花黄色。花苞片披针形，长达 40.0 mm；萼片椭圆形，长 6.0 ~ 9.0 mm，宽约 3.0 mm；花瓣椭圆形，比萼片稍短；唇瓣长约 5.0 mm，基部与整个蕊柱翅合生，3 裂，侧裂片短小，半圆形，有时不明显，中裂片较大，宽肾形，长 3.0 mm，宽 5.0 mm，先端微凹并在凹口处具 1 个细尖，基部具 2 条三角形的褶片；距棒状，长约 5.0 mm，末端稍 2 裂。

【花期】 12 月至翌年 2 月。

【生境状况】 生长于海拔 1 500 m 以下的林下。

【濒危等级】 LC。

【地理分布】 台湾和海南等省；日本、印度、缅甸、泰国、老挝、越南、柬埔寨、菲律宾和马来西亚。

图 797-2 南方虾脊兰 *Calanthe lyroglossa* 花序（黄明忠）

图 797-3 南方虾脊兰 *Calanthe lyroglossa* 地理分布

798 细花虾脊兰 *Calanthe mannii* Hook. f.

【别名】 小花虾脊兰。

【主要特征】 地生植物，根状茎不明显，假鳞茎圆锥形，粗 1.0 cm，具 3 ~ 5 枚叶。假茎长 5.0 ~ 7.0 cm。叶在花期尚未全部展开，折扇状，倒披针形，长 18.0 ~ 35.0 cm，宽 3.0 ~ 4.5 cm，基部具长 5.0 ~ 10.0 cm 的柄，背面密被短毛。花葶从假茎上端的叶间发出，高出叶层之外，长达 51.0 cm，密被短毛，花序长 4.0 ~ 10.0 cm，疏生数朵小花，花萼片和花瓣暗褐色。花苞片披针形，长 2.0 ~ 4.0 mm；中萼片卵状披针形，长 7.0 ~ 9.0 mm，宽 2.5 ~ 4.0 mm，背面密被短毛；侧萼片略呈斜卵状披针形，与中萼片近等长，背面密被短毛；花瓣倒卵状披针形，比萼片小，长 6.0 ~ 7.0 mm，宽 1.2 ~ 2.0 mm；唇瓣金黄色，比花瓣短，基部合生在整个蕊柱翅上，3 裂，侧裂片卵圆形，长 1.5 ~ 2.0 mm，宽 1.0 ~ 1.5 mm，中裂片横长圆形，长 1.5 ~ 2.0 mm，宽 2.5 ~ 3.0 mm，先端微凹并具短尖，边缘稍波状；唇盘上具 3 条褶片，其末端在中裂片上呈三角形高高隆起；距短，长 1.0 ~ 3.0 mm，外面被毛；蕊柱长 3.0 mm，上端扩大，腹面被毛。

【花期】 5 月。

【生境状况】 生于海拔 2 000 ~ 2 400 m 的山坡林下。

【濒危等级】 LC。

【地理分布】 江西、湖北、广东、广西、四川、贵州、云南和西藏等省区；不丹、尼泊尔和印度。

图 798-1　细花虾脊兰 *Calanthe mannii* 花序（金效华）

图 798-2　细花虾脊兰 *Calanthe mannii* 地理分布

图 798-3　细花虾脊兰 *Calanthe mannii* 花（金效华）

799 墨脱虾脊兰 *Calanthe metoensis* Z. H. Tsi & K. Y. Lang

图 799-1 墨脱虾脊兰 *Calanthe metoensis* 生境与植株（金效华）

【别名】 无。

【主要特征】 地生植物，根状茎不明显，假鳞茎粗短，圆锥形，粗 1.5 cm，具 3 枚叶。假茎长达 11.0 cm，粗 1.0 cm。叶长椭圆形，长达 30.0 cm，宽 3.5 ~ 9.5 cm，基部收狭为鞘状柄，边缘略波状。花葶 1 ~ 2 个，出自叶丛中间，高出叶层外，长 30.0 ~ 50.0 cm，密被短毛，花序长 12.0 cm，疏生 2 ~ 10 朵花，花粉红色。花苞片披针形，长 7.0 ~ 20.0 mm；中萼片椭圆形，长 15.0 mm，宽 7.0 mm，疏被短毛；侧萼片斜卵形，与中萼片近等长，疏被短毛；花瓣线形，长 14.0 mm，宽 2.0 mm；唇瓣基部与整个蕊柱翅合生，3 裂，侧裂片卵状三角形，前端边缘有时疏生齿，中裂片倒卵状楔形，长 6.0 mm，宽 6.0 mm，先端具短尖，边缘具流苏；唇盘上具 3 条纵脊；距圆筒形，长 15.0 mm，外面疏被毛；蕊柱长 5.0 mm，蕊柱翅在蕊柱上端向前扩展而呈三角形并围抱柱头。

【花期】 4 ~ 8 月。

【生境状况】 生于海拔 2 200 ~ 2 250 m 的山坡林下。

【濒危等级】 LC。

【地理分布】 云南和西藏等省区。

图 799-2 墨脱虾脊兰 *Calanthe metoensis* 花（金效华）

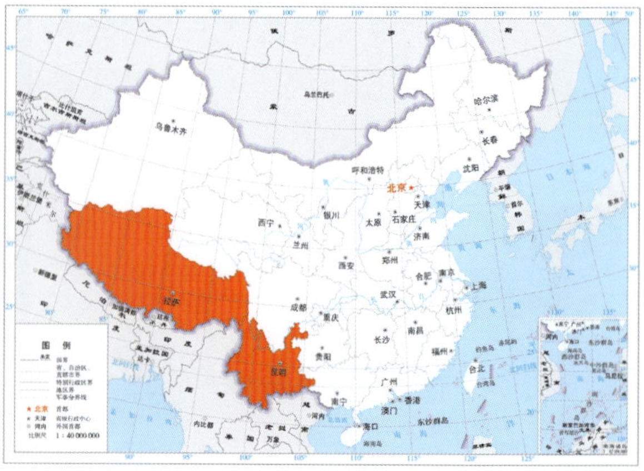

图 799-3 墨脱虾脊兰 *Calanthe metoensis* 地理分布

800 车前虾脊兰 *Calanthe plantaginea* Lindl.

【别名】 车前叶虾脊兰、大虾脊兰。

【主要特征】 地生植物，根状茎不明显，假鳞茎短圆锥形，粗 1.5 ～ 2.0 cm，具 2 ～ 4 枚叶。假茎长约 16.0 cm。叶在花期尚未全部展开，椭圆形，长 25.0 cm，宽 10.0 cm，基部具长 20.0 cm 的柄。花葶从假茎上端发出，高出叶层之外，被短毛，花序具数朵花，花淡紫色，下垂。花苞片披针形，长 8.0 mm；中萼片卵状披针形，长 15.0 ～ 17.0 mm，宽 6.0 ～ 7.0 mm，背面疏被短毛；侧萼片比中萼片稍小，卵状披针形；花瓣长圆形，比萼片稍短，宽 4.0 ～ 5.0 mm；唇瓣近扇形，基部与整个蕊柱翅合生，长 10.0 mm，3 裂，侧裂片斜倒卵状楔形，先端紧靠中裂片而内弯，基部约 1/3 贴生在蕊柱翅的外侧边缘，中裂片长圆形，与侧裂片等长，长 5.0 mm，先端扩大部分呈圆形，微凹并具短尖；唇盘具 3 条脊突；距圆筒形，长 20.0 ～ 22.0 mm，外面被短毛；蕊柱长 7.0 mm，上端扩大，蕊柱翅延伸至唇瓣基部，与唇盘上的脊突相连接。

【花期】 3 ～ 4 月。

【生境状况】 生于海拔 1 800 ～ 2 200 m 的山坡林下。

【濒危等级】 VU。

【地理分布】 云南和西藏等省区；印度、不丹、尼泊尔和克什米尔地区。

图 800-1 车前虾脊兰 *Calanthe plantaginea* 生境与植株（赖阳君）

图 800-2 车前虾脊兰 *Calanthe plantaginea* 地理分布

图 800-3 车前虾脊兰 *Calanthe plantaginea* 花（金效华）

801 镰萼虾脊兰 *Calanthe puberula* Lindl.

图 801-1 镰萼虾脊兰 *Calanthe puberula* 生境与植株（叶德平）

【别名】 柔毛虾脊兰、反卷根节兰、镰叶虾脊兰。

【主要特征】 地生植物，假鳞茎长圆柱形，长 2.0 cm，粗 1.5 cm，具 4 ~ 5 枚叶。叶片椭圆形，长 12.0 ~ 2.0 cm，宽 7.0 cm，基部具长 13.0 cm 的柄。花葶 1 ~ 2 个从茎上端抽出，高出叶层之外，长 23.0 ~ 40.0 cm，花序长 6.0 ~ 14.0 cm，疏生数朵花，花粉红色。花苞片披针形，短于子房，花序下部具数枚披针形的苞片状叶；中萼片卵状披针形，长 11.0 ~ 16.0 mm，宽 5.0 mm，背面被毛；侧萼片斜卵状披针形，与中萼片等大，先端呈尾状，背面被短毛；花瓣线形，短于萼片，宽 1.0 ~ 2.0 mm；唇瓣基部与蕊柱中部以下的蕊柱翅合生，比萼片短，3 裂，侧裂片长圆状镰形，与中裂片等宽，全缘，中裂片菱状椭圆形，前端边缘具不整齐的齿，基部收狭为爪，无距；蕊柱长 6.0 mm，蕊柱翅上端的两侧各具 1 枚长 0.7 mm 的齿突，齿突近长方形。

【花期】 7 ~ 8 月。

【生境状况】 生于海拔 1 200 ~ 2 500 m 的林下。

【濒危等级】 LC。

【地理分布】 云南和西藏等省区；越南和印度。

图 801-2 镰萼虾脊兰 *Calanthe puberula* 花（叶德平）

图 801-3 镰萼虾脊兰 *Calanthe puberula* 地理分布

802 囊爪虾脊兰 *Calanthe sacculata* Schltr.

【别名】 无。

【主要特征】 地生植物，植株高 25.0 ~ 30.0 cm，叶基生，3 枚，椭圆形，长 14.0 ~ 17.0 cm，宽 3.0 ~ 4.5 cm，基部具柄。花葶出自叶丛中，长达 27.0 cm，花序疏生 4 ~ 6 朵花。花苞片卵形；萼片长圆形，长 15.0 mm，基部收狭；侧萼片歪斜；花瓣斜披针形，舌状，比萼片稍短；唇瓣基部与整个蕊柱翅合生，3 裂，基部具爪，爪的基部凹陷成浅囊，侧裂片斜卵形，中裂片近圆形，中部宽 7.0 mm，先端凹缺并具短尖，基部具短爪；唇盘中央具 1 条褶片，褶片半卵形，长 9.0 mm；蕊柱短。

【花期】 7 月。

【生境状况】 生于海拔 1 800 m 的林下。

【濒危等级】 CR。

【地理分布】 贵州和重庆等省市。

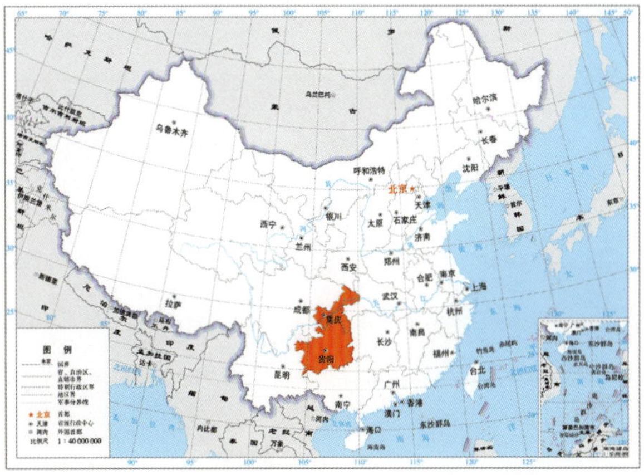

图 802-1 囊爪虾脊兰 *Calanthe sacculata* 地理分布

803 大黄花虾脊兰 *Calanthe sieboldii* Decaisne ex Regel

图 803-1 大黄花虾脊兰 *Calanthe sieboldii* 生境与植株（邵剑文）

【别名】 大黄虾脊兰、黄根节兰。

【主要特征】 地生植物，假鳞茎小，具 2 ~ 3 枚叶。叶宽椭圆形，长 45.0 ~ 60.0 cm，宽 9.0 ~ 15.0 cm，基部收狭为长柄。花葶长 40.0 ~ 50.0 cm，花序长 6.0 ~ 15.0 cm，疏生 10 余朵花，花黄色。花苞片披针形，长 10.0 mm；中萼片椭圆形，长 27.0 ~ 30.0 mm，宽 12.0 ~ 15.0 mm；侧萼片斜卵形，比中萼片稍小；花瓣狭椭圆形，长 24.0 mm，宽 9.5 mm；唇瓣基部与整个蕊柱翅合生，3 深裂，近基部处具红色斑块并具 2 排白色短毛，侧裂片斜倒卵形，长 15.0 mm，宽 8.0 mm，中裂片近椭圆形，长 13.0 mm，宽 9.0 mm，先端具短尖；唇盘上具 5 条波状龙骨脊，中央 3 条较长；距长 8.0 mm，内面被毛；蕊柱长 5.0 mm。

【花期】 2 ~ 3 月。

【生境状况】 生于海拔 1 200 ~ 1 500 m 的林下。

【濒危等级】 CR。

【地理分布】 台湾和湖南等省；日本。

图 803-2 大黄花虾脊兰 *Calanthe sieboldii* 花（邵剑文）

图 803-3 大黄花虾脊兰 *Calanthe sieboldii* 地理分布

804 二列叶虾脊兰 *Calanthe speciosa* (Bl.) Lindl.

【别名】 台湾根节兰。

【主要特征】 地生植物，高 50.0 ~ 70.0 cm，假鳞茎卵状圆锥形，长 4.0 ~ 5.0 cm，具数节。叶片 5 ~ 10 枚，近于 2 列着生，长圆状椭圆形，长 40.0 ~ 95.0 cm，宽 4.0 ~ 9.0 cm，基部具长 20.0 cm 的柄，叶柄基部具关节。花葶从假鳞茎基部发出，长 30.0 ~ 45.0 cm，基部具数枚筒状鞘，花序密生数朵花，花淡黄色。花苞片狭披针形，长 25.0 ~ 35.0 mm，早落；萼片卵状披针形，长 9.0 ~ 12.0 mm，宽 4.0 ~ 5.0 mm；花瓣卵状椭圆形，长 9.0 ~ 12.0 mm，宽 4.0 ~ 6.0 mm；唇瓣附着在整个蕊柱翅上，长 8.0 ~ 9.0 mm，宽 5.0 ~ 6.0 mm，3 裂，侧裂片近方形，长约 2.5 mm，两侧裂片之间宽约 5.0 mm，中裂片扇形，长约 5.0 mm，宽 5.0 ~ 6.0 mm，边缘波状，先端具短尖；唇盘上在两侧裂片之间具 2 个圆形的胼胝体；距棒状，稍弓曲，长 7.0 ~ 9.0 mm；蕊柱长约 5.0 mm。

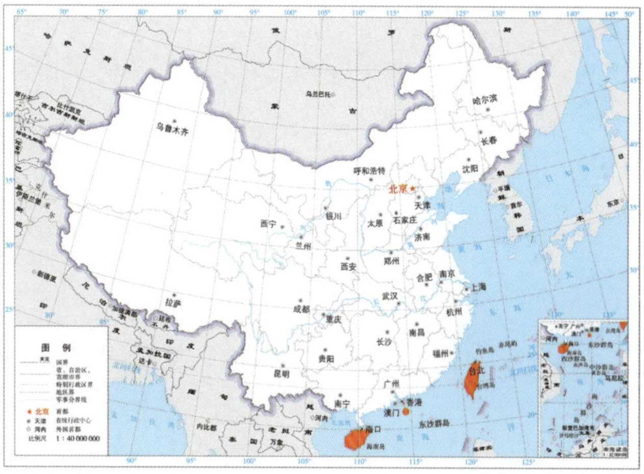

图 804-1 二列叶虾脊兰 *Calanthe speciosa* 地理分布

【花期】 7 ~ 10 月。

【生境状况】 生于海拔 500 ~ 1 500 m 的林下。

【濒危等级】 LC。

【地理分布】 台湾、海南和香港等地。

图 804-2 二列叶虾脊兰 *Calanthe speciosa* 生境与植株（黄明忠）

图 804-3 二列叶虾脊兰 *Calanthe speciosa* 花序（黄明忠）

805 长距虾脊兰 *Calanthe sylvatica* (Thou.) Lindl.

图 805-1 长距虾脊兰 *Calanthe sylvatica* 生境与植株（李剑武）

【别名】 长距根节兰、紫花虾脊兰。

【主要特征】 地生植物，植株高达 80.0 cm，无明显的根状茎，假鳞茎狭圆锥形，长 1.0 ~ 2.0 cm，粗 1.0 cm，具 3 ~ 6 枚叶，无明显的假茎。叶椭圆形，长 20.0 ~ 40.0 cm，宽 10.0 cm，基部收狭为长 11.0 ~ 23.0 cm 的柄，背面密被短柔毛。花葶从叶丛中间抽出，长 45.0 ~ 75.0 cm，花序具数朵花，花淡紫色，唇瓣橘黄色。花苞片披针形，长 10.0 ~ 18.0 mm；中萼片椭圆形，长 18.0 ~ 23.0 mm，宽 6.0 ~ 10.0 mm，背面疏被短柔毛；侧萼片长圆形，长 20.0 ~ 28.0 mm，宽 6.0 ~ 9.0 mm，先端短尾状，背面疏被短柔毛；花瓣倒卵形，长 15.0 ~ 20.0 mm，宽 9.0 ~ 12.0 mm；唇瓣基部与整个蕊柱翅合生，3 裂，侧裂片镰状披针形，长 5.0 mm，宽 1.5 ~ 2.0 mm，中裂片扇形，宽 10.0 ~ 15.0 mm，先端浅 2 裂，裂口中央略有突尖，前端边缘全缘，基部具短爪；唇盘基部具 3 列不等长的黄色鸡冠状小瘤；距圆筒状，长 25.0 ~ 50.0 mm，外面疏被短毛；蕊柱长 5.0 mm，上端扩大。

【花期】 4 ~ 9 月。

【生境状况】 生于海拔 800 ~ 2 000 m 的山坡林下或山谷河边阴湿处。

【濒危等级】 LC。

【地理分布】 台湾、湖南、广东、香港、广西、云南和西藏等地；印度、不丹、尼泊尔、泰国、马来西亚、印度尼西亚、斯里兰卡、日本。

图 805-2 长距虾脊兰 *Calanthe sylvatica* 花（李剑武）

图 805-3 长距虾脊兰 *Calanthe sylvatica* 地理分布

806 三棱虾脊兰 *Calanthe tricarinata* Lindl.

【别名】 三板根节兰、三肋虾脊兰、竹叶石凤丹。

【主要特征】 地生植物，根状茎不明显，假鳞茎圆球状，粗 2.0 cm，具 3 ~ 4 枚叶。假茎长 4.0 ~ 15.0 cm，粗 1.0 ~ 2.5 cm。叶在花期尚未全部展开，椭圆形，长 20.0 ~ 30.0 cm，宽 5.0 ~ 11.0 cm，基部收狭为鞘状柄，边缘波状，背面密被短毛。花葶从假茎顶端的叶间发出，高出叶层之外，长达 60.0 cm，粗 1.5 cm，被短毛，花序长 3.0 ~ 20.0 cm，疏生数朵花，花萼片和花瓣浅黄色。花苞片卵状披针形，长 5.0 ~ 10.0 mm；萼片长圆状披针形，长 16.0 ~ 18.0 mm，宽 5.0 ~ 8.0 mm，背面基部疏生毛；花瓣倒卵状披针形，长 11.0 ~ 15.0 mm，宽 3.0 ~ 5.0 mm，基部具爪；唇瓣红褐色，基部合生于整个蕊柱翅上，3 裂，侧裂片小，耳状，长 4.0 mm，宽 4.0 ~ 5.0 mm，中裂片肾形，长 8.0 ~ 10.0 mm，宽 10.0 ~ 18.0 mm，先端微凹并具短尖，边缘强烈波状；唇盘上具 3 ~ 5 条鸡冠状褶片，无距；蕊柱长 6.0 mm，腹面疏生毛。

【花期】 5 ~ 6 月。

【生境状况】 生长于海拔 1 600 ~ 3 500 m 的山坡草地上。

【濒危等级】 LC。

【地理分布】 陕西、甘肃、台湾、湖北、四川、贵州、云南和西藏等省区；印度、不丹、尼泊尔、日本和克什米尔地区。

图 806-1 三棱虾脊兰 *Calanthe tricarinata* 生境与植株（叶德平）

图 806-2 三棱虾脊兰 *Calanthe tricarinata* 地理分布

图 806-3 三棱虾脊兰 *Calanthe tricarinata* 花（叶德平）

807 三褶虾脊兰 *Calanthe triplicata* (Willem.) Ames

【别名】 白花虾脊兰、白鹤兰。

【主要特征】 地生植物，根状茎不明显，假鳞茎卵状圆柱形，长 1.0 ~ 3.0 cm，粗 1.0 ~ 2.0 cm，具 3 ~ 4 枚叶，假茎不明显。叶椭圆形，长 30.0 cm，宽 10.0 cm，基部收狭为长 14.0 cm 的柄，边缘波状。花葶从叶丛中抽出，长达 70.0 cm，密被短毛，花序长 5.0 ~ 10.0 cm，密生数朵花，花白色。花苞片卵状披针形，长 10.0 ~ 20.0 mm；萼片常反折，中萼片近椭圆形，长 9.0 ~ 12.0 mm，宽 4.5 ~ 5.5 mm，背面被短毛；侧萼片斜倒卵状披针形，比中萼片稍大，背面被短毛；花瓣倒卵状披针形，比萼片短，基部收狭为爪，背面被短毛；唇瓣基部与整个蕊柱翅合生，比萼片大，基部具 3 ~ 4 列金黄色的小瘤状附属物，3 深裂，侧裂片卵状椭圆形，中裂片深2裂，小裂片叉开，与侧裂片等大，两裂片中央具1个短尖头；距圆筒形，长 12.0 ~ 15.0 mm，外面疏被短毛；蕊柱长 5.0 mm，上端扩大，疏被短毛。

图 807-1 三褶虾脊兰 *Calanthe triplicata* 花序（李剑武）

图 807-2 三褶虾脊兰 *Calanthe triplicata* 生境与植株（叶德平）

【花期】 4 ~ 5 月。

【生境状况】 生于海拔 1 000 ~ 1 200 m 的林下或沟边阴湿处。

【濒危等级】 LC。

【地理分布】 福建、台湾、广东、香港、海南、广西和云南等地；印度、越南、马来西亚、印度尼西亚、菲律宾、日本、澳大利亚，以及太平洋和非洲等地区。

图 807-3 三褶虾脊兰 *Calanthe triplicata* 地理分布

808 无距虾脊兰 *Calanthe tsoongiana* Tang & F. T. Wang

图 808-1 无距虾脊兰 *Calanthe tsoongiana* 地理分布

【别名】 观光虾脊兰。

【主要特征】 地生植物，假鳞茎近圆锥形，粗约 1.0 cm，具 3 ~ 4 枚鞘和 2 ~ 3 枚叶。假茎长约 9.0 cm，粗 1.2 cm。叶在花期尚未完全展开，倒卵状披针形，长 27.0 ~ 37.0 cm，宽 6.0 cm，背面被短毛，基部具长 8.0 ~ 19.0 cm 的柄。花葶出自当年生的叶丛中，长 33.0 ~ 55.0 cm，密被毛，花序疏生数朵花，花淡紫色。花苞片卵状披针形，长 3.0 ~ 4.0 mm；萼片长圆形，长 6.0 ~ 7.0 mm，宽 3.0 ~ 4.0 mm，背面在中部以下疏生毛；花瓣近匙形，长 5.0 ~ 6.0 mm，宽 1.7 mm；唇瓣基部合生于整个蕊柱翅上，长约 3.0 mm，基部上方 3 深裂，裂片等长，侧裂片向前伸，近长圆形，长 2.0 mm，比中裂片稍宽，中裂片长圆形，宽约 1.0 mm，先端微凹，唇盘上无褶片和其他附属物，无距。蕊柱长约 3.0 mm，上部扩大。

【花期】 4 ~ 5 月。

【生境状况】 生于海拔 450 ~ 1 450 m 的山坡林下或阴湿的岩石上。

【濒危等级】 NT。

【地理分布】 浙江、江西、福建和贵州等省。

图 808-2 无距虾脊兰 *Calanthe tsoongiana* 花（金效华）

一〇三、坛花兰属 *Acanthephippium* Bl.

坛花兰属 *Acanthephippium* 全世界分布共有 13 种，中国分布有 3 种，本图鉴包含 2 种。

坛花兰属 *Acanthephippium* 分种检索表

1（2） 叶 1 ~ 2 枚，唇盘不增厚，中央具 1 条纵向的脊突，萼囊狭圆锥形…………………………………………809. 锥囊坛花兰 *Acanthephippium striatum*

2（1） 叶 2 ~ 4 枚，唇盘肉质增厚，中央具 3 ~ 4 条上缘具齿的褶片，萼囊短…………………………………………810. 坛花兰 *Acanthephippium sylhetense*

809 锥囊坛花兰 *Acanthephippium striatum* Lindl.

【别名】 一叶坛花兰、台湾坛花兰、一叶钟馗兰。

【主要特征】 地生植物，丛生，假鳞茎长卵形，长 6.0 ~ 10.0 cm，宽 1.0 ~ 3.0 cm，基部较粗，顶生 1 ~ 2 枚叶。叶片椭圆形，长 20.0 ~ 30.0 cm，宽 7.0 ~ 14.5 cm，具 5 条在背面隆起的折扇状脉。花葶 1 ~ 2 个，稍弯垂，长 10.0 ~ 13.0 cm，具花 4 ~ 6 朵，花白色带紫红色脉纹。中萼片椭圆形，长 20.0 ~ 25.0 mm，宽 10.0 ~ 13.0 mm；侧萼片较大，比中萼片长，长 26.0 ~ 35.0 mm，宽 15.0 ~ 20.0 mm，萼囊向末端延伸而呈距状的狭圆锥形；花瓣藏于萼筒内，近长圆形，与中萼片等长但较窄；唇瓣长 20.0 ~ 25.0 mm，3 裂，具关节，侧裂片镰状三角形，稍向后弯，中裂片短小，向下弯，基部两侧各具 1 个红色斑块，边缘稍波状。

【花期】 4 ~ 6 月。

【生境状况】 生于海拔 400 ~ 1 400 m 的沟谷、溪边或密林下阴湿处。

【濒危等级】 EN。

【地理分布】 台湾、福建、广西和云南等省区；印度、不丹、尼泊尔、缅甸、泰国、越南、马来西亚和印度尼西亚。

图 809-1 锥囊坛花兰 *Acanthephippium striatum* 花（李剑武）

图 809-2 锥囊坛花兰 *Acanthephippium striatum* 地理分布

图 809-3 锥囊坛花兰 *Acanthephippium striatum* 生境与植株（李剑武）

810 坛花兰 *Acanthephippium sylhetense* Lindl.

图 810-1 坛花兰 *Acanthephippium sylhetense* 生境与植株（李剑武）

【别名】 钟馗兰、滇坛花兰。

【主要特征】 地生植物，丛生，假鳞茎卵状圆柱形，长 7.0 ~ 15.0 cm，宽 1.5 ~ 4.0 cm，具 2 ~ 4 个关节，鞘在假鳞茎由下至上逐渐变大，叶 2 ~ 4 枚互生于假鳞茎上端。叶片长椭圆形，长 30.0 ~ 40.0 cm，宽 8.0 ~ 11.0 cm。花葶肥厚，长 15.0 ~ 20.0 cm，具 3 ~ 4 朵花，花白色或草黄色，内面在中部以上具紫褐色斑点。中萼片椭圆形，长 20.0 ~ 30.0 mm，宽 10.0 ~ 15.0 mm，上部外折；侧萼片斜三角形，比中萼片长，上部外折，萼囊短而宽；花瓣藏于萼筒内，近卵状椭圆形，长 20.0 ~ 25.0 mm，宽 10.0 ~ 14.0 mm；唇瓣约 15.0 mm，3 裂，侧裂片白色，直立，镰刀状，中裂片黄色，舌形，向外下弯，比侧裂片长，唇盘白色带紫褐色斑点，具 3 ~ 4 条上缘带齿的褶片状脊。

【花期】 4 ~ 7 月。

【生境状况】 生于海拔 540 ~ 800 m 的密林下或沟谷阴湿处。

【濒危等级】 VU。

【地理分布】 台湾和云南等省；印度、缅甸、泰国、老挝和马来西亚。

图 810-2 坛花兰 *Acanthephippium sylhetense* 花（李剑武）

图 810-3 坛花兰 *Acanthephippium sylhetense* 地理分布

一〇四、固唇兰属 *Plocoglottis* Bl.

固唇兰属 *Plocoglottis* 全世界分布共有 41 种，中国分布有 1 种，本图鉴包含 1 种。

811 滇南固唇兰 *Plocoglottis bokorensis* (Gagnep.) Seidenf.

【别名】 无。

【主要特征】 地生植物，高达 1.0 m，茎丛生，基部膨大成假鳞茎，假鳞茎长 10.0 ~ 13.0 cm，宽 2.5 ~ 4.0 cm，茎紫红色，上部互生多枚叶。叶片椭圆状披针形，长 10.0 ~ 21.0 cm，宽 2.0 ~ 4.0 cm。花葶从假鳞茎基部侧面发出，有时会长于茎，疏生数朵花，花黄色带红色斑点。花苞片卵状披针形，长 2.0 ~ 2.5 cm，宽 0.3 ~ 0.7 cm；花萼椭圆状披针形，长 20.0 mm，宽 7.0 mm，侧萼片与中萼片相似但稍窄；花瓣长圆状披针形，长 19.0 mm，宽 5.0 mm；唇瓣卵形，长 10.0 mm，宽 17.0 mm，3 裂，侧裂片直立，上部内弯，中裂片三角形，基部具关节，使唇瓣和蕊柱之间能 90° ~ 180° 反弹。

【花期】 5 ~ 7 月。

【生境状况】 生于海拔 800 ~ 1 300 m 的密林下或沟谷旁阴湿处。

【濒危等级】 CR。

【地理分布】 云南省；泰国、柬埔寨和越南。

图 811-1 滇南固唇兰 *Plocoglottis bokorensis* 生境与植株（李剑武）

图 811-2 滇南固唇兰 *Plocoglottis bokorensis* 地理分布

图 811-3 滇南固唇兰 *Plocoglottis bokorensis* 花（李剑武）

一〇五、吻兰属 *Collabium* Bl.

吻兰属 *Collabium* 全世界分布共有 14 种，中国分布有 3 种，本图鉴包含 2 种。

吻兰属 *Collabium* 分种检索表

1（2） 唇瓣侧裂片上缘具不整齐的齿，蕊柱翅在蕊柱上端扩大而呈圆耳状……………………………………………… 813. 台湾吻兰 *Collabium formosanum*

2（1） 唇瓣侧裂片边缘全缘，蕊柱翅在蕊柱上端两侧扩大为向前伸的三角形齿……………………………………………… 812. 吻兰 *Collabium chinense*

812 吻兰 *Collabium chinense* (Rolfe) Tang & F.T.Wang

图 812-1 吻兰 *Collabium chinense* 花（叶德平）

【别名】 中国吻兰。

【主要特征】 地生植物，假鳞茎细圆柱形，形似叶柄，长 4.0 cm，与叶柄近等粗，基部稍扩大并贴伏于根状茎上。顶生 1 枚叶，叶片长 7.0 ~ 15.0 cm，宽 4.0 ~ 7.0 cm，基部具长 1.0 ~ 2.0 cm 的柄。花葶从假鳞茎基部发出，长 14.0 ~ 18.0 cm，疏生 4 ~ 7 朵花，花萼片和花瓣绿色。花苞片卵状披针形，长 11.0 ~ 16.0 mm；中萼片长圆状披针形，长 10.0 mm，宽 2.5 mm；侧萼片略呈镰状长圆形，与中萼片等长但稍宽；花瓣长圆形，与萼片等长但稍狭；唇瓣白色，倒卵形，长 9.0 mm，基部具爪，3 裂，侧裂片小，卵形，全缘，中裂片扁圆形，宽 9.0 mm，前端边缘稍具细齿，唇盘在两侧裂片之间具 2 条新月形的褶片并延伸至基部的爪上；蕊柱翅在蕊柱上端两侧扩大为向前伸的三角形齿距圆筒状，长

6.0 mm；蕊柱长 10.0 mm。

【花期】 7 ~ 11 月。

【生境状况】 生于海拔 600 ~ 1 000 m 的林下阴湿处或沟谷阴湿的岩石上。

【濒危等级】 LC。

【地理分布】 福建、台湾、广东、海南、广西、云南和西藏等省区；泰国和越南。

图 812-2 吻兰 *Collabium chinense* 地理分布

图 812-3 吻兰 *Collabium chinense* 生境与植株（叶德平）

813 台湾吻兰 *Collabium formosanum* Hayata

图 813-1 台湾吻兰 *Collabium formosanum* 生境与植株（金效华）

【别名】 台湾柯丽白兰、金唇兰。

【主要特征】 地生植物，假鳞茎疏生在根状茎上，圆柱形，长 1.5 ~ 3.5 cm，粗 0.2 ~ 0.4 cm，顶生 1 枚叶。叶片卵状披针形，长 7.0 ~ 22.0 cm，宽 3.0 ~ 8.0 cm，基部具长 1.0 ~ 2.0 cm 的柄，边缘波状。花序从假鳞茎基部发出，长达 38.0 cm，疏生 4 ~ 9 朵花，花萼片和花瓣绿色，先端内面具红色斑点。花苞片狭披针形，长 10.0 ~ 15.0 mm；中萼片狭长圆状披针形，长 15.0 ~ 17.0 mm，宽 2.2 ~ 2.5 mm；侧萼片镰状倒披针形，比中萼片稍短而宽；花瓣相似于侧萼片，宽 2.0 mm；唇瓣白色带红色斑点，近圆形，长 10.0 ~ 14.0 mm，基部具长 5.0 mm 的爪，3 裂，侧裂片斜卵形，上缘具不整齐的齿，中裂片倒卵形，宽 5.0 mm，先端稍凹入，边缘具不整齐的齿，唇盘在两侧裂片之间具 2 条褶片，褶片下延到唇瓣的爪上；距圆筒状，长 4.0 mm；蕊柱长 10.0 mm。

【花期】 5 ~ 9 月。

【生境状况】 生于海拔 450 ~ 1 600 m 的密林下或沟谷岩石边。

【濒危等级】 LC。

【地理分布】 台湾、湖北、湖南、广东、广西、贵州和云南等省区；越南。

图 813-2 台湾吻兰 *Collabium formosanum* 花序（金效华）

图 813-3 台湾吻兰 *Collabium formosanum* 地理分布

一〇六、金唇兰属 *Chrysoglossum* Bl.

金唇兰属 *Chrysoglossum* 全世界分布共有 4 种，中国分布 2 种，本图鉴包含 2 种。

金唇兰属 *Chrysoglossum* 分种检索表

1（2） 花白色，唇瓣侧裂片近卵形，中裂片倒卵形 ………………… 814. 锚钩金唇兰 ***Chrysoglossum assamicum***
2（1） 花绿色带红棕色斑点，唇瓣侧裂片卵状三角形，中裂片近圆形 …… 815. 金唇兰 ***Chrysoglossum ornatum***

814 锚钩金唇兰 *Chrysoglossum assamicum* Hook. f.

【别名】 锚钩吻兰。

【主要特征】 地生植物，假鳞茎在根状茎上彼此相距 1.0 ~ 2.0 cm，圆柱形，长 4.0 ~ 6.0 cm，粗 0.7 ~ 1.2 cm，顶生 1 枚叶。叶片椭圆形，长 20.0 ~ 36.0 cm，宽 5.0 ~ 12.0 cm，基部具长 9.0 ~ 10.0 cm 的柄。花序长达 1.0 m，具多朵疏离的花，花白色。花苞片披针形，长 12.0 ~ 15.0 mm；中萼片狭长圆形，长 14.0 ~ 18.0 mm，宽 3.0 mm；侧萼片镰状长圆形，与中萼片近等长但稍宽，基部贴生在蕊柱足上形成距状的、长 4.0 mm 的萼囊；花瓣与侧萼片相似但较狭；唇瓣倒卵状楔形，长 10.0 mm，3 裂，侧裂片近卵形，中裂片倒卵形，凹陷，宽 5.0 ~ 7.0 mm，唇盘上具 3 条褶片，中央 1 条较短；蕊柱长 10.0 mm。

图 814-1 锚钩金唇兰 *Chrysoglossum assamicum* 花（金效华）

【花期】 4 月。

【生境状况】 生于海拔 1 600 m 以下的山谷林下阴湿处。

【濒危等级】 VU。

【地理分布】 广西和西藏等自治区；印度和越南。

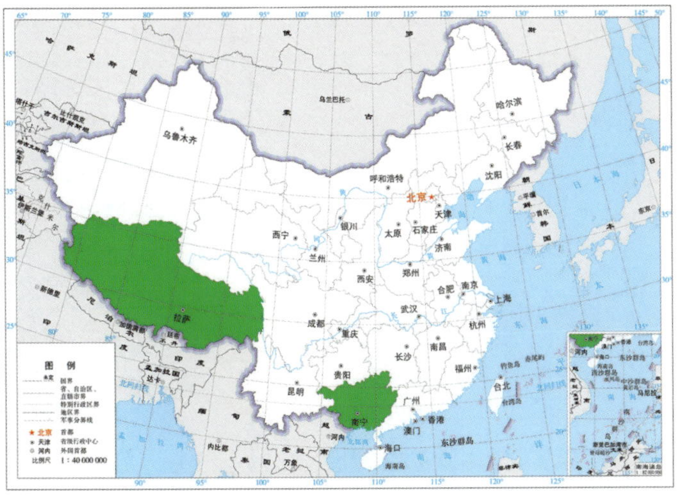

图 814-2 锚钩金唇兰 *Chrysoglossum assamicum* 地理分布

815 金唇兰 *Chrysoglossum ornatum* Bl.

图 815-1 金唇兰 *Chrysoglossum ornatum* 生境与植株（叶德平）

【别名】 金蝉兰、台湾黄唇兰、黄唇兰。

【主要特征】 地生植物，具假鳞茎，在根状茎上彼此相距 1.0 ~ 2.0 cm，假鳞茎近圆柱形，长 5.0 ~ 7.0 cm，宽 0.8 ~ 2.0 cm，具 1 个节，顶生 1 枚叶。叶片长椭圆形，长 20.0 ~ 34.0 cm，宽 4.5 ~ 7.5 cm，基部楔形并下延为长约 10.0 cm 的柄。花葶高出叶许多，疏生数朵花，花绿色带红棕色斑点。花苞片披针形，1.0 ~ 1.3 cm，中萼片长圆形，长 12.0 ~ 14.0 mm，宽约 3.0 mm；侧萼片镰状长圆形，长 10.0 ~ 16.0 mm，宽约 3.5 mm，萼囊圆锥形；花瓣和侧萼片相似，但较宽；唇瓣白色带紫色斑点，长 8.0 ~ 10.0 mm，3 裂，侧裂片直立，卵状三角形，中裂片近圆形，凹陷，唇盘上有 3 条褶片，中央 1 条较短。

【花期】 4 ~ 6 月。

【生境状况】 生于海拔 700 ~ 1 700 m 的山坡林下阴湿处。

【濒危等级】 LC。

【地理分布】 台湾和云南等省；尼泊尔、印度、不丹、缅甸、泰国、老挝、越南、柬埔寨、马来西亚、新加坡、印度尼西亚和菲律宾等。

图 815-2 金唇兰 *Chrysoglossum ornatum* 花序（李剑武）

图 815-3 金唇兰 *Chrysoglossum ornatum* 地理分布

Ⅺ. 柄唇兰族 Podochileae

柄唇兰族 Podochileae 全世界分布共有 27 属，中国分布有 18 属，本图鉴包含 18 属 56 种。

柄唇兰族 Podochileae 分属检索表

1 花粉团 8 个。
 2 植株茎、叶、花序等被棕褐色毛 ……………………………………………… ——五、毛鞘兰属 *Trichotosia*
 2 植株茎、叶通常无毛。
  3 花粉团通过共同的黏盘柄连接于黏盘。
   4 蕊柱无蕊柱足，无萼囊，花药顶端尖 ……………………………………… 一二三、矮柱兰属 *Thelasis*
   4 蕊柱具蕊柱足，形成萼囊，花药顶端钝 …………………………………… 一二四、馥兰属 *Phreatia*
  3 花粉团直接连于黏盘，极少情况下具单独的黏盘柄。
    5 蕊柱无明显的蕊柱足。
     6 茎通常具 1 枚圆柱形或背腹压扁的叶子，中裂片先端肿大 …………——九、牛角兰属 *Ceratostylis*
     6 茎通常具多枚叶子。
      7 茎短，被叶鞘所包，花序具密集的花 ……………………………… 一二四、馥兰属 *Phreatia*
      7 茎长，叶沿茎生长。
       8 花序顶生或近顶生，唇瓣具白色粉带 ……………………… ——〇、拟毛兰属 *Mycaranthes*
       8 花序侧生，唇瓣无白色粉带 ……………………………………———、柱兰属 *Cylindrolobus*
    5 蕊柱有明显的蕊柱足。
     9 萼片合生成近圆柱状或坛状。
      10 花序长 4.0 ~ 10.0 cm，具 10 ~ 40 朵花，假鳞茎不成网状…… 一二〇、宿苞兰属 *Cryptochilus*
      10 花序短，具 1 ~ 2 朵花，假鳞茎表面成网状 ……………………… ——八、盾柄兰属 *Porpax*
     9 萼片离生。
      11 假鳞茎或茎具 1 个明显节间。
       12 幼叶卷叠方式为旋转，假鳞茎圆锥形，具 2 枚叶，花序多朵花 ………一〇七、毛兰属 *Eria*
       12 幼叶卷叠方式为对折，花序具 1 ~ 6 朵花。
        13 萼片背面被密毛 ……………………………………… 一〇八、钟兰属 *Campanulorchis*
        13 萼片背面无毛。 ………………………………………… 一〇九、蛤兰属 *Conchidium*
      11 假鳞茎或茎具多个明显节间。
       14 叶圆柱形，花序通常 1 朵花，萼片背面密被茸毛 ………… ——〇、拟毛兰属 *Mycaranthes*
       14 叶扁平。
        15 蕊柱具 2 个直立的臂状附属物，茎不形成假鳞茎，叶 1 枚 ……………………………… ——九、牛角兰属 *Ceratostylis*
        15 蕊柱不具臂状附属物，茎形成假鳞茎，叶 2 枚至多枚。
         16 唇瓣全缘，花序不成试管刷状，蕊柱足与蕊柱形成直角 …………………………… ——七、美柱兰属 *Callostylis*
         16 唇瓣 3 裂；不裂时花序不成试管刷状。
          17 花苞片大而明显，颜色鲜艳，花序通常 2 朵花 ……………………………… ——二、绒兰属 *Dendrolirium*
          17 花苞片小，颜色不鲜艳。
           18 假鳞茎沿根状茎有序排列，长约为叶子 1/4，叶 2 ~ 3 枚，在茎顶端或近顶端着生 ……………………………… ——三、藓兰属 *Bryobium*
           18 假鳞茎沿根状茎聚生，长约为叶子 1/2，叶 2 ~ 6 枚，在茎上部着生 ……………………………… ——四、苹兰属 *Pinalia*

1 花粉团 4 ~ 6 个。
19 叶两侧压扁，茎短 ……………………………… 一一六、拟石斛属 *Oxystophyllum*
19 叶片正常。
20 花粉块 4 个 ……………………………… 一二二、柄唇兰属 *Podochilus*
20 花粉块 6 个 ……………………………… 一二一、牛齿兰属 *Appendicula*

一〇七、毛兰属 *Eria* Lindl.

毛兰属 *Eria* 全世界分布共有 15 种，中国分布 8 种，本图鉴包含 8 种。

毛兰属 *Eria* 分种检索表

1（2） 花星状，花白色，花具锈色毛……………………………… 821. 香花毛兰 *Eria javanica*
2（1） 花不呈星状，花颜色多样。
3（4） 唇瓣不裂……………………………… 823. 条纹毛兰 *Eria vittata*
4（3） 唇瓣 3 裂。
5（10） 假鳞茎卵圆形，长不及 3 cm。
6（7） 假鳞茎疏离，唇盘上的 3 条较高的褶片延伸至中裂片先端，在中裂片上边上两条又分出 2 条短的褶片……………………………… 818. 匍茎毛兰 *Eria clausa*
7（6） 假鳞茎彼此靠近，唇盘上具 3 条褶片延伸至中裂片基部，在中裂片上则为多条。
8（9） 中裂片紫色，上面具 5 条裂的褶片……………………………… 816. 拟匍茎毛兰 *Eria boniana*
9（8） 中裂片紫色，上面具 7 条褶片……………………………… 822. 半柱毛兰 *Eria scabrilinguis*
10（5） 假鳞茎狭圆锥形，长或短。
11（12） 假鳞茎长 2.0 ~ 2.5 cm，比叶短很多，唇瓣基部明显具爪 ……………… 817. 砚山毛兰 *Eria yanshanensis*
12（11） 假鳞茎长 10 ~ 20 cm，与叶近等长或较长，唇瓣基部无爪。
13（14） 花序具 2 ~ 6 朵花，花白色，唇瓣侧裂片具紫红色条纹，中裂片中央黄色……………………………… 819. 足茎毛兰 *Eria coronaria*
14（13） 花序具 7 ~ 12 朵花，花黄色，萼片具紫红色斑点，唇瓣侧裂片无紫红色条纹 ……………………………… 820. 香港毛兰 *Eria gagnepainii*

816 拟匍茎毛兰 *Eria boniana* (Gagnep.) Tang & F. T. Wang

【别名】 无。

【主要特征】 附生植物，假鳞茎彼此靠近，卵球形，长 2.0 ~ 4.0 cm，粗 0.6 ~ 1.2 cm，顶生 1 ~ 3 枚叶。叶片椭圆形，长 5.0 ~ 20.0 cm，宽 1.5 ~ 3.0 cm，基部具长 1.0 ~ 3.0 cm 的柄。花序从叶内侧发出，长 4.0 ~ 10.0 cm，疏生数朵花，花黄绿色，唇瓣中裂片紫色。中萼片长圆形，长 8.0 ~ 11.0 mm，宽 2.0 ~ 3.0 mm；侧萼片镰状披针形，长 7.0 ~ 11.0 mm，宽 3.0 ~ 3.5 mm，基部与蕊柱足合生成长 4.0 mm 的萼囊；花瓣镰状长圆形，长 6.0 ~ 11.0 mm，宽 2.2 ~ 2.5 mm；唇瓣倒卵形，长 8.0 mm，宽 5.0 ~ 7.0 mm，3 裂，侧裂片近长圆形，中裂片宽卵形，长 3.0 mm，宽 2.0 ~ 2.5 mm，唇盘上具 3 条褶片，延伸至中裂片基部，中裂片上具 5 条裂的褶片；蕊柱长 3.0 mm。

【花期】 8 ~ 10 月。

【生境状况】 生于海拔 750 ~ 1 600 m 的林中树上或林下多苔藓的岩石上。

【濒危等级】 DD。

【地理分布】 云南省；老挝和越南。

图 816-1 拟匍茎毛兰 *Eria boniana* 生境与植株（叶德平）

图 816-2 拟匍茎毛兰 *Eria boniana* 花（叶德平）

图 816-3 拟匍茎毛兰 *Eria boniana* 地理分布

817 砚山毛兰 *Eria yanshanensis* S. C. Chen

图 817-1 砚山毛兰 *Eria yanshanensis* 植株（叶德平）

【别名】 无。

【主要特征】 附生植物，根状茎短，假鳞茎密集着生，圆柱形，长 2.0 ~ 2.5 cm，粗 0.2 ~ 0.3 cm，顶生 2 枚叶。叶片长圆状倒披针形，长 9.5 ~ 13.8 cm，宽 0.8 ~ 1.8 cm。花序顶生，长 15.0 ~ 19.0 cm，疏生 9 ~ 10 朵花，花白色。花苞片披针形，长 3.0 ~ 4.0 mm；中萼片披针状长圆形，长 8.0 mm，宽 2.0 mm；侧萼片近卵形，长 6.0 ~ 7.0 mm，宽 2.0 ~ 2.5 mm，基部与蕊柱足合生成萼囊；花瓣狭长圆形，长 6.0 mm，宽 1.5 mm；唇瓣倒卵状楔形，长 9.0 mm，宽 5.0 ~ 6.0 mm，自中部向下形成长 4.0 ~ 4.5 mm 的爪，先端 3 裂，侧裂片半卵形，中裂片半圆形，长 1.5 mm，宽 3.0 mm，边缘具不规则小圆齿，唇瓣下部中央具 1 条褶片，上部具 6 ~ 7 条褶片，褶片具不整齐的流苏，流苏长 1.0 mm；蕊柱长 1.5 mm。

【花期】 8 ~ 10 月。

【生境状况】 生于海拔约 1 100 m 的林中树上。

【濒危等级】 EN。

【地理分布】 云南省。

图 817-2 砚山毛兰 *Eria yanshanensis* 花序（叶德平）

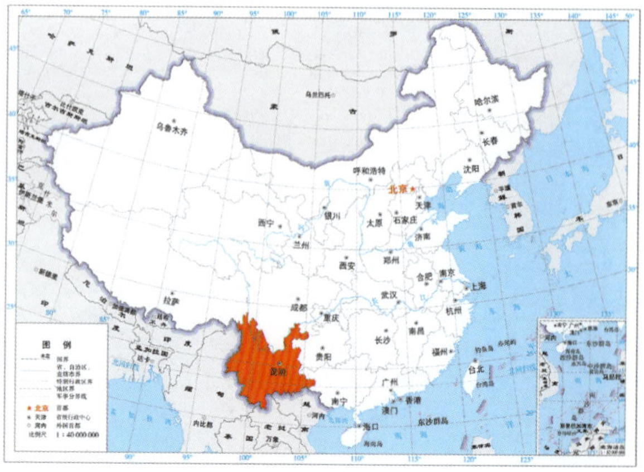
图 817-3 砚山毛兰 *Eria yanshanensis* 地理分布

818 匍茎毛兰 *Eria clausa* King & Pantl.

图 818-1 匍茎毛兰 *Eria clausa* 生境与植株（叶德平）

【别名】 无。

【主要特征】 附生植物，根状茎纤细，假鳞茎彼此相距 1.0 ~ 6.0 cm，卵球形，长 1.5 ~ 3.0 cm，粗 0.6 ~ 1.0 cm，顶生 1 ~ 3 枚叶。叶片椭圆形，长 5.0 ~ 15.0 cm，宽 1.5 ~ 3.0 cm，基部具长 1.0 ~ 3.0 cm 的柄。花序 1 个，从叶内侧发出，长 8.0 ~ 10.0 cm，疏生 2 ~ 6 朵花，花黄绿色。花苞片卵形，长 4.0 mm，宽 3.0 mm；中萼片长圆形，长 8.0 ~ 10.0 mm，宽 2.0 ~ 3.0 mm；侧萼片镰状披针形，长 7.0 ~ 10.0 mm，宽 3.0 ~ 3.5 mm，基部与蕊柱足合生成长 4.0 mm 的萼囊；花瓣镰状长圆形，长 6.0 ~ 10.0 mm，宽 2.0 ~ 2.5 mm；唇瓣倒卵形，长 7.0 mm，宽 5.0 ~ 7.0 mm，3 裂，侧裂片近长圆形，中裂片宽卵形，长 3.0 mm，宽 2.0 ~ 2.5 mm，唇盘自基部至顶部具 3 条纵贯的高褶片，褶片基部约 1/3 以下整齐，向上内呈波浪状弯曲，两侧的褶片在中裂片近基部处各分出 1 条波浪状弧形褶片；蕊柱长 4.0 mm。

图 818-2 匍茎毛兰 *Eria clausa* 花序（李剑武）

【花期】 3 月。

【生境状况】 生于海拔 1 000 ~ 1 700 m 的林中树上。

【濒危等级】 LC。

【地理分布】 广西、云南和西藏等省区；印度。

图 818-3 匍茎毛兰 *Eria clausa* 地理分布

819 足茎毛兰 *Eria coronaria* (Lindl.) Rchb. f.

图 819-1 足茎毛兰 *Eria coronaria* 生境与植株（叶德平）

图 819-2 足茎毛兰 *Eria coronaria* 花（李剑武）

【别名】 无。

【主要特征】 附生植物，具根状茎，假鳞茎密集或相距 1.0 ~ 2.0 cm 着生，圆柱形，长 5.0 ~ 15.0 cm，粗 0.3 ~ 0.6 cm，顶生 2 枚叶，一大一小。叶片长椭圆形，长 6.0 ~ 16.0 cm，宽 1.0 ~ 4.0 cm，无柄。花序单生于两侧叶片之间，长 10.0 ~ 30.0 cm，具 2 ~ 6 朵花，花白色，唇瓣上有紫色斑纹，中裂片中央黄色。花苞片披针形，长 5.0 mm；中萼片椭圆披针形，长 17.0 mm，宽 5.0 mm；侧萼片镰状披针形，长 15.0 mm，宽 5.0 mm，基部与蕊柱足合生成明显的萼囊；花瓣长圆状披针形，与中萼片近等长，宽 4.5 mm；唇瓣长圆形，长 14.0 ~ 15.0 mm，宽 11.0 ~ 12.0 mm，3 裂，侧裂片半圆形，与中裂片成直角，中裂片三角形，长 5.0 mm，宽 4.0 mm，唇盘上具 3 条全缘的褶片，自基部延伸至中裂片顶部，并在中裂片分出 2 ~ 4 条圆齿状的褶片；蕊柱长 5.0 mm。

【花期】 5 ~ 6 月。

【生境状况】 生长于海拔 1 300 ~ 2 000 m 的林中树上。

【濒危等级】 LC。

【地理分布】 海南、广西、云南和西藏等省区；印度、不丹、尼泊尔、缅甸和泰国。

图 819-3 足茎毛兰 *Eria coronaria* 地理分布

820 香港毛兰 *Eria gagnepainii* A. D. Hawkes & A. H. Heller

【别名】 无。

【主要特征】 附生植物，根状茎明显，假鳞茎彼此相距 2.0 ~ 3.0 cm，细圆筒状，长 10.0 ~ 20.0 cm，粗 0.5 cm，顶生 2 枚叶。叶片长圆状披针形，长 15.0 ~ 25.0 cm，宽 3.0 ~ 6.0 cm，无柄。花序单生于假鳞茎顶端两叶之间，长 20.0 ~ 40.0 cm，具数朵花，花黄色萼片具紫红色斑点，唇瓣侧萼片无紫红色条纹。花苞片卵状披针形，长 6.0 ~ 11.0 mm；中萼片长圆状椭圆形，长 16.0 mm，宽 5.0 mm；侧萼片镰状披针形，与中萼片近等长，宽 5.0 mm，基部与蕊柱足合生成萼囊；花瓣长圆状披针形，长 12.0 mm，宽 3.0 mm；唇瓣近圆形，长 9.0 mm，宽 8.0 mm，3 裂，侧裂片半圆形，与中裂片平行，中裂片近三角形，长 2.0 ~ 3.0 mm，宽 2.0 mm，唇盘自基部发出 2 条较高的弧形全缘褶片，在唇瓣 1/3 处增至 5 条波浪状的褶片，外侧褶片延伸至中裂片基部，中间 3 条延伸至中裂片中部处合生，合生的褶片上着生 1 ~ 2 个齿状突起；蕊柱长 5.0 mm。

图 820-1 香港毛兰 *Eria gagnepainii* 生境与植株（金效华）

【花期】 2 ~ 4 月。

【生境状况】 生长于海拔 900 ~ 1 600 m 的林中树上或林下岩石上。

【濒危等级】 LC。

【地理分布】 海南、香港、云南和西藏等地；越南。

图 820-2 香港毛兰 *Eria gagnepainii* 地理分布

图 820-3 香港毛兰 *Eria gagnepainii* 花（金效华）

821 香花毛兰 *Eria javanica* (Sw.) Bl.

图 821-1 香花毛兰 *Eria javanica* 生境与植株（李剑武）

图 821-2 香花毛兰 *Eria javanica* 花序（李剑武）

【别名】 大叶绒兰。

【主要特征】 附生或半附生植物，假鳞茎圆柱形，长 6.0 ~ 7.0 cm，粗 1.2 ~ 1.5 cm，顶生 2 枚叶。叶片椭圆状披针形，长 36.0 cm，宽 5.0 ~ 6.0 cm，基部渐狭但无柄。花序顶生，长 50.0 cm，具多朵花，花白色。花苞片卵状披针形，长 12.0 ~ 15.0 mm；萼片背面被锈色短柔毛，中萼片披针形，长 15.0 ~ 20.0 mm，宽 4.0 mm；侧萼片镰状披针形，比中萼片稍短，宽 4.0 ~ 5.0 mm，基部与蕊柱足合生成长 5.0 mm 的萼囊；花瓣披针形，长 15.0 ~ 20.0 mm，宽 4.0 mm；唇瓣卵状披针形，长 14.0 mm，宽 7.0 ~ 9.0 mm，3 裂，侧裂片长圆形，长 6.0 ~ 7.0 mm，中裂片长圆状披针形，长 7.0 ~ 8.0 mm，唇盘上具 3 条纵贯的褶片，基部上方两侧褶片各分叉出 1 条较低的褶片并延伸至中裂片先端；蕊柱长 5.0 mm。

【花期】 8 ~ 10 月。

【生境状况】 生于海拔 300 ~ 1 000 m 的林中树上或林下岩石上。

【濒危等级】 EN。

【地理分布】 台湾和云南等省；印度、缅甸、泰国、老挝、马来西亚、印度尼西亚、菲律宾和新几内亚岛。

图 821-3 香花毛兰 *Eria javanica* 地理分布

822 半柱毛兰 *Eria scabrilinguis* Lindl. (*Eria corneri* Rchb. f.)

【别名】 黄绒兰、干氏毛兰。

【主要特征】 附生植物，假鳞茎密集着生，卵状长圆形，长 2.0 ~ 5.0 cm，粗 1.0 ~ 2.5 cm，顶生 2 ~ 3 枚叶。叶片椭圆状披针形，长 15.0 ~ 45.0 cm，宽 1.5 ~ 6.0 cm，基部具长 2.0 ~ 3.0 cm 的柄。花序 1 个，从假鳞茎近顶端叶外侧发出，长 6.0 ~ 22.0 cm，具数朵花，花白色略带黄色，萼片和花瓣上均具白色线状突起物，唇瓣中裂片紫色。花苞片三角形，长 1.0 mm；中萼片卵状三角形，长 10.0 mm，宽 2.0 mm；侧萼片镰状三角形，长 10.0 mm，宽 5.0 mm，基部与蕊柱足合生成萼囊；花瓣线状披针形，与侧萼片近等长，宽 1.2 mm；唇瓣卵形，3 裂，长 10.0 mm，宽 6.0 mm，侧裂片半圆形，中裂片卵状三角形，长 3.0 ~ 3.5 mm，宽 2.0 mm，唇瓣上面具 3 条波状褶片，延伸至中裂片基部，中裂片上面具 7 条密集的鸡冠状褶片；蕊柱长 3.0 mm。

【花期】 8 ~ 9 月。

【生境状况】 生于海拔 500 ~ 1 500 m 的林中树上或林下岩石上。

【濒危等级】 LC。

【地理分布】 福建、台湾、海南、广东、香港、广西、贵州和云南等地；日本和越南。

图 822-1 半柱毛兰 *Eria scabrilinguis* 植株（李剑武）

图 822-2 半柱毛兰 *Eria scabrilinguis* 地理分布

图 822-3 半柱毛兰 *Eria scabrilinguis* 花序（李剑武）

823 条纹毛兰 *Eria vittata* Lindl.

图 823-1 条纹毛兰 *Eria vittata* 生境与植株（李剑武）

【别名】 无。

【主要特征】 附生植物，根状茎纤细，假鳞茎彼此相距 2.0 ~ 2.5 cm，圆柱形，长 6.0 ~ 7.0 cm，粗 0.6 ~ 0.8 cm，顶生 2 枚叶。叶片椭圆形，长 14.0 ~ 19.0 cm，宽 2.0 ~ 4.0 cm。花序从假鳞茎顶端叶的外侧发出，下垂，长 14.0 ~ 18.0 cm，具数朵花，花灰绿色，萼片和花瓣上具紫褐色条纹。花苞片披针形，长 3.0 ~ 4.0 mm，向上渐小；中萼片长圆形，长 12.0 mm，宽 3.0 mm；侧萼片斜三角状长圆形，镰状，长 10.0 mm，宽 4.0 mm，基部与蕊柱足合生成长 5.0 mm 的萼囊；花瓣披针状长圆形，长 12.0 mm，宽 5.0 mm；唇瓣长圆形，不裂，长 12.0 mm，宽 5.0 mm，基部渐狭，从基部发出 5 条波浪状的褶片直达顶部；蕊柱长 7.0 mm。

【花期】 11 月。

【生境状况】 生长于海拔 1 500 ~ 1 900 m 的林中树上或林下岩石上。

【濒危等级】 LC。

【地理分布】 云南和西藏等省区；印度、缅甸和泰国。

图 823-2 条纹毛兰 *Eria vittata* 花序（李剑武）

图 823-3 条纹毛兰 *Eria vittata* 地理分布

一〇八、钟兰属 *Campanulorchis* Brieger

钟兰属 *Campanulorchis* 全世界分布共有 5 种，中国分布有 1 种，本图鉴包含 1 种。

824 钟兰 *Campanulorchis thao* (Gagnep.) S. C. Chen & J. J. Wood (*Eria thao* Gugaop.)

【别名】 石豆毛兰。

【主要特征】 附生植物，根状茎发达，在假鳞茎着生处稍膨大，假鳞茎彼此相距 1.0 ~ 3.0 cm，卵球形，粗 1.2 cm，顶生 1 枚叶。叶片椭圆形，长 5.0 ~ 10.0 cm，宽 1.5 ~ 2.0 cm，基部具长 1.5 ~ 2.0 cm 的柄。花序从假鳞茎顶端发出，具 1 朵花，花黄色，花序轴、花梗和子房及萼片外面密被棕红色绵毛。花苞片宽三角形，长 1.0 mm；中萼片披针状长圆形，长 17.0 mm，宽 6.0 ~ 8.0 mm；侧萼片三角状卵形，长 20.0 mm，宽 6.0 ~ 8.0 mm，基部与蕊柱足合生成萼囊；花瓣椭圆形，长 15.0 mm，宽 5.0 mm；唇瓣桃红色带紫色，长 15.0 mm，宽 10.0 mm，3 裂，侧裂片三角形，长 4.0 mm，宽 3.0 mm，与中裂片成锐角，中裂片近长圆形，长 10.0 mm，宽 6.0 mm，唇盘上具 3 条纵褶片，中间 1 条不明显，两侧褶片较高；蕊柱长 6.0 mm，两侧有短翅翼。

【花期】 8 ~ 10 月。

【生境状况】 生长于海拔 600 ~ 1 200 m 的林中树上或林下岩石上。

【濒危等级】 LC。

【地理分布】 海南省；越南。

图 824-1 钟兰 *Campanulorchis thao* 生境与植株（金效华）

图 824-2 钟兰 *Campanulorchis thao* 地理分布

图 824-3 钟兰 *Campanulorchis thao* 花（金效华）

一〇九、蛤兰属 *Conchidium* Griff.

蛤兰属 *Conchidium* 全世界分布共有 10 种，中国分布有 5 种，本图鉴包含 5 种。

蛤兰属 *Conchidium* 分种检索表

1（4） 假鳞茎在根状茎上彼此相距 2.0 ~ 5.0 cm。
2（3） 假鳞茎卵形，无网状鞘覆盖，叶较大，长 2.0 ~ 5.0 cm，唇瓣 3 裂……………………828. 菱唇蛤兰 *Conchidium rhomboidale*
3（2） 假鳞茎半球形，被网状鞘覆盖，叶较小，长 0.7 ~ 1.0 cm，唇瓣不裂……………………827. 蛤兰 *Conchidium pusillum*
4（1） 假鳞茎密集生长。
5（6） 假鳞茎长卵形，具 2 枚叶，花白色…………825. 高山蛤兰 *Conchidium japonicum*
6（5） 假鳞茎压扁的球形或近扇形，具 1 ~ 3 枚叶，花黄绿色。
7（8） 假鳞茎被网状鞘覆盖，压扁的球形，具 2 ~ 3 枚叶，叶长 1.0 ~ 5.0 cm，唇瓣不裂……………………826. 网鞘蛤兰 *Conchidium muscicola*
8（7） 假鳞茎无网状鞘覆盖，近扇形或近圆形，具 1 枚叶，叶长 0.8 ~ 1.0 cm，唇瓣稍 3 裂……………………829. 浮萍蛤兰 *Conchidium spirodelum*

825 高山蛤兰 *Conchidium japonicum* (Maxim.) S. C. Chen & J. J. Wood

【别名】 高山毛兰、连珠绒兰、高山绒兰。

【主要特征】 附生植物，假鳞茎密集，长卵形，长 1.0 ~ 1.5 cm，粗 0.3 ~ 0.4 cm，顶生 2 枚叶。叶片长椭圆形，长 4.0 ~ 10.0 cm，宽 0.5 ~ 1.6 cm。花序单生于叶的内侧，长 5.0 cm，具 1 ~ 4 朵花，花白色。花苞片卵形，长 3.0 mm；中萼片椭圆形，长 8.0 mm，宽 3.0 mm；侧萼片偏斜的卵形，长 6.0 mm，宽 5.0

图 825-1 高山蛤兰 *Conchidium japonicum* 花（钟诗文）

mm，基部与蕊柱足合生成萼囊；花瓣椭圆状披针形，近等长于中萼片，宽 2.0 mm；唇瓣倒卵形，基部收狭成爪，3 裂，侧裂片直立，三角形，中裂片四方形，长、宽约 3.0 mm，中间稍有凹陷，唇盘基部发出 3 条褶片，中间 1 条延伸到中裂片先端处，侧生的褶片延伸到中裂片基部；蕊柱长 3.0 mm。

【花期】 6 月。

【生境状况】 生于海拔 700 ~ 2 500 m 的林中树上或岩壁上。

【濒危等级】 LC。

【地理分布】 安徽、浙江、福建、台湾和贵州等省；日本。

【附注】 最新研究，本种应为 *Eria japonica* Maxim.。

图 825-2　高山蛤兰 ***Conchidium japonicum*** 地理分布

图 825-3　高山蛤兰 ***Conchidium japonicum*** 生境与植株（钟诗文）

826 网鞘蛤兰 *Conchidium muscicola* (Lindl.) Rauschert

【别名】 网鞘毛兰。

【主要特征】 附生植物，植株矮小，高 3.0 ~ 4.0 cm，无根状茎，假鳞茎密生，近球形，被网状鞘，直径 6.0 ~ 10.0 mm，顶生 2 ~ 3 枚叶。叶片倒披针形，长 1.0 ~ 5.0 cm，宽 0.4 ~ 0.7 cm，先端具细尖，基部收狭成长 0.3 cm 的柄且具关节。花序单生于假鳞茎顶端叶内侧，具 2 ~ 6 朵花，花黄绿色。花苞片披针形，长 5.0 mm；中萼片披针形，长 4.0 mm，宽 1.0 mm；侧萼片卵状披针形，与中萼片近等长，宽 3.0 mm，基部的萼囊小；花瓣披针形，比中萼片略短，宽 1.0 mm；唇瓣椭圆形，长 3.0 mm，宽 1.0 mm，不裂，近中部两侧缢缩，近先部边缘有不整齐的齿，中央有 3 条线纹伸至先端；蕊柱长不及 1.0 mm。

图 826-1 网鞘蛤兰 *Conchidium muscicola* 地理分布

【花期】 7 ~ 8 月。

【生境状况】 生于海拔 1 600 ~ 2 800 m 的林中树上或林下阴湿的岩石上。

【濒危等级】 LC。

【地理分布】 云南省；印度、尼泊尔、缅甸、泰国、老挝、越南和斯里兰卡。

【附注】 最新研究，本种应为 *Porpax muscicola* (Lindl.) Schuit., Y. P. Ng & H. A. Pedersen。

图 826-2 网鞘蛤兰 *Conchidium muscicola* 生境与植株（李剑武）

827 蛤兰 *Conchidium pusillum* Griff.

【别名】 对茎毛兰。

【主要特征】 附生植物，植株矮小，高 2.0 ~ 3.0 cm，根状茎细长，假鳞茎彼此相距 2.0 ~ 5.0 cm，半球形，成对生长，直径 3.0 ~ 5.0 mm。叶 2 ~ 3 枚，从对生的假鳞茎之间发出，倒卵状披针形，长 7.0 ~ 10.0 mm，宽 2.0 ~ 4.0 mm，先端具芒尖，基部具短柄和关节。花序从叶内侧发出，长 1.0 ~ 1.5 cm，具 1 ~ 2 朵花，花黄绿色。花苞片卵形，较大；中萼片卵形，长 6.0 mm；侧萼片三角形，长 6.0 mm，基部与蕊柱足合生成较长的萼囊；花瓣与中萼片相似，但稍狭；唇瓣披针形，不裂，基部收狭，边缘具细缘毛，唇盘上具 2 条线纹，延伸至中部；蕊柱短。

【花期】 10 ~ 11 月。

【生境状况】 生于海拔 600 ~ 1 500 m 的林中树上或林下阴湿的岩石上。

【濒危等级】 LC。

【地理分布】 福建、香港、广西、云南和西藏等地；印度、缅甸、泰国和越南。

【附注】 最新研究，本种应为 *Porpax pusilla* (Griff.) Schuit., Y. P. Ng & H. A. Pedersen。

图 827-1 蛤兰 *Conchidium pusillum* 生境与植株（李剑武）

图 827-2 蛤兰 *Conchidium pusillum* 地理分布

图 827-3 蛤兰 *Conchidium pusillum* 花（李剑武）

828 菱唇蛤兰 *Conchidium rhomboidale* (Tang & F. T. Wang) S. C. Chen & J. J. Wood

图 828-1 菱唇蛤兰 *Conchidium rhomboidale* 生境与植株（叶德平）

【别名】 菱唇毛兰。

【主要特征】 附生植物，根状茎纤细，假鳞茎彼此相距 2.0 ~ 4.0 cm，卵形，无网状鞘覆盖，长 1.0 ~ 1.5 cm，粗 0.4 ~ 0.6 cm，顶生 2 枚叶。叶片椭圆形，长 2.0 ~ 5.0 cm，宽 0.6 ~ 1.5 cm，基部具短柄。花序生于假鳞茎顶端叶的外侧，长 2.5 cm，具 1 朵花，花红色。花苞片卵形，长 1.0 mm；中萼片椭圆形，长 12.0 mm，宽 4.0 mm；侧萼片卵状披针形，长 10.0 mm，宽 6.0 ~ 7.0 mm，基部与蕊柱合生成长 6.0 mm 的萼囊；花瓣长圆状披针形，长 10.0 mm，宽 3.0 mm；唇瓣近菱形，长 10.0 ~ 13.0 mm，宽 7.0 ~ 10.0 mm，基部渐狭成爪，3 裂，侧裂片长圆形，边缘稍具钝齿，中裂片梯形，长 4.0 mm，两侧边缘具不规则齿，唇盘基部发出 2 条褶片，延伸至中裂片处，中裂片上面脉上疏生柔毛；蕊柱长 4.0 mm。

【花期】 4 ~ 5 月。

【生境状况】 生于海拔 700 ~ 1 300 m 的林中树上或林下岩石上。

【濒危等级】 NT。

【地理分布】 海南、广西和云南等省区。

【附注】 最新研究，本种应为 *Eria rhomboidalis* Tang & F. T. Wang。

图 828-2 菱唇蛤兰 *Conchidium rhomboidale* 花序（叶德平）

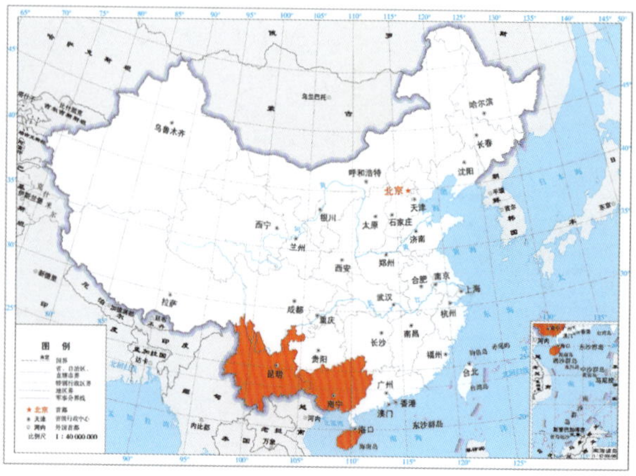

图 828-3 菱唇蛤兰 *Conchidium rhomboidale* 地理分布

829 浮萍蛤兰 *Conchidium spirodelum* (Aver.) Ormerod

【异名】 *Eria spirodela* Aver.。

【别名】 浮萍毛兰。

【主要特征】 附生植物，假鳞茎密集，似浮萍状，近扇形或圆形，长 0.4 ~ 1.0 cm，基生 1 枚叶。叶片卵形，长 0.8 ~ 1.0 cm，宽 0.4 ~ 0.5 cm。花序侧生，长 5.0 ~ 5.5 mm，具 2 朵花，花绿白色。花苞片卵形，长 2.0 mm，宽 2.2 mm；中萼片披针形，长 6.5 ~ 7.0 mm，宽 1.5 ~ 1.7 mm；侧萼片三角形，稍偏斜，长 6.0 ~ 6.5 mm，宽 2.7 ~ 3.0 mm；花瓣披针形，长 6.0 ~ 6.5 mm，宽 1.0 ~ 1.1 mm；唇瓣披针形，长 4.0 ~ 4.2 mm，宽 1.1 ~ 1.2 mm，稍 3 裂，侧裂片直立，中裂片披针形，中间具 2 条厚肉质的脊。

图 829-1 浮萍蛤兰 *Conchidium spirodelum* 地理分布

【花期】 6 ~ 7 月。

【生境状况】 生于海拔约 900 m 的石灰岩山树上或岩石上。

【濒危等级】 EN。

【地理分布】 云南省；泰国、老挝和越南。

【附注】 最新研究，本种应为 *Porpax spirodela* (Aver.) Schuit., Y. P. Ng & H. A. Pedersen。

图 829-2 浮萍蛤兰 *Conchidium spirodelum* 生境与植株（叶德平）

图 829-3 浮萍蛤兰 *Conchidium spirodelum* 花序（李剑武）

一一〇、拟毛兰属 *Mycaranthes* Bl.

拟毛兰属 *Mycaranthes* 全世界分布共有 25 种，中国分布有 2 种，本图鉴包含 2 种。

拟毛兰属 *Mycaranthes* 分种检索表

1（2） 植株几无根状茎，假鳞茎丛生，叶狭披针形，唇瓣 3 裂…………… 830. 拟毛兰 *Mycaranthes paniculata*

2（1） 植株具明显的根状茎，假鳞茎彼此相距 2.0 ~ 5.0 cm，叶圆柱形，唇瓣不裂 ………………………………………………………………………………………………… 831. 指叶拟毛兰 *Mycaranthes pannea*

830 拟毛兰 *Mycaranthes paniculata* (Lindl.) Schuit., Y. P. Ng & H. A. Pedersen [*Mycaranthes floribunda* (D. Don) S. C. Chen & J. J. Wood]

【别名】 竹枝毛兰。

【主要特征】 附生植物，植株高 20.0 ~ 60.0 cm，直立或下垂。茎仅基部膨大，圆柱形，长 15.0 ~ 50.0 cm，粗 0.3 ~ 0.5 cm，密集丛生，具多个节，叶多枚。叶片狭披针形，长 10.0 ~ 20.0 cm，宽 0.3 ~ 0.6 cm。花序 1 ~ 2 个，着生于茎顶端叶内侧，密被灰白色绵毛，长 10.0 ~ 15.0 cm，密生数朵花，花黄绿色，花梗和子房及萼片背面密被白色绵毛。花苞片卵状披针形，长 5.0 ~ 6.0 mm；中萼片卵状椭圆形，长 3.0 mm，宽 1.0 mm；侧萼片近斜三角形，长 3.0 mm，宽 2.5 mm，基部与蕊柱足合生成长约 2.0 mm 的萼囊；花瓣长圆形，

图 830-1 拟毛兰 *Mycaranthes paniculata* 生境与植株（李剑武）

图 830-2 拟毛兰 *Mycaranthes paniculata* 花序（叶德平）

与中萼片等长，宽 1.5 mm；唇瓣扇形，基部具短柄，无关节，3 裂，侧裂片近卵状三角形，中裂片梯形，长 1.5 mm，宽 2.5 mm；唇盘上面自基部至先端处具 1 条白色哑铃形突起，基部两侧还各具 1 个小突起，哑铃形突起在近基部一端呈球形，另一端扩大成楔形；蕊柱长 1.0 mm。

【花期】 4 ~ 6 月。

【生境状况】 生于海拔约 800 m 的林中树上。

【濒危等级】 VU。

【地理分布】 云南省；印度、不丹、尼泊尔、缅甸、泰国、老挝、越南和柬埔寨。

图 830-3 拟毛兰 *Mycaranthes paniculata* 地理分布

831 指叶拟毛兰 *Mycaranthes pannea* (Lindl.) S. C. Chen & J. J. Wood

【别名】 指叶毛兰。

【主要特征】 附生植物，幼时全体被白色茸毛，根状茎明显，假鳞茎彼此相距 2.0 ~ 5.0 cm，长 1.0 ~ 2.0 cm，圆柱形，上部近顶端处着生 3 ~ 4 枚叶。叶圆柱形，长 4.0 ~ 20.0 cm，宽 0.3 cm，近轴面具槽，基部套叠。花序单生于假鳞茎顶端叶内侧，长 3.0 ~ 5.0 cm，具 1 ~ 4 朵花，花黄色，花梗和子房及萼片外面密被白色茸毛，萼片内面及花瓣、唇瓣两面疏被短毛。花苞片卵状三角形，长 6.0 mm；中萼片长圆状椭圆形，长 6.0 mm，宽 3.0 mm；侧萼片斜卵状三角形，长 6.0 mm，宽 5.0 mm，基部与蕊柱足合生成萼囊；花瓣长圆形，长 5.0 mm，宽 2.0 mm；唇瓣倒卵状椭圆形，长 7.0 mm，宽 4.0 mm，不裂，基部收狭并具 1 个线形的胼胝体，边端部具 1 个显著的长椭圆形胼胝体；蕊柱长 1.5 mm。

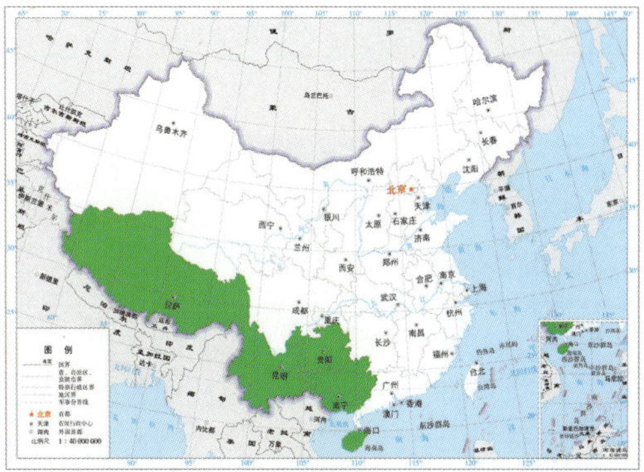

图 831-1 指叶拟毛兰 *Mycaranthes pannea* 地理分布

【花期】 4 ~ 5 月。

【生境状况】 生于海拔 800 ~ 2 200 m 的林中树上。

【濒危等级】 NT。

【地理分布】 海南、广西、贵州、云南和西藏等省区；印度、不丹、缅甸、泰国、老挝、越南、柬埔寨、新加坡、马来西亚和印度尼西亚。

【附注】 最新研究，本种应为 *Strongyleria pannea* (Lindl.) Schuit., Y. P. Ng & H. A. Pedersen。

图 831-2 指叶拟毛兰 *Mycaranthes pannea* 生境与植株（李剑武）

图 831-3 指叶拟毛兰 *Mycaranthes pannea* 植株（叶德平）

一一一、柱兰属 *Cylindrolobus* Bl.

柱兰属 *Cylindrolobus* 全世界分布共有 30 种，中国分布有 4 种，本图鉴包含 3 种。

柱兰属 *Cylindrolobus* 分种检索表

1（2） 唇瓣黄色 ……………………………………………………833. 鸡冠柱兰 *Cylindrolobus cristatus*

2（1） 唇瓣边缘紫色或紫红色，中裂片有时具紫色眼斑。

3（4） 花苞片淡黄色，假鳞茎较长，长达 30.0 cm ………………………832. 孟连柱兰 *Cylindrolobus clavicaulis*

4（3） 假鳞茎长 5.0 ~ 10.0 cm……………………………………………834. 柱兰 *Cylindrolobus marginatus*

832 孟连柱兰 *Cylindrolobus clavicaulis* (Wall. ex Lindl.) Rauschert

图 832-1 孟连柱兰 *Cylindrolobus clavicaulis* 花序（李剑武）

【别名】 孟连毛兰。

【主要特征】 附生植物，假鳞茎丛生，直立，长 30.0 cm，粗 0.5 cm，近顶端具 3 ~ 4 枚叶。叶片卵状披针形，长 9.0 ~ 12.0 cm，宽 1.8 ~ 2.2 cm。花序 1 ~ 2 个，近顶生，具 1 ~ 2 朵花，花白色。花苞片 2 枚，对生，卵形，长 1.9 cm，宽 1.0 cm，淡黄色，唇瓣侧裂片和中裂片边缘内部红色，中裂片黄绿色；中萼片卵状披针形，长 14.0 mm，宽 7.0 mm；侧萼片卵状三角形，长 12.0 mm，宽 9.0 mm，基部稍偏斜；花瓣披针形，长 14.0 mm，宽 6.0 mm；唇瓣 3 裂，侧裂片近直立，近卵形，长 9.0 mm，宽 4.0 mm，中裂片长圆形，长 4.8 mm，宽 5.8 mm，先端稍向外弯；唇盘上具 2 条脊状突起；蕊柱长 4.0 mm。

【花期】 10 ~ 11 月。

【生境状况】 生于海拔约 1 500 m 的林中树上。

【濒危等级】 EN。

【地理分布】 云南省；印度、缅甸和泰国。

图 832-2 孟连柱兰 *Cylindrolobus clavicaulis* 地理分布

833 鸡冠柱兰 *Cylindrolobus cristatus* (Rolfe) S. C. Chen & J. J. Wood

【别名】 鸡冠毛兰。

【主要特征】 附生植物，假鳞茎圆柱形，长 9.0 ~ 11.0 cm，粗 0.3 ~ 0.6 cm。叶 3 ~ 4 枚生于假鳞茎顶端。叶片披针形，长 6.0 ~ 8.5 cm，宽 1.0 ~ 1.4 cm。花序近顶生，被白色绵毛，具 2 朵花，花白色，唇瓣黄色。花苞片卵状长圆形，长 12.0 ~ 13.0 mm，宽 8.0 ~ 9.0 mm；中萼片卵状披针形，长 13.0 ~ 14.0 mm，宽 6.0 ~ 7.0 mm；侧萼片卵状三角形，长 15.0 mm，宽 7.0 ~ 8.0 mm，基部稍偏斜；花瓣披针形，长 11.0 ~ 13.0 mm，宽 6.0 mm；唇瓣 3 裂，长 8.0 ~ 9.0 mm，侧裂片直立，长圆形，中裂片倒卵形，先端具细齿；唇盘上具 3 条龙骨状突起，侧面 2 条在中部变成 2 条鸡冠状突起，然后分裂成 3 条具黄色毛的鸡冠状突起直达先端。

【花期】 10 月。

【生境状况】 生于海拔 1 400 ~ 1 500 m 的林中树上。

【濒危等级】 VU。

【地理分布】 云南省；缅甸和泰国。

图 833-1 鸡冠柱兰 *Cylindrolobus cristatus* 植株（李琳）

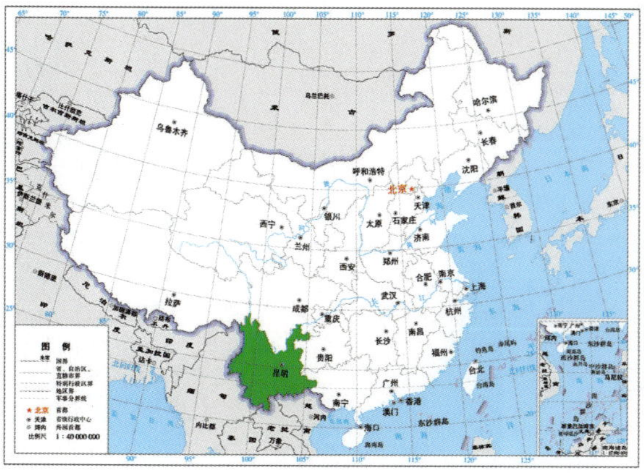

图 833-2 鸡冠柱兰 *Cylindrolobus cristatus* 地理分布

图 833-3 鸡冠柱兰 *Cylindrolobus cristatus* 花（李琳）

834 柱兰 *Cylindrolobus marginatus* (Rolfe) S. C. Chen & J. J. Wood

【别名】 棒茎毛兰。

【主要特征】 附生植物，植株高10.0 ~ 20.0 cm，无明显的根状茎，假鳞茎密集着生，棒槌状，中上部膨大，下部收狭，长5.0 ~ 10.0 cm，粗0.2 ~ 0.6 cm，顶生2 ~ 3枚叶。叶长圆状披针形，长5.0 ~ 11.0 cm，宽1.0 ~ 2.0 cm，基部收狭但不为柄。花序1 ~ 2个，着生于假鳞茎上部叶下方，具2朵花，花白色，花梗和子房及萼片背面密被白色绵毛。花苞片2枚对生，长圆形，长10.0 ~ 12.0 mm，宽5.0 ~ 7.0 mm；中萼片卵状披针形，长15.0 mm，宽5.0 mm；侧萼片镰状披针形，与中萼片等长，宽6.0 mm，基部与蕊柱足合生成萼囊；花瓣长圆状披针形，长12.0 mm，宽4.0 mm；唇瓣倒卵形，长近10.0 mm，3裂，中央自基部至中裂片上有1个加厚带，加厚带中央有1条脊状突起，侧裂片直立，卵形，先端与中裂片稍重叠，中裂片菱状扇形，长、宽约5.0 mm，先端凹缺，除边缘部分外全部加厚，加厚区表面具乳头状突起，基部有1个半圆形突起物；蕊柱长3.0 mm。

【花期】 2 ~ 3月。

【生境状况】 生于海拔1 000 ~ 2 000 m的林中树上。

【濒危等级】 LC。

【地理分布】 云南省；缅甸和泰国。

图834-1 柱兰 *Cylindrolobus marginatus* 生境与植株（李剑武）

图834-2 柱兰 *Cylindrolobus marginatus* 地理分布

图834-3 柱兰 *Cylindrolobus marginatus* 花（李剑武）

一一二、绒兰属 *Dendrolirium* Bl.

绒兰属 *Dendrolirium* 全世界分布共有 12 种，中国分布 4 种，本图鉴包含 3 种。

绒兰属 *Dendrolirium* 分种检索表

1（2）　花序密被黄棕色茸毛，花淡黄褐色……………………………………… 837. 绒兰 *Dendrolirium tomentosum*
2（1）　花序密被白色绵毛，花黄绿色。
3（4）　唇瓣不裂……………………………………………………………… 835. 绿花绒兰 *Dendrolirium lanigerum*
4（3）　唇瓣 3 裂…………………………………………………………… 836. 白绵绒兰 *Dendrolirium lasiopetalum*

835 绿花绒兰 *Dendrolirium lanigerum* (Seidenf.) J. M. H. Shaw

【别名】 绿花毛兰。

【主要特征】 附生植物，根状茎横走，具多节，节上生根，假鳞茎彼此相距 2.0 ~ 5.0 cm，卵圆形，长 3.0 ~ 4.0 cm，粗 2.0 ~ 3.0 cm，叶 3 枚，着生于假鳞茎顶端。花序从新发出的假鳞茎的叶下面发出，长 4.0 ~ 5.0 cm，具 3 ~ 6 朵花，花黄绿色，花序轴、子房及萼片背面密被白色绵毛。花苞片长圆形，长 3.0 ~ 5.0 mm；中萼片椭圆形，长 8.0 mm，宽 4.0 mm；侧萼片斜三角形，长 6.0 mm，宽 6.0 mm，基部与蕊柱足合生成长 3.0 mm 的萼囊；花瓣匙形，长 5.0 mm，宽 2.0 mm；唇瓣喇叭形，全缘不裂，长 5.0 mm，宽 6.0 mm，唇盘上具 1 条分叉的脊突；蕊柱长 3.0 mm。

【花期】 3 月。

【生境状况】 生于海拔 1 000 ~ 1 200 m 的林中树上或林下岩石上。

【濒危等级】 VU。

【地理分布】 云南省；越南。

图 835-1　绿花绒兰 *Dendrolirium lanigerum* 花序（李剑武）

图 835-2　绿花绒兰 *Dendrolirium lanigerum* 生境与植株（李剑武）

图 835-3　绿花绒兰 *Dendrolirium lanigerum* 地理分布

836 白绵绒兰 *Dendrolirium lasiopetalum* (Willd.) S. C. Chen & J. J. Wood

图 836-1 白绵绒兰 *Dendrolirium lasiopetalum* 生境与植株（李剑武）

【别名】 白绵毛兰。

【主要特征】 附生植物，根状茎横走，假鳞茎彼此相距 1.5 ~ 5.0 cm，纺锤形，长 3.0 ~ 7.5 cm，粗 1.5 ~ 3.5 cm，顶端着生 3 ~ 5 枚叶。叶椭圆形，长 12.0 ~ 30.0 cm，宽 1.5 ~ 5.0 cm。花序 1 ~ 2 个，从假鳞茎基部发出，长 10.0 ~ 20.0 cm，不超出叶面，花黄绿色，花序轴、子房和萼片背面密被白色绵毛。花苞片卵状披针形，长 10.0 mm，宽 4.0 ~ 5.0 mm；中萼片披针形，长 12.0 mm，宽 2.0 mm；侧萼片三角状披针形，长 13.0 mm，宽 5.0 mm，与蕊柱足合生成萼囊；花瓣线形，长 14.0 mm，宽 1.0 mm；唇瓣卵形，长 11.0 mm，宽 5.0 mm，基部收缩成爪，3 裂，裂片边缘波浪状，侧裂片半倒卵形，中裂片长圆形，唇盘上具 1 个倒卵状披针形的加厚区，自基部延伸到中裂片上部；蕊柱长 4.0 mm。

【花期】 1 ~ 4 月。

【生境状况】 生于海拔 1 000 ~ 1 700 m 的林中树上或林下岩石上。

【濒危等级】 VU。

【地理分布】 海南和云南等省；印度、不丹、尼泊尔、缅甸、泰国、老挝、越南和柬埔寨。

图 836-2 白绵绒兰 *Dendrolirium lasiopetalum* 花（李剑武）

图 836-3 白绵绒兰 *Dendrolirium lasiopetalum* 地理分布

837 绒兰 *Dendrolirium tomentosum* (J. Koenig) S. C. Chen & J. J. Wood

【别名】 海南毛兰、黄茸毛兰。

【主要特征】 附生植物，根状茎发达，假鳞茎椭圆形，彼此疏离，长 2.0 ~ 7.0 cm，粗 1.5 ~ 2.5 cm，具 2 ~ 3 节，顶端生 3 ~ 4 枚叶。叶片椭圆形，长 10.0 ~ 24.0 cm，宽 1.0 ~ 5.0 cm，基部收狭成长 1.0 ~ 1.5 cm 的柄，具关节。花序粗壮，从假鳞茎基部发出，长 10.0 ~ 30.0 cm，密被黄棕色茸毛，具数朵花，花淡黄褐色，子房和萼片背面密被棕黄色茸毛。花苞片卵形，长 12.0 ~ 20.0 mm；中萼片长圆状披针形，长 10.0 ~ 15.0 mm，宽 3.0 mm；侧萼片斜卵状披针形，与中萼片近等长，宽 4.0 ~ 5.0 mm，基部与蕊柱足合生成萼囊；花瓣线状披针形，比中萼片稍短，宽 2.0 mm；唇瓣长圆形，3 裂，长 10.0 ~ 13.0 mm，宽 4.0 mm，向外弯曲，侧裂片小，齿状，中裂片倒卵状长圆形，长 6.0 ~ 7.0 mm，基部之上突然增宽，边缘波浪状，先端具一细尖头；唇盘自基部发出 1 条宽厚的带状物直达中裂片上部，长 7.0 mm，带状物的附近常具许多黄白色的细乳突；蕊柱长 4.0 mm。

【花期】 4 ~ 5 月。

【生境状况】 生长于海拔 800 ~ 1 500 m 的林中树上或林下岩石上。

【濒危等级】 VU。

【地理分布】 海南和云南等省；印度、缅甸、泰国、老挝和越南。

图 837-1 绒兰 *Dendrolirium tomentosum* 生境与植株（叶德平）

图 837-2 绒兰 *Dendrolirium tomentosum* 地理分布

图 837-3 绒兰 *Dendrolirium tomentosum* 花（李剑武）

一一三、藓兰属 *Bryobium* Lindl.

藓兰属 *Bryobium* 全世界分布共有 20 种，中国分布有 1 种，本图鉴包含 1 种。

838 藓兰 *Bryobium pudicum* (Ridl.) Y. P. Ng & P. J. Cribb

图 838-1 藓兰 *Bryobium pudicum* 植株（李剑武）

【别名】 版纳毛兰。

【主要特征】 附生植物，假鳞茎紧密排列，相距约 1.0 cm，近梭形，两侧变细，长 3.0 ~ 4.0 cm，粗 0.5 ~ 0.7 cm，顶生 1 枚叶。叶片倒卵状披针形，长 10.0 ~ 15.0 cm，宽 1.5 ~ 2.5 cm，基部具长 3.0 cm 的柄。花序 1 个，从假鳞茎近顶端处的叶下方发出，长 3.0 ~ 4.0 cm，密被灰白色柔毛，具数朵小花，花白色，萼片和花瓣具红色的脉。花苞片卵形，长 3.0 mm，宽 2.0 mm，外面疏被灰白色柔毛；中萼片椭圆形，长 3.0 mm，宽 1.5 mm，背面疏被灰白色柔毛；侧萼片斜卵形，长 3.5 mm，宽 2.2 mm，背面疏被白色曲柔毛，基部与蕊柱足合生而形成较短的萼囊；花瓣卵状披针形，长 3.0 mm，宽 1.5 mm；唇瓣四棱形，长 3.0 mm，宽 2.5 ~ 3.0 mm，3 浅裂，基部具 1 个红棕色长 1.0 mm 椭圆形的胼胝体，其两侧各具 1 个圆形和 1 个半倒卵形的红棕色胼胝体，近先端部分有 1 个位于中央的红棕色锚状附属物；蕊柱长 1.0 mm。

【花期】 6 ~ 7 月。

【生境状况】 生于海拔约 1 500 m 的林中树上或林下岩石上。

【濒危等级】 NT。

【地理分布】 云南省；新加坡和马来西亚。

图 838-2 藓兰 *Bryobium pudicum* 花序（李剑武）

图 838-3 藓兰 *Bryobium pudicum* 地理分布

一一四、苹兰属 *Pinalia* Lindl.

苹兰属 *Pinalia* 全世界分布共有 160 种，中国分布有 19 种，本图鉴包含 12 种。

苹兰属 *Pinalia* 分种检索表

1（2） 花偏向一侧……………………………………………… 840. 鹅白苹兰 ***Pinalia stricta***
2（1） 花不偏向一侧，通常螺旋形排列。
3（8） 唇瓣基部收狭成爪，与蕊柱足连接。
4（5） 花疏生，假鳞茎狭倒卵形，叶片长 3.0 ~ 6.0 cm，唇瓣菱形 ……………842. 双点苹兰 ***Pinalia bipunctata***
5（4） 花密生。
6（7） 叶片椭圆形，长 5.0 ~ 22.0 cm，宽 1.0 ~ 4.0 cm，唇瓣近菱形，中裂片三角形……………………………………………… 848. 密花苹兰 ***Pinalia spicata***
7（6） 叶片披针形，长 5.0 ~ 10.0 cm，宽 0.8 ~ 1.3 cm，唇瓣倒披针形，中裂片近扁圆形……………………………………………… 847. 怒江苹兰 ***Pinalia salwinensis***
8（3） 唇瓣基部无爪，以关节与蕊柱足连接。
9（14） 假鳞茎具 1 ~ 2 节。
10（13） 假鳞茎长 2.5 ~ 3.5 cm，叶较薄。
11（12） 假鳞茎圆柱形，唇瓣中裂片具疣状突起…………………………… 843. 反苞苹兰 ***Pinalia excavata***
12（11） 假鳞茎椭圆形，唇瓣中裂片不具疣状突起…………………………850. 滇南苹兰 ***Pinalia yunnanensis***
13（10） 假鳞茎长 8.0 ~ 17.0 cm，叶较厚，唇瓣 5 裂 ……………………… 846. 厚叶苹兰 ***Pinalia pachyphylla***
14（9） 假鳞茎具多节。
15（16） 假鳞茎圆柱形，长 8.0 ~ 17.0 cm，花瓣和萼片白色 ……………… 844. 禾叶苹兰 ***Pinalia graminifolia***
16（15） 假鳞茎瓶颈状或卵形，花瓣和萼片颜色多样。
17（22） 花梗和子房被毛。
18（19） 植株较小，叶片长 4.0 ~ 10.0 cm，花序具 1 ~ 3 朵花，唇瓣中裂片具小疣点 ……………………………………………… 849. 马齿苹兰 ***Pinalia szetschuanica***
19（18） 植株较大，高 12.0 ~ 27.0 cm，叶片长 10.0 ~ 25.0 cm，花序具花 6 朵以上，唇瓣具 3 条状突起。
20（21） 唇瓣长 8.0 mm，花瓣和萼片黄色具紫褐色脉纹 ……………………… 841. 粗茎苹兰 ***Pinalia amica***
21（20） 唇瓣长 5.0 ~ 7.0 mm，花瓣和萼片白色……………………………… 845. 长苞苹兰 ***Pinalia obvia***
22（17） 花梗和子房无毛，假鳞茎纺锤形，叶片长 4.0 ~ 10.0 cm …………… 839. 钝叶苹兰 ***Pinalia acervata***

839 钝叶苹兰 *Pinalia acervata* (Lindl.) Kuntze

【别名】 钝叶毛兰。

【主要特征】 附生植物，假鳞茎纺锤形，长 2.0 ~ 4.0 cm，粗 0.6 ~ 1.5 cm，通常 2 ~ 8 个密集排成一排。叶 2 ~ 4 枚生于假鳞茎顶端，长圆状披针形，长 4.0 ~ 10.0 cm，宽 0.8 ~ 2.0 cm，先端两侧具不等的 2 裂，无柄。花序 1 ~ 3 个，从假鳞茎顶端的叶腋发出，长 3.0 ~ 6.0 cm，具 4 ~ 7 朵花，花白色。花苞片卵形，长 5.0 ~ 10.0 mm，宽 2.0 ~ 3.0 mm，边缘稍具细齿；中萼片狭卵形，长 6.0 mm，宽 2.0 mm；侧萼片镰状披针形，长 7.0 mm，宽 5.0 ~ 6.0 mm，基部与蕊柱足合生成长萼囊；花瓣披针形，长 6.0 mm，宽 2.0 mm；唇瓣黄色，宽菱形，长 7.0 mm，宽 6.0 mm，基部具膝状关节，3 裂，侧裂片镰状长圆形，宽 2.0 mm，中裂片近圆形，直径 3.0 mm，唇盘上具 3 条纵贯的龙骨状褶片从基部延伸至中裂片中部；蕊柱长 3.0 mm。

【花期】 8 月。

【生境状况】 生于海拔 600 ~ 1 500 m 的林中树上或林下岩石上。

【濒危等级】 VU。

图 839-1 钝叶苹兰 *Pinalia acervata* 花序（李剑武）

【地理分布】 云南和西藏等省区；印度、缅甸、泰国、老挝、越南和柬埔寨。

图 839-2 钝叶苹兰 *Pinalia acervata* 地理分布

图 839-3 钝叶苹兰 *Pinalia acervata* 生境与植株（李剑武）

840 鹅白苹兰 *Pinalia stricta* (Lindl.) Kuntze

图 840-1 鹅白苹兰 *Pinalia stricta* 地理分布

【别名】 鹅白毛兰。

【主要特征】 附生植物，根状茎不明显，假鳞茎密集丛生，圆柱形，长 2.0 ~ 10.0 cm，粗 0.1 ~ 0.4 cm，顶生 2 枚叶。叶片披针形，长 8.0 ~ 10.0 cm，宽 0.6 ~ 2.0 cm，基部具短柄。花序 1 ~ 3 个，从假鳞茎顶端叶内侧发出，长 8.0 ~ 10.0 cm，密生数朵花，花偏向一侧，花白色，花序轴、花梗和子房密被白色绵毛。花苞片菱形，长约 1.0 mm；萼片背面被白色绵毛，中萼片卵形，长 2.0 mm，宽 1.5 mm；侧萼片卵状三角形，长、宽约 2.0 mm，基部与蕊柱足合生成长约 1.0 mm 的萼囊；花瓣卵形，长 2.0 mm，宽 1.5 mm；唇瓣近圆形，长、宽约 2.0 mm，3 浅裂，侧裂片近三角形，与中裂片平行，中裂片近扁圆形，长约 0.5 mm，宽 1.0 ~ 1.5 mm，唇盘中央具 1 条自基部至中裂片先端的加厚带，宽 0.5 mm，上面有 3 条褶片，至中裂片先端处具 1 个球形的胼胝体；蕊柱长 1.5 mm，两侧各具 1 条倒三角形的翅。

【花期】 11 月至翌年 2 月。

【生境状况】 生于海拔 800 ~ 1 300 m 的林中树上。

【濒危等级】 LC。

【地理分布】 云南和西藏等省区；印度、尼泊尔和缅甸。

【附注】 最新研究，本种应为 *Cryptochilus strictus* (Lindl.) Schuit., Y. P. Ng & H. A. Pedersen。

图 840-2 鹅白苹兰 *Pinalia stricta* 花序（李剑武）

图 840-3 鹅白苹兰 *Pinalia stricta* 生境与植株（叶德平）

841 粗茎苹兰 *Pinalia amica* (Rchb. f.) Kuntze

图 841-1 粗茎苹兰 *Pinalia amica* 植株（李剑武）

【别名】 粗茎毛兰、小脚筒兰。

【主要特征】 附生植物，假鳞茎纺锤形，长 3.5 ~ 14.0 cm，粗 0.4 ~ 1.6 cm，顶生 1 ~ 3 枚叶。叶片长椭圆形，长 10.0 ~ 15.0 cm，宽 1.3 ~ 2.3 cm，基部具柄。花序 1 ~ 2 个，从靠近假鳞茎中上部的鞘中发出，长 3.0 ~ 7.0 cm，疏生 6 ~ 10 朵花，花萼片和花瓣黄色带紫褐色脉纹，唇瓣黄色，花序轴、花梗和子房密被锈色柔毛。花苞片椭圆形，长 8.0 ~ 12.0 mm，宽 3.0 ~ 5.0 mm；中萼片长圆状披针形，长 10.0 mm，宽 2.0 mm；侧萼片斜卵状三角形，长 10.0 mm，宽 4.0 mm，基部与蕊柱足合生成长约 3.0 mm 的萼囊；花瓣倒卵状披针形，长 8.0 ~ 9.0 mm，宽 2.0 mm；唇瓣倒卵状椭圆形，长 8.0 mm，宽 6.0 mm，3 裂，侧裂片卵状椭圆形，向内弯曲，长 3.0 mm，宽 1.5 mm，与中裂片成锐角，中裂片肾形，长 3.0 ~ 4.0 mm，宽 4.5 mm，先端具凹缺；唇盘上具 3 条褶片，中央褶片在中裂片上增粗，两侧褶片则自唇盘基部上方开始增粗成脊状，一直延伸到中裂片基部；蕊柱长 4.0 mm。

【花期】 3 ~ 4 月。

【生境状况】 生于海拔 900 ~ 2 200 m 的林中树上或林下岩石上。

【濒危等级】 LC。

【地理分布】 台湾和云南等省；印度、不丹、尼泊尔、缅甸、泰国、老挝、越南和柬埔寨。

图 841-2 粗茎苹兰 *Pinalia amica* 花序（李剑武）

图 841-3 粗茎苹兰 *Pinalia amica* 地理分布

842 双点苹兰 *Pinalia bipunctata* (Lindl.) Kuntze

【别名】 双点毛兰、多节毛兰。

【主要特征】 附生植物，假鳞茎密集，倒卵形，长 3.0 ~ 4.0 cm，宽 0.8 ~ 1.2 cm，具 1 ~ 2 节；顶端具 4 枚叶。叶片倒卵形，长 3.0 ~ 6.0 cm，宽 1.0 ~ 2.0 cm。花序 2 个，自假鳞茎顶端叶的外侧发出，长 3.0 ~ 4.0 cm，疏被短柔毛，疏生 10 余朵花，花白色。花苞片反折，宽椭圆形，长 5.0 mm，宽 3.0 mm；中萼片宽椭圆形，长 5.0 mm，宽 2.0 mm；侧萼片长圆状椭圆形，长 6.0 mm，宽 4.0 mm，基部与蕊柱足合生成长 3.0 mm 的萼囊；花瓣长圆形，长 4.0 mm，宽 1.5 mm；唇瓣菱形，长、宽近 4.0 mm，3 裂，侧裂片近三角形，长、宽约 3.0 mm，与中裂片成直角，中裂片远比侧裂片小，近三角形，长、宽约 1.0 mm；蕊柱长 2.0 mm。

【花期】 7 月。

【生境状况】 生于海拔约 1 700 m 的林中树上或林下岩石上。

【濒危等级】 LC。

【地理分布】 云南省；印度、泰国和越南。

图 842-1　双点苹兰 *Pinalia bipunctata* 生境与植株（李剑武）

图 842-2　双点苹兰 *Pinalia bipunctata* 地理分布

图 842-3　双点苹兰 *Pinalia bipunctata* 花序（叶德平）

843 反苞苹兰 *Pinalia excavata* (Lindl.) Kuntze

图 843-1 反苞苹兰 *Pinalia excavata* 花序（金效华）

【别名】 反苞毛兰。

【主要特征】 附生植物，根状茎粗壮，假鳞茎相距约 1.0 cm，圆柱形，长 3.0 cm，具 2 ~ 3 节，顶生 4 ~ 5 枚叶。叶片椭圆状倒披针形，长 18.0 cm，宽 2.0 ~ 3.5 cm，基部具柄。花序从叶腋内发出，长 15.0 ~ 18.0 cm，被褐色柔毛，疏生数朵花，花白色。花苞片披针形，长 7.0 ~ 8.0 mm；萼片外面被褐色柔毛；中萼片近椭圆形，长 9.0 mm，宽 3.0 mm；侧萼片镰状披针形，与中萼片近等长，基部与蕊柱足合生成萼囊；花瓣椭圆形，长 6.0 mm，宽 2.0 mm；唇瓣近圆形，长 5.0 mm，近基部 3 裂，基部凹陷，侧裂片小，卵状三角形，内侧各具 1 个直立胼胝体，中裂片近肾形，长 4.0 mm，宽 5.0 mm，基部发出 5 条扇状脉，中间 1 条直达先端并伸出成小尖头，脉上均具褶片；蕊柱长 1.0 mm。

【花期】 6 月。

【生境状况】 生于海拔 1 700 ~ 2 100 m 的林中树上或林下岩石上。

【濒危等级】 VU。

【地理分布】 云南和西藏等省区；尼泊尔和印度。

图 843-2 反苞苹兰 *Pinalia excavata* 花（金效华）

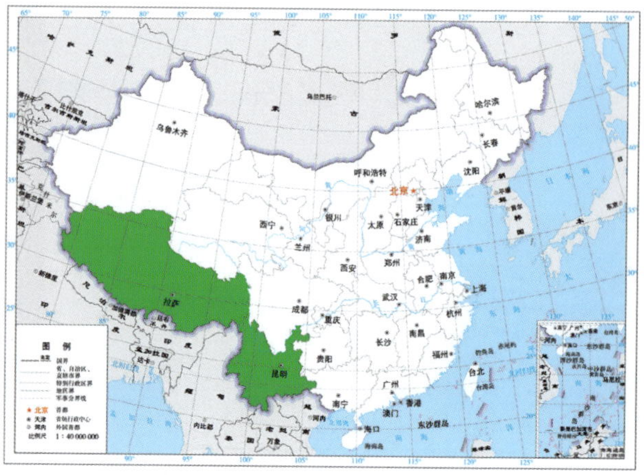

图 843-3 反苞苹兰 *Pinalia excavata* 地理分布

844 禾叶苹兰 *Pinalia graminifolia* (Lindl.) Kuntze

【别名】 禾叶毛兰。

【主要特征】 附生植物，假鳞茎不膨大，在根状茎上紧密排成一列，圆柱形，长 8.0 ~ 17.0 cm，粗 0.3 ~ 0.8 cm，顶生 2 ~ 6 枚叶。叶片椭圆形，长 5.0 ~ 16.0 cm，宽 0.8 ~ 3.0 cm，无柄。花序 1 ~ 3 个，从近茎顶端处发出，短于叶，具数朵花，花白色，唇瓣带黄色斑点，花序轴和子房密被黄褐色柔毛。花苞片卵形，长 5.0 ~ 10.0 mm；中萼片长圆形，长 6.0 ~ 8.0 mm，宽 2.0 mm；侧萼片近镰形，长 8.0 mm，宽 3.0 mm；花瓣狭长圆形，长 5.0 ~ 6.0 mm，宽 2.0 mm；唇瓣倒卵形，长 5.0 mm，宽 4.0 mm，3 裂，侧裂片长圆形，与中裂片成直角，内侧近边缘处各具 1 个三角形的胼胝体，先端向外弯曲；中裂片近扁圆形，中央具 1 条高褶片，自基部延伸至先端近 2/3 处；蕊柱长 2.0 mm。

【花期】 6 ~ 7 月。

【生境状况】 生于海拔 1 600 ~ 2 500 m 的林中树上或林下岩石上。

【濒危等级】 LC。

【地理分布】 云南和西藏等省区；印度、不丹和尼泊尔。

图 844-1 禾叶苹兰 *Pinalia graminifolia* 生境与植株（金效华）

图 844-2 禾叶苹兰 *Pinalia graminifolia* 地理分布

图 844-3 禾叶苹兰 *Pinalia graminifolia* 花（金效华）

845 长苞苹兰 *Pinalia obvia* (W. W. Sm.) S. C. Chen & J. J. Wood

图 845-1 长苞苹兰 *Pinalia obvia* 生境与植株（李剑武）

【别名】 长苞毛兰。

【主要特征】 附生植物，假鳞茎密集，纺锤形，长 4.0 ~ 6.0 cm，粗 1.0 ~ 1.5 cm，顶端具 3 ~ 4 枚叶。叶片椭圆形，长 5.0 ~ 20.0 cm，宽 1.5 ~ 3.0 cm。花序 1 ~ 3 个，生于假鳞茎顶端叶的外侧，具多朵花，花白色。花苞片披针形，长 10.0 ~ 20.0 mm，宽 1.0 ~ 3.0 mm；中萼片披针形，长 8.0 ~ 10.0 mm，宽 2.0 ~ 3.0 mm；侧萼片比中萼片短，宽 3.0 ~ 5.0 mm，基部与蕊柱足合生成萼囊；花瓣比中萼片短，宽 1.0 ~ 2.0 mm；唇瓣近长圆形，长 5.0 ~ 7.0 mm，宽 3.0 ~ 5.0 mm，3 裂，侧裂片与中裂片成锐角，近卵形，长 1.0 ~ 2.0 mm，中裂片长圆形，长 2.0 ~ 3.0 mm，宽 1.0 ~ 2.0 mm，唇盘上面具 3 条褶片，中间褶片延伸至中裂片基部，两侧褶片较短，但比中间褶片高；蕊柱长 2.0 ~ 4.0 mm。

【花期】 4 ~ 5 月。

【生境状况】 生于海拔 700 ~ 2 000 m 的林中树上或林下岩石上。

【濒危等级】 VU。

【地理分布】 海南、广西和云南等省区。

图 845-2 长苞苹兰 *Pinalia obvia* 植株（叶德平）

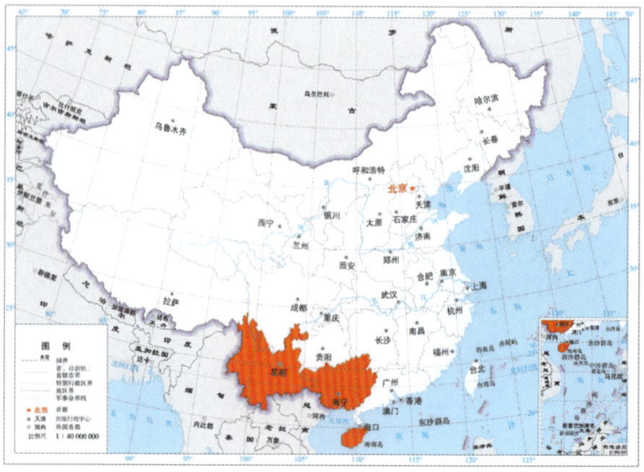

图 845-3 长苞苹兰 *Pinalia obvia* 地理分布

846 厚叶苹兰 *Pinalia pachyphylla* (Aver.) S. C. Chen & J. J. Wood

【别名】 厚叶毛兰。

【主要特征】 附生植物，根状茎粗壮，假鳞茎长圆形，长8.0 ~ 17.0 cm，粗1.0 cm，幼嫩的假鳞茎从老假鳞茎中部处发出，顶端具2 ~ 4枚叶。叶片长圆形，长13.0 ~ 23.0 cm，宽2.0 cm，基部具关节。花序1个，从新的假鳞茎顶端发出，长24.0 cm，被黄棕色茸毛，具多朵花，花浅黄褐色。花苞片披针形，长15.0 ~ 30.0 mm，宽7.0 ~ 14.0 mm；萼片背面密被棕黄色茸毛，中萼片长圆形，长12.0 ~ 15.0 mm，宽6.0 ~ 8.0 mm；侧萼片近三角形，长10.0 ~ 12.0 mm，宽8.0 ~ 10.0 mm，有萼囊；花瓣长圆形，长12.0 ~ 13.0 mm；唇瓣5裂，基部2枚裂片略呈耳形，前部3裂，两侧裂片对折，中裂片长圆形，向下倾斜内弯，唇盘增厚，强烈凸起，具疣状突起，近基部具3条横向槽；蕊柱长4.0 mm。

【花期】 4 ~ 6月。

【生境状况】 生于海拔650 ~ 1 000 m的林中树上或林下岩石上。

【濒危等级】 VU。

【地理分布】 云南和广西等省区。

图846-1 厚叶苹兰 *Pinalia pachyphylla* 生境与植株（李剑武）

图846-2 厚叶苹兰 *Pinalia pachyphylla* 地理分布

图846-3 厚叶苹兰 *Pinalia pachyphylla* 花（李剑武）

847 怒江苹兰 *Pinalia salwinensis* (Hand.-Mazz.) Ormerod

图 847-1 怒江苹兰 *Pinalia salwinensis* 生境与植株（金效华）

【别名】 怒江毛兰。

【主要特征】 附生植物，假鳞茎略膨大，在根状茎上紧密排成一列，圆柱形，长 5.0 ～ 20.0 cm，粗 0.3 ～ 0.4 cm，顶生 2 ～ 6 枚叶。叶片披针形，长 5.0 ～ 10.0 cm，宽 0.8 ～ 1.3 cm，无柄。花序 1 ～ 5 个，从近茎顶端处发出，短于叶，花密生，黄色，唇瓣深黄色，花序轴和子房密被黄褐色柔毛。唇瓣倒披针形，3 裂，基部凹陷，中裂片近扁圆形；蕊柱长 2.0 mm。

【花期】 6 ～ 7 月。

【生境状况】 生于海拔 800 ～ 1 500 m 的林中树上或林下岩石上。

【濒危等级】 EN。

【地理分布】 云南省。

图 847-2 怒江苹兰 *Pinalia salwinensis* 花（金效华）

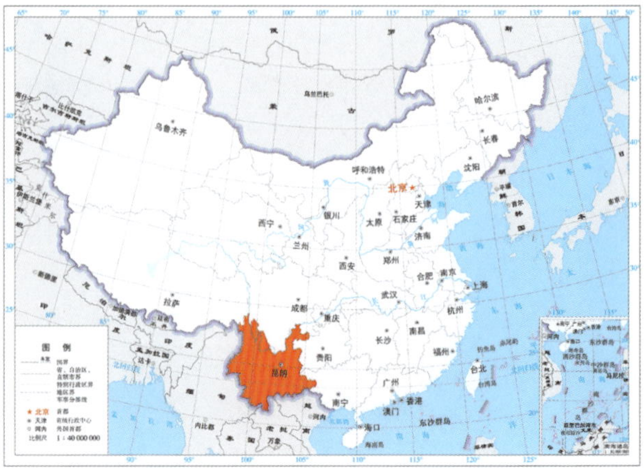

图 847-3 怒江苹兰 *Pinalia salwinensis* 地理分布

848 密花苹兰 *Pinalia spicata* (D. Don) S. C. Chen & J. J. Wood

图 848-1 密花苹兰 *Pinalia spicata* 生境与植株（李剑武）

【别名】 密花毛兰。

【主要特征】 附生植物，假鳞茎紧靠，圆柱形，长 3.0 ~ 16.0 cm，粗 0.5 ~ 1.5 cm，顶生 2 ~ 4 枚叶。叶片椭圆形，长 5.0 ~ 22.0 cm，宽 1.0 ~ 4.0 cm。花序 1 ~ 3 个，从假鳞茎顶端的叶外侧发出，长 4.0 ~ 5.0 cm，密生数朵花，花白色，唇瓣先端黄色，花序轴、花梗和子房密生锈色柔毛。花苞片披针形，长 8.0 mm；中萼片椭圆形，长 6.0 mm，宽 2.5 mm；侧萼片卵状三角形，偏斜，长 6.0 mm，与蕊柱足合生成萼囊；花瓣椭圆形，长 5.0 mm，宽 2.0 mm；唇瓣近菱形，长、宽约 5.0 mm，基部收狭成爪，3 裂，侧裂片卵状三角形，与中裂片成直角，中裂片比侧裂片小，增厚，三角形，长 1.0 mm，宽 1.5 mm；蕊柱长 2.0 mm。

【花期】 7 ~ 10 月。

【生境状况】 生于海拔 800 ~ 2 800 m 的林中树上或林下岩石上。

【濒危等级】 LC。

【地理分布】 云南和西藏等省区；印度、尼泊尔、缅甸和泰国。

图 848-2 密花苹兰 *Pinalia spicata* 地理分布

图 848-3 密花苹兰 *Pinalia spicata* 花序（叶德平）

849 马齿苹兰 *Pinalia szetschuanica* (Schltr.) S. C. Chen & J. J. Wood

图 849-1 马齿苹兰 *Pinalia szetschuanica* 植株（金效华）

【别名】 马齿毛兰。

【主要特征】 附生植物，假鳞茎密集排列在根状茎上，长圆形，长 1.0 ~ 3.0 cm，粗 0.5 ~ 1.0 cm，顶生 2 ~ 4 枚叶。叶片长圆状披针形，长 4.0 ~ 10.0 cm，宽 0.6 ~ 1.1 cm。花序 1 ~ 2 个，从假鳞茎顶端叶的内侧发出，比叶短，具 1 ~ 3 朵花，花白色。花苞片披针形，长 6.0 mm；中萼片椭圆形，长 8.0 mm，宽 3.0 mm；侧萼片斜长圆形，长 8.0 mm，宽 4.0 mm，基部与蕊柱足合生成萼囊；花瓣倒卵状长圆形，长 8.0 mm，宽 2.0 mm；唇瓣倒卵形，长 6.0 mm，宽 5.0 mm，3 裂，侧裂片近半圆形，长、宽各 2.5 mm，中裂片卵形，比侧裂片长，宽 2.0 mm，上面具疣状突起，唇盘中央自基部发出 3 条线纹至中裂片基部；蕊柱长 3.0 mm。

【花期】 5 ~ 6 月。

【生境状况】 生于海拔 2 300 m 的林中树上或林下岩石上。

【濒危等级】 LC。

【地理分布】 广东、四川和云南等省。

图 849-2 马齿苹兰 *Pinalia szetschuanica* 花（金效华）

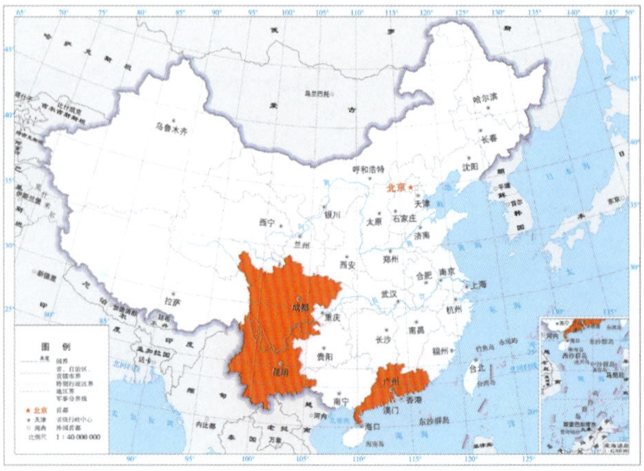

图 849-3 马齿苹兰 *Pinalia szetschuanica* 地理分布

850 滇南苹兰 *Pinalia yunnanensis* (S. C. Chen & Z. H. Tsi) S. C. Chen & J. J. Wood

【别名】 滇南毛兰。

【主要特征】 附生植物，假鳞茎椭圆形，长 2.5 ~ 3.0 cm，粗 1.0 ~ 1.5 cm，具 1 ~ 2 节，中上部着生 1 枚较小的叶。之上具 3 ~ 4 枚大的叶。小叶狭卵形，长 1.5 ~ 6.5 cm，大叶狭长圆状披针形，长 8.0 ~ 16.0 cm，宽 0.6 ~ 1.4 cm，基部具长 1.0 ~ 2.0 cm 的柄。花序 1 ~ 2 个，从假鳞茎的顶端发出，长 4.5 ~ 7.5 cm，具多朵密集的花，花淡黄绿色。花苞片披针形，长 4.0 ~ 5.0 mm；中萼片宽卵形，长 3.0 mm，宽 2.0 mm；侧萼片斜卵形，与中萼片近等长，宽 2.0 mm，基部与蕊柱足合生成萼囊；花瓣卵形，长 2.0 mm，宽 1.5 ~ 1.8 mm；唇瓣略呈十字架形，约为中萼片长的 3/4，基部具爪，3 裂，爪上面具槽，侧裂片近扇形，长、宽约 1.0 mm，边缘波状，中裂片长圆形，长 1.2 mm，宽 1.0 mm，唇盘上具 4 ~ 5 条稍粗厚的脉；蕊柱长 0.7 mm。

【花期】 7 ~ 8 月。

【生境状况】 生长于海拔约 1 500 m 的林中树上。

【濒危等级】 EN。

【地理分布】 云南省。

图 850-1 滇南苹兰 *Pinalia yunnanensis* 生境与植株（李剑武）

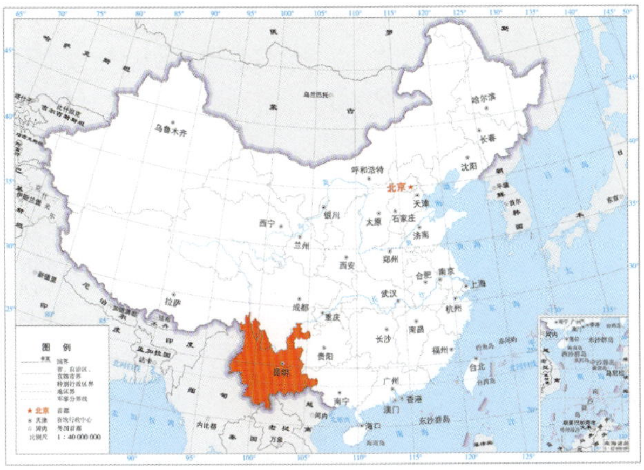

图 850-2 滇南苹兰 *Pinalia yunnanensis* 地理分布

图 850-3 滇南苹兰 *Pinalia yunnanensis* 花序（李剑武）

一一五、毛鞘兰属 *Trichotosia* Bl.

毛鞘兰属 *Trichotosia* 全世界分布共有 50 种，中国分布有 4 种，本图鉴包含 4 种。

毛鞘兰属 *Trichotosia* 分种检索表

1（4） 茎匍匐，短，短于 6 cm，花序具 1 朵花。
2（3） 叶 5 ~ 10 枚互生，植株直立，茎长 4.0 ~ 6.0 cm，唇瓣表面自基部发出 5 条褶片 ……………………………………………… 853. 小叶毛鞘兰 *Trichotosia microphylla*
3（2） 叶 2 ~ 5 枚聚生于不明显的茎上，直立茎极短，唇瓣表面无褶片……………………………………………… 851. 瓜子毛鞘兰 *Trichotosia dasyphylla*
4（1） 茎直立或下垂，较长，花序具 1 ~ 6 朵花。
5（6） 茎下垂，较长，长达 100.0 cm，全株被棕红色毛，叶较宽，花序具 3 ~ 6 朵花，花白色……………………………………………… 854. 高茎毛鞘兰 *Trichotosia pulvinata*
6（5） 茎直立，长 3.0 ~ 8.0 cm，被白色毛，叶稍狭，花序具 1 朵花，花黄绿色，唇瓣中部具 2 个紫色的胼胝体……………………………………………… 852. 东方毛鞘兰 *Trichotosia dongfangensis*

851 瓜子毛鞘兰 *Trichotosia dasyphylla* (E. C. Parish & Rchb. f.) Kraenzl.

【别名】 瓜子毛兰。

【主要特征】 附生植物，植株小，匍匐生长，具交错的根状茎，茎极短。叶 2 ~ 5 枚，簇生，椭圆形，

图 851-1 瓜子毛鞘兰 *Trichotosia dasyphylla* 植株（叶德平）

形似瓜子，长 1.0 ~ 1.5 cm，宽 0.4 ~ 0.6 cm，基部收狭成柄，叶柄与叶片连接处具关节。花序从叶内侧发出，具 1 朵花，花黄绿色。花苞片三角形，长 2.0 mm；萼片背面被毛，中萼片卵状披针形，长 3.0 ~ 4.0 mm，宽 1.0 ~ 2.0 mm；侧萼片斜三角形，长 5.0 ~ 6.0 mm，宽 4.0 mm，基部与蕊柱足合生成明显的萼囊，萼囊长 4.0 mm，宽 2.0 mm；花瓣长圆形，长 3.0 ~ 4.0 mm，宽 1.0 mm，背面具白色长毛；唇瓣倒卵状长圆形，长 5.0 ~ 6.0 mm，宽 3.0 mm，背面被白色长毛，边缘具睫毛状齿，中间稍凹陷，在近中部处具缢缩痕，缢缩处具 2 个长圆形的胼胝体，两胼胝体之间稍加厚；蕊柱长 1.5 mm。

图 851-2　瓜子毛鞘兰 *Trichotosia dasyphylla* 地理分布

【花期】 3 ~ 5 月。

【生境状况】 生于海拔 900 ~ 1 600 m 的林中树上。

【濒危等级】 VU。

【地理分布】 云南省；印度、尼泊尔、缅甸、泰国、老挝和越南。

图 851-3　瓜子毛鞘兰 *Trichotosia dasyphylla* 生境与植株（李剑武）

852 东方毛鞘兰 *Trichotosia dongfangensis* X. H. Jin & L. P. Siu

图 852-1 东方毛鞘兰 *Trichotosia dongfangensis* 植株（金效华）

【别名】 无。

【主要特征】 附生植物，根状茎匍匐，具分枝，具长约 1.0 cm 的节，茎长 3.0 ~ 8.0 cm，具 5 ~ 7 枚叶。叶片长圆形，长 10.0 mm，宽 5.0 mm，两侧具白色长柔毛。花序侧生，具 1 朵花，花黄绿色。花苞片钻状，长 1.0 ~ 3.0 mm；中萼片狭椭圆形，长 3.0 mm，宽 2.0 mm；侧萼片斜三角形，长 5.0 mm，宽 3.0 mm；花瓣披针形，长 2.5 mm，宽 1.5 mm；唇瓣舌状，不裂，长 7.0 mm，宽 3.0 mm，具短柔毛，基部稍内弯，基部具 1 个近球形的胼胝体，中部具 2 个紫色的胼胝体；蕊柱长 1.2 mm。

【花期】 10 ~ 11 月。

【生境状况】 生于海拔 1 300 ~ 1 500 m 的林中树上。

【濒危等级】 DD。

【地理分布】 海南省。

图 852-2 东方毛鞘兰 *Trichotosia dongfangensis* 花（金效华）

图 852-3 东方毛鞘兰 *Trichotosia dongfangensis* 地理分布

853 小叶毛鞘兰 *Trichotosia microphylla* Bl.

【别名】 小叶毛兰、毛叶毛兰。

【主要特征】 附生植物，植株矮小，高 4.0 ~ 6.0 cm，全体被灰白色长硬毛，具根状茎，茎不膨大成假鳞茎，近簇生，圆柱形，被叶鞘所包。叶片 5 ~ 10 枚，互生，狭椭圆形，长 0.8 ~ 1.7 cm，宽 0.3 ~ 0.5 cm，基部收狭。花序从茎上部的叶鞘中发出，与叶对生，顶生 1 朵花，花黄绿色。花苞片披针形，长 6.0 mm；中萼片卵形，长 3.0 mm，宽 1.5 mm，背面疏被柔毛；侧萼片长圆形，长约 5.0 mm，宽 3.0 mm，背面被长柔毛，基部与蕊柱足合生成长约 4.0 mm 的萼囊；花瓣长圆形，比中萼片略短而窄；唇瓣倒卵状长圆形，不裂，长约 5.0 mm，宽 2.5 mm，近中部稍缢缩，基部与萼囊连接处呈膝状弯曲，背面被长硬毛，表面自基部发出 5 条褶片，在中部缢缩处具 1 个长约 1.0 mm 的椭圆形胼胝体，上部中间有 1 个 V 形无毛区。蕊柱长约 1.5 mm，具长 4.0 mm 的蕊柱足。

图 853-1　小叶毛鞘兰 *Trichotosia microphylla* 地理分布

【花期】 4 ~ 6 月。

【生境状况】 生于海拔 1 000 ~ 1 500 m 的林中树上。

【濒危等级】 LC。

【地理分布】 海南和云南等省；泰国、越南、马来西亚和印度尼西亚。

图 853-2　小叶毛鞘兰 *Trichotosia microphylla* 生境与植株（黄明忠）

854 高茎毛鞘兰 *Trichotosia pulvinata* (Lindl.) Kraenzl.

【别名】 高茎毛兰。

【主要特征】 附生植物，植株全体被红褐色茸毛，无假鳞茎及明显的根状茎，茎丛生，圆柱形，长达 1.0 m，具多节，节间长红 2.0 cm。叶着生于茎的节上，披针形，长 6.0 ~ 10.0 cm，宽 1.0 ~ 1.8 cm，基部具长 1.5 ~ 2.0 cm 的鞘。花序生于茎的中上部，与叶对生，长约 2.0 cm，具 3 ~ 6 朵花，花白色。花苞片卵状披针形，长 6.0 mm；中萼片长圆形，长 10.0 mm，宽 3.0 mm；侧萼片卵状三角形，长 10.0 mm，宽 4.0 mm；基部与蕊柱足合生成萼囊；花瓣披针形，比中萼片稍短，宽 2.0 mm；唇瓣近匙形，长 13.0 mm，宽 4.0 mm，不裂，具 3 条褶片，褶片排列较密，在上部 1/3 处向外弯曲，并分出 2 ~ 3 条弯曲的小褶片；蕊柱长 4.0 mm。

图 854-1 高茎毛鞘兰 *Trichotosia pulvinata* 地理分布

【花期】 7 月。

【生境状况】 生于海拔 800 ~ 2 000 m 的林中树上或林下岩石上。

【濒危等级】 LC。

【地理分布】 广西和云南等省区；印度、缅甸、泰国、老挝、越南、柬埔寨和马来西亚。

图 854-2 高茎毛鞘兰 *Trichotosia pulvinata* 花（李剑武）

图 854-3　高茎毛鞘兰 *Trichotosia pulvinata* 生境与植株（李剑武）

一一六、拟石斛属 *Oxystophyllum* Bl.

拟石斛属 *Oxystophyllum* 全世界分布共有 36 种，中国分布有 1 种，本图鉴包含 1 种。

855 拟石斛 *Oxystophyllum changjiangense* (S. J. Cheng & C. Z. Tang) M. A. Clements

图 855-1 拟石斛 *Oxystophyllum changjiangense* 植株（黄明忠）

图 855-2 拟石斛 *Oxystophyllum changjiangense* 地理分布

【别名】 昌江石斛、肉质花石斛。

【主要特征】 附生植物，植株具匍匐根状茎和直立的茎，茎疏散地生于根状茎上，分枝或不分枝，长 6.0 ~ 9.0 cm，粗 0.2 ~ 0.4 cm，近木质，完全被叶鞘所包。叶 2 列，斜立，紧密套叠，两侧压扁呈短剑状，长 3.0 ~ 5.0 cm，宽 0.6 ~ 1.0 cm，基部具鞘和关节。花序顶生，长 1.0 cm，具数朵花，花紫黑色。花苞片宽卵形，长 4.0 ~ 7.0 mm；中萼片椭圆形，长 4.0 ~ 5.0 mm，宽 2.0 ~ 2.5 mm；侧萼片斜卵状三角形，与中萼片等长但稍宽，基部歪斜，萼囊大；花瓣长圆形，长 4.0 ~ 4.5 mm，宽 1.0 mm，先端具短突；唇瓣舌状，长 6.0 ~ 7.0 mm，宽 2.5 ~ 3.0 mm，中部以上外弯，在下面近先端处具 1 个乳突，中部两侧边缘微撕裂；蕊柱长 1.5 mm。

【花期】 5 ~ 12 月。

【生境状况】 生于海拔 1 000 m 以下的林中树上或林下岩石上。

【濒危等级】 EN。

【地理分布】 海南省；印度尼西亚。

图 855-3　拟石斛 *Oxystophyllum changjiangense* 生境与植株（黄明忠）

一一七、美柱兰属 *Callostylis* Bl.

美柱兰属 *Callostylis* 全世界分布共有 5 种，中国分布有 2 种，本图鉴包含 2 种。

美柱兰属 *Callostylis* 分种检索表

1（2） 植株无假鳞茎，丛生，茎圆柱形 ………………………………… 856. 竹叶美柱兰 ***Callostylis bambusifolia***

2（1） 植株具根状茎及假鳞茎，假鳞茎近棱形，彼此相距 5.0 ～ 10.0 cm………… 857. 美柱兰 ***Callostylis rigida***

856 竹叶美柱兰 *Callostylis bambusifolia* (Lindl.) S. C. Chen & J. J. Wood

【别名】 竹叶毛兰。

【主要特征】 附生植物，茎不膨大成假鳞茎状，圆柱形，密集着生，长 20.0 ～ 70.0 cm，粗 0.3 ～ 0.7 cm，具多个节间，近顶生多枚叶。叶 2 列，长披针形，长 10.0 ～ 22.0 cm，宽 1.0 ～ 3.0 cm，基部具长鞘并抱茎。花序 2 ～ 7 个，生于茎近顶端处，与叶对生，长 10.0 ～ 22.0 cm，花序轴呈之字形弯曲，具数朵花，花白色，花序轴、花梗、子房和萼片均密被灰棕色茸毛。花苞片倒卵状长圆形，长 5.0 mm，宽 3.0 ～ 4.0 mm；中萼片长圆状披针形，长 12.0 mm，宽 3.0 mm；侧萼片斜长圆状披针形，长 10.0 mm，宽 5.0 mm，基部与蕊柱足合生成萼囊；花瓣长圆状披针形，长 11.0 mm，宽 2.5 mm；唇瓣卵状三角形，长 10.0 mm，宽 6.0 mm，基部和顶部不同程度地加厚，基部具 1 个向上弯曲、长 2.0 mm 的爪；唇盘自基部至先端具 3 条密生白色乳突的褶片，褶片基部大，向上变细，先端处消失；蕊柱长 8.0 mm。

图 856-1 竹叶美柱兰 *Callostylis bambusifolia* 生境与植株（叶德平）

【花期】 11 ～ 12 月。

【生境状况】 生于海拔 950 ～ 1 200 m 的林中树上或林下岩石上。

【濒危等级】 LC。

【地理分布】 广西和云南等省区；印度、缅甸、泰国和越南。

【附注】 最新研究，本种应为 *Bambuseria bambusifolia* (Lindl.) Schuit., Y. P. Ng & H. A. Pedersen。

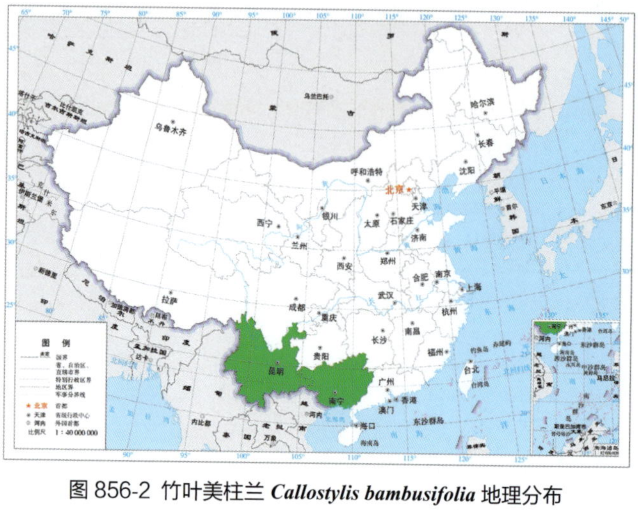

图 856-2 竹叶美柱兰 *Callostylis bambusifolia* 地理分布

图 856-3 竹叶美柱兰 ***Callostylis bambusifolia*** 植株（李剑武）

图 856-4 竹叶美柱兰 ***Callostylis bambusifoliad*** 花序（李剑武）

857 美柱兰 *Callostylis rigida* Bl.

图 857-1 美柱兰 *Callostylis rigida* 生境与植株（李剑武）

【别名】 无。

【主要特征】 附生植物，根状茎横走，节间长 1.0 ~ 2.0 cm，假鳞茎近梭形，彼此相距 5.0 ~ 10.0 cm，长 6.0 ~ 16.0 cm，粗 2.0 ~ 3.0 cm，近顶端处具 4 ~ 5 枚叶。叶片长圆形，长 12.0 ~ 17.0 cm，宽 2.4 ~ 4.3 cm，先端两侧具不等的 2 圆裂，基部具短柄。花序 2 ~ 4 个，长 1.5 ~ 4.5 cm，具 10 余朵花，花黄色。花苞片近圆形，长 3.0 ~ 4.0 mm，两面被毛；萼片外面被长毛，内面与花瓣两面均疏生短柔毛；中萼片椭圆形，长 8.0 ~ 10.0 mm，宽 4.0 ~ 5.0 mm，侧萼片椭圆形，稍短而宽；花瓣狭椭圆状倒卵形，长 7.0 ~ 8.0 mm，宽 3.5 ~ 4.0 mm；唇瓣近宽心形，长 3.0 mm，宽 4.0 mm，唇盘上有 1 个垫状突起；蕊柱向前呈直角弯曲。

【花期】 5 ~ 6 月。

【生境状况】 生长于海拔 1 100 ~ 1 700 m 的林中树上或林下岩石上。

【濒危等级】 LC。

【地理分布】 云南省；印度、缅甸、泰国、老挝、越南、马来西亚和印度尼西亚。

图 857-2 美柱兰 *Callostylis rigida* 花（李剑武）

图 857-3 美柱兰 *Callostylis rigida* 地理分布

一一八、盾柄兰属 *Porpax* Lindl.

盾柄兰属 *Porpax* 全世界分布共有 13 种，中国分布有 2 种，本图鉴包含 1 种。

858 盾柄兰 *Porpax ustulata* (E. C. Parish & Rchb. f.) Rolfe

【别名】 无。

【主要特征】 小型附生植物，假鳞茎扁球形，长 4.0 ~ 5.0 mm，宽 5.0 ~ 6.0 mm，外面被薄膜质鞘，鞘具网状脉，顶生 2 枚叶，与花同期。叶片倒卵形，长 1.5 ~ 2.5 cm，宽 0.8 ~ 1.4 cm，基部收狭成柄。花葶从 2 片叶中央发出，短，具 1 ~ 2 朵花，花红色。中萼片与侧萼片在下部合生成圆筒状，长 6.0 ~ 7.0 mm，宽 3.0 ~ 4.0 mm，但 2 枚侧萼片合生部分达 2/3，基部前方略呈囊状凸出；花瓣匙形，长 5.0 ~ 6.0 mm，宽约 2.0 mm，边缘略呈啮蚀状；唇瓣近长圆状倒披针形，长约 2.0 mm，宽约 0.7 mm，外折，上部边缘有短流苏。

【花期】 6 月。

【生境状况】 生于海拔 1 200 ~ 1 500 m 的石灰山疏林下树上或石上。

【濒危等级】 LC。

【地理分布】 云南省；缅甸、泰国和老挝。

图 858-1 盾柄兰 *Porpax ustulata* 生境与植株（李剑武）

图 858-2 盾柄兰 *Porpax ustulata* 地理分布

图 858-3 盾柄兰 *Porpax ustulata* 花（李剑武）

一一九、牛角兰属 *Ceratostylis* Bl.

牛角兰属 *Ceratostylis* 全世界分布共有 147 种，中国分布有 4 种，本图鉴包含 3 种。

牛角兰属 *Ceratostylis* 分种检索表

1（2） 茎长 6.0 ~ 18.0 cm 以上，仅基部被鞘包住，叶近圆柱形，与茎连成一线，与茎相似 …… 861. 管叶牛角兰 *Ceratostylis subulata*

2（1） 茎长不超过 10.0 cm，全部被鞘包住，叶线形或狭长圆形，明显不同于茎。

3（4） 叶较大，长 35.0 ~ 65.0 mm，宽 3.0 ~ 7.0 mm；花大，中萼片长 5.0 ~ 6.0 mm，萼片外面及子房被毛 …… 859. 叉枝牛角兰 *Ceratostylis himalaica*

4（3） 叶较小，长 25.0 mm，宽 3.0 ~ 4.0 mm；花小，萼片长 3.0 mm，萼片外面及子房被毛 …… 860. 泰国牛角兰 *Ceratostylis siamensis*

859 叉枝牛角兰 *Ceratostylis himalaica* Hook. f.

【别名】 叉枝中角兰、叉柱牛角兰。

【主要特征】 附生植物，具粗短根状茎，茎丛生，呈二叉状分枝，全部为鳞片状鞘所覆盖，叶 1 枚生于分枝顶端。叶片线形，长 3.5 ~ 6.5 cm，宽 0.3 ~ 0.7 cm，先端略不等的 2 浅裂。花序生于分枝顶端，通常具 2 ~ 3 朵花，花白色而有紫红色斑。花苞片卵形，长 4.0 ~ 5.0 mm，宽 1.5 ~ 2.0 mm；中萼片长圆状

图 859-1 叉枝牛角兰 *Ceratostylis himalaica* 生境与植株（李剑武）

卵形，长 5.0 ~ 6.0 mm，宽 2.0 ~ 3.5 mm，背面被柔毛；侧萼片宽卵形，长 3.5 ~ 4.5 mm，基部仅一部分着生于蕊柱足上，另一侧延伸为萼囊并围抱唇瓣基部，背面被柔毛；花瓣线形，长 3.5 ~ 4.5 mm，宽约 1.0 mm；唇瓣近长圆形，长 2.0 ~ 3.0 mm，不裂，肥厚，凹陷呈舟状，基部呈深囊状，顶端背面具 1 个垫状胼胝体。

【花期】 4 ~ 6 月。

【生境状况】 生于海拔 900 ~ 1 700 m 的林中树上或岩石上。

【濒危等级】 LC。

【地理分布】 云南和西藏等省区；印度、不丹、尼泊尔、缅甸、老挝和越南。

图 859-2 叉枝牛角兰 *Ceratostylis himalaica* 地理分布

图 859-3 叉枝牛角兰 *Ceratostylis himalaica* 花（叶德平）

860 泰国牛角兰 *Ceratostylis siamensis* Rolfe ex Downie

图 860-1 泰国牛角兰 *Ceratostylis siamensis* 生境与植株（李剑武）

【别名】 无。

【主要特征】 附生植物，具粗短的根状茎，茎密集丛生，顶生 1 枚叶。叶片线形，长约 25.0 mm，宽 3.0 ~ 4.0 mm，先端两侧具不等的 2 裂。花序顶生，具 1 ~ 2 朵花，花白色而有紫红色斑，唇瓣浅黄色。萼片外侧被毛，中萼片长圆状披针形，长 3.0 mm，宽 1.5 mm；侧萼片宽卵形，长 2.2 mm，宽 3.0 mm；花瓣狭长圆形，长 2.5 mm，宽 1.0 mm；唇瓣长圆形，长 2.5 ~ 3.0 mm，凹陷呈舟状，基部深囊状，边缘全缘，先端具 1 个垫状胼胝体。

【花期】 10 ~ 11 月。

【生境状况】 生于海拔 1 500 ~ 1 900 m 的林中树上或岩石上。

【濒危等级】 VU。

【地理分布】 云南省；泰国和印度尼西亚。

图 860-2 泰国牛角兰 *Ceratostylis siamensis* 花（李剑武）

图 860-3 泰国牛角兰 *Ceratostylis siamensis* 地理分布

861 管叶牛角兰 *Ceratostylis subulata* Bl.

【别名】 无。

【主要特征】 附生植物，具粗短的根状茎，茎密丛生，圆柱形，长 6.0 ~ 18.0 cm，形似灯心草，基部被 5 ~ 6 枚鳞片状鞘，顶端具 1 节，节上生 1 枚叶和 1 个缩短的花序。叶直立，近圆柱形，长 2.3 ~ 5.2 cm，宽约 0.2 cm，常在花后脱落。花序生于茎顶端节上，在叶未脱落前形似侧生，头状，具数朵花，花黄绿色。萼片长圆形，长约 2.5 mm，宽约 1.0 mm，侧萼片略宽于中萼片，基部贴生于蕊柱足上，开成近棒状的萼囊；花瓣披针状菱形，长约 3.0 mm，宽约 0.7 mm；唇瓣略呈匙形，长 2.0 ~ 3.0 mm，宽约 1.5 mm，基部收狭成爪，上端增厚而呈肉质。

【花期】 6 ~ 11 月。

【生境状况】 生长于海拔 750 ~ 1 100 m 的林中树上或岩石上。

【濒危等级】 LC。

【地理分布】 海南省；印度、缅甸、泰国、老挝、越南、柬埔寨、马来西亚、印度尼西亚和菲律宾。

图 861-1 管叶牛角兰 *Ceratostylis subulata* 生境与植株（金效华）

图 861-2 管叶牛角兰 *Ceratostylis subulata* 地理分布

图 861-3 管叶牛角兰 *Ceratostylis subulata* 花（金效华）

一二〇、宿苞兰属 *Cryptochilus* Wall.

宿苞兰属 *Cryptochilus* 全世界分布共有 5 种，中国分布有 3 种，本图鉴包含 3 种。

宿苞兰属 *Cryptochilus* 分种检索表

1（2） 顶生 1 枚叶，萼片离生，萼片背面具翅状突起…………………………863. 玫瑰宿苞兰 *Cryptochilus roseus*
2（1） 顶生 2 枚叶，萼片合生成筒状，背面无翅状突起。
3（4） 花红色，萼筒外面具白色长柔毛…………………………………864. 红花宿苞兰 *Cryptochilus sanguinea*
4（3） 花黄绿色，萼筒外面无毛………………………………………………………………862. 宿苞兰 *Cryptochilus lutea*

862 宿苞兰 *Cryptochilus lutea* Lindl.

图 862-1 宿苞兰 *Cryptochilus lutea* 植株与生境（李剑武）

【别名】 无。

【主要特征】 附生植物，假鳞茎聚生于短的根状茎上，近圆柱形，长 1.5 ~ 3.5 cm，粗 0.5 ~ 1.0 cm，近顶端有 2 ~ 3 节，顶生 2 枚叶。叶片狭长圆形，长 5.0 ~ 16.0 cm，宽 1.0 ~ 2.5 cm，基部渐狭成柄，叶柄长 1.0 ~ 3.0 cm。花葶从幼嫩的假鳞茎顶端 2 枚叶中央发出，长 6.0 ~ 16.0 cm，少有分枝，密生 20 ~ 40 朵花，花黄绿色。花苞片 2 列，宿存，狭披针形，长 6.0 ~ 14.0 mm，中央凹陷成槽；萼片合生成的萼筒近坛状，长 3.0 ~ 5.0 mm，顶生裂片卵状三角形，长 1.0 mm，侧萼片基部凸出，短囊状；花瓣藏于萼筒之内，倒卵状披针形，长 3.5 ~ 4.0 mm，宽 0.8 mm；唇瓣近菱状楔形，长 3.5 ~ 4.0 mm，宽 0.8 mm，基部略弯曲；蕊柱短。

【花期】 6 ~ 7 月。

【生境状况】 生于海拔 1 500 ~ 2 300 m 的林中树上。

【濒危等级】 LC。

【地理分布】 云南省；不丹和印度。

图 862-2　宿苞兰 *Cryptochilus lutea* 地理分布

图 862-3 宿苞兰 *Cryptochilus lutea* 生境与植株（李剑武）

863 玫瑰宿苞兰 *Cryptochilus roseus* (Lindl.) S. C. Chen & J. J. Wood

【别名】 玫瑰毛兰。

【主要特征】 附生植物，假鳞茎密集或相距 1.0 ~ 2.0 cm，卵形，长 2.0 ~ 5.0 cm，粗 1.0 ~ 2.0 cm，顶生 1 枚叶。叶片披针形，长 16.0 ~ 40.0 cm，宽 2.0 ~ 5.0 cm，中脉在上面凹陷，背面凸出，基部收狭成长 3.0 ~ 6.0 cm 的柄。花序从假鳞茎顶端发出，与叶近等长，中上部疏生 2 ~ 5 朵花，花白色。花苞片线形，长 20.0 ~ 50.0 mm，宽 4.0 ~ 6.0 mm；中萼片卵状长圆形，长 12.0 mm，宽 5.0 mm，背面有龙骨状突起；侧萼片三角状披针形，长 14.0 mm，宽 8.0 ~ 9.0 mm，背面有高达 2.0 mm 的翅；萼囊长 4.0 mm；花瓣近菱形，长 11.0 mm，宽 6.0 mm；唇瓣倒卵状椭圆形，长 13.0 ~ 14.0 mm，宽 8.0 ~ 10.0 mm，3 裂，侧裂片半卵形，先端向内弯，中裂片近匙形，长 4.0 ~ 6.0 mm，宽 4.0 ~ 5.0 mm，中央微凹，唇盘上有 2 ~ 3 条肥厚的褶片，而后再分成 7 条细褶片，中央褶片明显，伸长达中裂片先端；蕊柱长 6.0 mm。

图 863-1 玫瑰宿苞兰 *Cryptochilus roseus* 生境与植株（金效华）

图 863-2 玫瑰宿苞兰 *Cryptochilus roseus* 花序（李剑武）

【花期】 11 月至翌年 2 月。

【生境状况】 生于海拔约 1 300 m 的林中树上或林下岩石上。

【濒危等级】 LC。

【地理分布】 香港、海南和云南等地；缅甸。

图 863-3 玫瑰宿苞兰 *Cryptochilus roseus* 地理分布

864 红花宿苞兰 *Cryptochilus sanguinea* Wall.

图 864-1 红花宿苞兰 *Cryptochilus sanguinea* 生境与植株（金效华）

【别名】 无。

【主要特征】 附生植物，具密集的假鳞茎，假鳞茎圆柱形，长 1.5 ~ 3.0 cm，粗 0.5 ~ 0.8 cm，具 2 ~ 3 节。顶生 2 枚叶，叶片狭长圆形，长 6.0 ~ 15.0 cm，宽 1.5 ~ 3.0 cm，基部渐狭成柄，叶柄长 0.7 ~ 1.5 cm。花葶从幼嫩的假鳞茎顶端 2 枚叶中央发出，长 10.0 ~ 26.0 cm，具 10 ~ 30 朵花，花红色。花苞片 2 列，宿存，狭披针形，长 5.0 ~ 21.0 mm，中央凹陷成槽；萼片合生成的萼筒长 6.0 ~ 9.0 mm，外面密被白色长柔毛，顶端裂片卵状三角形，长 3.0 ~ 4.0 mm；侧萼片基部明显凸出而成囊状；花瓣藏于萼筒之内，倒披针形，长 5.0 ~ 6.0 mm，宽 1.0 mm；唇瓣近长圆形，长 7.0 mm，宽 2.0 mm，整个藏于萼筒之内；蕊柱短。

【花期】 6 ~ 8 月。

【生境状况】 生于海拔 1 800 ~ 2 100 m 的林中树上。

【濒危等级】 EN。

【地理分布】 云南和西藏等省区；印度和尼泊尔。

图 864-2 红花宿苞兰 *Cryptochilus sanguinea* 花序（金效华）

图 864-3 红花宿苞兰 *Cryptochilus sanguinea* 地理分布

一二一、牛齿兰属 *Appendicula* Bl.

牛齿兰属 *Appendicula* 全世界分布共有 146 种，中国分布有 4 种，本图鉴包含 2 种。

牛齿兰属 *Appendicula* 分种检索表

1（2） 叶较小，长 0.8 ～ 1.7 cm，花较小，中萼片长约 2.5 mm……… 865. 小花牛齿兰 *Appendicula annamensis*
2（1） 叶较大，长 2.5 ～ 3.5 cm，花较大，中萼片长约 3.5 mm……………… 866. 牛齿兰 *Appendicula cornuta*

865 小花牛齿兰 *Appendicula annamensis* Guillaum.

【别名】 海南牛齿兰。

【主要特征】 附生植物，茎丛生，长约 33.0 cm，叶多枚 2 列着生。叶片卵状长圆形，长 0.8 ～ 1.7 cm，宽 0.5 ～ 0.8 cm，先端微 2 裂，基部抱茎。花序假顶生，长 5.0 ～ 20.0 mm，密生数朵花，同一时间仅 1 ～ 3 朵开放，花白色。花苞片卵形，长约 2.0 mm；中萼片宽卵形，长约 2.5 mm，宽 1.8 mm，背面稍具龙骨状突起；侧萼片斜的宽卵形，长约 3.0 mm，宽约 2.1 mm；萼囊长约 1.0 mm；花瓣长圆状椭圆形，长约 2.0 mm，宽约 1.0 mm；唇瓣长约 3.0 mm，宽 2.0 mm，基部近球形，上部宽卵形；胼胝体向下俯卧，近方形。蕊柱长约 1.5 mm。

【花期】 4 ～ 5 月。

【生境状况】 生于海拔 300 ～ 700 m 的林中树上或林下岩石上。

【濒危等级】 LC。

【地理分布】 海南省；越南。

图 865-1 小花牛齿兰 *Appendicula annamensis* 花（黄明忠）

图 865-2 小花牛齿兰 *Appendicula annamensis* 地理分布

图 865-3　小花牛齿兰 *Appendicula annamensis* 生境与植株（黄明忠）

866 牛齿兰 *Appendicula cornuta* Bl.

图 866-1 牛齿兰 *Appendicula cornuta* 生境与植株（李剑武）

图 866-2 牛齿兰 *Appendicula cornuta* 花（李剑武）

【别名】 无。

【主要特征】 附生植物，茎丛生，直立或有时悬垂，不分枝，长 20.0 ~ 50.0 cm，全部包藏于筒状叶鞘之内，节间长约 1.0 cm。叶 2 列互生，狭卵状椭圆形，长 2.5 ~ 3.5 cm，宽 0.6 ~ 1.2 cm，先端两侧具不等的 2 裂，基部具抱茎的筒状鞘。花序顶生或有时顶侧生，短于叶，具 2 ~ 6 朵花，花白色。花苞片披针形，长 4.0 ~ 5.0 mm；中萼片椭圆形，长约 3.5 mm，宽 1.8 ~ 2.0 mm；侧萼片斜三角形，长 4.0 ~ 5.0 mm，与唇瓣基部共同形成萼囊；萼囊长 1.0 mm；花瓣卵状长圆形，长 2.5 ~ 3.0 mm，宽 1.5 mm；唇瓣长圆形，长 3.5 ~ 4.0 mm，宽 1.5 mm，近中部略缢缩，边缘皱波状，在上部具 1 枚肥厚的褶片状附属物，近基部具 1 枚半圆形、向后伸展、两侧边缘内弯的膜片状附属物；蕊柱长 2.0 mm。

【花期】 7 ~ 8 月。

【生境状况】 生于海拔约 800 m 的林中树上或林下阴湿的岩壁上。

【濒危等级】 LC。

【地理分布】 广东、香港、海南和云南等地；印度、缅甸、泰国、老挝、越南、柬埔寨、马来西亚、新加坡、印度尼西亚、菲律宾等。

图 866-3 牛齿兰 *Appendicula cornuta* 地理分布

一二二、柄唇兰属 *Podochilus* Bl.

柄唇兰属 *Podochilus* 全世界分布共有 62 种，中国分布有 2 种，本图鉴包含 1 种。

867　柄唇兰 *Podochilus khasianus* Hook. f.

【别名】 无。

【主要特征】 附生植物，茎丛生，直立，长 4.0 ~ 12.0 cm，全部包藏于叶鞘之内，节间长 3.0 ~ 4.0 mm。叶多枚，2 列互生，狭长圆形，长 6.0 ~ 7.0 mm，宽 1.5 ~ 2.5 mm，略呈镰刀状弯曲，两侧边缘内卷，基部具抱茎的筒状鞘，具关节。花序顶生或有时顶侧生，长 3.0 ~ 5.0 mm，具 2 ~ 4 朵花，花白色。花苞片卵状披针形，长 1.5 ~ 2.0 mm；中萼片卵状披针形，长 2.0 ~ 2.2 mm，宽 1.0 ~ 1.2 mm；侧萼片卵状三角形，长 2.2 ~ 2.5 mm，基部着生于蕊柱足上形成萼囊；花瓣近长圆形，长 1.6 mm，宽 0.7 mm；唇瓣长圆形，中部略缢缩，基部两侧扩大成裂片状且稍增厚而内弯，基部以细长的爪着生于蕊柱足上；蕊柱短。

【花期】 7 ~ 9 月。

【生境状况】 生于海拔 450 ~ 1 900 m 的林中树上。

【濒危等级】 NT。

【地理分布】 广东、广西和云南等省区；印度和缅甸。

图 867-1　柄唇兰 *Podochilus khasianus* 植株（李剑武）

图 867-2　柄唇兰 *Podochilus khasianus* 地理分布

图 867-3　柄唇兰 *Podochilus khasianus* 花（叶德平）

一二三、矮柱兰属 *Thelasis* Bl.

矮柱兰属 *Thelasis* 全世界分布共有 26 种，中国分布有 2 种，本图鉴包含 2 种。

矮柱兰属 *Thelasis* 分种检索表

1（2） 侧萼片背面有明显的龙骨状突起，唇瓣两侧边缘内卷……………………… 869. 矮柱兰 ***Thelasis pygmaea***
2（1） 侧萼片背面无龙骨状突起，唇瓣两侧边缘不内卷……………………… 868. 滇南矮柱兰 ***Thelasis khasiana***

868 滇南矮柱兰 *Thelasis khasiana* Hook. f.

图 868-1 滇南矮柱兰 *Thelasis khasiana* 花序（李剑武）

【别名】 无。

【主要特征】 附生植物，假鳞茎密集，卵球形，高 1.0 ~ 1.5 cm，粗 1.0 ~ 1.5 cm，顶生 1 枚大叶，有时还生 1 枚小叶。大叶倒披针状狭长圆形，长 9.0 ~ 12.0 cm，宽 1.2 ~ 1.5 cm，基部收狭成柄；小叶很小，近椭圆形，长 1.0 cm。花葶生于假鳞茎基部，高 16.0 ~ 19.0 cm，具数朵密集的小花，花黄绿色。花苞片卵状披针形，长 2.0 ~ 2.5 mm；中萼片卵形，长 2.5 ~ 3.1 mm，宽 1.5 mm；侧萼片与中萼片相似，略呈舟状，背面不具龙骨状突起；花瓣狭长圆形，长 2.1 ~ 2.4 mm，宽 0.8 mm；唇瓣卵状披针形，长 3.0 mm，宽 1.3 mm，边缘不内卷；蕊柱短。

【花期】 7 月。

【生境状况】 生于海拔 800 ~ 2 000 m 的林中树上。

【濒危等级】 LC。

【地理分布】 云南省；印度、缅甸、泰国、老挝、越南、马来西亚、印度尼西亚和菲律宾等。

图 868-2 滇南矮柱兰 *Thelasis khasiana* 地理分布

图 868-3 滇南矮柱兰 *Thelasis khasiana* 生境与植株（叶德平）

869 矮柱兰 *Thelasis pygmaea* (Griff.) Bl.

图 869-1 矮柱兰 *Thelasis pygmaea* 生境与植株（李剑武）

【别名】 闭花八粉兰。

【主要特征】 附生植物，假鳞茎聚生，扁球形，高 3.0 ~ 10.0 mm，粗 7.0 ~ 18.0 mm，顶生 1 枚大叶和 1 枚小叶。大叶狭长圆状倒披针形，长 4.0 ~ 8.0 cm，宽 0.6 ~ 1.3 cm，先端两侧具不等的 2 裂；小叶长圆形，长 0.7 ~ 1.5 cm。花葶生于假鳞茎基部，高 10.0 ~ 20.0 cm，具数朵密集的小花，花黄绿色。花苞片卵状三角形，长 2.0 mm；中萼片卵状披针形，长 2.0 ~ 2.5 mm，宽 1.0 mm；侧萼片与中萼片相似，但背面具龙骨状突起；花瓣近长圆形，长 2.0 mm，宽 0.7 mm；唇瓣卵状三角形，长 1.8 mm，宽 1.2 mm，边缘内卷；蕊柱短。

【花期】 4 ~ 10 月。

【生境状况】 生长于海拔 1 100 m 以下的林中树上或林下岩石上。

【濒危等级】 LC。

【地理分布】 台湾、海南和云南等省；印度、尼泊尔、缅甸、泰国、老挝、越南、马来西亚、印度尼西亚和菲律宾。

图 869-2 矮柱兰 *Thelasis pygmaea* 花（叶德平）

图 869-3 矮柱兰 *Thelasis pygmaea* 地理分布

一二四、馥兰属 *Phreatia* Lindl.

馥兰属 *Phreatia* 全世界分布共有 211 种，中国分布有 5 种，本图鉴包含 2 种。

馥兰属 *Phreatia* 分种检索表

1（2）　茎较长，长 4.0 ~ 10.0 cm，叶片较长，长 7.0 ~ 20.0 cm ………………… 870. 小馥兰 ***Phreatia elegans***

2（1）　茎短，几无，叶片稍短，长 2.5 ~ 9.0 cm …………………………………… 871. 馥兰 ***Phreatia formosana***

870　小馥兰 *Phreatia elegans* Lindl.

【别名】 无。

【主要特征】 附生于树干上，茎长 4.0 ~ 10.0 cm。叶椭圆状披针形，具关节，长 7.0 ~ 20.0 cm，宽 0.4 ~ 1.5 cm。花序长 5.0 ~ 15.0 cm，密被多朵花，具 3 ~ 5 枚管状叶鞘。花白色；花梗和子房略弯，长约 0.3 mm；中萼片宽卵形，长约 0.2 cm；侧萼片三角形，倾斜，长约 0.2 cm；花瓣卵形，长约 1.5 mm；唇瓣具爪，唇盘半球形，被毛，长约 2.5 mm；萼囊囊状，长约 0.1 cm；蕊柱截短，顶端具 2 角，长约 0.1 cm。

【花期】 7 ~ 8 月。

【生境状况】 生长于海拔约 1 100 m 的热带雨林中。

【濒危等级】 DD。

【地理分布】 云南省；印度和印度尼西亚。

图 870-1　小馥兰 *Phreatia elegans* 生境与植株（金效华）

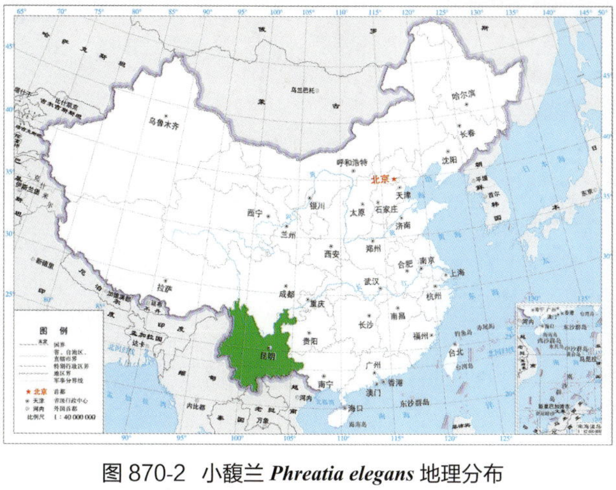

图 870-2　小馥兰 *Phreatia elegans* 地理分布

图 870-3　小馥兰 *Phreatia elegans* 花序（金效华）

871 馥兰 *Phreatia formosana* Rolfe ex Hemsl.

【别名】 套叶馥兰、蓬莱芙乐兰。

【主要特征】 附生植物，无假鳞茎，茎短，包藏于互相套叠的叶鞘之内。叶 4 ~ 6 枚，近基生，2 列互生，成簇，线形，长 2.5 ~ 9.0 cm，宽 2.5 ~ 6.5 mm，先端两侧具不等的 2 裂，基部略收狭而后扩大为套叠的鞘，具关节。花葶从叶腋发出，直立，长 6.0 ~ 7.0 cm，中下部具 3 枚鞘，花序长 2.0 ~ 5.0 cm，具数朵小花，花白色。花苞片近卵形，长 1.0 ~ 1.5 mm；中萼片椭圆状卵形，长约 1.5 mm，宽 1.0 mm；侧萼片斜卵状三角形，长 1.5 mm，宽 1.5 mm，着生于蕊柱足上，形成萼囊；花瓣近椭圆形，长约 1.0 mm，宽 0.6 mm；唇瓣近扁圆形，长约 1.0 mm，宽 1.3 mm，基部有短爪并略呈囊状，着生于蕊柱足末端；蕊柱短，具蕊柱足。

图 871-1 馥兰 *Phreatia formosana* 地理分布

【花期】 8 月。

【生境状况】 生于海拔 800 ~ 1 800 m 的林中树上。

【濒危等级】 VU。

【地理分布】 台湾、云南和海南等省；越南和泰国。

图 871-2 馥兰 *Phreatia formosana* 生境与植株（黄明忠）

图 871-3 馥兰 *Phreatia formosana* 花序（黄明忠

Ⅻ. 万代兰族 Vandeae

万代兰族 Vandeae 全世界分布共有 131 属，中国分布有 41 属，本图鉴包含 33 属 56 种。

万代兰族 Vandeae 分属检索表

1 植株合轴分支 ………………………………………………………… **一二五、多穗兰属 *Polystachya***

1 植株单轴分支。

 2 植株叶子退化成不明显的鳞片状，根通常绿色。

  3 花序直立，长约 2.0 cm，光滑 ……………………………………… **一二六、带叶兰属 *Taeniophyllum***

  3 花序悬垂，长约 10.0 cm，具多毛 ………………………………… **一四三、异型兰属 *Chiloschista***

 2 植株叶子正常。

  4 茎短，几乎不可见，根通常扁平 ………………………………… **一四九、蝴蝶兰属 *Phalaenopsis***

  4 茎长，根通常圆柱形。

   5 花粉团 4 个，圆球形，相互分离 ……………………………… **一二七、小囊兰属 *Micropera***

   5 花粉团 2 个，有时会分裂，但不近圆球形。

    6 花粉团 2 个，近圆球形，无裂隙或裂孔。

     7 蕊柱具明显蕊柱足，花序具毛，茎长不足 1.0 cm ………………… **一五五、火炬兰属 *Grosourdya***

     7 蕊柱不具蕊柱足。

      8 唇瓣侧裂片大，边缘齿状或流苏状 ……………………………… **一五七、巾唇兰属 *Pennilabium***

      8 唇瓣侧裂片不明显，边缘不具齿或流苏。花序不具槽，蕊柱鼓槌状，黏盘柄线形至匙形，前端急剧扩大………………………………………………………… **一四七、寄树兰属 *Robiquetia***

    6 花粉团具裂隙或裂孔，有时会裂成 2 个部分。

     9 花粉团顶端具裂孔。

      10 唇瓣基部无距或囊。

       11 叶狭圆柱形 ………………………………………………… **一五二、钗子股属 *Luisia***

       11 叶片正常，花序 0.5 ~ 1.5 cm 长，唇瓣 3 裂，蕊柱足短而明显 … **一五一、胼胝兰属 *Biermannia***

      10 唇瓣基部具距或囊。

       12 唇瓣不裂，形成前后唇，后唇袋状或囊状，无侧裂片 …… **一五三、盆距兰属 *Gastrochilus***

       12 唇瓣 3 裂，距两侧具侧裂片。

        13 唇瓣中裂片舌状 ……………………………………… **一五四、槽舌兰属 *Holcoglossum***

        13 唇瓣中裂片不为舌状 ………………………………………… **一四四、万代兰属 *Vanda***

     9 花粉团顶端裂隙，有时会裂成 2 个部分。

      14 花粉团顶端裂隙。

       15 唇瓣具明显蕊柱足。

        16 叶狭圆柱形 ………………………………………………**一四八、凤蝶兰属 *Papilionanthe***

        16 叶片正常。

         17 距通常角状，弯曲，中裂片大而平 ……………………… **一五〇、指甲兰属 *Aerides***

         17 距通常椭圆形、圆柱形，中裂片肉质但小 ……………… **一五六、长足兰属 *Pteroceras***

       15 唇瓣不具明显蕊柱足。

        18 黏盘柄短而宽，短或略长于花粉团，黏盘近圆形或倒椭圆形 … **一四四、万代兰属 *Vanda***

        18 黏盘柄长而窄，长于花粉团。

         19 植株较大，根粗大，叶长 20.0 ~ 40.0 cm……………**一四五、钻喙兰属 *Rhynchostylis***

         19 植株中型，根不粗大，叶长 4.0 ~ 20.0 cm。

          20 黏盘柄线性，成 S 形弯曲，内弯 ………………………… **一四六、叉喙兰属 *Uncifera***

          20 黏盘柄非上述特征。

           21 植株茎较长，距内部具附属物 ……………………… **一四七、寄树兰属 *Robiquetia***

21 植株茎较短，距内部不具附属物 ……………………… 一四四、万代兰属 *Vanda*
14 花粉团分成 2 个部分，每个部分都不为球形。
22 唇瓣具明显蕊柱足，花苞片宿存 ……………………… 一四二、白点兰属 *Thrixspermum*
22 唇瓣蕊柱足不明显或无。
23 唇瓣可动。
24 萼片、花瓣狭长圆形，长为宽的 4 倍以上 …………………一四一、蜘蛛兰属 *Arachnis*
24 萼片、花瓣宽卵形或宽匙状椭圆形，长不超过宽的 2 倍 …一四〇、花蜘蛛兰属 *Esmeralda*
23 唇瓣固定。
25 唇瓣基部无距或囊，有时略凹陷。
26 花序粗大，无翅，唇瓣先端圆钝 ………………… 一二八、拟万代兰属 *Vandopsis*
26 花序具翅，唇瓣前端具叉状附属物 ………………… 一二九、蛇舌兰属 *Diploprora*
25 唇瓣基部具距或囊。
27 距内部具纵向的隔膜或脊。
28 花序长约 1.0 cm，蕊柱顶端具 2 个线形、内弯的附属物 ……………………………………………………………………… 一三六、钻柱兰属 *Pelatantheria*
28 花序长约 10.0 cm，蕊柱顶端不具附属物。
29 蕊喙小，花粉团柄缺失，黏盘柄较短、不弯曲 … 一三八、隔距兰属 *Cleisostoma*
29 蕊喙大，有花粉团柄，黏盘柄较长而弯曲。
30 叶先端不等 2 裂，黏盘柄剧烈弯曲 … 一三七、大喙兰属 *Sarcoglyphis*
30 叶先端略 2 裂，黏盘柄略弯曲 ……… 一三九、坚唇兰属 *Stereochilus*
27 距内部不具纵向的隔膜或脊。
31 距内壁具各种类型附属物。
32 距内壁具直立叉状舌状物，蕊柱无毛…… 一三五、鹿角兰属 *Pomatocalpa*
32 距内壁具可动的具毛的舌状物，蕊柱有齿，被毛 ……………………………………………………………………… 一三四、毛舌兰属 *Trichoglottis*
31 距内壁不具各种类型附属物。
33 花不倒置，唇瓣在上部……………………………… 一三〇、脆兰属 *Acampe*
33 花倒置，唇瓣在下。
34 花直径 3.0 ~ 5.0 cm，唇瓣小于花瓣… 一三二、火焰兰属 *Renanthera*
34 花直径小于 1.0 cm，唇瓣与花瓣近等大。
35 唇瓣在距的入口处具 1 个横向肉质的附属物……………………………………………………………… 一三一、盖喉兰属 *Smitinandia*
35 唇瓣在距的入口处无横向肉质的附属物一三三、匙唇兰属 *Schoenorchis*

一二五、多穗兰属 *Polystachya* Hook.

多穗兰属 *Polystachya* 全世界分布共有 234 种，中国分布有 1 种，本图鉴包含 1 种。

872 多穗兰 *Polystachya concreta* (Jacq.) Garay & H. R. Sweet

【别名】 无。

【主要特征】 附生植物，高 10.0 ~ 29.0 cm，假鳞茎卵形，长 1.0 ~ 2.0 cm，宽 0.5 ~ 1.5 cm，具 2 ~ 3 节。叶 3 ~ 5 枚，狭长圆形，长 7.0 ~ 18.0 cm，宽 1.2 ~ 3.4 cm，先端具略不等的 2 浅裂，基部收狭成柄并下延为鞘。花序顶生，长 3.0 ~ 10.0 cm，具分枝，花序轴略具狭翅，每个分枝具 3 ~ 8 朵花，花黄绿色。花苞片狭披针形，长 2.0 ~ 5.0 mm；中萼片近卵形，长 3.5 ~ 4.0 mm，宽 1.5 ~ 2.0 mm；侧萼片宽卵状三角形，与中萼片近等长，宽 4.0 mm，生于蕊柱足上，形成萼囊；花瓣线状倒披针形，长 2.5 ~ 3.0 mm，

图 872-1 多穗兰 ***Polystachya concreta*** 植株（叶德平）

图 872-2 多穗兰 ***Polystachya concreta*** 花序（李剑武）

图 872-3 多穗兰 ***Polystachya concreta*** 地理分布

宽 0.5 mm；唇瓣长 3.5 ~ 4.0 mm，基部收狭成短爪，前部 3 裂，侧裂片小，卵状矩圆形，内弯，中裂片近圆形，边缘波状，有不规则的缺刻，先端微缺，中央有 1 个增厚的部分；蕊柱长 1.0 mm。

【花期】 8 ~ 9 月。

【生境状况】 生于海拔 1 000 ~ 1 500 m 的林中树上。

【濒危等级】 LC。

【地理分布】 云南省；印度、斯里兰卡、缅甸、泰国、老挝、越南、柬埔寨、马来西亚、印度尼西亚、菲律宾，以及美洲和非洲等。

图 872-4 多穗兰 ***Polystachya concreta*** 生境与植株（叶德平）

一二六、带叶兰属 *Taeniophyllum* Bl.

带叶兰属 *Taeniophyllum* 全世界分布共有 185 种，中国分布有 3 种，本图鉴包含 3 种。

带叶兰属 *Taeniophyllum* 分种检索表

1（4） 花黄绿色，萼片和花瓣中部以下彼此合生呈筒状，唇瓣近卵状披针形。
2（3） 根稍扁，半圆柱形，花葶较短，长 1.0 ~ 2.0 cm，光滑或疏被毛 ……………… 873. 带叶兰 *Taeniophyllum glandulosum*
3（2） 根极压扁，带状，花葶较长，长 5.0 ~ 10.0 cm，被粗毛 ……………… 875. 毛葶带叶兰 *Taeniophyllum retrospiculatum*
4（1） 花萼片和花瓣淡黄色，离生，唇瓣白色，凹陷呈兜状………… 874. 兜唇带叶兰 *Taeniophyllum pusillum*

873 带叶兰 *Taeniophyllum glandulosum* Bl.

【别名】 蜘蛛兰。

【主要特征】 附生植物，根发达，长 2.0 ~ 10.0 cm，稍扁而弯曲，如蜘蛛网状着生于树干上。茎几无，无叶。花序 1 ~ 4 个，纤细，长 1.0 ~ 2.0 cm，具 1 ~ 4 朵花，花黄绿色。花苞片 2 列，卵状披针形，长 0.7 ~ 1.0 mm；萼片和花瓣在中部以下合生成筒状，上部离生，萼片相似，卵状披针形，长 1.8 ~ 2.5 mm，宽 1.2 mm，上部稍外折，在背面中肋呈龙骨状隆起；花瓣卵形，长 1.7 ~ 2.4 mm，宽 1.1 mm；唇瓣卵状披

图 873-1 带叶兰 *Taeniophyllum glandulosum* 花（金效华）

针形，长 1.7 ~ 2.5 mm，宽 0.6 ~ 0.9 mm，先端具 1 个倒钩的刺状附属物，基部两侧上举而稍内卷；距短囊袋状，长、宽约 1.0 mm，距口前缘具 1 个肉质横隔；蕊柱长 0.5 mm。

【花期】 4 ~ 7 月。

【生境状况】 生于海拔 480 ~ 900 m 的林中树上。

【濒危等级】 LC。

【地理分布】 福建、台湾、湖南、广东、海南、四川和云南等省；日本、朝鲜、韩国、印度、泰国、马来西亚、印度尼西亚、澳大利亚和新几内亚岛。

图 873-2　带叶兰 *Taeniophyllum glandulosum* 地理分布

图 873-3　带叶兰 *Taeniophyllum glandulosum* 生境与植株（叶德平）

874 兜唇带叶兰 *Taeniophyllum pusillum* (Willd.) Seidenf. & Ormerod

图 874-1 兜唇带叶兰 *Taeniophyllum pusillum* 生境与植株（李剑武）

【别名】 无。

【主要特征】 附生植物，根簇生，扁平，长而弯曲，长达 20.0 cm。茎几无，无叶。花序短，具 1 ~ 3 朵花，花萼片和花瓣淡黄色。花苞片 2 列互生，宽卵状三角形，长 1.5 mm；中萼片卵形，凹陷，长 2.9 mm，宽 1.3 mm；侧萼片与中萼片相似，长 3.0 mm，宽 1.2 mm，在背面中肋呈龙骨状隆起；花瓣长圆形，长 2.5 mm，宽 0.6 mm，边缘在中部以上略不整齐；唇瓣白色，兜状，宽卵状三角形，长 2.5 mm，宽 2.0 mm，上面在基部疏生乳突状短毛；距圆筒形，长 2.0 mm。

【花期】 4 ~ 5 月。

【生境状况】 生于海拔 700 ~ 1 200 m 的林中树上。

【濒危等级】 LC。

【地理分布】 云南省；泰国、越南、马来西亚和印度尼西亚。

图 874-2 兜唇带叶兰 *Taeniophyllum pusillum* 花（李剑武）

图 874-3 兜唇带叶兰 *Taeniophyllum pusillum* 地理分布

875 毛葶带叶兰 *Taeniophyllum retrospiculatum* (King & Pantl.) King & Pantl.

【别名】 无。

【主要特征】 附生植物，根数根，呈蜘蛛状，极压扁，茎几无。花序1～8个，长5.0～10.0 cm，花序轴被粗毛，具数朵花，花小，黄绿色。花苞片小，卵状三角形，长约1.0 mm；萼片和花瓣在中部以下合生成筒状，上部离生，萼片相似，卵状披针形，长1.5～2.5 mm，宽1.0 mm，上部稍外折；花瓣卵形，长1.5～2.5 mm，宽1.0 mm；唇瓣卵状披针形，长1.5～2.5 mm，宽0.6～0.9 mm，基部两侧上举而稍内卷；距短囊袋状，长、宽约1.0 mm；蕊柱长0.5 mm。

【花期】 7～9月。

【生境状况】 生于海拔900～2 400 m的林中树上。

【濒危等级】 DD。

【地理分布】 云南省；印度和老挝。

【附注】 标本：李剑武2554，HITBC！。

图875-1 毛葶带叶兰 *Taeniophyllum retrospiculatum* 生境与植株（李剑武）

图875-2 毛葶带叶兰 *Taeniophyllum retrospiculatum* 地理分布

图875-3 毛葶带叶兰 *Taeniophyllum retrospiculatum* 花（叶德平）

一二七、小囊兰属 *Micropera* Lindl.

小囊兰属 *Micropera* 全世界分布共有 21 种，中国分布有 2 种，本图鉴包含 2 种。

小囊兰属 *Micropera* 分种检索表

1（2） 叶较长，长 15.0 ~ 20.0 cm，线形 ··········· 876. 小囊兰 *Micropera poilanei*
2（1） 叶较短，长 6.0 ~ 9.0 cm，披针形 ··········· 877. 西藏小囊兰 *Micropera tibetica*

876 小囊兰 *Micropera poilanei* (Guillaum.) Garay

图 876-1 小囊兰 *Micropera poilanei* 花序（李琳）

【别名】 小囊背兰。

【主要特征】 附生植物，茎长达 1.0 m，攀缘状，具节间，节间长约 2.5 cm，具多枚叶。叶片线形，长 15.0 ~ 20.0 cm，宽 1.5 ~ 1.8 cm。花序长达 24.0 cm，具 20 ~ 25 朵花，花白色。花苞片小，长约 1.0 mm；中萼片线形，长 7.0 ~ 8.0 mm，宽约 1.5 mm；侧萼片线形，长约 6.0 mm，宽 1.5 mm，黏合在一起并附着在唇瓣的爪上；花瓣线形，长 7.0 ~ 8.0 mm，宽 1.2 ~ 1.5 mm；唇瓣具距，基部具爪，连爪长 3.0 ~ 4.0 mm；距圆锥形，长 2.0 ~ 3.0 mm；蕊柱长约 6.0 mm。

【花期】 5 月。

【生境状况】 生于海拔 200 ~ 500 m 的林中树上或林下岩石上。

【濒危等级】 LC。

【地理分布】 海南省；越南。

图 876-2 小囊兰 *Micropera poilanei* 花（李琳）

图 876-3 小囊兰 *Micropera poilanei* 地理分布

877 西藏小囊兰 *Micropera tibetica* X. H. Jin & Y. J. Lai

【别名】 无。

【主要特征】 附生攀缘植物，茎圆柱形，疏生多叶，长约 50.0 cm。叶 2 列，披针形，长 6.0 ~ 9.0 cm，宽 0.8 ~ 1.0 cm。花序与叶近对生；花白色；中萼片椭圆形，反折，长约 4.0 mm；侧萼片椭圆形，内缘贴生于唇瓣的背面，强烈倾斜，顶端微凹，长约 6.0 mm；花瓣披针形，长约 5.0 mm；唇瓣深囊状，与蕊柱呈直角，长约 10.0 mm；距口具 2 枚截短、直立的侧裂片；中裂片较小，长约 1.0 mm；侧裂片长约 0.5 mm；距口内有 2 个胼胝体，其中 1 个横向肉质脊状贴生于中裂片上，其余部分管状；蕊喙鸟嘴状；蒴果具 6 棱，长约 1.5 cm。

【花期】 5 月。

【生境状况】 附生于海拔约 1 500 m 的热带常绿阔叶林中树干上。

【濒危等级】 EN。

【地理分布】 西藏自治区。

图 877-1 西藏小囊兰 *Micropera tibetica* 生境与植株（金效华）

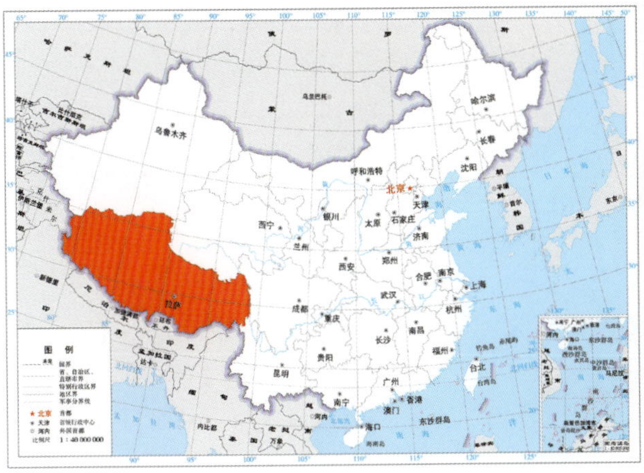

图 877-2 西藏小囊兰 *Micropera tibetica* 地理分布

图 877-3 西藏小囊兰 *Micropera tibetica* 花序（金效华）

一二八、拟万代兰属 *Vandopsis* Pfitz.

拟万代兰属 *Vandopsis* 全世界分布共有 4 种，中国分布 2 种，本图鉴包含 2 种。

拟万代兰属 *Vandopsis* 分种检索表

1（2） 茎不分枝，较粗，叶宽带形，长 40.0 cm 以上，花金黄色带红褐色斑点 ………………………………… 878. 拟万代兰 *Vandopsis gigantea*

2（1） 茎分枝，粗不及 1.0 cm，叶舌状长圆形，长 9.0 ~ 12.0 cm，花除唇瓣稍带粉红色外，其余白色 ……… ……………………… 879. 白花拟万代兰 *Vandopsis undulata*

878 拟万代兰 *Vandopsis gigantea* (Lindl.) Pfitz.

【别名】 假万代兰。

【主要特征】 大型附生植物，粗壮。叶 2 列，外弯，宽带形，长 40.0 ~ 50.0 cm，宽 5.5 ~ 7.5 cm，先端两侧具不等的 2 圆裂。基部具宿存、抱茎而紧密套叠的鞘。花序腋生，比叶短，花数朵，金黄色带红褐色斑点，开展。花苞片宽卵形，长 5.0 ~ 8.0 mm；中萼片倒卵状长圆形，长 2.5 ~ 3.0 cm，宽约 1.0 cm；侧萼片椭圆形，与中萼片等长；花瓣倒卵形，比中萼片小；唇瓣比花瓣小，长 1.6 ~ 1.9 cm，3 裂，侧裂片斜立，

图 878-1 拟万代兰 *Vandopsis gigantea* 花序（李剑武）

具淡紫色斑点，中裂片狭长，中部以下淡紫色，中部以上淡黄色带淡紫色斑点，中央具1条纵向的脊，脊下部三角形，上部新月形。

【花期】 3 ~ 4月。

【生境状况】 附生于海拔800 ~ 1 700 m的林中树上或林下岩石上。

【濒危等级】 LC。

【地理分布】 广西和云南等省区；缅甸、泰国、老挝、越南和马来西亚。

图 878-2 拟万代兰 *Vandopsis gigantea* 地理分布

图 878-3 拟万代兰 *Vandopsis gigantea* 生境与植株（李剑武）

879 白花拟万代兰 *Vandopsis undulata* (Lindl.) J. J. Sm.

图 879-1 白花拟万代兰 *Vandopsis undulata* 生境与植株（李剑武）

【别名】 船唇兰。

【主要特征】 附生植物，茎斜立或下垂，分枝。叶长圆形，长 9.0 ~ 12.0 cm，宽 1.5 ~ 2.5 mm，先端两侧具不等的 2 裂，基部具宿存而抱茎的鞘。花序比叶长许多，具少数分枝，花数朵。花苞片绿色，宽卵形，长 6.0 ~ 8.0 mm。花大，白色；中萼片斜立，倒卵形，长 2.5 ~ 4.0 cm，宽 0.8 ~ 1.2 cm，基部收狭成爪，边缘波状；侧萼片稍反折而下弯，基部收狭；花瓣与侧萼片相似而较小，唇瓣比花瓣短，3 裂，侧裂片内面褐红色，中裂片白色带淡粉红色，中央具隆起的龙骨脊，基部凹陷。

【花期】 5 ~ 6 月。

【生境状况】 附生于海拔 1 700 ~ 2 400 m 的林中树上或山坡灌丛中。

【濒危等级】 LC。

【地理分布】 云南和西藏等省区；尼泊尔、不丹和印度。

图 879-2 白花拟万代兰 *Vandopsis undulata* 花序（李剑武）

图 879-3 白花拟万代兰 *Vandopsis undulata* 地理分布

一二九、蛇舌兰属 *Diploprora* Hook. f.

蛇舌兰属 *Diploprora* 全世界分布共有 2 种，中国分布有 1 种，本图鉴包含 1 种。

880 蛇舌兰 *Diploprora championii* (Lindl. ex Benth.) Hook. f.

【别名】 倒吊兰、黄吊兰、乌来倒垂兰。

【主要特征】 附生植物，茎下垂，不分枝。叶镰状披针形，长 5.0 ~ 12.0 cm，宽 1.6 ~ 2.7 cm，先端具不等大的 2 ~ 3 枚尖齿，基部具宿存的鞘。花序与叶对生，比叶长或短，具 2 ~ 5 朵花。花苞片卵状三角形，长 3.0 ~ 4.0 mm，花开展，萼片和花瓣淡黄色；萼片相似，长圆形，长 9.0 mm，宽 4.0 mm，背面中肋呈龙骨状突起；花瓣比萼片小；唇瓣白色带玫瑰色，中部以下凹陷成舟形，长 5.0 ~ 8.0 mm，宽 3.0 ~ 4.0 mm，稍 3 裂，中裂片较长，先端骤然收狭并叉状 2 裂，裂片尾状，上面中央具 1 条肥厚的脊。

【花期】 2 ~ 8 月。

【生境状况】 附生于海拔 250 ~ 1 500 m 的林中树上或沟谷岩石上。

【濒危等级】 LC。

【地理分布】 台湾、福建、海南、广西和云南等省区；斯里兰卡、印度、缅甸、泰国和越南。

图 880-1 蛇舌兰 *Diploprora championii* 生境与植株（叶德平）

图 880-2 蛇舌兰 *Diploprora championii* 地理分布

图 880-3 蛇舌兰 *Diploprora championii* 花（李剑武）

一三〇、脆兰属 *Acampe* Lindl.

脆兰属 *Acampe* 全世界分布共有 8 种，中国分布有 4 种，本图鉴包含 4 种。

脆兰属 *Acampe* 分种检索表

1（2） 花序短，长不及 5.0 cm ················ 883. 短序脆兰 *Acampe papillosa*
2（1） 花序长，长 5.0 cm 以上。
3（4） 花序圆锥形，分枝较长，花小，中萼片长不及 7.0 mm，粉红色·········· 881. 小花脆兰 *Acampe joiceyana*
4（3） 花序总状，分枝较短，花大，中萼片长 7.0 mm 以上，花淡黄色具深色斑纹。
5（6） 叶片宽 3.5 ～ 5.0 cm，唇瓣边缘平滑，花枝粗 5.0 ～ 8.0 mm ················ 884. 多花脆兰 *Acampe rigida*
6（5） 叶片宽 2.5 ～ 3.4 cm，唇瓣边缘波浪状，花枝粗约 3.0 mm ················ 882. 窄果脆兰 *Acampe ochracea*

881 小花脆兰 *Acampe joiceyana* (J. J. Sm.) Seidenf.

图 881-1 小花脆兰 *Acampe joiceyana* 花序（李剑武）

【别名】 孟连脆兰、美花脆兰。

【主要特征】 附生植物，茎粗壮，弯曲上举，长 10.0 ～ 50.0 cm。叶 2 列，带状，长 30.0 ～ 50.0 cm，宽 2.0 ～ 5.0 cm，先端两侧具不等的 2 圆裂，基部具宿存而抱茎的鞘。花序长，等于或稍长于叶，与叶对生或腋生；花序多个，圆锥形，具分枝，每个分枝即为 1 个总状花序，具数朵花；花开展。萼片和花瓣白色具粉红色斑纹，倒卵形，长约 7.0 mm，宽 4.0 mm；唇瓣白色，具紫红色斑纹，不明显 3 裂；距圆锥形，白色。蒴果圆柱形。

【花期】 3 ～ 4 月。

【生境状况】 附生于海拔约 1 400 m 的林中树上。

【濒危等级】 VU。

【地理分布】 云南省；缅甸和泰国。

图 881-2 小花脆兰 *Acampe joiceyana* 地理分布

图 881-3 小花脆兰 *Acampe joiceyana* 生境与植株（李剑武）

882 窄果脆兰 *Acampe ochracea* (Lindl.) Hochr.

【别名】 无。

【主要特征】 附生植物，高达 1.0 m，节间长 2.0 ~ 3.5 cm，叶多枚，2 列。叶片长圆形，长 13.0 ~ 20.0 cm，宽 2.5 ~ 3.4 cm，先端两侧具不等的 2 裂。花序多个，与叶对生，长 5.0 ~ 14.0 cm，具多个短的分枝，每分枝具 2 ~ 6 朵花，花白色，具许多紫红色斑点。花苞片宽三角形，长约 1.0 mm；中萼片倒卵形，长 6.0 mm，宽 3.0 mm；侧萼片倒卵状长圆形，稍偏斜，稍比中萼片小；花瓣倒披针形，长 5.0 mm，宽 2.3 mm；唇瓣稍 3 裂，侧裂片直立，三角形，小，中裂片正三角形，长约 2.0 mm，正面具许多小疣点，边缘稍波状；距长约 3.0 mm。

图 882-1 窄果脆兰 *Acampe ochracea* 地理分布

【花期】 11 ~ 12 月。

【生境状况】 附生于海拔 700 ~ 1 100 m 的林中树上或林下岩石上。

【濒危等级】 NT。

【地理分布】 云南省；斯里兰卡、印度、不丹、缅甸、泰国、老挝、越南和柬埔寨。

图 882-2 窄果脆兰 *Acampe ochracea* 花序（叶德平）

图 882-3 窄果脆兰 *Acampe ochracea* 生境与植株（李剑武）

883 短序脆兰 *Acampe papillosa* (Lindl.) Lindl.

【别名】 无。

【主要特征】 附生植物，茎弧曲上举，长 5.0 ~ 40.0 cm。叶 2 列，长圆形，长 7.0 ~ 14.5 cm，宽 1.4 ~ 2.3 cm，先端两侧具不等的 2 圆裂，基部具宿存而抱茎的鞘。花序短，长 1.0 ~ 4.0 cm，与叶对生或腋生；花序多个，具分枝，花密集。花苞片宽三角形，花开展。萼片和花瓣黄色带红褐色横向斑纹，中萼片长圆形，长约 5.0 mm，宽 1.8 mm；侧萼片镰状长圆形，与中萼片近相等；花瓣长圆形，与中萼片等近但稍窄；唇瓣乳白色稍具紫红色斑点，不明显 3 裂，中央具多个小肉瘤，边缘鸡冠状；距圆筒形，黄色。

【花期】 11 月。

【生境状况】 附生于海拔约 500 m 的林中树上。

【濒危等级】 VU。

【地理分布】 海南和云南等省；尼泊尔、不丹、印度、缅甸、泰国、老挝和越南。

图 883-1　短序脆兰 *Acampe papillosa* 生境与植株（李剑武）

图 883-2　短序脆兰 *Acampe papillosa* 地理分布

图 883-3　短序脆兰 *Acampe papillosa* 花（李剑武）

884 多花脆兰 *Acampe rigida* (Buch.-Ham. ex Sm.) P. F. Hunt

图 884-1 多花脆兰 *Acampe rigida* 生境与植株（李剑武）

【别名】 蕉兰、香蕉兰、脆兰、多花兰。

【主要特征】 附生植物，茎粗壮，长达 1.0 m，不分枝。叶 2 列，带状，长 17.0 ~ 40.0 cm，宽 3.5 ~ 5.0 cm，先端两侧具不等的 2 圆裂，基部具宿存而抱茎的鞘。花序长但比叶短，长 7.0 ~ 30.0 cm，腋生，不分枝，花多朵。花苞片三角形，花黄色带紫褐色横纹，不甚开展。萼片和花瓣近直立，萼片长圆形，长 10.0 ~ 12.0 mm，宽 5.0 ~ 6.0 mm；花瓣倒卵形，长 8.0 ~ 9.0 mm，宽 3.0 ~ 4.0 mm；唇瓣白色，具少数紫褐色纵条纹，3 裂。距圆锥形，末端淡黄色。蒴果圆柱形。

【花期】 8 ~ 9 月。

【生境状况】 附生于海拔 500 ~ 1 600 m 的林中树上或林下岩石上。

【濒危等级】 LC。

【地理分布】 广东、海南、广西、贵州和云南等省区；印度、缅甸、泰国、老挝、越南、柬埔寨、马来西亚、斯里兰卡至热带非洲。

图 884-2 多花脆兰 *Acampe rigida* 花（叶德平）

图 884-3 多花脆兰 *Acampe rigida* 地理分布

一三一、盖喉兰属 *Smitinandia* Holttum

盖喉兰属 *Smitinandia* 全世界分布共有 3 种，中国分布有 1 种，本图鉴包含 1 种。

885 盖喉兰 *Smitinandia micrantha* (Lindl.) Holttum

【别名】 无。

【主要特征】 附生植物，茎扁圆柱形，长 4.0 ~ 6.0 cm，粗 0.6 cm，稍回折状，节间长 1.3 cm。叶片狭长圆形，长 9.5 ~ 11.0 cm，宽 1.4 ~ 2.0 cm，先端两侧具不等的 2 裂，基部具 1 个关节然后扩大成抱茎的鞘。花序 1 ~ 2 个，与叶对生，向外伸展而下弯，密生数朵小花，花萼片和花瓣白色带紫红色先端。花苞片卵状三角形，长 1.0 mm；中萼片近倒卵形，长 3.5 mm，宽 1.5 mm；侧裂片斜卵状三角形，长 2.5 mm，宽 2.0 mm；花瓣狭长圆形，长 2.0 mm，宽 1.0 mm，边缘略不整齐；唇瓣 3 裂，侧裂片直立，近方形，长 1.0 mm，前半部紫红色，后半部白色，中裂片紫红色带白色先端，倒卵状匙形，长 2.2 mm，宽 1.5 mm，基部具厚肉质的横隔附属物封住距口，上面中部具 2 条脊突并向上会合而成 1 条到达先端；距长 2.0 mm。

【花期】 4 月。

【生境状况】 生于海拔约 600 m 的林中树上。

【濒危等级】 NT。

【地理分布】 云南省；印度、缅甸、泰国、老挝、越南、柬埔寨和马来西亚。

图 885-1 盖喉兰 *Smitinandia micrantha* 地理分布

图 885-2 盖喉兰 *Smitinandia micrantha* 植株（叶德平）

图 885-3 盖喉兰 *Smitinandia micrantha* 花序（叶德平）

一三二、火焰兰属 *Renanthera* Lour.

火焰兰属 *Renanthera* 全世界分布共有 20 种，中国分布有 3 种，本图鉴包含 3 种。

火焰兰属 *Renanthera* 分种检索表

1（4） 花序腋生，花淡黄色或黄色，唇瓣中裂片基部具胼胝体。
2（3） 叶片宽 13.0 ~ 25.0 mm，唇瓣侧裂片宽 10.0 mm，红色 …… 888. 云南火焰兰 ***Renanthera imschootiana***
3（2） 叶片宽 9.0 ~ 11.0 mm，唇瓣侧裂片宽 4.5 ~ 5.5 mm，黄色 ……… 886. 中华火焰兰 ***Renanthera citrina***
4（1） 花序与叶对生，花火红色，唇瓣中裂片基部无胼胝体 ………………… 887. 火焰兰 ***Renanthera coccinea***

886 中华火焰兰 *Renanthera citrina* Aver.

【别名】 越南火焰兰。

【主要特征】 附生植物，茎长 20.0 ~ 40.0 cm，具多枚 2 列的叶。叶片长圆形，长 7.0 ~ 10.0 cm，宽 0.9 ~ 1.1 cm，先端两侧具不等的 2 圆裂。花序从叶腋发出，长 12.0 ~ 26.0 cm，具 5 ~ 10 朵花，花黄绿色。花苞片卵形，长 1.0 mm；萼片相似，长圆状匙形，长 18.0 ~ 22.0 mm，宽 3.0 ~ 4.0 mm；花瓣线形，长 13.0 ~ 17.0 mm，宽 1.5 ~ 2.5 mm；唇瓣 3 裂，侧裂片直立，卵状披针形，长 1.5 ~ 2.0 mm，中裂片半圆形，长 2.0 mm，基部具 3 条纵脊；距圆锥形，长 1.0 mm，基部具 1 对近四方形、片状的胼胝体，延伸至两侧裂片之间。

【花期】 4 ~ 5 月。

【生境状况】 生于海拔 500 ~ 800 m 的林中树上或林下岩石上。

【濒危等级】 DD。

【地理分布】 云南省；越南。

图 886-1 中华火焰兰 *Renanthera citrina* 花（李剑武）

图 886-2 中华火焰兰 *Renanthera citrina* 地理分布

图 886-3　中华火焰兰 *Renanthera citrina* 生境与植株（叶德平）

887 火焰兰 *Renanthera coccinea* Lour.

图 887-1 火焰兰 *Renanthera coccinea* 生境与植株（叶德平）

【别名】 红珊瑚、绯红火焰兰、山观带。

【主要特征】 附生植物，茎攀缘，坚硬，圆柱形，长 1.0 m 以上，粗 1.5 cm，通常不分枝，节间长 3.0 ~ 4.0 cm。叶 2 列，舌形，长 7.0 ~ 8.0 cm，宽 1.5 ~ 3.3 cm，先端两侧具不等的 2 圆裂，基部具抱茎的鞘。花序与叶对生，常 3 ~ 4 个，长达 1.0 m，具数个分枝，疏生数朵花，花火红色。花苞片宽卵状三角形，长 3.0 mm；中萼片狭匙形，长 20.0 ~ 30.0 mm，宽 4.5 ~ 6.0 mm，边缘稍波状且其内面具橘黄色斑点；侧萼片长圆形，长 25.0 ~ 35.0 mm，宽 8.0 ~ 12.0 mm，基部收狭为爪，边缘明显波状；花瓣相似于中萼片但稍小，边缘内侧具橘黄色斑点；唇瓣 3 裂，侧裂片直立，不高出蕊柱，近半圆形，长 3.0 mm，宽 4.0 mm，基部具 1 对肉质、全缘的半圆形胼胝体，中裂片卵形，长 5.0 mm，宽 2.5 mm，从中部下弯；距圆锥形，长 4.0 mm。

【花期】 4 ~ 6 月。

【生境状况】 生于海拔约 1 400 m 的林中树上。

【濒危等级】 EN。

【地理分布】 海南和广西等省区；缅甸、泰国、老挝和越南。

图 887-2 火焰兰 *Renanthera coccinea* 花（叶德平）

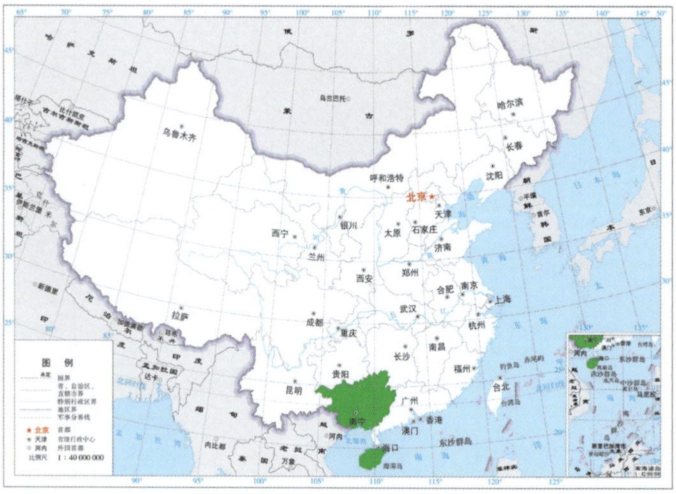

图 887-3 火焰兰 *Renanthera coccinea* 地理分布

888 云南火焰兰 *Renanthera imschootiana* Rolfe

【别名】 无。

【主要特征】 附生植物，茎长达 1.0 m，具多枚彼此紧靠而 2 列的叶。叶长圆形，长 6.0 ~ 8.0 cm，宽 1.3 ~ 2.5 cm，先端稍 2 圆裂，基部具抱茎的鞘。花序腋生，长达 1.0 m，具分枝，疏生数朵花，花黄色。花苞片宽卵形，长 2.0 mm；中萼片近匙状倒披针形，长 24.0 mm，宽 5.0 mm；侧裂片内面红色，斜椭圆状卵形，长 30.0 mm，宽 10.0 mm，基部收狭为长 6.0 mm 的爪，边缘波状；花瓣黄色带红色斑点，狭匙形，长 20.0 mm，宽 4.0 mm；唇瓣 3 裂，侧裂片红色，直立，三角形，长 3.0 mm，超出蕊柱之上，基部具 2 条上缘不整齐的膜质褶片，中裂片卵形，长 4.5 mm，宽 3.0 mm，深红色，反卷，基部具 3 个肉瘤状突起物；距长 2.0 mm。

【花期】 5月。

【生境状况】 生于海拔 500 m 以下的河谷林中树上。

【濒危等级】 CR。

【地理分布】 云南省；越南。

图 888-1　云南火焰兰 *Renanthera imschootiana* 花（李剑武）

图 888-2　云南火焰兰 *Renanthera imschootiana* 地理分布

一三三、匙唇兰属 *Schoenorchis* Bl.

匙唇兰属 *Schoenorchis* 全世界分布共有 25 种，中国分布有 3 种，本图鉴包含 2 种。

匙唇兰属 *Schoenorchis* 分种检索表

1（2） 茎短，不伸长，叶扁平，长圆形，长不及 2.5 cm，基部彼此套叠…… 890. 圆叶匙唇兰 *Schoenorchis tixieri*

2（1） 茎伸长，叶扁平而狭长或对折呈半圆柱形，长 4.0 cm 以上，在茎上彼此疏离，花除唇瓣中裂片白色外其余紫红色………………………………………………………………889. 匙唇兰 *Schoenorchis gemmata*

889 匙唇兰 *Schoenorchis gemmata* (Lindl.) J. J. Sm.

【别名】 海南匙唇兰、圆叶齿唇兰。

【主要特征】 附生植物，茎稍坚硬，下垂，通常弧形弯曲下弯，长 5.0 ~ 20.0 cm，粗 0.5 ~ 0.8 cm，不分枝，节间长 0.7 ~ 1.5 cm。叶扁平，常对折呈狭镰刀状的半圆柱形，长 4.0 ~ 13.0 cm，宽 0.5 ~ 1.3 cm，先端具 2 ~ 3 小裂，基部具抱茎的鞘。花序从叶腋发出，比叶长，密生数朵小花，花紫红色。花苞片卵状三角形，长 1.0 mm；中萼片卵形，长 1.5 ~ 2.2 mm，宽 1.0 ~ 1.2 mm；侧萼片斜卵形，近唇瓣一侧边缘白色，长 2.0 ~ 2.5 mm，宽 1.1 ~ 1.4 mm，在背面中肋稍隆起呈龙骨状；花瓣倒卵状楔形，长 1.1 ~ 1.5 mm，宽 1.0 mm；唇瓣匙形，3 裂，侧裂片半卵形，长 1.5 mm，宽 1.0 mm；中裂片白色，匙形，长 2.0 ~ 2.5 mm，宽 1.7 ~ 2.1 mm，基部具短爪；距圆锥形，长 2.0 mm，距口前方具 1 个肉质舌状物伸入距内；蕊柱长 0.8 mm。

图 889-1 匙唇兰 *Schoenorchis gemmata* 地理分布

【花期】 4 ~ 7 月。

【生境状况】 生长于海拔 250 ~ 2 000 m 的林中树上。

【濒危等级】 LC。

【地理分布】 福建、香港、海南、广西、云南和西藏等地；印度、尼泊尔、缅甸、泰国、老挝和越南。

图 889-2 匙唇兰 *Schoenorchis gemmata* 生境与植株（李剑武）

图 889-3 匙唇兰 *Schoenorchis gemmata* 花序（叶德平）

890 圆叶匙唇兰 *Schoenorchis tixieri* (Guillaum.) Seidenf.

【别名】 无。

【主要特征】 附生植物，植株矮小，高 1.0 ~ 3.0 cm，茎短，不明显，密被覆瓦状叶鞘所包。叶表面黑绿色，背面紫红色，长圆形，长 1.0 ~ 2.0 cm，宽 0.6 ~ 0.9 cm，先端两侧具不等的 2 裂，基部具彼此套叠的鞘。花序从叶腋发出，与叶近等长，密生数朵花，花洋红色。花苞片披针形，长 1.5 ~ 2.5 mm；中萼片卵形，长 2.5 mm，宽 1.5 mm；侧萼片斜倒卵形，长、宽约 2.5 mm，背面中肋稍呈龙骨状隆起；花瓣中部以下白色，卵形，长 2.0 mm，宽 1.2 mm；唇瓣 3 裂，分前后两部分，后部为侧裂片，直立，半圆形，长、宽 2.0 mm，与中裂片连接处具 1 个近球形的胼胝体，前部为中裂片，翘起，长 2.0 mm，上面中央隆起呈圆锥形，基部具可动的关节；距囊状，长 3.0 mm，基部上方弯曲，末端指向前；蕊柱长 1.0 mm。

【花期】 10 月。

【生境状况】 生长于海拔 900 ~ 1 200 m 的林中树上。

【濒危等级】 LC。

【地理分布】 云南省；越南。

图 890-1 圆叶匙唇兰 *Schoenorchis tixieri* 地理分布

图 890-2 圆叶匙唇兰 *Schoenorchis tixieri* 生境与植株（李剑武）

图 890-3 圆叶匙唇兰 *Schoenorchis tixieri* 花（叶德平）

一三四、毛舌兰属 *Trichoglottis* Bl.

毛舌兰属 *Trichoglottis* 全世界分布共有 69 种，中国分布有 5 种，本图鉴包含 3 种。

毛舌兰属 *Trichoglottis* 分种检索表

1（2） 茎极短，长 0.5 ~ 1.5 cm，节间长约 1.0 mm，叶 2 列近聚生于茎上……………… 893. 毛舌兰 *Trichoglottis triflora*

2（1） 茎伸长，长 3.0 ~ 50.0 cm，节间长 5.0 ~ 25.0 mm，叶 2 列疏生于茎上。

3（4） 花序比叶长，花枝粗 3.0 mm，唇瓣 3 裂 ……………… 891. 掌唇兰 *Trichoglottis dawsoniana*

4（3） 花序比叶短，花枝粗 1.0 ~ 1.5 mm，唇瓣 3 裂……………… 892. 小掌唇兰 *Trichoglottis lorata*

891 掌唇兰 *Trichoglottis dawsoniana* (Rchb. f.) Rchb. f. [*Staurochilus dawsonianus* (Rchb. f.) Schltr.]

图 891-1 掌唇兰 *Trichoglottis dawsoniana* 花序（叶德平）

【别名】 无。

【主要特征】 附生植物，根长而分枝，从茎的多个节上发出。茎坚硬，圆柱形，长达 50.0 cm，粗 0.6 ~ 0.7 cm，有时分枝，具多节，节间长 1.5 ~ 2.5 cm。叶多枚 2 列互生于茎上，狭长圆形，长 11.0 ~ 15.0 cm，宽 1.5 ~ 2.0 cm，先端两侧具不等的 2 裂，基部具关节和抱茎的鞘。花序与叶对生，长达 45.0 cm，多分枝，疏生数朵花，花萼片和花瓣淡黄色，内面具栗色横纹。花苞片卵状三角形，长 5.0 ~ 7.0 mm；中萼片近匙形，长 15.0 mm，宽 5.0 mm，先端稍凹缺而其背面具短喙状突起；侧萼片稍斜长圆形，长 15.0 mm，宽 5.0 mm，先端背面具较长的喙；花瓣匙形，长 14.0 mm，宽 4.0 mm，先端凹缺而背面具短喙状突起。唇瓣橘黄色，长 7.0 mm，3 裂；侧裂片长圆形，长 4.8 mm，宽 1.7 mm；中裂片长 5.0 mm，2 裂；侧生小裂片斜向前伸展，狭长，长 4.0 mm，宽 1.5 mm，顶生小裂片狭倒卵形，长 2.5 mm，先端钝且宽凹缺；唇盘密布长硬毛，中央具 1 条红色条带；距圆锥形，长 1.0 mm，距内面背壁上方具 1 枚宽卵状三角形的附属物，盖住距口；蕊柱长 3.0 mm，顶端两侧各具 1 条生毛的蕊柱齿。

【花期】 9 ~ 10 月。

【生境状况】 生于海拔 560 ~ 800 m 的林中树上。

【濒危等级】 LC。

【地理分布】 云南省；缅甸、泰国和老挝。

图 891-2 掌唇兰 *Trichoglottis dawsoniana* 地理分布

图 891-3　掌唇兰 *Trichoglottis dawsoniana* 生境与植株（李剑武）

892 小掌唇兰 *Trichoglottis lorata* (Rolfe ex Downie) Schuit. [*Staurochilus loratus* (Rolfe ex Downie) Seidenf.]

图 892-1 小掌唇兰 *Trichoglottis lorata* 生境与植株（李剑武）

【别名】 无。

【主要特征】 附生植物，根细长，略弯曲且具短分枝。茎稍坚硬，长 3.0 ~ 16.0 cm，粗 0.5 ~ 0.7 cm，有时具分枝，节间长 0.5 ~ 0.7 cm，具多枚 2 列互生的叶。叶狭长圆形，长 10.0 ~ 16.0 cm，宽 0.9 ~ 1.6 cm，先端两侧具不等的 2 裂，基部具关节和宿存的鞘。花序与叶对生，1 ~ 5 个，不分枝，长 5.0 ~ 8.0 cm，疏生数朵花，花萼片和花瓣黄色带紫褐色斑点。花苞片三角形，长 2.0 mm；中萼片近匙形，上半部凹陷，长 5.0 mm，宽 2.5 mm；侧萼片斜倒卵形，长 5.0 mm，宽 3.0 mm；花瓣斜倒卵形，长 4.5 mm，宽 2.5 mm；唇瓣白色，长 6.0 mm，基部具长 2.0 mm 而上面凹槽状密布长毛的爪，上半部 3 裂，侧裂片近长圆形，长 2.0 mm，宽 1.5 mm，中裂片近方形，长 2.0 mm，宽 3.0 mm，上面具疣状突起，唇盘中央黄色，具 1 个深穴；距圆筒状，长 2.5 mm，内面背壁上具 1 枚密生舌状的附属物；蕊柱长 2.0 mm，密布细乳突状毛。

【花期】 6 月。

【生境状况】 生于海拔 700 ~ 1 500 m 的林中树上或林下岩石上。

【濒危等级】 NT。

【地理分布】 云南省；泰国。

图 892-2 小掌唇兰 *Trichoglottis lorata* 花（李剑武）

图 892-3 小掌唇兰 *Trichoglottis lorata* 地理分布

893 毛舌兰 *Trichoglottis triflora* (Guillaum.) Garay & Seidenf.

图 893-1 毛舌兰 *Trichoglottis triflora* 地理分布

【别名】 小毛舌兰、三花毛舌兰。

【主要特征】 附生植物，根簇生，长而弯曲。茎直立，长 5.0 ~ 15.0 mm，节间长约 1.0 mm。叶数枚，2 列，彼此紧靠，常呈 V 形对折，向外弯，长 2.0 ~ 3.5 cm，宽 0.5 ~ 0.6 cm，先端两侧具不等的 2 裂。花序 1 ~ 3 个从叶腋发出，长 5.0 ~ 10.0 mm，具 1 ~ 3 朵花，花黄绿色。花苞片卵状三角形，长约 1.0 mm；中萼片长圆状椭圆形，长 3.0 mm，宽 1.2 mm，背面中肋略呈龙骨状；侧萼片斜长圆形，与中萼片等大，在背面中肋隆起呈龙骨状；花瓣狭镰状长圆形，长 2.8 mm，宽 7.0 mm，背面中肋呈龙骨状突起；唇瓣白色带紫红色斑点，长约 2.5 mm，3 裂，侧裂片直立，半圆形，中裂片向前伸展，长 1.5 mm，宽 2.5 mm，具 3 个裂片，其侧生裂片较大，近卵状三角形，中间裂片卵状三角形，与侧生裂片等长，上面密生细乳突；距圆筒状，与子房平行，长 2.0 mm，内面背壁上方具 1 枚长约 0.3 mm 的舌状物，上半部的内壁上至距口前方密布长柔毛；蕊柱长 8.0 mm。

【花期】 8 月。

【生境状况】 生于海拔 1 100 ~ 1 600 m 的林中树上。

【濒危等级】 VU。

【地理分布】 云南省；泰国和越南。

图 893-2 毛舌兰 *Trichoglottis triflora* 生境与植株（叶德平）

一三五、鹿角兰属 *Pomatocalpa* Breda

鹿角兰属 *Pomatocalpa* 全世界分布共有 25 种，中国分布有 2 种，本图鉴包含 2 种。

鹿角兰属 *Pomatocalpa* 分种检索表

1（2） 花序长 3.5 cm 以上，花序轴伸长，密生数朵小花 ……………………… 894. 鹿角兰 *Pomatocalpa spicatum*

2（1） 花序长不及 3.5 cm，花序轴缩短而花密集成伞状…………………………………………………………………………

………………………………………………………895. 台湾鹿角兰 *Pomatocalpa undulatum* subsp. *acuminatum*

894 鹿角兰 *Pomatocalpa spicatum* Breda

【别名】 白花鹿角兰。

【主要特征】 附生植物，茎直立，长 2.0 ~ 3.0 cm，具数枚近基生的叶。叶片宽带状，长 20.0 ~ 31.0 cm，宽 2.5 ~ 3.5 cm，先端两侧具不等的 2 裂，基部具彼此套叠的鞘，边缘略呈波状。花序腋生，下垂，长 3.5 cm 以上，但长不及叶的一半，不分枝或少有分枝，花序轴伸长，密生数朵小花，花黄色具红色斑点。花苞片宽卵状三角形，长约 1.0 mm；中萼片内面基部具 2 条褐色带，倒卵形，长 5.0 mm，宽 2.0 mm；侧萼片内面基部具 U 形褐色斑点而上部具 2 条褐色带，斜倒卵形，长 4.5 mm，宽 2.5 mm，基部收狭并贴生在蕊柱基部和唇瓣侧裂片的基部外侧；花瓣内面基部具 2 条褐色带，倒卵状椭圆形，长 3.0 mm，宽 1.8 mm；唇瓣基部贴生在蕊柱基部两侧，3 裂，侧裂片耳状，上部前缘略内弯，中裂片向前伸展，肾状三角形，长、宽约 1.5 mm；距短而宽，近球形，长、宽约 2.0 mm，内面背壁上具 1 枚片状舌形的附属物，其先端浅 2 裂，内面前壁上具 1 对横生的胼胝体，靠近距口；蕊柱长 2.0 mm。

图 894-1 鹿角兰 *Pomatocalpa spicatum* 生境与植株（黄明忠）

【花期】 4 月。

【生境状况】 生于海拔 200 ~ 800 m 的林中树上。

【濒危等级】 NT。

【地理分布】 海南省；印度、缅甸、泰国、老挝、越南、马来西亚、印度尼西亚和菲律宾。

图 894-2 鹿角兰 *Pomatocalpa spicatum* 地理分布

图 894-3 鹿角兰 *Pomatocalpa spicatum* 花（叶德平）

895 台湾鹿角兰 *Pomatocalpa undulatum* (Lindl.) J. J. Sm. subsp. *acuminatum* (Rolfe) S. Watthana & S. W. Chung

【别名】 无。

【主要特征】 附生植物，茎短，具多枚2列的叶。叶带状，长 8.0 ~ 20.0 cm，宽 1.5 ~ 3.0 cm，先端两侧具不等的 2 裂，基部具彼此套叠的鞘。花序出自茎基部的叶腋，长约 3.0 cm，不分枝，花序轴缩短密生多朵近伞形着生的花，花棕黄色。花苞片宽三角形，长 2.5 ~ 3.0 mm；萼片相似，近长圆形，长 4.0 ~ 5.6 mm，宽 2.0 ~ 3.2 mm，具 2 条红褐色的横带；花瓣近基部具红褐色斑块，镰状长圆形，长 4.0 ~ 5.0 mm，宽 1.5 ~ 2.3 mm；唇瓣 3 裂，侧裂片棕黄色，直立，三角形，宽 1.0 mm，中裂片白色。宽三角形，长 3.0 mm，宽 3.5 mm，前部反折，基部具 2 条龙骨状突起；距囊状，长 4.0 mm，宽 3.0 mm，内面背壁上具 1 枚先端不规则缺刻的片状附属物；蕊柱长 2.0 mm。

【花期】 3 ~ 4 月。

【生境状况】 生于海拔约 800 m 的林中树上。

【濒危等级】 EN。

【地理分布】 台湾和云南等省。

图 895-1 台湾鹿角兰 *Pomatocalpa undulatum* subsp. *acuminatum* 植株（李剑武）

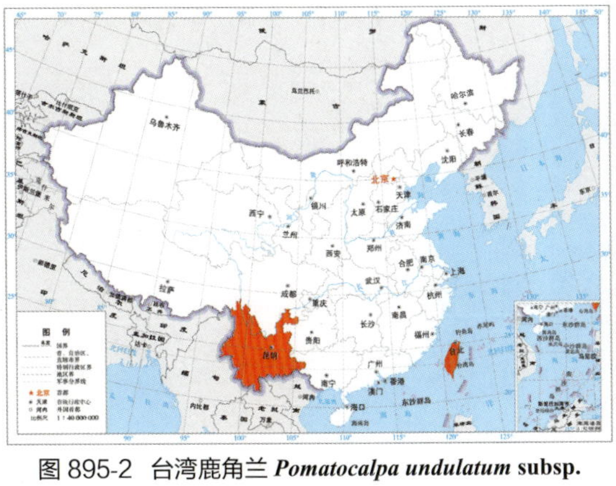

图 895-2 台湾鹿角兰 *Pomatocalpa undulatum* subsp. *acuminatum* 地理分布

图 895-3 台湾鹿角兰 *Pomatocalpa undulatum* subsp. *acuminatum* 花序（李剑武）

一三六、钻柱兰属 *Pelatantheria* Ridl.

钻柱兰属 *Pelatantheria* 全世界分布共有 8 种，中国分布有 4 种，本图鉴包含 4 种。

钻柱兰属 *Pelatantheria* 分种检索表

1（2） 叶两侧对折呈半圆柱形……898. 蜈蚣兰 *Pelatantheria scolopendrifolia*
2（1） 叶舌形，两侧不对折。
3（4） 唇瓣中裂片粉红色，先端钝……899. 钻柱兰 *Pelatantheria rivesii*
4（3） 唇瓣中裂片蜡黄色，先端短尾状。
5（6） 中裂片先端 2 ~ 3 裂……896. 尾丝钻柱兰 *Pelatantheria bicuspidata*
6（5） 中裂片先端不裂，但其边缘具不规则的流苏……897. 锯尾钻柱兰 *Pelatantheria ctenoglossa*

896 尾丝钻柱兰 *Pelatantheria bicuspidata* Tang & F. T. Wang

【别名】 无。

【主要特征】 附生植物，茎伸长，具分枝，叶舌形，常 V 字形对折，向外下弯呈镰刀状，长 3.0 ~ 4.0 cm，宽 1.4 cm，先端两侧具不等的 2 裂。花序短，具 2 ~ 3 朵花，花萼片和花瓣淡白色带淡紫色的脉纹。花苞片卵状三角形，长 3.0 ~ 4.0 mm；萼片相似，宽椭圆形，长 5.0 mm，宽 3.0 mm；花瓣长圆形，长 4.0 mm，宽 2.0 mm；唇瓣淡白色带蜡黄

图 896-1 尾丝钻柱兰 *Pelatantheria bicuspidata* 花序（李剑武）

色的唇盘，3 裂，侧裂片小，直立，卵状三角形，中裂片大，近心形，长 5.0 mm，宽 4.0 mm，先端短尾状且 2 ~ 3 浅裂；距长 5.0 mm，在外面前面凹入成纵沟，内面具 1 条把距分隔成两半的纵向高脊突，而在背壁上方具 1 枚在中部以下稍缢缩而下端截形的附属物；蕊柱长 2.0 mm，中部以下两侧各具 1 簇白色、透明的短腺毛。

【花期】 6 ~ 10 月。

【生境状况】 生于海拔 800 ~ 1 400 m 的林中树上或林下岩石上。

【濒危等级】 LC。

【地理分布】 贵州和云南等省；泰国。

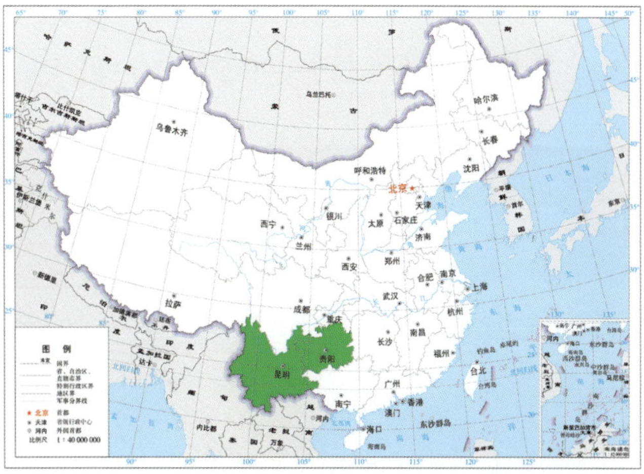

图 896-2　尾丝钻柱兰 *Pelatantheria bicuspidata* 地理分布

图 896-3　尾丝钻柱兰 *Pelatantheria bicuspidata* 生境与植株（李剑武）

897 锯尾钻柱兰 *Pelatantheria ctenoglossa* Ridl.

图 897-1 锯尾钻柱兰 *Pelatantheria ctenoglossa* 植株（叶德平）

【别名】 无。

【主要特征】 附生植物，茎伸长，具分枝。叶舌形，常V形对折，向外下弯呈镰刀状，长3.0～4.0 cm，宽1.4 cm，先端两侧具不等的2裂。花序短，具2～3朵花，花淡黄色。花苞片卵状三角形，长3.0～4.0 mm；萼片相似，宽椭圆形，长6.5 mm，宽4.5 mm；花瓣长圆形，长5.0 mm，宽3.0 mm，中部以下两侧边缘具不整齐的细齿；唇瓣3裂，侧裂片直立，上缘紫红色，近卵状三角形，前端稍下弯，中裂片近心形，长4.0 mm，宽5.0 mm，先端短尾状，其两侧具多个白色的流苏，唇盘中央增厚呈垫状，蜡黄色带紫红色斑点；距长4.0 mm，内面具1条把距分隔成两半的纵向脊突，而在背壁上方具1枚椭圆形而上端收狭为方形的附属物；蕊柱基部两侧各具1簇白毛。

【花期】 8月。

【生境状况】 生于海拔约700 m的林中树上或林下岩石上。

【濒危等级】 LC。

【地理分布】 云南省；泰国、老挝和越南。

图 897-2 锯尾钻柱兰 *Pelatantheria ctenoglossa* 花（金效华）

图 897-3 锯尾钻柱兰 *Pelatantheria ctenoglossa* 地理分布

898 蜈蚣兰 *Pelatantheria scolopendrifolia* (Makino) Aver.

【别名】 无。

【主要特征】 附生植物，植株匍匐状，茎细长，粗约1.5 mm，具多节和分枝。叶2列互生，彼此疏离，两侧略对折为半圆柱形，长5.0 ~ 8.0 mm，粗1.5 mm，基部具鞘。花序侧生，比叶短，具1 ~ 2朵花，花萼片和花瓣浅肉色。花苞片卵形，长0.5 mm；中萼片卵状长圆形，长3.0 mm，宽1.5 mm；侧萼片斜卵状长圆形，与中萼片等长但稍宽；花瓣长圆形，比中萼片小；唇瓣白色带黄色斑点，3裂，侧裂片直立，近三角形，上端稍向前弯，中裂片舌状三角形，长3.0 mm，基部中央具1条通向距内的褶脊；距近球形，粗0.8 mm，末端凹入，内面背壁上方的胼胝体3裂，侧裂片角状，下弯，中裂片基部2裂，下部密被细乳突状毛；蕊柱长1.5 mm。

图 898-1 蜈蚣兰 *Pelatantheria scolopendrifolia* 地理分布

【花期】 4月。

【生境状况】 生于海拔1 000 m以下的岩石上或林中树上。

【濒危等级】 LC。

【地理分布】 河北、山东、江苏、安徽、浙江、福建和四川等省；日本、朝鲜、韩国。

图 898-2 蜈蚣兰 *Pelatantheria scolopendrifolia* 植株（胡一民）

899 钻柱兰 *Pelatantheria rivesii* (Guillaum.) Tang & F. T. Wang

【别名】 北越钻柱兰。

【主要特征】 附生植物，茎匍匐伸长，长达 1.0 m，粗 7.0 mm，常分枝。叶舌形，略对折呈 V 形，长 3.0 ~ 4.0 cm，宽 1.0 ~ 1.5 cm，先端两侧具不等的 2 裂。花序短，具 2 ~ 7 朵花，花萼片和花瓣淡黄色带 2 ~ 3 条褐色条纹。花苞片卵状三角形，长 1.5 mm；中萼片椭圆形，长 4.0 mm，宽 2.2 mm；侧萼片卵状长圆形，与中萼片等长但稍宽；花瓣长圆形，长 4.0 mm，宽 1.5 mm；唇瓣粉红色，比萼片和花瓣大，3 裂，侧裂片小，直立，卵状三角形，中裂片宽卵状三角形，长 6.0 mm，宽 6.0 mm，基部两侧各具 1 个乳头状突起的胼胝体；距长 3.0 mm，内面前壁上具 1 条从距口至末端逐渐增高的纵脊，而在背壁上方具 1 枚椭圆形的附属物，其上表面略下陷；蕊柱长 2.0 mm。

【花期】 10 月。

【生境状况】 生于海拔 700 ~ 1 100 m 的林中树上或林下岩石上。

【濒危等级】 VU。

【地理分布】 广西和云南等省区；老挝和越南。

图 899-1 钻柱兰 *Pelatantheria rivesii* 生境与植株（叶德平）

图 899-2 钻柱兰 *Pelatantheria rivesii* 植株（李剑武）

图 899-3 钻柱兰 *Pelatantheria rivesii* 地理分布

一三七、大喙兰属 *Sarcoglyphis* Garay

大喙兰属 *Sarcoglyphis* 全世界分布共有 12 种，中国分布有 2 种，本图鉴包含 1 种。

900 大喙兰 *Sarcoglyphis smithiana* (Kerr) Seidenf.

图 900-1 大喙兰 ***Sarcoglyphis smithiana*** 生境与植株（李剑武）

【别名】 无。

【主要特征】 附生植物，茎直立，长 2.0 ~ 5.0 cm。叶狭长圆形，长 11.0 ~ 19.0 cm，宽 1.5 ~ 2.0 cm，先端两侧具不等的 2 裂。花序下垂，比叶长，不分枝，具数朵花，花白色带紫色。花苞片卵形，长 1.0 mm；中萼片长圆形，舟状，长 4.5 mm，宽 3.0 mm；侧萼片斜卵形，与中萼片等大；花瓣长圆形，长 4.0 mm，宽 1.2 mm；唇瓣紫色，3 裂，侧裂片直立，近三角形，中裂片与距几成直角，在中部扩展为横长圆形，先端喙状；距圆锥形，长 3.0 mm，末端向前下弯，在内面背壁上方有胼胝体，两侧压扁成荷包状，其中央具纵向深沟，上端两侧各具 1 枚很小的角状物，基部密被细乳突；蕊柱长 1.5 mm。

【花期】 4 ~ 5 月。

【生境状况】 生于海拔 500 ~ 800 m 的林中树上。

【濒危等级】 VU。

【地理分布】 云南省；泰国和老挝。

图 900-2 大喙兰 ***Sarcoglyphis smithiana*** 花序（叶德平）

图 900-3 大喙兰 ***Sarcoglyphis smithiana*** 地理分布

一三八、隔距兰属 *Cleisostoma* Bl.

隔距兰属 *Cleisostoma* 全世界分布共有 88 种，中国分布有 18 种，本图鉴包含 16 种。

隔距兰属 *Cleisostoma* 分种检索表

1（10） 叶圆柱状，粗 2.0 ~ 3.0 mm。
2（5） 叶较短，长 6.0 ~ 11.0 cm。
3（4） 花粉红色，蕊柱无毛，蕊柱翅在蕊柱上端各具 1 枚齿状附属物……………………………………………… **907. 红花隔距兰 *Cleisostoma williamsonii***
4（3） 花黄绿色带紫红色脉纹，蕊柱基部前方密被白毛，蕊柱翅不具齿状附属物………………………………………… **915. 毛柱隔距兰 *Cleisostoma simondii***
5（2） 叶较长，长 17.0 ~ 33.0 cm。
6（7） 黏盘柄近方形，黏盘较大，比柄宽，U 形……………………… **911. 南贡隔距兰 *Cleisostoma nangongense***
7（6） 黏盘柄卵状披针形，黏盘较小，与柄近等宽，近圆形。
8（9） 距内的胼胝体 3 裂……………………………………… **906. 长叶隔距兰 *Cleisostoma fuerstenbergianum***
9（8） 距内的胼胝体近五角星形，具厚的脊状物………………………… **905. 金塔隔距兰 *Cleisostoma filiforme***
10（1） 叶片扁，宽 4.0 mm 以上。
11（12） 叶较宽，宽 3.0 ~ 4.0 cm ……………………………………… **913. 大叶隔距兰 *Cleisostoma racemiferum***
12（11） 叶稍狭，宽 0.4 ~ 2.0 cm。
13（20） 叶片先端尖，不裂，花序不分枝或少有分枝。
14（19） 唇瓣中裂片先端不裂，距较长，与萼片近等长，距内的胼胝体 2 裂。
15（16） 唇瓣侧裂片三角形，先端钻状，中裂片狭卵状披针形，先端翘起，距漏斗状，距内的胼胝体不具乳突状毛……………………………………………… **914. 尖喙隔距兰 *Cleisostoma rostratum***
16（15） 唇瓣侧裂片三角形，先端尖，中裂片三角形，与侧裂片近等大，距角状，胼胝体具乳突状毛。
17（18） 距内的胼胝体不为 T 形，长明显大于上端的宽 ………… **910. 勐海隔距兰 *Cleisostoma menghaiense***
18（17） 距内的胼胝体 T 形，3 裂，长几乎等于上端的宽 ………**909. 长帽隔距兰 *Cleisostoma longioperculatum***
19（14） 唇瓣中裂片先端深裂为 2 条尾巴，距较短，距内的胼胝体不裂…………………………………………… **916. 短序隔距兰 *Cleisostoma striatum***
20（13） 叶片先端 2 裂，花序具分枝。
21（22） 花较大，萼片长 9.0 mm 以上，距近圆锥形，长 5.0 mm，其内壁上方的胼胝体中空，基部稍 2 裂且密布
细乳突…………………………………………… **902. 美花隔距兰 *Cleisostoma birmanicum***
22（21） 花较小，萼片长不及 5.0 mm。
23（24） 唇瓣中裂片基部具 2 个垫状胼胝体封住距的入口………… **901. 二齿叶隔距兰 *Cleisostoma aspersum***
24（23） 唇瓣中裂片基部不具封住距口的胼胝体。
25（28） 茎较短，长 2.0 ~ 10.0 cm，花淡紫红色。
26（27） 黏盘柄呈棒状，唇瓣侧裂片三角形…………………………… **908. 隔距兰 *Cleisostoma linearilobatum***
27（26） 黏盘柄线形，唇瓣侧裂片近圆形…………………………… **903. 短茎隔距兰 *Cleisostoma parishii***
28（25） 茎较长，长达 20.0 cm，花黄绿色具褐色条纹。
29（30） 花序分枝较多而长，呈圆锥形，花瓣先端渐尖，唇瓣中裂片先端翅状……………………………………………… **912. 大序隔距兰 *Cleisostoma paniculatum***
30（29） 花序分枝少而短，花瓣先端急尖，唇瓣中裂片先端不呈翅状……………………………………………… **904. 双裂隔距兰 *Cleisostoma duplicilobum***

901 二齿叶隔距兰 *Cleisostoma aspersum* (Rchb. f.) Garay

【别名】 无。

【主要特征】 附生植物，茎直立，长 1.0 ~ 5.0 cm。叶 7 ~ 9 枚，线状长圆形，偏斜，顶端 2 裂，长 6.0 ~ 15.0

cm，宽 0.8 ~ 1.5 cm。花序 2 ~ 3 个，从茎基部叶鞘中发出，长 10.0 ~ 20.0 cm，具短的分枝，具花数朵，花萼片和花瓣棕黄色。花苞片卵状披针形，长 1.0 ~ 1.5 mm；中萼片卵形，长 3.5 ~ 4.0 mm，宽 2.0 ~ 2.5 mm；侧萼片宽椭圆形，长 3.5 ~ 4.0 mm，宽 2.0 ~ 2.5 mm，内弯；花瓣偏斜的长圆状倒卵形，长 3.8 ~ 3.9 mm，宽 1.6 ~ 1.8 mm；唇瓣附着在蕊柱上，长 3.0 mm，3 裂，基部具距，侧裂片截形，边缘啮蚀状，中裂片宽卵形，凹陷，基部具 2 个垫状胼胝体封住距的入口；距漏斗形，白色，长约 4.0 mm；蕊柱短，长约 1.5 mm。

【花期】 7 ~ 8 月。

【生境状况】 生于海拔约 1 000 m 的热带雨林中树上。

【濒危等级】 DD。

【地理分布】 云南省；印度、不丹、尼泊尔、缅甸、泰国和越南。

图 901-1 二齿叶隔距兰 *Cleisostoma aspersum* 生境与植株（李琳）

图 901-2 二齿叶隔距兰 *Cleisostoma aspersum* 地理分布

图 901-3 二齿叶隔距兰 *Cleisostoma aspersum* 花序（李琳）

902 美花隔距兰 *Cleisostoma birmanicum* (Schltr.) Garay

【别名】 无。

【主要特征】 附生植物，茎直立，不分枝，长 8.0 ~ 9.0 cm，粗 0.6 cm，具数枚叶和多根粗厚而表面密生疣状突起的根。叶狭披针形，长 15.0 cm，宽 1.5 cm，先端两侧具不等的 2 裂，基部具关节和叶鞘。花序侧生，下弯，比叶长，具分枝，具数朵花，花萼片和花瓣除边缘和中肋黄色外其余紫褐色。花苞片卵状三角形，长 2.0 ~ 3.0 mm；中萼片椭圆形，长 12.0 mm，宽 5.0 mm；侧萼片斜卵形，长 9.0 mm，宽 6.0 mm；花瓣镰状长圆形，长 10.0 mm，宽 4.5 mm；唇瓣白色，与花瓣近等长，3 裂，侧裂片直立，镰状披针形，中裂片三角形，宽 6.0 mm，中部两侧上举，上面中央隆起，先端深裂为 2 条尾巴；距近圆锥形，长 5.0 mm，其内背壁上方的胼胝体中空，近三角形，基部稍 2 裂且密布细乳突；蕊柱长 4.0 mm。

图 902-1 美花隔距兰 *Cleisostoma birmanicum* 地理分布

【花期】 4 ~ 5 月。

【生境状况】 生于海拔约 800 m 的林中树上。

【濒危等级】 LC。

【地理分布】 海南省；缅甸和越南。

图 902-2 美花隔距兰 *Cleisostoma birmanicum* 花（金效华）

903 短茎隔距兰 *Cleisostoma parishii* (Hook. f.) Garay

图 903-1　短茎隔距兰 *Cleisostoma parishii* 地理分布

【别名】 无。

【主要特征】 附生植物，茎粗短，长 1.0 ~ 6.0 cm，被叶鞘所包。叶扁平，2 列，彼此紧靠，带状，长 6.0 ~ 20.0 cm，宽 0.6 ~ 2.4 cm，先端两侧具不等的 2 裂，基部具 1 个关节。花序从茎中部的叶腋发出，远比叶长，上部常分枝，疏生数朵花，花淡粉色。花苞片卵状三角形，长 1.0 ~ 2.0 mm；中萼片近长圆形，长 4.0 mm，宽 1.5 ~ 2.0 mm；侧萼片稍斜卵圆形，与中萼片等长；花瓣相似于中萼片但较小；唇瓣 3 裂，侧裂片直立，近圆形，比中裂片短，上端边缘具宽而浅的凹缺，中裂片三角形，向上翘，与距交成钝角，基部两侧向后伸长成裂片，裂片近线形；距角状，长约 3.0 mm，距内具发达的隔膜，背壁上方的胼胝体 T 形 3 裂，侧裂片短，中裂片向基部变窄，上面中央具 1 条纵向凹槽，基部稍 2 裂并密生乳突状毛；蕊柱长约 2.0 mm，具 1.0 mm 长的蕊柱足。

【花期】 4 ~ 5 月。

【生境状况】 生于海拔 1 000 m 以下的林中树上。

【濒危等级】 LC。

【地理分布】 广东、海南和广西等省区；缅甸。

图 903-2　短茎隔距兰 *Cleisostoma parishii* 花（李琳）

904 双裂隔距兰 *Cleisostoma duplicilobum* (J. J. Sm.) Garay

【别名】 无。

【主要特征】 附生植物，高约 20.0 cm，叶多枚，叶片披针形，长 18.0 cm，宽 2.0 cm，先端两侧具不等的 2 裂。花序与叶近等长，圆锥形，具数朵花，花萼片黄绿色具褐色条纹，唇瓣白色。花苞片三角形，长约 2.0 mm；萼片长圆形，中萼片长 5.0 mm，宽 3.0 mm；侧萼片偏斜，长 4.7 mm，宽 3.3 mm；花瓣斜披针形，凹陷，长 4.0 mm，宽 1.2 mm，黄绿色具 2 条褐色条纹；唇瓣长约 5.0 mm，宽 3.3 mm，3 裂，侧裂片直立，长约 2.3 mm，稍带黄色，中裂片三角形；蕊柱长约 3.0 mm。

图 904-1 双裂隔距兰 *Cleisostoma duplicilobum* 地理分布

【花期】 5 月。

【生境状况】 生于海拔 400 ~ 2 000 m 的林中树上。

【濒危等级】 DD。

【地理分布】 云南省；泰国、老挝、越南和印度尼西亚。

图 904-2 双裂隔距兰 *Cleisostoma duplicilobum* 花（叶德平）

图 904-3 双裂隔距兰 *Cleisostoma duplicilobum* 生境与植株（叶德平）

905 金塔隔距兰 *Cleisostoma filiforme* (Lindl.) Garay

【别名】 线叶隔距兰、隔距兰。

【主要特征】 附生植物，植株悬垂，茎圆柱形，长达60.0 cm，粗0.3 ~ 0.4 cm，分枝或不分枝，疏生多枚偏向一侧的叶，节间长4.0 ~ 6.0 cm。叶2列互生，细圆柱形，长达33.0 cm，粗0.2 ~ 0.3 cm，基部具关节和抱茎的鞘。花序侧生，分枝或不分枝，比叶短，具数朵花，花萼片和花瓣黄绿色带褐色条纹。花苞片狭卵状披针形，长2.0 mm；中萼片卵状椭圆形，舟状，长4.0 mm，宽2.0 mm；侧萼片长圆形，与中萼片近等长而稍宽；花瓣长圆形，比萼片小；唇瓣3裂，侧裂片白色，直立，三角形，先端向内弯，近蕊柱一侧边缘内折，中裂片紫红色，箭头状三角形，与侧裂片等长，基部两侧向后伸长为狭的裂片，上面中央具1条纵向而中部隆起呈三角形的脊突；距短筒状，长3.0 mm，内面背壁上方的胼胝体近五角星形，其上面中央隆起呈三角形，基部下方密被乳突状毛；蕊柱长2.0 mm。

【花期】 9 ~ 10月。

【生境状况】 生长于海拔390 ~ 1 000 m的林中树上。

【濒危等级】 LC。

【地理分布】 海南、广西和云南等省区；印度、尼泊尔、缅甸、泰国和越南。

图905-1　金塔隔距兰 *Cleisostoma filiforme* 植株（金效华）

图905-2　金塔隔距兰 *Cleisostoma filiforme* 地理分布

图905-3　金塔隔距兰 *Cleisostoma filiforme* 花序（金效华）

906 长叶隔距兰 *Cleisostoma fuerstenbergianum* Kraenzl.

图 906-1 长叶隔距兰 *Cleisostoma fuerstenbergianum* 生境与植株（叶德平）

【别名】 鞍叶隔距兰。

【主要特征】 附生植物，茎弧形弯曲，细圆柱形，长达 50.0 cm，粗 0.4 ~ 0.5 cm，分枝或不分枝，节间长 3.0 ~ 4.0 cm，疏生多枚偏向一侧的叶。叶细圆柱形，长 25.0 cm，粗 0.2 ~ 0.3 cm，基部具关节和抱茎的鞘。花序侧生，比叶短，不分枝，具数朵花，花萼片和花瓣黄色带紫褐色条纹。花苞片狭卵状披针形，长 2.0 mm；中萼片卵状椭圆形，舟状，长 4.5 ~ 5.0 mm，宽 2.0 mm；侧萼片近长圆形，与中萼片等长但稍宽；花瓣狭长圆形，比萼片短，宽 1.5 mm；唇瓣白色，3 裂，侧裂片直立，三角形，上半部收狭呈镰刀状，近蕊柱一侧边缘内折，紫色，中裂片箭头状三角形，上面中央具 1 条纵向隆起的脊突；距近球形，粗 2.0 ~ 3.0 mm，末端凹入，内面背壁上方的胼胝体 3 裂，侧裂片三角形，先端稍下弯，中裂片等长于侧裂片，基部密布乳突状毛；蕊柱长 3.0 mm。

【花期】 5 ~ 6 月。

【生境状况】 生于海拔 600 ~ 2 000 m 的林中树上。

【濒危等级】 LC。

【地理分布】 贵州和云南等省；泰国、老挝、越南和柬埔寨。

图 906-2 长叶隔距兰 *Cleisostoma fuerstenbergianum* 花（李剑武）

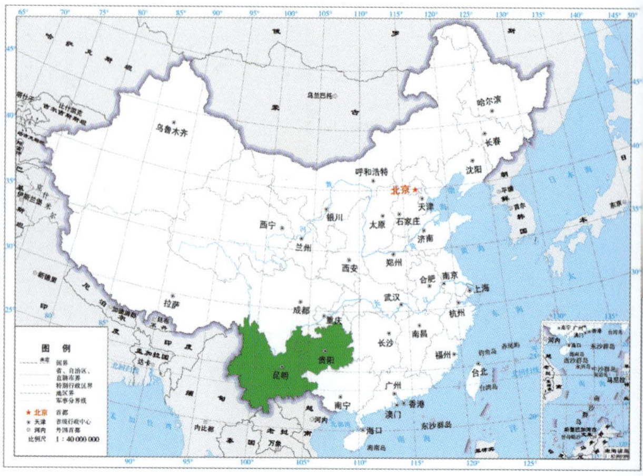

图 906-3 长叶隔距兰 *Cleisostoma fuerstenbergianum* 地理分布

907 红花隔距兰 *Cleisostoma williamsonii* (Rchb. f.) Garay

【别名】 树葱、滇缅隔距兰、龙角草。

【主要特征】 附生植物，植株通常悬垂，茎细圆柱形，长达 70.0 cm，粗 0.3 ~ 0.4 cm，分枝或不分枝，具多枚互生的叶，节间长 1.0 ~ 2.5 cm。叶圆柱形，长 6.0 ~ 10.0 cm，粗 0.2 ~ 0.3 cm，基部具关节和抱茎的鞘。花序侧出，比叶长，分枝，具数朵花，花粉红色。花苞片卵状披针形，长 2.0 mm；中萼片卵状椭圆形，舟状，长 2.2 mm，宽 1.5 mm；侧萼片斜卵状椭圆形，长 2.5 mm，宽 1.5 mm；花瓣长圆形，长 2.2 mm，宽 1.0 mm；唇瓣深紫红色，3 裂，侧裂片直立，舌状长圆形，向前伸，两侧边缘略内折，中裂片狭卵状三角形，上面中央具 1 条纵向的脊突，脊突在距口前方隆起呈三角形；距球形，粗 2.0 mm，末端凹入，内侧背壁上方的胼胝体呈 T 形 3 裂，侧裂片近角状，中裂片基部 2 浅裂且密布乳突状毛；蕊柱长 2.0 mm。

【花期】 4 ~ 6 月。

【生境状况】 生于海拔 300 ~ 2 000 m 的林中树上。

【濒危等级】 LC。

【地理分布】 广东、海南、广西、贵州和云南等省区；印度、不丹、缅甸、泰国、越南、马来西亚和印度尼西亚。

图 907-1 红花隔距兰 *Cleisostoma williamsonii* 地理分布

图 907-2 红花隔距兰 *Cleisostoma williamsonii* 花序（李剑武）

图 907-3 红花隔距兰 *Cleisostoma williamsonii* 生境与植株（李剑武）

908 隔距兰 *Cleisostoma linearilobatum* (Seidenf. & Smitin.) Garay

【别名】 箭叶隔距兰。

【主要特征】 附生植物，茎直立，长 2.0 ~ 4.0 cm，叶狭长圆形，长 5.0 ~ 18.0 cm，宽 1.0 ~ 2.0 cm，先端两侧具不等的 2 裂，基部具关节和抱茎的鞘。花序下垂，比叶长，具分枝，疏生数朵花，花淡紫红色。花苞片卵状三角形，长 1.0 mm；中萼片长圆形，舟状，长 3.0 mm，宽 1.5 mm；侧萼片斜卵圆形，与中萼片等大；花瓣略镰状长圆形，长 2.5 mm，宽 1.5 mm；唇瓣 3 裂，侧裂片直立，三角形，中裂片箭头状三角形，基部两侧向后伸长为三角形的突片，在两侧裂片之间隆起 1 条脊突；距角状，长 5.0 mm，在背壁上方具 3 裂的胼胝体，侧裂片小，短耳状并紧贴中裂片，中裂片长圆形，上面中央纵向凹下，基部稍 2 裂；蕊柱长 2.0 mm。

图 908-1 隔距兰 *Cleisostoma linearilobatum* 地理分布

【花期】 5 ~ 9 月。

【生境状况】 生于海拔 900 ~ 1 600 m 的林中树上。

【濒危等级】 VU。

【地理分布】 云南省；印度和泰国。

图 908-2 隔距兰 *Cleisostoma linearilobatum* 白花型生境与植株（李剑武）

图 908-3 隔距兰 ***Cleisostoma linearilobatum*** 白花型花序（李剑武）

图 908-4 隔距兰 ***Cleisostoma linearilobatum*** 红花型花序（叶德平）

图 908-5 隔距兰 ***Cleisostoma linearilobatum*** 白花型植株（李剑武）

909 长帽隔距兰 *Cleisostoma longioperculatum* Z. H. Tsi

图 909-1 长帽隔距兰 *Cleisostoma longioperculatum* 生境与植株（李剑武）

【别名】 元江隔距兰。

【主要特征】 附生植物，茎长约 2.0 cm，不分枝。叶 2 列着生，4 ~ 5 枚。叶片狭长，长约 7.0 cm，宽 0.5 cm，呈 V 形对折，基部具 1 个关节，之下扩大呈抱茎的鞘。花序侧生，不分枝，疏生数朵花，花萼片和花瓣黄绿色具粉色条纹，唇瓣白色而侧裂片淡紫色。花苞片卵状三角形，长约 1.5 mm；萼片匙形，长 4.0 mm，宽 2.0 mm；花瓣长圆形，长 3.5 mm，宽 1.3 mm；唇瓣 3 裂，侧裂片近直立，三角形，前侧边缘略向内弯，中裂片三角形，凹陷；距角状，长约 4.0 mm，具隔膜，内面背壁上方的胼胝体 T 形 3 裂，胼胝体长几乎等于上部的宽，侧裂片近狭三角形，中裂片狭长圆形，基部稍 2 裂并被细乳突状毛；蕊柱长约 1.5 mm，向上扩大。药帽前端伸长。

【花期】 6 月。

【生境状况】 生于海拔约 700 m 的林中树上。

【濒危等级】 CR。

【地理分布】 云南省。

图 909-2 长帽隔距兰 *Cleisostoma longioperculatum* 花序（李琳）

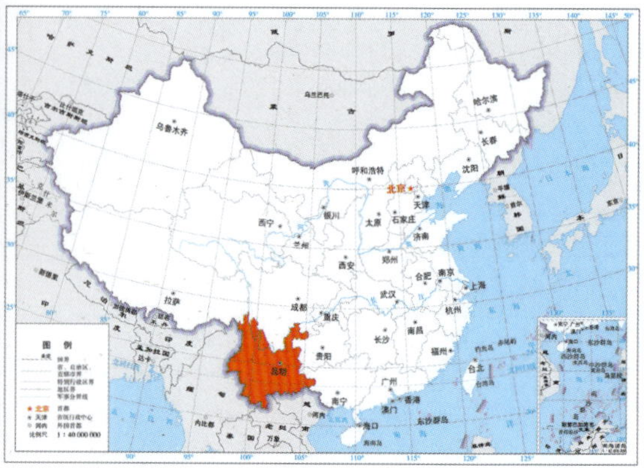

图 909-3 长帽隔距兰 *Cleisostoma longioperculatum* 地理分布

910 勐海隔距兰 *Cleisostoma menghaiense* Z. H. Tsi

【别名】 无。

【主要特征】 附生植物，茎直立，长 2.0 ~ 3.0 cm，不分枝，叶数枚，2 列，狭长圆形。长 8.0 ~ 14.0 cm，宽 0.4 ~ 0.8 cm，下部常 V 形对折，基部具关节和彼此套叠的叶鞘。花序侧生于茎的基部，下垂，比叶长，分枝或不分枝，具数朵花，花萼片和花瓣淡黄色。花苞片卵状三角形，长 1.0 mm；中萼片椭圆形，舟状，长 3.5 mm，宽 2.0 mm；侧萼片斜倒卵形，与中萼片等大；花瓣斜长圆形，长 3.0 mm，宽 1.5 mm；唇瓣 3 裂，侧裂片紫丁香色，直立，三角形，中裂片黄色，三角形，与侧裂片等大，长 2.5 mm；距角状，长 4.0 mm，内面背壁上方具 3 裂的胼胝体，胼胝体基部 2 裂且具乳突状毛；蕊柱长 2.0 mm。

【花期】 7 ~ 10 月。

【生境状况】 生于海拔 700 ~ 1 200 m 的林中树上。

【濒危等级】 VU。

【地理分布】 云南省。

图 910-1 勐海隔距兰 *Cleisostoma menghaiense* 生境与植株（叶德平）

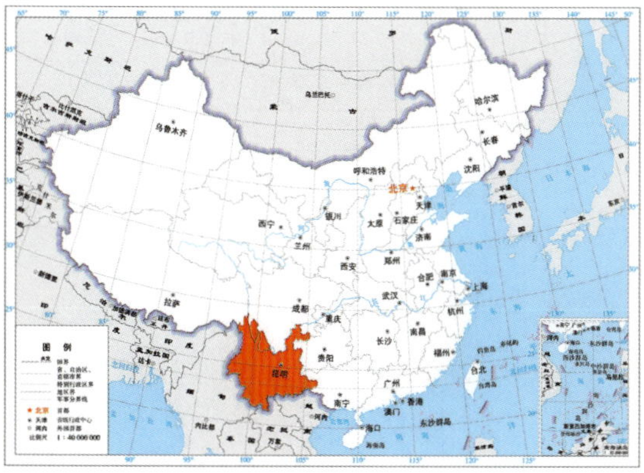

图 910-2 勐海隔距兰 *Cleisostoma menghaiense* 地理分布

图 910-3 勐海隔距兰 *Cleisostoma menghaiense* 花序（叶德平）

911 南贡隔距兰 *Cleisostoma nangongense* Z. H. Tsi

图 911-1 南贡隔距兰 *Cleisostoma nangongense* 生境与植株（李剑武）

【别名】 无。

【主要特征】 附生植物，植株悬垂，具细长的茎，茎圆柱形，长 40.0 cm，粗 0.3 cm，分枝，节间长 2.0 cm，具多枚叶。叶 2 列互生，半圆柱形，长 17.0 cm，粗 0.3 cm，近轴面具 1 条深槽，基部具关节。花序侧生，不分枝，具数朵花，花萼片和花瓣黄绿色带紫色。花苞片卵形，长 1.0 mm；中萼片卵状椭圆形，凹陷，长 5.0 mm，宽 3.5 mm，边缘具不整齐的细齿；侧萼片斜长圆形，长 5.0 mm，比中萼片宽，边缘疏生细齿；花瓣斜卵状长圆形，长 4.5 mm，宽 2.0 mm，基部以上边缘具不整齐的齿；唇瓣黄白色，3 裂，侧裂片三角形，先端尖齿状，向内弯，近蕊柱一侧边缘向内折而具 2 个方形的褶片，近先端内侧具 1 个角状的附属物，中裂片箭头状三角形，比侧裂片短而宽，基部具 1 枚与距内隔膜相连的圆形胼胝体；距长圆筒形，长 4.0 mm，在背壁上方具 T 形 3 裂的胼胝体，基部 2 裂；蕊柱长 3.0 mm。

【花期】 6 月。

【生境状况】 生于海拔 1 700 m 的林中树上。

【濒危等级】 VU。

【地理分布】 云南省。

图 911-2 南贡隔距兰 *Cleisostoma nangongense* 花（叶德平）

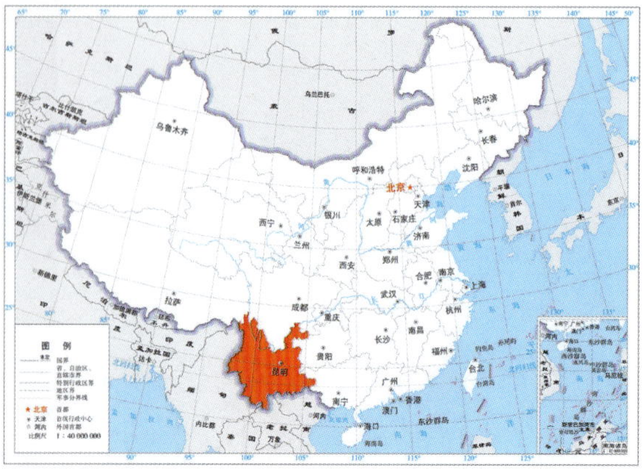

图 911-3 南贡隔距兰 *Cleisostoma nangongense* 地理分布

912 大序隔距兰 *Cleisostoma paniculatum* (Ker Gawl.) Garay

【别名】 虎纹兰、虎皮隔距兰、大穗隔距兰。

【主要特征】 附生植物，茎直立，长达 20.0 cm，粗 0.5 ~ 0.8 cm，被叶鞘包住，有时具分枝。叶 2 列互生，多枚，狭长圆形，长 10.0 ~ 25.0 cm，宽 0.8 ~ 2.0 cm，先端不等侧 2 裂，基部具关节。花序从叶腋发出，比叶长，多分枝，具数朵花，花萼片和花瓣背面黄绿色，内面紫褐色，边缘和中肋黄色。花苞片卵形，长 2.0 mm；中萼片长圆形，凹陷，长 4.5 mm，宽 2.0 mm；侧萼片斜长圆形，与中萼片近等大；花瓣比萼片稍小；唇瓣黄色，3 裂，侧裂片直立，三角形，中裂片与距成钝角，先端翅状，基部两侧向后伸长为钻状，上面中央具纵走的脊突；距黄色，长 4.5 mm，内面背壁上方具长方形的胼胝体，胼胝体基部稍 2 裂且密布乳突状毛；蕊柱短。

【花期】 5 ~ 9 月。

【生境状况】 生于海拔 240 ~ 1 300 m 的林中树上或林下岩石上。

【濒危等级】 LC。

【地理分布】 江西、福建、台湾、广东、广西、四川和云南等省区；印度、泰国和越南。

图 912-1 大序隔距兰 *Cleisostoma paniculatum* 生境与植株（李剑武）

图 912-2 大序隔距兰 *Cleisostoma paniculatum* 地理分布

图 912-3 大序隔距兰 *Cleisostoma paniculatum* 花（李剑武）

913 大叶隔距兰 *Cleisostoma racemiferum* (Lindl.) Garay

图 913-1 大叶隔距兰 *Cleisostoma racemiferum* 生境与植株（李剑武）

【别名】 大序隔距兰。

【主要特征】 附生植物，茎直立，粗壮，长 5.0 ~ 20.0 cm，粗 2.0 ~ 2.5 cm，具分枝、长而粗的根。叶带状，长 29.0 cm，宽 3.0 ~ 4.0 cm，先端两侧具不等的 2 裂，基部具关节和抱茎的鞘。花序从叶腋发出，比叶长，多分枝，具数朵花，花萼片和花瓣黄色带褐色斑点。花苞片卵状披针形，长 1.0 ~ 2.0 mm；中萼片长圆形，舟状，长 3.5 mm，宽 2.5 mm；侧萼片斜长圆形，与中萼片近等大；花瓣长圆形，长 3.0 mm，宽 2.0 mm；唇瓣白色，3 裂，侧裂片直立，三角形，中部向先端急狭为钻状，中裂片三角形，上面在两侧裂片之间具 1 条脊突，距内背壁上方的胼胝体近卵状三角形，基部稍 2 裂，下部具乳突状毛；蕊柱长 2.5 mm，具翅。

【花期】 6 月。

【生境状况】 生长于海拔 1 300 ~ 1 800 m 的林中树上或林下岩石上。

【濒危等级】 LC。

【地理分布】 云南省；印度、不丹、缅甸、泰国、老挝和越南。

图 913-2 大叶隔距兰 *Cleisostoma racemiferum* 花序（李剑武）

图 913-3 大叶隔距兰 *Cleisostoma racemiferum* 地理分布

914 尖喙隔距兰 *Cleisostoma rostratum* (Lodd. ex Lindl.) Garay

【别名】 剑叶隔距兰。

【主要特征】 附生植物，茎伸长，长 20.0 ~ 50.0 cm，粗 0.5 cm，有时上部分枝，具多节，节间长 2.0 ~ 3.0 cm。叶 2 列，狭披针形，长 9.0 ~ 15.0 cm，宽 0.7 ~ 1.3 cm，先端收狭，基部具关节和抱茎的鞘。花序与叶对生，比叶短，不分枝，疏生数朵花，花萼片和花瓣黄绿色带紫红色条纹。花苞片卵状三角形，长 1.0 mm；中萼片近椭圆形，舟状，长 5.0 ~ 5.5 mm，宽 2.0 ~ 2.5 mm；侧萼片斜倒卵形，与中萼片等长但稍宽；花瓣长圆形，长 4.0 mm，宽 3.0 mm；唇瓣紫红色，3 裂，侧裂片直立，三角形，先端钻状，中裂片狭卵状披针形，先端翘起，基部两侧无伸长的裂片；距漏斗状，与萼片近等长，内面背壁上方具长圆形的胼胝体，胼胝体两侧具很短的角状物，基部浅 2 裂；蕊柱长 2.0 mm。

【花期】 7 ~ 8 月。

【生境状况】 生于海拔 350 ~ 800 m 的林中树上或林下岩石上。

【濒危等级】 LC。

【地理分布】 香港、海南、广西、贵州和云南等省区；泰国、老挝和越南。

图 914-1 尖喙隔距兰 *Cleisostoma rostratum* 生境与植株（李剑武）

图 914-2 尖喙隔距兰 *Cleisostoma rostratum* 地理分布

图 914-3 尖喙隔距兰 *Cleisostoma rostratum* 花序（李剑武）

915 毛柱隔距兰 *Cleisostoma simondii* (Gagnep.) Seidenf.

图 915-1 毛柱隔距兰 *Cleisostoma simondii* 生境与植株（李剑武）

【别名】 滇越隔距兰、蜂兰、卷叶隔距兰。

【主要特征】 附生植物，植株通常上举，茎圆柱形，长达 50.0 cm，粗 0.4 cm，分枝，具多枚叶，节间长 1.0 ~ 2.5 cm。叶 2 列互生，细圆柱形，长 7.0 ~ 11.0 cm，粗 0.3 cm，基部具关节和抱茎的鞘。花序侧出，比叶长，不分枝，具数朵花，花黄绿色带紫红色脉纹。花苞片卵形，长 2.0 mm；中萼片长圆形，长 6.0 ~ 7.0 mm，宽 3.0 ~ 4.0 mm；侧萼片斜长圆形，与中萼片近等大；花瓣相似于萼片但稍小；唇瓣 3 裂，侧裂片直立，三角形，先端朝上弯曲，中裂片紫色，卵状三角形，基部中央具三角形隆起的突片；距近球形，粗 4.0 mm，末端凹入，内面背壁上方的胼胝体近 T 形 3 裂，侧裂片三角形，中裂片近楔形，基部浅 2 裂并被毛；蕊柱长 3.0 mm。

【花期】 9 月。

【生境状况】 生长于海拔约 1 100 m 的林中树上或林下岩石上。

【濒危等级】 LC。

【地理分布】 云南省；印度、缅甸、泰国、老挝和越南。

图 915-2 毛柱隔距兰 *Cleisostoma simondii* 花（李剑武）

图 915-3 毛柱隔距兰 *Cleisostoma simondii* 地理分布

916 短序隔距兰 *Cleisostoma striatum* (Rchb. f.) N. E. Brown

【别名】 无。

【主要特征】 附生植物，茎圆柱形，长达 30.0 cm，粗 0.7 cm，节间长 2.0 cm。叶片狭长圆状披针形，长 7.0 ~ 11.0 cm，宽 1.5 cm，背面中肋隆起，基部具关节和抱茎的鞘，表面具许多不规则的皱纹，在上面中肋凹陷而背面隆起呈龙骨状。花序从茎中部的叶腋发出，长 2.0 ~ 6.0 cm，下垂，不分枝，密生多朵花，花萼片和花瓣橘黄色带紫色条纹。花苞片宽卵形，长 2.0 ~ 3.0 mm；中萼片长圆形，舟状，长 6.0 mm，宽 3.0 mm；侧萼片稍斜卵形，与中萼片等大；花瓣长圆形，比萼片小；唇瓣除中裂片紫色外，其余淡黄色，3 裂，侧裂片镰状三角形，中裂片箭头状三角形，先端收狭且深裂为 2 条尾巴，基部两侧向后伸长为三角形的裂片，上面中央具 1 条纵向的肉质褶片；距短，与子房几成直角，内面背壁上方具肥厚的胼胝体，胼胝体长大于宽，不裂；蕊柱长 3.0 mm。

【花期】 6 月。

【生境状况】 生于海拔 500 ~ 1 600 m 的林中树上。

【濒危等级】 VU。

【地理分布】 海南、广西和云南等省区；印度、越南和马来西亚。

图 916-1　短序隔距兰 *Cleisostoma striatum* 生境与植株（田怀珍）

图 916-2　短序隔距兰 *Cleisostoma striatum* 地理分布

图 916-3　短序隔距兰 *Cleisostoma striatum* 花（田怀珍）

一三九、坚唇兰属 *Stereochilus* Lindl.

坚唇兰属 *Stereochilus* 全世界分布共有 7 种，中国分布有 3 种，本图鉴包含 2 种。

坚唇兰属 *Stereochilus* 分种检索表

1（2） 植株较小，茎长约 1.5 cm，叶长约 4.8 cm，花瓣长圆形，唇瓣中裂片卵形……………………………………………………………………………………………… 917. 短轴坚唇兰 *Stereochilus brevirachis*

2（1） 植株较大，茎长约 15.0 cm，叶长 8.0 ~ 11.0 cm，花瓣匙形，唇瓣中裂片卵状三角形……………………………………………………………………………………………918. 绿春坚唇兰 *Stereochilus laxus*

917 短轴坚唇兰 *Stereochilus brevirachis* Christenson

图 917-1 短轴坚唇兰 *Stereochilus brevirachis* 生境与植株（叶德平）

【别名】 短轴固唇兰。

【主要特征】 附生植物，茎长约 1.5 cm，叶 4 ~ 6 枚，线形，长 4.8 cm，宽 0.8 cm，先端两侧具稍不等的 2 裂。花序下垂，具数朵花，花淡粉色。花苞片披针形，比子房短；中萼片椭圆形，长 5.0 mm，宽 3.0 mm，凹陷；侧萼片倒卵形，长 5.0 mm，宽 4.0 mm，凹陷；花瓣长圆形，长 6.0 mm，宽 2.0 mm；唇瓣 3 裂，侧裂片直立，先端内弯，中裂片卵形，长 5.0 mm，宽 4.0 mm，基部具 1 个脊突；距长 4.0 mm，内面基部具 1 个肾形的胼胝体；蕊柱长 3.0 mm。

【花期】 7 月。

【生境状况】 生长于海拔约 1 600 m 的林中树上。

【濒危等级】 DD。

【地理分布】 云南省；越南。

图 917-2 短轴坚唇兰 *Stereochilus brevirachis* 地理分布

图 917-3 短轴坚唇兰 *Stereochilus brevirachis* 花（叶德平）

918 绿春坚唇兰 *Stereochilus laxus* (Rchb. f.) Garay

【别名】 绿春固唇兰。

【主要特征】 附生植物，茎长约 15.0 cm。叶 2 列生长，多达 11 枚，长 8.0 ~ 11.0 cm，宽 1.0 ~ 1.5 cm，长椭圆形至线形。花序长 10.0 ~ 15.0 cm，长于叶，每个花序约 20 朵花。萼片和花瓣粉红色，二者几乎处于同一平面，唇瓣正面深紫红色，背面粉红色；中萼片长 6.5 mm，宽 4.5 mm，阔椭圆形，稍凹陷；侧萼片长约 8.0 mm，宽 5.0 mm，阔倒卵形；花瓣长约 6.0 mm，宽 3.0 mm，近匙形；唇瓣长约 6.0 mm，宽 4.5 mm，舟状，3 裂；侧裂片极小，直立，加厚，前缘皆深紫红色；中裂片长、宽近 4.0 mm，深紫红色，卵状三角形，边缘坚硬肥厚；唇瓣中央、中裂片基部具 1 个小腔；距长约 3.0 mm，倒圆锥状，距内中部至基部具有 1 道纵线将其分隔为两室；蕊柱高约 3.5 mm，基部具 1 个长棒状的胼胝体；胼胝体沿距后壁延伸直至与隔膜相连，其中央至基部有 1 道纵向的浅凹槽环绕；蕊喙长约 3.0 mm，近钻形。

【花期】 7 月。

【生境状况】 生长于海拔约 1 800 m 的林中树上。

【濒危等级】 DD。

【地理分布】 云南省；缅甸和泰国。

图 918-1　绿春坚唇兰 *Stereochilus laxus* 地理分布

图 918-2　绿春坚唇兰 *Stereochilus laxus* 生境与植株（金效华）

图 918-3　绿春坚唇兰 *Stereochilus laxus* 花（金效华）

一四〇、花蜘蛛兰属 *Esmeralda* Rchb. f.

花蜘蛛兰属 *Esmeralda* 全世界分布共有 3 种，中国分布有 2 种，本图鉴包含 2 种。

花蜘蛛兰属 *Esmeralda* 分种检索表

1（2） 唇瓣侧裂片半卵形，中裂片卵状椭圆形，先端不裂，距口前方无覆盖物……………………………………920. 花蜘蛛兰 *Esmeralda clarkei*

2（1） 唇瓣侧裂片近方形，中裂片近倒卵状菱形，先端凹缺，距口前方具 1 个向唇瓣先端伸延而在两侧裂片之间可动的覆盖物………………………… 919. 口盖花蜘蛛兰 *Esmeralda bella*

919 口盖花蜘蛛兰 *Esmeralda bella* Rchb. f.

【别名】 花蜘蛛兰。

【主要特征】 附生植物，茎粗壮，稍坚硬，长 20.0 ~ 100.0 cm，粗 1.0 cm，具多个节间和疏生 2 列的叶。叶片长圆形，长 13.0 ~ 16.0 cm，宽 2.5 ~ 3.0 cm，先端两侧具不等的 2 裂，基部具抱茎的鞘。花序斜出，2 ~ 3 个，长 12.0 ~ 18.0 cm，疏生 2 ~ 3 朵花，花大，黄色带红棕色横纹。花苞片宽卵形，长 10.0 ~ 17.0 mm；中萼片倒卵状长圆形，长 30.0 mm，宽 10.0 mm；侧萼片倒卵状长圆形，长 27.0 mm，宽 8.0 mm；花瓣狭长圆形，长 27.0 mm，宽 7.0 mm；唇瓣提琴形，长 14.0 mm，3 裂，基部具长 2.0 mm 的爪和 1 个活动关节，侧裂片直立，

图 919-1 口盖花蜘蛛兰 *Esmeralda bella* 花（李剑武）

近方形，长、宽约 4.0 mm，两侧裂片之间具 1 个上面凹槽状的肥厚肉突，中裂片近倒卵状菱形，长 8.0 mm，宽 9.0 mm，先端具凹缺，中央具 1 个下垂的肉突，边缘具不整齐的细齿，从基部至先端纵贯 1 条肥厚的龙骨脊，龙骨脊的基部稍 2 裂，其上面被覆 1 个半圆形且可动的盖；距小，长 3.0 mm，末端稍向后弯曲；蕊柱长 8.0 mm。

【花期】 11 月或有时 3 ~ 4 月。

【生境状况】 生于海拔 1 700 ~ 2 000 m 的林中树上。

【濒危等级】 VU。

【地理分布】 云南和西藏等省区；缅甸、泰国、老挝、越南、柬埔寨、马来西亚、印度尼西亚、菲律宾、文莱等。

图 919-2 口盖花蜘蛛兰 *Esmeralda bella* 地理分布

图 919-3 口盖花蜘蛛兰 *Esmeralda bella* 植株（李剑武）

920 花蜘蛛兰 *Esmeralda clarkei* Rchb. f.

图 920-1 花蜘蛛兰 *Esmeralda clarkei* 生境与植株（金效华）

【别名】 蜘蛛兰。

【主要特征】 附生植物，茎粗壮，坚硬，长 70.0 cm 以上，粗 0.7 ~ 1.0 cm，具分枝，节间长 2.0 ~ 3.0 cm。叶 2 列，长圆形，长 13.0 ~ 25.0 cm，宽 1.7 cm，先端不等侧 2 裂，基部具抱茎的鞘。花序长达 32.0 cm，不分枝，花序轴在上部常之字形弯曲，具少数花，花大，萼片和花瓣淡黄色带红棕色横纹。花苞片宽卵形，长 10.0 ~ 17.0 mm；中萼片倒卵状椭圆形，长 35.0 mm，宽 10.0 ~ 12.0 mm；侧萼片倒卵状椭圆形，与中萼片近等大；花瓣近匙形，长 28.0 ~ 31.0 mm，宽 9.0 ~ 11.0 mm；唇瓣贴生在蕊柱基部，长 25.0 mm，基部具长 2.0 mm 的爪和 1 个活动关节，3 裂，侧裂片直立，半卵形，中裂片伸展，卵状菱形，长 14.0 ~ 15.0 mm，宽 11.0 ~ 13.0 mm，背面具 1 个乳突，边缘具不整齐的齿，从基部至中部具 1 条龙骨脊，龙骨脊的基部具 1 个凹槽；距圆锥形，长 5.0 mm，末端稍向后弯，距口两侧各具 1 枚胼胝体；蕊柱长 12.0 ~ 14.0 mm。

【花期】 11 ~ 12 月。

【生境状况】 生于海拔 500 ~ 1 000 m 的林中树上或悬崖边上。

【濒危等级】 VU。

【地理分布】 海南省；印度、不丹、尼泊尔、缅甸和泰国。

图 920-2 花蜘蛛兰 *Esmeralda clarkei* 花（金效华）

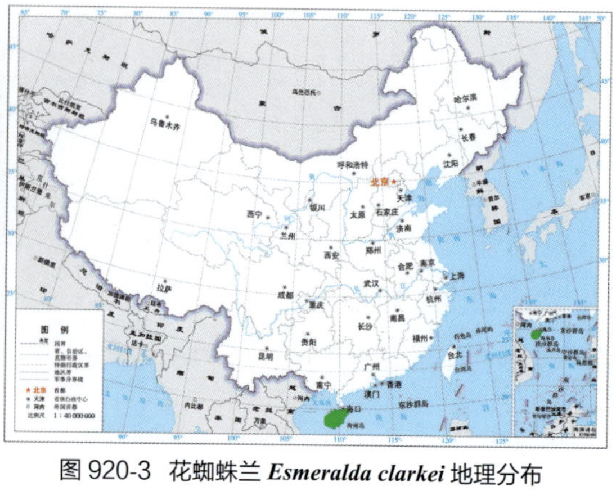

图 920-3 花蜘蛛兰 *Esmeralda clarkei* 地理分布

一四一、蜘蛛兰属 *Arachnis* Bl.

蜘蛛兰属 *Arachnis* 全世界分布共有 14 种，中国分布有 1 种，本图鉴包含 1 种。

921 窄唇蜘蛛兰 *Arachnis labrosa* (Lindl. & Paxton) Rchb. f.

【别名】 蜘蛛兰、龙爪兰。

【主要特征】 附生植物，茎伸长，达 50.0 cm，粗 0.7 ~ 1.0 cm，较坚硬，具多个节和多枚互生 2 列的叶。叶带状，长 15.0 ~ 30.0 cm，宽 1.6 ~ 2.5 cm，先端两侧具不等的 2 裂，基部具抱茎的鞘，叶鞘套叠。花序斜出，长达 1.0 m，具分枝，疏生数朵花，花淡黄色带红棕色斑点。花苞片宽卵形，长 5.0 ~ 8.0 mm；萼片和花瓣倒披针形，萼片长 18.0 mm，宽 3.0 mm；花瓣比萼片稍小；唇瓣长 10.0 mm，3 裂，侧裂片小，直立，近三角形，宽 2.0 mm，中裂片舌形，背面具 1 个圆锥形肉突，基部中央凹陷，而其两侧各具 1 个指向后方的乳突；距位于唇瓣中裂片的中部，圆锥形，长 4.0 ~ 5.0 mm，向后弯曲；蕊柱长 6.0 mm。

【花期】 8 ~ 9 月。

【生境状况】 生长于海拔 800 ~ 1 200 m 的林中树上或林下岩壁上。

【濒危等级】 LC。

【地理分布】 台湾、海南、广西和云南等省区；印度、不丹、缅甸、泰国、老挝和越南。

图 921-1 窄唇蜘蛛兰 *Arachnis labrosa* 生境与植株（叶德平）

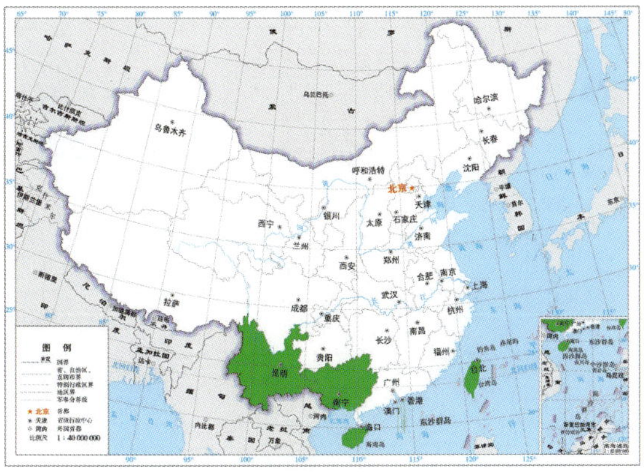

图 921-2 窄唇蜘蛛兰 *Arachnis labrosa* 地理分布

图 921-3 窄唇蜘蛛兰 *Arachnis labrosa* 花（李剑武）

一四二、白点兰属 *Thrixspermum* Loureiro

白点兰属 *Thrixspermum* 全世界分布共有 161 种，中国分布有 16 种，本图鉴包含 7 种。

白点兰属 *Thrixspermum* 分种检索表

1（8） 花苞片 2 列着生。
2（5） 花苞片彼此疏离，花序轴短，长不及 5.0 cm。
3（4） 茎较长，长 30.0 ~ 40.0 cm，叶片长 6.0 ~ 12.0 cm，先端不等 2 裂……………………928. 吉氏白点兰 *Thrixspermum tsii*
4（3） 茎较短，长 2.0 ~ 13.0 cm，叶片长 2.0 ~ 4.0 cm，先端微 2 裂……………………925. 小叶白点兰 *Thrixspermum japonicum*
5（2） 花苞片彼此紧靠，花序轴长 5 cm 以上。
6（7） 叶片卵状披针形，长 2.0 ~ 2.5 cm，基部心形抱茎，先端微 2 裂，花紫色，萼片和花瓣卵形，萼片长 17.0 mm……………………922. 抱茎白点兰 *Thrixspermum amplexicaule*
7（6） 叶片长圆形，长 6.0 ~ 24.0 cm，先端 2 裂，基部楔形抱茎，花白色，萼片和花瓣狭披针形，中萼片长 30.0 ~ 45.0 mm……………………924. 白点兰 *Thrixspermum centipeda*
8（1） 花苞片螺旋状排列。
9（10） 花序轴伸长，花苞片彼此疏离，花较小，中萼片长 7.0 ~ 8.0 mm，唇瓣基部浅囊状，中裂片红棕色，齿状三角形……………………926. 长轴白点兰 *Thrixspermum saruwatarii*
10（9） 花序轴缩短，花苞片彼此紧靠。
11（12） 萼片宽椭圆形，唇瓣侧裂片边缘无毛，中裂片具 2 ~ 3 簇白毛……………………923. 海台白点兰 *Thrixspermum annamense*
12（11） 中萼片椭圆形，唇瓣侧裂片边缘具棒状毛，中裂片无毛…927. 同色白点兰 *Thrixspermum trichoglottis*

922 抱茎白点兰 *Thrixspermum amplexicaule* (Bl.) Rchb. f.

图 922-1 抱茎白点兰 *Thrixspermum amplexicaule* 花（黄明忠）

【别名】 无。

【主要特征】 附生植物，茎扁三棱形，长约 35.0 cm，粗约 2.0 mm，具多个节，节间长约 2.0 cm，每节上生 1 根。叶片疏生于茎上，卵状披针形，长 2.0 ~ 2.5 cm，宽 0.7 cm，基部心形并抱茎，先端稍 2 裂。花序长 30.0 ~ 35.0 cm，是叶长的 10 倍以上，具数朵花，但同一时间仅开放

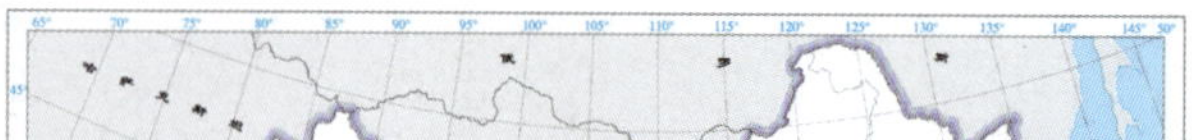

图 922-2 抱茎白点兰 *Thrixspermum amplexicaule* 地理分布

1 ~ 2 朵，寿命仅为 1 天，花紫色。花苞片 2 列，相距 2.0 ~ 3.0 mm，长 3.0 ~ 4.0 mm；萼片卵形，长 17.0 mm，宽 11.0 mm，凹陷；花瓣比萼片稍短而窄；唇瓣囊状，比花瓣短，3 裂，侧裂片直立，小，中裂片较大，囊深约 6.0 mm，内面具 1 枚黄色的胼胝体和橘黄色的毛；蕊柱长约 2.7 mm。

【花期】 5 ~ 7 月。

【生境状况】 生于海拔约 100 m 的海边岩石上。

【濒危等级】 NT。

【地理分布】 海南省；印度、泰国、越南、马来西亚、菲律宾和印度尼西亚。

图 922-2　抱茎白点兰 ***Thrixspermum amplexicaule*** 生境与植株（黄明忠）

923 海台白点兰 *Thrixspermum annamense* (Guillaum.) Garay

【别名】 海南白点兰。

【主要特征】 附生植物，高约 8.0 cm，具数枚叶。叶密集，2 列，长圆状椭圆形，长 3.0 ~ 4.0 cm，宽 0.6 ~ 0.9 cm，先端微 2 裂，基部具彼此套叠的鞘。花序侧生于茎上，长约 6.5 cm，具数朵花，花白色。花苞片螺旋状排列，宽卵形，长约 1.0 mm；萼片宽椭圆形，长 5.0 ~ 6.0 mm，宽 3.0 mm；花瓣椭圆形，比萼片稍小；唇瓣中央凹陷呈浅囊状，摊平后呈菱状三角形，长约 5.0 mm，宽 6.5 mm，3 裂，侧裂片直立，三角形，中裂片近横长圆形，弯曲上举，先端稍 2 裂，上面密被毛，背面呈龙骨状，唇盘中央具 1 条纵向而被毛的脊突。

图 923-1 海台白点兰 *Thrixspermum annamense* 地理分布

【花期】 4 ~ 5 月。

【生境状况】 生于海拔 500 ~ 1 000 m 的林中树上。

【濒危等级】 NT。

【地理分布】 台湾和海南等省；泰国和越南。

图 923-2 海台白点兰 *Thrixspermum annamense* 生境与植株（黄明忠）

924 白点兰 *Thrixspermum centipeda* Lour.

图 924-1 白点兰 *Thrixspermum centipeda* 生境与植株（李剑武）

【别名】 蜈蚣白点兰。

【主要特征】 附生植物，茎下垂，质地硬，扁圆柱形，长达 20.0 cm，弧形弯曲，具多个节，节间长 1.0 ~ 1.5 cm。叶 2 列互生，长圆形，长 6.0 ~ 24.0 cm，宽 1.0 ~ 2.5 cm，先端两侧具不等的 2 裂，基部具关节和抱茎的鞘。花序与叶对生，数个，比叶长，花序柄扁，常在两侧边缘具透明的翅，具少数花，花白色，后变为黄色。花苞片两侧对称呈牙齿状，长 6.0 mm；中萼片狭镰状披针形，长 30.0 ~ 45.0 mm，宽 2.5 ~ 5.5 mm；侧萼片相似于中萼片，但基部稍宽；花瓣狭镰状披针形，比萼片小；唇瓣基部凹陷呈浅囊状，3 裂，侧裂片半卵形，直立，长 3.0 mm，上部呈三角形，钝状且稍向前弯曲，中裂片向前伸，两侧对折呈狭圆锥形，长 5.0 mm，唇盘中央隆起 1 个胼胝体。

图 924-2 白点兰 *Thrixspermum centipeda* 花（李剑武）

【花期】 6 ~ 7 月。

【生境状况】 生于海拔 700 ~ 1 200 m 的林中树上。

【濒危等级】 LC。

【地理分布】 海南、香港、广西和云南等地；印度、不丹、缅甸、泰国、老挝、越南、柬埔寨、马来西亚和印度尼西亚。

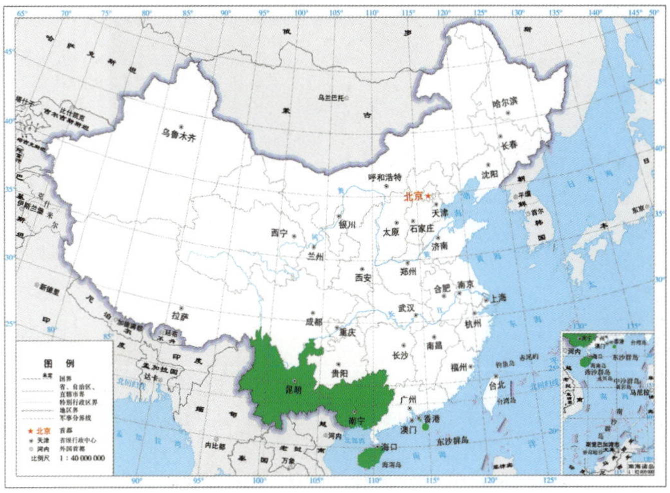

图 924-3 白点兰 *Thrixspermum centipeda* 地理分布

925 小叶白点兰 *Thrixspermum japonicum* (Miq.) Rchb. f.

图 925-1 小叶白点兰 *Thrixspermum japonicum* 生境与植株（金效华）

【别名】 豆瓣还阳、岩贝母、蜈蚣金钗。

【主要特征】 附生植物，茎悬垂，纤细，长 2.0 ~ 13.0 cm，具多个节，密生多枚 2 列的叶。叶片长圆形，长 2.0 ~ 4.0 cm，宽 0.5 ~ 0.7 cm，先端微 2 裂，基部具关节和抱茎的鞘。花序 2 个至多个，与叶对生而近等长，疏生数朵花，花淡黄色。花苞片宽卵状三角形，长 2.5 mm；中萼片长圆形，长 5.0 ~ 7.0 mm；宽 2.5 ~ 3.0 mm；侧萼片卵状披针形，与中萼片等长而稍宽；花瓣狭长圆形，长 5.0 ~ 6.0 mm，宽 1.5 ~ 2.0 mm；唇瓣基部具长约 1.0 mm 的爪，3 裂，侧裂片近直立而向前弯曲，狭卵状长圆形，长 2.5 mm，宽 1.2 mm，中裂片小，半圆形，宽 0.5 mm，背面略呈圆锥状隆起，唇盘基部稍凹陷，密被茸毛。

【花期】 9 ~ 10 月。

【生境状况】 生于海拔 900 ~ 1 000 m 的林中树上。

【濒危等级】 VU。

【地理分布】 台湾、湖南、广东、四川和贵州等省；日本。

图 925-2 小叶白点兰 *Thrixspermum japonicum* 花（金效华）

图 925-3 小叶白点兰 *Thrixspermum japonicum* 地理分布

926 长轴白点兰 *Thrixspermum saruwatarii* (Hayata) Schltr.

【别名】 小白娥兰、黄娥兰。

【主要特征】 附生植物，茎长不及 2.0 cm，叶 2 列，密集而斜立，长圆状镰刀形，长 4.0 ~ 12.0 cm，宽 0.6 ~ 1.5 cm，先端两侧具不等的 2 裂。花序侧生，下垂，长达 8.0 cm，花序轴稍曲折，疏生 1 ~ 2 朵花，花白色。花苞片宽卵状三角形，长 3.0 mm；中萼片椭圆形，长 7.0 ~ 8.0 mm，宽 3.5 ~ 5.0 mm；侧萼片斜卵形，与中萼片近等大；花瓣椭圆形，比萼片小；唇瓣小，3 裂，基部浅囊状，侧裂片直立，长椭圆形，内面具许多橘红色条纹，中裂片红棕色，小，齿状三角形，唇盘基部密布红紫色毛；蕊柱长 3.0 mm。

【花期】 3 ~ 4 月。

【生境状况】 生于海拔达 2 800 m 的林中树上。

【濒危等级】 NT。

【地理分布】 福建、台湾和湖南等省。

图 926-1 长轴白点兰 *Thrixspermum saruwatarii* 生境与植株（金效华）

图 926-2 长轴白点兰 *Thrixspermum saruwatarii* 地理分布

图 926-3 长轴白点兰 *Thrixspermum saruwatarii* 花（金效华）

927 同色白点兰 *Thrixspermum trichoglottis* (Hook. f.) Kuntze

【别名】 无。

【主要特征】 附生植物，茎直立，长 3.0 ~ 7.0 cm，具数个节，节间长 5.0 ~ 6.0 mm，具多枚 2 列的叶。叶片长 3.0 ~ 5.5 cm，宽 0.5 ~ 1.0 cm，先端两侧具不等的 2 裂。花序 2 ~ 3 个，侧生于茎的下部，长 3.0 ~ 4.0 cm，密生数朵从下至上逐渐开放的花，花白色。花苞片密集，螺旋状排列，卵状披针形，长 3.0 ~ 4.0 mm；中萼片椭圆形，长 4.0 mm，宽 2.5 mm；侧萼片斜卵形，与中萼片近等大；花瓣椭圆形，长 3.5 mm，宽 2.0 mm；唇瓣 3 裂，基部凹陷为浅囊状，上面密被乳突，侧裂片直立，半圆形，长 3.0 mm，宽 2.0 mm，前端边缘具细长毛，中裂片增厚，近兜状圆锥形，向前伸，长 1.0 mm；唇盘从基部至中部具 1 条棒状的肉突；蕊柱长 2.0 mm。

【花期】 3 月。

【生境状况】 生于海拔约 700 m 的林中树上。

【濒危等级】 NT。

【地理分布】 云南省；印度、缅甸、泰国、老挝、越南、马来西亚、新加坡和印度尼西亚。

图 927-1 同色白点兰 *Thrixspermum trichoglotti* 植株（李剑武）

图 927-2 同色白点兰 *Thrixspermum trichoglottis* 地理分布

图 927-3 同色白点兰 *Thrixspermum trichoglottis* 花（李剑武）

928 吉氏白点兰 *Thrixspermum tsii* W. H. Chen & Y. M. Shui

【别名】 无。

【主要特征】 附生植物，茎长 30.0 ~ 40.0 cm，粗 0.5 ~ 0.6 cm，具多个节，节间长 1.5 ~ 2.5 cm。叶 2 列，长圆形，长 6.0 ~ 12.0 cm，宽 1.9 ~ 2.2 cm，先端两侧具不等的 2 裂，基部具抱茎的鞘。花序具 1 ~ 3 朵花，花白色。花苞片宽三角形，长 2.5 ~ 3.0 mm；中萼片椭圆形，长 15.0 mm，宽 6.0 mm；侧萼片斜椭圆形，长 14.0 ~ 15.0 mm，宽 6.0 mm；花瓣卵状长圆形，长 11.0 ~ 12.0 mm，宽 6.0 mm；唇瓣椭圆形，长 8.0 mm，宽 12.0 mm，3 裂，侧裂片稍内弯，中裂片宽舌状，长 3.0 mm，宽 1.5 mm，密被毛，唇盘上具 1 个直的胼胝体；蕊柱长 3.0 mm。

【花期】 5 ~ 7 月。

【生境状况】 生于海拔 700 ~ 1 500 m 的林中树上。

【濒危等级】 EN。

【地理分布】 云南省。

图 928-1 吉氏白点兰 *Thrixspermum tsii* 地理分布

图 928-2 吉氏白点兰 *Thrixspermum tsii* 花（叶德平）

图 928-3 吉氏白点兰 *Thrixspermum tsii* 生境与植株（叶德平）

图 928-4 吉氏白点兰 *Thrixspermum tsii* 植株（李剑武）

一四三、异型兰属 *Chiloschista* Lindl.

异型兰属 *Chiloschista* 全世界分布共有 20 种，中国分布有 5 种，本图鉴包含 2 种。

异型兰属 *Chiloschista* 分种检索表

1（2） 花序较短，长 5.0 ~ 10.0 cm，花白色 ································ 929. 白花异型兰 *Chiloschista exuperei*

2（1） 花序较长，长达 26.0 cm，花黄色 ··930. 异型兰 *Chiloschista yunnanensis*

929 白花异型兰 *Chiloschista exuperei* (Guillaum.) Garay

【别名】 白花异唇兰。

【主要特征】 附生植物，茎不明显，通常无叶，根数根，狭长。花序 1 ~ 5 个，下垂，不分枝，长 5.0 ~ 10.0 cm，密布灰白色茸毛，疏生数朵花，花白色。花苞片卵状三角形，长 2.0 ~ 2.5 mm；中萼片卵状长圆形，长 6.0 ~ 6.5 mm，宽 4.0 ~ 4.5 mm，背面疏生白色茸毛，先端急尖；侧萼片卵形，长 5.0 ~ 5.5 mm，宽 3.0 ~ 3.5 mm，背面疏生白色茸毛，先端急尖；花瓣近方形，长 5.0 ~ 5.5 mm，宽 4.0 ~ 4.5 mm，背面基部疏生白色茸毛，先端平截，基部着生于蕊柱足上；唇瓣 3 裂，侧裂片直立，狭长圆形，长 4.0 ~ 5.0 mm，宽 2.0 ~ 2.5 mm，先端圆，内面中下部具数条黄褐色条纹，中裂片向前伸展，披针形，稍呈 S 形，长 3.0 ~ 3.5 mm，宽 1.0 mm，先端稍 2 浅裂；唇盘基部密被毛，在两侧裂片之间凹陷成浅囊状，且被海绵状的附属物，附属物浅黄色，V 形，密被长毛；蕊柱长 2.0 mm，蕊柱足长 3.5 mm。

【花期】 5 ~ 6 月。

【生境状况】 生于海拔 700 ~ 1 200 m 的林中树上。

【濒危等级】 CR。

【地理分布】 云南省；泰国、老挝、越南和柬埔寨。

图 929-1 白花异型兰 *Chiloschista exuperei* 地理分布

图 929-2 白花异型兰 *Chiloschista exuperei* 花（李剑武）

图 929-3 白花异型兰 *Chiloschista exuperei* 植株（叶德平）

930 异型兰 *Chiloschista yunnanensis* Schltr.

【别名】 异唇兰。

【主要特征】 附生植物，茎不明显，通常无叶，根数根，狭长。花序 1 ~ 2 个，下垂，不分枝，长达 26.0 cm，密布茸毛，疏生数朵花，花黄色。花苞片卵状披针形，长 3.0 ~ 4.0 mm；中萼片卵状椭圆形，长 5.0 ~ 6.0 mm，宽 4.0 ~ 5.0 mm；侧萼片卵圆形，与中萼片等大；花瓣近长圆形，与萼片等长但稍狭；唇瓣 3 裂，侧裂片直立，狭长圆形，长 4.0 mm，中部扭曲，边缘具淡褐色斑点，内面具红色条纹，中裂片短，先端凹入，上面在两侧裂片之间凹陷成浅囊状，且被海绵状的附属物，附属物淡褐色，V 形；蕊柱短。

【花期】 3 ~ 5 月。

【生境状况】 生于海拔 700 ~ 2 000 m 的林中树上。

【濒危等级】 LC。

【地理分布】 云南和四川等省。

图 930-1　异型兰 *Chiloschista yunnanensis* 生境与植株（李剑武）

图 930-2　异型兰 *Chiloschista yunnanensis* 花序（叶德平）

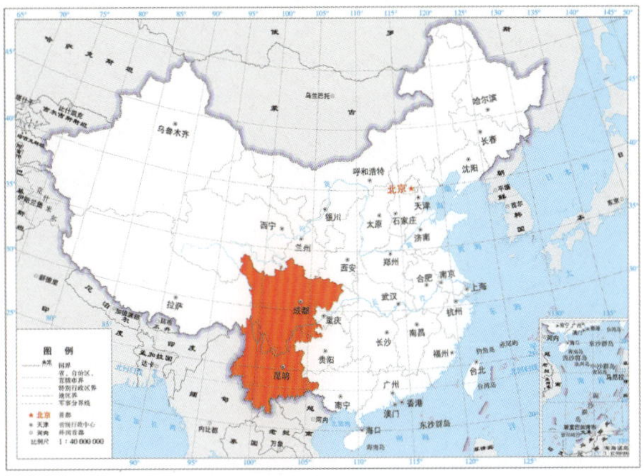

图 930-3　异型兰 *Chiloschista yunnanensis* 地理分布

一四四、万代兰属 *Vanda* Jones ex R. Br.

万代兰属 *Vanda* 全世界分布共有 73 种，中国分布有 14 种，本图鉴包含 11 种。

万代兰属 *Vanda* 分种检索表

1（8） 花序具 1 ~ 3 朵花。
2（3） 距较长，长 35.0 ~ 50.0 mm，中萼片长 8.0 ~ 10.0 mm …………………………… 938. 风兰 *Vanda falcata*
3（2） 距较短，长不及 5.0 mm。
4（5） 花下垂……………………………………………………………………………… 931. 垂头万代兰 *Vanda alpina*
5（4） 花向前伸展。
6（7） 唇瓣中裂片先端稍凹缺……………………………………………………… 940. 矮万代兰 *Vanda pumila*
7（6） 唇瓣中裂片先端尖 2 裂…………………………………………………… 937. 叉唇万代兰 *Vanda cristata*
8（1） 花序具多朵花。
9（12） 萼片和花瓣蓝色或紫色。
10（11） 花较大，直径 7.0 ~ 10.0 cm …………………………………………… 934. 大花万代兰 *Vanda coerulea*
11（10） 花较小，直径约 2.5 cm………………………………………………… 935. 小蓝万代兰 *Vanda coerulescens*
12（9） 萼片和花瓣不为蓝色或紫色。
13（14） 花红色或橙红色。……………………………………………………… 932. 鸟舌兰 *Vanda ampullacea*
14（13） 花非红色或橙红色。
15（16） 唇瓣侧裂片圆耳状………………………………………………………… 933. 白柱万代兰 *Vanda brunnea*
16（15） 唇瓣侧裂片卵状三角形。
17（20） 唇瓣中裂片提琴形，先端扩大，基部比先端狭。
18（19） 唇瓣棕红色，上面具 5 ~ 6 条具小疣状突起的黄色脊突……………… 936. 琴唇万代兰 *Vanda concolor*
19（18） 唇瓣黄色，上面不具脊突…………………………………………………939. 广东万代兰 *Vanda fuscoviridis*
20（17） 唇瓣中裂片卵形，基部比先端宽……………………………………… 941. 纯色万代兰 *Vanda subconcolor*

931 垂头万代兰 *Vanda alpina* (Lindl.) Lindl.

图 931-1 垂头万代兰 *Vanda alpina* 花（李剑武）

【别名】 绿花万代兰。

【主要特征】 附生植物，茎长约 5.0 cm，粗 1.0 cm，中部以下被多枚宿存的鞘。叶 2 列，向外弯，带状，

图 931-2 垂头万代兰 *Vanda alpina* 地理分布

中部以下常 V 形对折，长 10.0 ~ 11.0 cm，宽 1.0 cm，先端具不规则的尖齿，基部具抱茎的鞘。花序 2 ~ 3 个，长 1.5 cm，具 1 ~ 2 朵下垂的花，花绿色。花苞片卵形，长 3.0 mm；中萼片长圆形，长 15.0 mm，宽 6.0 mm；侧萼片卵状披针形，长 15.0 mm，宽 6.0 mm；花瓣斜长圆形，长 13.0 mm，宽 5.0 mm，基部收狭为爪；唇瓣 3 裂，侧裂片小，背面黄绿色，内面红紫色，半圆形，中裂片背面黄绿色，上面红紫色带黄色纵条纹，舌形，长 12.0 mm，宽 7.0 mm，基部凹陷成囊状，无距，先端稍凹陷而其背面具 1 个乳头状突起，在其上面两侧各具 1 个乳头状突起；蕊柱长 4.0 mm。

【花期】 6 月。

【生境状况】 生于海拔 1 200 ~ 1 600 m 的林中树上。

【濒危等级】 EN。

【地理分布】 云南省；不丹、尼泊尔、印度。

图 931-3 垂头万代兰 *Vanda alpina* 植株（李剑武）

932 鸟舌兰 *Vanda ampullacea* (Roxb.) L. M. Gardiner [*Ascocentrum ampullaceum* (Roxb.) Schltr.]

图 932-1 鸟舌兰 *Vanda ampullacea* 生境与植株（叶德平）

【别名】 红花鸟舌兰。

【主要特征】 附生植物，茎直立，高约 10.0 cm，被叶鞘所包，具多枚叶。叶片扁平，狭长圆形，下部常 V 形对折，长 5.0 ~ 20.0 cm，宽 1.0 ~ 1.5 cm，上部稍外弯，背面淡红色，先端具不规则的 3 ~ 4 枚齿。花序直立，2 ~ 4 个，密生数朵花，花红色或橙红色。花苞片卵状三角形，长约 1.0 mm；萼片和花瓣相似，宽卵形，长 7.0 ~ 9.0 mm，宽 4.0 ~ 6.0 mm；唇瓣 3 裂，侧裂片黄色，小，直立，近三角形，前侧边缘内折，中裂片与距呈直角并向外伸展，狭长圆形，长约 6.0 mm，宽 1.2 mm，在距口处两侧各具 1 枚黄色的胼胝体；距棒状圆筒形，下半部略向后弯曲。

【花期】 4 ~ 5 月。

【生境状况】 附生于海拔 1 000 ~ 1 500 m 的林中树上。

【濒危等级】 EN。

【地理分布】 云南省；尼泊尔、印度、不丹、缅甸、泰国和老挝。

图 932-2 鸟舌兰 *Vanda ampullacea* 花（李剑武）

图 932-3 鸟舌兰 *Vanda ampullacea* 地理分布

933 白柱万代兰 *Vanda brunnea* Rchb. f.

【别名】 白花万代兰。

【主要特征】 附生植物，茎长 15.0 cm，粗 1.0 ~ 1.8 cm，具多个短的节和多枚 2 列而披散的叶。叶带状，长 22.0 ~ 25.0 cm，宽 2.5 cm，先端具 2 ~ 3 个不整齐的尖齿状缺刻，基部具 1 个关节和抱茎的鞘。花序从叶腋发出，1 ~ 3 个，不分枝，长 13.0 ~ 25.0 cm，疏生 3 ~ 5 朵花，花萼片和花瓣背面白色，内面黄褐色，边缘略波状。花苞片宽卵形，长 3.0 ~ 4.0 mm；萼片近等大，倒卵形，长 23.0 mm，宽 17.0 mm，基部收狭呈爪状；花瓣相似于萼片但稍小；唇瓣 3 裂，侧裂片白色，直立，圆耳状，长、宽近 9.0 mm，中裂片除基部白色和基部两侧具 2 条褐红色条纹外，其余黄绿色，提琴形，长 18.0 mm，先端 2 圆裂；距白色，短圆锥形，长 6.0 ~ 7.0 mm，距口具 1 对白色的圆形胼胝体；蕊柱长 5.0 ~ 7.0 mm。

【花期】 3 月。

【生境状况】 生于海拔 800 ~ 1 800 m 的林中树上。

【濒危等级】 VU。

【地理分布】 云南省；缅甸和泰国。

图 933-1 白柱万代兰 *Vanda brunnea* 生境与植株（李剑武）

图 933-2 白柱万代兰 *Vanda brunnea* 地理分布

图 933-3 白柱万代兰 *Vanda brunnea* 花（李剑武）

934 大花万代兰 *Vanda coerulea* Griff. ex Lindl.

图 934-1 大花万代兰 *Vanda coerulea* 生境与植株（李剑武）

【别名】 大花万带兰。

【主要特征】 附生植物，茎长 13.0 ~ 23.0 cm，粗 1.2 ~ 1.5 cm，具多枚 2 列的叶。叶带状，长 17.0 ~ 18.0 cm，宽 1.7 ~ 2.0 cm，下部常 V 形对折，先端具 2 ~ 3 个尖齿状缺刻，基部具 1 个关节和抱茎的鞘。花序 1 ~ 3 个，长达 37.0 cm，不分枝，疏生数朵花，花淡蓝色。花苞片宽卵形，长 10.0 mm，宽 7.0 ~ 8.0 mm；萼片和花瓣相似，宽倒卵形，长 35.0 ~ 50.0 mm，宽 25.0 ~ 35.0 mm，基部楔形，花瓣稍窄并基部收狭为短爪；唇瓣 3 裂，侧裂片白色，内面具黄色斑点，狭镰刀状，长 4.0 mm，中裂片舌形，向前伸，长 20.0 ~ 25.0 mm，宽 7.0 ~ 8.0 mm，先端近截形并中央具凹缺，基部具 1 对胼胝体，上面具 3 条纵向的脊突；距圆筒状，长 5.0 ~ 6.0 mm。

【花期】 10 ~ 11 月。

【生境状况】 生长于海拔 1 000 ~ 1 600 m 的林中树上。

【濒危等级】 EN。

【地理分布】 云南省；印度、缅甸和泰国。

图 934-2 大花万代兰 *Vanda coerulea* 花序（李剑武）

图 934-3 大花万代兰 *Vanda coerulea* 地理分布

935 小蓝万代兰 *Vanda coerulescens* Griff.

【别名】 小花万代兰。

【主要特征】 附生植物，茎长 2.0 ~ 8.0 cm，粗 1.0 ~ 1.5 cm，基部具许多长而分枝的气生根。叶 2 列，带状，常 V 形对折，长 7.0 ~ 12.0 cm，宽 1.0 cm，先端具不整齐的缺刻，基部具抱茎的鞘。花序长达 36.0 cm，不分枝，疏生数朵花，花萼片和花瓣淡蓝色。花苞片卵状三角形，长 1.5 ~ 3.0 mm；萼片相似，倒卵形，长 15.0 ~ 17.0 mm，宽 6.0 ~ 7.0 mm；花瓣倒卵形，长 15.0 ~ 17.0 mm，宽 5.0 ~ 6.0 mm；唇瓣深蓝色，3 裂，侧裂片直立，近长圆形，长 4.0 mm，宽 2.3 mm，中裂片楔状倒卵形，长 7.0 ~ 7.5 mm，宽 6.0 mm，先端扩大呈圆形，其中央稍凹缺，基部具 1 对胼胝体，上面通常具 4 ~ 5 条脊突，其中有 2 条较粗而在先端扩大成圆钝状；距短，长 5.0 mm。

【花期】 3 ~ 4 月。

【生境状况】 生长于海拔 700 ~ 1 600 m 的林中树上。

【濒危等级】 EN。

【地理分布】 云南省；印度、缅甸和泰国。

图 935-1 小蓝万代兰 *Vanda coerulescens* 生境与植株（李剑武）

图 935-2 小蓝万代兰 *Vanda coerulescens* 地理分布

图 935-3 小蓝万代兰 *Vanda coerulescens* 花序（李剑武）

936 琴唇万代兰 *Vanda concolor* Bl.

图 936-1 琴唇万代兰 *Vanda concolor* 生境与植株（李琳）

图 936-2 琴唇万代兰 *Vanda concolor* 花（李琳）

【别名】 松兰、同色万代兰。

【主要特征】 附生植物，茎长 4.0 ~ 13.0 cm，具多枚 2 列的叶。叶片带状，长 20.0 ~ 30.0 cm，宽 1.0 ~ 3.0 cm，中部以下常 V 形对折，先端具 2 ~ 3 个不等长的尖齿状缺刻，基部具宿存而抱茎的鞘。花序 1 ~ 3 个，长 13.0 ~ 17.0 cm，不分枝，疏生 4 朵以上的花，花萼片和花瓣背面白色，内面黄褐色带黄色条纹。花苞片卵形，长 3.0 mm；萼片长圆状倒卵形，长 16.0 mm，宽 10.0 mm，边缘稍皱波状；花瓣近匙形，长 15.0 mm，宽 8.0 mm，基部收狭为爪，边缘稍波状；唇瓣 3 裂，侧裂片白色，内面具多个紫色斑点，直立，近镰状，长 5.0 mm，宽 2.0 mm，中裂片中部以上黄褐色，中部以下黄色，提琴形，长 12.0 mm，宽 7.0 mm，近先端处缢缩，先端扩大且稍 2 圆裂，基部常被毛，上面具 5 ~ 6 条有小疣状突起的黄色脊突；距白色，细圆筒状，长 8.0 mm，内面近距口处被短毛。

【花期】 4 ~ 5 月。

【生境状况】 生于海拔 800 ~ 1 200 m 的林中树上或林下岩壁上。

【濒危等级】 VU。

【地理分布】 广东、广西、贵州和云南等省区；越南。

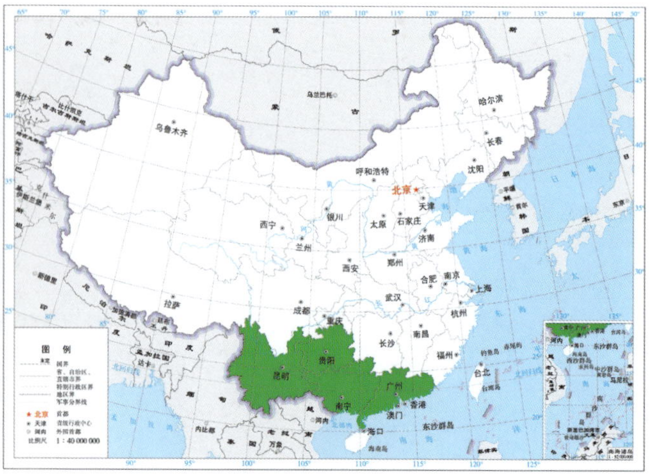

图 936-3 琴唇万代兰 *Vanda concolor* 地理分布

937 叉唇万代兰 *Vanda cristata* Lindl.

【别名】 草灵、鸡冠万代兰。

【主要特征】 附生植物，茎长 6.0 cm，粗 0.8 cm，具数枚紧靠的叶。叶 2 列，斜立而外弯，带状，中部以下略 V 形对折，长 12.0 cm，宽 1.3 cm，先端具 3 个细尖的齿。花序腋生，2 ~ 3 个，长 3.0 cm，具 1 ~ 2 朵花，花萼片和花瓣黄绿色。花苞片卵形，长 6.0 mm；中萼片长圆状匙形，长 25.0 ~ 30.0 mm，宽 9.0 mm；侧萼片披针形，与中萼片等大，围抱唇瓣的两侧，在背面中肋呈龙骨状突起；花瓣镰状长圆形，长 24.0 ~ 28.0 mm，宽 5.0 mm；唇瓣比萼片长，3 裂，侧裂片卵状三角形，背面黄绿色，内面具紫色斑纹，中裂片近琴形，长 20.0 mm，上面白色带紫色纵条纹，背面两侧紫色，其余黄绿色，先端叉状 2 深裂，裂片先端常叉状稍 2 裂；距宽圆锥形，长 5.0 mm。

【花期】 5 月。

【生境状况】 生于海拔 700 ~ 1 700 m 的林中树上。

【濒危等级】 EN。

【地理分布】 云南和西藏等省区；印度、尼泊尔和缅甸。

图 937-1 叉唇万代兰 *Vanda cristata* 植株（李剑武）

图 937-2 叉唇万代兰 *Vanda cristata* 地理分布

图 937-3 叉唇万代兰 *Vanda cristata* 花（李剑武）

938 风兰 *Vanda falcata* (Thunb.) Beer [=*Neofinetia falcata* (Thunb.) Hu]

图 938-1 风兰 *Vanda falcata* 生境与植株（李琳）

【别名】 风兰、富贵兰、象牙草、新风兰。

【主要特征】 附生植物，植株高 8.0 ~ 10.0 cm，茎长 1.0 ~ 4.0 cm。叶 2 列，数枚，叶片狭长圆状镰形，长 5.0 ~ 12.0 cm，宽 0.7 ~ 1.0 cm，基部具彼此套叠的 V 形鞘。花序长约 1.0 cm，具 2 ~ 3 朵花，花白色。花苞片卵状披针形，长 7.0 ~ 9.0 mm；中萼片近倒卵形，长 8.0 ~ 10.0 mm，宽 2.5 ~ 4.0 mm；侧萼片向前叉开，与中萼片相似，上半部外弯，背面中肋近先端处具龙骨状突起；花瓣倒披针形，长 8.0 ~ 10.0 mm，宽 2.0 ~ 3.0 mm；唇瓣 3 裂，侧裂片长圆形，长 3.5 ~ 4.0 mm，宽约 1.0 mm，中裂片舌形，长 7.0 ~ 8.0 mm，宽 2.0 ~ 2.5 mm，先端凹缺，基部具 1 枚三角形的胼胝体，上面具 3 条稍隆起的脊突；距纤细，弧形弯曲，长 35.0 ~ 50.0 mm，粗约 2.0 mm；蕊柱长 2.0 mm，蕊柱翅在蕊柱上部扩大成三角形。

【花期】 4 月。

【生境状况】 生于海拔 1 500 m 以下的林中树上。

【濒危等级】 EN。

【地理分布】 甘肃、浙江、江西、福建、湖北和四川等省；日本、朝鲜、韩国。

图 938-2 风兰 *Vanda falcata* 花（李琳）

图 938-3 风兰 *Vanda falcata* 地理分布

939　广东万代兰 *Vanda fuscoviridis* Lindl.

【别名】 中越万代兰。

【主要特征】 附生植物，茎长约 25.0 cm，具多枚 2 列的叶。叶片带状，长 25.0 cm，宽 2.5 cm，先端两侧具不等的 2 裂。花序 1 ~ 2 个，长约 23.0 cm，疏生约 9 朵花，花萼片和花瓣背面黄绿色，内面红褐色，唇瓣黄色。中萼片倒披针状匙形，长 16.0 ~ 17.0 mm，宽 8.0 mm；基部具短爪；侧萼片倒卵状匙形，长 15.0 ~ 16.0 mm，宽 8.0 ~ 10.0 mm，基部具短爪；花瓣宽匙形，长 16.0 ~ 17.0 mm，宽 9.0 ~ 10.0 mm，基部具爪；唇瓣与花瓣近等长，基部具距，3 裂，侧裂片直立，卵状三角形，长 4.0 mm，宽 2.0 mm，中裂片提琴形，长 15.0 mm，宽 5.0 ~ 7.0 mm；距圆锥形，长 9.0 ~ 10.0 mm。

图 939-1　广东万代兰 *Vanda fuscoviridis* 生境与植株（李琳）

【花期】 4 月。

【生境状况】 生于海拔 200 ~ 800 m 的林中树上。

【濒危等级】 DD。

【地理分布】 广东省；越南。

图 939-2　广东万代兰 *Vanda fuscoviridis* 地理分布

图 939-3　广东万代兰 *Vanda fuscoviridis* 花（李琳）

940 矮万代兰 *Vanda pumila* Hook. f.

图 940-1 矮万代兰 *Vanda pumila* 生境与植株（李剑武）

【别名】 矮美万代兰。

【主要特征】 附生植物，茎短，弧曲上举，长 5.0 ~ 23.0 cm，粗 1.0 cm，具多枚 2 列的叶。叶带状，外弯，中部以下常 V 形对折，长 8.0 ~ 18.0 cm，宽 1.0 ~ 1.9 cm，先端具不规则的 2 ~ 3 个尖齿，基部具抱茎的鞘。花序 1 ~ 2 个，比叶短，长 2.0 ~ 7.0 cm，不分枝，花序轴略折曲状，疏生 1 ~ 3 朵花，花黄白色。花苞片宽卵形，长 4.0 ~ 5.0 mm；中萼片向前倾，近长圆形，长 16.0 ~ 22.0 mm，宽 7.0 ~ 8.0 mm；侧萼片围抱唇瓣中裂片，稍斜卵形，长 16.0 ~ 22.0 mm，宽 9.0 ~ 11.0 mm；花瓣长圆形，长 14.0 mm，宽 5.0 mm；唇瓣 3 裂，侧裂片直立，内面紫红色，卵形，长 3.0 ~ 4.0 mm，宽 2.0 ~ 3.0 mm，中裂片舌形，凹陷，上面具 8 ~ 9 条紫红色纵条纹，长 10.0 mm，宽 8.0 mm，先端稍凹入，背面具 1 条龙骨状的纵脊；距圆锥形，长 5.0 mm。

【花期】 3 ~ 5 月。

【生境状况】 生于海拔 900 ~ 1 800 m 的林中树上。

【濒危等级】 VU。

【地理分布】 海南和云南等省；印度、不丹、尼泊尔、缅甸、泰国、老挝和越南。

图 940-2 矮万代兰 *Vanda pumila* 花（李剑武）

图 940-3 矮万代兰 *Vanda pumila* 地理分布

941 纯色万代兰 *Vanda subconcolor* Tang & F. T. Wang

图 941-1 纯色万代兰 *Vanda subconcolor* 生境与植株（金效华）

【别名】 同色万代兰。

【主要特征】 附生植物，茎粗壮，长 15.0 ~ 18.0 cm，粗约 1.0 cm，具多枚 2 列的叶。叶片带状，中部以下 V 形对折，向外弯垂，长 14.0 ~ 20.0 cm，宽 2.0 cm，先端具 2 ~ 3 个不等长的尖齿状缺刻，基部具抱茎的鞘。花序长 17.0 cm，不分枝，疏生 3 ~ 6 朵花，花萼片和花瓣背面白色，内面黄色。花苞片宽卵形，长 3.0 mm，宽 2.0 ~ 3.0 mm；中萼片倒卵状匙形，长 22.0 ~ 28.0 mm，宽 10.0 ~ 12.0 mm，边缘略波状，基部收狭；侧萼片菱状椭圆形，与中萼片等长，中部宽 14.0 ~ 15.0 mm，边缘稍波状，基部收狭；花瓣相似于中萼片，但较小；唇瓣白色，3 裂，侧裂片内面被紫色斑点，直立，卵状三角形，长 7.0 ~ 9.0 mm，宽 6.0 mm，中裂片卵形，长 14.0 mm，宽 10.0 mm，中部以上缢缩而在先端扩大，先端黄褐色，稍凹陷，上面具 4 ~ 6 条紫褐色条纹；距圆锥形，长 3.0 mm。

【花期】 2 ~ 3 月。

【生境状况】 生于海拔 600 ~ 1 000 m 的林中树上。

【濒危等级】 EN。

【地理分布】 海南和云南等省。

图 942-2 纯色万代兰 *Vanda subconcolor* 地理分布

图 941-3 纯色万代兰 *Vanda subconcolor* 花（金效华）

一四五、钻喙兰属 *Rhynchostylis* Bl.

钻喙兰属 *Rhynchostylis* 全世界分布共有 3 种，中国分布有 2 种，本图鉴包含 2 种。

钻喙兰属 *Rhynchostylis* 分种检索表

1（2） 花较大，萼片长 12.0 ~ 17.0 mm，唇瓣上部明显 3 裂，距狭圆锥形，长 4.0 ~ 5.0 mm ……………………942. 海南钻喙兰 ***Rhynchostylis gigantea***

2（1） 花较小，中萼片长 7.0 ~ 11.0 mm，唇瓣不明显 3 裂 ……………………943. 钻喙兰 ***Rhynchostylis retusa***

942 海南钻喙兰 *Rhynchostylis gigantea* (Lindl.) Ridl.

【别名】 钻喙兰。

【主要特征】 附生植物，根肥厚，粗达 10.0 mm，茎直立，长 4.0 ~ 13.0 cm，粗约 2.0 cm，具数节，不分枝，具多枚 2 列的叶。叶片宽带状，外弯，长 20.0 ~ 40.0 cm，先端两侧具不等的 2 圆裂，基部具抱茎的鞘。花序 2 ~ 4 个腋生，比叶短。花序柄粗壮，长 4.0 ~ 10.0 cm，密生数朵花，花白色带紫红色斑点。花苞片宽卵形，长约 5.0 mm；萼片椭圆状长圆形，长 12.0 ~ 17.0 mm，宽 9.0 ~ 10.0 mm；花瓣长圆形，比萼片小；唇瓣深紫红色，贴生在蕊柱足上，向外伸展，近倒卵形，长约 17.0 mm，宽 12.0 mm，基部具 1 对脊，上部 3 裂，侧裂片圆形，直立，中裂片比侧裂片小，先端稍凹缺，唇盘稍有疣状突起；距狭圆锥形，长约 5.0 mm，内面被白毛；蕊柱长 4.0 mm。

【花期】 1 ~ 4 月。

【生境状况】 生于海拔约 1 000 m 的林中树上。

【濒危等级】 EN。

【地理分布】 海南省；缅甸、泰国、老挝、越南、柬埔寨、马来西亚、新加坡和印度尼西亚。

图 942-1 海南钻喙兰 *Rhynchostylis gigantea* 花序（黄明忠）

图 942-2 海南钻喙兰 *Rhynchostylis gigantea* 地理分布

943 钻喙兰 *Rhynchostylis retusa* (L.) Bl.

【别名】 密花指甲兰。

【主要特征】 附生植物，植株具发达而肥厚的气生根，根粗 6.0 ~ 16.0 mm，茎直立，长 3.0 ~ 10.0 cm，粗 1.0 ~ 2.0 cm，不分枝，具少数节。叶 2 列，彼此紧靠，外弯，宽带状，长 20.0 ~ 40.0 cm，宽 2.0 ~ 4.0 cm，先端两侧具不等的 2 圆裂。花序腋生，1 ~ 3 个，长于或近等长于叶，不分枝，下垂，密被数朵花，花白色密布紫色斑点。花苞片宽卵形，长 3.0 ~ 4.0 mm；中萼片椭圆形，长 7.0 ~ 11.0 mm，宽 4.0 ~ 5.0 mm；侧萼片斜长圆形，与中萼片等长而较宽；花瓣狭长圆形，长 7.0 ~ 7.5 mm，宽 2.5 ~ 3.0 mm；唇瓣后唇囊状，两侧压扁，长 6.0 ~ 8.0 mm，宽 4.0 mm，前唇朝上，几与蕊柱平行，中部以上紫色，中部以下白色，常两侧对折，倒卵状楔形，长 8.0 ~ 10.0 mm，宽 5.0 ~ 6.0 mm，前端不明显 3 裂，先端稍凹陷，基部具 4 条脊突；蕊柱长 4.0 mm，粗 2.0 mm；蕊喙微 2 裂。

【花期】 5 ~ 6 月。

【生境状况】 生于海拔 300 ~ 1 400 m 的林中树上。

【濒危等级】 EN。

【地理分布】 贵州和云南等省；印度、斯里兰卡、缅甸、泰国、老挝、越南、柬埔寨、马来西亚、印度尼西亚和菲律宾等。

图 943-1 钻喙兰 *Rhynchostylis retusa* 生境与植株（一）（叶德平）

图 943-2 钻喙兰 *Rhynchostylis retusa* 生境与植株（二）（李剑武）

图 943-3 钻喙兰 *Rhynchostylis retusa* 地理分布

一四六、叉喙兰属 *Uncifera* Lindl.

叉喙兰属 *Uncifera* 全世界分布共有 6 种，中国分布有 3 种，本图鉴包含 3 种。

叉喙兰属 *Uncifera* 分种检索表

1（4） 距先端强烈内弯形成环状，并指向唇瓣中裂片的底部。
2（3） 叶较大，长 15.0 ~ 20.0 cm，宽 2.5 ~ 4.0 cm，先端 2 裂 ………… 945. 钝叶叉喙兰 *Uncifera obtusifolia*
3（2） 叶较小，长 4.0 ~ 10.0 cm，宽 0.7 ~ 1.5 cm，先端 2 ~ 3 小裂………… 944. 叉喙兰 *Uncifera acuminata*
4（1） 距 C 形或 S 形弯曲，先端指向子房 ……………………………………946. 中泰叉喙兰 *Uncifera thailandica*

944 叉喙兰 *Uncifera acuminata* Lindl.

图 944-1 叉喙兰 *Uncifera acuminata* 花（叶德平）

【别名】 无。

【主要特征】 附生植物，茎长 5.0 ~ 27.0 cm，粗 0.3 ~ 0.4 cm，弧形弯曲，具多节，节间长 1.0 ~ 2.0 cm，不分枝。叶披针形，长 4.0 ~ 10.0 cm，宽 0.7 ~ 1.5 cm，先端具 2 ~ 3 小裂，基部具抱茎而宿存的鞘。花序密生数朵花，花黄绿色。花苞片卵形，长 3.0 ~ 6.0 mm；中萼片宽卵形，舟状，长 6.0 mm，宽 5.0 mm；侧萼片卵形，舟状，长 7.0 mm，宽 5.0 mm；花瓣卵形，长 6.0 mm，宽 4.0 mm；唇瓣上部 3 裂，基部具长距，侧裂片大，直立，近圆形，中裂片厚肉质，短小，卵状三角形，上面中部内侧具浅纵沟；距近漏斗状，长 15.0 mm，向前弯曲成半环状，末端指向唇瓣中裂片的底部；蕊柱长 3.0 mm，蕊喙大，向下倾斜至蕊柱基部，先端上举而 2 裂，裂片近三角形。

【花期】 4 ~ 7 月。

【生境状况】 生于海拔 1 600 ~ 1 900 m 的林中树上。

【濒危等级】 LC。

【地理分布】 云南和贵州等省；印度。

图 944-2 叉喙兰 *Uncifera acuminata* 地理分布

图 944-3 叉喙兰 *Uncifera acuminata* 植株（叶德平）

945 钝叶叉喙兰 *Uncifera obtusifolia* Lindl.

图 945-1 钝叶叉喙兰 *Uncifera obtusifolia* 生境与植株（李琳）

【别名】 无。

【主要特征】 附生植物，茎长约 10.0 cm，具多根长的根。叶数枚 2 列着生，带状，长 15.0 ~ 20.0 cm，宽 2.5 ~ 4.0 cm，先端 2 裂。花序与叶对生或生于叶下，下垂，比叶长，长 15.0 ~ 25.0 cm，密生数朵花，花绿色。花苞片长圆形，比花梗同子房短；萼片卵形，不甚开展，长约 5.0 mm，宽约 3.0 mm；花瓣比萼片短，但稍宽；唇瓣舟形，3 裂，基部具距，侧裂片小而扁，中裂片再 3 裂，侧生裂片小，中间裂片宽三角形；距漏斗状，向前弯曲，指向中裂片的底部。

【花期】 9 ~ 10 月。

【生境状况】 生于海拔 1 300 ~ 1 700 m 的林中树上。

【濒危等级】 DD。

【地理分布】 云南省；印度。

图 945-2 钝叶叉喙兰 *Uncifera obtusifolia* 花（李琳）

图 945-3 钝叶叉喙兰 *Uncifera obtusifolia* 地理分布

946　中泰叉喙兰 *Uncifera thailandica* Seidenf. & Smitin.

【别名】 泰国叉喙兰。

【主要特征】 附生植物，茎短，节间长约 10.0 mm，叶片舌形，长 10.0 ~ 12.0 cm，宽 2.0 cm，先端两侧具不等的 2 裂。花序比叶短，具数朵花，花萼片淡紫色具白色边缘，花瓣黄绿色而中央具紫色斑，唇瓣白色而先端具紫色斑点。中萼片卵形，舟状，长 7.0 mm，宽 4.5 mm；侧萼片与中萼片同形，长 7.0 mm，宽 4.5 mm；花瓣卵形，长 6.3 mm，宽 5.0 mm；唇瓣 3 裂，侧裂片卵状三角形，长约 1.0 mm，宽 1.5 mm，中裂片厚肉质，具 2 个小裂片；距 C 形或 S 形弯曲，先端指向子房；蕊柱短。

【花期】 7 ~ 8 月。

【生境状况】 生于海拔 1 400 ~ 1 900 m 的林中树上。

【濒危等级】 DD。

【地理分布】 云南省；泰国。

图 946-1　中泰叉喙兰 *Uncifera thailandica* 生境与植株（李剑武）

图 946-2　中泰叉喙兰 *Uncifera thailandica* 地理分布

图 946-3　中泰叉喙兰 *Uncifera thailandica* 花序（叶德平）

一四七、寄树兰属 *Robiquetia* Gaud.

寄树兰属 *Robiquetia* 全世界分布共有 45 种，中国分布有 5 种，本图鉴包含 5 种。

寄树兰属 *Robiquetia* 分种检索表

1（4） 茎较长，叶片疏生。
2（3） 叶大，宽 2.5 ~ 5.5 cm 以上，先端两侧具不等的 2 裂，花序不分枝 ⋯948. 大叶寄树兰 ***Robiquetia spatulata***
3（2） 叶小，宽不及 1.5 ~ 2.0 cm，先端具啮蚀状缺刻，花序具分枝 ⋯⋯⋯⋯ 949. 寄树兰 ***Robiquetia succisa***
4（1） 茎较短，叶片较密。
5（6） 唇瓣侧裂片上端具 2 个三角形裂片 ⋯⋯⋯⋯⋯⋯⋯⋯⋯⋯⋯⋯⋯⋯ 951. 槌柱兰 ***Robiquetia vietnamensis***
6（5） 唇瓣侧裂片上端不具小裂片。
7（8） 唇瓣中裂片宽三角形，长 1.5 mm⋯⋯⋯⋯⋯⋯⋯⋯⋯⋯⋯⋯⋯⋯ 947. 三色槌柱兰 ***Robiquetia insectifera***
8（7） 唇瓣中裂片舌状，先端稍线状三角形，长 1.8 mm⋯⋯⋯⋯⋯⋯⋯⋯ 950. 西藏槌柱兰 ***Robiquetia tibetica***

947 三色槌柱兰 *Robiquetia insectifera* (J. J. Sm.) Kocyan & Schuit. [*Malleola insectifera* (J. J. Sm.) J. J. Sm. & Schltr.]

【别名】 无。

【主要特征】 附生植物，茎长 10.0 ~ 12.0 cm，节较短，约 5.0 mm 长。叶 2 列，叶片长圆形，长 4.0 cm，宽 1.0 ~ 1.2 cm，先端两侧具不等的 2 裂。花序下垂，具 15 ~ 18 朵花，花棕黄色。花苞片狭三角形，短于 0.5 mm；萼片和花瓣相似，棕黄色具红色条纹，中萼片宽卵形，长约 3.0 mm，宽 2.0 mm；侧萼片偏斜的宽卵形，长 3.0 mm，宽 3.0 mm；花瓣短于 2.0 mm；唇瓣 3 裂，侧裂片狭三角形，直立，高约 1.0 mm，中裂片宽三角形，长 1.5 mm；唇盘基部具紫色乳头状突起；距淡黄色，与子房近平行，长约 4.0 mm。

【花期】 12 月至翌年 1 月。

【生境状况】 生于海拔 750 ~ 1 300 m 的林中树上。

【濒危等级】 DD。

【地理分布】 海南省；泰国、马来西亚和印度尼西亚。

图 947-1 三色槌柱兰 *Robiquetia insectifera* 植株（金效华）

图 947-2 三色槌柱兰 *Robiquetia insectifera* 地理分布

948 大叶寄树兰 *Robiquetia spatulata* (Bl.) J. J. Sm.

【别名】 匙唇陆宾兰。

【主要特征】 附生植物，茎粗壮，下垂，稍扁圆柱形，长达 50.0 cm，粗 0.7 ~ 1.0 cm，具长 1.0 ~ 3.0 cm 的节间。叶 2 列，长圆形，长 10.0 ~ 20.0 cm，宽 2.5 ~ 5.5 cm，先端两侧具不等的 2 裂。花序与叶对生，下垂，不分枝，约与叶等长，密生数朵小花，花黄色带紫褐色斑点。花苞片狭披针形，长 4.0 ~ 5.0 mm；中萼片卵形，凹陷，长 4.0 ~ 5.0 mm，宽 2.5 mm；侧萼片斜卵形，与中萼片等长而稍宽；花瓣卵形，长 3.0 mm，宽 2.0 mm；唇瓣 3 裂，侧裂片直立，近卵状三角形，长 2.5 mm，宽 3.0 mm，中裂片朝上内弯，两侧略呈压扁的狭披针形，长 3.0 mm，宽 1.0 mm，上面中央具 2 条联合的脊突；距与子房成直角，长 5.0 ~ 7.0 mm，中部缢缩，下部扩大成球状，内面背壁上方具 1 枚二叉状的附属物，内面腹壁具 1 个小的胼胝体；蕊柱长 3.0 mm。

图 948-1 大叶寄树兰 *Robiquetia spatulata* 生境与植株（金效华）

【花期】 7 ~ 8 月。

【生境状况】 生于海拔 1 700 m 的林中树上或林下岩石上。

【濒危等级】 LC。

【地理分布】 海南省；印度、缅甸、泰国、老挝、越南、柬埔寨、马来西亚、新加坡和印度尼西亚。

图 948-2 大叶寄树兰 *Robiquetia spatulata* 地理分布

图 948-3 大叶寄树兰 *Robiquetia spatulata* 花序（金效华）

949 寄树兰 *Robiquetia succisa* (Lindl.) Seidenf. & Garay

图 949-1 寄树兰 *Robiquetia succisa* 生境与植株（叶德平）

【别名】 小叶寄树兰。

【主要特征】 附生植物，茎坚硬，圆柱形，长达 1.0 m，粗 5.0 mm，节间长 2.0 cm，下部节上具发达而分枝的根。叶 2 列，长圆形，长 6.0 ~ 12.0 cm，宽 1.5 ~ 2.0 cm，先端截头状并具啮蚀状缺刻。花序与叶对生，比叶长，分枝，密生数朵小花，花黄绿色。花苞片卵状披针形，长 2.0 ~ 5.0 mm；中萼片宽卵形，凹陷，长 4.0 ~ 5.0 mm，宽 4.0 mm；侧萼片斜宽卵形，与中萼片等大；花瓣宽倒卵形，较小；唇瓣白色，3 裂，侧裂片直立，耳状，长 4.0 mm，宽 2.0 mm，边缘稍波状，中裂片狭长圆形，两侧压扁，长 4.0 mm，宽 1.0 mm，中央具 2 条合生的高脊突；距长 3.0 ~ 4.0 mm，中部缢缩而下部扩大成拳卷状，内面在腹壁上方具 1 枚扁圆形的附属物，背壁具 1 枚片状的附属物；蕊柱长 3.0 mm。

【花期】 6 ~ 9 月。

【生境状况】 生于海拔 500 ~ 1 200 m 的林中树上。

【濒危等级】 LC。

【地理分布】 福建、广东、香港、广西、海南和云南等省区；印度、不丹、缅甸、泰国、老挝、越南和柬埔寨。

图 949-2 寄树兰 *Robiquetia succisa* 花序（李剑武）

图 949-3 寄树兰 *Robiquetia succisa* 地理分布

950　西藏槌柱兰 *Robiquetia tibetica* (W. C. Huang & X. H. Jin) P. O'Byrne (*Malleola tibetica* W. C. Huang & X. H. Jin)

【别名】 无。

【主要特征】 附生植物，基部具多条根，茎被叶鞘所包，长 10.0 ~ 20.0 cm。叶片数枚，偏斜的披针形，长 4.5 ~ 6.0 cm，宽 0.5 ~ 0.9 cm，先端两侧具不等的 2 裂。花序与叶鞘对生，比叶短，具 10 ~ 15 朵花，花萼片和花瓣黄色而具 2 条红色条纹，唇瓣白色。花苞片三角形，长 1.0 mm；中萼片舟状，长 3.5 mm，宽 1.5 mm；侧萼片斜椭圆形，长 3.0 mm，宽 1.5 mm；花瓣稍斜的椭圆形，长 2.5 mm，宽 1.0 mm；唇瓣 3 裂，侧裂片直立，近方形，约 0.7 mm 宽，中裂片基部厚，舌状，先端稍线状三角形，长 1.8 mm；距圆锥状长圆形，长 5.0 mm；蕊柱锤状，短，无蕊柱足。

【花期】 7 ~ 8 月。

【生境状况】 生于海拔 800 m 的江边林下。

【濒危等级】 VU。

【地理分布】 西藏自治区。

图 950-1　西藏槌柱兰 ***Robiquetia tibetica*** 生境与植株（金效华）

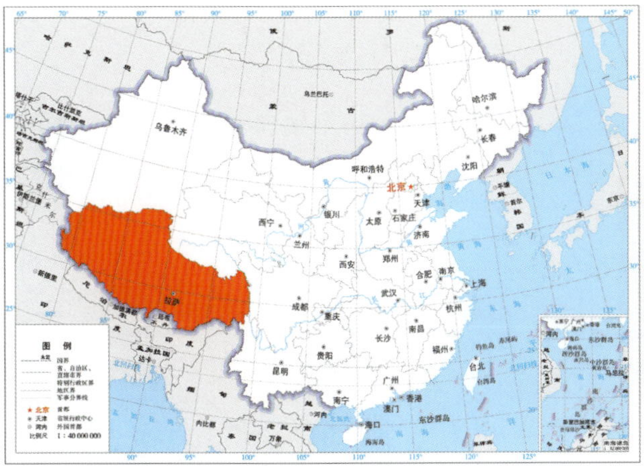

图 950-2　西藏槌柱兰 ***Robiquetia tibetica*** 地理分布

图 950-3　西藏槌柱兰 ***Robiquetia tibetica*** 花序（金效华）

951 槌柱兰 *Robiquetia vietnamensis* (Guillaum.) Kocyan & Schuit. (*Malleola dentifera* J. J. Sm.)

图 951-1 槌柱兰 *Robiquetia vietnamensis* 生境与植株（李剑武）

【主要特征】 附生植物，茎稍扁圆柱形，下垂，长 3.0 ~ 10.0 cm，粗 0.3 ~ 0.4 cm，不分枝，节间长 5.0 ~ 10.0 mm。叶狭长圆形，长 4.0 ~ 7.0 cm，宽 0.5 ~ 1.0 cm，先端两侧具不等的 2 裂。花序对生于叶，比叶短，具数朵花，花黄绿色。花苞片狭披针形，长 1.0 ~ 2.0 mm；中萼片舟状，卵形，长 3.0 mm，宽 2.0 mm；侧萼片斜卵形，与中萼片等大；花瓣长圆形，长 3.0 mm，宽 1.5 mm；唇瓣 3 裂，侧裂片直立，宽卵状三角形，长、宽约 1.0 mm，上端具 2 个三角形裂片，远离蕊柱的裂片较小，其前缘增厚而内卷，中裂片狭披针形，中部以下肉质状增厚，向先端变狭，上部向下卷曲，基部至中部的中央具 1 条纵沟；距大，囊状，几与蕊柱成直角而外伸，长 5.0 mm。

【花期】 8 ~ 9 月。

【生境状况】 生于海拔约 650 m 的林中树上。

【濒危等级】 EN。

【地理分布】 海南和云南等省；泰国、越南、马来西亚和印度尼西亚。

图 951-2 槌柱兰 *Robiquetia vietnamensis* 花（李剑武）

图 951-3 槌柱兰 *Robiquetia vietnamensis* 地理分布

一四八、凤蝶兰属 *Papilionanthe* Schltr.

凤蝶兰属 *Papilionanthe* 全世界分布共有 11 种，中国分布有 4 种，本图鉴包含 2 种。

凤蝶兰属 *Papilionanthe* 分种检索表

1（2）叶先端钝，近先端处不缢缩，花淡紫红色 ……………………………… 953. 凤蝶兰 *Papilionanthe teres*

2（1）叶先端具细尖，离距先端 1.0 ～ 2.0 cm 处缢缩而变狭，花白色 ………………………………………………………… 952. 白花凤蝶兰 *Papilionanthe biswasiana*

952 白花凤蝶兰 *Papilionanthe biswasiana*（Ghose & Mukerjee）Garay

【别名】 无。

【主要特征】 附生植物，茎稍坚硬，直立或下垂，长达 50.0 cm，粗 0.5 ～ 0.7 cm，不分枝，具多个节，节间长 3.0 ～ 4.0 cm。叶互生，疏离，圆柱形，长 13.0 ～ 16.0 cm，粗 0.3 ～ 0.4 cm，距先端 1.0 ～ 2.0 cm 处缢缩而使先端变细尖。花序稍比叶短，具 1 ～ 3 朵花，花白色。花苞片宽卵状三角形，长 3.0 ～ 4.0 mm；萼片相似，倒卵形，长 20.0 mm，宽 10.0 mm，侧萼片基部贴生在蕊柱足上；花瓣倒卵形，长 18.0 mm，宽 15.0 mm，边缘略不整齐；唇瓣 3 裂，侧裂片直立而 2 裂，基后裂片长 17.0 mm，向先端渐狭为线形，前裂片较小，长 2.0 mm，其先端凹缺，中裂片伸展，近扇形，长 14.0 mm，先端深 2 裂，具长 5.0 mm 的爪，基部具 3 个肉质状隆起的脊突；距狭长，长 25.0 mm，末端变狭而向前下弯；蕊柱长 10.0 mm。

【花期】 4 月。

【生境状况】 生于海拔 1 700 ～ 1 900 m 的林中树上。

图 952-1 白花凤蝶兰 *Papilionanthe biswasiana* 生境与植株（李剑武）

【濒危等级】 EN。

【地理分布】 海南省；缅甸和泰国。

图 952-2 白花凤蝶兰 *Papilionanthe biswasiana* 地理分布

图 952-3 白花凤蝶兰 *Papilionanthe biswasiana* 花（李剑武）

953 凤蝶兰 *Papilionanthe teres* (Roxb.) Schltr.

图 953-1 凤蝶兰 *Papilionanthe teres* 生境与植株（李剑武）

【别名】 棒叶万代兰。

【主要特征】 附生植物，茎坚硬，伸长而向上攀缘，长 1.0 m 以上，具分枝和多个节，节上生 1 ~ 2 条根。叶斜立，疏生，圆柱形，长 8.0 ~ 18.0 cm，粗 0.4 ~ 0.8 cm。花序比叶长，疏生 2 ~ 5 朵花，花淡紫红色。花苞片宽卵形，长 4.0 ~ 6.0 mm；中萼片椭圆形，长 25.0 mm，宽 20.0 mm；侧萼片斜卵状长圆形，长 30.0 mm，宽 20.0 mm；花瓣近圆形，长 30.0 mm，宽 27.0 mm；唇瓣 3 裂，侧裂片大，背面深红色，内面黄褐色，围抱蕊柱，近倒卵形，宽 15.0 mm，中裂片向前伸展，倒卵状三角形，长 20.0 mm，先端深红色并具深 2 裂，上面黄褐色，被短毛；距漏斗状圆锥形，长 20.0 mm；蕊柱长 5.0 mm。

【花期】 5 ~ 6 月。

【生境状况】 生于海拔约 600 m 的林中树上。

【濒危等级】 VU。

【地理分布】 云南省；印度、不丹、缅甸、泰国、老挝和越南。

图 953-2 凤蝶兰 *Papilionanthe teres* 花（李剑武）

图 953-3 凤蝶兰 *Papilionanthe teres* 地理分布

一四九、蝴蝶兰属 *Phalaenopsis* Bl.

蝴蝶兰属 *Phalaenopsis* 全世界分布共有 70 种，中国分布有 18 种，本图鉴包含 17 种。

蝴蝶兰属 *Phalaenopsis* 分种检索表

1（4） 唇瓣基部具关节。
2（3） 唇瓣侧裂片小，近三角形，中裂片匙形，基部边缘具不规则的圆齿，距长约 13.0 mm ……………………………… 959. 萼脊兰 ***Phalaenopsis japonica***
3（2） 唇瓣侧裂片半圆形，中裂片狭长圆形，全缘，距角状，长约 10.0 mm ……………………………… 967. 短茎萼脊兰 ***Phalaenopsis subparishii***
4（1） 唇瓣基部无关节，唇瓣有或无距。
5（18） 唇瓣具距。
6（9） 植株在某一时期无叶。
7（8） 距狭圆锥形，花较大，中萼片长 10.0 ~ 15.0 mm……………… 954. 尖囊蝴蝶兰 ***Phalaenopsis braceana***
8（7） 距角状，花较小，中萼片长 10.0 mm ……………… 968. 小尖囊蝴蝶兰 ***Phalaenopsis taenialis***
9（6） 植株不落叶。
10（13） 距口前方具 1 个带茸毛的盖。
11（12） 叶较宽，宽 5.5 cm，花序具分枝，唇瓣中裂片锚状，边缘撕裂状并向上翘，两侧具外弯的裂片，顶端的裂片较大……………… 956. 羽唇蝴蝶兰 ***Phalaenopsis difformis***
12（11） 叶稍狭，宽 3.0 ~ 4.0 cm，花序不分枝，唇瓣中裂片肾状心形，不裂，边缘略波状 ……………………………… 970. 盈江蝴蝶兰 ***Phalaenopsis yingjiangensis***
13（10） 距口前方无盖。
14（17） 根扁平或稍扁平，不分枝，茎较短，长约 1.0 cm，花序纤细，花小，萼片长不及 10.0 mm。
15（16） 花白色带淡紫色，唇瓣中裂片倒卵状楔形，基部具 1 枚白色深 2 裂成叉状的附属物……………………………… 955. 大尖囊蝴蝶兰 ***Phalaenopsis deliciosa***
16（15） 植株较小，花较小，花黄绿色，唇瓣中裂片菱形，基部的附属物 2 裂 …964. 袋距兰 ***Phalaenopsis mirabilis***
17（14） 植株较大，花较大，花黄绿色，具紫褐斑块，基部的附属物不裂……………………………… 963. 湿唇兰 ***Phalaenopsis marriottiana* var. *parishii***
18（5） 唇瓣无距。
19（24） 植株在某一时期无叶。
20（21） 唇瓣基部无爪，中裂片可动，唇盘上具齿状分裂、下面突出的胼胝体，并具 4 条长 2.0 mm 的线状附属物……………… 957. 囊唇蝴蝶兰 ***Phalaenopsis gibbosa***
21（20） 唇瓣基部具爪，中裂片不可动。
22（23） 花较小，中萼片长 14.0 mm，爪长约 1.0 mm，唇盘上面的脊突在先端不隆起 ……………………………… 966. 滇西蝴蝶兰 ***Phalaenopsis stobartiana***
23（22） 花较大，中萼片长 15.0 ~ 20.0 mm，爪长 2.0 ~ 3.0 mm，唇盘上面的脊突在先端增厚且隆起 ……………………………… 969. 华西蝴蝶兰 ***Phalaenopsis wilsonii***
24（19） 植株不落叶或有时落部分叶而具 1 ~ 2 枚。
25（26） 根圆柱形，唇瓣 5 裂，中央 1 枚裂片淡紫色，稍向前外弯，舌状，上面具 3 ~ 4 条肉质褶片……………………………… 965. 五唇兰 ***Phalaenopsis pulcherrima***
26（25） 根扁平，唇瓣 3 裂。
27（30） 唇瓣中裂片可动，花较小，萼片长 10.0 mm 以下，花白色具棕色斑。
28（29） 唇瓣中裂片白色，宽三角形，长 4.0 ~ 5.0 mm，先端具 3 小裂……………………………… 961. 麻栗坡蝴蝶兰 ***Phalaenopsis malipoensis***
29（28） 唇瓣中裂片白色，具 2 枚宽的棕色斑，肾形，长 6.0 mm，先端不裂 ……………………………… 960. 罗氏蝴蝶兰 ***Phalaenopsis lobbii***
30（27） 唇瓣中裂片不可动，花较大，萼片长 13.0 ~ 18.0 mm。
31（32） 萼片和花瓣橘红色带紫褐色横纹，唇瓣中裂片锚状，边缘具不规则的细齿，上面被乳突状毛…………

…………………………………………………………………… 962. 版纳蝴蝶兰 *Phalaenopsis mannii*

32（31） 萼片和花瓣无斑块或条纹，唇瓣中裂片近提琴形，全缘，无毛，上面中央具 1 条上下等粗的纵向肉脊，两侧裂片基部之间具 1 枚中央呈穴状下陷的肉突………… 958. 海南蝴蝶兰 *Phalaenopsis hainanensis*

954 尖囊蝴蝶兰 *Phalaenopsis braceana* (Hook. f.) Christenson

【别名】 红河蝶兰。

【主要特征】 附生植物，根簇生，扁平，长而弯曲，表面密生疣状突起，茎不明显，叶少数，近丛生，花时凋落。花序从茎基部发出，1 ~ 3 个，斜立，不分枝，疏生数朵花，花萼片和花瓣内面淡棕红色，背面绿色带淡棕色的中肋。花苞片披针形，长 3.0 ~ 5.0 mm；中萼片倒卵状长圆形，长 10.0 ~ 15.0 mm，宽 5.0 ~ 6.0 mm；侧萼片相似于中萼片而等大；花瓣近匙形，长 10.0 ~ 13.0 mm，基部收狭为爪；唇瓣深紫红色，基部无爪，3 裂，侧裂片近长圆形，长 6.0 mm，宽 3.0 mm，基部下延且与中裂片基部形成长 3.0 mm 的距，内面的凸缘紧靠上侧边缘而高高隆起，距狭圆锥形，在距口前方具 1 枚先端粗钝且 2 裂而外弯的肉突，中裂片直立，椭圆形，长 7.0 ~ 8.0 mm，宽 3.0 ~ 4.0 mm，先端稍喙状，两侧边缘下弯而形成倒舟状，上面中央略呈龙骨状隆起，基部具 1 枚叉状附属物；蕊柱长 5.0 mm。

【花期】 5 月。

【生境状况】 生于海拔 1 100 ~ 1 700 m 的林中树上。

【濒危等级】 VU。

图 954-1 尖囊蝴蝶兰 *Phalaenopsis braceana* 花（李剑武）

【地理分布】 云南省；不丹、缅甸、泰国、老挝、越南、柬埔寨、马来西亚、新加坡、印度尼西亚、菲律宾等。

图 954-2　尖囊蝴蝶兰 *Phalaenopsis braceana* 地理分布

图 954-3　尖囊蝴蝶兰 *Phalaenopsis braceana* 生境与植株（李剑武）

955 大尖囊蝴蝶兰 *Phalaenopsis deliciosa* Rchb. f.

图 955-1 大尖囊蝴蝶兰 *Phalaenopsis deliciosa* 花序（李剑武）

【别名】 俯茎胼胝体兰、大尖囊兰。

【主要特征】 附生植物，根簇生，扁平，长而弯曲，茎短，长 1.0 ~ 1.5 cm，具 3 ~ 4 枚叶。叶 2 列，倒卵状披针形，长 8.0 ~ 14.0 cm，宽 3.0 ~ 5.5 cm，先端稍钩曲，基部楔形收狭而后扩大为彼此套叠的鞘。花序斜出，上部常分枝，长 8.5 ~ 12.5 cm，密生数朵小花，花萼片和花瓣浅白色带淡紫色斑纹。花苞片卵状三角形，长 1.0 mm；中萼片近椭圆形，长 6.0 ~ 7.0 mm，宽 3.0 ~ 3.5 mm；侧萼片斜卵形，长 5.5 ~ 6.0 mm，宽 3.5 ~ 4.0 mm；花瓣近倒卵形，长 5.0 ~ 5.5 mm，宽 2.7 ~ 3.0 mm；唇瓣 3 裂，基部无爪，侧裂片白色带淡紫色条纹，倒卵形，长 4.0 mm，宽 2.5 mm，基部下延且与中裂片基部形成宽圆锥形的距，内面中央具 1 个增厚的凸缘，其前端稍凹缺，中裂片平伸，中部以下淡紫色，倒卵状楔形，长 6.0 mm，宽 5.0 mm，先端白色，深凹陷，基部具 1 枚白色深 2 裂为叉状的附属物，除下弯的两侧边缘和先端白色外，其余紫色，上面中央稍凸呈纵向的脊突；蕊柱长 3.0 mm。

【花期】 7 月。

【生境状况】 生于海拔 450 ~ 1 100 m 的林中树上或林下岩石上。

【濒危等级】 VU。

【地理分布】 海南省；印度、斯里兰卡、缅甸、泰国、老挝、越南、柬埔寨、马来西亚、印度尼西亚和菲律宾。

图 955-2 大尖囊蝴蝶兰 *Phalaenopsis deliciosa* 地理分布

956　羽唇蝴蝶兰 *Phalaenopsis difformis* (Wall. ex Lindl.) Kocyan & Schuit. [*Ornithochilus difformis* (Wall. ex Lindl.) Schltr.]

【别名】 羽唇兰。

【主要特征】 附生植物，茎长 2.0 ~ 4.0 cm，叶数枚，不等侧倒卵形，长 7.0 ~ 19.0 cm，宽 5.5 cm，先端钩转，基部楔状收窄。花序侧生于茎的基部和从叶腋中发出，2 ~ 3 个，下垂，远比叶长，分枝或有时不分枝，疏生数朵花，花黄色带紫褐色条纹。花苞片长 2.0 mm；中萼片长圆形，长 5.0 mm，宽 2.0 mm，具 4 条紫褐色条纹；侧萼片斜卵状长圆形，与中萼片等长但稍宽，具 4 条紫褐色条纹；花瓣狭长圆形，长 4.0 mm，宽 1.2 mm，具 3 条紫褐色条纹；唇瓣 3 裂，基部具短爪，侧裂片直立，半卵形，中裂片锚状，向蕊柱弯曲，基部具爪，边缘撕裂状并向上翘，两侧具外弯的裂片，顶端的裂片较大，近三角形，而其背面呈喙状，唇盘中央具 1 条紫红色、呈三角形隆起的肉质脊；距长 4.0 mm，向前弯，距口前端具 1 个带茸毛的盖，其后有 1 个厚的胼胝体；蕊柱长 2.0 mm。

【花期】 5 ~ 7 月。

【生境状况】 生长于海拔 580 ~ 1 800 m 的林中树上。

【濒危等级】 LC。

【地理分布】 广东、香港、广西、四川和云南等地；印度、缅甸、泰国、老挝、越南、马来西亚和印度尼西亚。

图 956-1　羽唇蝴蝶兰 *Phalaenopsis difformis* 生境与植株（李剑武）

图 956-2　羽唇蝴蝶兰 *Phalaenopsis difformis* 地理分布

图 956-3　羽唇蝴蝶兰 *Phalaenopsis difformis* 花序（李剑武）

957 囊唇蝴蝶兰 *Phalaenopsis gibbosa* H. R. Sweet

图 957-1 囊唇蝴蝶兰 *Phalaenopsis gibbosa* 生境与植株（叶德平）

【别名】 无。

【主要特征】 附生植物，根多条，具多个疣状突起。茎短，被多枚 2 列的叶鞘所包，叶 2 ~ 4 枚，椭圆形，长 7.0 ~ 12.0 cm，宽 4.0 ~ 4.5 cm，先端稍偏斜。花序从茎基部发出，长 10.0 ~ 15.0 cm，Z 形弯曲，疏生 5 ~ 10 朵花，花白色具橘黄色晕。花苞片 2 列互生，卵状披针形，长 3.0 ~ 4.0 mm；中萼片卵形，稍兜形，长 6.0 ~ 7.0 mm，宽 3.0 ~ 4.0 mm；侧萼片斜卵形，长 6.5 mm，宽 4.5 mm，侧面附着于蕊柱足；花瓣匙形，长 5.0 ~ 6.0 mm，宽 2.0 ~ 3.0 mm；唇瓣 3 裂，唇盘上和中裂片中部具 2 个棕色圆锥形的胼胝体，侧裂片直立，线形，长 2.0 ~ 3.0 mm，中裂片可活动，宽三角形，凹陷，长 5.0 ~ 6.0 mm，宽 6.0 ~ 8.0 mm；唇盘上具齿状分裂、下面突出的胼胝体，并具 4 条长 2.0 mm 的线状附属物；蕊柱长 4.5 mm，蕊柱足长 2.0 mm。

【花期】 2 ~ 4 月。

【生境状况】 生于海拔 900 ~ 1 300 m 的石灰岩山疏林中树上。

【濒危等级】 EN。

【地理分布】 云南省；老挝和越南。

图 957-2 囊唇蝴蝶兰 *Phalaenopsis gibbosa* 花（叶德平）

图 957-3 囊唇蝴蝶兰 *Phalaenopsis gibbosa* 地理分布

958 海南蝴蝶兰 *Phalaenopsis hainanensis* Tang & F. T. Wang

【别名】 海南蝶兰。

【主要特征】 附生植物，茎长 1.0 ~ 1.5 cm，具 3 ~ 4 枚叶。叶在花期常凋落，有时存留 1 枚斜长圆形、长约 4.0 cm、宽 1.0 cm 的叶。花序 1 ~ 2 个，侧生于茎的基部，长达 55.0 cm，有时分枝，疏生 8 ~ 10 朵花，花黄绿色，唇瓣紫色。花苞片卵形，长 3.0 ~ 4.0 mm；中萼片长圆形，长约 13.0 mm，宽 3.0 mm；侧萼片斜椭圆状长圆形，长 13.0 mm，宽 5.5 mm；花瓣匙形，长 12.0 mm，宽 5.0 ~ 6.0 mm，基部收狭成爪；唇瓣基部具长约 1.0 mm 的爪，3 裂，侧裂片直立，镰状长圆形，长 5.0 mm，中部收狭，上部扩大，宽约 2.5 mm，内面从中部走向近先端处具 1 个先端缺的凸缘，两侧裂片基部之间具 1 枚对开的肉突，而肉突中央穴状下陷，但不向背面隆起，中裂片近提琴形，长约 7.0 mm，宽 5.0 mm，先端稍扩大，基部具 1 枚先端二叉状的附属物，边缘稍下弯，上面中央具 1 条上下等粗而纵向的脊突；蕊柱长约 7.0 mm。

【花期】 7 月。

【生境状况】 生于海拔 500 m 的林下岩石上。

【濒危等级】 CR。

【地理分布】 海南省。

图 958-1 海南蝴蝶兰 *Phalaenopsis hainanensis* 生境与植株（李琳）

图 958-2 海南蝴蝶兰 *Phalaenopsis hainanensis* 地理分布

图 958-3 海南蝴蝶兰 *Phalaenopsis hainanensis* 花序（李琳）

959 萼脊兰 *Phalaenopsis japonica* (Rchb. f.) Kocyan & Schuit. [*Sedirea japonica* (Rchb. f.) Garay & H. R. Sweet]

图 959-1 萼脊兰 *Phalaenopsis japonica* 生境与植株（叶德平）

图 959-2 萼脊兰 *Phalaenopsis japonica* 花（叶德平）

【别名】 萼脊蝴蝶兰。

【主要特征】 附生植物，茎长约 1.0 cm，被宿存的叶鞘所包。叶 4 ~ 6 枚，长圆形，长 6.0 ~ 13.0 cm，宽 2.5 cm，先端两侧具不等的 2 裂，基部具关节和鞘。花序长 18.0 cm，下垂，疏生数朵花，花黄绿色，唇瓣白色具紫红色斑点。花苞片宽卵形，长约 8.0 mm；萼片长圆形，长 17.0 mm，宽 7.5 mm；侧萼片比中萼片稍窄，在基部上方内面具 1 ~ 3 个褐色横向斑点；花瓣长圆状舌形，长 15.0 mm，宽 7.0 mm；唇瓣基部以活动关节与蕊柱足末端连接，3 裂，侧裂片小，近三角形，中裂片大，匙形，长约 15.0 mm，从基部向先端扩大为卵圆形的前部，基部边缘具不规则的圆齿，上面凹下而背面隆起，下部收狭成爪，而在爪上具 1 条紫红色的纵向脊突；距长约 13.0 mm，末端指向唇瓣中裂片前部的背面，距口处具 1 枚近直立的肉质附属物；蕊柱长约 10.0 mm。

【花期】 6 月。

【生境状况】 生长于海拔 600 ~ 1 350 m 的林中树上或林下岩石上。

【濒危等级】 VU。

【地理分布】 浙江和云南等省；日本、朝鲜、韩国。

图 959-3 萼脊兰 *Phalaenopsis japonica* 地理分布

960 罗氏蝴蝶兰 *Phalaenopsis lobbii* (Rchb. f.) H. R. Sweet

【别名】 无。

【主要特征】 附生植物，根扁平，茎短，基部具分枝，叶 2 ~ 4 枚，近基生。叶片宽椭圆形，长 5.0 ~ 8.0 cm，宽 3.5 ~ 4.0 cm，先端两侧具不等的 2 裂。花序直立，长 5.0 ~ 10.0 cm，具 2 ~ 4 朵花，花白色，基部具不规则的棕色斑点，并具 2 枚规则的棕色斑块。花苞片椭圆形；中萼片长圆状椭圆形，长 10.0 mm，宽 5.0 mm；侧萼片斜卵形，长 8.0 mm，宽 7.0 mm；花瓣倒卵形，长 8.0 mm，宽 4.0 mm；唇瓣 3 裂，侧裂片直立，镰状，近平行，与唇盘形成 U 形，长 3.0 mm，宽 1.0 mm，中裂片肾形，长 6.0 mm，宽 10.0 mm，基部具 1 枚具 4 条丝状物的胼胝体，边缘具不规则的稍具齿的附属物；蕊柱长 5.0 mm。

【花期】 4 ~ 5 月。

【生境状况】 生于海拔 300 ~ 1 200 m 的石灰山林中树上。

【濒危等级】 EN。

【地理分布】 云南省；印度、不丹、斯里兰卡、缅甸和越南。

图 960-1 罗氏蝴蝶兰 *Phalaenopsis lobbii* 生境与植株（叶德平）

图 960-2 罗氏蝴蝶兰 *Phalaenopsis lobbii* 地理分布

图 960-3 罗氏蝴蝶兰 *Phalaenopsis lobbii* 花（叶德平）

961 麻栗坡蝴蝶兰 *Phalaenopsis malipoensis* Z. J. Liu & S. C. Chen

图 961-1 麻栗坡蝴蝶兰 *Phalaenopsis malipoensis* 生境与植株（李剑武）

【别名】 无。

【主要特征】 附生植物，根扁平，茎较短，叶片 3 ~ 5 枚。落叶或有时具 1 ~ 2 枚叶，叶片长圆形，长 4.5 ~ 7.0 cm，宽 3.0 ~ 3.6 cm。花序 3 ~ 4 个，从茎基部发出，长 8.0 ~ 15.0 cm，疏生 3 ~ 4 朵花，花白色，唇瓣白色带橘黄色，唇盘上具棕色。花苞片三角状披针形，长 2.0 ~ 4.0 mm；中萼片长圆状椭圆形，长 7.0 ~ 9.0 mm，宽 3.0 ~ 4.0 mm；侧萼片斜卵状椭圆形，长 6.0 ~ 7.0 mm，宽 4.0 ~ 5.0 mm；花瓣匙形，长 6.0 ~ 8.0 mm，宽 2.0 ~ 3.0 mm；唇瓣 3 裂，侧裂片披针形，直立，近平行，与中裂片形成 U 形，长 2.0 ~ 3.0 mm，两侧裂片之间具 2 个橘黄色的胼胝体，中裂片宽三角形，长 4.0 ~ 5.0 mm，宽 6.0 ~ 7.0 mm，先端具 3 小裂，基部具 1 个深叉开的胼胝体，中央具 1 个新月形的附属物，每个叉开的胼胝体分裂成 2 条丝，丝长约 3.0 mm，蕊柱长 4.0 ~ 5.0 mm，蕊柱足长 1.0 ~ 2.0 mm。

【花期】 4 ~ 5 月。

【生境状况】 生于海拔 600 ~ 1 300 m 的石灰山林中树上或林下岩石上。

【濒危等级】 EN。

【地理分布】 云南省。

图 961-2 麻栗坡蝴蝶兰 *Phalaenopsis malipoensis* 花（李剑武）

图 961-3 麻栗坡蝴蝶兰 *Phalaenopsis malipoensis* 地理分布

962 版纳蝴蝶兰 *Phalaenopsis mannii* Rchb. f.

【别名】 版纳蝶兰。

【主要特征】 附生植物，茎长 1.5 ~ 7.0 cm，具数个节，从节上发出许多长而弯曲且稍扁的根，上部通常具 4 ~ 5 枚叶。叶片长圆状倒披针形，长 33.0 cm，宽 5.0 ~ 6.0 cm，基部楔形收狭且具 1 个关节，花期具叶。花序 1 ~ 2 个侧生于茎，斜出或下垂，不分枝或有时分枝，长 5.5 ~ 30.0 cm，疏生数朵花，花萼片和花瓣橘红色带紫褐色横纹。花苞片披针形，长 6.0 ~ 10.0 mm；中萼片倒卵状披针形，长 15.0 ~ 18.0 mm，宽 5.0 ~ 7.0 mm；侧萼片斜卵状椭圆形，长 15.0 ~ 18.0 mm，宽 7.0 ~ 9.0 mm，先端略镰状弯曲；花瓣近长圆形，长 13.0 ~ 15.0 mm，宽 4.0 ~ 5.0 mm；唇瓣白色，长 10.0 mm，基部具长 1.0 mm 的爪，3 裂，侧裂片直立，近长方形，长 4.0 mm，宽 2.0 mm，中部稍缢缩且其内面中央隆起，基部强烈增厚且具 1 个先端 2 裂的肉质穴状物，而与中裂片的基部在背面隆起成半球形，在穴状物的前方具 1 枚直立而上部 2 裂触须状的附属物，中裂片锚状，基部具 1 枚直立而两侧压扁的狭长附属物，边缘具不规则的细齿，上面近先端处增厚成半圆形紫色的垫状物，中央被稀疏的长毛和乳突；蕊柱长 8.0 mm，基部两侧各具 1 个近三角形的臂状物。

【花期】 3 ~ 5 月。

【生境状况】 生于海拔约 1 300 m 的林中树上。

【濒危等级】 EN。

【地理分布】 云南省；印度、尼泊尔、缅甸和越南。

图 962-1　版纳蝴蝶兰 *Phalaenopsis mannii* 生境与植株（李剑武）

图 962-2　版纳蝴蝶兰 *Phalaenopsis mannii* 地理分布

图 962-3　版纳蝴蝶兰 *Phalaenopsis mannii* 花（李剑武）

963 湿唇兰 *Phalaenopsis marriottiana* (Rchb. f.) Kocyan & Schuit. var. *parishii* (Rchb. f.) Kocyan & Schuit.[*Hygrochilus parishii* (Rchb. f.) Pfitz.]

图 963-1 湿唇兰 ***Phalaenopsis marriottiana*** **var.** ***parishii*** 生境与植株（李剑武）

【别名】 无。

【主要特征】 附生植物，茎粗壮，长 10.0 ~ 20.0 cm，被宿存的叶鞘包住，上部具 3 ~ 5 枚叶。叶长圆形，长 17.0 ~ 29.0 cm，宽 3.5 ~ 5.5 cm，先端两侧具不等的 2 裂，基部楔形收狭。花序短于或近等于叶长，1 ~ 6 个，疏生 5 ~ 8 朵花，花大，萼片和花瓣黄色带暗紫色斑点。花苞片宽卵形，长 1.2 ~ 1.5 cm，宽 0.7 ~ 1.0 cm；萼片近相似，宽倒卵形，长 2.0 ~ 2.6 cm，宽 1.2 ~ 1.5 cm，在背面中肋呈龙骨状；花瓣宽卵形，长 1.5 ~ 2.2 cm，宽 1.4 ~ 1.7 cm；唇瓣以一活动关节着生于蕊柱基部，长约为萼片 1/2，3 裂，侧裂片小，近圆形，中裂片大，楔状扇形，长约 1.2 cm，宽 1.0 cm，具 1 条纵向的脊。距囊状。

【花期】 6 ~ 7 月。

【生境状况】 附生于海拔 800 ~ 1 100 m 的林中树上或林下岩石上。

【濒危等级】 NT。

【地理分布】 云南省；印度、缅甸、泰国、老挝和越南。

图 963-2 湿唇兰 ***Phalaenopsis marriottiana*** **var.** ***parishii*** 植株（李剑武）

图 963-3 湿唇兰 ***Phalaenopsis marriottiana*** **var.** ***parishii*** 地理分布

964 袋距兰 *Phalaenopsis mirabilis* (Seidenf.) Schuit. (*Lesliea mirabilis* Seidenf.)

【别名】 袋距蝴蝶兰。

【主要特征】 附生植物，茎短，具 2 ~ 3 枚叶。叶片卵状椭圆形，先端两侧具不等的 2 裂，长 3.0 ~ 4.0 cm，宽 1.5 ~ 2.5 cm。花序从茎侧面发出，稍比叶长，稍密生数朵小花，花萼片和花瓣黄绿色，唇瓣白色。花苞片卵形，长 2.0 mm；中萼片舟状，长 2.7 mm，宽 1.5 mm；侧萼片卵形，偏斜，长、宽近相等；花瓣线形，长 2.6 mm，宽 1.3 mm；唇瓣椭圆形，3 裂，侧裂片线形，长 1.5 mm，中裂片菱形，长 3.0 mm，1.7 mm，基部具长 0.3 mm、2 裂的附属物；距囊状，先端 3 裂，长 1.5 mm；蕊柱长 2.5 mm，具蕊柱翅和 3 枚蕊柱齿，蕊柱足上具 3 枚圆锥形的胼胝体。

【花期】 8 ~ 10 月。

【生境状况】 生于海拔 600 ~ 800 m 的林中树上。

【濒危等级】 CR。

【地理分布】 云南省；泰国。

图 964-1　袋距兰 *Phalaenopsis mirabilis* 地理分布

图 964-2　袋距兰 *Phalaenopsis mirabilis* 花序（李剑武）

图 964-3　袋距兰 *Phalaenopsis mirabilis* 植株（李剑武）

965 五唇兰 *Phalaenopsis pulcherrima* (Lindl.) J. J. Sm. (*Doritis pulcherrima* Lindl.)

图 965-1 五唇兰 *Phalaenopsis pulcherrima* 生境与植株（李剑武）

图 965-2 五唇兰 *Phalaenopsis pulcherrima* 花（叶德平）

【别名】 无。

【主要特征】 附生或半附生植物，茎短，具 3 ~ 6 枚近基生的叶。叶上面绿色，背面淡紫色，长圆形，长 5.0 ~ 7.5 cm，宽 1.5 ~ 2.0 cm，基部具彼此套叠的鞘。花序直立，高出叶外，长达 38.0 cm，疏生数朵花，花萼片和花瓣淡紫色。花苞片卵形，长 3.0 mm；中萼片长圆形，长 8.0 mm，宽 5.0 mm；侧萼片稍斜卵状三角形，长 8.0 mm，基部偏斜而较宽，达 7.0 mm；萼囊圆锥形，短而宽；花瓣近倒卵形，比中萼片小；唇瓣 5 裂，基部具弯曲向上而长 4.0 mm 的爪，爪的两侧具 2 枚直立、长方形、长 4 mm 的棕红色侧生小裂片，两小裂片之间具 1 枚方形的胼胝体，中裂片大，位于爪的末端，其基生裂片直立，棕红色，近半圆形，长、宽约 6.0 mm，顶裂片淡紫色，稍向前外弯，舌状，长 5.0 mm，宽 2.0 mm，上面具 3 ~ 4 条肉质褶片；蕊柱长 7.0 mm。

【花期】 7 ~ 8 月。

【生境状况】 生于海拔 1 000 m 以下的林中树上或覆有土层的岩石上。

【濒危等级】 VU。

【地理分布】 海南省；印度、缅甸、泰国、老挝、越南、柬埔寨、马来西亚和印度尼西亚。

图 965-3 五唇兰 *Phalaenopsis pulcherrima* 地理分布

966 滇西蝴蝶兰 *Phalaenopsis stobartiana* Rchb. f.

【别名】 无。

【主要特征】 附生植物，茎短，具3 ~ 4枚叶。叶片卵状披针形，长7.0 ~ 11.0 cm，宽3.0 ~ 3.4 cm，先端一侧稍钩转，基部收狭而后扩大呈抱茎的鞘，旱季常落叶，花期具叶。花序侧生于茎的基部，1 ~ 2个，长7.0 ~ 37.0 cm，不分枝，疏生2 ~ 4朵花，萼片和花瓣褐绿色。花苞片卵状三角形，长4.0 ~ 5.0 mm；中萼片长圆状椭圆形，长14.0 mm，宽6.0 mm；侧萼片斜卵状椭圆形，长14.0 mm，宽7.0 mm；花瓣椭圆状倒卵形，长14.0 mm，宽6.0 mm；唇瓣基部具长1.0 mm的爪，3裂，侧裂片上半部淡紫色，下半部黄色，狭长，长7.0 mm，宽3.5 mm，中部稍缢缩，先端扩大，基部具1枚2裂的肉突，其中央穴状并向外隆起呈乳头状，中裂片深紫色，倒卵状椭圆形，长8.0 mm，宽5.0 mm，向基部楔形收狭，基部具1枚先端深裂为二叉状的附属物，边缘下弯而形成先端喙状的倒舟形，上面中央具1条中部以下较粗的脊突纵贯至先端；蕊柱长7.0 mm。

【花期】 5 ~ 6月。

【生境状况】 生于海拔1 350 m的林中树上。

【濒危等级】 CR。

【地理分布】 云南省；缅甸。

图966-1 滇西蝴蝶兰 *Phalaenopsis stobartiana* 生境与植株（金效华）

图966-2 滇西蝴蝶兰 *Phalaenopsis stobartiana* 地理分布

图966-3 滇西蝴蝶兰 *Phalaenopsis stobartiana* 花（金效华）

967 短茎萼脊兰 *Phalaenopsis subparishii* (Z. H. Tsi) Kocyan & Schuit. [*Sedirea subparishii* (Z. H. Tsi) Christenson]

图 967-1 短茎萼脊兰 *Phalaenopsis subparishii* 生境与植株（李琳）

图 967-2 短茎萼脊兰 *Phalaenopsis subparishii* 花（李琳）

【别名】 仙人华日兰、指甲兰。

【主要特征】 附生植物，茎长 1.0 ~ 2.0 cm，具扁平、长而弯曲的根。叶近基生，长圆形，长 5.0 ~ 19.0 cm，宽 1.5 ~ 3.4 cm，先端两侧具不等的 2 浅裂，基部具关节和抱茎的鞘。花序长达 10.0 cm，疏生数朵花，花黄绿色具淡褐色斑点。花苞片卵形，长 6.0 ~ 9.0 mm；中萼片近长圆形，长 16.0 ~ 20.0 mm，宽 7.0 ~ 9.0 mm，先端细尖而下弯，在背面中肋翅状；侧萼片相似于中萼片但较狭，在背面中肋翅状；花瓣近椭圆形，长 15.0 ~ 18.0 mm，宽 6.0 mm；唇瓣 3 裂，基部与蕊柱足末端结合而形成关节，侧裂片直立，半圆形，边缘稍具细齿，中裂片狭长圆形，长 6.0 mm，宽 1.2 mm，在背面近先端处具喙状突起，基部具 1 个两侧压扁的圆锥形胼胝体，上面从基部至先端具 1 条纵向的高褶片；距角状，长约 1.0 cm，向前弯曲；蕊柱长 10.0 mm，蕊柱翅向蕊柱顶端延伸为蕊柱齿。

【花期】 5 月。

【生境状况】 生于海拔 300 ~ 1 100 m 的林中树上。

【濒危等级】 EN。

【地理分布】 浙江、福建、湖北、湖南、广东、贵州和四川等省。

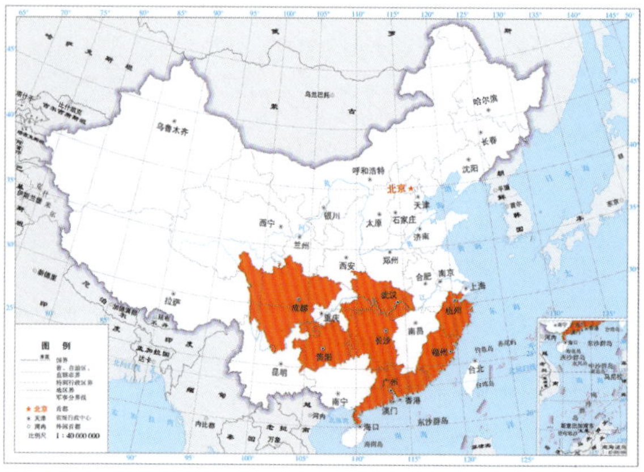

图 967-3 短茎萼脊兰 *Phalaenopsis subparishii* 地理分布

968 小尖囊蝴蝶兰 *Phalaenopsis taenialis* (Lindl.) Christenson & Pradhan

【别名】 小尖囊兰。

【主要特征】 附生植物，根丛生，扁平，长而弯曲，表面略具疣状突起。茎不明显，叶少数，近丛生，花期无叶。叶片长圆形，长 1.0 ~ 3.5 cm，宽 0.4 ~ 1.3 cm。花序侧生于茎的基部，不分枝，具 1 ~ 2 朵花，花萼片和花瓣淡紫红色。花苞片卵状三角形，长 3.0 mm；中萼片长圆形，长 10.0 mm，宽 4.0 mm；侧萼片近椭圆形，长 9.5 mm，宽 4.5 mm；花瓣倒卵状匙形，长 9.0 mm，宽 4.0 mm；唇瓣 3 裂，基部无爪，侧裂片紫红色，近镰刀状，长 5.0 mm，宽 1.5 mm，基部下延且与中裂片形成尖角状、长 3.0 mm 的距，内面的凸缘狭长，不甚增厚而紧靠上侧边缘，距口前方具 1 枚先端急尖的二叉状肉突，中裂片紫红色，匙形，长 7.0 mm，宽 3.0 mm，基部具 1 枚二叉状的附属物；蕊柱长 5.0 mm。

【花期】 6 月。

【生境状况】 生长于海拔 2 000 m 以下的林中树上。

【濒危等级】 VU。

【地理分布】 云南和西藏等省区；印度、不丹、尼泊尔和缅甸。

图 968-1　小尖囊蝴蝶兰 *Phalaenopsis taenialis* 生境与植株（叶德平）

图 968-2　小尖囊蝴蝶兰 *Phalaenopsis taenialis* 地理分布

图 968-3　小尖囊蝴蝶兰 *Phalaenopsis taenialis* 花（叶德平）

969 华西蝴蝶兰 *Phalaenopsis wilsonii* Rolfe

图 969-1 华西蝴蝶兰 *Phalaenopsis wilsonii* 生境与植株（李剑武）

图 969-2 华西蝴蝶兰 *Phalaenopsis wilsonii* 花序（李剑武）

【别名】 小蝶兰、楚雄蝶兰。

【主要特征】 附生植物，气生根发达，簇生，长而弯曲，表面密生疣状突起。茎短，长 1.0 cm，具 4 ~ 5 枚叶。叶幼时背面紫红色，叶片长圆形，长 6.5 ~ 8.0 cm，宽 2.6 ~ 3.0 cm，先端向一侧稍钩转，基部稍收狭并扩大为抱茎的鞘，旱季常落叶，花时无叶或有时具 1 ~ 2 枚叶。花序从茎的基部发出，1 ~ 2 个，长 4.0 ~ 8.5 cm，不分枝，疏生 2 ~ 5 朵花，花萼片和花瓣白色带淡粉红色。花苞片卵状三角形，长 4.0 ~ 5.0 mm；中萼片长圆状椭圆形，长 15.0 ~ 20.0 mm，宽 6.0 ~ 7.0 mm；侧萼片与中萼片相似而等大，但近唇瓣一侧的中部以下边缘下弯；花瓣匙形，长 14.0 ~ 15.0 mm，宽 6.0 ~ 10.0 mm；唇瓣基部具长 2.0 ~ 3.0 mm 的爪，3 裂，侧裂片上半部紫色，下半部黄色，长 6.0 mm，中部缢缩，上部扩大而先端斜截，在基部具 1 个中央对开的肉脊，其中部具穴并向外隆起呈乳头状，内面中央的凸缘黄色，其先端具 2 至数个小缺刻，中裂片深紫色，宽倒卵形，长 8.0 ~ 13.0 mm，宽 6.0 ~ 9.0 mm，先端稍 2 裂，基部具 1 枚紫色而先端深裂为二叉状的附属物，边缘下弯而形成舟状，上面中央具 1 条纵向脊突，脊突在近唇瓣先端处强烈增厚而隆起；蕊柱长 6.0 mm。

【花期】 8 ~ 9 月。

【生境状况】 生于海拔 800 ~ 2 100 m 的林中树上或林下阴湿的岩石上。

【濒危等级】 VU。

【地理分布】 广西、贵州、四川、云南和西藏等省区。

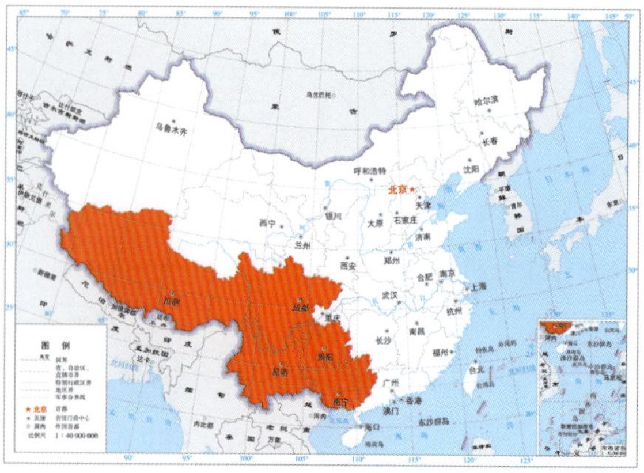

图 969-3 华西蝴蝶兰 *Phalaenopsis wilsonii* 地理分布

970 盈江蝴蝶兰 *Phalaenopsis yingjiangensis* (Z. H. Tsi) Kocyan & Schuit. (*Ornithochilus yingjiangensis* Z. H. Tsi)

【别名】 盈江羽唇兰。

【主要特征】 附生植物，茎长约 2.0 cm，叶数枚，2 列，斜长圆形，长 8.0 ~ 13.0 cm，宽 3.0 ~ 4.0 cm，先端急尖而稍钩转，基部收狭而后扩大为鞘。花序 2 ~ 3 个，下垂，远比叶长，不分枝，花序轴约为花序全长的 4/5，疏生许多花，花淡黄色带红褐色条纹。花苞片披针形，长 2.0 mm；中萼片卵形，长 6.0 mm，宽 3.5 mm；侧萼片斜卵形，与中萼片等长，宽 4.0 mm；花瓣长圆形，长 4.5 mm，宽 1.5 mm；唇瓣 3 裂，基部具短爪，侧裂片耳状，边缘略不整齐，中裂片较大，肾状心形，不裂，长 5.0 mm，基部宽 6.0 mm，先端截形且具不整齐的凹缺，边缘略波状皱褶而具小圆齿，上面中央具 1 条纵向隆起的三角形褶脊；距圆筒状，长 5.0 mm，距口前具 1 个生有茸毛的盖，其后具 1 个增厚的胼胝体。

【花期】 7 ~ 8 月。

【生境状况】 生于海拔 1 350 m 的林中树上。

【濒危等级】 CR。

【地理分布】 云南省。

图 970-1 盈江蝴蝶兰 *Phalaenopsis yingjiangensis* 生境与植株（金效华）

图 970-2 盈江蝴蝶兰 *Phalaenopsis yingjiangensis* 地理分布

图 970-3 盈江蝴蝶兰 *Phalaenopsis yingjiangensis* 花（金效华）

一五〇、指甲兰属 *Aerides* Lour.

指甲兰属 *Aerides* 全世界分布共有 25 种，中国分布有 5 种，本图鉴包含 4 种。

指甲兰属 *Aerides* 分种检索表

1（4） 花序较长，密生数朵花。
2（3） 唇瓣中裂片近菱形，基部具 1 个先端钩曲的附属物 ……………………974. 多花指甲兰 *Aerides rosea*
3（2） 唇瓣中裂片狭长圆形，基部无附属物 ……………………973. 香花指甲兰 *Aerides odorata*
4（1） 花序较短，疏生数朵花。
5（6） 唇瓣中裂片具长爪，前端扩大呈扇状，蕊柱足短 ……………………972. 扇唇指甲兰 *Aerides flabellata*
6（5） 唇瓣中裂片无爪，近卵形，蕊柱足长 ……………………971. 指甲兰 *Aerides falcata*

971 指甲兰 *Aerides falcata* Lindl. & Paxton

【别名】 无。

【主要特征】 附生植物，茎粗壮，具多枚2裂的叶。叶带状，长 20.0 ~ 29.0 cm，宽 2.5 ~ 3.7 cm。花序疏生数朵花，花萼片和花瓣淡白色，上部具紫红色。萼片宽卵形，长 12.0 mm，宽 10.0 mm，侧萼片基部完全贴生在蕊柱足上；花瓣与中萼片相似但稍小；唇瓣 3 裂，侧裂片镰状长圆形，中裂片近宽卵形，长 12.0 mm，宽 18.0 mm，前半部紫色，后半部白色带紫色斑点和条纹，先端凹缺，基部具半圆形的胼胝体，边缘具细齿，距几乎与中裂片平行而弯曲向上，长 3.0 ~ 4.0 mm。

【花期】 5 月。

【生境状况】 生于海拔 800 ~ 1 900 m 的林中树上。

【濒危等级】 EN。

【地理分布】 云南省；印度、缅甸、泰国、老挝、越南和柬埔寨。

图 971-1 指甲兰 *Aerides falcata* 地理分布

图 971-2 指甲兰 *Aerides falcata* 花（李剑武）

图 971-3 指甲兰 *Aerides falcata* 生境与植株（李剑武）

972　扇唇指甲兰 *Aerides flabellata* Rolfe ex Downie

【别名】 无。

【主要特征】 附生植物，长 10.0 ~ 30.0 cm。叶狭长圆形，长 16.0 cm，宽 1.5 ~ 2.0 cm，先端两侧具不等的 2 裂，裂片先端斜并具 1 ~ 2 个不整齐的齿，基部对折呈 V 形，与叶鞘连接处具 1 个关节。花序从叶腋发出，1 ~ 2 个，长 5.0 ~ 25.0 cm，疏生数朵花，花黄褐色带红褐色斑点。中萼片宽卵形，长 10.0 mm，宽 8.0 mm；侧萼片斜宽卵形，长 10.0 mm，宽 12.0 mm；花瓣斜卵形，比中萼片稍小；唇瓣 3 裂，白色带淡紫红色斑点，侧裂片贴生在蕊柱基部并向蕊柱足下延，卵状三角形，中裂片前端质地较薄，上部扩大为长 10.0 mm，宽 7.0 mm 的扇形，先端凹入，边缘具不整齐的缺刻，下部具长 15.0 mm 的爪，爪凹槽状，密被细乳突，上面中央具 1 条紫色条纹，两侧各具 1 条黄色的脊突；距圆筒状，长 10.0 mm，粗 2.0 ~ 3.0 mm，向前弯曲而末端指向唇瓣中裂片的背面；蕊柱长 3.0 mm。

【花期】 5 月。

【生境状况】 生于海拔 600 ~ 1 700 m 的林中树上。

【濒危等级】 EN。

【地理分布】 云南省；缅甸、泰国和老挝。

图 972-1　扇唇指甲兰 *Aerides flabellata* 地理分布

图 972-2　扇唇指甲兰 *Aerides flabellata* 生境与植株（李剑武）

图 972-3　扇唇指甲兰 *Aerides flabellata* 黄花型花（叶德平）

图 972-4　扇唇指甲兰 *Aerides flabellata* 红花型花（李剑武）

973 香花指甲兰 *Aerides odorata* Lour.

图 973-1 香花指甲兰 *Aerides odorata* 花序（李剑武）

【别名】 芳香指甲兰。

【主要特征】 附生植物，茎粗壮。叶宽带状，长 15.0 ~ 20.0 cm，宽 2.5 ~ 4.6 cm，先端两侧具不等的 2 裂，基部具关节。花序下垂，与叶近等长，密生数朵花，花白色带粉红色。花苞片宽卵形；中萼片椭圆形，长 10.0 mm，宽 8.0 mm；侧萼片基部贴生在蕊柱足上，宽卵形，长 12.0 mm，宽 9.0 mm；花瓣近椭圆形，比中萼片稍小，基部收狭；唇瓣 3 裂，侧裂片直立，较大，倒卵状楔形，长 15.0 mm，宽 10.0 mm，上缘具不整齐的齿，中裂片狭长圆形，长 12.0 mm，宽 3.0 mm，先端 2 裂；距狭角状，长 10.0 mm，向前弯曲；蕊柱长 5.0 mm。

【花期】 5 月。

【生境状况】 生于海拔 800 ~ 1 700 m 的林中树上。

【濒危等级】 EN。

【地理分布】 广东和云南等省；缅甸、泰国、老挝、越南、柬埔寨、马来西亚、新加坡、印度尼西亚、菲律宾等。

图 973-2 香花指甲兰 *Aerides odorata* 地理分布

974 多花指甲兰 *Aerides rosea* Lodd. ex Lindl. & Paxton

【别名】 指甲兰。

【主要特征】 附生植物，茎粗壮，长 5.0 ~ 20.0 cm，连同叶鞘粗约 2.5 cm。叶狭长圆形，长 30.0 cm，宽 2.0 ~ 3.5 cm，先端两侧具不等的 2 裂。花序腋生，1 ~ 3 个，不分枝，比叶长，密生数朵花，花白色带紫色斑点。花苞片卵状披针形，长 5.0 ~ 7.0 mm；中萼片近倒卵形，长 12.0 mm，宽 7.0 mm；侧萼片稍斜卵圆形，长 8.0 mm，宽 7.0 mm；花瓣与中萼片相似而等大；唇瓣 3 裂，侧裂片小，耳状，直立，下部边缘密生细乳突，前边深紫色，中裂片近菱形，长 16.0 ~ 18.0 mm，基部上方宽 12.0 ~ 14.0 mm，向先端急剧收窄而下弯，上面密布紫红色斑点，边缘稍具不整齐的锯齿，基部向距内延伸为先端带钩的线状附属物，附属物表面被细乳突；距白色，向前伸，狭圆锥形，长 5.0 mm。

【花期】 7 月。

【生境状况】 生于海拔 300 ~ 1 600 m 的林中树上或林下岩石上。

【濒危等级】 EN。

【地理分布】 广西、贵州和云南等省区；印度、不丹、缅甸、泰国、老挝和越南。

图 974-1 多花指甲兰 *Aerides rosea* 地理分布

图 974-2 多花指甲兰 *Aerides rosea* 生境与植株（李剑武）

图 974-3 多花指甲兰 *Aerides rosea* 花序（李剑武）

一五一、胼胝兰属 *Biermannia* King & Pantl.

胼胝兰属 *Biermannia* 全世界分布共有 11 种，中国分布仅有 1 种，本图鉴包含 1 种。

975 胼胝兰 *Biermannia calcarata* Aver.

【别名】 胼胝体兰。

【主要特征】 附生植物，茎长约 5.0 mm，基部具数条气生根。叶片 4 ~ 5 枚，长圆状披针形，长 3.0 ~ 5.0 cm，宽 1.0 cm，先端两侧具不等的 2 裂。花序稍下垂，长 5.0 ~ 12.0 cm，具 3 ~ 6 朵花，花淡黄色。花苞片长 1.0 ~ 3.0 mm；萼片相似，椭圆状披针形，长 9.0 mm，宽 3.0 mm，中萼片具龙骨状突起；花瓣与萼片相似，长 8.0 mm，宽 2.5 mm；唇瓣 3 裂，侧裂片直立，卵状三角形，长 1.0 mm，宽 0.5 mm，中裂片圆锥形，稍呈拖鞋状，长 6.0 mm，宽 2.0 mm；距长圆状圆锥形，长 2.0 mm，宽 1.5 mm。

【花期】 7 ~ 9 月。

【生境状况】 生于海拔约 800 m 的林中树上。

【濒危等级】 VU。

【地理分布】 广西和云南等省区；越南。

图 975-1 胼胝兰 *Biermannia calcarata* 地理分布

图 975-2 胼胝兰 *Biermannia calcarata* 生境与植株（叶德平）

图 975-3 胼胝兰 *Biermannia calcarata* 花（叶德平）

一五二、钗子股属 *Luisia* Gaudichaud

钗子股属 *Luisia* 全世界分布共有 39 种，中国分布有 13 种，本图鉴包含 8 种。

钗子股属 *Luisia* 分种检索表

1（2） 花瓣线形，长 8.0 ~ 1.1 mm，宽 1.5 ~ 1.7 mm ……………………………977. 长瓣钗子股 *Luisia filiformis*
2（1） 花瓣长圆形或椭圆形，宽 4.0 ~ 5.0 mm 或以上。
3（6） 侧萼片在背面中肋伸出先端呈牙齿状，唇瓣的前后唇之间有明显的分界线，唇瓣先端凹陷。
4（5） 花较小，中萼片长 5.5 mm，侧萼片长 7.0 mm，花瓣长 5.0 mm，唇瓣长 8.0 ~ 9.0 mm……………………………………………………………………………………………………981. 钗子股 *Luisia morsei*
5（4） 花较大，中萼片长 15.0 mm，侧萼片长 12.0 mm，花瓣长 25.0 mm，唇瓣长约 12.0 mm ……………………………………………………………………………………………… 979. 紫唇钗子股 *Luisia macrotis*
6（3） 侧萼片在背面中肋延伸至先端处变为宽翅，但不为细尖的牙齿或钻状。
7（8） 唇瓣的前后唇之间具明显的界线，边缘下弯，上面具疣状突起……… 980. 大花钗子股 *Luisia magniflora*
8（7） 唇瓣的前后唇之间无明显的界线。
9（12） 唇瓣先端 2 裂。
10（11） 花大，中萼片长 7.5 ~ 11.0 mm，前唇上面中央具 1 个肉脊 …………… 982. 叉唇钗子股 *Luisia teres*
11（10） 花小，中萼片长 6.0 mm，前唇上面从基部至先端具 4 条具疣状突起的纵脊 ……………………………………………………………………………………… 978. 纤叶钗子股 *Luisia hancockii*
12（9） 唇瓣先端不裂。
13（14） 花瓣狭长圆形，宽 1.6 ~ 1.8 mm，唇瓣的后唇比前唇狭……… 976. 小花钗子股 *Luisia brachystachys*
14（13） 花瓣倒卵状椭圆形，宽 3.2 mm，唇瓣的后唇比前唇宽 …………… 983. 长叶钗子股 *Luisia zollingeri*

976 小花钗子股 *Luisia brachystachys* (Lindl.) Bl.

【别名】 无。

【主要特征】 附生植物，茎直立，长 18.0 cm，粗 0.7 cm，具多节，节间长 1.0 ~ 1.5 cm。叶斜立，长 9.0 ~ 11.0 cm，粗 0.3 ~ 0.4 cm，基部具 1 个关节，之下扩大为抱茎的鞘。花序与叶对生，具 3 ~ 6 朵花，花萼片和花瓣黄绿色，唇瓣淡黄色。中萼片卵形，稍凹陷，长 4.0 mm，宽 2.3

图 976-1 小花钗子股 *Luisia brachystachys* 花（李剑武）

图 976-2 小花钗子股 *Luisia brachystachys* 生境与植株（李剑武）

mm；侧萼片对折并围抱唇瓣的两侧边缘，在背面中肋稍隆起而到达先端处变为高翅，翅先端不为细尖；花瓣狭长圆形，长5.0 ~ 6.0 mm，宽1.6 ~ 1.8 mm；唇瓣长5.2 mm，前后唇之间无明显的界线，后唇稍凹陷，比前唇狭，基部无明显的耳，前唇近半圆形，长3.0 mm，宽4.5 mm，先端圆钝；蕊柱长2.5 mm。

【花期】 4月。

【生境状况】 生于海拔700 ~ 1 200 m的林中树上。

【濒危等级】 LC。

【地理分布】 云南省；印度、缅甸、泰国、老挝和越南。

图976-3 小花钗子股 *Luisia brachystachys* 地理分布

977 长瓣钗子股 *Luisia filiformis* Hook. f.

图977-1 长瓣钗子股 *Luisia filiformis* 生境与植株（叶德平）

【别名】 线形钗子股。

【主要特征】 附生植物，茎下垂，长30.0 ~ 90.0 cm，粗0.4 ~ 0.5 cm，具多节，节间长3.0 ~ 4.0 cm。叶互生，长14.0 ~ 26.0 cm，粗0.3 cm，基部具1个关节和抱茎的鞘。花序侧生于茎基部上方5.0 ~ 10.0 mm处，长1.0 ~ 2.0 cm，具少数花，花萼片和花瓣浅白色，唇瓣暗紫色。花苞片宽卵状三角形，长2.0 mm；中萼片卵形，凹陷，长7.0 mm，宽3.0 mm；侧萼片对折而围抱唇瓣的两侧边缘，长8.0 mm，在背面中肋向先端渐扩大呈翅状；花瓣线形，长8.0 ~ 11.0 mm，宽1.5 ~ 1.7 mm；唇瓣长7.0 mm，前后唇的界线明显，后唇的基部两侧各具1个长、宽为4.0 mm的耳，前唇宽卵状三角形，长4.0 mm，宽5.0 mm，上面具数条带疣状突起的纵向脊；蕊柱长4.0 mm。

【花期】 4 ~ 6月。

【生境状况】 生于海拔700 ~ 1 100 m的林中树上。

【濒危等级】 VU。

【地理分布】 云南省；印度、泰国、老挝和越南。

图 977-2　长瓣钗子股 ***Luisia filiformis*** 花（叶德平）

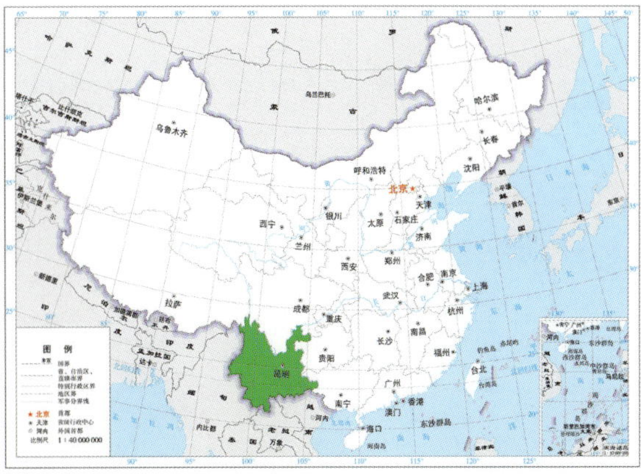

图 977-3　长瓣钗子股 ***Luisia filiformis*** 地理分布

978　纤叶钗子股 *Luisia hancockii* Rolfe

【别名】 纤细钗子股、寄生兰。

【主要特征】 附生植物，茎直立，长达 20.0 cm，粗 0.3 ~ 0.4 cm，具多节，节间长 1.5 ~ 2.0 cm。叶疏生而斜立，长 5.0 ~ 9.0 cm，粗 0.2 ~ 0.3 cm，基部具 1 个关节和抱茎的鞘。花序与叶对生，长 1.0 ~ 1.5 cm，具 2 ~ 3 朵花，花萼片和花瓣黄绿色，唇瓣紫色。中萼片倒卵状长圆形，长 6.0 mm，宽 3.0 mm；侧萼片长圆形，对折，长 7.0 mm，宽 3.0 mm，在背面中肋呈龙骨状突起并向先端呈翅状；花瓣斜长圆形，长 6.0 mm，宽 3.0 mm；唇瓣近卵状长圆形，长 7.0 mm，宽 4.0 mm，前后唇无明显的界线，后唇稍凹陷，基部具圆耳，前唇先端凹缺，边缘具圆齿，上面具 4 条带疣状突起的纵脊；蕊柱长 2.0 mm。

【花期】 5 ~ 6 月。

【生境状况】 生于海拔约 200 m 的林下崖壁上或林中树上。

【濒危等级】 LC。

【地理分布】 浙江、福建和湖北等省。

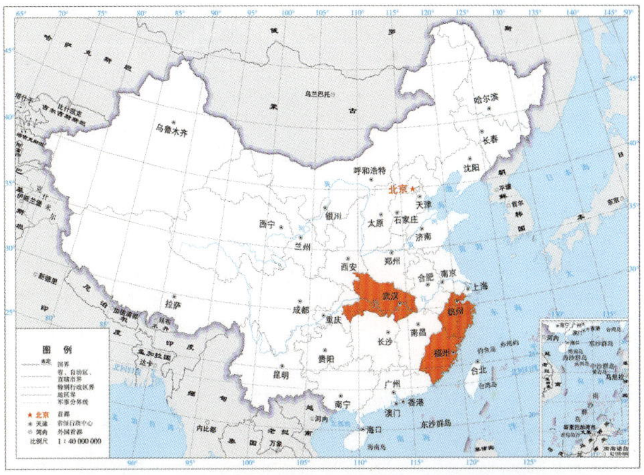

图 978-1　纤叶钗子股 ***Luisia hancockii*** 地理分布

图 978-2　纤叶钗子股 ***Luisia hancockii*** 花（黄卫昌）

979 紫唇钗子股 *Luisia macrotis* Rchb. f.

图 979-1 紫唇钗子股 *Luisia macrotis* 生境与植株（金效华）

【别名】 无。

【主要特征】 附生植物。茎长 30.0 ~ 40.0 cm，直径 2.0 ~ 3.0 mm。叶 8 ~ 10 枚，圆柱状，长 20.0 ~ 30.0 cm。花序侧生。子房连同花梗长 12.0 mm，绿色；花开展，萼片绿色具紫色斑点，中萼片长 1.5 cm，宽 0.5 cm，凹陷成舟状；侧萼片长 1.2 cm，舟状，背部具中脊并延伸成小齿；花瓣线形，长 2.5 cm，宽 4.0 mm；唇瓣暗黑色，长 1.2 cm，宽 0.8 cm，侧裂片不明显，卵形；后唇不凹陷，长 3.0 mm，前唇心形，长 9.0 mm；先端凹陷，蕊柱长约 3 mm。

【花期】 3 月。

【生境状况】 生于海拔 1 000 ~ 1 600 m 的林中树上。

【濒危等级】 EN。

【地理分布】 云南省；印度、缅甸、泰国、老挝和越南。

图 979-2 紫唇钗子股 *Luisia macrotis* 地理分布

图 979-3 紫唇钗子股 *Luisia macrotis* 花（金效华）

980 大花钗子股 *Luisia magniflora* Z. H. Tsi & S. C. Chen

图 980-1 大花钗子股 *Luisia magniflora* 植株（李剑武）

【别名】 无。

【主要特征】 附生植物，茎直立，长达30.0 cm，粗0.5 ~ 0.8 cm，具多节，节间长2.0 ~ 2.5 cm。叶斜立，长9.0 ~ 18.0 cm，粗0.2 ~ 0.3 cm，基部具1个关节，之下扩大为抱茎的鞘。花序与叶对生，长1.0 cm，具2 ~ 3朵花，花萼片和花瓣黄绿色，唇瓣暗紫色。花苞片宽卵形，长3.0 mm，宽2.0 ~ 3.0 mm；中萼片卵形，凹陷，长9.0 ~ 12.0 mm，宽5.0 ~ 6.0 mm；侧萼片对折并围抱唇瓣前唇两侧边缘，与中萼片等长，在背面中肋向先端变为宽翅，翅的先端钝，长10.0 ~ 13.0 mm，前、后唇的界线明显，后唇比前唇小，稍凹陷，基部具耳并围抱蕊柱，前唇心形，宽10.0 mm，先端稍凹陷，两侧下弯，上面具许多疣状突起；蕊柱长5.0 mm。

【花期】 4 ~ 7月。

【生境状况】 生长于海拔680 ~ 1 900 m的林中树上。

【濒危等级】 NT。

【地理分布】 云南省。

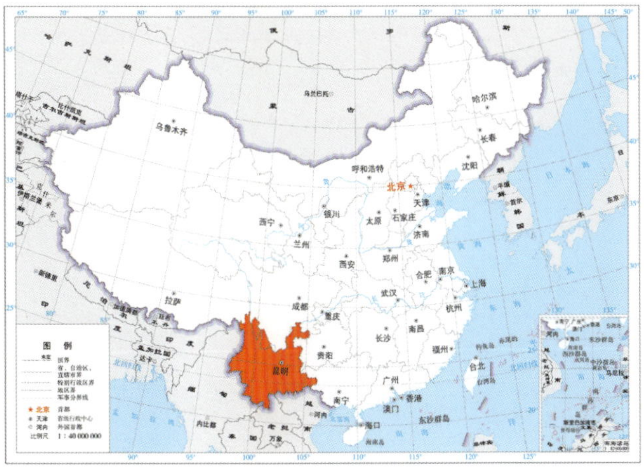
图 980-2 大花钗子股 *Luisia magniflora* 地理分布

图 980-3 大花钗子股 *Luisia magniflora* 花（李剑武）

981 钗子股 *Luisia morsei* Rolfe

图 981-1 钗子股 *Luisia morsei* 生境与植株（叶德平）

【别名】 追风草、大羊角、金环草。

【主要特征】 附生植物，茎直立，长达 30.0 cm，粗 0.4 ~ 0.5 cm，具多节。叶斜立，长 9.0 ~ 13.0 cm，粗 0.3 cm，基部具 1 个关节和扩大的鞘。花序与叶对生，具 4 ~ 6 朵花，花萼片和花瓣黄绿色，唇瓣紫褐色。花苞片宽卵状三角形，长 4.0 mm；中萼片椭圆形，长 5.5 mm，宽 3.5 mm；侧萼片斜卵形，稍对折并围抱唇瓣前唇两侧边缘，长 7.0 mm，宽 3.5 mm，背面中肋向先端变为宽翅而后收狭呈尖牙齿状并伸出先端之外；花瓣近卵形，长 5.0 mm，宽 3.0 mm；唇瓣长 8.0 ~ 9.0 mm，前后唇的界线明显，后唇围抱蕊柱，比前唇宽，稍凹陷，前唇近肾状三角形，先端凹缺并且其背面具 1 枚圆锥的乳突，边缘略具圆缺刻；蕊柱长 3.0 mm。

【花期】 4 ~ 5 月。

【生境状况】 生于海拔 300 ~ 700 m 的林中树上。

【濒危等级】 LC。

【地理分布】 海南、广西、贵州和云南等省区；泰国、老挝和越南。

图 981-2 钗子股 *Luisia morsei* 花（李剑武）

图 981-3 钗子股 *Luisia morsei* 地理分布

982 叉唇钗子股 *Luisia teres* (Thunb.) Bl.

【别名】 金钗兰、圆柱叶钗子股、牡丹金叉兰。

【主要特征】 附生植物，茎直立，长达 55.0 cm，粗 0.4 ~ 0.5 cm，具多个节，节间长 2.5 ~ 2.8 cm。叶斜立，长 7.0 ~ 13.0 cm，粗 0.2 ~ 0.3 cm，基部具 1 个关节和宿存的鞘。花序侧生于叶鞘背侧的基部上方，长 10.0 mm，具 1 ~ 7 朵花，花萼片和花瓣淡黄色，唇瓣浅白色而上面密布紫色斑块。花苞片宽卵形，长 2.0 mm；中萼片卵状长圆形，长 7.5 ~ 11.0 mm，宽 3.0 ~ 6.0 mm；侧萼片与唇瓣的前唇平行而向前伸，稍两侧对折而围抱前唇的边缘，比中萼片长，在背面中肋呈翅状；花瓣稍镰状椭圆形，与中萼片近等长但稍狭；唇瓣长 10.0 ~ 16.0 mm，前后唇之间无明显的界线，后唇稍凹陷，基部具斜立、近方形的耳，长约 1.0 mm，前唇大，近卵形，上面近先端处具 1 条纵向的肉质脊，先端叉状 2 裂，裂片近三角形，被细乳突状毛；蕊柱长 4.0 mm，蕊喙 2 裂。

【花期】 3 ~ 5 月。

【生境状况】 生于海拔 1 200 ~ 1 600 m 的林中树上。

【濒危等级】 NT。

【地理分布】 台湾、广西、四川、贵州和云南等省区；日本、朝鲜、韩国。

图 982-1 叉唇钗子股 *Luisia teres* 植株（金效华）

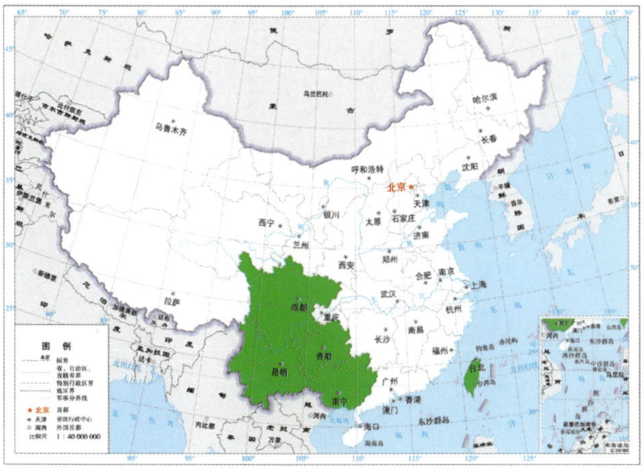

图 982-2 叉唇钗子股 *Luisia teres* 地理分布

图 982-3 叉唇钗子股 *Luisia teres* 花（金效华）

983 长叶钗子股 *Luisia zollingeri* Rchb. f.

图 983-1 长叶钗子股 *Luisia zollingeri* 植株（李剑武）

【别名】 无。

【主要特征】 附生植物，茎直立，长达 30.0 cm，粗 5.0 ~ 7.0 mm，有时分枝，具多节，节间长 1.5 ~ 2.0 cm。叶互生于茎的上部，斜立，长 12.0 ~ 17.0 cm，粗 0.3 ~ 0.4 cm，基部具 1 个关节和抱茎的鞘。花序对生于叶，花序轴长 7.0 mm，具 3 ~ 6 朵花，花萼片和花瓣淡粉色，唇瓣上面先端边缘绿色，下面黄绿色，其余紫红色。花苞片宽卵状三角形，长 2.0 mm；中萼片卵形，长 4.0 mm，宽 3.0 mm；侧萼片卵形，长 6.0 mm，宽 2.8 mm，稍对折并围抱唇瓣，在背面中肋隆起呈龙骨状并向先端渐弯成高翅，翅的先端不为细牙齿状；花瓣与中萼片几乎排成一平面，倒卵状椭圆形，长 5.0 mm，宽 3.2 mm；唇瓣长 5.0 mm，宽 4.5 mm，前后唇界线不明显，后唇比前唇宽，凹陷而中央呈沟槽状，基部两侧各具 1 枚小的圆耳，与蕊柱连接处具 1 对隆起的胼胝体，前唇半圆形；蕊柱长 2.5 mm，蕊喙凹缺。

【花期】 5 月。

【生境状况】 生于海拔 500 ~ 720 m 的林中树上。

【濒危等级】 EN。

【地理分布】 云南省；印度、泰国、越南、马来西亚、印度尼西亚。

图 983-2 长叶钗子股 *Luisia zollingeri* 花（叶德平）

图 983-3 长叶钗子股 *Luisia zollingeri* 地理分布

一五三、盆距兰属 *Gastrochilus* D. Don

盆距兰属 *Gastrochilus* 全世界分布共有 56 种，中国分布有 35 种，本图鉴包含 21 种。

盆距兰属 *Gastrochilus* 分种检索表

1（18） 叶片较小，通常长 1.0 ~ 3.0 cm，茎纤细而较长，长为叶长的数倍。
2（5） 叶片先端尖，不裂，唇瓣前唇先端圆并具宽凹口，上面密布白色髯毛。
3（4） 前唇中央具黄色的垫状物……………………………………………997. **宽唇盆距兰 *Gastrochilus matsudae***
4（3） 前唇中央具绿色的垫状物…………………………………………… 1001. **红松盆距兰 *Gastrochilus raraensis***
5（2） 叶片先端 2 ~ 3 裂或具小齿。
6（15） 唇瓣前唇光滑。
7（10） 叶片不具紫红色斑点。
8（9） 唇瓣下唇囊状，前方具 1 条不明显的脊，上唇三角形，边缘圆形……………………………………………………………………………… 995. **嘉道理盆距兰 *Gastrochilus kadooriei***
9（8） 唇瓣后唇杯状，前唇近半圆形，边缘全缘，上面光滑而中央增厚成垫状，近基部具 2 个圆锥形的胼胝体…………………………………………………………………… 991. **列叶盆距兰 *Gastrochilus distichus***
10（7） 叶片具紫红色斑点。
11（14） 唇瓣前唇具 2 条纵脊。
12（13） 花鲜绿色稍带棕色，唇瓣下唇黄色，唇瓣前唇三角形，基部边缘齿状……………………………………………………………………………… 984. **二脊盆距兰 *Gastrochilus affinis***
13（12） 花黄色而花瓣和萼片基部略带红色，唇瓣前唇宽椭圆形，基部边缘全缘……………………………………………………………………………… 987. **膜翅盆距兰 *Gastrochilus alatus***
14（11） 唇瓣前唇不具脊，半圆形，凹陷，宽约 2.0 mm ………1002. **小唇盆距兰 *Gastrochilus pseudodistichus***
15（6） 唇瓣前唇上面密布短髯毛，中央具增厚的垫状物。
16（17） 唇瓣前唇肾形而具缺口……………………………………………992. **贡山盆距兰 *Gastrochilus gongshanensis***
17（16） 唇瓣上唇近肾形且深 2 裂…………………………………… 998. **南川盆距兰 *Gastrochilus nanchuanensis***
18（1） 叶较大，长 5.0 ~ 23.0 cm，茎较粗而短，比叶短或长不超过叶长的 2 倍。
19（24） 茎较短，叶近于密生，叶片长圆形，常较宽。
20（21） 唇瓣前唇边缘全缘，三角状卵形，上面密布硬毛，中央增厚的垫状物浅绿色……………………………………………………………………… 1000. **滇南盆距兰 *Gastrochilus platycalcaratus***
21（20） 唇瓣前唇边缘撕裂状或具齿。
22（23） 唇瓣前唇背面具 1 个乳头状突起，后唇兜状，两侧压扁，具 3 条脊，上端具几乎与前唇同一水平面的口缘……………………………………………………………… 999. **无茎盆距兰 *Gastrochilus obliquus***
23（22） 唇瓣前唇背面无乳头状突起，正面具 1 个 T 形的沟，后唇圆锥形，口缘前端具 1 个两侧边缘歪斜的凹口……………………………………………………………………994. **海南盆距兰 *Gastrochilus hainanensis***
24（19） 茎伸长，叶近于疏生，叶片舌状、披针形或带状，常较狭。
25（30） 唇瓣前唇垫状物基部具 1 个穴窝。
26（29） 唇瓣前唇三角形，除中央垫状物外其余部分被毛。
27（28） 花较大，萼片长 12.0 ~ 17.0 mm，唇瓣白色带少数紫色斑点… 988. **大花盆距兰 *Gastrochilus bellinus***
28（27） 花较小，萼片长 7.0 ~ 8.0 mm，唇瓣黄绿色…………………………990. **盆距兰 *Gastrochilu calceolaris***
29（26） 唇瓣前唇半圆形，光滑无毛，边缘具齿………………… 996. **麻栗坡盆距兰 *Gastrochilus malipoensis***
30（25） 唇瓣前唇垫状物基部不具穴窝。
31（34） 唇瓣前唇三角形，边缘撕裂状或稍啮蚀状。
32（33） 唇瓣前唇宽三角形，边缘撕裂状，后唇近兜状，口缘比前唇高，前端具 1 个宽的凹口…………………………………………………………………………… 1004. **云南盆距兰 *Gastrochilus yunnanensis***
33（32） 唇瓣前唇近卵状三角形，边缘稍啮蚀状，后唇近兜状，口缘与前唇的垫状物在同一水平面上…………………………………………………………………………… 993. **广东盆距兰 *Gastrochilus guangtungensis***
34（31） 唇瓣前唇横长圆形，边缘具流苏或不整齐的齿。

35（40） 后唇外侧具 3 条脊突。
36（37） 茎较短，长 8.0 ~ 11.0 cm，唇瓣前唇边缘具不整齐的齿 ………………………………………… 985. 镰叶盆距兰 *Gastrochilus acinacifolius*
37（36） 茎较长，长 10.0 ~ 30.0 cm，唇瓣前唇边缘具流苏。
38（39） 叶较小，长 6.0 ~ 9.0 cm，宽约 1.0 cm ………………… 989. 重庆盆距兰 *Gastrochilus brevifimbriatus*
39（38） 叶较大，长 8.0 ~ 15.0 cm，宽 1.7 ~ 4.0 cm………………… 986. 尖叶盆距兰 *Gastrochilus acutifolius*
40（35） 后唇外部具 1 条脊突………………………………………… 1003. 天保盆距兰 *Gastrochilus tianbaoensis*

984 二脊盆距兰 *Gastrochilus affinis* Schltr.

图 984-1 二脊盆距兰 *Gastrochilus affinis* 生境与植株（金效华）

【别名】 无。

【主要特征】 植株簇生，高 3.0 ~ 5.0 cm，纤细。根白色、纤细。茎被叶鞘包裹。叶数枚，2 列，肉质，窄椭圆形，具紫斑，顶端具 2 ~ 3 枚细锯齿，长约 1.5 cm，宽约 0.5 cm。总状花序近顶生，具 2 ~ 3 朵花。花直径约 0.6 cm；萼片、花瓣和上唇鲜绿色稍带棕色，下唇黄色；花瓣和子房长约 0.5 cm，细长；萼片椭圆形，长约 3.5 mm；中萼片凹陷，侧萼片展开；花瓣展开，椭圆形，长约 3.5 mm；唇瓣 3 裂，下唇囊状，长约 3.5 mm；侧裂片较窄；中裂片三角形，向下弯曲，基部边缘齿状，中央具 2 条厚的褶皱从基部延伸到顶部；囊距状，圆锥形，顶端稍 2 裂；蕊柱较宽，长约 0.2 cm。

【花期】 5 ~ 6 月。

【生境状况】 生于海拔 2 000 ~ 3 000 m 的林中树上。

【濒危等级】 NT。

【地理分布】 云南省；印度。

图 984-2 二脊盆距兰 *Gastrochilus affinis* 花（金效华）

图 984-3 二脊盆距兰 *Gastrochilus affinis* 地理分布

985 镰叶盆距兰 *Gastrochilus acinacifolius* Z. H. Tsi

【别名】 无。

【主要特征】 附生植物，茎长 8.0 ~ 11.0 cm，叶 2 列互生。叶片镰刀状长圆形，长 7.0 ~ 14.0 cm，宽 1.0 ~ 2.0 cm，先端具 2 条短芒。花序伞形，长 1.0 ~ 1.5 cm，具数朵花，萼片和花瓣淡黄色带紫红色斑点，唇瓣白色。花苞片三角形，长 1.0 ~ 2.0 mm；萼片近等大，倒卵状匙形，长 6.0 ~ 7.0 mm，宽 3.0 ~ 4.0 mm；花瓣与萼片相似但较小；前唇横长圆形，边缘略具不整齐的齿，上面中央增厚垫状，垫状物淡黄色带紫红色斑点，后唇帽状，宽 5.0 mm，外侧具 3 条脊突，上端口缘高于前唇，前端具 1 个宽的凹口和与其垂直的两侧边缘。

【花期】 9 ~ 12 月。

【生境状况】 生于海拔约 1 000 m 的山地林中树上。

【濒危等级】 VU。

【地理分布】 海南省。

图 985-1　镰叶盆距兰 *Gastrochilus acinacifolius* 生境与植株（李剑武）

图 985-2　镰叶盆距兰 *Gastrochilus acinacifolius* 地理分布

图 985-3　镰叶盆距兰 *Gastrochilus acinacifolius* 花（李剑武）

986 尖叶盆距兰 *Gastrochilus acutifolius* (Lindl.) Kuntze

图 986-1 尖叶盆距兰 *Gastrochilus acutifolius* 生境与植株（刘强）

【别名】 无。

【主要特征】 附生植物，茎长 10.0 ~ 30.0 cm。叶多枚，2 列，叶片线状披针形，长 8.0 ~ 15.0 cm，宽 1.7 ~ 4.0 cm，先端稍 2 裂。花序具 3 ~ 11 朵花，花淡黄色。花苞片宽长圆形，长 1.5 ~ 2.0 mm；萼片相似，倒卵状长圆形，长 10.0 ~ 13.0 mm，宽 4.0 ~ 4.5 mm；花瓣狭倒卵状长圆形，长 9.0 ~ 12.0 mm，宽 3.0 ~ 3.5 mm；唇瓣前唇内弯，三角状肾形，长 5.0 ~ 6.0 mm，宽 11.5 ~ 14.0 mm，边缘流苏状，下唇囊状，近球形，粗 7.0 ~ 8.0 mm，外部具 3 条脊；蕊柱长约 1.5 mm。

【花期】 11 ~ 12 月。

【生境状况】 生于海拔 1 400 ~ 1 700 m 的林中树上。

【濒危等级】 DD。

【地理分布】 云南省；印度、尼泊尔和不丹。

图 986-2 尖叶盆距兰 *Gastrochilus acutifolius* 花（刘强）

图 986-3 尖叶盆距兰 *Gastrochilus acutifolius* 地理分布

987 膜翅盆距兰 *Gastrochilus alatus* X. H. Jin & S. C. Chen

图 987-1 膜翅盆距兰 *Gastrochilus alatus* 生境与植株（金效华）

【别名】 无。

【主要特征】 附生植物，悬垂，茎纤细，长约 10.0 cm，粗 0.1 ~ 0.2 cm，被叶鞘包裹，鞘管状，密被紫褐色斑点。根白色，从茎上发出。叶披针形，肉质，顶端 3 裂，密被紫褐色斑点，中脉延伸呈芒状，有关节，长约 1.6 cm，宽约 0.4 cm。伞状花序，具 2 ~ 3 朵花，花黄色。花瓣和萼片基部略带红色；花梗和子房长约 1.3 cm；中萼片椭圆形，长约 0.3 cm；侧萼片椭圆形，基部倾斜，长约 3.5 mm；花瓣椭圆形，稍倾斜，长约 2.5 mm；唇瓣贴生于蕊柱基部，肉质；下唇圆锥形，长约 0.4 cm；上唇宽椭圆形，膜质，长约 0.5 cm；唇盘具 2 纵脊；蕊柱红色，长约 0.1 cm。

【花期】 5 ~ 6 月。

【生境状况】 生于海拔 2 600 ~ 2 700 m 的林中树上。

【濒危等级】 EN。

【地理分布】 云南省。

图 987-2 膜翅盆距兰 *Gastrochilus alatus* 地理分布

图 987-3 膜翅盆距兰 *Gastrochilus alatus* 花（金效华）

988 大花盆距兰 *Gastrochilus bellinus* (Rchb. f.) Kuntze

图 988-1 大花盆距兰 *Gastrochilus bellinus* 植株（李剑武）

【别名】 无。

【主要特征】 附生植物，茎较粗，长 2.0 ~ 5.0 cm，叶多枚。叶片较大，带状，长 11.0 ~ 24.0 cm，宽 1.5 ~ 2.3 cm，先端两侧具不等的 2 裂。花序伞形，长约 2.0 cm，通常 2 ~ 3 个，具 4 ~ 6 朵花，花大，萼片和花瓣淡黄色带棕紫色斑点，唇瓣白色带少数紫色斑点。萼片和花瓣椭圆形，近相似，长 12.0 ~ 17.0 mm，宽 6.0 ~ 7.0 mm；花瓣稍小；前唇近肾状三角形，略下弯，长 7.0 ~ 10.0 mm，宽 15.0 ~ 20.0 mm，边缘啮蚀状，上面除中央的黄色垫状物外密布白色乳突状毛，垫状物基部具穴窝，后唇近圆锥形，长、宽近相等，约 9.0 mm，末端圆形，黄色，上端的口缘截形，紫色，口缘前端具 1 个缺口，缺口的两侧边缘斜立。

【花期】 4 月。

【生境状况】 生于海拔 1 600 ~ 1 900 m 的山地密林中树上。

【濒危等级】 VU。

【地理分布】 云南省；缅甸和泰国。

图 988-2 大花盆距兰 *Gastrochilus bellinus* 花（叶德平）

图 988-3 大花盆距兰 *Gastrochilus bellinus* 地理分布

989 重庆盆距兰 *Gastrochilus brevifimbriatus* S. R. Yi

【别名】 无。

【主要特征】 附生植物，茎 10.0 ~ 30.0 cm，具多枚叶。叶 2 列，镰状披针形，长 6.0 ~ 9.0 cm，宽约 1.0 cm，先端两侧具不等的 2 裂。花序伞形，长约 1.2 cm，与叶对生，具 2 ~ 4 朵花，花萼片和花瓣白色具黄色斑和紫色斑点，唇瓣白色。花苞片三角形，长约 1.5 mm；萼片相似，长 5.0 ~ 6.0 mm，宽 2.0 ~ 3.0 mm，近卵状；花瓣与萼片相似但较小；前唇卵状长圆形，边缘具流苏，具紫色斑点，长约 2.0 mm，后唇盔形，长约 5.0 mm，宽 3.5 mm，具紫色斑。

图 989-1 重庆盆距兰 *Gastrochilus brevifimbriatus* 地理分布

【花期】 8 ~ 9月。

【生境状况】 生于海拔约 680 m 的林中树上。

【濒危等级】 DD。

【地理分布】 四川省。

图 989-2 重庆盆距兰 *Gastrochilus brevifimbriatus* 生境与植株（易思荣）

图 989-3 重庆盆距兰 *Gastrochilus brevifimbriatus* 花（易思荣）

图 989-4 重庆盆距兰 *Gastrochilus brevifimbriatus* 植株（易思荣）

990 盆距兰 *Gastrochilus calceolaris* (Buch.-Ham. ex Sm.) D. Don

图 990-1 盆距兰 *Gastrochilus calceolaris* 生境与植株（李剑武）

【别名】 囊唇兰。

【主要特征】 附生植物，茎长 5.0 ~ 30.0 cm，常弧形弯曲，具多枚叶。叶 2 列互生，常镰状狭长圆形，长达 23.0 cm，宽 1.5 ~ 2.5 cm，先端两侧具不等的 2 圆裂。花序伞形，长 1.3 ~ 2.0 cm，多个，侧生于茎的上部并与叶对生，具数朵花，萼片和花瓣黄色带紫褐色斑点，唇瓣黄绿色。萼片相似，倒卵状长圆形，长 7.0 ~ 8.0 mm，中上部宽 4.0 mm；花瓣与萼片相似但较小；前唇半圆状三角形，长 2.0 ~ 3.0 mm，宽 5.0 ~ 7.0 mm，边缘具不整齐的流苏，上面中央增厚的垫状物黄色带紫色斑点，其余密生乳突状白色长毛，垫状物基部具 1 个穴窝，后唇盔状，长、宽相等，约 5.0 mm，上端具截形的口缘，明显比前唇高，前端具 1 个凹口，其两侧边缘直立。

【花期】 3 ~ 4 月。

【生境状况】 生长于海拔 1 000 ~ 2 100 m 的山地林中树上。

【濒危等级】 LC。

【地理分布】 海南、云南和西藏等省区；印度、尼泊尔、缅甸、泰国、越南和马来西亚。

图 990-2 盆距兰 *Gastrochilus calceolaris* 花（叶德平）

图 990-3 盆距兰 *Gastrochilus calceolaris* 地理分布

991 列叶盆距兰 *Gastrochilus distichus* (Lindl.) Kuntze

【别名】 无。

【主要特征】 附生植物，茎悬垂，纤细，长 1.5 ~ 20.0 cm，常分枝，具多枚叶。叶 2 列互生，与茎成锐角而伸展，披针形，长 1.5 ~ 3.0 cm，宽 4.0 ~ 6.0 mm，先端具 2 ~ 3 小裂，裂片刚毛状。花序伞形，长 1.0 ~ 3.0 cm，具 2 ~ 4 朵花，花萼片和花瓣淡绿色带红褐色斑点。花苞片卵状披针形，长 1.0 ~ 2.0 mm，萼片相似而等大，长圆状椭圆形，长 4.5 ~ 5.0 mm，宽 2.5 ~ 3.0 mm；花瓣近倒卵形，比萼片稍小；前唇近半圆形，长 3.0 mm，宽 5.0 mm，边缘全缘，上面光滑而中央增厚成垫状，近基部具 2 个圆锥形的胼胝体，后唇近杯状，长 4.0 mm，末端圆形，具 2.0 ~ 3.0 mm 的口径，上端口缘抬起并向前唇基部歪斜，其前端无明显的凹口。

【花期】 1 ~ 5 月。

【生境状况】 生长于海拔 1 100 ~ 2 700 m 的山地林中树上。

【濒危等级】 LC。

【地理分布】 云南和西藏等省区；不丹、印度和尼泊尔。

图 991-1 列叶盆距兰 *Gastrochilus distichus* 生境与植株（李剑武）

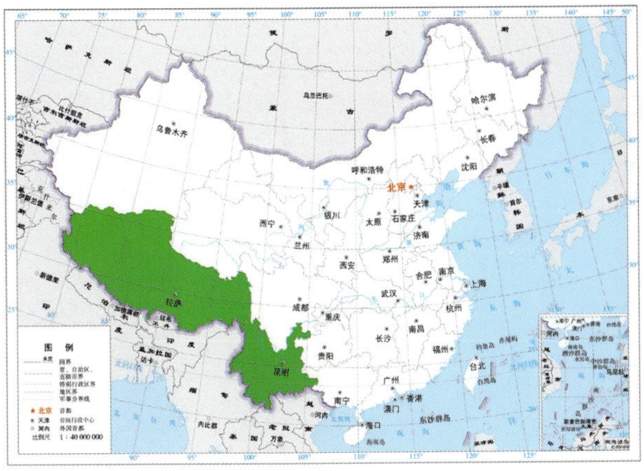

图 991-2 列叶盆距兰 *Gastrochilus distichus* 地理分布

图 991-3 列叶盆距兰 *Gastrochilus distichus* 花（金效华）

992 贡山盆距兰 *Gastrochilus gongshanensis* Z. H. Tsi

图 992-1 贡山盆距兰 *Gastrochilus gongshanensis* 植株（叶德平）

【别名】 无。

【主要特征】 附生植物，茎匍匐，长约 14.0 cm，叶 2 列互生，与茎成 90° 向外伸展。叶片长圆形，长 15.0 ~ 16.0 mm，宽 6.0 mm，先端 3 小裂。花序伞状，长约 1.0 cm，通常具 2 朵花。花苞片卵状三角形，长约 1.5 mm；中萼片近椭圆形，凹陷，长 5.0 mm，宽 3.0 mm；侧萼片长圆形，与中萼片近等大；花瓣近倒卵形，长 4.5 mm，宽 2.5 mm；前唇肾形，长 2.5 mm，宽 4.0 mm，先端具宽的凹缺，边缘和上面密布短髯毛，中央具增厚的垫状物，后唇近半球形，长 3.0 mm，宽 2.5 mm，上端的口缘抬起并向前唇的基部歪斜而前端具宽的凹口。

【花期】 5 ~ 6 月。

【生境状况】 生于海拔约 3 200 m 的林中树上。

【濒危等级】 EN。

【地理分布】 云南省。

图 992-2 贡山盆距兰 *Gastrochilus gongshanensis* 花（叶德平）

图 992-3 贡山盆距兰 *Gastrochilus gongshanensis* 地理分布

993 广东盆距兰 *Gastrochilus guangtungensis* Z. H. Tsi

【别名】 无。

【主要特征】 附生植物，茎细长，稍压扁状圆柱形，长6.0 ~ 17.0 cm，粗约0.4 cm，具多个长约1.0 cm的节，有时分枝。叶数枚，2列互生，镰刀状长圆形或长圆形，长4.5 ~ 9.5 cm，宽0.6 ~ 1.1 cm，先端渐尖并且具2条芒。总状花序缩短呈伞状，通常具2 ~ 3朵花，花黄色，花序柄长约1.0 cm，基部被2枚膜质杯状鞘。花苞片宽卵形，长约2.0 mm；萼片相似，倒卵形，长5.0 ~ 6.0 mm，宽2.2 ~ 2.7 mm；花瓣相似于萼片，较小；唇瓣前唇近卵状三角形，长2.5 mm，宽3.0 mm，后唇近兜状，长约3.5 mm，宽约4.5 mm。

【花期】 10月。

【生境状况】 生于海拔800 ~ 1 500 m的林中树上。

【濒危等级】 EN。

【地理分布】 广东和云南省。

图993-1 广东盆距兰 *Gastrochilus guangtungensis* 生境与植株（李琳）

图993-2 广东盆距兰 *Gastrochilus guangtungensis* 地理分布

图993-3 广东盆距兰 *Gastrochilus guangtungensis* 花（李琳）

994 海南盆距兰 *Gastrochilus hainanensis* Z. H. Tsi

图 994-1 海南盆距兰 *Gastrochilus hainanensis* 植株（金效华）

【别名】 无。

【主要特征】 附生植物，茎长约 2.0 cm，叶 4 ~ 5 枚，近基生。叶片长圆形，长达 17.0 cm，宽 2.0 ~ 3.0 cm，先端两侧具不等的 2 裂。花序伞形，长 2.0 ~ 3.0 cm，具数朵花，花萼片和花瓣黄色，唇瓣白色。花苞片卵状三角形，长 3.0 ~ 4.0 mm；萼片近相等，花瓣比萼片短而狭；前唇卵状三角形，厚肉质，长约 6.0 mm，宽 10.0 mm，从中部向外下弯，除基部边缘稍具齿外，其余增厚呈垫状，上面具 1 条 T 形的沟，后唇圆锥形，上端的口缘截形，口缘前端具 1 个两侧边缘歪斜的凹口。

【花期】 8 月。

【生境状况】 生于海拔约 1 000 m 的山地林中树上。

【濒危等级】 EN。

【地理分布】 海南省；泰国。

图 994-2 海南盆距兰 *Gastrochilus hainanensis* 花（金效华）

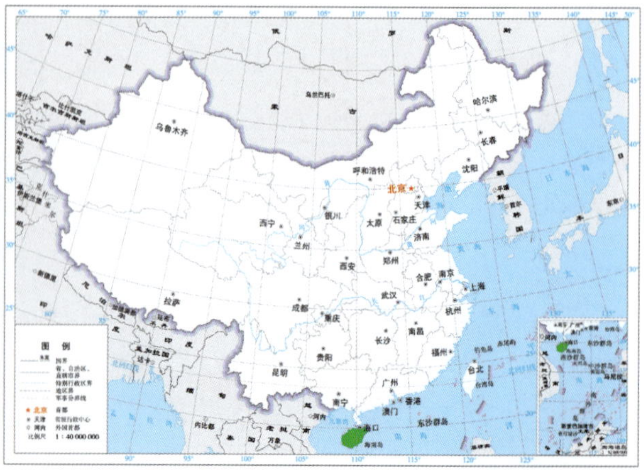

图 994-3 海南盆距兰 *Gastrochilus hainanensis* 地理分布

995 嘉道理盆距兰 *Gastrochilus kadooriei* Kumar, S. W. Gale, Kocyan, G. A. Fischer & Aver.

【别名】 香港盆距兰。

【主要特征】 附生植物，茎下垂而先端稍抬起，长 3.0 ~ 30.0 cm，被叶鞘所包，具长 5.0 ~ 6.0 mm 的节间，偶有分枝。根蠕虫状，长达 10.0 cm。叶 2 列互生，卵形 ,13.0 ~ 18.0 mm，宽 5.0 ~ 6.0 mm，先端边缘稍啮蚀状，先端具刺尖和侧生小齿，短尖长 1.5 ~ 3.0 mm，侧生小齿长不及 1.5 mm，叶片基部鞘状抱茎。花序 1 ~ 2 个，下垂,长约 1.0 cm,具 1 ~ 3 朵花，花淡黄色，萼片和花瓣具棕红色斑点。中萼片倒卵形,长 3.5 mm,宽 2.0 mm；侧萼片斜倒卵形，长 3.5 mm，宽 2.2 mm；花瓣倒卵形，长 3.0 mm，宽 1.7 mm；唇瓣长 4.0 ~ 4.2 mm，宽 5.0 mm，下唇附着于蕊柱翅上，长 4.2 ~ 4.5 mm，宽 3.0 ~ 3.5 mm，囊状，前方具 1 条不明显的脊，无硬质突起，边缘全缘，具红色晕附着于蕊柱，其余部分黄色，上唇向前突出，三角形而边缘圆形，稍凹陷，包被下唇约 1/3，长、宽约 1.6 mm，黄色具少数棕红色斑点；蕊柱背面圆形，前面凹陷，长 2.0 mm。

图 995-1 嘉道理盆距兰 *Gastrochilus kadooriei* 植株（金效华）

【花期】 7 ~ 8 月。

【生境状况】 生于海拔 1 300 ~ 1 600 m 的多苔藓的林中树上。

【濒危等级】 EN。

【地理分布】 香港和云南等地；老挝和越南。

图 995-2 嘉道理盆距兰 *Gastrochilus kadooriei* 地理分布

图 995-3 嘉道理盆距兰 *Gastrochilus kadooriei* 花（金效华）

996 麻栗坡盆距兰 *Gastrochilus malipoensis* X. H. Jin & S. C. Chen

【别名】 无。

【主要特征】 附生植物，茎直立，长10.0 ~ 15.0 cm，茎粗约2.0 mm，被鞘包住。叶片多枚，稍斜的披针形，基部具关节，长15.0 ~ 20.0 cm，宽1.0 cm。花序长约3.0 cm，具数朵花，花绿白色具紫色斑点。花苞片椭圆形，长4.0 mm；中萼片椭圆形，凹陷，长5.0 mm，宽3.0 mm；侧萼片斜卵形，长6.0 mm，宽4.0 mm；花瓣椭圆形，长6.0 mm，宽3.0 mm；唇瓣长8.5 mm，下唇囊状，稍压扁，长约5.0 mm，前唇半圆形，边缘白色并具齿，长、宽约3.5 mm，中央具垫状物，垫状物基部具穴窝；蕊柱长3.0 mm。

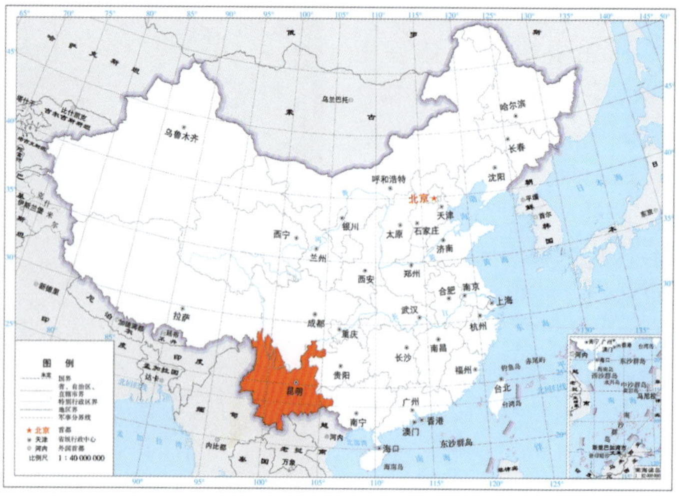

图 996-1 麻栗坡盆距兰 *Gastrochilus malipoensis* 地理分布

【花期】 4月。

【生境状况】 生于海拔约1 300 m的林中树上。

【濒危等级】 DD。

【地理分布】 云南省。

图 996-2 麻栗坡盆距兰 *Gastrochilus malipoensis* 植株（金效华）

997 宽唇盆距兰 *Gastrochilus matsudae* Hayata

【别名】 宽唇松兰、松田氏囊唇兰。

【主要特征】 附生植物，茎匍匐状，细长，叶2列互生，狭披针形，长30.0 mm，宽3.5 ~ 6.0 mm。花序呈伞状，长约2.0 cm，具3 ~ 4朵花，花黄绿色带少数褐色斑点。萼片相似，近椭圆形，凹陷，长4.5 ~ 6.0 mm，宽3.0 ~ 4.0 mm；花瓣与萼片相似但较小；前唇近半圆形，反折，长4.0 mm，宽6.0 ~ 7.0 mm，先端圆形并具宽凹口，上面密布白色髯毛而中央具黄色的垫状物，后唇近圆锥形，长3.0 ~ 5.0 mm，两侧稍压扁，向末端渐尖并稍向前弯。

【花期】 1 ~ 2月。

【生境状况】 生于海拔约1 000 m的山地林中树上。

【濒危等级】 LC。

【地理分布】 台湾省。

图 997-1 宽唇盆距兰 *Gastrochilus matsudae* 生境与植株（钟诗文）

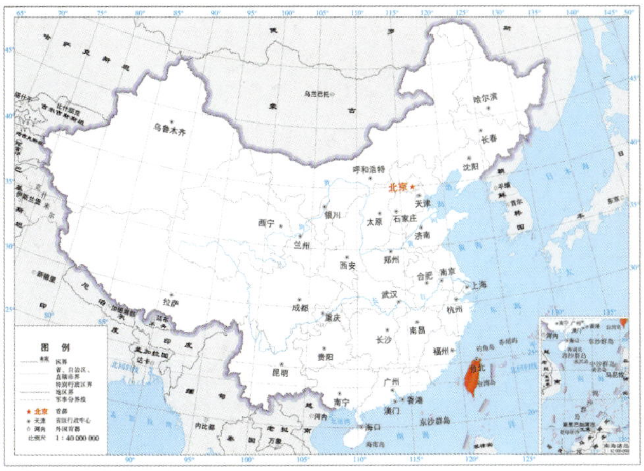

图 997-2 宽唇盆距兰 *Gastrochilus matsudae* 地理分布

图 997-3 宽唇盆距兰 *Gastrochilus matsudae* 花（钟诗文）

998 南川盆距兰 *Gastrochilus nanchuanensis* Z. H. Tsi

图 998-1 南川盆距兰 *Gastrochilus nanchuanensis* 生境与植株（易思荣）

【别名】 无。

【主要特征】 附生植物，匍匐生长，茎长 4.0 ~ 7.0 cm，节间长 4.0 ~ 5.0 mm。叶多枚，2 列着生，具紫红色斑点，叶片卵形或椭圆形，长 13.0 ~ 16.0 mm，宽 6.0 ~ 9.0 mm，先端 3 裂，中裂片较长。花序伞形，花序梗长 5.0 ~ 7.0 mm，下部具 2 枚筒状鞘，具 2 ~ 3 朵花，花黄绿色具紫红色斑点，不甚开放。花苞片卵形，长约 1.0 mm；萼片相似，椭圆形，凹陷，长 4.2 mm，宽 3.5 mm；花瓣与萼片相似，长约 4.1 mm，宽 2.9 mm；上唇近肾形，长 3.0 mm，宽 6.0 mm，正面密被短毛，中央垫状物增厚，先端深 2 裂，下唇近圆锥形压扁的囊状，长约 3.3 mm，粗约 4.2 mm。蕊柱极短。

【花期】 12 月。

【生境状况】 生于海拔约 1 200 m 的密林中树上。

【濒危等级】 CR。

【地理分布】 重庆市。

图 998-2 南川盆距兰 *Gastrochilus nanchuanensis* 花（易思荣）

图 998-3 南川盆距兰 *Gastrochilus nanchuanensis* 地理分布

999 无茎盆距兰 *Gastrochilus obliquus* (Lindl.) Kuntze

【别名】 短茎盆距兰。

【主要特征】 附生植物，茎粗短，长 1.0 ~ 2.0 cm，具 3 ~ 5 枚 2 列的叶。叶片长圆形，长 8.0 ~ 20.0 cm，宽 1.7 ~ 6.0 cm，先端两侧具不等的 2 裂。花序伞形，长 1.0 ~ 2.0 cm，1 ~ 4 个出自茎的基部侧面，具 5 ~ 8 朵花，萼片和花瓣黄色带紫红色斑点，唇瓣白色。花苞片宽卵形，长约 3.0 mm；萼片近等大，椭圆形，长 6.0 ~ 12.0 mm，宽 3.5 ~ 6.0 mm；花瓣匙形，比萼片小；前唇近三角形，长约 5.0 mm，宽 8.0 ~ 10.0 mm，先端钝而其背面具 1 个乳头状突起，边缘撕裂状，中央具 1 个增厚的垫状物，后唇兜状，两侧压扁，末端外侧黄色带紫红色斑点，具 3 条脊，上端具几乎平截的口缘，与前唇几乎同一水平面。

【花期】 10 月。

【生境状况】 生于海拔 800 ~ 1 400 m 的山地林缘树干上、石灰岩山树上或岩石上。

【濒危等级】 VU。

【地理分布】 四川和云南等省；印度、不丹、尼泊尔、缅甸、泰国、老挝和越南。

图 999-1 无茎盆距兰 *Gastrochilus obliquus* 生境与植株（李剑武）

图 999-2 无茎盆距兰 *Gastrochilus obliquus* 地理分布

图 999-3 无茎盆距兰 *Gastrochilus obliquus* 花序（李剑武）

1000 滇南盆距兰 *Gastrochilus platycalcaratus* (Rolfe) Schltr.

图 1000-1 滇南盆距兰 ***Gastrochilus platycalcaratus*** 植株（李剑武）

【别名】 无。

【主要特征】 附生植物，茎较短，具3～6枚叶。叶片长圆形，长3.0～5.0 cm，宽7.0～12.0 mm，先端两侧具不等的2裂。花序短，长约2.0 cm，具数朵密集小花，花萼片和花瓣黄绿色带紫红色斑点，唇瓣白色。花苞片卵状三角形；中萼片长圆形，凹陷，长约3.0 mm；侧萼片稍斜长圆形，近等长但比中萼片狭；花瓣卵状椭圆形，长约3.0 mm；唇瓣前唇三角状卵形，长约3.0 mm，中部以上稍反折，上面密布硬毛，中央增厚的垫状物浅绿色，后唇近圆锥形，长4.0 mm，宽1.8 mm，带紫黑色斑点，从中部至末端强烈背腹压扁，中部稍收窄，末端近截形并凹陷，上端口缘高高抬起而前端具宽凹口。

【花期】 3月。

【生境状况】 生于海拔约750 m的山坡密林中树上或石灰岩山树上。

【濒危等级】 VU。

【地理分布】 云南省；缅甸和泰国。

图 1000-2 滇南盆距兰 ***Gastrochilus platycalcaratus*** 花（李剑武）

图 1000-3 滇南盆距兰 ***Gastrochilus platycalcaratus*** 地理分布

1001 红松盆距兰 *Gastrochilus raraensis* Fukuy.

【别名】 红桧松兰。

【主要特征】 附生植物，茎匍匐，长 2.0 ~ 10.0 cm，叶 2 列，长圆形，长 1.5 ~ 2.6 cm，宽 0.5 ~ 0.7 cm，先端急尖并具 3 小裂。花序伞形，具 3 ~ 4 朵花，花萼片和花瓣黄绿色带紫红色斑点。萼片近椭圆形，长 3.5 ~ 4.5 mm，宽 1.7 ~ 2.5 mm；花瓣近倒卵形，比萼片短；唇瓣前唇绿色，近半圆形，长 2.0 ~ 3.0 mm，宽 3.0 ~ 4.0 mm，先端稍凹缺，上面密布长毛而中央具绿色增厚的垫状物；后唇近圆锥形，两侧稍压扁，浅白色带紫红色斑点，长 3.5 ~ 4.5 mm，宽 2.0 mm，向末端变狭且向前弯曲，上端口缘几乎与前唇在同一水平面上。

【花期】 1 ~ 2月。

【生境状况】 生于海拔 1 500 ~ 2 200 m 的林中树上。

【濒危等级】 NT。

【地理分布】 台湾省。

图 1001-1　红松盆距兰 *Gastrochilus raraensis* 植株（金效华）

图 1001-2　红松盆距兰 *Gastrochilus raraensis* 地理分布

图 1001-3　红松盆距兰 *Gastrochilus raraensis* 花（金效华）

1002 小唇盆距兰 *Gastrochilus pseudodistichus* (King & Pantl.) Schltr.

【别名】 假列叶盆距兰。

【主要特征】 附生植物，茎下垂，细长，长达28.0 cm，有时分枝，具多枚呈2列互生的叶。叶片卵状披针形，长15.0 ~ 27.0 mm，宽5.0 ~ 6.0 mm，绿色带紫红色斑点，先端2 ~ 3条小裂呈短芒状，中央1条较长。花序伞形，长约2.0 cm，具5 ~ 6朵花。花苞片卵状披针形，长1.0 ~ 2.0 mm；萼片和花瓣黄色带紫红色斑点，萼片近等大，长约3.5 mm，宽1.8 mm，倒披针状长圆形；花瓣近倒卵形，比萼片小；前唇黄色带紫红色，近半圆形，凹陷，全缘，宽约2.0 mm，后唇兜状，淡黄色带紫红色斑点，长3.0 mm，宽4.0 mm，上端具与前唇在同一水平面上的截平状口缘。

图 1002-1 小唇盆距兰 *Gastrochilus pseudodistichus* 地理分布

【花期】 6月。

【生境状况】 生于海拔 1 300 ~ 1 900 m 的山地林中树干上。

【濒危等级】 NT。

【地理分布】 云南省；印度、缅甸和泰国。

图 1002-2 小唇盆距兰 *Gastrochilus pseudodistichus* 花序（叶德平）

图 1002-3　小唇盆距兰 *Gastrochilus pseudodistichus* 生境与植株（李剑武）

1003 天保盆距兰 *Gastrochilus tianbaoensis* Q. Liu & Y. H. Tan

图 1003-1 天保盆距兰 *Gastrochilus tianbaoensis* 生境与植株（刘强）

【别名】 无。

【主要特征】 附生植物，茎长 4.0 ~ 11.0 cm。叶多枚 2 列着生，镰状披针形，长 4.5 ~ 7.0 cm，宽 0.9 ~ 1.5 cm，先端两侧具不等的 2 裂，基部具关节。花序与叶对生，具 3 ~ 5 朵花，花黄绿色具紫红色斑点，唇瓣白色。花苞片三角形，长 1.0 ~ 2.0 mm；中萼片倒卵形，长 4.0 ~ 5.0 mm，宽约 2.0 mm；侧萼片斜倒卵形，长 3.5 ~ 4.5 mm，宽约 2.0 mm；花瓣倒卵状披针形，长 3.5 ~ 4.0 mm，宽约 1.5 mm；唇瓣前唇卵形，包住后唇的约 1/3，先端边缘具啮蚀状齿，长约 2.0 mm，宽约 4.0 mm；后唇杯状，粗约 3.0 mm，外部具 1 条脊；蕊柱长约 2.0 mm。

【花期】 11 ~ 12 月。

【生境状况】 生于海拔 1 000 ~ 1 100 m 的石灰岩山林中树上。

【濒危等级】 DD。

【地理分布】 云南省。

图 1003-2 天保盆距兰 *Gastrochilus tianbaoensis* 花（刘强）

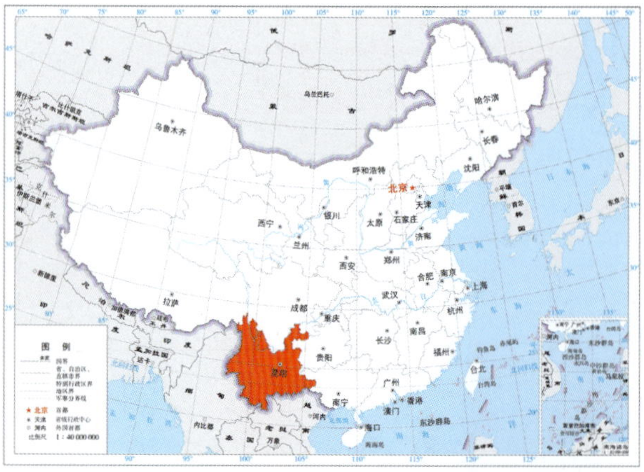

图 1003-3 天保盆距兰 *Gastrochilus tianbaoensis* 地理分布

1004 云南盆距兰 *Gastrochilus yunnanensis* Schltr.

【别名】 无。

【主要特征】 附生植物，茎伸长，达20.0 cm，叶多枚呈2列互生。叶片舌形，长6.0 ~ 16.0 cm，宽1.5 ~ 2.5 cm，先端具2 ~ 3条芒。花序伞形，长1.5 ~ 6.0 cm，具多朵花。花苞片卵状三角形，长1.0 ~ 2.0 mm；花萼片和花瓣淡黄色且带淡褐色先端，萼片近等大，长5.0 ~ 7.0 mm，宽2.7 ~ 3.5 mm，舌状长圆形；花瓣与萼片相似但较小；唇瓣前唇宽三角形，长2.5 mm，宽5.0 mm，边缘撕裂状，上面中央垫状增厚，垫状物黄色带少数紫红色斑点，外围被乳突状毛，后唇白色带紫红色斑点，近兜状，口缘比前唇高，前端具1个宽的凹口，其两侧边缘稍斜立而上方两侧呈齿状三角形。

【花期】 10月。

【生境状况】 附生于海拔约1 500 m的密林中树干上。

【濒危等级】 VU。

【地理分布】 云南省；孟加拉国、泰国和越南。

图1004-1 云南盆距兰 *Gastrochilus yunnanensis* 生境与植株（李剑武）

图1004-2 云南盆距兰 *Gastrochilus yunnanensis* 地理分布

图1004-3 云南盆距兰 *Gastrochilus yunnanensis* 花（李剑武）

一五四、槽舌兰属 *Holcoglossum* Schltr.

槽舌兰属 *Holcoglossum* 全世界分布共有 17 种，中国分布有 17 种，本图鉴包含 15 种。

槽舌兰属 *Holcoglossum* 分种检索表

1（2） 叶片近宽圆柱形，宽 5.0 ~ 10.0 mm ……………………………… 1005. 大根槽舌兰 *Holcoglossum amesianum*
2（1） 叶片圆柱形或近圆柱形，宽 2.0 ~ 3.0 mm。
3（4） 距宽囊状，唇瓣中裂片边缘内弯，基部凹陷……………… 1017. 凹唇槽舌兰 *Holcoglossum subulifolium*
4（3） 距圆锥状或角状，唇瓣中裂片平，基部不凹陷。
5（20） 唇瓣中裂片全缘，基部具肉质增厚的胼胝体，距长 7.0 ~ 8.0 mm，少有 13.0 ~ 15.0 mm。
6（11） 植株直立，花序具 3 ~ 10 朵花。
7（8） 唇瓣侧裂片倒卵形，上缘稍凹缺，前侧裂片比后侧裂片稍大，中裂片卵形，基部具 2 ~ 3 条鸡冠状附属物…………………………………………………………………… 1015. 滇西槽舌兰 *Holcoglossum rupestre*
8（7） 唇瓣侧裂片小，圆形，不裂，中裂片近菱形，凹陷。
9（10） 花全体黄色到红色，距长约 2.0 ~ 2.3 mm ………………1010. 小距槽舌兰 *Holcoglossum nagalandensis*
10（9） 花全体粉红色，距长 5.0 ~ 9.0 mm ……………………………… 1013. 红花槽舌兰 *Holcoglossum pumilum*
11（6） 植株下垂，花序具 1 ~ 3 朵花，少有 3 ~ 11 朵花。
12（15） 花小，萼片长 4.0 ~ 10.0 mm，花瓣长 4.0 ~ 8.0 mm，距内面光滑。
13（14） 花序具 1 ~ 3 朵花，中萼片长 9.0 mm，花瓣长 8.0 mm，距长 8.0 mm ……………………………………………………………………………………… 1016. 中华槽舌兰 *Holcoglossum sinicum*
14（13） 花序具多朵花，萼片长 4.0 ~ 5.0 mm，花瓣长 4.0 ~ 5.0 mm，距长 13.0 ~ 15.0 mm ……………………………………………………………………………………1007. 小花槽舌兰 *Holcoglossum himalaicum*
15（12） 花较大，萼片长 10.0 mm 以上，花瓣长 8.0 mm 以上，距内面具乳头状突起。
16（19） 叶片长 20.0 ~ 30.0 cm，宽 0.2 cm，花苞片长约 2.0 mm。
17（18） 唇瓣中裂片半圆形…………………………………………… 1019. 维西槽舌兰 *Holcoglossum weixiense*
18（17） 唇瓣中裂片菱形…………………………………………… 1011. 怒江槽舌兰 *Holcoglossum nujiangense*
19（16） 叶片长 4.0 ~ 8.5 cm，宽 0.2 ~ 0.4 cm，花苞片长 5.0 ~ 8.0 mm ……………………………………………………………………………………… 1006. 短距槽舌兰 *Holcoglossum flavescens*
20（5） 唇瓣中裂片边缘具齿或波状，基部具薄片，距长 12.0 ~ 20.0 mm。
21（22） 距向先端不收狭，唇瓣中裂片长为距的 2 倍 ……………………… 1018. 筒距槽舌兰 *Holcoglossum wangii*
22（21） 距向先端收狭，唇瓣中裂片与距近等长。
23（28） 唇瓣中裂片舌状或倒卵状菱形，白色。
24（27） 唇瓣侧裂片 2 裂，具 2 枚裂条，中裂片舌状，蕊柱足长 1.5 ~ 2.0 mm。
25（26） 唇瓣中裂片长为宽的 2 倍，侧裂片基部的裂条三角形………1012. 峨眉槽舌兰 *Holcoglossum omeiense*
26（25） 唇瓣中裂片长为宽的 3 倍，侧裂片基部的裂条卵形……… 1009. 舌唇槽舌兰 *Holcoglossum lingulatum*
27（24） 唇瓣侧裂片全缘，中裂片倒卵状菱形，无蕊柱足………… 1014. 槽舌兰 *Holcoglossum quasipinifolium*
28（23） 唇瓣中裂片近圆形，紫色………………………………… 1008. 管叶槽舌兰 *Holcoglossum kimballianum*

1005 大根槽舌兰 *Holcoglossum amesianum* (Rchb. f.) Christenson

【别名】 扇唇槽舌兰。

【主要特征】 附生植物，茎直立，长 2.0 ~ 5.0 cm，被叶鞘所包，基部具多条弯而肥壮的根。叶 4 ~ 7 枚。近基生，狭长，两侧对折，长 9.0 ~ 30.0 cm，宽 0.5 ~ 1.0 cm，基部具关节和扩大成抱茎的鞘。花序长 23.0 ~ 25.0 cm，具数朵花，花淡粉红色。花苞片卵形，长 3.0 ~ 4.0 mm；中萼片椭圆形，长 15.0 mm，宽 10.0 mm，中肋颜色稍深；侧萼片斜卵状椭圆形，长 15.0 mm，宽 11.0 mm，中肋颜色稍深；花瓣倒卵形，长 14.0 mm，宽 9.0 mm；唇瓣淡紫红色，3 裂，侧裂片贴生于蕊柱基部前方，卵状三角形，长 4.0 mm，宽 5.0 mm，中裂片近肾状圆形，长 10.0 mm，宽 14.0 mm，先端稍凹缺，基部具 1 个直立的附属物，边缘具细齿，上面具 3 条深紫红色的脊突；距圆锥形，长 6.0 mm；蕊柱长 6.0 mm。

【花期】 3 月。

【生境状况】 生于海拔 1 200 ~ 2 000 m 的林中树上。

【濒危等级】 VU。

【地理分布】 云南省；缅甸、泰国、老挝和越南。

图 1005-1 大根槽舌兰 *Holcoglossum amesianum* 花（李剑武）

图 1005-2 大根槽舌兰 *Holcoglossum amesianum* 地理分布

图 1005-3 大根槽舌兰 *Holcoglossum amesianum* 生境与植株（叶德平）

1006 短距槽舌兰 *Holcoglossum flavescens* (Schltr.) Z. H. Tsi

图 1006-1 短距槽舌兰 *Holcoglossum flavescens* 生境与植株（金效华）

【别名】 无。

【主要特征】 附生植物，茎长 1.0 ~ 2.0 cm，具数枚密生的叶。叶 2 列，半圆柱形，长 4.0 ~ 8.5 cm，宽 0.2 ~ 0.4 cm，基部扩大成鞘，近轴面具宽浅的凹槽。花序比叶短，具 1 ~ 3 朵花，花萼片和花瓣白色。花苞片宽卵形，长 5.0 ~ 8.0 mm；中萼片椭圆形，长 9.0 ~ 12.0 mm，宽 4.5 ~ 6.0 mm，基部收狭，侧萼片斜长圆形，与中萼片等大，背面中肋略具龙骨状突起；花瓣椭圆形，长 9.0 ~ 12.0 mm，宽 4.2 ~ 5.5 mm；唇瓣 3 裂，侧裂片直立，半卵形，内面具红色条纹，中裂片宽卵状菱形，长 6.0 ~ 8.0 mm，宽 7.0 mm，先端微凹陷，边缘稍波状，基部具 1 个宽卵状三角形的黄色胼胝体，胼胝体强烈增厚，在中央凹槽状而两侧呈脊状隆起；距角状，向前弯，长 7.0 mm；蕊柱长 5.0 mm，两侧具紫红色条纹，蕊柱翅在蕊柱上端稍扩大。

【花期】 5 ~ 6 月。

【生境状况】 生于海拔 1 200 ~ 2 000 m 的林中树上。

【濒危等级】 VU。

【地理分布】 湖北、四川、云南和福建等省。

图 1006-2 短距槽舌兰 *Holcoglossum flavescens* 花（金效华）

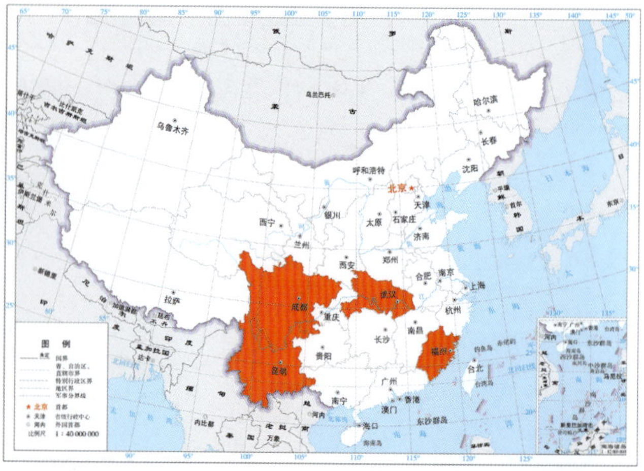

图 1006-3 短距槽舌兰 *Holcoglossum flavescens* 地理分布

1007 小花槽舌兰 *Holcoglossum himalaicum* (Deb, Sengupta & Malick) Aver. [*Ascocentrum himalaicum* (Deb, Sengupta & Malick) Christenson]

【别名】 圆柱叶鸟舌兰。

【主要特征】 附生植物，悬垂，具许多窄而扁的气生根，茎长 9.0 ~ 24.0 cm，茎上部互生 3 ~ 5 枚叶。叶片半圆柱形，长可达 50.0 cm，基部扩大成鞘且具关节，近轴面具 1 条纵沟。花序从茎下部的叶腋发出，具数朵花，花萼片和花瓣淡红色，唇瓣紫红色。花苞片卵形，反折，长约 4.0 mm；萼片椭圆形，长 4.0 ~ 5.0 mm，宽 2.0 ~ 2.3 mm，背面中肋增粗为龙骨状，侧萼片稍宽；花瓣与侧萼片相似；唇瓣 3 裂，侧裂片直立，近方形，长约 2.0 mm，宽 1.5 mm，基部在两侧裂片之间具 1 个胼胝体，中裂片向前伸展，近倒卵状楔形，长 3.0 ~ 4.0 mm，宽 2.0 ~ 2.3 mm；距细圆筒形。

【花期】 11 月。

【生境状况】 附生于海拔约 1 900 m 的林中树上。

【濒危等级】 EN。

【地理分布】 云南省；印度、不丹和缅甸。

图 1007-1　小花槽舌兰 ***Holcoglossum himalaicum*** 生境与植株（李剑武）

图 1007-2　小花槽舌兰 ***Holcoglossum himalaicum*** 地理分布

图 1007-3　小花槽舌兰 ***Holcoglossum himalaicum*** 花（叶德平）

1008 管叶槽舌兰 *Holcoglossum kimballianum* (Rchb. f.) Garay

图 1008-1 管叶槽舌兰 *Holcoglossum kimballianum* 生境与植株（李剑武）

【别名】 无。

【主要特征】 附生植物，植株通常下垂，茎短，具 4 ~ 5 枚叶。叶片圆柱形，长 30.0 ~ 60.0 cm，粗 0.3 ~ 0.4 cm，基部扩大为鞘，近轴面具 1 条凹槽。花序弯垂，长 10.0 ~ 28.0 cm，疏生数朵花，花萼片和花瓣白色带淡紫色晕。花苞片宽卵形，长 5.0 mm；中萼片椭圆形，长 23.0 mm，宽 8.0 mm，基部收狭为短爪；侧萼片斜卵状镰形，长 27.0 mm，宽 10.0 mm；花瓣与中萼片相似，近等大；唇瓣紫色，3 裂，侧裂片直立，背面浅白色，内面黄色带棕红色斑点，向先端稍弯曲，中裂片近圆形，紫色，长 16.0 mm，先端凹陷，上面在基部具 2 ~ 3 条褶片，边缘略不整齐；距狭长，长 15.0 mm；蕊柱长 7.0 mm。

【花期】 11 月。

【生境状况】 生于海拔 1 000 ~ 1 600 m 的林中树上或林下岩石上。

【濒危等级】 EN。

【地理分布】 云南省；缅甸和泰国。

图 1008-2 管叶槽舌兰 *Holcoglossum kimballianum* 花（叶德平）

图 1008-3 管叶槽舌兰 *Holcoglossum kimballianum* 地理分布

1009 舌唇槽舌兰 *Holcoglossum lingulatum* (Aver.) Aver.

图 1009-1 舌唇槽舌兰 *Holcoglossum lingulatum* 生境与植株（叶德平）

【别名】 无。

【主要特征】 附生植物，茎直立，长 2.0 ~ 20.0 cm，被叶鞘所包，基部具多条长而弯曲的根。叶片圆柱形，长 10.0 ~ 19.0 cm，宽 0.2 ~ 0.3 cm，基部扩大为彼此套叠的鞘，常扭转而偏向一侧，近轴面具 1 条纵槽。花序短于叶，花序轴稍之字形曲折，具 1 ~ 6 朵花，花白色稍带红褐色斑点。花苞片卵形，外折，长 3.0 mm；萼片和花瓣稍扭曲，中萼片倒卵状长圆形，长 13.0 mm，宽 5.0 mm，基部收狭；侧萼片镰状长圆形，长 13.0 mm，宽 6.0 mm；花瓣长圆形，长 12.0 mm，宽 4.5 mm，基部收狭；唇瓣 3 裂，侧裂片直立，上缘凹缺成前后裂片，后裂片半圆形且短；前裂片近卵状三角形，长 5.0 mm；中裂片长圆状舌形，长 15.0 mm，宽 7.0 mm，先端 2 浅裂，基部具 2 ~ 3 条小鸡冠状褶片，前端边缘波状；距狭长，长 20.0 mm；蕊柱长 6.0 mm。

【花期】 12 月。

【生境状况】 生于海拔 1 000 m 的林中树上。

【濒危等级】 EN。

【地理分布】 广西和云南等省区；越南。

图 1009-2 舌唇槽舌兰 *Holcoglossum lingulatum* 地理分布

图 1009-3 舌唇槽舌兰 *Holcoglossum lingulatum* 花序（叶德平）

1010 小距槽舌兰 *Holcoglossum nagalandensis* (Phukan & Odyuo) X. H. Jin (*Penkimia nagalandensis* Phukan & Odyuo)

【别名】 无。

【主要特征】 附生植物，茎直立，长 2.0 ~ 2.5 cm，具 2 ~ 6 枚叶。叶片肉质，长 2.0 ~ 18.0 cm，粗 2.5 ~ 3.5 mm。花序 1 ~ 2 个，弓状弯曲下垂，长 3.0 ~ 4.5 cm；具 2 至多朵花，花黄色或带粉红色，不甚开展。花苞片卵形，长 2.5 ~ 3.0 mm；萼片和花瓣近长圆形，长 2.5 ~ 3.5 mm，宽 1.2 ~ 1.7 mm，花瓣比萼片稍小；唇瓣 3 裂，侧裂片卵状椭圆形，长 1.7 ~ 2.0 mm，宽 0.9 ~ 1.1 mm，中裂片圆形，凹陷，长 2.0 ~ 2.5 mm，顶端微凹陷；距圆锥形，长 2.0 ~ 2.3 mm，与子房平行，先端稍向前弯曲；蕊柱长 1.0 mm，蕊喙约 1.4 mm 宽。

图 1010-1 小距槽舌兰 *Holcoglossum nagalandensis* 地理分布

【花期】 2 ~ 3 月。

【生境状况】 生于海拔 1 600 ~ 2 000 m 的阔叶林中树上。

【濒危等级】 EN。

【地理分布】 云南省；印度。

图 1010-2 小距槽舌兰 *Holcoglossum nagalandensis* 植株（叶德平）

1011 怒江槽舌兰 *Holcoglossum nujiangense* X. H. Jin & H. Li

【别名】 无。

【主要特征】 附生植物，植株下垂，茎长 1.0 ~ 2.0 cm。叶片近圆柱形，长 20.0 ~ 30.0 cm，粗 0.1 ~ 0.2 cm。花序侧生，具 1 ~ 5 朵花，花白色。花苞片卵形，长 7.0 mm；中萼片椭圆形，长 14.0 mm，宽 6.0 mm；侧萼片偏斜椭圆形，长 13.0 mm，宽 5.0 mm；花瓣狭卵形，长 12.0 mm，宽 6.0 mm；唇瓣 3 裂，侧裂片直立，三角形，内面具红色条纹，中裂片菱形，长 6.0 mm，宽 8.0 mm，基部具 1 个黄色的胼胝体；距漏斗形，长 6.0 ~ 10.0 mm；蕊柱长 3.0 mm。

【花期】 4 ~ 5 月。

【生境状况】 生于海拔 2 500 ~ 3 000 m 的林中树上。

【濒危等级】 DD。

【地理分布】 云南省。

图 1011-1 怒江槽舌兰 *Holcoglossum nujiangense* 生境与植株（叶德平）

图 1011-2 怒江槽舌兰 *Holcoglossum nujiangense* 花（叶德平）

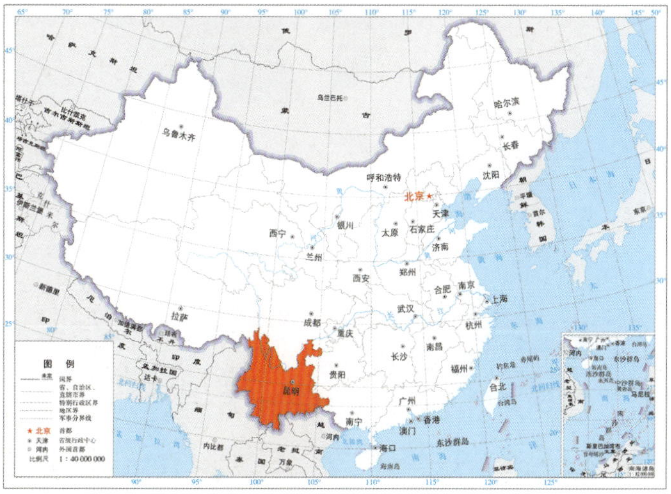

图 1011-3 怒江槽舌兰 *Holcoglossum nujiangense* 地理分布

1012 峨眉槽舌兰 *Holcoglossum omeiense* X. H. Jin & S. C. Chen

图 1012-1 峨眉槽舌兰 ***Holcoglossum omeiense*** 植株（金效华）

【别名】 无。

【主要特征】 附生植物，茎直立，长 2.0 ~ 30.0 cm。叶多枚，叶片圆柱形，长 6.0 ~ 20.0 cm，粗 0.2 cm，近轴面具 1 条纵槽。花序具 10 余朵花，花白色，具淡红色脉纹。花苞片卵形，长 4.0 mm；萼片和花瓣扭转，中萼片倒卵状长圆形，长 12.0 mm，宽 5.0 mm；侧萼片镰状长圆形，长 15.0 mm，宽 6.0 mm，基部偏斜；花瓣长圆形，长 12.0 mm，宽 4.0 mm；唇瓣 3 裂，侧裂片直立，长 5.0 mm，2 小裂，下裂片三角形，中裂片长圆状舌形，长 13.0 ~ 20.0 mm，宽 7.0 ~ 9.0 mm，基部具 3 ~ 7 条褶片，褶片先端波状；距圆锥形，长 16.0 ~ 20.0 mm；蕊柱长 5.0 ~ 6.0 mm。

【花期】 9 ~ 10 月。

【生境状况】 生于海拔 700 ~ 1 000 m 的林中树上。

【濒危等级】 EN。

【地理分布】 四川省。

图 1012-2 峨眉槽舌兰 ***Holcoglossum omeiense*** 花（金效华）

图 1012-3 峨眉槽舌兰 ***Holcoglossum omeiense*** 地理分布

1013 红花槽舌兰 *Holcoglossum pumilum* (Hayata) L. J. Chen, X. J. Xiao & G. Q. Zhang

【别名】 无。

【主要特征】 附生植物，茎直立或斜立，长 1.5 ~ 2.0 cm，粗 2.0 ~ 3.0 mm，被宿存的叶鞘所包，不分枝，具数枚叶。叶肉质，2 列互生，两侧对折成半圆柱形，斜立而上部稍向外弯，长 3.0 ~ 8.0 cm，粗 1.5 ~ 3.0 mm，绿色或有时浅褐绿色，先端稍钝或锐尖，基部具 1 个关节和扩大为鞘，近轴面具 1 条纵槽；叶鞘互相套叠，长约 1.5 mm，宽 3.0 ~ 4.0 mm。花序腋生，直立，长达 4.0 cm，花序柄和花序轴纤细；总状花序具 3 ~ 10 朵花。花苞片膜质，披针形或卵状披针形，长 3.5 ~ 5.0 mm，宽 1.5 ~ 2.8 mm，先端锐尖；花梗和子房长 6.0 ~ 10.0 mm；花小，紫红色；萼片和花瓣长圆状披针形，长 4.0 ~ 6.0 mm 或更长，宽 2.0 ~ 3.0 mm，先端钝，具 1 条脉；唇瓣贴生于蕊柱基部，3 裂；侧裂片很小，直立，近圆形，长约 1.0 mm，黄色；中裂片大，近菱形，凹陷，长约 5.0 mm，宽达 4.0 mm，先端稍钝；距圆筒形，几乎与子房平行而伸直，长 5.0 ~ 9.0 mm，粗约 0.5 mm，向末端收狭；蕊柱红色，长约 2.0 mm。蒴果长椭圆形，长 1.2 ~ 1.8 cm，粗约 4.0 mm，具 2 ~ 3 条肋。

【花期】 12 月至翌年 2 月。

【生境状况】 生于海拔 1 000 ~ 2 300 m 的林中树上。

【濒危等级】 DD。

【地理分布】 台湾省。

图 1013-1 红花槽舌兰 *Holcoglossum pumilum* 植株（钟诗文）

图 1013-2 红花槽舌兰 *Holcoglossum pumilum* 地理分布

图 1013-3 红花槽舌兰 *Holcoglossum pumilum* 花（钟诗文）

1014 槽舌兰 *Holcoglossum quasipinifolium* (Hayata) Schltr.

图 1014-1 槽舌兰 *Holcoglossum quasipinifolium* 生境与植株（金效华）

【别名】 撬唇兰、松叶兰。

【主要特征】 附生植物，茎长 5.0 cm，被宿存的叶鞘。叶多枚，圆柱形，长 7.0 ~ 10.0 cm，粗 0.3 cm，近轴面具 1 条纵槽，基部具关节和彼此套叠的鞘，常扭转而偏向一侧。花序具 1 ~ 3 朵花，花萼片和花瓣白色带粉红色，在背面中肋被少数褐红色斑点。花苞片卵形，长 6.0 ~ 7.0 mm；萼片和花瓣略扭转，中萼片倒卵状长圆形，长 13.0 ~ 16.0 mm，宽 4.0 ~ 8.5 mm，基部收狭，背面中肋隆起呈龙骨状；侧萼片斜长圆形，长 16.0 ~ 17.0 mm，宽 5.5 ~ 8.4 mm，基部收狭，背面中肋隆起呈龙骨状；花瓣斜椭圆形，长 15.0 ~ 16.0 mm，宽 6.0 ~ 7.5 mm，基部收狭，背面中肋隆起呈龙骨状；唇瓣 3 裂，侧裂片黄褐色，直立，上缘凹缺成前后裂片，后裂片半圆形，短；前裂片卵状三角形，长 6.0 mm，中裂片倒卵状菱形，长 13.0 ~ 16.0 mm，宽 7.0 ~ 7.5 mm，先端稍收狭且具凹缺，前端边缘略波状，基部收狭而其中央具 5 ~ 7 条小鸡冠状褶片；距狭长，长 12.0 ~ 18.0 mm；蕊柱长 6.0 mm。

【花期】 2 ~ 4 月。

【生境状况】 生于海拔 500 ~ 2 800 m 的林中树上。

【濒危等级】 LC。

【地理分布】 台湾省。

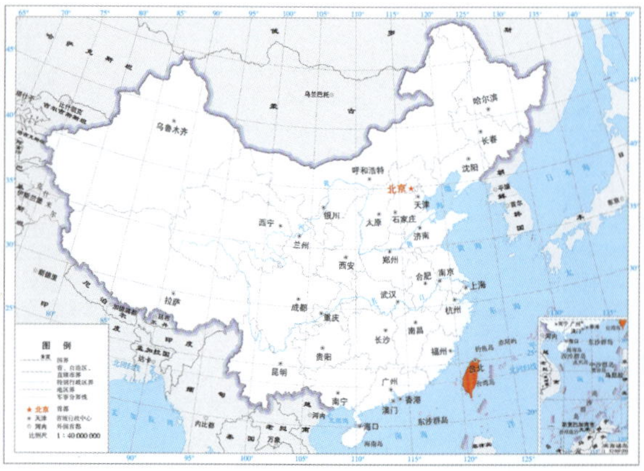

图 1014-2 槽舌兰 *Holcoglossum quasipinifolium* 地理分布

1015 滇西槽舌兰 *Holcoglossum rupestre* (Hand.-Mazz.) Garay

【别名】 短距槽舌兰。

【主要特征】 附生植物，茎短，长 2.0 cm，基部具多条长达 50.0 cm 的根。叶 10 枚，圆柱形，长 12.0 ~ 28.0 cm，粗 0.2 ~ 0.3 cm，基部上方具 1 个关节，其下具覆瓦状套叠的鞘。花序长 5.0 ~ 10.0 cm，具 6 ~ 10 朵花，花萼片花瓣白色。花苞片卵形，外折，长 10.0 mm；中萼片椭圆形，长 12.0 mm，宽 7.0 mm；侧萼片斜长圆形，长 12.0 mm，宽 7.0 mm，背面中肋隆起呈龙骨状；花瓣卵状椭圆形，长 10.0 mm，宽 5.5 mm；唇瓣红色，3 裂，侧裂片直立，倒卵形，上缘稍凹缺，前侧裂片比后侧裂片稍大，中裂片卵形，长 11.0 ~ 12.0 mm，宽 7.0 mm，基部具 2 ~ 3 条小鸡冠状的附属物，边缘略波状；距狭长，长 8.0 mm；蕊柱长 5.0 mm，上端稍扩大。

【花期】 6 月。

【生境状况】 生于海拔 2 000 ~ 2 400 m 的林中树上。

【濒危等级】 CR。

【地理分布】 云南省。

图 1015-1　滇西槽舌兰 *Holcoglossum rupestre* 植株（金效华）

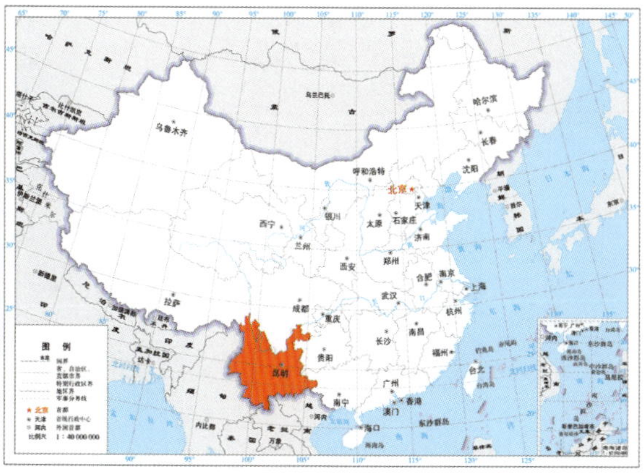

图 1015-2　滇西槽舌兰 *Holcoglossum rupestre* 地理分布

图 1015-3　滇西槽舌兰 *Holcoglossum rupestre* 花（金效华）

1016 中华槽舌兰 *Holcoglossum sinicum* Christenson

图 1016-1 中华槽舌兰 *Holcoglossum sinicum* 生境与植株（金效华）

【别名】 无。

【主要特征】 附生植物，植株悬垂，具短的茎和多条长而弯曲的根。叶多枚，半圆柱形，长 23.0 cm，粗 0.2 cm，基部具关节且扩大成彼此套叠的鞘。花序短，具 1 ~ 3 朵花，花白色。花苞片卵形，长 2.0 mm；中萼片椭圆形，长 9.0 mm，宽 4.0 mm；侧萼片与中萼片相似，长 10.0 mm，宽 5.0 mm；花瓣与中萼片相似，长 8.0 mm，宽 4.0 mm；唇瓣无关节，3 裂，侧裂片直立，卵状三角形，宽 2.0 mm，基部下延至蕊柱足上，中裂片近菱形，宽 7.0 mm，基部具 1 个黄色胼胝体，胼胝体不增厚，其两侧不隆起成脊突；距狭圆锥形，长 8.0 mm；蕊柱长 3.0 mm。

【花期】 5 月。

【生境状况】 生于海拔 2 700 ~ 3 200 m 的林中树上。

【濒危等级】 EN。

【地理分布】 云南省。

图 1016-2 中华槽舌兰 *Holcoglossum sinicum* 花（金效华）

图 1016-3 中华槽舌兰 *Holcoglossum sinicum* 地理分布

1017 凹唇槽舌兰 *Holcoglossum subulifolium* (Rchb. f.) Christenson

【别名】 白唇槽舌兰。

【主要特征】 附生植物，植株下垂，茎长 2.0 cm，被叶鞘所包。叶 3 ~ 4 枚，近半圆形，长 9.0 ~ 14.0 cm，粗 0.3 cm，基部扩大为鞘，近轴面具 1 条凹槽。花序长 14.0 cm，具数朵花，花萼片和花瓣白色，上部在背面具浅紫色晕。花苞片卵形，长 5.0 mm；中萼片长圆形，长 17.0 mm，宽 6.0 mm，基部收狭；侧萼片镰状长圆形，比中萼片大；花瓣狭披针形，比中萼片小；唇瓣 3 裂，侧裂片白色带黄色并具紫斑，尖牙齿状，中裂片三角形，长 12.0 mm，宽 10.0 mm，基部具 3 条黄色带褐色的脊突，边缘波状带不整齐的齿；距圆锥形，短。

【花期】 3 ~ 4月。

【生境状况】 生于海拔 1 300 m 的林中树上。

【濒危等级】 NT。

【地理分布】 海南省；缅甸、泰国和越南。

图 1017-1 凹唇槽舌兰 *Holcoglossum subulifolium* 生境与植株（金效华）

图 1017-2 凹唇槽舌兰 *Holcoglossum subulifolium* 地理分布

图 1017-3 凹唇槽舌兰 *Holcoglossum subulifolium* 花序（金效华）

1018 筒距槽舌兰 *Holcoglossum wangii* Christenson

【别名】 汪氏槽舌兰。

【主要特征】 附生植物，茎长 2.0 cm，具数枚叶。叶片近圆柱形，长 30.0 ~ 58.0 cm，粗 0.4 cm。花序长 5.0 cm，具 3 ~ 5 朵花，花白色，唇瓣侧裂片黄色具紫色斑点。花苞片卵形，长 2.0 mm；中萼片长圆形，长 20.0 mm，宽 7.0 mm；侧萼片偏斜的椭圆形，长 23.0 mm，宽 10.0 mm，基部扭曲并具爪；花瓣椭圆状长圆形，长 28.0 mm，宽 10.0 mm，基部扭曲并具爪；唇瓣 3 裂，侧裂片直立，稍不等的 2 小裂，中裂片长圆状椭圆形，长 18.0 mm，宽 15.0 mm，基部具 3 ~ 5 条褶片；距圆锥形，长 8.0 ~ 10.0 mm；蕊柱长 6.0 mm。

【花期】 10 ~ 12 月。

【生境状况】 生于海拔 800 ~ 1 200 m 的林中树上。

【濒危等级】 DD。

【地理分布】 广西和云南等省区；越南。

图 1018-1 筒距槽舌兰 *Holcoglossum wangii* 地理分布

图 1018-2 筒距槽舌兰 *Holcoglossum wangii* 花（金效华）

1019 维西槽舌兰 *Holcoglossum weixiense* X. H. Jin & S. C. Chen

【别名】 无。

【主要特征】 附生植物，茎下垂，长 1.0 ~ 2.0 cm，基部具根和多枚叶。叶片近圆柱形，长 10.0 ~ 30.0 cm，宽 0.1 ~ 0.2 cm。花序短，具 1 ~ 5 朵花，花白色，稍具粉色晕，唇瓣侧裂片内面具紫色条纹。花苞片卵形，长 2.0 mm；中萼片椭圆形，长 10.0 mm，宽 7.0 mm；侧萼片相似于中萼片，稍偏斜，长 15.0 mm，宽 9.0 mm；花瓣匙形，长 11.0 mm，宽 6.0 mm；唇瓣 3 裂，侧裂片直立，三角形，基部延伸至蕊柱足上，中裂片半圆形，长 10.0 mm，宽 12.0 mm，基部具 1 个增厚的胼胝体，其边缘肿胀而形成 2 条脊突；距长 7.0 mm，内面具乳突；蕊柱长 4.0 mm。

【花期】 5 ~ 7 月。

【生境状况】 生于海拔 2 500 ~ 3 000 m 的林中树上。

【濒危等级】 EN。

【地理分布】 云南省。

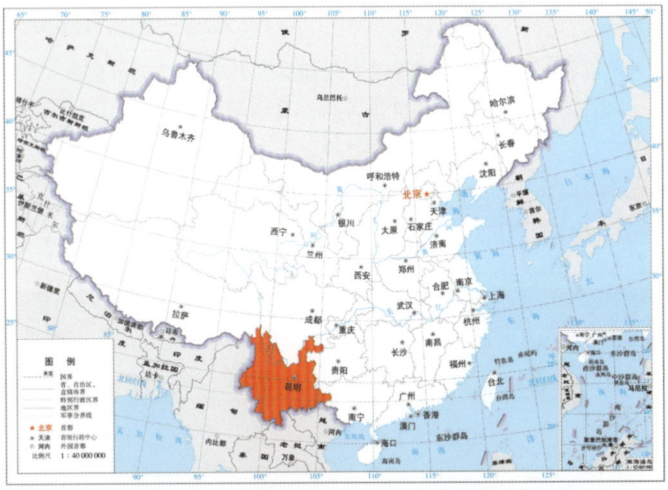

图 1019-1 维西槽舌兰 *Holcoglossum weixiense* 地理分布

图 1019-2 维西槽舌兰 *Holcoglossum weixiense* 生境与植株（金效华）

一五五、火炬兰属 *Grosourdya* Rchb. f.

火炬兰属 *Grosourdya* 全世界分布共有 12 种，中国分布有 2 种，本图鉴包含 2 种。

火炬兰属 *Grosourdya* 分种检索表

1（2） 花序短，疏生 2 ~ 3 朵花，花黄色带褐色斑点……………………1020. 火炬兰 *Grosourdya appendiculata*

2（1） 花序长，与叶近等长，近顶端密生 3 ~ 10 朵花，花黄绿色 ……… 1021. 垂茎兰 *Grosourdya vietnamica*

1020 火炬兰 *Grosourdya appendiculata* (Bl.) Rchb. f.

图 1020-1 火炬兰 *Grosourdya appendiculata* 植株（黄明忠）

【别名】 长脚兰。

【主要特征】 附生植物，茎不明显，叶多枚，2 列。叶片镰状长圆形，长 7.0 ~ 10.0 cm，宽 1.4 ~ 1.9 cm,先端两侧具不等的 2 裂。花序短，疏生 2 ~ 3 朵小花，花黄色带褐色斑点。花苞片卵状三角形；萼片卵状长圆形，长 3.0 mm，宽 2.0 mm，侧萼片基部约 2/3 贴生于蕊柱足上；花瓣长圆形，长 3.0 mm，宽 1.0 mm；唇瓣 3 裂，侧裂片直立，狭长，先端圆形而向后弯曲，中裂片 3 裂，其基生裂片直立与唇瓣侧裂片平行，另一顶生裂片很小且向前伸；距囊状。

【花期】 8 月。

【生境状况】 生于海拔约 800 m 的林中树上。

【濒危等级】 VU。

【地理分布】 海南省；泰国、越南、菲律宾、印度尼西亚、马来西亚。

图 1020-2 火炬兰 *Grosourdya appendiculata* 花（黄明忠）

图 1020-3 火炬兰 *Grosourdya appendiculata* 地理分布

1021 垂茎兰 *Grosourdya vietnamica* (Aver.) Kumar & S. W. Gale (*Theana vietnamica* Aver.)（中国新记录种）

【别名】 无。

【主要特征】 附生植物，植株下垂，茎短，长 1.0 ~ 2.0 cm，具 2 ~ 4 枚叶。叶 2 列，长圆形，长 1.5 ~ 3.0 cm，宽 0.5 ~ 0.8 cm，稍镰状，先端具 3 齿。花序与叶近等长，近顶端密生 3 ~ 10 朵不甚开展的花，花黄绿色。花苞片三角形，长 1.0 ~ 2.0 mm；萼片狭卵形，长 2.5 ~ 3.0 mm，宽 0.7 ~ 1.0 mm，侧萼片稍偏斜；花瓣披针形，比萼片稍小；唇瓣舟状，长 2.5 ~ 3.0 mm，边缘增厚，中央稍凹陷；距圆锥形，长 1.0 mm；蕊柱长 1.0 mm，无蕊柱足。

【花期】 2 ~ 4 月。

【生境状况】 生于海拔 500 ~ 900 m 的石灰山林中树上。

【濒危等级】 CR。

【地理分布】 云南省；越南。

【附注】 标本：李剑武 3973，HITBC！。

图 1021-1 垂茎兰 *Grosourdya vietnamica* 生境与植株（李剑武）

图 1021-2 垂茎兰 *Grosourdya vietnamica* 花序（李剑武）

图 1021-3 垂茎兰 *Grosourdya vietnamica* 地理分布

一五六、长足兰属 *Pteroceras* Hasselt ex Hasskarl

长足兰属 *Pteroceras* 全世界分布共有 17 种，中国分布有 4 种，本图鉴包含 3 种。

长足兰属 *Pteroceras* 分种检索表

1（2） 花序比叶长，具数朵花，花白色，仅唇瓣侧裂片和距上及先端具紫红色或紫色条纹和斑点………………………………………………………………………………… 1022. 滇南长足兰 ***Pteroceras compressum***

2（1） 花序比叶短，具数朵花，花淡黄色而萼片和花瓣上具褐色斑点，或具 2 ~ 3 条褐色斑纹，唇瓣白色。

3（4） 花较小，萼片长约 4.0 mm，花萼片和花瓣黄色具褐色斑点 ……… 1023. 长足兰 ***Pteroceras leopardinum***

4（3） 花较大，萼片长约 10.0 mm，花萼片和花瓣黄色具 2 ~ 3 条褐色斑纹 ………………………………………………………………………………………… 1024. 虎纹长足兰 ***Pteroceras muriculatum***

1022 滇南长足兰 *Pteroceras compressum* (Bl.) Holttum

【别名】 无。

【主要特征】 附生植物，高 5.0 ~ 15.0 cm，根多条，圆柱形，具分枝。叶数枚，叶片长圆形，长 6.0 ~ 18.0 cm，宽 1.5 ~ 3.0 cm，先端两侧具不等的 2 裂。花序多个从茎上发出，比叶长，具数朵花，花白色。花苞

图 1022-1 滇南长足兰 *Pteroceras compressum* 花（李剑武）

片小，卵形；中萼片卵状椭圆形，长约 5.0 mm，宽约 3.0 mm；侧萼片斜卵形，长约 5.0 mm，宽约 3.0 mm；花瓣倒卵形，长 10.0 mm，宽 2.5 mm；唇瓣 3 裂，基部以活动关节与蕊柱足末端相连，侧裂片直立，长圆形，长约 2.0 mm，内面具紫红色条纹和斑点，中裂片小；距圆锥形，向前伸，白色，先端紫红色。

【花期】 6 ~ 8 月。

【生境状况】 生于海拔 100 ~ 1 500 m 的林中树上。

【濒危等级】 DD。

【地理分布】 云南省；泰国、马来西亚和印度尼西亚。

图 1022-2　滇南长足兰 *Pteroceras compressum* 地理分布

图 1022-3　滇南长足兰 *Pteroceras compressum* 生境与植株（叶德平）

1023 长足兰 *Pteroceras leopardinum* (C. S. P. Parish & Rchb. f.) Seidenf. & Smitin.

图 1023-1 长足兰 *Pteroceras leopardinum* 生境与植株（叶德平）

【别名】 双臂长足兰。

【主要特征】 附生植物，茎长 2.0 ~ 10.0 cm，具数枚 2 列的叶。叶片长圆形，长 9.5 ~ 14.0 cm，宽 1.5 ~ 2.0 cm，先端两侧具不等的 2 裂，基部具关节和抱茎的鞘。花序 2 ~ 6 个，不分枝，具数朵花，花萼片和花瓣黄色带褐色斑点，唇瓣白色。花苞片卵状三角形，长约 1.0 mm；中萼片近卵状披针形，长 4.0 mm，宽 2.0 mm；侧萼片宽卵状三角形，长、宽约 4.0 mm，花瓣长圆形，长 4.0 mm，宽 1.5 mm；唇瓣以活动关节与蕊柱足末端连接，3 裂，侧裂片直立，长圆形，长 3.0 mm，宽 1.0 mm，基部两侧各具 1 个胼胝体；距白色，囊状，长约 4.0 mm，内侧密被茸毛；蕊柱长约 2.0 mm。

【花期】 5 月。

【生境状况】 生于海拔 900 ~ 1 300 m 的林中树上。

【濒危等级】 NT。

【地理分布】 云南省；缅甸、泰国、越南和菲律宾。

图 1023-2 长足兰 *Pteroceras leopardinum* 花（叶德平）

图 1023-3 长足兰 *Pteroceras leopardinum* 地理分布

1024 虎纹长足兰 *Pteroceras muriculatum* (Rchb. f.) P. F. Hunt

【别名】 无。

【主要特征】 附生植物，茎短。叶片3～5枚，卵状长圆形，长约22.0 cm，宽约2.5 cm,先端2裂。花序短，具数朵花，花芳香，淡黄色而在萼片和花瓣上具2条横的褐色斑纹。中萼片卵圆形，长约10.0 mm，宽约8.0 mm；侧萼片斜卵形，长约10.5 mm，宽约8.5 mm；花瓣长圆形，长约10.0 mm，宽约6.0 mm；唇瓣基部具短爪，3裂，侧裂片宽卵形，中裂片较小；距圆锥形，小。

【花期】 8～9月。

【生境状况】 生于海拔1 200～1 300 m的林中树上。

【濒危等级】 DD。

【地理分布】 云南省；印度。

图1024-1 虎纹长足兰 *Pteroceras muriculatum* 生境与植株（叶德平）

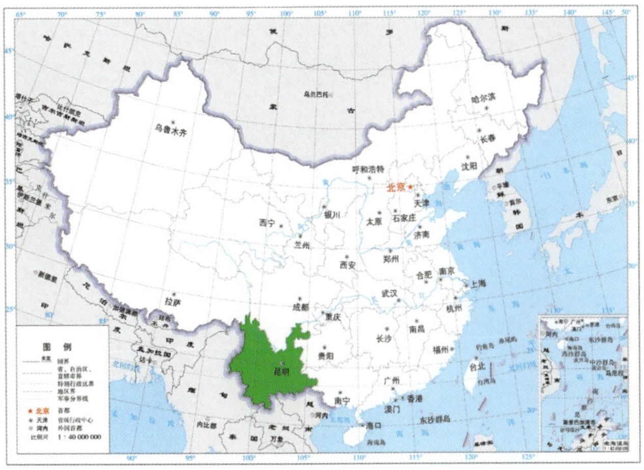

图1024-2 虎纹长足兰 *Pteroceras muriculatum* 地理分布

图1024-3 虎纹长足兰 *Pteroceras muriculatum* 花序（叶德平）

一五七、巾唇兰属 *Pennilabium* J. J. Sm.

巾唇兰属 *Pennilabium* 全世界分布共有 15 种，中国分布 2 种，本图鉴包含 2 种。

巾唇兰属 *Pennilabium* 分种检索表

1（2） 花不倒置，中萼片椭圆形，花瓣椭圆状倒卵形，唇盘基部具 2 个薄片 ……… 1025. 双褶巾唇兰 *Pennilabium struthio*

2（1） 花倒置，中萼片长圆形，花瓣长圆状披针形，唇盘基部无薄片 …… 1026. 云南巾唇兰 *Pennilabium yunnanense*

1025 双褶巾唇兰 *Pennilabium struthio* Carr

【别名】 鸵鸟巾唇兰。

【主要特征】 附生植物，茎长 2.0 ~ 4.0 cm，具 5 ~ 9 枚 2 列的叶。叶片线状披针形，长 5.0 ~ 9.0 cm，宽 1.0 ~ 2.0 cm，镰状，先端两侧具不等的 2 裂。花序多个侧生，具数朵不倒置的花，每个花序同一时间仅 1 ~ 2 朵花开放，花萼片和花瓣黄色，唇瓣白色。中萼片椭圆形，长 8.0 mm，宽 5.0 mm；侧萼片斜长圆形，

图 1025-1 双褶巾唇兰 *Pennilabium struthio* 花（黄明忠）

长 10.0 mm，宽 5.0 mm；花瓣椭圆状倒卵形，长 8.0 ~ 10.0 mm，宽 4.0 ~ 5.0 mm，基部具短爪，先端边缘白色具紫红色斑点；唇瓣 3 裂，侧裂片扇形，长 7.0 mm，宽 4.0 mm，先端具缺刻，基部具紫红色斑点，中裂片舌状，长 2.0 mm，唇盘基部具 2 个三角形直立的、二齿形平行的薄片包住距的入口；距狭圆锥形，黄色，长 10.0 mm；蕊柱长 0.3 mm。

【花期】 4 月。

【生境状况】 生于海拔 500 ~ 800 m 的林中树上。

【濒危等级】 DD。

【地理分布】 海南省；马来西亚和印度尼西亚。

图 1025-2 双褶巾唇兰 *Pennilabium struthio* 地理分布

图 1025-3 双褶巾唇兰 *Pennilabium struthio* 植株（黄明忠）

1026 云南巾唇兰 *Pennilabium yunnanense* S. C. Chen & Y. B. Luo

图 1026-1 云南巾唇兰 *Pennilabium yunnanense* 生境与植株（叶德平）

【别名】 巾唇兰。

【主要特征】 附生植物，茎直立，长约 1.0 cm，具 3 ~ 4 枚叶。叶片长圆形，长 4.0 ~ 6.0 cm，宽 1.3 ~ 1.5 cm，先端两侧具不等的 2 裂。花序从茎基部发出，具 2 ~ 3 朵倒置的花，花白色，花瓣具深紫红色斑点。花苞片 2 列互生，长约 1.0 mm，卵状三角形；萼片长圆状披针形，长 17.0 mm，宽 4.0 mm，侧萼片镰状；花瓣长圆状披针形，长 16.0 mm，宽 3.0 mm；唇瓣 3 裂，侧裂片近扇形，长 7.0 mm，宽 4.0 mm，先端稍流苏状，中裂片近舌状，长 4.0 mm，宽 2.0 mm，全缘；距圆锥形。

【花期】 9 月。

【生境状况】 附生于海拔约 1 300 m 的林中树上。

【濒危等级】 DD。

【地理分布】 云南省；印度和泰国。

图 1026-2 云南巾唇兰 *Pennilabium yunnanense* 花（叶德平）

图 1026-3 云南巾唇兰 *Pennilabium yunnanense* 地理分布

附录

中国兰科植物名录

说明："*"号及加粗字体的为本书包括的物种；"syn."为*Flora of China*之后新归并的异名；"="为作者在发表时鉴定错误的种；"new."为本书截稿后所归并的种。

A

Acampe joiceyana* (J.J.Sm.) Seidenf. 小花脆兰

Acampe ochracea* (Lindl.) Hochr. 窄果脆兰

Acampe papillosa* (Lindl.) Lindl. 短序脆兰

Acampe rigida* (Buch.-Ham. ex Sm.) P.F.Hunt 多花脆兰

Acanthephippium gougahense (Guillaumin) Seidenf. 中华坛花兰

Acanthephippium striatum* Lindl. 锥囊坛花兰

Acanthephippium sylhetense* Lindl. 坛花兰

Acriopsis indica* Wight 合萼兰

Aerides falcata* Lindl. & Paxton 指甲兰

Aerides flabellata* Rolfe ex Downie 扇唇指甲兰

Aerides odorata* Lour. 香花指甲兰

Aerides orthocentra Hand.-Mazz. 小蓝指甲兰

Aerides rosea* Lodd. ex Lindl. & Paxton 多花指甲兰

Aeridostachya robusta (Bl.) Brieger 气穗兰

Agrostophyllum callosum* Rchb.f. 禾叶兰

Agrostophyllum inocephalum (Schauer) Ames 台湾禾叶兰

Agrostophyllum planicaule* (Wall. ex Lindl.) Rchb.f. 扁茎禾叶兰

Ania angustifolia* Lindl. [syn.** *Tainia angustifolia* **(Lindl.) Benth. & Hook.f.] 狭叶安兰

Ania hongkongensis* (Rolfe) Tang & F.T.Wang (syn. *Tainia hongkongensis* Rolfe) 香港安兰

Ania penangiana* (Hook.f.) Summerh. (syn. *Tainia penangiana* Hook.f.) 绿花安兰

Ania ruybarrettoi* S.Y.Hu et Barretto [syn. *Tainia ruybarrettoi* (S.Y.Hu et Barretto) Z.H.Tsi] 南方安兰

Ania viridifusca* (Hook.f.) Tang & F.T.Wang ex Summerh. [syn. *Tainia viridifusca* (Hook.f.) Benth. ex Hook.f.] 高褶安兰

Anoectochilus albolineatus* E.C.Parish & Rchb.f.(syn. *Anoectochilus siamensis* Schltr.) 泰国金线兰

Anoectochilus baotingensis (K.Y.Lang) Ormerod 保亭金线兰

Anoectochilus burmannicus* Rolfe 滇南金线兰

Anoectochilus chapaensis* Gagnep. 滇越金线兰

Anoectochilus emeiensis* K.Y.Lang 峨眉金线兰

Anoectochilus formosanus Hayata 台湾银线兰

Anoectochilus hainanensis* H.Z.Tian, F.W.Xing & L.Li 海南金线兰

Anoectochilus koshunensis Hayata 恒春银线兰

Anoectochilus longilobus H.Jiang & H.Z.Tian 长裂金线兰

Anoectochilus lylei Rolfe ex Downie 李雷金线兰

Anoectochilus malipoensis* W.H.Chen & Y.M.Shui 麻栗坡金线兰

Anoectochilus nandanensis Y.F.Huang & X.C.Qu 南丹开唇兰

Anoectochilus pingbianensis K.Y.Lang 屏边金线兰

Anoectochilus roxburghii* (Wall.) Lindl. 金线兰

Anoectochilus xingrenensis Z.H.Tsi & X.H.Jin 兴仁金线兰

Anoectochilus zhejiangensis Z.Wei & Y.B.Chang 浙江金线兰

Anthogonium gracile* Lindl. 筒瓣兰

Aphyllorchis alpina King & Pantl. 高山无叶兰

Aphyllorchis caudata* Rolfe ex Downie 尾萼无叶兰

Aphyllorchis gollanii* Duthie 大花无叶兰

Aphyllorchis montana* Rchb.f. 无叶兰

Aphyllorchis pallida* Bl. 小花无叶兰

Aphyllorchis simplex* Tang & F.T.Wang 单唇无叶兰

Apostasia odorata* Bl. 拟兰

Apostasia ramifera* S.C.Chen & K.Y.Lang 多枝拟兰

Apostasia wallichii* R.Br. 剑叶拟兰

Appendicula annamensis **Guillaum. 小花牛齿兰***
Appendicula cornuta **Bl. 牛齿兰***
Appendicula fenixii (Ames) Schltr. 长叶牛齿兰
Appendicula reflexa Bl. 台湾牛齿兰
Arachnis labrosa **(Lindl. & Paxton) Rchb.f. 窄唇蜘蛛兰***
Arundina graminifolia **(D.Don) Hochr. 竹叶兰***

B

Biermannia calcarata **Aver. 胼胝兰***
Bletilla formosana **(Hayata) Schltr. 小白及***
Bletilla ochracea **Schltr. 黄花白及***
Bletilla sinensis (Rolfe) Schltr. 华白及
Bletilla striata **(Thunb.) Rchb.f. 白及***
Brachycorythis galeandra (Rchb.f.) Summerh. (syn. *Brachycorythis menglianensis* Y.Y.Qian) 短距苞叶兰
Brachycorythis henryi **(Schltr.) Summerh. 长叶苞叶兰***
Brachypeza simondiana (Gagnep.) Kocyan & Schuit. [syn. *Pteroceras simondianus* (Gagnep.) Aver.] 滇越长足兰
Bryobium pudicum **(Rid.) Y.P.Ng & P.J.Cribb 藓兰***
Bulbophyllum affine **Lindl. 赤唇石豆兰***
Bulbophyllum albibracteum **Seidenf. 白苞石豆兰***
Bulbophyllum albociliatum (T.S.Liu & H.J.Su) K.Nakajima 白毛卷瓣兰
Bulbophyllum ambrosia **(Hance) Schltr. 芳香石豆兰***
Bulbophyllum amplifolium **(Rolfe) M.S.Balakr. & Sud. Chowdhury 大叶卷瓣兰***
Bulbophyllum andersonii **(Hook.f.) J.J.Sm. 梳帽卷瓣兰***
Bulbophyllum angustipetalum **(Seidenf.) J.J.Verm., Schuit.& de Vogel (syn. *Sunipia angustipetala* Seidenf.) 长瓣大苞兰***
Bulbophyllum apodum **Hook.f. 柄叶石豆兰***
Bulbophyllum ayuthayense **J.J.Verm., Schuit. & de Vogel (syn. *Drymoda siamensis* Schltr.) 栖林兰***
Bulbophyllum bicolor **Lindl. 二色卷瓣兰***
Bulbophyllum bifurcatoflorens **(Fukuy.) J.J.Verm. [syn. *Sunipia andersonii* (King & Pantl.) P.F.Hunt] 黄花大苞兰***
Bulbophyllum bittnerianum **Schltr. 团花石豆兰***
Bulbophyllum bomiense **Z.H.Tsi 波密卷瓣兰***
Bulbophyllum brevipedunculatum T.C.Hsu & S.W.Chung 短葶卷瓣兰
Bulbophyllum brevispicatum Z.H.Tsi & S.C.Chen 短序石豆兰
Bulbophyllum candidum **Hook.f. [syn. *Sunipia candida* (Lindl.) P.F.Hunt] 白花大苞兰***
Bulbophyllum careyanum **(Hook.) Spreng. 尾瓣石豆兰***
Bulbophyllum cariniflorum **Rchb.f. 尖叶石豆兰***
Bulbophyllum catenarium **Ridl. 链状石豆兰***
Bulbophyllum caudatum **Lindl. 尾萼卷瓣兰***
Bulbophyllum cauliflorum **Hook.f. 茎花石豆兰***
Bulbophyllum chinense (Lindl.) Rchb.f. 中华卷瓣兰
Bulbophyllum chitouense S.S.Ying 溪头石豆兰
Bulbophyllum chondriophorum **(Gagnep.) Seidenf. 城口卷瓣兰***
Bulbophyllum corallinum **Tixier & Guillaum. 环唇石豆兰***
Bulbophyllum crabro **(E.C.Parish & Rchb.f.) J.J.Verm., Schuit. & de Vogel (syn. *Monomeria barbata* Lindl.) 短瓣兰***
Bulbophyllum crassipes **Hook.f. 短耳石豆兰***
Bulbophyllum cylindraceum **Lindl. 大苞石豆兰***
Bulbophyllum dayanum **Rchb.f. 苏瓣石豆兰***
Bulbophyllum delitescens **Hance 直唇卷瓣兰***
Bulbophyllum depressum **King & Pantl. 戟唇石豆兰***
Bulbophyllum dickasonii **Seidenf. 狄氏卷瓣兰***
Bulbophyllum didymotripis **Seidenf. 普洱石豆兰***
Bulbophyllum disciflorum **Rolfe [syn. *Trias disciflora* (Rolfe) Rolfe] 三角兰***
Bulbophyllum drymoglossum **Maxim. ex Okubo 圆叶石豆兰***
Bulbophyllum dulongjiangense **X.H.Jin 独龙江石豆兰***
Bulbophyllum echinulus **Seidenf. 澜沧石豆兰***
Bulbophyllum elatum (Hook.f.) J.J.Sm. 高茎卷瓣兰
Bulbophyllum emarginatum **(Finet) J.J.Sm. 匍茎卷瓣兰***
Bulbophyllum eublepharum **Rchb.f. 墨脱石豆兰***
Bulbophyllum farreri **(W.W.Sm.) Seidenf. 麻栗坡卷瓣兰***
Bulbophyllum fimbriperianthium W.M.Lin 钝萼卷瓣兰
Bulbophyllum fordii (Rolfe) J.J.Sm. 狭唇卷瓣兰
Bulbophyllum forrestii **Seidenf. 尖角卷瓣兰***
Bulbophyllum funingense Z.H.Tsi & S.C.Chen 富宁卷瓣兰
Bulbophyllum gongshanense Z.H.Tsi 贡山卷瓣兰
Bulbophyllum griffithii **(Lindl.) Rchb.f. 短齿石豆兰***
Bulbophyllum guttulatum **(Hook.f.) M.S.Balakr. 钻齿卷瓣兰***
Bulbophyllum gymnopus **Hook.f. 线瓣石豆兰***
Bulbophyllum gyrochilum **Seidenf. 拟环唇石豆兰***
Bulbophyllum hainanense **Z.H.Tsi 海南石豆兰***
Bulbophyllum haniffii Carr 飘带石豆兰
Bulbophyllum helenae **(Kuntze) J.J.Sm. 角萼卷瓣兰***
Bulbophyllum henanense J.L.Lu 河南卷瓣兰
Bulbophyllum hirtum **(Sm.) Lindl. 落叶石豆兰***
Bulbophyllum hirundinis **(Gagnep.) Seidenf.莲花卷瓣兰***
Bulbophyllum insulsoides **Seidenf. 穗花石豆兰***
Bulbophyllum interpositum J.J.Verm., Schuit. & de Vogel [syn. *Sunipia intermedia* (King & Pantl.) P.F.Hunt 少花大苞兰
Bulbophyllum japonicum **(Makino) Makino瘤唇卷瓣兰***

Bulbophyllum jingdongense **A.Q.Hu, D.P.Ye & Jian.W. Li景东卷瓣兰***

Bulbophyllum khaoyaiense **Seidenf. 白花卷瓣兰***

Bulbophyllum khasyanum **Griff. 卷苞石豆兰***

Bulbophyllum kuanwuense S.W.Chung & T.C.Hsu 台南卷瓣兰

Bulbophyllum kwangtungense **Schltr. 广东石豆兰***

Bulbophyllum ledungense **Tang & F.T.Wang乐东石豆兰***

Bulbophyllum leopardinum **(Wall.) Lindl. 短葶石豆兰***

Bulbophyllum lepidum **(Bl.) Sm. 南方卷瓣兰***

Bulbophyllum levinei **Schltr. 齿瓣石豆兰***

Bulbophyllum lipingtaoi J. X. Huang, J. Y. Wang & Z. J. Li 秉涛石豆兰

Bulbophyllum lomsakense **J.J.Verm., Schuit. & de Vogel [syn. *Sunipia thailandica* (Seidenf. & Smitinand) P.F.Hunt] 光花大苞兰***

Bulbophyllum longibrachiatum **Z.H.Tsi 长臂卷瓣兰***

Bulbophyllum lopalanthum **J.J.Verm., Schuit. & de Vogel [syn. *Sunipia grandiflora* (Rolfe) P.F.Hunt] 大花大苞兰***

Bulbophyllum maanshanense Z.J.Liu, L.J.Chen & W.H.Rao 马鞍山石豆兰

Bulbophyllum macraei **(Lindl.) Rchb.f. 乌来卷瓣兰***

Bulbophyllum medioximum **J.J.Verm., Schuit. & de Vogel [syn. *Sunipia annamensis* (Ridl.) P.F.Hunt]绿花大苞兰***

Bulbophyllum melanoglossum Hayata 紫纹卷瓣兰

Bulbophyllum menghaiense **Z.H.Tsi 勐海石豆兰***

Bulbophyllum menglaense **Jian W. Li & X.H.Jin勐腊石豆兰***

Bulbophyllum menglunense **Z.H.Tsi & Y.Z.Ma 勐仑石豆兰***

Bulbophyllum mengyuanense **Q.Liu, Jian W.Li & X.H.Jin勐远石豆兰***

Bulbophyllum morphologlorum **Kraenzl. 丝瓣石豆兰***

Bulbophyllum muscarirubrum **Seidenf. 拟球茎石豆兰***

Bulbophyllum nigrescens **Rolfe 钩梗石豆兰***

Bulbophyllum nigricans **(Aver.) J.J.Verm., Schuit. & de Vogel (syn. *Sunipia nigricans* Aver.) 淡黑大苞兰***

Bulbophyllum nigripetalum **Rolfe 黑瓣石豆兰***

Bulbophyllum nipondhii **Seidenf. 拟泰国卷瓣兰***

Bulbophyllum nujiangense **X.H.Jin & W.T.Jin 怒江石豆兰***

Bulbophyllum odoratissimum **(Sm.) Lindl. 密花石豆兰***

Bulbophyllum omerandrum Hayata 毛药卷瓣兰

Bulbophyllum orientale **Seidenf. 麦穗石豆兰***

Bulbophyllum otoglossum **Tuyama 德钦石豆兰***

Bulbophyllum ovalifolium **(Bl.) Lindl. 卵叶石豆兰***

Bulbophyllum parviflorum **C.S.P.Parish & Rchb.f. 小花石豆兰***

Bulbophyllum pauciflorum **Ames 白花石豆兰***

Bulbophyllum pecten-veneris (Gagnep.) Seidenf. 斑唇卷瓣兰

Bulbophyllum pectinatum **Finet 长足石豆兰***

Bulbophyllum picturatum **(Lodd.) Rchb.f.彩色卷瓣兰***

Bulbophyllum pingnanense J.F. Liu, S.R. Lan & Y.C. Liang 屏南卷瓣兰

Bulbophyllum pingtungense S.S.Ying & C.Chen 屏东卷瓣兰

Bulbophyllum pinicola **Gagnep. 无量山石豆兰***

Bulbophyllum polyrrhizum **Lindl. 锥茎石豆兰***

Bulbophyllum protractum **Hook.f. 版纳石豆兰***

Bulbophyllum psittacoglossum **Rchb.f. 滇南石豆兰***

Bulbophyllum psychoon Rchb.f. 格当石豆兰

Bulbophyllum pteroglossum **Schltr. 曲萼石豆兰***

Bulbophyllum purpureofuscum **J.J.Verm., Schuit. & de Vogel [syn. *Sunipia cirrhata* (Lindl.) P.F.Hunt] 云南大苞兰***

Bulbophyllum repens **Griff. 球花石豆兰***

Bulbophyllum reptans **(Lindl.) Lindl. 伏生石豆兰***

Bulbophyllum retusiusculum **Rchb.f. 藓叶卷瓣兰***

Bulbophyllum rimannii **(Rchb.f.) J.J.Verm., Schuit. & de Vogel [syn. *Sunipia rimannii* (Rchb.f.) Seidenf.] 圆瓣大苞兰***

Bulbophyllum rolfei (Kuntze) Seidenf. 若氏卷瓣兰

Bulbophyllum roseopictum **J.J.Verm., Schuit. & de Vogel (syn. *Sunipia bicolor* Lindl.) 二色大苞兰***

Bulbophyllum rothschildianum **(O'Brien) J.J.Sm. 美花卷瓣兰***

Bulbophyllum rubrolabellum **T.P.Lin 红心石豆兰***

Bulbophyllum rufinum Rchb.f. 窄苞石豆兰

Bulbophyllum salweenense **X.H.Jin [= *Bulbophyllum salweenensis* X.H.Jin 怒江卷瓣兰***

Bulbophyllum sarcophylloides Garay, Hamer & Siegerist 厚叶卷瓣兰

Bulbophyllum sasakii **(Hayata) J.J.Verm., Schuit. & de Vogel [syn. *Sunipia sasakii* (Hayata) P.F.Hunt] 弯瓣大苞兰***

Bulbophyllum scaphiforme J.J.Verm. 囊唇石豆兰

Bulbophyllum secundum **Hook.f. 少花石豆兰***

Bulbophyllum setaceum **T.P.Lin 鹳冠卷瓣兰***

Bulbophyllum shanicum **King & Pantl. 二叶石豆兰***

Bulbophyllum shweliense **W.W.Sm. 伞花石豆兰***

Bulbophyllum soidaoense (Seidenf.) J.J.Verm., Schuit. & de Vogel [syn. *Sunipia soidaoensis* (Seidenf.) P.F.Hunt] 苏瓣大苞兰

Bulbophyllum spathulatum **(Rolfe ex E.W.Cooper) Seidenf.匙萼卷瓣兰***

Bulbophyllum sphaericum Z.H.Tsi & H.Li 球茎卷瓣兰

Bulbophyllum stenobulbon **E.C.Parish & Rchb.f. 短足石豆兰***

Bulbophyllum striatum **(Griff.) Rchb.f. 细柄石豆兰***

Bulbophyllum suavissimum **Rolfe 直葶石豆兰***

Bulbophyllum sunipia **J.J.Verm., Schuit. & de Vogel (syn.**

C

Bambuseria bambusifolia (Lindl.) Schuit., Y.P.Ng & H.A. Pedersen] 竹叶美柱兰*
Callostylis rigida* Bl. 美柱兰
Calypso bulbosa (L.) Oakes 布袋兰
Campanulorchis thao* (Gagnep.) S.C.Chen & J.J.Wood [syn. *Eria thao* Gagaop.] 钟兰
Cephalanthera calcarata S.C.Chen & K.Y.Lang 硕距头蕊兰
Cephalanthera damasonium (Miller) Druce 大花头蕊兰
Cephalanthera erecta* (Thunb.) Bl. 银兰
Cephalanthera falcata* (Thunb.) Bl. 金兰
Cephalanthera gracilis S.C.Chen & G.H.Zhu 纤细头蕊兰
Cephalanthera humilis* X.H.Jin 湿生头蕊兰
Cephalanthera longibracteata Bl. 长苞头蕊兰
Cephalanthera longifolia* (L.) Fritsch. 头蕊兰
Cephalanthera nanchuanica* (S.C.Chen) X.H.Jin & X.G. Xiang 金佛山兰
Cephalanthera nanlingensis A.Q.Hu & F.W.Xing 南岭头蕊兰
Cephalantheropsis halconensis* (Ames) S.S.Ying 铃花黄兰
Cephalantheropsis longipes (Hook.f.) Ormerod 白花黄兰
Cephalantheropsis obcordata* (Lindl.) Ormerod 黄兰
Ceratostylis caespitosa (Rolfe) Tang & F.T.Wang 牛角兰
Ceratostylis himalaica* Hook.f. 叉枝牛角兰
Ceratostylis radiata J.J.Sm. 西藏牛角兰
Ceratostylis siamensis* Rolfe ex Downie 泰国牛角兰
Ceratostylis subulata* Bl. 管叶牛角兰
Chamaeanthus wenzelii Ames 低药兰
Chamaegastrodia inverta* (W.W.Sm.) Seidenf. 川滇叠鞘兰
Chamaegastrodia shikokiana* Makino & F.Maek. 叠鞘兰
Chamaegastrodia vaginata (Hook.f.) Seidenf. 戟唇叠鞘兰
Changnienia amoena* S.S.Chien 独花兰
Changnienia malipoensis D.H.Peng, Z.J.Liu & J.W.Zhai 麻栗坡独花兰
Cheirostylis acuminata* Z.L.Liu & Q.Liu 尖唇叉柱兰
Cheirostylis calcarata* X.H.Jin & S.C.Chen 短距叉柱兰
Cheirostylis chinensis* Rolfe 中华叉柱兰
Cheirostylis clibborndyeri S.Y.Hu & Barretto 叉柱兰
Cheirostylis cochinchinensis* Bl. 雉尾叉柱兰
Cheirostylis derchiensis* S.S.Ying 德基叉柱兰
Cheirostylis griffithii* Lindl. 大花叉柱兰
Cheirostylis jamesleungii S.Y.Hu & Barretto 粉红叉柱兰
Cheirostylis liukiuensis Masamune 琉球叉柱兰
Cheirostylis malipoensis* X.H.Jin & S.C.Chen 麻栗坡叉柱兰
Cheirostylis monteiroi S.Y.Hu & Barretto 箭药叉柱兰
Cheirostylis octodactyla Ames 羽唇叉柱兰
Cheirostylis pingbianensis* K.Y.Lang 屏边叉柱兰
Cheirostylis pusilla* Lindl. 细小叉柱兰
Cheirostylis rubrifolius T.P. Lin & W.M. Lin 红衣指柱兰
Cheirostylis serpens* Aver. 匍茎叉柱兰
Cheirostylis tabiyahanensis (Hayata) N.Pearce & P.J.Cribb 东部叉柱兰
Cheirostylis takeoi* (Hayata) Schltr. 全唇叉柱兰
Cheirostylis thailandica* Seidenf. 反瓣叉柱兰
Cheirostylis tortilacinia* C.S.Leou 和社叉柱兰
Cheirostylis yunnanensis* Rolfe 云南叉柱兰
Chiloschista exuperei* (Guillaum.) Garay 白花异型兰
Chiloschista guangdongensis Z.H.Tsi 广东异型兰
Chiloschista parishii Seidenf. 绿花异型兰
Chiloschista segawai (Masamune) Masamune & Fukuy. 台湾蝶型兰
Chiloschista yunnanensis* Schltr. 异型兰
Chrysoglossum assamicum* Hook.f. 锚钩金唇兰
Chrysoglossum ornatum* Bl. 金唇兰
Cleisostoma aspersum* (Rchb.f.) Garay 二齿叶隔距兰
Cleisostoma birmanicum* (Schltr.) Garay 美花隔距兰
Cleisostoma duplicilobum* (J.J.Sm.) Garay 双裂隔距兰
Cleisostoma filiforme* (Lindl.) Garay 金塔隔距兰
Cleisostoma fuerstenbergianum* Kraenzl. 长叶隔距兰
Cleisostoma linearilobatum* (Seidenf. & Smitin.) Garay 隔距兰
Cleisostoma longioperculatum* Z.H.Tsi 长帽隔距兰
Cleisostoma medogense Z.H.Tsi 西藏隔距兰
Cleisostoma menghaiense* Z.H.Tsi 勐海隔距兰
Cleisostoma nangongense* Z.H.Tsi 南贡隔距兰
Cleisostoma paniculatum* (Ker Gawl.) Garay 大序隔距兰
Cleisostoma parishii* (Hook.f.) Garay 短茎隔距兰
Cleisostoma racemiferum* (Lindl.) Garay 大叶隔距兰
Cleisostoma rostratum* (Lodd. ex Lindl.) Garay 尖喙隔距兰
Cleisostoma simondii* (Gagnep.) Seidenf. 毛柱隔距兰
Cleisostoma striatum* (Rchb.f.) N.E.Brown 短序隔距兰
Cleisostoma tricornutum* Aver. 角唇隔距兰
Cleisostoma uraiense (Hayata) Garay & H.R.Sweet 绿花隔距兰
Cleisostoma williamsonii* (Rchb.f.) Garay 红花隔距兰
Cleisostomopsis eberhardtii (Finet) Seidenf. 拟隔距兰
Coelogyne assamica* Linden & Rchb.f. 云南贝母兰
Coelogyne barbata* Lindl. ex Griff. 髯毛贝母兰
Coelogyne calcicola* Kerr 滇西贝母兰
Coelogyne corymbosa* Lindl. 眼斑贝母兰
Coelogyne cristata* Lindl. 贝母兰
Coelogyne ecarinata C.Schweinf. (syn. _Coelogyne tsii_ X.H.Jin

& H.Li) 吉氏贝母兰*
Coelogyne fimbriata* Lindl. 流苏贝母兰
Coelogyne flaccida* Lindl. 栗鳞贝母兰
Coelogyne fuscescens* Lindl. 褐唇贝母兰
Coelogyne gongshanensis H.Li ex S.C.Chen 贡山贝母兰
Coelogyne griffithii* Hook.f. 格力贝母兰
Coelogyne leucantha* W.W.Sm. 白花贝母兰
Coelogyne leungiana S.Y.Hu 单唇贝母兰
Coelogyne longipes* Lindl. 长柄贝母兰
Coelogyne malipoensis Z.H.Tsi 麻栗坡贝母兰
Coelogyne micrantha* Lindl. 垂茎贝母兰
Coelogyne nitida* (Wall. ex D.Don) Lindl. 密茎贝母兰
Coelogyne occultata* Hook.f. 卵叶贝母兰
Coelogyne ovalis* Lindl. 长鳞贝母兰
Coelogyne pianmaensis R.Li & Z.L.Dao 片马贝母兰
Coelogyne primulina Barretto 报春贝母兰
Coelogyne prolifera* Lindl. 黄绿贝母兰
Coelogyne pulchella Rolfe 美丽贝母兰
Coelogyne punctulata* Lindl. 狭瓣贝母兰
Coelogyne raizadae S.K.Jain & S.Das 三褶贝母兰
Coelogyne rigida* E.C.Parish & Rchb.f. 挺茎贝母兰
Coelogyne sanderae* O'Brien 撕裂贝母兰
Coelogyne schultesii* S.K.Jain & S.Das 疣鞘贝母兰
Coelogyne stricta* (D.Don) Schltr. 双褶贝母兰
Coelogyne suaveolens* (Lindl.) Hook.f. 疏茎贝母兰
Coelogyne taronensis* Hand.-Mazz. 高山贝母兰
Coelogyne trivervis* Lindl. 三脉贝母兰
Coelogyne viscosa* Rchb.f. 禾叶贝母兰
Coelogyne weixiensis* X.H.Jin 维西贝母兰
Coelogyne zhenkangensis S.C.Chen & K.Y.Lang 镇康贝母兰
Collabium chinense* (Rolfe) Tang & F.T.Wang 吻兰
Collabium delavayi (Gagnep.) Seidenf. 南方吻兰
Collabium formosanum* Hayata 台湾吻兰
Conchidium japonicum* (Maxim.) S.C.Chen & J.J.Wood 高山蛤兰
Conchidium muscicola* (Lindl.) Rauschert 网鞘蛤兰
Conchidium pusillum* Griff. 蛤兰
Conchidium spirodelum* (Aver.) Ormerod 浮萍蛤兰
Corallorhiza trifida* Châtelain 珊瑚兰
Corybas fanjingshanensis Y.X.Xiong 梵净山铠兰
Corybas himalaicus* (King & Pantl.) Schltr. 高山铠兰
Corybas puniceus T.P.Lin & W.M.Lin 艳紫盔兰
Corybas sinii* Tang & F.T.Wang 铠兰
Corybas taiwanensis T.P.Lin & S.Y.Leu 台湾铠兰
Corybas taliensis* Tang & F.T.Wang 大理铠兰
Corymborkis veratrifolia* (Reinw.) Bl. 管花兰
Cremastra appendiculata* (D.Don) Makino 杜鹃兰
Cremastra guizhouensis Q.H.Chen & S.C.Chen 贵州杜鹃兰
Cremastra malipoensis G.W.Hu 麻栗坡杜鹃兰
Cremastra unguiculata* (Finet) Finet 斑叶杜鹃兰
Crepidium acuminatum* (D.Don) Szlach. 浅裂沼兰
Crepidium aphyllum (King & Pantl.) A.N.Rao 无叶沼兰
Crepidium bahanense (Hand.-Mazz.) S.C.Chen & J.J.Wood 云南沼兰
Crepidium bancanoides (Ames) Szlach. 兰屿沼兰
Crepidium biauritum* (Lindl.) Szlach. 二耳沼兰
Crepidium calophyllum* (Rchb.f.) Szlach. 美叶沼兰
Crepidium concavum (Seidenf.) Szlach. 凹唇沼兰
Crepidium finetii* (Gagnep.) S.C.Chen & J.J.Wood 二脊沼兰
Crepidium hainanense (Tang & F.T.Wang) S.C.Chen & J.J.Wood 海南沼兰
Crepidium insulare (Tang & F.T.Wang) S.C.Chen & J.J.Wood 琼岛沼兰
Crepidium khasianum* (Hook.f.) Szlach. 细茎沼兰
Crepidium mackinnonii (Duthie) Szlach. 铺叶沼兰
Crepidium matsudae* (Yamam.) Szlach. 鞍唇沼兰
Crepidium orbiculare* (W.W.Sm. & Jeffrey) Seidenf. 齿唇沼兰
Crepidium ovalisepalum* (J.J.Sm.) Szlach. 卵萼沼兰
Crepidium purpureum* (Lindl.) Szlach. 深裂沼兰
Crepidium ramosii (Ames) Szlach. 心唇沼兰
Crepidium sichuanicum* (Tang & F.T.Wang) S.C.Chen & J.J.Wood 四川沼兰
Cryptochilus lutea* Lindl. 宿苞兰
Cryptochilus roseus* (Lindl.) S.C.Chen & J.J.Wood 玫瑰宿苞兰
Cryptochilus sanguinea* Wall. 红花宿苞兰
Cryptostylis arachnites* (Bl.) Bl. 隐柱兰
Cryptostylis taiwaniana Masamune 台湾隐柱兰
Cylindrolobus clavicaulis* (Wall. ex Lindl.) Rauschert 棒茎柱兰
Cylindrolobus cristatus* (Rolfe) S.C.Chen & J.J.Wood 鸡冠柱兰
Cylindrolobus marginatus* (Rolfe) S.C.Chen & J.J.Wood 柱兰

Cylindrolobus tenuicaulis (S.C.Chen & Z.H.Tsi) S.C.Chen & J.J.Wood 细茎柱兰

Cymbidium aestivum Z.J.Liu & S.C.Chen 夏凤兰

Cymbidium aloifolium* (L.) Sw. 纹瓣兰

Cymbidium atropurpureum* (Lindl.) Rolfe 椰香兰

Cymbidium baoshanense F.Y.Liu & H.Perner 保山兰

Cymbidium changningense Z.J.Liu & S.C.Chen 昌宁兰

Cymbidium cochleare* Lindl. 垂花兰

Cymbidium concinnum Z.J.Liu & S.C.Chen 丽花兰

Cymbidium cyperifolium* Wall. ex Lindl. 莎叶兰

Cymbidium dayanum* Rchb.f. 冬凤兰

Cymbidium defoliatum Y.S.Wu & S.C.Chen 落叶兰

Cymbidium devonianum* Paxton 福兰

Cymbidium eburneum* Lindl. 独占春

Cymbidium elegans* Lindl. 莎草兰

Cymbidium ensifolium* (L.) Sw. 建兰

Cymbidium erythraeum* Lindl. 长叶兰

Cymbidium faberi* Rolfe 蕙兰

Cymbidium floribundum* Lindl. 多花兰

Cymbidium gaoligongensis Z.J.Liu & J.Yong Zhang 金蝉兰

Cymbidium goeringii* (Rchb.f.) Rchb.f. 春兰

Cymbidium haematodes Lindl. 秋墨兰

Cymbidium hookerianum* Rchb.f. 虎头兰

Cymbidium insigne* Rolfe 美花兰

Cymbidium iridioides* D.Don 黄蝉兰

Cymbidium kanran* Makino 寒兰

Cymbidium lancifolium* Hook. 兔耳兰

Cymbidium lii M.Z.Huang, J.M.Yin & G.S.Yang 长茎兰

Cymbidium lowianum* (Rchb.f.) Rchb.f. 碧玉兰

Cymbidium macrorhizum* Lindl. 大根兰

Cymbidium maguanense* F.Y.Liu 象牙白

Cymbidium mannii* Rchb.f. 硬叶兰

Cymbidium mastersii* Griff. ex Lindl. 大雪兰

Cymbidium micranthum Z.J.Liu & S.C.Chen 细花兰

Cymbidium multiradicatum Z.J.Liu & S.C.Chen 多根兰

Cymbidium nanulum* Y.S.Wu & S.C.Chen 珍珠矮

Cymbidium omeiense Y.S.Wu & S.C.Chen 峨眉春蕙兰

Cymbidium paucifolium Z.J.Liu & S.C.Chen 少叶硬叶兰

Cymbidium qiubeiense* K.M.Feng & H.Li 邱北冬蕙兰

Cymbidium recurvatum Z.J.Liu, S.C.Chen & P.J.Cribb 长茎兔耳兰

Cymbidium rhizomatosum Z.J.Liu & S.C.Chen 二叶兰

Cymbidium schroederi Rolfe 薛氏兰

Cymbidium serratum* Schltr. 豆瓣兰

Cymbidium sichuanicum Z.J.Liu & S.C.Chen 川西兰

Cymbidium sinense* (Jacks ex Andrews.) Willd. 墨兰

Cymbidium suavissimum Sander ex C.H.Curtis 果香兰

Cymbidium teretipetiolatum Z.J.Liu & S.C.Chen 奇瓣红春素兰

Cymbidium tigrinum* E.C.Parish ex Hook. 斑舌兰

Cymbidium tortisepalum* Fukuy. 莲瓣兰

Cymbidium tracyanum* L.Castle 西藏虎头兰

Cymbidium wenshanense* Y.S.Wu & F.Y.Liu 文山红柱兰

Cymbidium wilsonii* (Rolfe ex E.T.Cook) Rolfe 滇南虎头兰

Cypripedium bardolphianum W.W.Sm. & Farrer 无苞杓兰

Cypripedium calceolus* L. 杓兰

Cypripedium calcicolum Schltr. 褐花杓兰

Cypripedium cordigerum D.Don 白唇杓兰

Cypripedium daweishanense (S.C.Chen & Z.J.Liu) S.C.Chen & Z.J.Liu 大围山杓兰

Cypripedium debile Rchb.f. 对叶杓兰

Cypripedium elegans* Rchb.f. 雅致杓兰

Cypripedium fargesii* Franch. 毛瓣杓兰

Cypripedium farreri* W.W.Sm. 华西杓兰

Cypripedium fasciolatum* Franch. 大叶杓兰

Cypripedium flavum* P.F.Hunt & Summerh. 黄花杓兰

Cypripedium formosanum Hayata 台湾杓兰

Cypripedium forrestii P.J.Cribb 玉龙杓兰

Cypripedium franchetii* E.H.Wilson 毛杓兰

Cypripedium guttatum* Sw. 紫点杓兰

Cypripedium henryi* Rolfe 绿花杓兰

Cypripedium himalaicum* Rolfe 高山杓兰

Cypripedium japonicum* Thunb. 扇脉杓兰

Cypripedium lentiginosum P.J.Cribb & S.C.Chen 长瓣杓兰

Cypripedium lichiangense* S.C.Chen & P.J.Cribb 丽江杓兰

Cypripedium ludlowii* P.J.Cribb 波密杓兰

Cypripedium macranthum* Sw. 大花杓兰

Cypripedium malipoense S.C.Chen & Z.J.Liu 麻栗坡杓兰

Cypripedium margaritaceum* Franch. 斑叶杓兰

Cypripedium micranthum Franch. 小花杓兰

Cypripedium palangshanense* T.Tang et F.T.Wang 巴郎山杓兰

Cypripedium plectrochilum* Franch. 离萼杓兰

Cypripedium segawae Masamune 宝岛杓兰

Cypripedium shanxiense S.C.Chen 山西杓兰

Cypripedium sichuanense Perner 四川杓兰

Cypripedium subtropicum* S.C.Chen & K.Y.Lang 暖地杓兰

Cypripedium taibaiense G.H.Zhu & S.C.Chen 太白杓兰

Cypripedium tibeticum* King ex Rolfe 西藏杓兰

Cypripedium ventricosum Swartz 东北杓兰

Cypripedium wardii* Rolfe 宽口杓兰

Cypripedium wumengense S.C.Chen 乌蒙杓兰
Cypripedium × *ventricosum* Swartz 东北杓兰
Cypripedium yunnanense **Franch. 云南杓兰***
Cyrtosia integra **(Rolfe ex Downie) Garay 二色肉果兰***
Cyrtosia javanica **Bl. 肉果兰***
Cyrtosia nana (Rolfe ex Downie) Garay 矮小肉果兰
Cyrtosia septentrionalis (Rchb.f.) Garay 血红肉果兰
Cystorchis aphylla **Ridl. 鳔唇兰***

D

Dactylorhiza aristata (Fischer ex Lindl.) Soó 芒尖掌裂兰
Dactylorhiza fuchsii (Druce) Soó 紫斑掌裂兰
Dactylorhiza hatagirea (D.Don) Soó 掌裂兰
Dactylorhiza incarnata subsp. *cruenta* (O.F.Muller) P.D.Sell 紫点掌裂兰
Dactylorhiza umbrosa (Karelin & Kirilov) Nevski 阴生掌裂兰
Dactylorhiza viridis **(L.) R.M.Bateman 凹舌掌裂兰***
Danxiaorchis singchiana **J.W.Zhai, F.W.Xing & Z.J.Liu 丹霞兰***
Danxiaorchis yangii B. Y. Yang et Bo Li 江西丹霞兰
Dendrobium aduncum **Wall. ex Lindl. 钩状石斛***
Dendrobium albopurpureum **(Seidenf.) Schuit. & P.B.Adams (syn. *Flickingeria albopurpurea* Seidenf.) 滇金石斛***
Dendrobium amplum **Lindl. ex Wall. [syn. *Epigeneium amplum* (Lindl.) Summerh.] 宽叶厚唇兰***
Dendrobium angustifolium **(Bl.) Lindl. [syn. *Flickingeria angustifolia* (Bl.) A.D.Hawkes] 狭叶金石斛***
Dendrobium aphyllum **(Roxb.) C.E.C.Fischer (syn. *Dendrobium cucullatum* R.Br.) 兜唇石斛***
Dendrobium bannaense Y.Q.Tian & Y.B.Huang 版纳石斛
Dendrobium bellatulum **Rolfe 矮石斛***
Dendrobium bicameratum **Lindl. 双槽石斛***
Dendrobium brymerianum **Rchb.f. 长苏石斛***
Dendrobium calocephalum **(Z.H.Tsi & S.C.Chen) Schuit. & P.B.Adams (syn. *Flickingeria calocephala* Z.H.Tsi & S.C.Chen) 红头金石斛***
Dendrobium capillipes **Rchb.f. 短棒石斛***
Dendrobium cariniferum **Rchb.f. 翅萼石斛***
Dendrobium chameleon Ames 长爪石斛
Dendrobium christyanum **Rchb.f. 毛鞘石斛***
Dendrobium chrysanthum **Wall. ex Lindl. 束花石斛***
Dendrobium chryseum **Rolfe 线叶石斛***
Dendrobium chrysocrepis **C.S.P.Parish & Rchb.f. ex Hook.f. (syn. *Dendrobium menglaense* X.H.Jin & H.Li) 杓唇扁石斛***
Dendrobium chrysotoxum **Lindl. 鼓槌石斛***
Dendrobium comatum (Blume) Lindl. 金石斛
Dendrobium compactum **Rolfe ex W.Hackett 草石斛***
Dendrobium concolor (Z.H.Tsi & S.C.Chen) Schuit. & P.B. Adams (syn. *Flickingeria concolor* Z.H.Tsi & S.C.Chen) 同色金石斛
Dendrobium crepidatum **Lindl. & Paxton 玫瑰石斛***
Dendrobium crumenatum **Sw. 木石斛***
Dendrobium crystallinum **Rchb.f. 晶帽石斛***
Dendrobium denneanum **Kerr 叠鞘石斛***
Dendrobium densiflorum **Wall. 密花石斛***
Dendrobium devonianum **Paxton 齿瓣石斛***
Dendrobium dixanthum **Rchb.f. 黄花石斛***
Dendrobium ellipsophyllum **Tang & F.T.Wang 反瓣石斛***
Dendrobium equitans Kraenz. 燕石斛
Dendrobium exile **Schltr. 景洪石斛***
Dendrobium falconeri **Hook. 串珠石斛***
Dendrobium fanjingshanense Z.H.Tsi ex X.H.Jin & Y.W.Zhang 梵净山石斛
Dendrobium fargesii Finet [syn. *Epigeneium fargesii* (Finet) Gagnep.] 单叶厚唇兰
Dendrobium fimbriatum **Hook. 流苏石斛***
Dendrobium findlayanum **E.C.Parish & Rchb.f. 棒节石斛***
Dendrobium flexicaule **Z.H.Tsi, S.C.Sun & L.G.Xu 曲茎石斛***
Dendrobium forrestii (Ormerod) Schuit. & P.B.Adams (syn. *Epigeneium forrestii* Ormerod) 双角厚唇兰
Dendrobium furcatopedicellatum Hayata 双花石斛
Dendrobium fuscescens **Griff. [syn. *Epigeneium fuscescens* (Griff.) Summerh.] 景东厚唇兰***
Dendrobium gaoligongense **(Hong Yu & S.G.Zhang) Schuit. & P.B.Adams (syn. *Epigeneium gaoligongense* H. Yu & S.G.Zhang) 高黎贡厚唇兰***
Dendrobium gibsonii **Lindl. 曲轴石斛***
Dendrobium goldschmidtianum Kraenzl. 红花石斛
Dendrobium gratiosissimum **Rchb.f. 杯鞘石斛 ***
Dendrobium hainanense **Rolfe 海南石斛 ***
Dendrobium hancockii **Rolfe 细叶石斛 ***
Dendrobium harveyanum **Rchb.f. 苏瓣石斛 ***
Dendrobium hekouense Z.J.Liu & L.J.Chen 河口石斛
Dendrobium henanense J.L.Lu & L.X.Gao 河南石斛
Dendrobium henryi **Schltr. 疏花石斛 ***
Dendrobium hercoglossum **Rchb.f. 重唇石斛 ***
Dendrobium heterocarpum **Wall. ex Lindl. 尖刀唇石斛 ***
Dendrobium hookerianum **Lindl. 金耳石斛 ***

Dendrobium huoshanense **Z.Z.Tang & S.J.Cheng 霍山石斛***
Dendrobium jenkinsii **Wall. ex Lindl. 小黄花石斛 ***
Dendrobium jiajiangense Z.Y.Zhu, S.J.Zhu & H.B.Wang 夹江石斛
Dendrobium kwangtungense Tso 广东石斛
Dendrobium lagarum **Seidenf. 广坝石斛 ***
Dendrobium leptocladum Hayata 菱唇石斛
Dendrobium linawianum Rchb.f. 矩唇石斛
Dendrobium lindleyi **Steudel 聚石斛 ***
Dendrobium lituiflorum **Lindl. 喇叭唇石斛 ***
Dendrobium loddigesii **Rolfe 美花石斛 ***
Dendrobium lohohense **Tang & F.T.Wang 罗河石斛 ***
Dendrobium longicornu **Lindl. 长距石斛 ***
Dendrobium luoi **L.J. Chen & W.H. Rao 长距石斛 ***
Dendrobium luzonense Lindl. 吕宋石斛
Dendrobium maguanense Q.Xu & Z.J.Liu 马关石斛
Dendrobium mariae **Schuit. & P.B.Adams (syn. *Epigeneium clemensiae* Gagnep.) 厚唇兰***
Dendrobium mimicum (Ormerod) Schuit. & P.B.Adams (syn. *Epigeneium mimicum* Ormerod) 拟色厚唇兰
Dendrobium moniliforme **(L.) Sw. 细茎石斛 ***
Dendrobium monticola **P.F.Hunt & Summerh. 藏南石斛 ***
Dendrobium moschatum **(Buch.-Ham.) Sw. 杓唇石斛 ***
Dendrobium nakaharae Schltr. [syn. *Epigeneium nakaharae* (Schltr.) Summerh.] 台湾厚唇兰
Dendrobium nobile **Lindl. 石斛 ***
Dendrobium officinale **Kimura & Migo (syn. *Dendrobium catenatum* Lindl.) 铁皮石斛 ***
Dendrobium okinawense Hatusima & Ida 琉球石斛
Dendrobium parciflorum **Rchb.f. ex Lindl. 少花石斛 ***
Dendrobium parishii **Rchb.f. 紫瓣石斛 ***
Dendrobium pendulum **Roxb. 肿节石斛 ***
Dendrobium plicatile Lindl. [syn. *Flickingeria fimbriata* (Bl.) A.D.Hawkes] 流苏金石斛
Dendrobium polyanthum **Wall. ex Lindl. 报春石斛 ***
Dendrobium porphyrochilum **Lindl. 单葶草石斛 ***
Dendrobium pseudotenellum **Guillaum 针叶石斛 ***
Dendrobium rotundatum **(Lindl.) Hook.f. [syn. *Epigeneium rotundatum* (Lindl.) Summerh.] 双叶厚唇兰 ***
Dendrobium ruckeri **Lindl. (Liu et al. in Current Science Vol. 110, No. 11. 2016)] 反唇石斛 ***
Dendrobium salaccense **(Bl.) Lindl. 竹枝石斛 ***
Dendrobium scoriarum **W.W.Sm. 滇桂石斛 ***
Dendrobium shihfuanum (T.P.Lin & Kuo Huang) Schuit. & P.B.Adams [syn. *Flickingeria shihfuana* T.P.Lin & Kuo Huang] 士富金石斛
Dendrobium shixingense **Z.L.Chen, S.J.Zeng & J.Duan 始兴石斛 ***
Dendrobium sinense **Tang & F.T.Wang 华石斛 ***
Dendrobium sinominutiflorum **S.C.Chen, J.J.Wood & H.P.Wood 勐海石斛 ***
Dendrobium somae Hayata 小双花石斛
Dendrobium spatella **Rchb.f. 剑叶石斛 ***
Dendrobium strongylanthum **Rchb.f. 梳唇石斛 ***
Dendrobium stuposum **Lindl. 叉唇石斛 ***
Dendrobium sulcatum **Lindl. 具槽石斛 ***
Dendrobium terminale **E.C.Parish & Rchb.f. 刀叶石斛 ***
Dendrobium thyrsiflorum **Rchb.f. 球花石斛 ***
Dendrobium transparens **Wall. 绿春石斛 ***
Dendrobium treutleri **(Hook.f.) Schuit. & P.B.Adams [syn. *Epigeneium treutleri* (Hook.f.) Ormerod] 长爪厚唇兰 ***
Dendrobium tricristatum Schuit. & P.B.Adams (syn. *Flickingeria tricarinata* Z.H.Tsi & S.C.Chen) 三脊金石斛
Dendrobium trigonopus **Rchb.f. 翅梗石斛 ***
Dendrobium tsangianum (Ormerod) Schuit. & P.B.Adams (syn. *Epigeneium tsangianum* Ormerod) 广西厚唇兰
Dendrobium tsii **Schuit. & P.B.Adams (syn. *Flickingeria bicolor* Z.H.Tsi & S.C.Chen) 二色金石斛 ***
Dendrobium wangliangii **G.W.Hu, C.L.Long & X.H.Jin 王氏石斛 ***
Dendrobium wardianum **Warner 大苞鞘石斛 ***
Dendrobium wattii **(Hook.f.) Rchb.f. 高山石斛 ***
Dendrobium williamsonii **J.Day & Rchb.f. 黑毛石斛 ***
Dendrobium wilsonii Rolfe 大花石斛
Dendrobium xichouense **S.J.Cheng & C.Z.Tang 西畴石斛 ***
Dendrobium zhenyuanense **D.P.Ye ex Jian W.Li, D.P.Ye & X.H.Jin 镇沅石斛 ***
Dendrochilum uncatum Rchb.f. 足柱兰
Dendrolirium lanigerum **(Seidenf.) J.M.H.Shaw 绿花绒兰 ***
Dendrolirium lasiopetalum **(Willd.) S.C.Chen & J.J.Wood 白绵绒兰 ***
Dendrolirium tomentosum **(J.Koenig) S.C.Chen & J.J.Wood 绒兰 ***
Didymoplexiella siamensis **(Rolfe ex Downie) Seidenf. 锚柱兰 ***
Didymoplexiopsis khiriwongensis **Seidenf. 拟锚柱兰 ***
Didymoplexis micradenia **(Rchb.f.) Hemsl. 小双唇兰 ***
Didymoplexis pallens **Griff. 双唇兰 ***
Didymoplexis vietnamica Ormerod 中越双唇兰
Dienia cylindrostachya Lindl. 筒穗无耳沼兰
Dienia ophrydis **(J.Koenig) Ormerod & Seidenf. 无耳沼兰 ***

Gastrochilus malipoensis X.H.Jin & S.C.Chen 麻栗坡盆距兰 *

Gastrochilus matsudae Hayata 宽唇盆距兰 *

Gastrochilus nanchuanensis Z.H.Tsi 南川盆距兰 *

Gastrochilus nanus Z.H.Tsi 江口盆距兰

Gastrochilus obliquus (Lindl.) Kuntze 无茎盆距兰 *

Gastrochilus platycalcaratus (Rolfe) Schltr. 滇南盆距兰 *

Gastrochilus pseudodistichus (King & Pantl.) Schltr. 小唇盆距兰 *

Gastrochilus rantabunensis C.Chow ex T.P.Lin 合欢盆距兰

Gastrochilus raraensis Fukuy. 红松盆距兰 *

Gastrochilus saccatus Z.H.Tsi 四肋盆距兰

Gastrochilus sinensis Z.H.Tsi 中华盆距兰

Gastrochilus somae (Hataya) Hayata 黄松盆距兰

Gastrochilus subpapillosus Z.H.Tsi 歪头盆距兰

Gastrochilus tianbaoensis Q.Liu & Y.H.Tan 天保盆距兰 *

Gastrochilus xuanenensis Z.H.Tsi 宣恩盆距兰

Gastrochilus yunnanensis Schltr. 云南盆距兰 *

Gastrodia albida T.C.Hsu & C.M.Kuo 白天麻

Gastrodia albidoides Y.H.Tan & T.C.Hsu 勐腊天麻 *

Gastrodia angusta S.Chow et S.C.Chen 原天麻 *

Gastrodia appendiculata C.S.Leou & N.J.Chung 无喙天麻

Gastrodia clausa T.C.Hsu, S.W.Chung & C.M.Kuo 闭花天麻

Gastrodia confusa Honda & Tuyama 八代天麻 *

Gastrodia confusoides T.C.Hsu, S.W.Chung & C.M.Kuo 拟八代天麻

Gastrodia damingshanensis A.Q.Hu & T.C.Hsu 大明山天麻

Gastrodia dyeriana King & Pantl. 白花天麻 *

Gastrodia elata Bl. 天麻 *

Gastrodia flavilabella S.S.Ying 夏天麻 *

Gastrodia flexistyla T.C.Hsu & C.M.Kuo 弯柱天麻

Gastrodia fontinalis T.P.Lin 春天麻

Gastrodia gracilis Bl. 细天麻

Gastrodia javanica (Bl.) Lindl. 南天麻

Gastrodia longitubularis Q.M.Meng, X.Q.Song & Y.B.Luo 海南天麻

Gastrodia menghaiensis Z.H.Tsi & S.C.Chen 勐海天麻 *

Gastrodia peichatieniana S.S.Ying 北插天天麻

Gastrodia pubilabiata Sawa 冬天麻

Gastrodia shimizuana Tuyama 叉脊天麻

Gastrodia sui C.S.Leou, T.C.Hsu & C.R.Yeh 苏氏天麻

Gastrodia tuberculata F.Y.Liu & S.C.Chen 疣天麻

Gastrodia uraiensis T.C.Hsu & C.M.Kuo 乌来天麻

Gastrodia wuyishanensis Da M.Li & C.D.Liu 武夷山天麻

Gennaria griffithii (Hook.f.) X.H.Jin & D.Z.Li (syn. _Habenaria griffithii_ Hook.f.) 怒江兰 *

Geodorum attenuatum Griff. 大花地宝兰 *

Geodorum densiflorum (Lam.) Schltr. 地宝兰 *

Geodorum esquirolei Schltr. 西南地宝兰

Geodorum eulophioides Schltr. 贵州地宝兰 *

Geodorum pulchellum Rid. 美丽地宝兰

Geodorum recurvum (Roxb.) Alston 多花地宝兰 *

Goodyera arisanensis Hayata 阿里山斑叶兰

Goodyera biflora (Lindl.) Hook.f. 大花斑叶兰 *

Goodyera bomiensis K.Y.Lang 波密斑叶兰 *

Goodyera brachystegia Hand.-Mazz. 莲座叶斑叶兰 *

Goodyera daibuzanensis Yamamoto 大武斑叶兰

Goodyera foliosa (Lindl.) Benth. ex C.B.Clarke 多叶斑叶兰*

Goodyera fumata Thw. 烟色斑叶兰 *

Goodyera fusca (Lindl.) Hook.f. 脊唇斑叶兰

Goodyera hachijoensis Yatabe 白网脉斑叶兰

Goodyera hemsleyana King & Pantl. 贡山斑叶兰 *

Goodyera henryi Rolfe 光萼斑叶兰 *

Goodyera hispida Lindl. 网脉斑叶兰

Goodyera kwangtungensis C.L.Tso 花格斑叶兰

Goodyera nankoensis Fukuy. 南湖斑叶兰 *

Goodyera pendula Maxim. 垂叶斑叶兰 *

Goodyera procera (Ker Gawl.) Hook. 高斑叶兰 *

Goodyera pusilla Bl. 细小斑叶兰

Goodyera recurva Lindl. 长苞斑叶兰

Goodyera repens (L.) R.Br. 小斑叶兰 *

Goodyera robusta Hook.f. 滇藏斑叶兰 *

Goodyera rubicunda (Bl.) Lindl. 红花斑叶兰 *

Goodyera schlechtendaliana Rchb.f. 斑叶兰 *

Goodyera seikoomontana Yamam. 歌绿斑叶兰 *

Goodyera thailandica Seidenf. 泰国斑叶兰 *

Goodyera velutina Maxim. ex Regel 绒叶斑叶兰 *

Goodyera viridiflora (Bl.) Lindl. ex D.Dietrich 绿花斑叶兰 *

Goodyera vittata (Lindl.) Benth. ex Hook.f. 秀丽斑叶兰 *

Goodyera wolongensis K.Y.Lang 卧龙斑叶兰 *

Goodyera wuana Tang & F.T.Wang 天全斑叶兰

Goodyera yamiana Fukuy. 兰屿斑叶兰

Goodyera yangmeishanensis T.P.Lin 小小斑叶兰 *

Goodyera yunnanensis Schltr. 川滇斑叶兰 *

Grosourdya appendiculata (Bl.) Rchb.f. 火炬兰 *

Grosourdya vietnamica (Aver.) Jian W. Li, D.P.Ye & X.H.Jin, comb. nov. (syn. _Theana vietnamica_ Aver.) 垂茎兰 *

Gymnadenia bicornis Tang & K.Y.Lang 角距手参 *

Gymnadenia conopsea (L.) R.Br. 手参 *

Gymnadenia crassinervis Finet 短距手参 *

Gymnadenia emeiensis K.Y.Lang 峨眉手参

Gymnadenia orchidis Lindl. 西南手参

H

Habenaria acianthoides Schltr. 小花玉凤花

Habenaria acuifera Wall. ex Lindl. 凸孔坡参 *

Habenaria aitchisonii Rchb.f. 落地金钱 *

Habenaria amplexicaulis Rolfe ex Downie 绿梢玉凤花 *

Habenaria anomaliflora Kurz. & Chantanaor. 奇花玉凤花 *

Habenaria arietina Hook.f. 毛瓣玉凤花

Habenaria austrosinensis Tang & F.T.Wang 薄叶玉凤花 *

Habenaria balfouriana Schltr. 滇蜀玉凤花 *

Habenaria chlorina E.C.Parish & Rchb.f. 缘毛玉凤花 *

Habenaria ciliolaris Kraenzl. 毛葶玉凤花 *

Habenaria commelinifolia (Roxb.) Wall. ex Lindl. 斧萼玉凤花 *

Habenaria coultousii Barretto 香港玉凤花

Habenaria davidii Franch. 长距玉凤花 *

Habenaria delavayi Finet 厚瓣玉凤花 *

Habenaria dentata (Sw.) Schltr. 鹅毛玉凤花 *

Habenaria diphylla Dalzell 二叶玉凤花 *

Habenaria diplonema Schltr. 小巧玉凤花

Habenaria fargesii Finet 雅致玉凤花

Habenaria finetiana Schltr. 齿片玉凤花 *

Habenaria fordii Rolfe 线瓣玉凤花

Habenaria fulva Tang & F.T.Wang 褐黄玉凤花

Habenaria furcifera Lindl. 密花玉凤花 *

Habenaria glaucifolia Bureau & Franch. 粉叶玉凤花 *

Habenaria hosokawae Fukuy. 毛唇玉凤花

Habenaria humidicola Rolfe 湿地玉凤花

Habenaria hystrix Ames 粤琼玉凤花

Habenaria intermedia D.Don 大花玉凤花 *

Habenaria iyoensis Ohwi 岩坡玉凤花

Habenaria leptoloba Benth. 细裂玉凤花

Habenaria limprichtii Schltr. 宽药隔玉凤花 *

Habenaria lindleyana Steud., 白花玉凤花

Habenaria linearifolia Maxim. 线叶十字兰

Habenaria linguella Lindl. 坡参 *

Habenaria lucida Wall. ex Lindl. 细花玉凤花 *

Habenaria mairei Schltr. 棒距玉凤花 *

Habenaria malintana (Blanco) Merrill 南方玉凤花 *

Habenaria malipoensis Q. Liu & W. L. Zhang 麻栗坡玉凤花

Habenaria marginata Colebr. 滇南玉凤花 *

Habenaria medioflexa Turrill 版纳玉凤花 *

Habenaria medusa Kraenzl. (= _Habenaria myriotricha_ Gagnep.) 勐远玉凤花 *

Habenaria nematocerata Tang & F.T.Wang 细距玉凤花

Habenaria pantlingiana Kraenzl. 丝瓣玉凤花 *

Habenaria pectinata D.Don 剑叶玉凤花 *

Habenaria petelotii Gagnep. 裂瓣玉凤花 *

Habenaria plurifoliata Tang & F.T.Wang 莲座玉凤花 *

Habenaria polytricha Rolfe 丝裂玉凤花

Habenaria reniformis (D.Don) Hook.f. 肾叶玉凤花 *

Habenaria rhodocheila Hance 橙黄玉凤花 *

Habenaria rostellifera Rchb.f. 齿片坡参

Habenaria rostrata Lindl. 喙房坡参

Habenaria schindleri Schltr. 十字兰

Habenaria shweliensis W.W.Sm. & Banerji 中缅玉凤花

Habenaria siamensis Schltr. 中泰玉凤花

Habenaria stenopetala Lindl. 狭瓣玉凤花 *

Habenaria szechuanica Schltr. 四川玉凤花

Habenaria tibetica Schltr. 西藏玉凤花

Habenaria tonkinensis Seidenf. 丛叶玉凤花 *

Habenaria vidua E.C.Parish & Rchb.f. 岩生玉凤花 *

Habenaria viridiflora (Rottler ex Sw.) R.Br. 绿花玉凤花

Habenaria wangii Ormerod 汪氏玉凤花

Habenaria wolongensis K.Y.Lang 卧龙玉凤花 *

Habenaria yuana Tang & F.T.Wang 川滇玉凤花

Hancockia uniflora Rolfe 滇兰 *

Haraella retrocalla (Hayata) Kudô 香兰

Hemipilia brevicalcarata Finet [syn. _Ponerorchis brevicalcarata_ (Finet) Soó] 小叶舌喙兰 *

Hemipilia calophylla E.C.Parish & Rchb.f. 美叶舌喙兰 *

Hemipilia cordifolia Lindl. 心叶舌喙兰 *

Hemipilia crassicalcarata S.C.Chen 粗距舌喙兰

Hemipilia flabellata Bureau & Franch. 扇唇舌喙兰 *

Hemipilia forrestii Rolfe 长距舌喙兰

Hemipilia galeata Y.Tang, X.X.Zhu &H.Peng 盔萼舌喙兰

Hemipilia henryi Rolfe 裂唇舌喙兰

Hemipilia kwangsiensis Tang & F.T.Wang ex K.Y.Lang 广西舌喙兰 *

Hemipilia limprichtii Schltr. 短距舌喙兰

Hemipilia purpureopunctata (K.Y.Lang) X.H.Jin, Schuit. & W.T.Jin [syn. _Hemipiliopsis purpureopunctata_ (K.Y.Lang) Y.B.Luo & S.C.Chen] 紫斑兰 *

Herminium alaschanicum Maxim. 裂瓣角盘兰 *

Herminium albosanguineum (Renz) X.H. Jin, Schuit., Raskoti & L.Q. Huang [syn. *Bhutanthera albomarginata* (King & Pantl.) Renz] 白边高山兰

Herminium angustilabre King & Pantl. 狭唇角盘兰

Herminium biporosum Maxim. [syn. *Porolabium biporosum* (Maxim.) Tang & F.T.Wang] 孔唇兰

Herminium bulleyi **(Rolfe) Tang & F.T.Wang [syn. *Peristylus bulleyi* (Rolfe) K.Y.Lang] 条叶角盘兰 ***

Herminium carnosilabre **Tang & F.T.Wang 厚唇角盘兰 ***

Herminium chloranthum **Tang & F.T.Wang 矮角盘兰 ***

Herminium clavigerum **(Lindl.) X.H.Jin, Schuit., Raskoti & L.Q.Huang (syn. *Platanthera clavigera* Lindl.) 藏南角盘兰***

Herminium coeloceras **(Finet) Schltr. (syn. *Peristylus* coeloceras Finet) 凸孔角盘兰 ***

Herminium coiloglossum **Schltr. 空舌角盘兰 ***

Herminium ecalcaratum **(Finet) Schltr. 无距角盘兰 ***

Herminium elisabethiae **(Duthie) Tang & F.T.Wang [syn. *Peristylus elisabethiae* (Duthie) R.K.Gupta] 西藏角盘兰 ***

Herminium esquirolii **X.H.Jin, Schuit. Raskoti & L.Q.Huang (syn. *Androcorys ophioglossoides* Schltr.) 兜蕊角盘兰 ***

Herminium fallax **(Lindl.) Lindl. ex Hook.f. (syn. *Peristylus fallax* Lindl.) 盘腺角盘兰 ***

Herminium forceps **(Finet) Schltr. (syn. *Peristylus forceps* Finet)一掌参***

Herminium glossophyllum **Tang & F.T.Wang 雅致角盘兰 ***

Herminium handelii **(Hook.f. X.H.Jin, Schuit., Raskoti & L.Q. Huang [syn. *Bhutanthera alpina* (Hand.-Mazz.) Renz] 高山兰 ***

Herminium humidicolum **(K.Y.Lang & D.S.Deng) X.H.Jin, Schuit., Raskoti & L.Q.Huang [syn. *Frigidorchis humidicola* (K.Y.Lang & D.S.Deng) Z.J.Liu & S.C.Chen; *Peristylus humidicolus* K.Y.Lang & D.S.Deng] 冷兰 ***

Herminium josephi **Rchb.f. 宽卵角盘兰 ***

Herminium lanceum **(Thunb. ex Sw.) Vuijk 叉唇角盘兰 ***

Herminium latilabre **(Lindl.) X.H.Jin, Schuit., Raskoti & L.Q.Huang (syn. *Platanthera latilabris* Lindl.) 白鹤参 ***

Herminium macrophyllum **(D.Don) Dandy 耳片角盘兰 ***

Herminium mannii **(Rchb.f.) Tang & F.T.Wang [syn. *Peristylus mannii* (Rchb.f.) Mukerjee] 纤茎角盘兰 ***

Herminium monorchis **(L.) R.Br. 角盘兰 ***

Herminium motuoensis X.H. Jin 墨脱角盘兰

Herminium ophioglossoides **Schltr. 长瓣角盘兰 ***

Herminium orbiculare Hook.f. 圆唇角盘兰

Herminium oxysepalum **(K.Y.Lang) X.H.Jin, Schuit., Raskoti & L.Q.Huang (syn. *Androcorys oxysepalus* K.Y.Lang) 尖萼角盘兰 ***

Herminium pugioniforme **Lindl. ex Hook.f. [syn. *Androcorys pugioniformis* (Lindl. ex Hook.f.) K.Y.Lang] 剑唇角盘兰***

Herminium pusillum Ohwi & Fukuy. [syn. *Androcorys pusillus* (Ohwi & Fukuy.) Masamune] 小角盘兰

Herminium quinquelobum **King & Pantl. 秀丽角盘兰 ***

Herminium singulum Tang & F.T.Wang 披针唇角盘兰

Herminium souliei **(Finet) Rolfe 宽萼角盘兰 ***

Herminium tangianum (S.Y.Hu) K.Y.Lang 宽叶角盘兰

Herminium tibeticum X.H.Jin, Schuit. & Raskoti 高山角盘兰

Herminium wangianum **X.H.Jin, Schuit. Raskoti & L.Q. Huang (syn. *Androcorys spiralis* Tang & F.T.Wang) 蜀藏角盘兰 ***

Herminium yunnanense **Rolfe 云南角盘兰 ***

Herpysma longicaulis **Lindl. 爬兰 ***

Hetaeria affinis **(Griff.) Seidenf. & Ormerod 滇南翻唇兰 ***

Hetaeria anomala **Lindl. 四腺翻唇兰 ***

Hetaeria finlaysoniana Seidenf. 长序翻唇兰

Hetaeria obliqua **Bl. 斜瓣番唇兰 ***

Hetaeria oblongifolia **Bl. 矩叶翻唇兰 ***

Hetaeria youngsayei **Ormerod 香港翻唇兰 ***

Holcoglossum amesianum **(Rchb.f.) Christenson 大根槽舌兰***

Holcoglossum flavescens **(Schltr.) Z.H.Tsi 短距槽舌兰 ***

Holcoglossum himalaicum **(Deb, Sengupta & Malick) Aver. [syn. *Ascocentrum himalaicum* (Deb, Sengupta & Malick) Christenson] 小花槽舌兰 ***

Holcoglossum kimballianum **(Rchb.f.) Garay 管叶槽舌兰 ***

Holcoglossum lingulatum **(Aver.) Aver. 舌唇槽舌兰 ***

Holcoglossum nagalandensis **(Phukan & Odyuo) X.H.Jin (syn. *Penkimia nagalandensis* Phukan & Odyuo) 小距槽舌兰 ***

Holcoglossum nujiangense **X.H.Jin & H.Li 怒江槽舌兰 ***

Holcoglossum omeiense **X.H.Jin & S.C.Chen 峨眉槽舌兰 ***

Holcoglossum pumilum **(Hayata) L.J.Chen, X.J.Xiao & G.Q.Zhang 红花槽舌兰 ***

Holcoglossum quasipinifolium **(Hayata) Schltr. 槽舌兰 ***

Holcoglossum rupestre **(Hand.-Mazz.) Garay 滇西槽舌兰 ***

Holcoglossum sinicum **Christenson 中华槽舌兰 ***

Holcoglossum subulifolium **(Rchb.f.) Christenson 凹唇槽舌兰 ***

Holcoglossum wangii **Christenson 筒距槽舌兰 ***

Holcoglossum weixiense **X.H.Jin & S.C.Chen 维西槽舌兰 ***

Holopogon pekinensis X.Y. Mu & B. Liu 北京无喙兰

Hsenhsua chrysea **(W.W.Sm.) X.H.Jin, Schuit.,W.T.Jin & L.Q.Huang [syn. *Ponerorchis chrysea* (W.W.Sm.) Soó] 先骕兰 ***

Hylophila nipponica (Fukuy.) S.S.Ying 袋唇兰

I

Ischnogyne mandarinorum (Kraenzl.) Schltr. 瘦房兰

K

L

Liparis somae Hayata 台湾羊耳蒜
Liparis sootenzanensis Fukuy. 插天山羊耳蒜
Liparis sparsiflora Aver. 疏花羊耳蒜
***Liparis stricklandiana* Rchb.f. 扇唇羊耳蒜 ***
***Liparis tschangii* Schltr. 折苞羊耳蒜 ***
Liparis tsii H.Z.Tian & A.Q.Hu 吉氏羊耳蒜
***Liparis viridiflora* (Bl.) Lindl. 长茎羊耳蒜 ***
***Ludisia discolor* (Ker Gawl.) Bl. 血叶兰 ***
***Luisia brachystachys* (Lindl.) Bl. 小花钗子股 ***
Luisia cordata Fukuy. 心唇钗子股
***Luisia filiformis* Hook.f. 长瓣钗子股 ***
***Luisia hancockii* Rolfe 纤叶钗子股 ***
Luisia longispica Z.H.Tsi & S.C.Chen 长穗钗子股
Luisia lui T.C.Hsu & S.W.Chung 吕氏钗子股
***Luisia macrotis* Rchb.f. 紫唇钗子股 ***
***Luisia magniflora* Z.H.Tsi & S.C.Chen 大花钗子股 ***
Luisia megasepala Hayata 台湾钗子股
***Luisia morsei* Rolfe 钗子股 ***
Luisia ramosii Ames 宽瓣钗子股
***Luisia teres* (Thunb.) Bl. 叉唇钗子股 ***
***Luisia zollingeri* Rchb.f. 长叶钗子股 ***

M

***Malaxis monophyllos* (L.) Sw. 原沼兰 ***
Malaxis sampoae T.P.Lin & W.M.Lin 三伯花柱兰
***Micropera poilanei* (Guillaum.) Garay 小囊兰 ***
***Micropera tibetica* X.H.Jin & Y.J.Lai 西藏小囊兰 ***
Microtatorchis compacta (Ames) Schltr. 拟蜘蛛兰
Microtis unifolia (G.Forster) Rchb.f. 葱叶兰
***Mycaranthes paniculata* (Lindl.) Schuit., Y.P.Ng & H.A.Pedersen [syn. *Mycaranthes floribunda* (D.Don) S.C.Chen & J.J. Wood] 拟毛兰 ***
***Mycaranthes pannea* (Lindl.) S.C.Chen & J.J.Wood [new. *Strongyleria pannea* (Lindl.) Schuit., Y.P.Ng & H.A.Pedersen] 指叶拟毛兰 ***
Myrmechis chinensis Rolfe 全唇兰
***Myrmechis drymoglossifolia* Hayata 阿里山全唇兰 ***
***Myrmechis japonica* (Rchb.f.) Rolfe 日本全唇兰 ***
***Myrmechis pumila* (Hook.f.) Tang & F.T.Wang 矮全唇兰 ***
***Myrmechis urceolata* Tang & K.Y.Lang 宽瓣全唇兰 ***

N

***Neogyna gardneriana* (Lindl.) Rchb.f. 新型兰 ***
***Neottia acuminata* Schltr. 尖唇鸟巢兰 ***
Neottia bambusetorum (Hand.-Mazz.) Szlach. 高山对叶兰
***Neottia bicallosa* X.H.Jin 胼胝对叶兰 ***
Neottia biflora (Schltr.) Szlach. 二花对叶兰
***Neottia brevicaulis* (King & Pantl.) Szlach. 短茎对叶兰 ***
Neottia brevilabris Tang & F.T.Wang 短唇鸟巢兰
***Neottia camtschatea* (L.) Rchb.f. 北方鸟巢兰 ***
Neottia chenii S.W.Gale & P.J.Cribb 巨唇对叶兰
***Neottia divaricata* (Panigrahi & P.Taylor) Szlach. 叉唇对叶兰 ***
Neottia fangii (Tang & F.T.Wang ex S.C.Chen & G.H.Zhu) S.C.Chen, S.W.Gale & P.J.Cribb 扇唇对叶兰
Neottia formosana S.C.Chen, S.W.Gale & P.J.Cribb 长唇对叶兰
***Neottia fugongensis* (X.H.Jin) T.C.Hsu & S.W.Chung 福贡对叶兰 ***
Neottia gaudissartii Hand.-Mazz. 无喙兰
Neottia japonica (Bl.) Szlach. 日本对叶兰
Neottia karoana Szlach. 卡氏对叶兰
Neottia kuanshanensis (H.J.Su) T.C.Hsu & S.W.Chung 关山对叶兰
***Neottia listeroides* Lindl. 高山鸟巢兰 ***
Neottia longicaulis (King & Pantl.) Szlach. 毛脉对叶兰
Neottia megalochila S.C.Chen 大花鸟巢兰
Neottia meifongensis (H.J.Su & C.Y.Hu) T.C.Hsu & S.W.Chung 梅峰对叶兰
Neottia microphylla (S.C.Chen & Y.B.Luo) S.C.Chen, S.W.Gale & P.J.Cribb 小叶对叶兰
Neottia morrisonicola (Hayata) Szlach. 浅裂对叶兰
Neottia mucronata (Panigrahi & J.J.Wood) Szlach. 短柱对叶兰
***Neottia nanchuanica* (S.C.Chen) Szlach. 南川对叶兰 ***
Neottia nankomontana (Fukuy.) Szlach. 台湾对叶兰
Neottia nujiangensis X.H. JIn 怒江对叶兰
Neottia oblata (S.C.Chen) Szlach. 圆唇对叶兰
Neottia papilligera Schltr. 凹唇鸟巢兰
***Neottia pinetorum* (Lindl.) Szlach. 西藏对叶兰 ***
Neottia pseudonipponica (Fukuy.) Szlach. 耳唇对叶兰
Neottia puberula (Maxim.) Szlach. 对叶兰
Neottia smithii (Schltr.) Szlach. 川西对叶兰
Neottia smthiana Schltr. 叉唇无喙兰
Neottia suzukii (Masamune) Szlach. 无毛对叶兰
Neottia taibaishanensis P.H.Yang & K.Y.Lang 太白山鸟巢兰
Neottia taizanensis (Fukuy.) Szlach. 小花对叶兰
Neottia tenii Schltr. 耳唇鸟巢兰
Neottia tianschanica (Grubov) Szlach. 天山对叶兰
Neottia wardii (Rolfe) Szlach. 大花对叶兰
Neottia yunnanensis (S.C.Chen) Szlach. 云南对叶兰

***Nephelaphyllum pulchrum* Bl. 美丽云叶兰 ***
***Nephelaphyllum tenuiflorum* Bl. 云叶兰 ***
***Nervilia aragoana* Gaudich. 广布芋兰 ***
***Nervilia crociformis* (Zoll. & Moritzi) Seidenf. 白脉芋兰 ***
Nervilia cumberlegii Seidenf. & Smitinand 流苏芋兰
***Nervilia fordii* (Hance) Schltr. 毛唇芋兰 ***
***Nervilia infundibulifolia* Blatt. & McCann 漏斗叶芋兰 ***
Nervilia khaoyaica* Suddee, Watthana & S.W.Gale 香花芋兰
Nervilia lanyuensis S.S.Ying 兰屿芋兰
***Nervilia mackinnonii* (Duthie) Schltr. 七角叶芋兰 ***
***Nervilia muratana* S.W.Gale & S.K.Wu 滇南芋兰 ***
***Nervilia plicata* (Andrews) Schltr. 毛叶芋兰 ***
Nervilia taitoensis (Hayata) Schltr. 台东芋兰
Nervilia taiwaniana S.S.Ying 台湾芋兰
Neuwiedia malipoensis Z.J.Liu, L.J.Chen & K.Wei Liu 麻栗坡三蕊兰
***Neuwiedia singapureana* (Wall. ex Baker) Rolfe 三蕊兰 ***
Nothodoritis zhejiangensis Z.H.Tsi 象鼻兰

O

***Oberonia acaulis* var. *acaulis* Griff. 显脉鸢尾兰 ***
***Oberonia acaulis* var. *luchunensis* S.C.Chen 绿春鸢尾兰 ***
***Oberonia anthropophora* Lindl. 长裂鸢尾兰 ***
Oberonia arisanensis Hayata 阿里山鸢尾兰
***Oberonia austroyunnanensis* S.C.Chen & Z.H.Tsi 滇南鸢尾兰 ***
Oberonia cathayana* Chun & Tang ex S.C.Chen 中华鸢尾兰
***Oberonia caulescens* Lindl. 狭叶鸢尾兰 ***
***Oberonia cavaleriei* Finet 棒叶鸢尾兰 ***
***Oberonia delicata* Z.H.Tsi et S.C.Chen 无齿鸢尾兰 ***
***Oberonia ensiformis* (Sm.) Lindl. 剑叶鸢尾兰 ***
***Oberonia falcata* King & Pantl. 镰叶鸢尾兰 ***
***Oberonia falconeri* Hook.f. 短耳鸢尾兰 ***
***Oberonia gammiei* King & Pantl. 齿瓣鸢尾兰 ***
Oberonia gigantea Fukuy. 橙黄鸢尾兰
***Oberonia helferi* Hook.f. 思茅鸢尾兰 ***
***Oberonia integerrima* Guillaum. 全唇鸢尾兰 ***
***Oberonia japonica* (Maxim.) Makino 小叶鸢尾兰 ***
***Oberonia jenkinsiana* Griff. ex Lindl. 条裂鸢尾兰 ***
***Oberonia kanburiensis* Seidenf. 坎布里鸢尾兰 ***
***Oberonia kwangsiensis* Seidenf. 广西鸢尾兰 ***
***Oberonia langbianensis* Gagnep. 拟阔瓣鸢尾兰 ***
***Oberonia latipetala* L.O.Williams 阔瓣鸢尾兰 ***
Oberonia linguae Lin & Chang 圆唇鸢尾兰
***Oberonia longibracteata* Lindl. 长苞鸢尾兰 ***
***Oberonia mannii* Hook.f. 小花鸢尾兰 ***
***Oberonia menghaiensis* S.C.Chen 勐海鸢尾兰 ***
***Oberonia menglaensis* S.C.Chen & Z.H.Tsi 勐腊鸢尾兰 ***
***Oberonia mucronata* (D.Don) Ormerod & Seidenf. 鸢尾兰 ***
***Oberonia obcordata* Lindl. 橘红鸢尾兰 ***
***Oberonia pachyrachis* Rchb.f. ex Hook.f. 扁莛鸢尾兰 ***
***Oberonia prainiana* King & Pantl. 锯瓣鸢尾兰 ***
Oberonia pumila (Fukuy. ex S.C.Chen & K.Y.Lang) Ormerod 宝岛鸢尾兰
***Oberonia pyrulifera* Lindl.裂唇鸢尾兰 ***
Oberonia recurva Lindl. 中华鸢尾兰
Oberonia rosea Hook.f. 玫瑰鸢尾兰
***Oberonia rufilabris* Lindl. 红唇鸢尾兰 ***
***Oberonia segawae* T.C.Hsu & S.W.Chung 齿唇鸢尾兰 ***
***Oberonia seidenfadenii* (H.J.Su) Ormerod 密花鸢尾兰 ***
Oberonia sinica (S.C.Chen & K.Y.Lang) Ormerod 套叶鸢尾兰
***Oberonia teres* Kerr 圆柱叶鸢尾兰 ***
***Oberonia variabilis* Kerr 密苞鸢尾兰 ***
***Oberonioides microtatantha* (Schltr.) Szlach. 小沼兰 ***
Odontochilus brevistylis Hook.f. 短柱齿唇兰
***Odontochilus clarkei* Hook.f. 红萼齿唇兰 ***
Odontochilus crispus (Lindl.) Hook.f. 小齿唇兰
***Odontochilus elwesii* C.B.Clarke ex Hook.f. 西南齿唇兰 ***
***Odontochilus guangdongensis* S.C.Chen, S.W.Gale & P.J.Cribb 广东齿唇兰 ***
Odontochilus inabae (Hayata) T.P.Lin 台湾齿唇兰
***Odontochilus lanceolatus* (Lindl.) Bl. 齿唇兰 ***
***Odontochilus nanlingensis* (L.P.Siu & K.Y.Lang) Ormerod 南岭齿唇兰 ***
Odontochilus napoensis H. Tang & Y. F. Huang, 那坡齿唇兰
***Odontochilus poilanei* (Gagnep.) Ormerod 齿爪齿唇兰 ***
***Odontochilus saprophyticus* (Aver.) Ormerod 腐生齿唇兰 ***
***Odontochilus tortus* King & Pantl. 一柱齿唇兰 ***
Orchis militaris L. 四裂红门兰
***Oreorchis angustata* L.O.Williams ex N.Pearce & P.J.Cribb 西南山兰 ***
Oreorchis bilamellata Fukuy. 大霸山兰
***Oreorchis erythrochrysea* Hand.-Mazz. 短梗山兰 ***
***Oreorchis fargesii* Finet 长叶山兰 ***
Oreorchis foliosa Lindl. var.*indica* (Lindl.) N.Pearce & P.J.Cribb 囊唇山兰
***Oreorchis micrantha* Lindl. 狭叶山兰 ***

Oreorchis nana Schltr. 硬叶山兰

Oreorchis nepalensis N.Pearce & P.J.Cribb 大花山兰

Oreorchis oligantha Schltr. 少花山兰

Oreorchis parvula Schltr. 矮山兰

Oreorchis patens (Lindl.) Lindl. 山兰

Oreorchis yachangensis Z. B. Zhang & B. G. Huang 雅长山兰

***Otochilus albus* Lindl. 白花耳唇兰 ***

***Otochilus fuscus* Lindl. 狭叶耳唇兰 ***

***Otochilus lancilabius* Seidenf. 宽叶耳唇兰 ***

***Otochilus porrectus* Lindl. 耳唇兰 ***

***Oxystophyllum changjiangense* (S.J.Cheng & C.Z.Tang) M.A. Clements 拟石斛 ***

P

Pachystoma ludaoense S.C.Chen & Y.B.Luo 绿岛粉口兰

Pachystoma pubescens Bl. 粉口兰

***Panisea cavalerei* Schltr. 平卧曲唇兰 ***

Panisea demissa (D.Don) Pfitz. 矮曲唇兰

Panisea moi* M.Z.Huang, J.M.Yin & G.S.Yang 莫氏曲唇兰

***Panisea tricallosa* Rolfe 曲唇兰 ***

***Panisea uniflora* (Lindl.) Lindl. 单花曲唇兰 ***

***Panisea yunnanensis* S.C.Chen & Z.H.Tsi 云南曲唇兰 ***

***Paphiopedilum appletonianum* (Gower) Rolfe 卷萼兜兰 ***

***Paphiopedilum areeanum* O.Gruss 根茎兜兰 ***

Paphiopedilum armeniacum* S.C.Chen & F.Y.Liu 杏黄兜兰

***Paphiopedilum barbigerum* Tang & F.T.Wang 小叶兜兰 ***

***Paphiopedilum bellatulum* (Rchb.f.) Stein 巨瓣兜兰 ***

Paphiopedilum charlesworthii (Rolfe) Pfitz. 红旗兜兰

***Paphiopedilum concolor* (Lindl. ex Bateman) Pfitz. 同色兜兰 ***

***Paphiopedilum delenatii* Guillaum. 德氏兜兰 ***

***Paphiopedilum dianthum* Tang & F.T.Wang 长瓣兜兰 ***

Paphiopedilum emersonii* Koop. & P.J.Cribb 白花兜兰

***Paphiopedilum gratrixianum* Rolfe 格力兜兰 ***

Paphiopedilum guangdongense Z.J.Liu & L.J.Chen 广东兜兰

Paphiopedilum hangianum Perner & O.Gruss 绿叶兜兰

Paphiopedilum helenae Aver. 巧花兜兰

***Paphiopedilum henryanum* Braem 亨利兜兰 ***

***Paphiopedilum hirsutissimum* (Lindl. ex Hook.) Stein 带叶兜兰 ***

Paphiopedilum insigne (Wall. ex Lindl.) Pfitz. 波瓣兜兰

Paphiopedilum malipoense* S.C.Chen & Z.H.Tsi 麻栗坡兜兰

***Paphiopedilum micranthum* Tang & F.T.Wang 硬叶兜兰 ***

***Paphiopedilum parishii* (Rchb.f.) Stein 飘带兜兰 ***

***Paphiopedilum purpuratum* (Lindl.) Stein 紫纹兜兰 ***

***Paphiopedilum spicerianum* (Rchb.f.) Pfitz. 白旗兜兰 ***

***Paphiopedilum tigrinum* Koop. & N.Haseg. 虎斑兜兰 ***

Paphiopedilum tranlienianum* O.Gruss & Perner 天伦兜兰

***Paphiopedilum venustum* (Wall. ex Sims) Pfitz. 秀丽兜兰 ***

***Paphiopedilum villosum* var. *villosum* (Lindl.) Stein 紫毛兜兰 ***

***Paphiopedilum villosum* var. *boxallii* (Rchb.f.) Pfitz. 包氏兜兰 ***

***Paphiopedilum wardii* Summerh. 彩云兜兰 ***

Paphiopedilum wenshanense Z.J.Liu & J.Yong Zhang 文山兜兰

***Papilionanthe biswasiana* (Ghose & Mukerjee) Garay 白花凤蝶兰 ***

Papilionanthe taiwaniana (S.S.Ying) Ormerod 台湾凤蝶兰

***Papilionanthe teres* (Roxb.) Schltr. 凤蝶兰 ***

Papilionanthe vandarum (Rchb.f.) Garay 万代凤蝶兰

***Pecteilis hawkesiana* (King & Pantl.) C.S.Kumar 景洪白蝶兰 ***

***Pecteilis henryi* Schltr. 滇南白蝶兰 ***

Pecteilis radiata (Thunb.) Raf. 狭叶白蝶兰

***Pecteilis susannae* (L.) Raf. 龙头兰 ***

***Pelatantheria bicuspidata* Tang & F.T.Wang 尾丝钻柱兰 ***

***Pelatantheria ctenoglossa* Ridl. 锯尾钻柱兰 ***

Pelatantheria rivesii* (Guillaumin.) Tang & F.T.Wang 钻柱兰

***Pelatantheria scolopendrifolia* (Makino) Aver. 蜈蚣兰 ***

Pelexia obliqua (J.J.Sm.) Garay 肥根兰

Pennilabium proboscideum A.S.Rao & J.Joseph 巾唇兰

***Pennilabium struthio* Carr 双褶巾唇兰 ***

Pennilabium yunnanense* S.C.Chen & Y.B.Luo 云南巾唇兰

***Peristylus affinis* (D.Don) Seidenf. 小花阔蕊兰 ***

***Peristylus biermannianus* (King et Pantl.) X.H.Jin, Schuit. & W.T.Jin [syn. *Habenaria biermanniana* King & Pantl.; *Platanthera biermanniana* (King & Pantl.) Kraenzl.] 绿春阔蕊兰 ***

***Peristylus calcaratus* (Rolfe) S.Y.Hu 长须阔蕊兰 ***

***Peristylus constrictus* (Lindl.) Lindl. 大花阔蕊兰 ***

Peristylus densus* (Lindl.) Santapau & Kapadia 狭穗阔蕊兰

Peristylus formosanus (Schltr.) T.P.Lin 台湾阔蕊兰

Peristylus forrestii (Schltr.) K.Y.Lang 条唇阔蕊兰

***Peristylus goodyeroides* (D.Don) Lindl. 阔蕊兰 ***

Peristylus gracilis Bl. 纤细阔蕊兰

Peristylus jinchuanicus K.Y.Lang 金川阔蕊兰

***Peristylus lacertifer* (Lindl.) J.J.Sm. 撕唇阔蕊兰 ***

Peristylus nematocaulon (Hook.f.) Banerji & P.Pradhan 小巧阔蕊兰

Peristylus neotineoides (Ames & Schltr.) K.Y.Lang 川西阔蕊兰

***Peristylus parishii* Rchb.f. 滇桂阔蕊兰 ***

***Peristylus tentaculatus* (Lindl.) J.J.Sm. 触须阔蕊兰 ***

***Phaius columnaris* C.Z.Tang & S.J.Cheng 仙笔鹤顶兰 ***

Phaius delavayi (Finet) P.J.Cribb & Perner (= Calanthe delavayi Finet) 少花虾脊兰 *

Phaius flavus (Bl.) Lindl. 黄花鹤顶兰 *

Phaius hainanensis C.Z.Tang & S.J.Cheng 海南鹤顶兰 *

Phaius hekouensis Tsukaya, M.Nakajima & S.K.Wu 河口鹤顶兰

Phaius mishmensis (Lindl. & Paxton) Rchb.f. 紫花鹤顶兰 *

Phaius takeoi (Hayata) H.J.Su 长茎鹤顶兰 *

Phaius tankervilleae (L'Héritier) Bl. 鹤顶兰 *

Phaius tonkinensis (Aver.) Aver. 中越鹤顶兰

Phaius wallichii Lindl. 大花鹤顶兰 *

Phaius wenshanensis F.Y.Liu 文山鹤顶兰 *

Phalaenopsis aphrodite Rchb.f. 蝴蝶兰

Phalaenopsis braceana (Hook.f.) Christenson 尖囊蝴蝶兰 *

Phalaenopsis deliciosa Rchb.f. 大尖囊蝴蝶兰 *

Phalaenopsis difformis (Wall. ex Lindl.) Kocyan & Schuit. [syn. _Ornithochilus difformis_ (Wall. ex Lindl.) Schltr.] 羽唇蝴蝶兰 *

Phalaenopsis equestris (Schauer) Rchb.f. 小兰屿蝴蝶兰

Phalaenopsis gibbosa H.R.Sweet 囊唇蝴蝶兰 *

Phalaenopsis hainanensis Tang & F.T.Wang 海南蝴蝶兰 *

Phalaenopsis honghenensis F.Y.Liu 红河蝴蝶兰

Phalaenopsis japonica (Rchb.f.) Kocyan & Schuit. [syn. _Sedirea japonica_ (Rchb.f.) Garay & H.R.Sweet] 萼脊兰 *

Phalaenopsis lobbii (Rchb.f.) H.R.Sweet 罗氏蝴蝶兰 *

Phalaenopsis malipoensis Z.J.Liu & S.C.Chen 麻栗坡蝴蝶兰 *

Phalaenopsis mannii Rchb.f. 版纳蝴蝶兰 *

Phalaenopsis marriottiana (Rchb.f.) Kocyan & Shuit.var. _parishii_ (Rchb.f.) Kocyan & Schuit. [syn. _Hygrochilus parishii_ (Rchb.f.) Pfitz.] 湿唇兰*

Phalaenopsis mirabilis (Seidenf.) Schuit. [syn. _Lesliea mirabilis_ Seidenf.] 袋距兰 *

Phalaenopsis pulcherrima (Lindl.) J.J.Sm. [syn. _Doritis pulcherrima_ Lindl.] 五唇兰 *

Phalaenopsis stobartiana Rchb.f. 滇西蝴蝶兰 *

Phalaenopsis subparishii (Z.H.Tsi) Kocyan & Schuit. [syn. _Sedirea subparishii_ (Z.H.Tsi) Christenson] 短茎萼脊兰 *

Phalaenopsis taenialis (Lindl.) Christenson & Pradhan小尖囊蝴蝶兰 *

Phalaenopsis wilsonii Rolfe 华西蝴蝶兰 *

Phalaenopsis yingjiangensis (Z.H.Tsi) Kocyan & Schuit. (syn. _Ornithochilus yingjiangensis_ Z.H.Tsi) 盈江蝴蝶兰 *

Pholidota articulata Lindl. 节茎石仙桃 *

Pholidota cantonensis Rolfe 细叶石仙桃 *

Pholidota chinensis Lindl. 石仙桃 *

Pholidota convallariae (E.C.Parish & Rchb.f.) Hook.f. 凹唇石仙桃 *

Pholidota imbricata Hook. 宿苞石仙桃 *

Pholidota leveilleana Schltr. 单叶石仙桃

Pholidota longipes S.C.Chen & Z.H.Tsi 长足石仙桃 *

Pholidota missionariorum Gagnep. 尖叶石仙桃 *

Pholidota niana Y.T.Liu, R.Li & C.L.Long 西畴石仙桃

Pholidota pallida Lindl. 粗脉石仙桃 *

Pholidota protracta Hook.f. 尾尖石仙桃 *

Pholidota recurva Lindl. 凹叶石仙桃 *

Pholidota roseans Schltr. 贵州石仙桃

Pholidota wenshanica S.C.Chen & Z.H.Tsi 文山石仙桃

Pholidota yunnanensis Rolfe 云南石仙桃 *

Phreatia caulescens Ames 垂茎馥兰

Phreatia elegans Lindl. 小馥兰 *

Phreatia formosana Rolfe ex Hemsl. 馥兰 *

Phreatia morii Hayata 大馥兰

Phreatia taiwaniana Fukuy. 台湾馥兰

Pinalia acervata (Lindl.) Kuntze 钝叶苹兰 *

Pinalia amica (Rchb.f.) Kuntze 粗茎苹兰 *

Pinalia bipunctata (Lindl.) Kuntze 双点苹兰 *

Pinalia conferta (S.C.Chen & Z.H.Tsi) S.C.Chen & J.J.Wood 密苞苹兰

Pinalia copelandii (Leavitt) W.Suarez & Cootes 台湾苹兰

Pinalia donnaiensis (Gagnep.) S.C.Chen & J.J.Wood 中越苹兰

Pinalia excavata (Lindl.) Kuntze 反苞苹兰 *

Pinalia formosana (Rolfe) Ormerod [not Pinalia formosana (Rolfe) T.P.Lin] 宝岛苹兰

Pinalia graminifolia (Lindl.) Kuntze 禾叶苹兰 *

Pinalia japonica (Maxim.) Ormerod 苹兰

Pinalia longlingensis (S.C.Chen) S.C.Chen & J.J.Wood 龙陵苹兰

Pinalia obvia (W.W.Sm.) S.C.Chen & J.J.Wood 长苞苹兰 *

Pinalia ovata (Lindl.) W.Suarez & Cootes 大脚筒

Pinalia pachyphylla (Aver.) S.C.Chen & J.J.Wood 厚叶苹兰 *

Pinalia quinquelamellosa (Tang & F.T.Wang) S.C.Chen & J.J.Wood 五脊苹兰

Pinalia salwinensis (Hand.-Mazz.) Ormerod 怒江苹兰 *

Pinalia spicata (D.Don) S.C.Chen & J.J.Wood 密花苹兰 *

Pinalia stricta (Lindl.) Kuntze 鹅白苹兰 *

Pinalia szetschuanica (Schltr.) S.C.Chen & J.J.Wood 马齿苹兰 *

Pinalia yunnanensis (S.C.Chen & Z.H.Tsi) S.C.Chen & J.J.Wood 滇南苹兰 *

Platanthera angustata Lindl. 华南舌唇兰

Platanthera arcuata Lindl. 弧形舌唇兰

Platanthera australis L.Wu, X.L.Yu, H. Z.Tian & J.L.Luo

南方舌唇兰*

Platanthera bakeriana (King & Pantl.) Kraenzl. 滇藏舌唇兰*

Platanthera bifolia (L.) Rich. 细距舌唇兰 *

Platanthera brevicalcarata Hayata 短距舌唇兰 *

Platanthera calceoliformis (W.W. Sm.) X.H. Jin, Schuit. et W.T. Jin (syn. *Herminium calceoliforme* W.W.Sm.) 反唇兰

Platanthera chiloglossa (Tang & F.T.Wang) K.Y.Lang 察瓦龙舌唇兰 *

Platanthera chlorantha (Custer) Rchb.f. 二叶舌唇兰 *

Platanthera contigua T. Tang et F.T.Wang 长苞舌唇兰 *

Platanthera curvata K.Y.Lang 弓背舌唇兰

Platanthera damingshanica K.Y.Lang & H.S.Guo 大明山舌唇兰 *

Platanthera deflexilabella K.Y.Lang 反唇舌唇兰

Platanthera densa Freyn 多叶舌唇兰

Platanthera devolii (T.P.Lin & T.W.Hu) T.P.Lin & K.Inoue 长叶舌唇兰

Platanthera dulongensis X.H.Jin & Efimov 独龙舌唇兰 *

Platanthera dyeriana (King & Pantl.) Pradhan 小叶舌唇兰*

Platanthera exelliana Soó 高原舌唇兰 *

Platanthera finetiana Schltr. 对耳舌唇兰 *

Platanthera fujianense B.H.Chen & X.H.Jin 福建舌唇兰 *

Platanthera handel-mazzettii K.Inoue 贡山舌唇兰 *

Platanthera herminioides Tang & F.T.Wang 高黎贡舌唇兰

Platanthera hologlottis Maxim. 密花舌唇兰 *

Platanthera japonica (Thunb.) Lindl. 舌唇兰 *

Platanthera kwangsiensis K.Y.Lang 广西舌唇兰

Platanthera lancilabris Schltr. 披针唇舌唇兰

Platanthera leptocaulon (Hook.f.) Soó 条叶舌唇兰 *

Platanthera likiangensis Tang & F.T.Wang 丽江舌唇兰

Platanthera longicalcarata Hayata 长距舌唇兰

Platanthera longiglandula K.Y.Lang 长黏盘舌唇兰

Platanthera mandarinorum Rchb.f. 尾瓣舌唇兰 *

Platanthera minor (Miq.) Rchb.f. 小舌唇兰 *

Platanthera minutiflora Schltr. 小花舌唇兰 *

Platanthera nematocaulon (Hook.f.) Kraenzl. 白花舌唇兰

Platanthera ophiocephala (W.W.Sm.) Tang & F.T.Wang 大花舌唇兰 *

Platanthera opsimantha Tang & F.T.Wang 小花尖药兰

Platanthera orbicularis (Hook.f.) X.H.Jin, Schuit. & Raskoti [syn. *Peristylus orbicularis* (Hook.f.) Agrawala, H.J.Chowdhery & S.Choudhury] 圆唇舌唇兰

Platanthera oreophila Schltr. 齿瓣舌唇兰 *

Platanthera ovatilabris X.H.Jin & Efimov 卵唇舌唇兰 *

Platanthera peichatieniana S.S.Ying 北插天山舌唇兰

Platanthera roseotincta (W.W.Sm.) Tang & F.T.Wang 棒距舌唇兰 *

Platanthera sachalinensis F.Schmidt 高山舌唇兰 *

Platanthera sikkimensis (Hook.f.) Kraenzl. 长瓣舌唇兰 *

Platanthera sinica Tang & F.T.Wang 滇西舌唇兰

Platanthera souliei Kraenzl. 蜻蜓舌唇兰 *

Platanthera stenantha (Hook.f.) Soó 条瓣舌唇兰 *

Platanthera stenoglossa Hayata 狭瓣舌唇兰 *

Platanthera stenophylla Tang & F.T.Wang 独龙江舌唇兰 *

Platanthera taiwaniana (S.S.Ying) S.C.Chen 台湾舌唇兰

Platanthera tipuloides (Linn. f.) Lindl. 筒距舌唇兰

Platanthera uniformis T.Tang & F.T.Wang 鳝花舌唇兰

Platanthera urceolata (Hook.f.) R.M.Bateman 西南尖药舌唇兰

Platanthera ussuriensis (Regel) Maxim. 亚东舌唇兰 *

Platanthera whangshanensis (S.S.Chien) Efimov 黄山舌唇兰 *

Platanthera yadongensis X.H.Jin & W.T.Jin 亚东舌唇兰 *

Platanthera yangmeiensis T.P.Lin 阴生舌唇兰

Pleione christianii H.Perner 滇西独蒜兰

Pleione taliensis P.J.Cribb & Butterfield 大理独蒜兰

Pleione albiflora P.J.Cribb & C.Z.Tang 白花独蒜兰

Pleione aurita P.J.Cribb & H.Pfennig 艳花独蒜兰

Pleione autumnalis S.C.Chen & G.H.Zhu 长颈独蒜兰

Pleione bulbocodioides (Franch.) Rolfe 独蒜兰 *

Pleione chunii C.L.Tso 陈氏独蒜兰 *

Pleione confusa P.J.Cribb & C.Z.Tang 芳香独蒜兰

Pleione formosana Hayata 台湾独蒜兰 *

Pleione forrestii Schltr. 黄花独蒜兰 *

Pleione grandiflora (Rolfe) Rolfe 大花独蒜兰

Pleione hookeriana (Lindl.) Rollisson 毛唇独蒜兰 *

Pleione humilis (Sm.) D.Don 矮小独蒜兰 *

Pleione kaatiae P.H.Peeters 卡氏独蒜兰

Pleione kohlsii Braem 春花独蒜兰

Pleione limprichtii Schltr. 四川独蒜兰

Pleione maculata (Lindl.) Lindl. & Paxton 秋花独蒜兰 *

Pleione microphylla S.C.Chen & Z.H.Tsi 小叶独蒜兰

Pleione pleionoides (Kraenzl.) Bream & H.Mohr 美丽独蒜兰

Pleione praecox (Sm.) D.Don 疣鞘独蒜兰 *

Pleione saxicola Tang & F.T.Wang ex S.C.Chen 岩生独蒜兰*

Pleione scopulorum W.W.Sm. 二叶独蒜兰 *

Pleione yunnanensis (Rolfe) Rolfe 云南独蒜兰 *

Plocoglottis bokorensis (Gagnep.) Seidenf. 滇南固唇兰 *

Podochilus khasianus Hook.f. 柄唇兰 *

Podochilus oxystophylloides Ormerod 云南柄唇兰

Pogonia japonica Rchb.f. 朱兰

Pogonia minor (Makino) Makino 小朱兰 *

Pogonia yunnanensis Finet 云南朱兰 *

Polystachya concreta (Jacq.) Garay & H.R.Sweet 多穗兰 *

Pomatocalpa spicatum Breda 鹿角兰 *

Pomatocalpa undulatum (Lindl.) J.J.Sm. subsp. acuminatum (Rolfe) S.Watthana & S.W.Chung 台湾鹿角兰 *

Ponerorchis alpestris (Fukuy.) X.H.Jin, Schuit. & W.T.Jin [syn. *Amitostigma alpestre* Fukuy.] 台湾无柱兰

Ponerorchis amplexifolia (Tang & F.T.Wang) X.H.Jin, Schuit. & W.T.Jin [syn. *Amitostigma amplexifolium* Tang & F.T.Wang] 抱茎叶无柱兰

Ponerorchis basifoliata* (Finet) X.H.Jin, Schuit. & W.T.Jin [syn. *Amitostigma basifoliatum* (Finet) Schltr.] 四裂无柱兰

Ponerorchis bifoliata (Tang & F.T.Wang) X.H.Jin, Schuit. & W.T.Jin [syn. *Amitostigma bifoliatum* Tang & F.T.Wang] 棒距无柱兰

Ponerorchis camptoceras (Rolfe) X.H.Jin, Schuit. & W.T.Jin [syn. *Neottianthe camptoceras* (Rolfe) Schltr.] 大花兜被兰

***Ponerorchis capitata* (T.Tang et F.T.Wang) X.H.Jin, Schuit. & W.T.Jin (syn. *Amitostigma capitatum* T.Tang et F.T.Wang) 头序无柱兰 ***

***Ponerorchis chusua* (D.Don) Soó 广布小红门兰 ***

Ponerorchis compacta (Schltr.) X.H.Jin, Schuit. & W.T.Jin [syn. *Neottianthe compacta* Schltr.] 川西兜被兰

Ponerorchis crenulata Soó 齿缘小红门兰

***Ponerorchis cucullata* (L.) X.H.Jin, Schuit. et W.T.Jin [syn. *Neottianthe cucullata* (L.) Schltr.] 二叶兜被兰 ***

Ponerorchis dolichocentra (Tang, F.T.Wang et K.Y.Lang) X.H.Jin, Schuit. & W.T.Jin [syn. *Amitostigma dolichocentrum* Tang, F.T.Wang & K.Y.Lang] 长距无柱兰

Ponerorchis exilis (Ames & Schltr.) S.C.Chen, P.J.Cribb & S.W.Gale 细茎小红门兰

Ponerorchis faberi (Rolfe) X.H.Jin, Schuit. & W.T.Jin [syn. *Amitostigma faberi* (Rolfe) Schltr.] 峨眉无柱兰

***Ponerorchis farreri* (Schltr.) X.H.Jin, Schuit. & W.T.Jin [syn. *Amitostigma farreri* Schltr.] 长苞无柱兰 ***

Ponerorchis forrestii X.H. Jin 毛轴无柱兰

Ponerorchis gonggashanica (K.Y.Lang) X.H.Jin, Schuit. & W.T.Jin [syn. *Amitostigma gonggashanicum* K.Y.Lang] 贡嘎无柱兰

***Ponerorchis gracilis* (Bl.) X.H.Jin, Schuit. & W.T.Jin [syn. *Amitostigma gracile* (Bl.) Schltr.] 无柱兰 ***

Ponerorchis hemipilioides (Finet) X.H.Jin, Schuit. & W.T.Jin [syn. *Amitostigma hemipilioides* (Finet) Tang & F.T.Wang] 卵叶无柱兰

Ponerorchis kiraishiensis (Hayata) Ohwi 奇莱小红门兰

Ponerorchis limprichtii (Schltr.) Soó 华西小红门兰

***Ponerorchis luteola* (K.Y.Lang et S.C.Chen) X.H.Jin, Schuit. & W.T.Jin [syn. *Neottianthe luteola* K.Y.Lang et S.C.Chen] 淡黄花兜被兰 ***

Ponerorchis monantha* (Finet) X.H.Jin, Schuit. & W.T.Jin [syn. *Amitostigma monanthum* (Finet) Schltr.] 一花无柱兰

Ponerorchis oblonga (K.Y.Lang) X.H.Jin, Schuit. & W.T.Jin [syn. *Neottianthe oblonga* K.Y.Lang] 长圆叶兜被兰

Ponerorchis omeishanica (Tang, F.T.Wang & K.Y.Lang) S.C.Chen, P.J.Cribb & S.W.Gale 峨眉小红门兰

Ponerorchis ovata (K.Y.Lang) X.H.Jin, Schuit. & W.T.Jin [syn. *Neottianthe ovata* K.Y.Lang] 卵叶兜被兰

Ponerorchis papilionacea (Tang, F.T.Wang & K.Y.Lang) X.H.Jin, Schuit. & W.T.Jin [syn. *Amitostigma papilionaceum* Tang, F.T.Wang & K.Y.Lang] 蝶花无柱兰

Ponerorchis parciflora (Finet) X.H.Jin, Schuit. & W.T.Jin [syn. *Amitostigma parciflorum* (Finet) Schltr.] 少花无柱兰

Ponerorchis physoceras (Schltr.) X.H.Jin, Schuit. & W.T.Jin [syn. *Amitostigma physoceras* Schltr.] 球距无柱兰

Ponerorchis pugeensis (K.Y.Lang) S.C.Chen, P.J.Cribb & S.W.Gale 普格小红门兰

Ponerorchis pulchella (Hand.-Mazz.) Soó [syn. *Ponerorchis yuana* (Tang & F.T.Wang) X.H.Jin, Schuit. & W.T.Jin] 云南小红门兰

Ponerorchis secundiflora (Schltr.) X.H.Jin, Schuit. & W.T.Jin [syn. *Neottianthe secundiflora* Schltr.] 侧花兜被兰

Ponerorchis sichuanica (K.Y.Lang) S.C.Chen, P.J.Cribb & S.W.Gale 四川小红门兰

***Ponerorchis simplex* (Tang & F.T.Wang) X.H.Jin, Schuit. & W.T.Jin (syn. *Amitostigma simplex* Tang & F.T.Wang) 黄花无柱兰 ***

Ponerorchis taiwanensis (Fukuy.) Ohwi 台湾小红门兰

Ponerorchis takasago-montana (Masamune) Ohwi 高山小红门兰

Ponerorchis tetraloba (Finet) X.H.Jin, Schuit. & W.T.Jin [syn. *Amitostigma tetralobum* (Finet) Schltr.] 滇蜀无柱兰

***Ponerorchis tibetica* (Schltr.) X.H.Jin, Schuit. & W.T.Jin [syn. *Amitostigma tibeticum* Schltr.] 西藏无柱兰 ***

Ponerorchis tominagae (Hayata) H.J.Su & J.J.Chen 白花小红门兰

***Ponerorchis trifurcata* (Tang, F.T.Wang et K.Y.Lang) X.H.Jin, Schuit. & W.T.Jin [syn. *Amitostigma trifurcatum* Tang, F.T.Wang et K.Y.Lang] 三叉无柱兰 ***

***Porpax ustulata* (E.C.Parish & Rchb.f.) Rolfe 盾柄兰 ***

Pteroceras asperatum (Schltr.) P.F.Hunt 毛葶长足兰

Pteroceras compressum (Bl.) Holttum 滇南长足兰 *

Pteroceras leopardinum (C.S.P.Parish & Rchb.f.) Seidenf. & Smitin. 长足兰 *

Pteroceras muriculatum (Rchb.f.) P.F.Hunt 虎纹长足兰 *

R

Renanthera citrina Aver. 中华火焰兰 *

Renanthera coccinea Lour. 火焰兰 *

Renanthera imschootiana Rolfe 云南火焰兰 *

Rhomboda abbreviata (Lindl.) Ormerod 小片菱兰 *

Rhomboda fanjingensis Ormerod 贵州菱兰

Rhomboda moulmeinensis (E.C.Parish & Rchb.f.) Ormerod 艳丽菱兰 *

Rhomboda tokioi (Fukuy.) Ormerod 白肋菱兰 *

Rhynchostylis gigantea (Lindl.) Ridl. 海南钻喙兰 *

Rhynchostylis retusa (L.) Bl. 钻喙兰 *

Risleya atropurpurea King & Pantl. 紫茎兰 *

Robiquetia insectifera (J.J.Sm.) Kocyan & Schuit. [syn. _Malleola insectifera_ (J.J.Sm.) J.J.Sm. & Schltr.] 三色槌柱兰 *

Robiquetia spatulata (Bl.) J.J.Sm. 大叶寄树兰 *

Robiquetia succisa (Lindl.) Seidenf. & Garay 寄树兰 *

Robiquetia tibetica (W.C.Huang & X.H.Jin) X.H.Jin, Jian W. Li & D.P.Ye, comb.nov. [syn. _Malleola tibetica_ W.C.Huang & X.H.Jin] 西藏槌柱兰*

Robiquetia vietnamensis (Guillaum.) Kocyan & Schuit. [syn. _Malleola dentifera_ J.J.Sm.] 槌柱兰 *

S

Saccolabiopsis taiwaniana S.W.Chung & T.C.Hsu 台湾拟囊唇兰

Saccolabiopsis wulaokenensis W.M.Lin, Kuo Huang & T.P.Lin 拟囊唇兰

Sarcoglyphis magnirostris Z.H.Tsi 短帽大喙兰

Sarcoglyphis smithiana (Kerr) Seidenf. 大喙兰 *

Sarcophyton taiwanianum (Hayata) Garay 肉兰

Satyrium nepalense D.Don 鸟足兰 *

Satyrium yunnanense Rolfe 云南鸟足兰 *

Schoenorchis gemmata (Lindl.) J.J.Sm. 匙唇兰 *

Schoenorchis tixieri (Guillaumin.) Seidenf. 圆叶匙唇兰 *

Schoenorchis venoverberghii Ames 台湾匙唇兰

Shizhenia pinguicula (Rchb.f. et S.Moore) X.H.Jin, L.Q.Huang, W.T.Jin & X.G.Xiang [syn. _Amitostigma pingguicula_ (Rchb.f. et S.Moore) Schltr.] 时珍兰 *

Singchia malipoensis Z.J. Liu et L.J. Chen (syn. _Ascocentropsis malipoensis_ (Z.J. Liu et L.J. Chen) Aver.) 心启兰

Sirindhornia monophylla (Collett & Hemsl.) H.A.Pedersen & Suksathan 单叶毛轴兰 *

Sirindhornia pulchella H.A.Pedersen & Indhamusika 毛叶兰

Smitinandia micrantha (Lindl.) Holttum 盖喉兰 *

Spathoglottis ixioides (D.Don) Lindl. 少花苞舌兰 *

Spathoglottis plicata Bl. 紫花苞舌兰 *

Spathoglottis pubescens Lindl. 苞舌兰 *

Spiranthes hongkongensis S.Y.Hu & Barretto 香港绶草

Spiranthes sinensis (Pers.) Ames. 绶草 *

Spiranthes sunii Boufford & Wen H.Zhang 宋氏绶草

Stereochilus brevirachis Christenson 短轴坚唇兰 *

Stereochilus dalatensis (Guillaumin) Garay 坚唇兰

Stereochilus laxus (Rchb.f.) Garay 绿春坚唇兰 *

Stereosandra javanica Bl. 肉药兰 *

Stigmatodactylus sikokianus Maxim. ex Makino 指柱兰 *

T

Taeniophyllum complanatum Fukuy. 扁根带叶兰

Taeniophyllum glandulosum Bl. 带叶兰 *

Taeniophyllum pusillum (Willd.) Seidenf. & Ormerod 兜唇带叶兰 *

Taeniophyllum retrospiculatum (King & Pantl.) King & Pantl. 毛葶带叶兰 *

Tainia caterva T.P.Lin & W.M.Lin 密花带唇兰

Tainia cordifolia Hook.f. 心叶带唇兰 *

Tainia dunnii Rolfe 带唇兰 *

Tainia latifolia (Lindl.) Rchb.f. 阔叶带唇兰 *

Tainia laxiflora Makino 疏花带唇兰

Tainia longiscapa (Seidenf. ex H.Turner) J.J.Wood & A.L. Lamb 卵叶带唇兰 *

Tainia macrantha Hook.f. 大花带唇兰 *

Tainia minor Hook.f. 滇南带唇兰 *

Thaia saprophytica Seidenf. 泰兰 *

Thelasis khasiana Hook.f. 滇南矮柱兰 *

Thelasis pygmaea (Griff.) Bl. 矮柱兰 *

Thrixspermum amplexicaule (Bl.) Rchb.f. 抱茎白点兰 *

Thrixspermum annamense (Guillaum.) Garay 海台白点兰*

Thrixspermum centipeda Lour. 白点兰 *

Thrixspermum eximium L.O.Williams 异色白点兰

Thrixspermum fantasticum L.O.Williams 金唇白点兰

Thrixspermum formosanum (Hayata) Schltr. 台湾白点兰

Thrixspermum japonicum (Miq.) Rchb.f. 小叶白点兰 *

Thrixspermum laurisilvaticum (Fukuy.) Garay 黄花白点兰
Thrixspermum merguense (Hook.f.) Kuntze 三毛白点兰
Thrixspermum odoratum X.Q.Song, Q.W.Meng & Y.B.Luo 香白点兰
Thrixspermum pensile Schltr. 垂枝白点兰
Thrixspermum pygmaeum (King & Pantl.) Holttum 矮白点兰
***Thrixspermum saruwatarii* (Hayata) Schltr. 长轴白点兰 ***
Thrixspermum subulatum (Bl.) Rchb.f. 厚叶白点兰
***Thrixspermum trichoglottis* (Hook.f.) Kuntze 同色白点兰 ***
***Thrixspermum tsii* W.H.Chen & Y.M.Shui 吉氏白点兰 ***
***Thunia alba* (Lindl.) Rchb.f. 笋兰 ***
***Thuniopsis cleistogama* L.Li, D.P.Ye & Shi J.Li 小笋兰 ***
Tipularia cunninghamii (King & Pantl.) S.C.Chen, S.W.Gale & P.J.Cribb 软叶筒距兰
Tipularia josephii Rchb.f. ex Lindl. 短柄筒距兰
Tipularia odorata Fukuy. 台湾筒距兰
***Tipularia szechuanica* Schltr. 筒距兰 ***
***Trichoglottis dawsoniana* (Rchb.f.) Rchb.f. [syn. *Staurochilus dawsonianus* (Rchb.f.) Schltr.] 掌唇兰 ***
Trichoglottis lorata* (Rolfe ex Downie) Schuit. [syn. *Staurochilus loratus* (Rolfe ex Downie) Seidenf.] 小掌唇兰
Trichoglottis luchuensis (Rolfe) Garay & R.Sweet [syn. *Staurochilus luchuensis* (Rolfe) Fukuy. 豹纹掌唇兰
Trichoglottis rosea (Lindl.) Ames in E.D.Merrill 短穗毛舌兰
Trichoglottis triflora* (Guillaumin.) Garay & Seidenf. 毛舌兰
***Trichotosia dasyphylla* (E.C.Parish & Rchb.f.) Kraenzl. 瓜子毛鞘兰 ***
***Trichotosia dongfangensis* X.H.Jin & L.P.Siu 东方毛鞘兰 ***
***Trichotosia microphylla* Bl. 小叶毛鞘兰 ***
***Trichotosia pulvinata* (Lindl.) Kraenl. 高茎毛鞘兰 ***
***Tropidia angulosa* (Lindl.) Bl. 阔叶竹茎兰 ***
Tropidia angustifolia C.L.Yeh & C.S.Leou 狭叶竹茎兰
***Tropidia curculigoides* Lindl. 短穗竹茎兰 ***
Tropidia emeishanica K.Y.Lang 峨眉竹茎兰
Tropidia nanhuae* W.M.Lin, L.L.Huang & T.P.Lin南华竹茎兰
***Tropidia nipponica* Masam. 竹茎兰 ***
Tropidia somae Hayata 台湾竹茎兰
***Tsaiorchis neottianthoides* Tang & F.T.Wang长喙兰 ***
Tsaiorchis wenshanensis (W.H.Chen, Y.M.Shui & K.Y.Lang) X.H.Jin com. nov. [syn. *Amitostigma wenshanense* W.H.Chen, Y.M.Shui & K.Y.Lang] 文山长喙兰
Tuberolabium elobe (Seidenf.) Seidenf. [syn. *Parapteroceras elobe* (Seidenf.) Aver.] 虾尾兰
Tuberolabium kotoense Yamamoto 管唇兰

U

***Uncifera acuminata* Lindl. 叉喙兰 ***
***Uncifera obtusifolia* Lindl. 钝叶叉喙兰 ***
***Uncifera thailandica* Seidenf. & Smitin. 中泰叉喙兰 ***

V

***Vanda alpina* (Lindl.) Lindl. 垂头万代兰 ***
***Vandu ampullacea* (Roxb.) L.M.Gardiner [syn. *Ascocentrum ampullaceum* (Roxb.) Schltr.] 鸟舌兰 ***
***Vanda brunnea* Rchb.f. 白柱万代兰 ***
***Vanda coerulea* Griff. ex Lindl. 大花万代兰 ***
***Vanda coerulescens* Griff. 小蓝万代兰 ***
***Vanda concolor* Bl. 琴唇万代兰 ***
***Vanda cristata* Lindl. 叉唇万代兰 ***
Vanda falcata* (Thunb.) Beer [syn. *Neofinetia falcata* (Thunb.) Hu]风兰
***Vanda fuscoviridis* Lindl. 广东万代兰 ***
Vanda guangxiensis Fowlie 广西万代兰
Vanda lamellata Lindl. 雅美万代兰
Vanda malipoensis L.H. Zou, Jiu X. Huang et Z.J. Liu (= *Ascocentropsis yunnanensis* Aver.) 麻栗坡万代兰
***Vanda pumila* Hook.f. 矮万代兰 ***
Vanda richardsiana (Christenson) L.M.Gardiner [syn. *Neofinetia richardsiana* Christenson] 短距风兰
***Vanda subconcolor* Tang & F.T.Wang 纯色万代兰 ***
Vanda xichangensis (Z.J.Liu & S.C.Chen) L.M.Gardiner [syn. *Neofinetia xichangensis* Z.J.Liu & S.C.Chen] 西昌风兰
***Vandopsis gigantea* (Lindl.) Pfitz. 拟万代兰 ***
***Vandopsis undulata* (Lindl.) J.J.Sm. 白花拟万代兰 ***
Vanilla annamica Gagnep. 南方香荚兰
Vanilla shenzhenica Z.J.Liu & S.C.Chen 深圳香荚兰
***Vanilla siamensis* Rolfe ex Downie 大香荚兰 ***
Vanilla somae Hayata 台湾香荚兰
Vanilla taiwaniana S.S.Ying 宝岛香荚兰
***Vrydagzynea nuda* Bl. 二尾兰 ***

Y

***Yoania japonica* Maxim. 宽距兰 ***
Yoania prainii King & Pantl. 西南宽距兰

Z

Zeuxine affinis (Lindl.) Benth. ex Hook.f. 宽叶线柱兰 *

Zeuxine agyokuana Fukuy. 绿叶线柱兰

Zeuxine flava (Wall. ex Lindl.) Trimen 黄花线柱兰 *

Zeuxine gengmanensis (K.Y.Lang) Ormerod 耿马齿唇兰

Zeuxine goodyeroides Lindl. 白肋线柱兰 *

Zeuxine grandis Seidenf. 大花线柱兰 *

Zeuxine hainanensis Han Xu, H.J.Yang & Y.D.Li 海南线柱兰

Zeuxine integrilabella C.S.Leou 全唇线柱兰 *

Zeuxine kantokeiensis Tatewaki & Masamune 关刀溪线柱兰

Zeuxine membranacea Lindl. 膜质线柱兰

Zeuxine nervosa (Wall. ex Lindl.) Trimen 芳香线柱兰 *

Zeuxine niijimae Tatewaki & Masamune 眉原线柱兰

Zeuxine odorata Fukuy. 香线柱兰

Zeuxine ovalifolia L.Li & Shi J.Li 卵叶线柱兰 *

Zeuxine parvifolia (Rid.) Seidenf. 白花线柱兰 *

Zeuxine philippinensis (Ames) Ames 菲律宾线柱兰

Zeuxine reflexa King & Pantl. 折唇线柱兰

Zeuxine strateumatica (L.) Schltr. 线柱兰 *

Zeuxinella vietnamica (Aver.) Aver. 拟线柱兰

主要参考文献

BATEMAN R M, JAMES K E, LUO Y B, et al. , 2009. Molecular phylogenetics and morphological reappraisal of the *Platanthera* clade (Orchidaceae: Orchidinae) prompts expansion of the generic limits of *Galearis* and *Platanthera*. Annals of Botany, 104, 431–445.

CAMERON K M, CHASE M W, WHITTE M W, et al. , 1999. A phylogenetic analysis of the Orchidaceae: evidence from *rbcL* nucleotide sequences. American Journal of Botany, 86, 208–224.

CHEN L J, LIU Z J, 2010. *Chroniochilus sinicus*, a new species of Orchidaceae from Yunnan, China. Novon, 20, 252–255.

陈心启, 1999. 中国植物志：第 18 卷 . 北京：科学出版社 .

CHEN S C, 1999. Flora Republicae Popularis Sinicae. Vol. 18. Beijing: Science Press.

CHEN S C, LIU Z J, ZHU G H, et al, 2009. In: Wu Z Y, Raven, P. H. , Hong D Y. Flora of China. Vol. 25. Beijing: Science Press, Missouri Botanical Garden, St. Louis.

CLEMENTS M A, 2003. Molecular phylogenetic systematics in the Dendrobiinae (Orchidaceae), with emphasis on *Dendrobium* section Pedilonum. Telopea, 10, 247–298.

DRESSLER R L, 1993. Phylogeny and classification of the orchid family. Cambridge: Cambridge University Press.

GARDINER L M, 2012. New combinations in the genus *Vanda* (Orchidaceae). Phytotaxa, 61: 47–54.

GAMARRA R, ORTUNEZ E, GALAN C P, et al., 2012. *Anacamptis* versus *Orchis* (Orchidaceae): seed micromophology and its taxonomic significance. Plant systematics and Evolution, 298, 597–607.

HU A Q, HSU T C, LIU Y, 2014. *Gastrodia damingshanensis* (Orchidaceae: Epidendroideae): a new mycoheterotrophic orchid from China. Phytotaxa, 175, 256–262.

JIN W T, JIN X H, SCHUITEMAN A, et al., 2014. Molecular systematics of subtribe Orchidinae and Asian taxa of Habenariinae (Orchideae, Orchidaceae) based on plastid *matK, rbcL* and nuclear ITS. Molecular phylogenetics and evolution, 77, 41–53.

JIN X H, 2014. A new species of *Neottia* (Orchidaceae, Epidendroideae) from Southwestern China. Phytotaxa, 177, 188–190.

JIN X H, LI D Z, XIANG X G, et al., 2012. *Nujiangia* (Orchidaceae: Orchideae): A new genus from the Himalayas. Journal of Systematics and Evolution, 50, 64–71.

金效华 , 杨永, 2015. 中国生物物种名录：第一卷　植物卷　种子植物　第一册 . 北京：科学出版社 .

Jin XH, Yang Y, 2015. Species Catalogue of China. Vol.1 Plants. Spermatophytes (1). Beijing: Science Press.

KOCYAN A, SCHUITEMAN A, 2014. New combinations in Aeridinae (Orchidaceae). Phytotaxa, 161, 61–85.

KUMAR P, GALE S W, KOCYAN A, et al, 2014. *Gastrochilus kadooriei* (Orchidaceae), a new species from Hong Kong, with notes on allied taxa in section *Microphyllae* found in the region. Phytotaxa, 164, 91–103.

郎楷永，1999. 中国植物志：第 17 卷 . 北京：科学出版社 .

LANG K Y, 1999. Flora Republicae Popularis Sincae Vol. 17. Beijing: Science Press.

LI L, YAN H F, NIU M, et al., 2014. Re-establishment of the Genus *Ania* Lindl. (Orchidaceae). PloS ONE, 9, e103129. doi:10. 1371/journal. pone. 0103129.

LI J W, YE D P, JIN X H, et al., 2014. *Dendrobium zhenyuanense* (Orchidaceae), a new Chinese species in section Stachyobium. Phytotaxa, 178, 217–220.

LIU Z J, CHEN L J, CHEN S C, et al., 2011. *Paraholcoglossum* and *Tsiorchis*, Two New Orchid Genera Established by Molecular and Morphological Analyses of the *Holcoglossum* Alliance. PLoS ONE, 6(10), e24864. doi: 10. 1371/ journal. pone. 0024864.

LIU Z J, CHEN L J, 2009. *Singchia* and *Gunnaria*, two new genera of Orchidaceae. Journal of Systematics and Evolution, 47, 599–604.

PEDERSEN HAE, KURZWEIL H, SUDDEE S, et al., 2011. In: Santisuk T, & Larseb K . Flora of Thailand. Vol.12: Part 1. The Forest Herbarium, Department of National Parks, Wildlife and Plant Conservation, Bangkok, Thailand.

PEDERSEN HAE, KURZWEIL H, SUDDEE S, et al., 2014. In: Santisuk T & Larseb K. Flora of Thailand. Vol.12: Part 2. The Forest Herbarium, Department of National Parks, Wildlife and Plant Conservation, Bangkok, Thailand.

PRIDGEION A M, CRIBB P J, CHASE M W, et al., 2014. Genera Orchidacearum. Vol. 6: Epidendroideae (Part Three). Oxford: Oxford University Press.

PRIDGEION A M, CRIBB P J, CHASE M W, et al., 2003. Genera Orchidacearum. Vol. 3: Orchidoideae (Part Two), Vanilloideae. Oxford: Oxford University Press.

SCHUITEMAN A, 2011. *Dendrobium* (Orchidaceae): To split or not to split? Gardens' Bulletin (Singapore) , 63, 245–257.

SCHUITEMAN A. , ADAMS P B, 2011. New combinations in *Dendrobium* (Orchidaceae). Muelleria, 29, 62–68.

SCOPECE G, COZZOLINO S, BATEMAN R M, 2010. Just what is a genus? Comparing levels of postzygotic isolation to test alternative taxonomic hypotheses in Orchidaceae subtribe Orchidinae. Taxon, 59, 1754–1764.

TIAN H Z, LIU Q X, CHEN Z Q, et al., 2014. *Anoectochilus longilobus* (Orchidoideae: Orchidaceae), a new species from Yunnan, China. Phytotaxa, 164, 276–280.

吉占和，1999. 中国植物志：第 19 卷 . 北京：科学出版社 .

TSI Z H, 1999. Flora Republicae Popularis Sinicae. Vol. 19. Beijing: Science Press.

TYTECA D, CEINOS M, GATHOYE J L, et al., 2012. On the morphological, biological and genetic heterogeneity of the genus *Orchis* (Orchidaceae, Orchidinae). Phytotaxa, 75, 19–32.

VERMUELEN J J, SCHUITEMAN A, DE VOGEL E F, 2014. Nomenclatural changes in *Bulbophyllum* (Orchidaceae, Epidendroideae). Phytotaxa, 166, 101–113.

XIANG X G, LI D Z, JIN W T, et al., 2012(a) . Phylogenetic placement of the enigmatic orchid genera *Thaia* and *Tangtsinia*: Evidence from molecular and morphological characters. Taxon, 61, 45–54.

XIANG X G, LI D Z, JIN X H, et al., 2012(b) . Monophyly or Paraphyly The Taxonomy of *Holcoglossum* (Aeridinae: Orchidaceae). PLOS ONE, 7(12), e52050. doi:10. 1371/journal. pone. 0052050.

XIANG X G, JIN W T, LI D Z, et al., 2014. Phylogenetics of Tribe Collabieae (Orchidaceae, Epidendroideae) Based on Four Chloroplast Genes with Morphological Appraisal. PLoS ONE, 9(1), e87625. doi:10. 1371/journal. pone. 0087625.

XIANG X G, SCHUITEMAN A, Li D Z, et al., 2013. Molecular systematics of *Dendrobium* (Orchidaceae, Dendrobieae) from mainland Asia based on plastid and nuclear sequences. Molecular phylogenetics and evolution, 69, 950–960.

XU Q, ZHANG G Q, LIU Z J, et al., 2014. Two new species of *Dendrobium* (Orchidaceae: Epidendroideae) from China: evidence from morphology and DNA. Phytotaxa, 174, 129–143.

ZHAI J W, ZHANG G Q, CHEN L J, et al., 2013. A New Orchid Genus, *Danxiaorchis*, and Phylogenetic Analysis of the Tribe Calypsoeae. PLoS ONE, 8(4), e60371. doi:10. 1371/journal. pone. 0060371.

张智安 , 李天华 , 何疆海, 2014. 中国云南黄连山兰科植物 . 昆明 ：云南科技出版社 .

ZHANG Z A, LI T H, HE J H, 2014. Native Orchids of Huanglian Mountians, Yunnan, China. Kunming: Yunnan Science and Technology Press.

索引

拉丁学名索引

B

C

D

E

F

G

H

N

O

P

R

S

T

U

V

Y

Z

中文名称索引

C

D

E

F

G

H

J

K

L

M

N

O

P

Q

T

W

X

Y

Z